"十二五"江苏省高等学校重点教材(编号:2013-1-115)

工程测试技术

(第3版)

孔德仁　王　芳　编著

北京航空航天大学出版社

内 容 简 介

本书详细介绍了工程测量的基础知识,工程信号及其可测性分析,测量系统的基本特性,计算机测试技术,误差分析及不确定度评定,信号调理电路及指示记录装置,应变电测技术,压电测量技术,光电测量技术,温度测量技术,噪声测量技术,压力测量技术,流量测试技术,运动参量测试技术以及机械振动测试等。

本书可作为机械工程及自动化、车辆工程、测控技术与仪器、精密仪器、武器系统与工程、电气工程与自动化、探测制导与控制技术、弹药工程与发射工程、探测制导与测控技术等专业的教材或参考书,也可供相关专业的研究生、教师以及工程技术人员参考。

图书在版编目(CIP)数据

工程测试技术/孔德仁,王芳编著. --3版. --北京:北京航空航天大学出版社,2015.9
ISBN 978-7-5124-1837-0

Ⅰ. ①工… Ⅱ. ①孔… ②王… Ⅲ. ①工程测试－高等学校－教材 Ⅳ. ①TB22

中国版本图书馆 CIP 数据核字(2015)第 200951 号

版权所有,侵权必究。

工程测试技术
(第 3 版)

孔德仁　王　芳　编著
责任编辑　蔡　喆　赵钟萍

*

北京航空航天大学出版社出版发行

北京市海淀区学院路 37 号(邮编 100191)　http://www.buaapress.com.cn
发行部电话:(010)82317024　传真:(010)82328026
读者信箱:goodtextbook@126.com　邮购电话:(010)82316936
北京时代华都印刷有限公司印装　各地书店经销

*

开本:787×1092　1/16　印张:25.75　字数:659 千字
2016 年 3 月第 3 版　2016 年 3 月第 1 次印刷　印数:4 000 册
ISBN 978-7-5124-1837-0　　定价:52.00 元

若本书有倒页、脱页、缺页等印装质量问题,请与本社发行部联系调换。联系电话:(010)82317024

前　言

　　不同的学科、专业，其测试目的和规模、试验研究的对象，及使用的仪器设备都会有一定的差异。不论是复杂的宇航实验还是常规的医疗血样化验，操作者所关心的问题和使用的方法都有很大的相似性，即都关心测试理论、测试方法、测试系统的架构、测试信号及实验数据的分析处理方法；都关心如何控制实验条件，减少干扰因素的影响；都关心如何合理选择测量系统，以获得较大的测试效费比，即以较少的财力、人力和时间投入取得尽可能多的有用信息。

　　测试技术是工科各专业的一门技术基础课程。本书以静态、动态测试中构成信号流程的基本理论、基本方法及工程手段为线索，系统地介绍了测试的基本概念、系统组成、静动态特性分析方法及典型参量的测试手段。针对测试工作中的共性问题展开系统讨论，以测试技术的经典内容为重点，兼顾了近几年来测试工作中发展的新技术、新内容，力求让读者较全面地理解和掌握测试理论和测试方法。

　　本书共15章。

　　第1章绪论。阐明测试技术在工程技术中的地位、发展方向，介绍相关测量的基础知识，非电量电测系统的组成及各功能单元的作用，说明本课程的教学目的及要求。

　　第2章工程信号及其可测性分析。介绍信号的分类及描述方法，重点讨论周期信号和时限信号的分解及频谱分析方法，为讨论信号的可测性提供依据。

　　第3章测量系统的基本特性。针对动态测试的特点，系统地讨论测量系统的静态、动态特性及分析方法，不失真测量的条件及动态误差，并对动态误差修正方法进行了初步探讨。

　　第4章计算机测试技术。简要介绍现场总线的发展及现场总线协议参考模型，智能传感器的定义、功能和实现方法，以 GP–IB、VXI、PXI 等常用总线为基础讨论自动测试系统的组成及应用，简要介绍虚拟仪器的组成及应用。

　　第5章测量误差分析及不确定度评定。介绍实验数据的表征方法，常用回归分析方法、误差及分类、误差处理方法、误差的合成与分配，A类不确定度、B类不确定度与合成不确定度评定的方法。

　　第6章信号调理电路及记录仪器。讨论常用的信号调理电路及指示记录仪器的工作原理与特性。

　　第7章应变电测技术。介绍应变片的工作原理、种类，应变片测量时温度误差及其补偿技术，应变式传感器的调理电路及应变仪的工作原理，载荷测量中应变片的布置及常用应变式传感器的工作原理。

第 8 章压电测量技术。介绍压电效应及压电材料,压电传感器的等效电路及常用调理电路,并对压电传感器的测量误差进行讨论。

第 9 章光电测量技术。介绍光电测量的基础知识、光电器件的特性、常用光电传感器及其应用,重点介绍光纤传感器的测量技术。

第 10 章温度测量技术。基于接触式测温介绍热电阻式、热电势(热电偶)测温的工作原理、基本实验定律及相关调理电路,介绍热电偶测温的校准方法及动态误差补偿方法;基于非接触式测温介绍全辐射高温计、比色高温计、红外辐射测温仪的工作原理。

第 11 章噪声测量技术。介绍噪声测试的物理学基本知识,常用的测量仪器及噪声测试方法。

第 12 章压力测量技术。介绍压力测量的基础知识、塑性测压法、弹性测压法、液柱测压法及压力电测法,讨论管道效应对动态压力测量的影响,最后介绍压力测量常用的标定方法。

第 13 章流量测量技术。介绍流量测量相关的基础知识,针对各种常用的流量计分别介绍其工作原理、组成及相关应用,最后简要介绍流量计的标定方法。

第 14 章运动参量测试技术。针对运动参量中的位移、速度、加速度,分别介绍常用的测试方法、相应传感器的工作原理及应用。

第 15 章机械振动测试。扼要介绍常用测振传感器的工作原理及测振系统的组成,机械系统振动特性测试及结构参数估计方法、机械阻抗的概念及测试方法。

本书在作者编写并使用多年的《工程测试技术》教材的基础上进行了系统的论证、修改及优化。本书列入高等学校"江苏省高等学校精品教材"及"江苏省高等学校重点教材立项建设"名单,在修订过程中力求突出体系上的层次性、理论上的基础性、应用上的递进性、学生自学的易懂性、课程教学的适用性。因此在编写过程中,参阅了国内外许多相关书籍及文献,在此一并感谢这些书籍及文献的作者。同时感谢为此书的第一版及第二版付出辛勤劳动的编辑同志。

感谢江苏省教育厅及为本书主审的宋爱国教授、张大林教授。

感谢曾经为本书做出大量工作的李永新教授、狄长安教授、朱蕴璞副教授,贾云飞副研究员及南京理工大学教务处的相关老师。本书由孔德仁教授任主编,王芳副教授任副主编,包建东讲师参与了 1—8 章的修订及编写工作,商飞讲师参与了 9—15 章修订及编写工作,包建东负责全书的编排及校对工作。由于编者水平有限,书中不足之处在所难免,恳请同行及读者批评指正。

编　者

2014 年 10 月

目 录

第1章 绪 论 ··· 1
  1.1 测试技术的作用及地位 ··· 1
  1.2 测试工作的任务 ·· 2
  1.3 测试技术的发展 ·· 2
  1.4 测量与标准 ·· 4
      1.4.1 测 量 ··· 4
      1.4.2 标 准 ··· 5
  1.5 非电量电测系统的组成 ··· 7
  1.6 工程测试技术课程特点及教学要求 ································ 9
  习题与思考题 ··· 10

第2章 工程信号及其可测性分析 ······································· 11
  2.1 概 述 ·· 11
  2.2 工程信号的分类 ·· 11
      2.2.1 按信号随时间变化的规律分类 ························· 11
      2.2.2 按信号随时间变化连续性分类 ························· 13
      2.2.3 其他分类方法 ·· 14
  2.3 周期信号的频谱与可测性 ··· 15
      2.3.1 周期信号的分解和频谱 ································· 15
      2.3.2 周期信号的可测性分析 ································· 20
  2.4 非周期信号的频谱分析 ··· 23
      2.4.1 时限信号的分解和频谱 ································· 23
      2.4.2 时限信号的可测性分析 ································· 26
  2.5 随机信号处理及分析 ·· 26
      2.5.1 随机信号的特征参数 ···································· 26
      2.5.2 离散随机信号的特征估计 ······························ 30
  2.6 典型激励信号描述 ·· 33
      2.6.1 冲激函数及其谱分析 ···································· 33
      2.6.2 单位阶跃信号及其谱分析 ······························ 35
      2.6.3 单位斜坡信号及其频谱 ································· 37
  习题与思考题 ··· 37

第3章 测量系统的基本特性 ·· 38
  3.1 概 述 ·· 38
      3.1.1 测量系统的基本要求 ···································· 38
      3.1.2 测量系统的线性化 ······································· 39
  3.2 测量系统的静态标定与静态特性 ································ 40
      3.2.1 静态标定 ··· 40

3.2.2　静态特性指标 ………………………………………………………… 42
3.3　测量系统动态特性 ……………………………………………………………… 47
　　3.3.1　动态参数测试的特殊性 ……………………………………………… 47
　　3.3.2　测量系统动态特性的分析方法及主要指标 ………………………… 47
　　3.3.3　测量系统的数学模型 ………………………………………………… 48
　　3.3.4　传递函数 ……………………………………………………………… 49
　　3.3.5　频率响应函数 ………………………………………………………… 50
　　3.3.6　冲激响应函数 ………………………………………………………… 51
3.4　测量系统的动态特性分析 ……………………………………………………… 52
　　3.4.1　典型系统的频率响应 ………………………………………………… 52
　　3.4.2　典型激励的系统瞬态响应 …………………………………………… 56
　　3.4.3　相似原理 ……………………………………………………………… 58
3.5　测量系统无失真测试条件 ……………………………………………………… 59
3.6　测量系统的动态特性参数获取方法 …………………………………………… 60
　　3.6.1　阶跃响应法 …………………………………………………………… 60
　　3.6.2　幅频特性法 …………………………………………………………… 62
3.7　动态误差修正 …………………………………………………………………… 62
　　3.7.1　频域修正方法 ………………………………………………………… 62
　　3.7.2　时域修正方法 ………………………………………………………… 63
3.8　数字测量系统的基本特性 ……………………………………………………… 63
　　3.8.1　采　样 ………………………………………………………………… 63
　　3.8.2　量　化 ………………………………………………………………… 65
习题与思考题 …………………………………………………………………………… 66

第4章　计算机测试技术 …………………………………………………………… 68
4.1　概　述 …………………………………………………………………………… 68
4.2　现场总线 ………………………………………………………………………… 69
　　4.2.1　概　述 ………………………………………………………………… 69
　　4.2.2　现场总线的发展 ……………………………………………………… 70
　　4.2.3　现场总线协议参考模型 ……………………………………………… 71
　　4.2.4　典型现场总线简介 …………………………………………………… 73
4.3　智能传感器 ……………………………………………………………………… 77
　　4.3.1　智能传感器的概念 …………………………………………………… 77
　　4.3.2　智能传感器的实现途径 ……………………………………………… 78
　　4.3.3　智能传感器系统智能化功能 ………………………………………… 80
4.4　自动测试系统 …………………………………………………………………… 81
　　4.4.1　自动测试系统的基本概念 …………………………………………… 81
　　4.4.2　自动测试系统的发展概况 …………………………………………… 82
　　4.4.3　通用接口总线 ………………………………………………………… 82
　　4.4.4　VXI总线 ……………………………………………………………… 86
　　4.4.5　PXI总线 ……………………………………………………………… 91
　　4.4.6　AXIe总线简介 ………………………………………………………… 92
4.5　虚拟仪器系统 …………………………………………………………………… 93

    4.5.1 概　述 … 93
    4.5.2 虚拟仪器的特点 … 94
    4.5.3 虚拟仪器的系统组成 … 95
  习题与思考题 … 97
第5章　测量误差分析及不确定度评定 … 98
  5.1 概　述 … 98
  5.2 实验数据的表述方法 … 98
    5.2.1 表格法 … 98
    5.2.2 图解法 … 99
    5.2.3 经验公式 … 99
    5.2.4 有效数字 … 100
  5.3 回归分析及其应用 … 100
    5.3.1 一元线性回归 … 100
    5.3.2 多元线性回归 … 102
    5.3.3 非线性回归 … 103
    5.3.4 回归分析应用举例 … 104
  5.4 误差的定义及分类 … 106
    5.4.1 误差概念 … 106
    5.4.2 误差的分类 … 106
    5.4.3 误差的表示方法 … 108
    5.4.4 表征测量结果质量的指标 … 108
  5.5 常用误差处理方法及误差的合成与分配 … 109
    5.5.1 随机误差处理方法 … 109
    5.5.2 系统误差处理方法 … 109
    5.5.3 粗大误差的判别 … 111
    5.5.4 测量误差的合成与分配 … 112
  5.6 不确定度评定的基本知识 … 113
    5.6.1 有关不确定度的术语 … 113
    5.6.2 产生测量不确定度的原因和测量模型 … 114
  5.7 标准不确定度的A类评定 … 116
    5.7.1 单次测量结果试验标准差与平均值试验标准差 … 116
    5.7.2 测量过程的合并样本标准差 … 117
    5.7.3 极　差 … 118
    5.7.4 最小二乘法 … 119
    5.7.5 不确定度A类评定的流程 … 119
  5.8 标准不确定度的B类评定 … 120
    5.8.1 B类不确定度评定的信息来源 … 120
    5.8.2 B类不确定度的评定方法 … 120
    5.8.3 B类标准不确定度评定的流程 … 122
  5.9 测量不确定度的合成 … 123
    5.9.1 合成标准不确定度的计算方法 … 123
    5.9.2 合成标准不确定度的分配及最佳测量方案选择 … 125

  5.9.3 扩展不确定度的计算方法 … 126
 5.10 测量不确定度的评定步骤 … 126
 习题与思考题 … 128

第6章 信号调理电路及记录仪器 … 131
 6.1 滤波器 … 131
  6.1.1 滤波器分类 … 131
  6.1.2 理想滤波器 … 132
  6.1.3 实际滤波器 … 134
  6.1.4 模拟滤波器的应用 … 139
 6.2 调幅及其解调 … 142
  6.2.1 调幅与解调原理 … 142
  6.2.2 调幅波的波形失真 … 144
  6.2.3 典型调幅波及其频谱 … 145
 6.3 调频及其解调 … 147
  6.3.1 调频波及其频谱 … 147
  6.3.2 直接调频与鉴频 … 149
  6.3.3 应用举例 … 150
 6.4 信号的放大与隔离 … 151
  6.4.1 基本放大器 … 151
  6.4.2 测量放大器 … 153
  6.4.3 隔离放大器 … 154
 6.5 记录仪器 … 155
  6.5.1 磁带记录仪 … 155
  6.5.2 波形记录仪 … 159
  6.5.3 数据采集系统 … 160
 习题与思考题 … 164

第7章 应变电测技术 … 165
 7.1 电阻应变片 … 165
  7.1.1 电阻应变片的结构和工作原理 … 165
  7.1.2 电阻应变片的种类、材料和参数 … 168
  7.1.3 应变片的粘贴 … 171
 7.2 电阻应变片的温度误差及补偿 … 173
  7.2.1 温度误差及其产生原因 … 173
  7.2.2 温度补偿方法 … 174
 7.3 电阻应变片的信号调理电路 … 175
  7.3.1 直流电桥 … 176
  7.3.2 交流电桥 … 177
  7.3.3 等臂对称电桥的加减特性 … 179
 7.4 固态压阻式传感器 … 181
  7.4.1 概述 … 181
  7.4.2 压阻式压力传感器 … 181
  7.4.3 压阻式加速度传感器 … 182

7.5 电阻应变仪 …… 183
　　7.5.1 电阻应变仪的分类及其特点 …… 183
　　7.5.2 载波放大式应变仪的组成及工作原理 …… 183
　　7.5.3 电标定及电标定桥 …… 184
　　7.5.4 常用电阻应变仪主要电路 …… 184
7.6 测量中应变片的排列与接桥 …… 186
　　7.6.1 应变式传感器 …… 186
　　7.6.2 常用载荷测量中应变片的排列和连桥 …… 187
7.7 应力与应变测量 …… 190
　　7.7.1 单向应力状态 …… 190
　　7.7.2 主应力方向已知的平面应力状态 …… 190
　　7.7.3 主应力方向未知平面应力状态 …… 191
习题与思考题 …… 193

第8章 压电测量技术 …… 196
8.1 压电效应与压电材料 …… 196
　　8.1.1 压电效应 …… 196
　　8.1.2 压电材料 …… 196
8.2 压电常数和表面电荷的计算 …… 201
　　8.2.1 压电常数 …… 201
　　8.2.2 压电元件的变形方式 …… 202
8.3 压电式传感器的等效电路 …… 203
8.4 压电式传感器的测量电路 …… 205
　　8.4.1 电压放大器 …… 205
　　8.4.2 电荷放大器 …… 209
8.5 压电式传感器的应用 …… 211
　　8.5.1 压电式测力传感器 …… 211
　　8.5.2 压电式加速度传感器 …… 213
8.6 压电传感器测量精度影响因素及使用注意事项 …… 218
　　8.6.1 影响压电传感器测量精度的因素 …… 218
　　8.6.2 压电测量系统使用注意事项 …… 220
习题与思考题 …… 221

第9章 光电测量技术 …… 222
9.1 光电测量基本知识 …… 222
　　9.1.1 光源 …… 222
　　9.1.2 光电效应及器件 …… 223
9.2 光电器件的特性 …… 227
　　9.2.1 光照特性 …… 227
　　9.2.2 光谱特性 …… 227
　　9.2.3 响应时间 …… 228
　　9.2.4 温度特性 …… 228
　　9.2.5 伏安特性 …… 229
9.3 常用光电传感器及其应用 …… 229

9.3.1 光电式传感器的类型 …………………………………… 229
 9.3.2 光电式传感器应用 …………………………………… 231
9.4 光纤传感器 ……………………………………………… 232
 9.4.1 光纤传感器基础 ……………………………………… 232
 9.4.2 光纤传感器应用实例 ………………………………… 236
习题与思考题 ………………………………………………… 238

第 10 章 温度测量技术 …………………………………… 239
10.1 概述 ……………………………………………………… 239
10.2 热电偶 …………………………………………………… 241
 10.2.1 测温原理 …………………………………………… 241
 10.2.2 基本实验定律 ……………………………………… 244
 10.2.3 热电偶的种类 ……………………………………… 247
 10.2.4 热电偶的冷端温度补偿 …………………………… 249
 10.2.5 热电偶的实用测温电路 …………………………… 251
 10.2.6 温度测量的动态误差修正 ………………………… 253
10.3 热电阻温度计 …………………………………………… 254
 10.3.1 金属丝热电阻 ……………………………………… 254
 10.3.2 热敏电阻 …………………………………………… 256
10.4 热辐射测温 ……………………………………………… 257
 10.4.1 全辐射高温计 ……………………………………… 257
 10.4.2 比色高温计 ………………………………………… 258
 10.4.3 红外辐射测温仪 …………………………………… 259
习题与思考题 ………………………………………………… 261

第 11 章 噪声测量技术 …………………………………… 262
11.1 噪声测试的物理学基本知识 …………………………… 262
 11.1.1 声波、声速和波长 ………………………………… 262
 11.1.2 声源、声场和波阵面 ……………………………… 263
 11.1.3 声压、声强和声功率 ……………………………… 263
 11.1.4 声级和分贝 ………………………………………… 264
11.2 人对噪声的主观量度 …………………………………… 265
 11.2.1 响度与响度级 ……………………………………… 266
 11.2.2 声级计的计权网络、A 声级 ……………………… 267
 11.2.3 等效连续声级 ……………………………………… 267
 11.2.4 噪声评价曲线 ……………………………………… 268
11.3 噪声测量仪器 …………………………………………… 269
 11.3.1 传声器 ……………………………………………… 269
 11.3.2 声级计 ……………………………………………… 270
 11.3.3 噪声分析仪 ………………………………………… 275
11.4 噪声测量方法 …………………………………………… 276
 11.4.1 测试环境对噪声的影响 …………………………… 276
 11.4.2 噪声级的测量 ……………………………………… 276
 11.4.3 声功率级测试 ……………………………………… 278

11.4.4　声强的测试……279
　习题与思考题……280

第12章　压力测量技术……282
　12.1　概述……282
　　12.1.1　压力的定义……282
　　12.1.2　压力的计量单位……283
　　12.1.3　压力测量方法分类……284
　12.2　塑性变形测压法……284
　　12.2.1　概述……284
　　12.2.2　铜柱测压法……285
　　12.2.3　铜球测压法……286
　12.3　测压弹性元件……288
　　12.3.1　圆形膜片和膜盒……288
　　12.3.2　波纹管……289
　　12.3.3　弹簧管……290
　　12.3.4　薄壁圆筒……291
　12.4　液柱式压力计……292
　12.5　压力电测法……294
　　12.5.1　应变式压力传感器……294
　　12.5.2　压电式压力传感器……297
　12.6　动态压力测量的管道效应……300
　　12.6.1　传感器的安装……300
　　12.6.2　测压管道动态特性分析……300
　12.7　测压系统的标定……302
　　12.7.1　测压系统的静态标定……302
　　12.7.2　测压系统的动态标定……303
　习题与思考题……308

第13章　流量测量技术……310
　13.1　流量测量基础……310
　　13.1.1　流量及定义……310
　　13.1.2　流体的主要特征……310
　　13.1.3　流量计分类……312
　13.2　常用流量计……313
　　13.2.1　椭圆齿轮流量计……313
　　13.2.2　差压式流量计……314
　　13.2.3　转子流量计……315
　　13.2.4　涡轮流量计……316
　　13.2.5　靶式流量计……317
　　13.2.6　电磁流量计……319
　　13.2.7　超声波流量计……320
　　13.2.8　相关流量计……322
　13.3　流量计的标定……323

习题与思考题···325

第14章 运动参量测试技术···326

14.1 位移测量···326
　　14.1.1 滑线电阻式及电阻应变式位移传感器·······················327
　　14.1.2 电感式位移传感器···328
　　14.1.3 电涡流式传感器··333
　　14.1.4 电容式位移测量系统··338
14.2 运动速度测量···341
　　14.2.1 定距测时法···341
　　14.2.2 瞬时速度法···344
　　14.2.3 转速测量··348
14.3 加速度测量···351
　　14.3.1 惯性式加速度传感器的工作模型·································351
　　14.3.2 常用惯性式加速传感器··353
　　14.3.3 使用加速度传感器的几点说明·····································355
　　14.3.4 加速度测量系统的校准··356
习题与思考题···358

第15章 机械振动测试···360

15.1 概述···360
15.2 常用振动传感器··360
　　15.2.1 振动测量方法···360
　　15.2.2 绝对式测振传感器原理···361
　　15.2.3 相对式测振传感器原理···364
15.3 测振系统的组成及合理选择·······································365
　　15.3.1 测振系统的组成··365
　　15.3.2 测振系统的合理选用··367
　　15.3.3 传感器的安装··368
15.4 机械系统振动特性测试及结构参数估计························369
　　15.4.1 激振方式及激振器···370
　　15.4.2 机械系统结构参数的估计··374
15.5 机械阻抗测试···377
　　15.5.1 机械阻抗的概念及测试方法······································377
　　15.5.2 单自由度系统的机械导纳···379
　　15.5.3 多自由度系统的机械导纳···381
15.6 振动分析仪器···381
习题与考题···384

附录A 常用热电偶分度表···386
附录B 热电阻分度表···397
参考文献···399

第 1 章 绪 论

1.1 测试技术的作用及地位

测试技术是测量技术及试验技术的总称。定量地描述事物的状态变化和特征总离不开测试。简言之，测试是依靠一定的科学技术手段定量地获取某种研究对象原始信息的过程。这里所讲的"信息"是指事物的状态或属性。如火炮膛内的燃气压力、温度，弹丸在膛内运动的速度、位移等就是关于火炮膛内的基本信息。

测试技术是借助于专门的仪器、设备，设计合理的试验方法以及进行必要的信号分析与数据处理，从而获得与测试对象有关的信息，最后将其结果提供显示或输入其他信息处理装置、控制系统的技术。测试技术属于信息科学范畴，是信息技术中测试控制技术、计算机技术和通信技术三大支柱之一。

人类对自然界的一切认识与改造均离不开对自然界信息的获取，因此获取信息的活动是人类最基本活动之一。在日常生活中，人类可凭借感觉器官获取满足生活的大量信息。但在浩瀚的科学技术领域中，欲获取揭示事物内在规律的信息，无论在获取信息的幅值上，还是时间、空间上，或在分辨信息的能力方面，人类的感觉和大脑功能都是十分有限的。测试作为定量地获取事物信息的一种手段，成为现代科学技术研究的一个重要领域。

人类对客观世界的认识和改造总是以测试工作为基础的。人类早期在从事生产活动时，就已经对长度（距离）、面积、时间和质量进行测量，其最初的计量单位或是和自身生理特点相联系，或是与自然环境相联系，如古代利用"步弓"丈量土地，利用"日晷"计量时间，利用"绳扣"记录数量。秦始皇在建立了统一的中央政府以后，立即建立了统一的度量衡制度，说明恰当的测试工作对发展生产和社会交往的重要性。在测试技术发展史中，应该着重表彰一下伽利略的功绩。伽利略不满足于古代思想家对宇宙进行的哲理性的定性描述，主张根据观测和实验对自然界的现象和运动规律进行定量的描述，开创了实验科学，从而开创了近代意义的自然科学。

纵观科学的发展史，可以说任何科学都是实验的科学。牛顿通过实验发表了万有引力定律；伽利略通过实验创造了力学；波义耳通过实验创造了化学；麦克斯韦通过实验创造了电磁场理论；虎克利用光学显微镜观察软木薄片，发现了细胞，促进了生物学的发展；爱因斯坦通过实验提出了狭义相对论和广义相对论；拉姆塞通过大量实验，发现了自然界中存在惰性气体。

工程技术领域离不开测试技术，许多技术领域内的工程现象难以用完善的理论分析和计算进行解释，但通过测试可以揭示工程现象中的内在联系及其变化规律。在工程技术领域，测试技术的作用可归纳为如下几个方面：

① 生产过程中有关工艺参数的测量，对生产过程进行监视，确保生产过程处于最佳的工作状态及判断生产设备的工作状态；同时可将相关工艺参数反馈给对应的控制系统，以确保或提高产品的质量；为优化生产工艺，改进工艺过程及设备性能提供基础数据。

② 采用必要的测试技术手段,可研究工程系统的响应特性、系统参数;结合必要的数据分析可获得工程系统工作时的载荷特性,为系统的设计及优化提供依据。

③ 几乎所有的产品在投入市场前都需要进行静态或动态测试,因此,测试技术是产品研发、生产过程质量控制的基本手段。

总之,测试技术在科学研究和生产技术及人们生活中占有重要的信息基础地位,测试技术水平的高低是科学技术发展的重要标志。

1.2 测试工作的任务

测试工作的基本任务是通过测试手段,对研究对象中有关信息量作出比较客观、准确的描述,使人们对其有一个恰当的全面的认识,并能达到进一步改造和控制研究对象的目的。研究对象所包含的信息是相当丰富的,在实践中,人们总是根据要求测出所感兴趣的有限的信息,而不是全部信息。

信号是信息的载体,某些信息是可直接检测的,而有些信息是不容易直接检测,需要通过对其相关的信息进行加工处理才能获得。一般来说,测试工作总是想用最简捷的方法获得和研究任务相联系的、最有用的、能表征研究对象特征的有关信息,而不能也不可企图获取该事物的全部信息。

现代测试技术的一大特点是采用非电量的电测法,其测量结果通常是随时间变化的电量,亦即电信号。在这些电信号中,包含着有用信息,也包含有大量不需要的干扰信号。干扰的存在给测试工作带来麻烦,测试工作中的一项艰巨的任务就是要从复杂的信号中提取有用的信号或从含有干扰的信号中提取有用的信息。应该指出的是所谓"干扰"是相对的,在一种场合中,被认为是干扰信号,在另一种场合中却可能是有用信号。

人类早就进行测试工作了,但是迄今也很难给测试规定一个明确的定义及工作范围。测试是为了获取有用的信息,而信息是以信号的形式表现出来的。由一个研究对象如何估计它的模型结构,如何设计试验方法以最大限度地突出所需要的信息,并以比较明显的信号形式表现出来,这无疑也是测试工作的一部分。由此可见,测试工作是一件非常复杂的工作,需要多种学科知识的综合运用。当然,根据测试任务的繁简和要求的不同,并不是每项测试工作都要经历相同的步骤。如用天平和砝码就可以称出质量,用一根尺子就可以量布。但如要测定自动武器自动机的运动或研究机床的动态特性,所进行的测试是相当复杂的。

从广义的角度来讲,测试工作涉及试验设计、模型试验、传感器、信号加工与处理(传输、加工和分析、处理)、误差理论、控制工程、系统辨识和参数估计等内容。因此,测试工作者应当具备这些方面的相关知识。从狭义来讲,测试工作是在选定激励方式下,信号的检测、变换、处理、显示、记录以及电量输出的数据处理工作。本书将从狭义的范围来讨论工程测试技术中的基础知识。

1.3 测试技术的发展

现代科技水平的不断发展,为测试技术水平的提高创造了物质条件;而拥有高水平的测试系统又会促进新科技成果的不断发现和创新。两者之间是相辅相成的。

测试技术的发展历程大致可分为古老的测试技术、机械测试技术、非电量电测技术、计算机辅助测试技术、虚拟仪器技术等阶段。

古老的测试技术。由于古代科技水平的限制,人们对测试的认识还未提升到一定程度,测试手段受到限制,但人们在潜移默化中已涉及测试的概念,如成语"五十步笑百步"。

机械测试技术。在此阶段人们已认识到了测试的重要性。但由于电技术的落后,人们只能采用机械的方法对某些参量进行测试,具有代表性的例子是抽水马桶中的水位测量及控制。

非电量电测技术。随着传感器技术及仪器技术的发展,测试技术进入了非电量电测技术的时代。非电量电测技术的核心是将不能直接测量的非电信号如力、压力、位移等,通过传感器将其转换成对应的电信号,再利用相应的调理装置将其电信号进行调理、放大,由记录仪器将其记录下来。非电量电测技术是现代测试技术的基石,无论是计算机辅助测试还是虚拟仪器都离不开非电量电测技术。

计算机辅助测试技术。随着大规模集成电路及计算机技术的发展,传统的模拟式非电量测试系统逐步被数字化系统代替。最典型的就是模拟式记录仪器如光线示波器、磁带记录仪、模拟式函数记录仪、模拟电子示波器等记录设备由具有计算机控制的数据采集系统取代,计算机辅助测试给测试工作者带来了许多方便,尤其在测试信号处理及提高测试精度等方面。

虚拟仪器技术。随着电子技术的发展,客观上要求测试系统向自动化、柔性化发展。20世纪末提出了虚拟仪器的概念,虚拟仪器集计算机技术、通信技术和测量技术于一体。"虚拟"主要有两个方面的含义:一是指仪器的面板虚拟;二是指仪器的测量功能由软件实现。

现代科学技术的发展不断地向测试技术提出新的要求,并推动现代测试技术的发展。综合国内外的技术动态,工程测试技术的发展方向有如下几个方面:

(1) 传感器向新型、微型、智能型发展

传感器是信号检测的工具。体积小、精度高、灵敏度高而测量范围大是传感器发展的重要方向。新材料,特别是新型半导体材料方面的成就,已经促使很多对力、热、光、磁等物理量或气体化学成分敏感的器件的发展。光导纤维不仅可用来传输信号,而且可作为物性型传感器。另一个引人注目的发展是,由于微电子的发展,可将某些电路乃至微处理器和传感测量部分集成一体,即使传感器具有放大、校正、判断和一定的信号处理功能,组成所谓的"智能传感器"。

(2) 测量仪器向高精度和多功能方向发展

测量仪器及整个测量系统精度的提高,使测得数据的可信度也相应提高。在产品研制过程中要进行大量试验,测量某些性能参数,然后对所测数据进行统计分析。在相同条件下要试验若干次,所测参数才具有一定的可信度。仪器精度的提高,可减少试验次数,从而减少试验经费,降低成本。在提高测量仪器精度的同时应扩大仪器的功能。计算机技术的发展也使测试技术产生了革命性的变化,在许多测试系统中利用计算机使仪器的测量精度更高,功能更全。

(3) 参数测量与数据处理向自动化发展

一个产品的大型综合性试验,准备时间长,待测参数多,靠人工检查,耗费时间长,众多的数据依靠手工去处理,不仅精度低,处理周期也太长。现代测试技术的发展,使采用以计算机为核心的自动测试系统成为可能。该系统一般能实现自动校准、自动修正、故障诊断、信号调制、多路采集、自动分析处理并能打印输出测试结果。

(4) 基于现场总线技术的网络化

随着计算机技术、通信技术和网络技术的高速发展,以计算机和工作站为基础的网络化测试技术已成为新的发展趋势。现场总线是位于生产控制和网络结构的底层网,能与因特网、局域网相连,且具有开放统一的通信协议,因此肩负着生产运行一线测试、控制的任务。网络化测试系统一般由测试部分、数据信号传输部分及数据信号分析处理部分等组成。网络化测试技术突出的特点是可以实现资源共享、多系统、多任务、多专家的协同测试与诊断;其另一特点是可以实现过程测控,测试人员不受时间和空间的限制,随时随地获取所需信息。

1.4 测量与标准

1.4.1 测 量

在科学研究和工程试验中,往往需要探求物理现象之间的数量关系。为了确定被测对象的量值而进行的实验过程称为测量。测量是人类认识客观世界,获取定量信息的重要手段。测量的最基本形式是比较,即将待测的未知量与预定的标准作比较。由测量所得到的被测对象的量值表示为数值和计量单位的乘积。

测量可分为两类:直接测量和间接测量。

(1) 直接测量

无须经过函数关系的计算,直接通过测量仪器得到被测量值的测量为直接测量。直接测量又可分为两种:直接比较和间接比较。

① **直接比较** 直接把被测物理量和标准作比较的测量方法称为直接比较。例如要测量一根圆钢的长度,最常用的办法是用一把钢卷尺和它作比较。钢卷尺(米尺)就是做长度测量用的标准。假设测得的圆钢长度是长度标准(m)的2.4倍,就用2.4 m作为圆钢长度的示值。长度测量是最简单的直接比较。但是,并不是任何物理量和标准之间的比较,都能直接由人的感官来完成。例如,要比较两只电阻的大小,这就不是人的感官所能胜任的,需要借助于惠斯通电桥来进行未知电阻和标准电阻之间的比较。电阻测量也是一种直接比较。直接比较的一个显著特点是待测物理量和标准是同一种物理量。

② **间接比较** 直接测量的另一种方法是间接比较。例如测量体温,最常用的是水银温度计。根据水银热胀冷缩的物理规律,温度越高,水银膨胀得越厉害,毛细管中的水银柱就上升得越高,水银柱的高度和温度之间有着确定的函数关系,因此可以用水银柱的高度作为被测温度的量度。这里是通过热胀冷缩的规律把温度的高低转化为水银柱的长度,然后,通过对水银柱长度的比较,间接地得出被测温度的大小。这就是间接比较。概括来讲,间接比较是利用仪器仪表(统称为测量系统)把原始形态的待测物理量的变化转换成与之保持已知函数关系(通常是线性关系)的另一种物理量的变化,并以人的感官所能接受的形式(通常是位置的变化),在测量系统的输出端显示出来。用弹簧秤测力,用电流表测电流等都是间接比较。

无论直接比较还是间接比较,都是直接用测量仪器测出待测物理量的大小,都属于直接测量。由此可以看出,为使测量结果具有普遍的科学意义,测量必须具备以下两个前提条件:一是用作比较的标准必须是精确已知的,得到公认的;二是测量系统必须工作稳定,经得起检验。

(2) 间接测量

间接测量是在直接测量的基础上,根据已知的函数关系,计算出所测物理量的大小。例如在弹道实验中测量弹丸的速度一般采用定距测时法,即先用直接测量测出两靶之间的距离和弹丸通过这段距离所需要的时间,然后由平均速度公式计算出弹丸的运动速度。这种测定弹丸速度的方法,属于间接测量。

一般,尽可能地不用间接测量,因为它的准确度往往不如直接测量高。但是,有时所要测的物理量本身就是根据数学关系定义的,没有比较的标准可供使用(如冲量、马赫数等),或者没有能够直接测量该物理量的仪器,就不得不采用间接测量了。

1.4.2 标　准

(1) SI 的构成

为了求得国际上的统一,国际计量会议建立了统一的"国际单位制"(International System of Unit),简称 SI 制。SI 制由 SI 单位和 SI 单位的倍数单位构成。SI 单位是国际单位制中由基本单位和导出单位构成的一贯单位制的单位。SI 导出单位又包括 SI 辅助单位在内的具有专门名称的 SI 导出单位和具有组合形式的 SI 导出单位。

为表述方便,SI 规定了 7 个基本单位。SI 导出单位是用基本单位以代数形式表示的单位,其中采用基本单位的乘除运算符号来表示的单位称为组合单位。如速度的 SI 单位为 m/s。

在 SI 的导出单位中,规定了国际计量大会通过的专门名称和符号。如能量的单位通常用焦耳(J)来代替牛顿米(N·m)。

由 SI 基本单位、具有专门名称的 SI 导出单位、SI 辅助单位组成,并以代数形式表示的单位称为组合形式的 SI 导出单位,如电阻率的单位欧姆米($\Omega \cdot m$)。

SI 单位的倍数单位包括 SI 单位的十进制倍数和分数单位,如 10^6 称为兆(M)。SI 单位的倍数单位不能单独使用,如时间的单位微秒(10^{-6} s)可表示为 μs。

(2) SI 基本单位

国际单位制规定 7 个基本单位:米、千克、秒、安培、开尔文、坎德拉、摩尔。

① **米**　长度单位,单位符号为 m。1884 年曾规定 1 米等于保存在巴黎国际标准计量局内的铂铱合金棒上两根细线在 0℃时的距离。1960 年第十一次国际计量会议重新规定,1 米等于真空中氪 86(Kr-86)在 $2p_{10}$ 和 $5d_5$ 能级间跃迁时辐射的橘红光波长的 1650763.73 倍。1983 年新基准规定 1 米是光在真空中(1/299 792 458)s 时间间隔内所经路径的长度。

规定英制长度单位和 SI 制长度单位之间的换算关系为

$$1 \text{ 英寸} = 25.4 \text{ 毫米} \tag{1-1}$$

② **千克**　质量单位,单位符号为 kg。1889 年规定以保存在巴黎国际标准计量局内的高度和直径均为 39 mm 的铂铱合金圆柱体——国际千克原器为质量标准。质量标准可保持($1 \sim 2) \times 10^{-8}$ 的准确度。

规定英制质量单位与 SI 制质量单位之间的换算关系为

$$1 \text{ 磅} = 0.453\ 592\ 37 \text{ 千克} \tag{1-2}$$

③ **秒**　时间单位,单位符号为 s。规定以英国格林尼治 1899 年 12 月 31 日正午算起的回归年的 1/31 556 925 9747 为 1 s。但该标准的建立需要依靠天文观测,使用起来不方便。

1967年第13次国际计量会议上规定1秒为铯-133(Cs-133)原子基态的两个超精细能级之间跃迁所产生的辐射周期的9 192 631 770倍的持续时间。该标准的准确度可达3×10^{-9}。

④**安培** 电流单位，单位符号为A。真空中两根相距1 m的无限长的圆截面极小的平行直导线内通以恒定的电流，使这两根导线之间每米长度产生的力等于2×10^{-7}牛顿，这个恒定电流就是1安培。它由电流天平(安培天平)来实现。

⑤**开尔文** 热力学温度单位，单位符号为K。是水的三相点(即水的固、液、气三相共存的温度)的热力学温度的1/273.16。热力学温标是建立在热力学第二定律的基础上的，它和工作介质的性质无关，因此是一种理想的温标。热力学温标因绝对零度无法达到而难以实现，故又规定用国际温标来复制温度基准。国际温标由基准点、基准温度计和补插公式三部分组成。它选择一些纯净物质和平衡态温度作为温标的基准点，1968年国际温标共规定了11个基准点，然后又规定了在不同温度区间中使用的基准温度计和插值公式。例如，在冰点(0℃)和锑点(630.5℃)之间，采用纯铂电阻温度计为基准温度计，在这个温度区间内，各中间点的温度用纯铂电阻温度计按式(1-3)计算：

$$R_t = R_0(1 + At + Bt^2) \qquad (1-3)$$

式中，R_0、A和B三个常数，通过冰点(0 ℃)、沸点(100 ℃)、硫点(444.600 ℃)来测定。

摄氏温标是工程上通用的温标。摄氏温度和国际温标间的换算关系为

$$t = T - T_0 \qquad (1-4)$$

式中，t为摄氏温度，T为国际温标，$T_0 = 273.15$ K。

⑥**坎德拉** 发光强度单位，单位符号为cd。规定1坎德拉是一光源在给定方向上发出的频率为540×10^{12} Hz的单色辐射，且在此方向上的辐射强度为1/683 W/sr。

⑦**摩尔** 物质的量单位，单位符号为mol。规定构成物质系统的基本单元数与0.012 kg碳-12的原子数目相等时，这个系统的物质的量为1摩尔。在使用摩尔时，应指明基本微粒，可是原子、分子、离子、电子及其他粒子，或是这些粒子的特定组合。

在国际单位制中，其他物理量的单位可通过与基本单位相联系的物理关系来定。例如，速度单位用物理方程$v = \dfrac{ds}{dt}$来定义，若距离s和时间t的单位分别为米和秒，得速度单位(m·s^{-1})。

1977年5月17日，国务院发布《中华人民共和国计量管理条例》规定："国家基准计量仪器是实现全国量值统一的基本依据，由中华人民共和国标准计量局(简称国家计量局)根据生产建设的需要组织研究和建立，经国家鉴定合格后使用"。1984年2月27日国务院又发布了统一实行法定计量单位的命令，进一步统一我国的计量单位，颁布了《中华人民共和国计量单位》。1993年12月27日国家技术监督局参照先进的国际单位制，结合我国的实际情况发布了新的国家标准GB3100～3102—93《量和单位》。

为适应全国各地区、各部门生产建设和科学研究的需要，除国家标准计量局管理的国家计量基准器外，还要根据不同等级的准确度建立各级计量标准器及日常使用的工作标准器。例如温度测量，除国家标准计量局遵照国际温标规定，建立一套温度基准(包括基准温度计和定点分度装置)作为全国温度最高标准外，还设立了一级和二级标准温度计，逐级比较检定，把量值传递到工作温度计，使全国温度计示值都一致，以得到统一的温度测量。

对于各个导出单位，我国也建立了相应的测量标准，如力的标准、加速度标准等。这些量

的标准制定和建立、量值的传递,是进行准确测量的基础,对实际测量具有重大意义。

1.5 非电量电测系统的组成

现代测量技术的一个明显特点是采用电测法,即电测非电量。采用电测法,首先要将输入物理量转换成电量,然后再进行必要的调节、转换、运算,最后以适当的形式输出。这一转换过程决定了测量系统的组成。只有对测试系统有一个完整的了解,才能按照实际需要设计或搭配出一个有效的测试系统,以解决实际测试课题。另一个特点是采用计算机作为测量系统的核心器件,它具有数据处理、信号分析及显示功能。

按照信号传递方式来分,常用的测试系统可分为模拟式测试系统和数字式测试系统。现代测试系统中还包括智能式测试系统。

一个完整的测试系统包括以下几部分:传感器、信号调理与测量电路、显示与记录仪器、数据处理仪器、打印机等外围设备,如图1-1所示。此外,还有传感器标定设备、电源和校准设备等都是附属部分,不属于测试系统主体范围内,数据处理器与打印机也按具体情况的需要而添置。

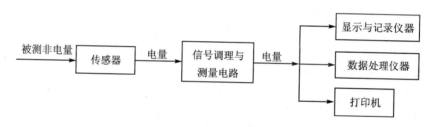

图1-1 测试系统的组成

现对上述各组成部分扼要介绍如下:

传感器是整个测试系统实现测试与自动控制(包括遥感、遥测和遥控)的首要环节,它的作用是将被测非电量转换成便于放大、记录的电量。在工业生产的自动控制过程中,依靠各种传感器对瞬息变化的众多参数信息进行准确、可靠、及时的采集(捕获),对生产过程按预定工艺要求进行随时监控,使设备和生产系统处于最佳的正常运转状态,从而保证生产的高效率和高质量。人们对传感器的重要性已有充分认识,因此,在国内外均投入了大量的人力与物力,从事研究与开发性能优良、测试原理新颖的传感器。

传感器是整个测试系统中采集信息的首要环节,所以有时称传感器为测试系统的一次仪表,其余部分为二次仪表或三次仪表。作为一次仪表的传感器往往由两个基本环节组成,如图1-2所示。

图1-2 传感器的组成

① 敏感元件 敏感元件或称预变换器,也称弹性敏感元件。在进行由非电量到电量的变换时,有时需要利用弹性敏感元件,先将被测非电量预先变换为另一种易于变换成电量的非电量(例如应变或位移),然后再利用传感元件,将这种非电量变换成电量。弹性敏感元件是传感

器的心脏部分,在电测技术中占有极为重要的地位。它常由金属或非金属材料制成,当承受外力作用时,它会产生弹性变形;当去除外力后,弹性变形消失并能恢复其原来的尺寸和形状。

② **传感元件**　凡是能将感受到的非电量(如力、压力、温度等)直接变换为电量的器件称为传感元件(或称变换元件)。例如应变片、压电晶体、压磁式器件、光电元件及热电偶等。传感元件是利用各种物理效应或化学效应原理制成的。新的物理或化学效应被发现并应用到测试技术中,将使传感元件的品种日趋丰富,性能更加优良。但应指出,并不是所有的传感器都包括敏感元件和传感元件两部分。有时在机-电量变换过程中,不需要进行预变换这一步,例如热敏电阻、光电器件等。另外一些传感器,敏感元件与传感元件合二为一,如固态压阻式压力传感器等。

信号调理与测量电路依测量任务的不同而有很大的伸缩性。在某些简单的测量中可完全省略,直接将传感器的输出进行显示或记录。在大多数的测量中信号调理与测量电路(放大、调制解调、滤波等)是不可缺少的,可能包括多台仪器。复杂的测量往往还需借助于计算机进行必要的数据处理如抗干扰滤波等。如果是远距离测量,有时还要增加必要的信号传输环节,如光电转换及光纤等。

显示与记录仪器的作用是将信号调理与测量电路送来的电压或电流信号不失真地显示和记录出来。若按记录方式分,又可分为模拟式记录器和数字式记录器两大类。早期采用电磁仪表和阴极射线示波器来显示被测量的数值和波形,但它们不具备记录功能;光线振动子示波器具有显示与记录两种功能,便于对被测数据重现和观察分析;磁带记录器只能记录而不能显示被测信号。

① 模拟式记录器记录的是一条或一组曲线,包括自动平衡式记录仪、笔录仪、X-Y记录仪、模拟数据磁带记录器、电子示波器—照相系统、机械扫描示波器、记忆示波器以及带有扫描变换器(ScanConuerter)的波形记录器等。

② 数字式记录器记录的是一组数字或代码,包括穿孔机、数字打印机以及瞬态波形记录器等。

此外,数据处理器、打印机、绘图仪是上述测试系统的延伸部分。它们对测试系统输出的信号作进一步处理,以使信号更为明确化。

在实际测量工作中,测量系统的构成是多种多样的。它可能只包括一、两种测量仪器,也可能包括多种测量仪器,而且测量仪器本身也可能相当复杂。可以将微型计算机直接用于测量系统中,也可以在测量现场先将测量信号记录下来,再用计算机进行分析处理。

测试系统还可分为模拟测试系统和数字测试系统。

① 在如图1-3所示的模拟测试系统中,被测量(如动态压力、位移及加速度等)都是随时间连续变化的量,经测试系统变换后输出的一般仍是连续变化的电压或电流,能直观地反映出被测量的大小和极性。这种随时间而连续变化的量统称为模拟量。模拟测试系统的优点是价格低、直观性强、灵活而简易;缺点是精度较低。

② 图1-4所示为典型的数字式测试系统,被测压力信号经压力传感器转换成电信号后,由信号调理与测量电路调理成电压信号,数据采集系统对模拟的电压信号进行采集存储,形成离散的数字信号供计算机分析处理。这种系统的优点是能够排除人为读数误差,并可采用计算机实现数据处理自动化。

欲以最佳方案完成测试任务,就应该对传感器、信号调理与测量电路以及显示与记录仪器

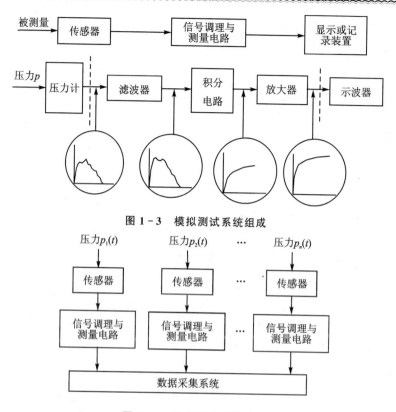

图1-3 模拟测试系统组成

图1-4 数字测试系统组成

(有时还包括数据处理仪器、打印机等外围设备)的整套测试系统作全面、综合考虑。例如,要测量一个快速变化的瞬态压力,若压力变化时间只有几毫秒(ms)或几十微秒(μs)时,整套测试系统必须有足够的动态响应,才能保证测试精度。选用传感器时,要尽量提高传感器的固有频率,但这样做会降低传感器的灵敏度,这时就需要考虑配用高增益、性能稳定、具有足够频宽的信号调理与测量电路。宁可不追求高灵敏度的传感器而首先保证整个测试系统具有足够的工作带宽的方法,应该说是合理的。

1.6 工程测试技术课程特点及教学要求

本课程主要讨论工程动态测试中常用的传感器、信号调理及测量电路,记录、显示、分析设备的工作及原理,测量系统静态、动态特性的评价方法,测量信号的可测性分析,计算机在测试中的应用,常用的应变测量技术、压电测量技术、光电测量技术以及温度测量技术以及其他几个常见物理量的动态测试方法。

对于高等学校机械工程类有关专业来说,本课程是一门技术基础课,是数学、物理学、电工学、电子学、力学、控制工程及计算机技术等课程的综合应用。本课程具有很强的实践性,只有在学习过程中密切联系实际,加强实验,注意物理概念,才能真正掌握有关知识。本课程在教学环节中安排了必要的相关实验及习题;学习中学生必须主动积极地参加实验,完成相应的习题,才能受到应有的实验能力的训练,才能在潜移默化中获得关于动态测试工作的比较完整的概念,只有这样才能初步具有处理实际测试工作的能力。

通过本课程的学习，培养学生较正确地选用测试系统并初步掌握进行动态测试所需要的基本知识和技能，为学生进一步学习、研究和处理工程测试技术问题打下坚实的基础。从进行动态测试工作所必备的基本条件出发，学生在学完本课程后应具有下列几个方面的知识和能力：

①掌握信号时域和频域的描述方法，建立明确的信号频谱概念，掌握频谱分析的基本原理和方法；了解相关分析、功率谱分析的基本原理及其应用，了解数字信号分析的基本概念，掌握误差的性质及处理方法。

②了解常用传感器、信号调理与测量电路、记录、显示设备的工作原理及性能，并能依据测试要求进行比较合理的选择。

③掌握测试系统的静态、动态特性的评价方法和不失真测量的条件，能正确运用相关理论对测试系统进行分析和选择；了解动态误差的基本概念及常用动态误差修正方法。

④对动态测试工作的基本问题有一个比较完整的概念，对工程测试中的某些参数的测试能自行确定测试方法，自行设计或选用测试系统，并能对测试信号进行正确的数据处理和描述。

习题与思考题

1-1 欲使测量结果具有普遍科学意义的条件是什么？
1-2 非电量电测法的基本思想是什么？
1-3 什么是国际单位制？其基本量及其单位是什么？
1-4 一般测量系统的组成分几个环节？分别说明其作用。
1-5 举例说明直接测量和间接测量的主要区别是什么？
1-6 根据你的理解，谈谈测试技术的内涵。

第 2 章　工程信号及其可测性分析

2.1　概　述

信号是信息的载体,是工程测试的对象。工程实践中充满着大量的信息,获取这些信息并对其进行分析、处理,可发现事物内在规律及事物之间的相互关系。在各类工程测试中,一方面要考虑将被测信号不失真地测量出来;另一方面又要考虑经济性,即测量系统的性价比。为此,在设计或组建各参量测试系统前,应对被测信号有所了解,做到有的放矢地组建测试系统。此外,在测试过程中存在各种各样的干扰因素,它势必通过传感器、中间变换器和记录仪影响动态测试后所得信号的真实性。如何从所测信号中提取有用的特征参数,显然是测试工作者必须掌握的关键技术之一。信号分析就是运用数学工具对信号加以分析研究,提取有用信号,从中得到一些对工程有益的结论和方法。运用信号分析技术和研究分析测试系统时,其作用主要表现在两个方面:

① 分析被测信号的类别、构成及特征参数,使工程测试人员了解被测对象的特征参量,以便深入了解被测对象内在的物理本质。如对信号进行频谱分析以确定信号的频率组成等。

② 为正确选用和设计测试系统提供依据。如对信号的有效带宽进行分析,确定相应的放大器工作带宽及数据采集系统的采样频率等。

现代电气与电子通信技术的迅速发展使得信号分析与处理理论也获得了重大进展,计算机技术的高速发展使信号分析及处理的速度越来越快。工程测试是信号理论的一个重要的应用领域。随着计算机及软件实现信号分析处理的方法日趋成熟,这个重要的技术工具在工程测试领域中必将得到更广泛的应用。

本章介绍信号的分类及描述方法,重点讨论周期信号及瞬态信号的分解与频谱分析方法,为信号的可测性分析提供依据。

2.2　工程信号的分类

在工程测试中,按被测信号的时间变化规律可分为两大类:静态信号和动态信号。静态信号是不随时间变化或随时间缓慢变化的信号。动态信号是随时间快速变化的信号。

为便于分析和讨论,还可从不同的研究角度出发,对信号加以分类。

2.2.1　按信号随时间变化的规律分类

按随时间变化的规律可将信号分为确定性信号和随机信号两大类,如图 2-1 所示。

(1) 确定性信号

确定性信号可用明确的数学关系式来描述,可知其随时间的变化规律。例如,一个单自由度无阻尼的质量-弹簧振动的系统,如图 2-2 所示,其位移信号 $x(t)$ 的表达式为:

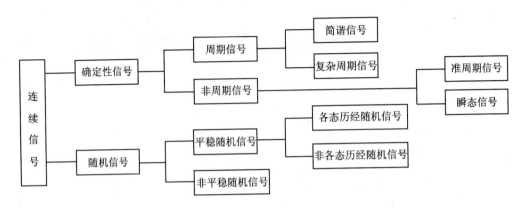

图 2-1 信号分类图

$$x(t) = X_0\cos\left(\sqrt{\frac{k}{m}}t + \phi_0\right) \quad (2-1)$$

式中,X_0 为振动幅值的最大值;k 为弹簧刚度系数;m 为质量;t 为时间;ϕ_0 为初相位。

① **周期信号** 周期信号是指经过一定时间可以重复出现的信号,满足关系式

$$x(t) = x(t + nT) \quad n = 0, \pm 1, \pm 2, \cdots \quad (2-2)$$

式中,T 为周期。

周期信号又分为简谐信号(正、余弦信号)和复杂周期信号。所谓复杂周期信号就是由若干频率之比为有理数的正弦信号组合而成的信号,如图 2-3 所示。

② **非周期信号** 非周期信号是指有限时间段

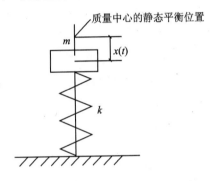

图 2-2 无阻尼质量-弹簧振动系统图

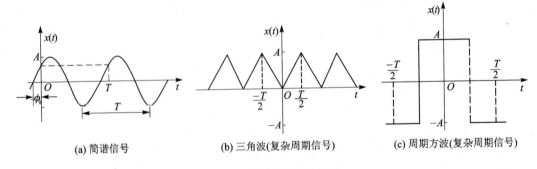

(a) 简谐信号　　(b) 三角波(复杂周期信号)　　(c) 周期方波(复杂周期信号)

图 2-3 周期信号的波形图

内存在或随着时间的增加而幅值衰减至零的信号。指数衰减信号和矩形窗信号是典型的非周期信号,如图 2-4 所示。非周期信号又分为准周期信号及瞬态信号。

准周期信号是非周期信号的特例,处于周期与非周期的边缘情况,是由有限个周期信号合成的,但各周期信号的频率相互间不是公倍数关系,其合成的信号不满足周期条件。如 $x(t)$

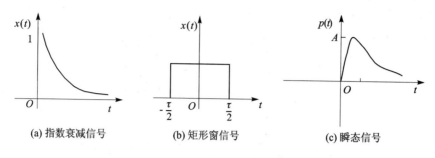

(a) 指数衰减信号　　　(b) 矩形窗信号　　　(c) 瞬态信号

图 2-4　非周期信号波形图

$=\sin\omega_0 t+\sin\sqrt{3}\omega_0 t$ 是由两个正弦信号合成的,但其频率比不是有理数,构不成谐波关系,因此,该信号被称为准周期信号。

(2) 随机信号

随机信号是不能用明确的数学关系式来描述的信号,无法确切地预测未来任何瞬间精确值的信号。对于随机信号,虽然也可建立某些数学模型进行分析和预测,但只能是在概率统计意义上的近似描述,这种数学模型称为统计模型。随机信号具有某些统计特性,只能用概率和统计的方法来描述此类信号。

按时间历程对随机信号所作的各次长时间的观测记录称为样本函数,记作 $x_i(t)$。如图 2-5 所示,在有限区间内的样本函数称为样本记录。在同等实验条件下,全部样本函数的集合(总体)为随机过程 $\{x(t)\}$,即

$$\{x(t)\}=\{x_1(t),x_2(t),\cdots x_i(t),\cdots,x_n(t)\}$$
(2-3)

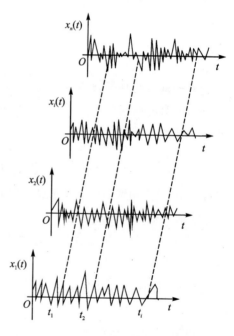

随机过程的各种平均值,如均值、方差、均方值和均方根值等,是按集合平均来计算的,集合平均的计算不是沿某个样本的时间轴进行的,而是在集合中某时刻 t_i 对所有样本的观测值进行平均。单个样本沿其时间历程进行平均的计算称为时间平均。

随机信号中概率性质不随时间变化而变化的信号,即其集合平均值不随时间变化的过程称为平稳随机过程(或平稳随机信号)。概率性质随时间变化而变化的信号称为非平稳随机信号。

图 2-5　随机过程与样本函数

在平稳随机过程中,若任一单个样本函数的时间平均值等于该过程的集合平均值,则该样本就是各态历经随机信号,否则为非各态历经。

2.2.2　按信号随时间变化连续性分类

按信号随时间变化的连续性可将信号分为连续信号和离散信号。

若信号的独立变量取值连续,则是连续信号;若信号的独立变量取值离散,则是离散信号。

信号幅值也可分为连续和离散两种，若信号的幅值和独立变量均连续，则称为模拟信号，如图 2-6(a)所示；若信号幅值和独立变量均离散，则称为数字信号，如图 2-6(b)所示。数字计算机使用的信号都是数字信号。

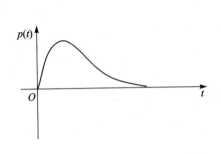 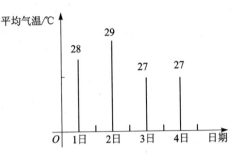

(a) 枪炮膛内火药燃气压力信号（连续信号）   (b) 某地某月1日—4日的最高气温（离散信号）

图 2-6 连续信号与离散信号图

2.2.3 其他分类方法

(1) 能量信号与功率信号

在所分析的区间$(-\infty,\infty)$，能量为有限值的信号称为能量信号，满足条件：

$$\int_{-\infty}^{\infty} x^2(t) \mathrm{d}t < \infty \tag{2-4}$$

一般持续时间有限的瞬态信号是能量信号。

在所分析的区间$(-\infty,+\infty)$，若信号$x(t)$的能量不是有限值，此时，研究信号的平均功率更为合适。若满足：

$$\lim_{T\to\infty} \frac{1}{2T} \int_{-T}^{T} x^2(t) \mathrm{d}t < \infty \tag{2-5}$$

则称信号$x(t)$为功率信号。一般持续时间无限的信号是功率信号。

(2) 时限信号与频限信号

在时间段(t_1,t_2)内$x(t)$有定义，其外均为 0 的信号称为时限信号，如图 2-7 所示的三角脉冲信号就是时限信号。

在频率区间(f_1,f_2)内有定义，其外均为 0 的信号称为频限信号，如图 2-8 所示。

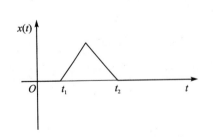 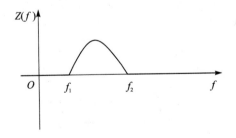

图 2-7 时限信号示例图   图 2-8 频限信号示例图

(3) 物理可实现信号与物理不可实现信号

物理可实现信号，又称单边信号，满足条件 $t<0$ 时，$x(t)=0$，即在时刻小于 0 的一侧全为 0 的信号，如图 2-9 所示。

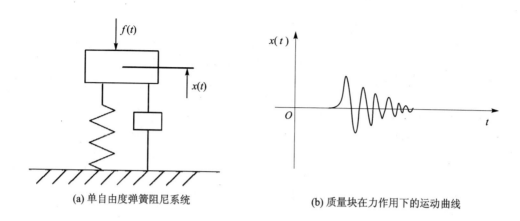

(a) 单自由度弹簧阻尼系统　　　　(b) 质量块在力作用下的运动曲线

图 2-9　物理可实现信号

物理不可实现信号可见图 2-9 所示的单自由度弹簧阻尼系统，在该系统中，若在 $t<0$ 的区间内要求图示 2-10 的 $x(t)$ 信号，则该信号为物理不可实现信号。

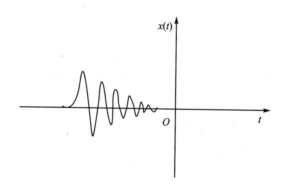

图 2-10　物理不可实现信号示例

2.3　周期信号的频谱与可测性

动态测试中所测的信号一般都是以时间为独立变量的函数，称为信号的时域描述。时域描述法简单、直观，但是不能明确揭示出信号的频域成分。为了解信号的频域结构以及各频率成分的幅值和相位，需要对信号进行频谱分析。即把时域信号通过数学手段转换成频域信号，在频域内描述信号的特征。

2.3.1　周期信号的分解和频谱

周期信号的频域特性分析借助于傅里叶级数这一工具来实现。

表 2-1 常见周期信号时域描述及频谱图

名称	时域表达式	时域波形	幅频谱	相频谱
正弦	$x(t)=A\sin(\omega_0 t+\phi_0)$			
余弦	$x(t)=A\cos\omega_0 t$			
方波	$x(t)=\begin{cases} A & \|t\| \leqslant \dfrac{T}{4} \\ -A & \dfrac{T}{4} \leqslant \|t\| \leqslant \dfrac{T}{2} \end{cases}$			
三角形	$x(t)=\begin{cases} -2A-\dfrac{4A}{T}t & -\dfrac{T}{2}<t\leqslant -\dfrac{T}{4} \\ \dfrac{4A}{T} & -\dfrac{T}{4}<t\leqslant \dfrac{T}{4} \\ 2A-\dfrac{4A}{T}t & \dfrac{T}{4}<t\leqslant \dfrac{T}{2} \end{cases}$			
锯齿波	$x(t)=\begin{cases} \dfrac{2A}{T}t & -\dfrac{T}{2}<t<\dfrac{T}{2} \\ 0 & t=\pm\dfrac{T}{2} \end{cases}$			
余弦全波整流	$x(t)=\|A\cos\omega_0 t\|$			

1. 狄利克雷条件

根据傅里叶级数理论,在有限区间上,任何可展开成傅里叶级数的周期函数必须满足狄利克雷(Dirichlet)条件,即:

① 函数 $x(t)$ 在周期 T 区间上连续或只有有限个第一类间断点;
② 在周期 T 内函数 $x(t)$ 只有有限个极值点;
③ 在周期 T 内函数绝对可积,即函数收敛。

2. 三角函数形式的傅里叶级数

如果满足狄利克雷条件,则周期信号 $x(t)$ 可展成傅里叶级数,即

$$x(t) = a_0 + \sum_{n=1}^{+\infty} [a_n \cos(n\omega_0 t) + b_n \sin(n\omega_0 t)] \qquad (2-6)$$

式中,$a_0 = \frac{1}{T} \int_{-T/2}^{T/2} x(t) dt$;$a_n = \frac{2}{T} \int_{-T/2}^{T/2} x(t) \cos(n\omega_0 t) dt, n=1,2,3\cdots$;$b_n = \frac{2}{T} \int_{-T/2}^{T/2} x(t) \sin(n\omega_0 t) dt, n=1,2,3\cdots$;$\omega_0 = \frac{2\pi}{T}$;$a_0$、$a_n$ 和 b_n 为傅里叶系数;ω_0 为基波角频率。

合并式(2-6)中同频率项,可得到

$$x(t) = a_0 + \sum_{n=1}^{+\infty} A_n \sin(n\omega_0 t + \theta_n) \qquad (2-7)$$

或

$$x(t) = a_0 + \sum_{n=1}^{+\infty} A_n \cos(n\omega_0 t + \phi_n) \qquad (2-8)$$

式中,$A_n = \sqrt{a_n^2 + b_n^2}, n=1,2,3,\cdots$;$a_n = A_n \sin\theta_n = A_n \cos\phi_n, n=1,2,3\cdots$;$b_n = A_n \cos\theta_n = -A_n \sin\phi_n$,$n=1,2,3\cdots$;$\theta_n = \phi_n + \frac{\pi}{2} = \arctan\frac{a_n}{b_n}$,$\phi_n = \arctan\left(-\frac{b_n}{a_n}\right), n=1,2,3\cdots$。

以上表明:满足狄利克雷条件的任何周期信号均可分解成直流分量及许多简谐分量,且这些简谐分量的角频率必定是基波角频率的整数倍。通常把角频率为 ω_0 的分量称为基波;频率为 $2\omega_0$、$3\omega_0\cdots$ 的分量,分别称为二次谐波、三次谐波等。幅值 A_n 和相位 ϕ_n 与频率 $n\omega_0$ 有关。

将组成 $x(t)$ 的各频率谐波信号的三要素(即 A_n、$n\omega_0$、ϕ_n),用两张坐标图表示出来:以频率 $\omega(n\omega_0)$ 为横坐标,分别以幅值 A_n 和相位 ϕ_n 为纵坐标。那么 $A_n - \omega$ 称为信号幅频谱图,$\phi_n - \omega$ 称为相频谱图,两者统称为信号的三角级数频谱图,简称"频谱"。由频谱图可清楚且直观地看出周期信号的频率分量组成、各分量幅值及相位的大小。常见周期信号的频谱图见表 2-1 所列。

【例 2-1】 求图 2-11 中周期方波的傅里叶级数。

解:取 $x(t)$ 的一个周期 $\left[-\frac{T}{2}, \frac{T}{2}\right]$,表达

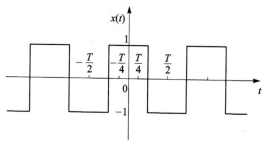

图 2-11 周期方波

式为
$$x(t) = \begin{cases} -1 & -\dfrac{T}{2} \leqslant t < -\dfrac{T}{4} \\ 1 & -\dfrac{T}{4} \leqslant t < \dfrac{T}{4} \\ -1 & \dfrac{T}{4} < t \leqslant \dfrac{T}{2} \end{cases}$$

有
$$a_0 = \frac{1}{T}\int_{-T/2}^{T/2} x(t)\,dt = 0$$

$$a_n = \frac{2}{T}\int_{-T/2}^{T/2} x(t)\cos n\omega_0 t\,dt$$

$$= \frac{2}{T}\int_{-T/2}^{-T/4} -\cos n\omega_0 t\,dt + \frac{2}{T}\int_{-T/4}^{T/4} \cos n\omega_0 t\,dt + \frac{2}{T}\int_{T/4}^{T/2} -\cos n\omega_0 t\,dt$$

$$= \frac{4}{n\pi}\sin\frac{n\pi}{2} = \begin{cases} \dfrac{4}{n\pi}(-1)^{(n-1)/2} & n=1,3,5,\cdots \\ 0 & n=2,4,6,\cdots \end{cases}$$

$$b_n = \frac{2}{T}\int_{-T/2}^{T/2} x(t)\sin n\omega_0 t\,dt = 0$$

因此
$$x(t) = \frac{4}{\pi}\left(\cos\omega_0 t - \frac{1}{3}\cos 3\omega_0 t + \frac{1}{5}\cos 5\omega_0 t - \cdots\right)$$

此余弦分量及周期方波频谱如图 2-12 所示。各次谐波分量的幅值分别以基波幅值 $4/\pi$ 的 $1/n$ 规律收敛。

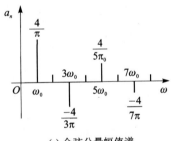
(a) 余弦分量幅值谱

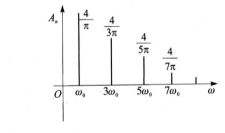
(b) 方波幅值谱

图 2-12 周期方波的幅值频谱

3. 复指数形式的傅里叶级数

傅里叶级数除了用三角函数表示外还可用复指数形式表示。有欧拉公式

$$\cos(n\omega_0 t) = \frac{1}{2}(e^{-jn\omega_0 t} + e^{jn\omega_0 t})$$

$$\sin(n\omega_0 t) = \frac{j}{2}(e^{-jn\omega_0 t} - e^{jn\omega_0 t})$$

据欧拉公式代至式(2-6)可得到

$$x(t) = a_0 + \sum_{n=1}^{+\infty}\left(\frac{a_n - jb_n}{2}e^{jn\omega_0 t} + \frac{a_n + jb_n}{2}e^{-jn\omega_0 t}\right) \quad (2-9)$$

令 $X(n\omega_0)=\dfrac{a_n-jb_n}{2}$，由于 a_n 是 n 的偶函数，b_n 是 n 的奇函数，有

$$X(-n\omega_0)=\dfrac{a_n+jb_n}{2}$$

则式(2-9)可表示成

$$x(t)=a_0+\sum_{n=1}^{+\infty}[X(n\omega_0)e^{jn\omega_0 t}+X(-n\omega_0)e^{-jn\omega_0 t}] \quad (2-10)$$

令 $X(0)=a_0$，又

$$\sum_{n=1}^{\infty}X(-n\omega_0)e^{-jn\omega_0 t}=\sum_{n=-1}^{-\infty}X(n\omega_0)e^{jn\omega_0 t}$$

可得

$$x(t)=\sum_{n=-\infty}^{+\infty}X(n\omega_0)e^{jn\omega_0 t} \quad (2-11)$$

式中，

$$X(n\omega_0)=\dfrac{1}{T}\int_{-T/2}^{T/2}x(t)e^{-jn\omega_0 t}dt \quad (2-12)$$

式中，n 为从 $-\infty$ 到 ∞ 的整数。式(2-12)也可写成

$$X(n\omega_0)=|X(n\omega_0)|e^{j\phi_n} \quad (2-13)$$

同样可画出指数形式表示的信号频谱，由于 $X(n\omega_0)$ 为复函数，所以常称这种频谱为复数频谱或双边频谱。

【例 2-2】 试求[例 2-1]中周期方波的复指数形式的傅里叶级数。

解：
$$x(t)=\sum_{n=-\infty}^{+\infty}X(n\omega_0)e^{jn\omega_0 t}$$

$$\begin{aligned}
X(n\omega_0)&=\dfrac{1}{T}\int_{-T/2}^{T/2}x(t)e^{-jn\omega_0 t}dt\\
&=\dfrac{1}{T}\left[\int_{-T/2}^{-T/4}-e^{-jn\omega_0 t}dt+\int_{-T/4}^{T/4}e^{-jn\omega_0 t}dt+\int_{T/4}^{T/2}-e^{-jn\omega_0 t}dt\right]\\
&=\dfrac{1}{T}\dfrac{1}{jn\omega_0}[(2e^{jn\frac{\pi}{2}}-2e^{-jn\frac{\pi}{2}})+(e^{-jn\pi}-e^{jn\pi})]\\
&=\dfrac{1}{T}\dfrac{1}{jn\omega_0}\left[\dfrac{-4\sin(n\frac{\pi}{2})}{j}+\dfrac{2\sin(n\pi)}{j}\right]\\
&=\dfrac{2}{n\pi}\sin\dfrac{n\pi}{2}=\begin{cases}\dfrac{2}{n\pi}(-1)^{(n-1)/2} & n=\pm1,\pm3,\pm5\cdots\\ 0 & n=\pm2,\pm4,\pm6\cdots\end{cases}
\end{aligned}$$

则
$$x(t)=\dfrac{2}{\pi}\sum_{n=-\infty}^{+\infty}\dfrac{1}{n}\sin\dfrac{n\pi}{2}e^{jn\omega_0 t}$$

图 2-13 为周期方波复数幅值 $|X(n\omega_0)|$ 的频谱。

比较图 2-12 与图 2-13 可发现：图 2-12 中每一条谱线代表一个分量的幅度，而图 2-13 中把每个分量的幅度一分为二，在正负频率相对应的位置

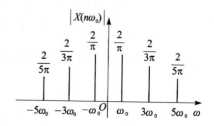

图 2-13 周期方波的复数幅值频谱

上各占一半,只有把正负频率上相对应的两条谱线矢量相加才能代表一个分量的幅度。需要说明的是,负频率项的出现完全是数学计算的结果,并没有任何物理意义。

【例 2-3】 画出正弦信号 $\sin(\omega_0 t)$ 的频谱图。

解:
$$x(t) = \sin(\omega_0 t) = \frac{1}{2}j(e^{-j\omega_0 t} - e^{j\omega_0 t})$$
$$= \frac{1}{2}je^{j(-1)\omega_0 t} - \frac{1}{2}je^{j\omega_0 t}$$

当 $n=1$,即在 ω_0 处,$X(\omega_0)=\frac{1}{2}$,$\phi_{(\omega_0)}=-\frac{\pi}{2}$。当 $n=-1$,即在 $-\omega_0$ 处,$X(-\omega_0)=\frac{1}{2}$,$\phi(-\omega_0)=\frac{\pi}{2}$。

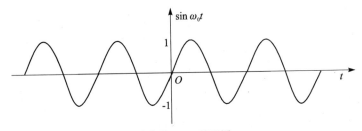

(a) 正弦信号 $\sin(\omega_0 t)$ 波形图

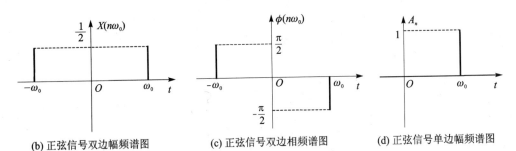

(b) 正弦信号双边幅频谱图　　(c) 正弦信号双边相频谱图　　(d) 正弦信号单边幅频谱图

图 2-14 正弦信号 $\sin(\omega_0 t)$ 波形及其频谱图

图 2-14 给出 $\sin(\omega_0 t)$ 信号的频谱。三角函数形式的单边幅频谱是在 ω_0 处有一根谱线,幅值为原 $\sin(\omega_0 t)$ 的振幅。复指数形式的双边幅频谱在 ω_0 和 $-\omega_0$ 两处各有一根谱线,幅值为原 $\sin(\omega_0 t)$ 振幅的 $1/2$。

从上述分析可知,周期信号的频谱呈现以下特征:

① **离散性**　周期信号的频谱是离散谱,每一条谱线表示一个正弦分量;

② **谐波性**　周期信号的频率是由基频的整数倍组成的;

③ **收敛性**　满足狄利克雷条件的周期信号,其谐波幅值总的趋势是随谐波频率的增大而减小。故由于周期信号的收敛性,在工程测量中没有必要取次数过高的谐波分量。

2.3.2 周期信号的可测性分析

1. 带　宽

【例 2-4】 求周期矩形脉冲信号的频谱。设该周期矩形脉冲幅度为 E,脉宽为 τ,周期为

T,如图 2-15 所示。

解:该信号在 $-\dfrac{T}{2} \leqslant t \leqslant \dfrac{T}{2}$ 周期内的数学表达式为

$$x(t) = \begin{cases} E & |t| \leqslant \dfrac{\tau}{2} \\ 0 & \dfrac{\tau}{2} < |t| < \dfrac{T}{2} \end{cases}$$

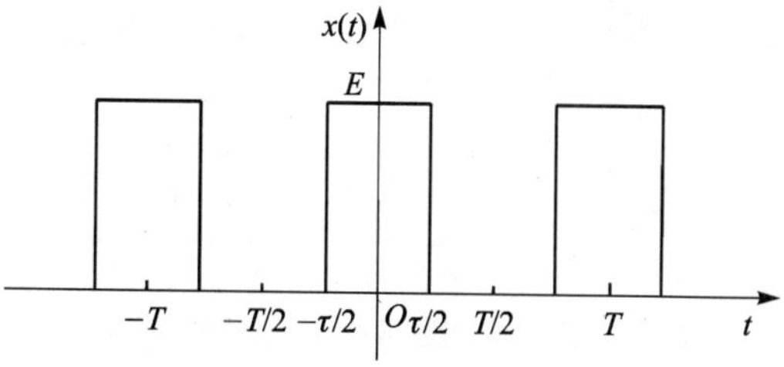

图 2-15 周期矩形脉

(1) 展成三角函数形式的傅里叶级数

$$a_0 = \frac{1}{T}\int_{-T/2}^{T/2} x(t)\,\mathrm{d}t = \frac{1}{T}\int_{-\tau/2}^{\tau/2} E\,\mathrm{d}t = \frac{E\tau}{T}$$

$$a_n = \frac{2}{T}\int_{-\tau/2}^{\tau/2} E\cos(n\omega_0 t)\,\mathrm{d}t = 2\frac{E\tau}{T}\cdot\frac{\sin\left(n\omega_0\dfrac{\tau}{2}\right)}{n\omega_0\dfrac{\tau}{2}} = 2\frac{E\tau}{T}\mathrm{Sa}\left(n\omega_0\dfrac{\tau}{2}\right)$$

式中,$\mathrm{Sa}(x) = \dfrac{\sin x}{x}$ 为采样函数(或"抽样函数")。

由于 $x(t)$ 是偶函数,则有 $b_n = 0$,该周期矩形信号的三角函数形式的傅里叶级数为

$$x(t) = \frac{E\tau}{T} + \frac{2E\tau}{T}\sum_{n=1}^{+\infty}\mathrm{Sa}\left(n\omega_0\frac{\tau}{2}\right)\cos(n\omega_0 t)$$

参照式(2-8),有

$$a_0 = \frac{E\tau}{T}$$

$$A_n = \left|\frac{2E\tau}{T}\mathrm{Sa}\left(n\omega_0\frac{\tau}{2}\right)\right|$$

$$\phi_n = \begin{cases} 0 & a_n > 0 \\ -\pi & a_n < 0 \end{cases}$$

(2) 展开成复指数形式的傅里叶级数

$$X(n\omega_0) = \frac{1}{T}\int_{-\frac{\tau}{2}}^{\frac{\tau}{2}} E\mathrm{e}^{-\mathrm{j}n\omega_0 t}\,\mathrm{d}t = \frac{E\tau}{T}\mathrm{Sa}\left(n\omega_0\frac{\tau}{2}\right)$$

$$x(t) = \sum_{n=-\infty}^{+\infty}\frac{E\tau}{T}\mathrm{Sa}\left(n\omega_0\frac{\tau}{2}\right)\mathrm{e}^{\mathrm{j}n\omega_0 t} = \sum_{n=-\infty}^{+\infty}|X(n\omega_0)|\mathrm{e}^{\mathrm{j}\phi_n}\mathrm{e}^{\mathrm{j}n\omega_0 t}$$

式中,

$$X(n\omega_0) = |X(n\omega_0)|\mathrm{e}^{\mathrm{j}\phi_n}$$

$$|X(n\omega_0)| = \left|\frac{E\tau}{T}\mathrm{Sa}\left(n\omega_0\frac{\tau}{2}\right)\right|$$

$$\phi_n = 0, \quad X(n\omega_0) > 0$$

$$\phi_n = \mp\pi, \quad X(n\omega_0) < 0$$

所以幅度谱以 $\pm n\omega_0$ 呈偶对称,相位谱呈奇对称。

取 $T = 4\tau$,将上述两种形式的傅里叶级数表示成频谱,分别如图 2-16(a)~(d)所示。当 $X(n\omega_0)$ 为实数时,幅度、相位谱可画在同一谱图上,如图 2-16(e)所示。

由图 2-16 可见,周期矩形信号包含有无穷多个谐波,因而其频谱包含有无穷多条谱线。

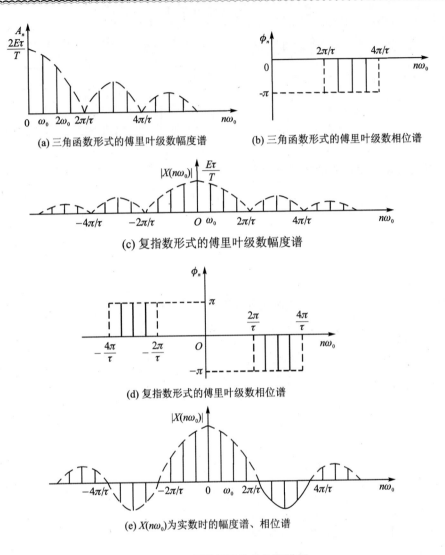

图 2-16 周期矩形信号的频谱图

但是随着谐波频率的增大,谐波的幅度虽然有起伏,但基本趋势是渐趋于零。因此信号的能量主要集中在低频分量,在包络线第一个零点以内($n\omega_0 < \frac{2\pi}{\tau}$)集中了信号的绝大部分能量,如果将($n\omega_0 > \frac{2\pi}{\tau}$)的谐波略去,仍可以在保证一定精度的条件下复现信号。在工程上,提出了一个信号频带宽度的概念,通常把信号值得重视的谐波的频率范围称为信号的频带宽度或信号的有效带宽,或简称"信号带宽"。这个频率区域可用角频率来表示,记为 B_ω,也可用频率表示,记为 B_f。对于周期矩形信号来讲,其频带宽为

$$B_\omega = \frac{2\pi}{\tau} \text{ 或 } B_f = \frac{1}{\tau}$$

显然,其频带宽度是脉宽 τ 的倒数。

信号带宽还有其他的定义方法。例如有时将谐波包络线幅度下降至基频幅度的某个百分

数的频率作为信号带宽;还有,按照略去信号带宽以外的全部谐波后,剩下的各谐波之和(即有限项级数之和)与原信号之间的差异(即失真)的大小不超过某个指标为前提来定义信号带宽。

2. 信号的可测性

信号的带宽虽然是由矩形脉冲信号引出的,但也适用于其他信号。在选择测量仪器时,测量仪器的工作频率范围必须大于被测信号的带宽,否则将会引起信号失真,造成较大的测量误差。因此,设计或选用测试仪器时需要了解被测信号的频带宽度。

信号的带宽可根据信号的时域波形粗略地确定。表 2-2 为常见周期信号的波形及其频带宽度。可以看出,对于有突变的信号(如序号为 1、3 的波形),其频带宽度较宽,可取其基频的 10 倍为频宽,对于无突变的信号(如序号为 2、4 的波形),其信号变化缓慢,频带较窄,可取基频的 3 倍为频宽。

表 2-2 常见周期信号的波形及带宽

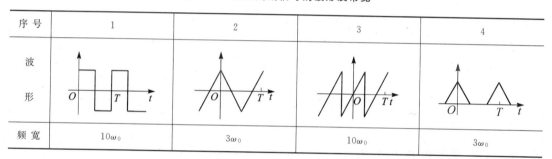

序号	1	2	3	4
波形				
频宽	$10\omega_0$	$3\omega_0$	$10\omega_0$	$3\omega_0$

3. 测不准原理

由 $B_f = \dfrac{1}{\tau}$,可得 $B_f \cdot \tau = 1$,表明在信号持续时间 τ 与带宽 B_f 之间有一约束关系。信号持续时间越短,信号在时域上分辨率越强。但必须加大带宽 B_f,即以牺牲信号频域的分辨率为代价,反之亦然。即不可能在时域和频域上同时有高的分辨率,这就是著名的海森博格"测不准原理"。

2.4 非周期信号的频谱分析

非周期信号可以看做周期趋于无穷大的周期信号。工程上常遇到的非周期信号是时限信号或称瞬态信号。

2.4.1 时限信号的分解和频谱

1. 傅氏变换

由上述讨论,对矩形周期信号的频谱有 $\omega_0 = 2\pi/T$。可见,随着 T 的增大,谱间隔 ω_0 减小;若 $T \to \infty$,周期信号变成了非周期信号,即 $\omega_0 \to d\omega_0 \to 0$。此时再用前面所提的傅里叶级数的频谱来描述非时限信号已不合适。由式(2-12)可得到

$$X(n\omega_0) \cdot T = \frac{2\pi}{\omega_0} X(n\omega_0) = \int_{-T/2}^{T/2} x(t) e^{-jn\omega_0 t} dt \qquad (2-14)$$

若 $T \to \infty$,$\omega_0 \to 0$,谱线间隔由 $\Delta(\omega_0) \to d\omega_0$,而离散频率 $n\omega_0$ 变为连续频率 ω,此时 $X(n\omega_0) \to 0$。但 $\frac{2\pi}{\omega_0} X(n\omega_0) \to$ 有限值,是一个连续函数,记作 $X(\omega)$ 或 $X(j\omega)$,即

$$X(\omega) = \lim_{\omega_0 \to 0} \frac{2\pi}{\omega_0} X(n\omega_0) = \lim_{T \to \infty} X(n\omega_0) T$$

式中,$\frac{2\pi}{\omega_0} X(n\omega_0)$ 反映了单位频带的频谱值,称为频谱密度;同时称 $X(\omega)$ 为原函数 $x(t)$ 的频谱密度函数,简称为频谱函数。

式(2-14)可表达成

$$X(\omega) = \lim_{T \to \infty} \int_{-T/2}^{T/2} x(t) e^{-jn\omega_0 t} dt$$

即

$$X(\omega) = \int_{-\infty}^{+\infty} x(t) e^{-j\omega t} dt \qquad (2-15)$$

同样也可得到

$$x(t) = \frac{1}{2\pi} \int_{-\infty}^{+\infty} X(\omega) e^{j\omega t} d\omega \qquad (2-16)$$

通常称式(2-15)为傅里叶变换,简称傅氏变换。式(2-16)为傅里叶逆变换,又称为傅氏逆变换。可分别记为 $X(\omega) = \mathscr{F}[x(t)]$ 及 $x(t) = \mathscr{F}^{-1}[X(\omega)]$。

2. 傅氏变换的存在条件

不是所有的时限信号都可进行傅里叶变换,时限信号是否存在傅里叶变换同样需要满足下述狄利克雷条件:

① 信号 $x(t)$ 绝对可积,即 $\int_{-\infty}^{+\infty} |x(t)| dt < \infty$;

② 在任意有限区间内,信号 $x(t)$ 只有有限个最大值和最小值;

③ 在任意有限区间内,信号 $x(t)$ 仅有有限个不连续点,而且在这些点的跃变都必须是有限值。

上述三个条件中,条件①是充分非必要条件;条件②、③则是必要非充分条件。因此对于许多不满足条件①,即不满足绝对可积的函数,如周期函数,但满足条件②、③的也能进行傅里叶变换。

3. 典型时限信号的频谱

【例 2-5】 求矩形脉冲(矩形窗函数)的频谱。矩形脉冲如图 2-17 所示,时域表达式为

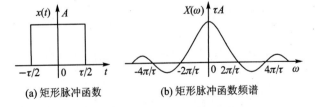

(a) 矩形脉冲函数 (b) 矩形脉冲函数频谱

图 2-17 矩形脉冲函数

$$x(t) = \begin{cases} A & |t| \leqslant \tau/2 \\ 0 & |t| > \tau/2 \end{cases}$$

解：

$$X(\omega) = \int_{-\infty}^{+\infty} x(t) \mathrm{e}^{-\mathrm{j}\omega t} \, \mathrm{d}t = \int_{-\tau/2}^{\tau/2} A \mathrm{e}^{-\mathrm{j}\omega t} \, \mathrm{d}t = \frac{A}{-\mathrm{j}\omega}(\mathrm{e}^{-\mathrm{j}\omega\frac{\tau}{2}} - \mathrm{e}^{\mathrm{j}\omega\frac{\tau}{2}})$$

$$= A\tau \frac{\sin\left(\omega \frac{\tau}{2}\right)}{\omega \frac{\tau}{2}} = A\tau \mathrm{Sa}\left(\frac{\omega\tau}{2}\right)$$

由于 $X(\omega)$ 是一个实数，即只有实部没有虚部，所以其幅频谱为

$$|X(\omega)| = A\tau \left| \mathrm{Sa}\left(\frac{\omega\tau}{2}\right) \right|$$

其相频谱为

$$\phi(\omega) = \begin{cases} 0 & \left(\dfrac{4n\pi}{\tau} < |\omega| \leqslant \dfrac{2(2n+1)\pi}{\tau}\right) \\ \pi & \left(\dfrac{2(2n+1)\pi}{\tau} < |\omega| \leqslant \dfrac{4(n+1)\pi}{\tau}\right) \end{cases} \quad (n = 0, 1, 2 \cdots)$$

如图 2-18 所示。

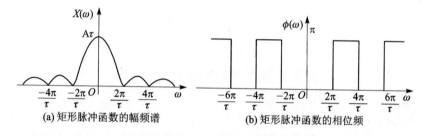

(a) 矩形脉冲函数的幅频谱　　(b) 矩形脉冲函数的相位频

图 2-18　矩形脉冲函数的幅频谱和相频图

4. 傅里叶变换的性质

傅里叶变换主要的性质如表 2-3 所列。

表 2-3　主要傅里叶变换性质

性质名称	时　域	频　域
线　性	$ax(t) + by(t)$	$aX(\omega) + bY(\omega)$
对称性	$X(t)$	$2\pi x(-\omega)$
尺度变换	$x(kt)$	$\dfrac{1}{k} X\left(\dfrac{\omega}{k}\right)$
时移特性	$x(t \pm t_0)$	$X(\omega) \mathrm{e}^{\pm \mathrm{j}\omega t_0}$
频移特性	$x(t)\mathrm{e}^{\mp \mathrm{j}\omega_0 t}$	$X(\omega \pm \omega_0)$
微分特性	$\dfrac{\mathrm{d}^k x(t)}{\mathrm{d}t^k}$	$(\mathrm{j}\omega)^k X(\omega)$
积分特性	$\displaystyle\int_{-\infty}^{t} x(t)\mathrm{d}t$	$\dfrac{1}{\mathrm{j}\omega} X(\omega)$

续表 2-3

性质名称	时 域	频 域
卷积特性	$x(t) * y(t)$ $x(t)y(t)$	$X(\omega)Y(\omega)$ $\dfrac{1}{2\pi}X(\omega) * Y(\omega)$
抽样定律	$\sum\limits_{n=-\infty}^{+\infty} x(t)\delta(t-nT_s)$ $=\dfrac{1}{\omega_s}\sum\limits_{n=-\infty}^{+\infty} x\left(t-\dfrac{2\pi n}{\omega_s}\right)$	$\dfrac{1}{T_s}\sum\limits_{n=-\infty}^{+\infty} X\left(\omega-\dfrac{2n\pi}{T_s}\right)$ $=\sum\limits_{n=-\infty}^{+\infty} X(\omega)\delta(\omega-n\omega_s)$
帕斯瓦尔等式	\multicolumn{2}{c}{$\int_{-\infty}^{+\infty}[x(t)]^2 dt = \dfrac{1}{2\pi}\int_{-\infty}^{+\infty}|X(\omega)|^2 d\omega$}

2.4.2 时限信号的可测性分析

与测量周期信号一样,测量时限信号时测量仪器的带宽必须大于被测信号的有效带宽。[例 2-5]中矩形脉冲的频谱以 $\text{Sa}\left(\dfrac{\omega\tau}{2}\right)$ 规律变化,分布在无限宽的频率范围上,但其主要的信号能量处于 $\omega=0\sim 2\pi/\tau$ 范围。通常认为此脉冲的带宽近似为 $2\pi/\tau$,即 $B_\omega=2\pi/\tau$,选择此类信号的测量仪器时,测量仪器的带宽必须大于 $2\pi/\tau$。

对于一般的时限信号,若信号上升时间为 t_r,其带宽 B_f 可估计为

$$t_r \cdot B_f \approx 0.35 \sim 0.45$$

2.5 随机信号处理及分析

随机信号的相位、幅值变化是不可预知的,不可能用确定的时间函数来描述,属于非确定性信号。在相同条件下,对信号重复观测,每次观测的结果都不一样,但其值通过统计大量观测数据后呈现出一定的规律性。测试信号所带的环境噪声就是随机信号。

由于随机信号具有统计规律性,所以研究随机信号是采用建立在大量观测实验基础上的概率统计方法。由于记录仪等的采样和存储长度是一定的,所以不可能对一个无限长的随机信号采用全过程记录。测量分析时,仅取其中任一段信号历程称为样本,可由样本求出反映随机信号特征的那些统计数学参数。对于各态历经信号,无须做大量重复试验,而可由一个或少数几个样本函数,推测或估计出随机信号的特征参数。但并不是所有随机信号均可采用该种方法处理,若被测随机信号不属于平稳随机信号,就不能用该方法进行处理,必须进行全过程监测。

2.5.1 随机信号的特征参数

描述随机信号常用的统计特征参数如下。

1. 均值(期望)

均值是随机信号的样本函数 $x(t)$ 在整个时间坐标上的平均。即

$$\mu_x = E[x(t)] = \lim_{T\to\infty} \frac{1}{T}\int_0^T x(t)dt \tag{2-17}$$

在实际处理时,由于无限长时间的采样是不可能的,所以取有限长的样本作估计

$$\hat{\mu}_x = \frac{1}{T}\int_0^T x(t)\,dt \tag{2-18}$$

均值表示了信号中直流分量的大小,描述了随机信号的静态分量。

2. 均方值

均方值是信号平方值的均值,或称平均功率,其表达式为

$$\phi_x^2 = E[x^2(t)] = \lim_{T\to\infty}\frac{1}{T}\int_0^T x^2(t)\,dt \tag{2-19}$$

均方值的估计为

$$\hat{\phi}_x^2 = \frac{1}{T}\int_0^T x^2(t)\,dt$$

均方值有明确的物理意义,表示了信号的强度或功率。

均方值的正平方根称为均方根值 $\hat{x}_{\text{rms}}$,又称为有效值

$$\hat{x}_{\text{rms}} = \sqrt{\hat{\phi}_x^2} = \sqrt{\frac{1}{T}\int_0^T x^2(t)\,dt} \tag{2-20}$$

它是信号平均能量(功率)的另一种表达。

3. 方 差

信号 $x(t)$ 的方差描述随机信号幅值的波动程度。定义为

$$\sigma_x^2 = E[(x(t)-E[x(t)])^2] = \lim_{T\to\infty}\frac{1}{T}\int_0^T [x(t)-\mu_x]^2\,dt \tag{2-21}$$

方差的平方根 σ_x 描述了随机信号的动态分量。

均值 μ_x,均方值 ϕ_x^2 和方差 σ_x^2 三者之间具有下述关系

$$\phi_x^2 = \mu_x^2 + \sigma_x^2 \tag{2-22}$$

4. 概率密度函数

随机信号的概率密度函数定义为

$$p(x) = \lim_{\Delta x\to 0}\frac{P[x<x(t)\leqslant x+\Delta x]}{\Delta x} \tag{2-23}$$

对于各态历经过程,有

$$p(x) = \lim_{\Delta x\to 0}\frac{1}{\Delta x}\lim_{T\to\infty}\frac{T_x}{T} \tag{2-24}$$

式中,$P[x<x(t)\leqslant x+\Delta x] = \lim\limits_{T\to\infty}\dfrac{T_x}{T}$ 表示瞬时值落在 Δx 范围内可能出现的概率,称为概率分布函数。$T_x = \Delta t_1 + \Delta t_2 + \cdots$ 表示在 $0\sim T$ 这段时间里,信号瞬时值落在 $[x, x+\Delta x]$ 区间的总时间,T 为总观测时间,如图 2-19 所示。

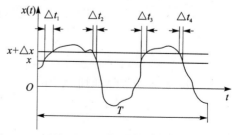

图 2-19 随机信号及其概率密度函数的含义示意

5. 随机信号的相关函数

相关函数描述两个信号之间的关系或其相似程度,也可以描述同一个信号的现在值与过去值之间的关系。

(1) 自相关函数

自相关函数 $R_{xx}(\tau)$ 是信号 $x(t)$ 与时移 τ 后信号 $x(t+\tau)$ 的乘积,再作积分平均运算而得到的,即

$$R_{xx}(\tau) = \lim_{T \to \infty} \frac{1}{T} \int_0^T x(t) x(t+\tau) \mathrm{d}t \tag{2-25}$$

在实际处理时,常用有限长样本作估计,即

$$\hat{R}_{xx}(\tau) = \frac{1}{T} \int_0^T x(t) x(t+\tau) \mathrm{d}t \tag{2-26}$$

由自相关函数的定义,可得几个重要性质:

① $R_{xx}(\tau) = R_{xx}(-\tau)$,即自相关函数是偶函数。

② 自相关函数在 $\tau=0$ 时取得最大值,等于该随机信号的均方值 ϕ_x^2,即

$$R_{xx}(0) = \lim_{T \to \infty} \int_0^T x^2(t) \mathrm{d}t = \phi_x^2 \geqslant R_{xx}(\tau) \tag{2-27}$$

③ 若随机信号中含有直流分量 μ_x,则 $R_{xx}(\tau)$ 含有直流分量 μ_x^2。

④ 对均值 μ_x 为零且不含周期成分的随机信号,有 $\lim\limits_{\tau \to \infty} R_{xx}(\tau) = 0$。

⑤ 如果随机信号含有周期分量,则自相关函数中必含有同频率的周期分量。

(2) 互相关函数

两随机信号样本 $x(t)$ 和 $y(t)$ 的互相关函数的估计值为

$$\hat{R}_{xy}(\tau) = \frac{1}{T} \int_0^T x(t) y(t+\tau) \mathrm{d}t \tag{2-28}$$

互相关函数具有以下性质:

① $R_{xy}(\tau)$ 不是偶函数,通常它不在 $\tau=0$ 处取峰值。其峰值偏离原点的位置反映了两信号相互有多大时移,如图 2-20 所示。

② $R_{xy}(\tau)$ 与 $R_{yx}(\tau)$ 是两个不同的函数,根据定义

$$R_{xy}(\tau) = \lim_{T \to \infty} \frac{1}{T} \int_0^T x(t) y(t+\tau) \mathrm{d}t$$

而

$$R_{yx}(\tau) = \lim_{T \to \infty} \frac{1}{T} \int_0^T y(t) x(t+\tau) \mathrm{d}t$$

可以证明

$$R_{xy}(\tau) = R_{yx}(-\tau) \tag{2-29}$$

在图形上,二者对称于纵坐标轴,如图 2-21 所示。

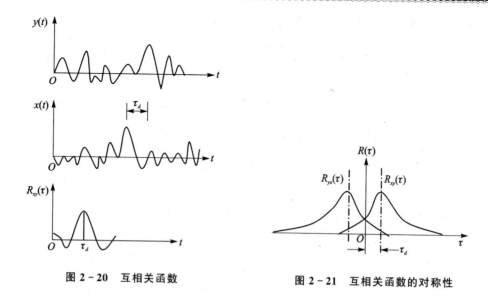

图 2-20 互相关函数　　　图 2-21 互相关函数的对称性

③ 均值为零的两统计独立的随机信号 $x(t)$ 与 $y(t)$，对于所有的 τ 值，有 $R_{xy}(\tau)=0$

(3) 相关系数函数

由于信号 $x(t)$ 与 $y(t)$ 本身的取值大小影响相关函数的计算结果,因而在比较不同的成对随机信号相关程度时,仅视其相关函数值大小是不确切的。如,一对小信号虽然相关程度很高,但相关函数值很小;相反,一对大信号虽然相关程度很低,但相关函数值很大。为了避免信号本身幅值对其相关程度度量的影响,将相关函数作归一化处理,引入一个无量纲的函数——相关系数函数。

互相关系数函数的定义式为

$$\rho_{xy} = \frac{R_{xy}(\tau)}{\sqrt{R_{xx}(0)R_{yy}(0)}} \tag{2-30}$$

$\rho_{xy}(\tau)$ 是在 0 和 1 之间变化的一个函数。若 $\rho_{xy}(\tau)=1$,说明 $x(t)$ 与 $y(t)$ 完全相关;若 $\rho_{xy}(\tau)=0$,说明 $x(t)$ 与 $y(t)$ 完全不相关。若 $0<|\rho_{xy}(\tau)|<1$ 则,说明 $x(t)$ 与 $y(t)$ 部分相关。

同理,自相关系数函数

$$\rho_{xx}(\tau) = \frac{R_{xx}(\tau)}{R_{xx}(0)} \tag{2-31}$$

反映了信号 $x(t)$ 和 $x(t+\tau)$ 之间的相关程度。

6. 功率谱密度函数

相关函数能在时域内表达信号本身或与其他信号在不同时刻的内在联系。工程应用中还经常研究这种内在联系的频谱描述,引入了自功率谱密度函数的概念。

由于随机信号是时域无限信号,不具备可积分条件,不能直接进行傅里叶变换。随机信号的频率、幅值、相位都是随机的,因此,一般不做幅值谱和相位谱分析,而是用具有统计特性的功率谱密度函数来做谱分析。

自相关函数满足绝对可积条件,称自相关函数的傅里叶变换为随机信号的自功率谱密度函数,即

$$S_x(\omega) = \int_{-\infty}^{+\infty} R_{xx}(\tau) e^{-j\omega\tau} d\tau$$

可得

$$R_{xx}(\tau) = \frac{1}{2\pi} \int_{-\infty}^{+\infty} S_x(\omega) e^{j\omega\tau} d\omega \tag{2-32}$$

同样也可定义两个随机信号之间的互功率谱密度函数

$$S_{xy}(\omega) = \int_{-\infty}^{+\infty} R_{xy}(\tau) e^{-j\omega\tau} d\tau$$

$$R_{xy}(\tau) = \frac{1}{2\pi} \int_{-\infty}^{+\infty} S_{xy}(\omega) e^{j\omega\tau} d\omega \tag{2-33}$$

利用谱密度函数可定义相干函数,相干函数是在频谱内鉴别两信号相关程度的指标,可表示为

$$\gamma_{xy}^2 = \frac{|S_{xy}(\omega)|}{S_x(\omega) S_y(\omega)} \tag{2-34}$$

【例 2-6】 设随机相位角余弦信号 $x(t) = A\cos(\omega_0 t + \theta)$,$A$ 和 ω_0 为常数,θ 是在 $(0, 2\pi)$ 上均匀分布的随机变量,其概率密度为

$$p(\theta) = \begin{cases} \dfrac{1}{2\pi}, & 0 < \theta < 2\pi \\ 0 & \text{其他} \end{cases}$$

试求其自相关函数 $R_{xx}(\tau)$ 及其功率谱函数 $S_x(\omega)$。

解:由自相关函数定义,有

$$\begin{aligned}
R_{xx}(\tau) &= E[x(t)x(t+\tau)] \\
&= E\{A\cos[\omega_0(t+\tau)+\theta] A\cos(\omega_0 t + \theta)\} \\
&= \frac{A^2}{2} E[\cos\omega_0\tau + \cos(2\omega_0 t + \omega_0\tau + 2\theta)] \\
&= \frac{A^2}{2} \left[\cos\omega_0\tau + \frac{1}{2\pi}\int_0^{2\pi} \cos(2\omega_0 t + \omega_0\tau + 2\theta) d\theta\right] \\
&= \frac{A^2}{2} \cos\omega_0\tau
\end{aligned}$$

可见,周期函数的自相关函数也是周期函数,且具有相同的周期。

由功率谱定义

$$\begin{aligned}
S_x(\omega) &= \int_{-\infty}^{+\infty} R_{xx}(\tau) e^{-j\omega\tau} d\tau \\
&= \int_{-\infty}^{+\infty} \frac{A^2}{2}\cos\omega_0\tau \, e^{-j\omega\tau} d\tau \\
&= \frac{\pi}{2} A^2 [\delta(\omega - \omega_0) + \delta(\omega + \omega_0)]
\end{aligned}$$

因此,其功率谱为两个冲激函数,冲激函数将在 2.6.1 中介绍。

2.5.2 离散随机信号的特征估计

工程测试中遇到的随机信号通常是无限长的,而事实上不可能在无限长时间内获得被测

信号的准确情况,因此一般只能用在有限的时间内得到的有限个个体样本,根据经验来估计总体分布情况。用有限个样本的估计值来预测或推测被测对象的状态或参量的真值的问题就是所谓的估计问题。

1. 均值的估计

设 $x(n)$ 为平稳且各态历经离散随机信号 $\{x(n)\}$ 所观测的样本序列,$x(n)$ 为一有限长为 N 的序列,其均值的估计为

$$\hat{x} = \frac{1}{N} \sum_{n=0}^{N-1} x(n) \tag{2-35}$$

该估计的均值为

$$\hat{\mu}_x = E[\hat{x}] = E\left[\frac{1}{N} \sum_{n=0}^{N-1} x(n)\right] = \frac{1}{N} \sum_{n=0}^{N-1} E[x(n)] = \mu$$

式中 μ 即为该随机信号的均值的真值,因此均值的估计是无偏估计。

均值估计的方差为

$$\begin{aligned} D[\hat{x}] &= E[\hat{x}^2] - E[(\hat{x}^2)]^2 \\ &= E\left[\left(\frac{1}{N} \sum_{n=0}^{N-1} x(n)\right)\left(\frac{1}{N} \sum_{m=0}^{N-1} x(m)\right)\right] - \mu_x^2 \\ &= \frac{1}{N^2} \sum_{n=0}^{N-1} \sum_{m=0}^{N-1} E[x(n)x(m)] - \mu_x^2 \\ &= \frac{1}{N^2} \sum_{n=0}^{N-1} \{E[x^2(n)] + \sum_{m=0, m \neq n}^{N-1} E[x(n)x(m)]\} - \mu_x^2 \end{aligned} \tag{2-36}$$

设 $x(n)$ 与 $x(m)$ 互不相干,则

$$\begin{aligned} D[\hat{x}] &= \frac{1}{N^2} \sum_{n=0}^{N-1} \{E[x^2(n)] + (N-1)\mu_x^2\} - \mu_x^2 \\ &= \frac{1}{N} E[x^2(n)] + \frac{N-1}{N} \mu_x^2 - \mu_x^2 \\ &= \frac{1}{N} \sigma_x^2 \end{aligned}$$

故有

$$\lim_{N \to \infty} D[\hat{x}] = \lim_{N \to \infty} \frac{1}{N} \sigma_x^2 = 0 \tag{2-37}$$

上述分析表明,当各样本互不相关时,均值的估计 $\hat{x}$ 是无偏且为一致估计。

2. 方差的估计

设均值的估计 $\hat{x}$ 已知,方差的估计为

$$\hat{\sigma}_x^2 = \frac{1}{N} \sum_{n=0}^{N-1} [x(n) - \hat{x}]^2 \tag{2-38}$$

该估计的均值为

$$E[\hat{\sigma}_x^2] = \frac{1}{N} \sum_{n=0}^{N-1} \{E[x^2(n)] + E[\hat{x}] - 2E[x(n)]\hat{x}\} \tag{2-39}$$

假设 $x(n)$ 与 $x(m)$ 相互独立,则

$$E[\hat{\sigma}_x^2] = \frac{1}{N}\sum_{n=0}^{N-1}\left\{E[x^2(n)] + \frac{1}{N}E[x^2(n)] + \frac{N-1}{N}\mu_x^2 - \frac{2}{N}E[x^2(n)] - \frac{2(N-1)}{N}\mu_x^2\right\}$$

$$= E[x^2(n)] - \frac{1}{N}E[x^2(n)] - \frac{N-1}{N}\mu_x^2$$

$$= \frac{N-1}{N}(E[x^2(n)] - \mu_x^2)$$

$$= \frac{N-1}{N}\sigma_x^2 \tag{2-40}$$

有

$$\lim_{N\to\infty} E[\hat{\sigma}_x^2] = \lim_{N\to\infty}\left(\frac{N-1}{N}\sigma_x^2\right) = \sigma_x^2 \tag{2-41}$$

式(2-40)表明方差估计是有偏的;式(2-41)表明该估计却又是渐进无偏的。

3. 相关函数的估计

平稳各态历经连续随机信号的任一样本的自相关函数与总体的相关函数是相等的,即

$$R_{xx}(\tau) = \lim_{T\to\infty} \frac{1}{T}\int_0^T x(t)x(t+\tau)dt$$

周期为 T 的信号,其自相关函数为

$$R_{xx}(\tau) = \frac{1}{T}\int_0^T x(t)x(t+\tau)dt \tag{2-42}$$

若用一有限长(长度为 N)的序列来估计离散信号序列 $x(n)$ 的自相关函数时,有

$$R_{xx}(\gamma) = \frac{1}{N-|\gamma|}\sum_{i=0}^{N-|\gamma|-1} x(i)x(i+\gamma) \tag{2-43}$$

式中,求和的总项数只能是 $N-|\gamma|$,因为如果取 $i=N-|\gamma|$ 时,$x(i+\gamma)=x(N)$,总长就超出数据的长度 N。可以证明式(2-43)算得的自相关函数的估计是无偏的。但当 γ 的值接近于 N 时,其方差变大,所以实际上不常采用。工程计算中,常采用

$$\hat{R}_{xx}(\gamma) = \frac{1}{N}\sum_{i=0}^{N-|\gamma|-1} x(i)x(i+\gamma) \tag{2-44}$$

有

$$E[\hat{R}_{xx}(\gamma)] = \frac{N-|\gamma|}{N}R_{xx}(\gamma) \tag{2-45}$$

表明所得的自相关函数的估计是有偏估计,而当 $N\to\infty$ 时,有

$$\lim_{N\to\infty} E[\hat{R}_{xx}(\gamma)] = R_{xx}(\gamma) \tag{2-46}$$

由式(2-45)还可以看出,$|\gamma|$ 越大,偏差越大。

为减小估计的偏差,用这种方法估计自相关函数时,$|\gamma|$ 宜取小,N 要取大。但随着 N 的增多,运算时间迅速增加。为解决估计精度和速度的矛盾,又提出了一种用 FFT(快速傅里叶变换)进行相关函数估计的方法,利用相关和卷积之间的关系,有

$$\hat{R}_{xx}(\gamma) = \frac{1}{N}x(\gamma)*x(-\gamma) \tag{2-47}$$

可以用 FFT 来计算上述卷积,得出相关函数的估计。

2.6 典型激励信号描述

激励信号在测试信号的分析中起到重要的作用。工程测试中常通过施加激励信号来求取系统的冲激响应或阶跃响应等,以获得系统的动态特性参数或标定传感器的灵敏度等。本节介绍几种工程测试中常用的典型激励信号及其频谱结构。

2.6.1 冲激函数及其谱分析

1. 冲激函数

冲激函数有几种不同的定义式。

(1) 冲激函数定义

图 2-22(a) 所示的矩形脉冲 $G(t)$,宽为 τ,高为 $1/\tau$,其面积为 1。保持脉冲面积不变,逐渐减小 τ,则脉冲幅度逐渐增大,当 $\tau \to 0$ 时,矩形脉冲的极限称为单位冲激函数,记为 $\delta(t)$,即 δ 函数,表达式为

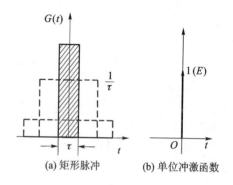

(a) 矩形脉冲　　(b) 单位冲激函数

图 2-22　冲激函数的定义与表示

$$\delta(t) = \lim_{\tau \to 0}\left[u\left(t+\frac{\tau}{2}\right)-u\left(t-\frac{\tau}{2}\right)\right]\cdot\frac{1}{\tau} \tag{2-48}$$

图形表示如图 2-22(a) 所示,$u(t)$ 为阶跃信号,在 2.6.2 中会详细介绍。

$\delta(t)$ 表示只在 $t=0$ 点有"冲激";在 $t=0$ 点以外各处,函数值均为 0,其冲激强度(脉冲面积)是 1。一个强度为 E 倍单位值的 δ 函数用 $E\delta(t)$ 来表示。图形表示时在箭头旁需注上 E,如图 2-22(b) 所示。

(2) 狄拉克(Diract)定义

狄拉克给出的冲激函数定义为

$$\begin{cases} \int_{-\infty}^{+\infty}\delta(t)\mathrm{d}t = 1 \\ \delta(t) = 0, t \neq 0 \end{cases} \tag{2-49}$$

该定义与上述脉冲的定义是一致的,因此,δ 函数也称为狄拉克函数。

对于在任意点 $t=t_0$ 处出现的冲激,可表示为

$$\begin{cases} \int_{-\infty}^{+\infty}\delta(t-t_0)\mathrm{d}t = 1 \\ \delta(t-t_0) = 0, t \neq t_0 \end{cases} \tag{2-50}$$

2. 冲激函数的性质

(1) 积分筛选特性

当单位冲激函数 $\delta(t)$ 与一个在 $t=0$ 处连续且有界的信号 $x(t)$ 相乘时,其乘积的积分只有在 $t=0$ 处得到 $x(0)$,其余各点的乘积及积分均为零,从而有

$$\int_{-\infty}^{+\infty} \delta(t)x(t)\mathrm{d}t = \int_{-\infty}^{+\infty} \delta(t)x(0)\mathrm{d}t = x(0)\int_{-\infty}^{+\infty} \delta(t)\mathrm{d}t = x(0) \qquad (2-51)$$

类似地,对于

$$\int_{-\infty}^{+\infty} \delta(t-t_0)x(t)\mathrm{d}t = \int_{-\infty}^{+\infty} \delta(t-t_0)x(t_0)\mathrm{d}t = x(t_0)\int_{-\infty}^{+\infty} \delta(t-t_0)\mathrm{d}t = x(t_0) \qquad (2-52)$$

式(2-51)和式(2-52)表明,连续时间函数 $x(t)$ 与单位冲激信号 $\delta(t)$ 或者 $\delta(t-t_0)$ 相乘,并在 $(-\infty,\infty)$ 时间内积分,可得到 $x(t)$ 在 $t=0$ 点的函数值 $x(0)$ 或 $t=t_0$ 点的函数值 $x(t_0)$,即筛选出 $x(0)$ 或 $x(t_0)$。

(2) 冲激函数是偶函数

冲激函数是偶函数,则有

$$\delta(t) = \delta(-t) \qquad (2-53)$$

$$\int_{-\infty}^{+\infty} \delta(-t)x(t)\mathrm{d}t = \int_{-\infty}^{+\infty} \delta(\tau)x(-\tau)\mathrm{d}(-\tau) = \int_{-\infty}^{+\infty} \delta(\tau)x(0)\mathrm{d}\tau = x(0) \qquad (2-54)$$

这里用到了变量置换 $\tau=-t$。将上面得到的结果与式(2-51)对照,从而证明了冲激函数是偶函数的性质。

(3) 乘积(抽样)特性

若函数 $x(t)$ 在 $t=t_0$ 处连续,则有

$$x(t)\delta(t-t_0) = x(t_0)\delta(t-t_0) \qquad (2-55)$$

(4) 卷积特性

信号 $x_1(t)$ 与信号 $x_2(t)$ 卷积定义,为 $\int_{-\infty}^{+\infty} x_1(\tau)x_2(t-\tau)\mathrm{d}\tau$,记作

$$x_1(t) * x_2(t) = \int_{-\infty}^{+\infty} x_1(\tau)x_2(t-\tau)\mathrm{d}\tau \qquad (2-56)$$

卷积公式的积分结果仍是时间 t 的函数,而任何连续信号 $x(t)$ 和 $\delta(t)$ 的卷积是一种最简单的卷积积分,结果就是该连续信号 $x(t)$,即

$$x(t) * \delta(t) = \int_{-\infty}^{+\infty} x(\tau)\delta(t-\tau)\mathrm{d}\tau = x(t) \qquad (2-57)$$

同理,对于时延单位脉冲 $\delta(t\pm t_0)$,有

$$x(t) * \delta(t\pm t_0) = \int_{-\infty}^{+\infty} x(\tau)\delta(t\pm t_0-\tau)\mathrm{d}\tau = x(t\pm t_0) \qquad (2-58)$$

连续信号与 $\delta(t\pm t_0)$ 函数卷积结果的图形如图 2-23 所示。可见,信号 $x(t)$ 和 $\delta(t\pm t_0)$ 函数卷积的几何意义,就是使信号 $x(t)$ 延迟 $\pm t_0$ 脉冲时间。

3. $\delta(t)$ 信号的频谱

由傅里叶变换的定义及 $\delta(t)$ 的积分筛选特性可得单位冲激函数 $\delta(t)$ 的傅里叶变换

$$X(\omega) = \mathscr{F}[\delta(t)] = \int_{-\infty}^{+\infty} \delta(t)e^{-j\omega t}dt = \int_{-\infty}^{+\infty} \delta(t)e^{0}dt = 1 \qquad (2-59)$$

由式(2-59)可见,单位冲激信号的频谱为常数,说明信号包含了 $(-\infty,+\infty)$ 所有频率成分,且任一频率的频谱密度函数相等,如图 2-24 所示,故称这种频谱为"均匀频谱",又称"白色谱"。同时由傅里叶逆变换定义,可得

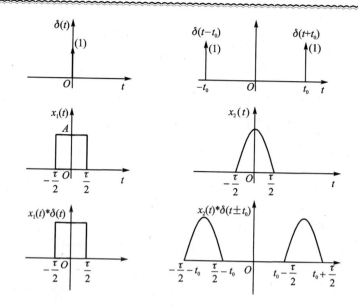

图 2-23 连续信号与冲激函数的卷积

$$\mathscr{F}^{-1}[\delta(\omega)] = \frac{1}{2\pi}\int_{-\infty}^{+\infty}\delta(\omega)e^{j\omega t}d\omega = \frac{1}{2\pi}\int_{-\infty}^{+\infty}\delta(\omega)d\omega = \frac{1}{2\pi} \quad (2-60)$$

表明直流信号的傅里叶变换是冲激函数,即

$$\mathscr{F}\left[\frac{1}{2\pi}\right] = \delta(\omega), \ F[1] = 2\pi\delta(\omega) \quad (2-61)$$

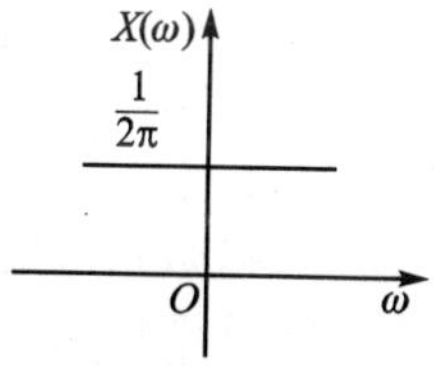

图 2-24 单位脉冲信号频谱

2.6.2 单位阶跃信号及其谱分析

阶跃信号 $u(t)$ 可表示

$$u(t) = \begin{cases} A & t > 0 \\ 0 & t < 0 \end{cases} \quad (2-62)$$

阶跃信号在跳变点 $t=0$ 处,函数值未定义,或在 $t=0$ 处规定 $u(0) = \frac{1}{2}A$。幅值 $A=1$ 的阶跃信号称为单位阶跃信号,如图 2-25 所示,可表示为

$$u(t) = \begin{cases} 1 & t > 0 \\ 0 & t < 0 \end{cases} \quad (2-63)$$

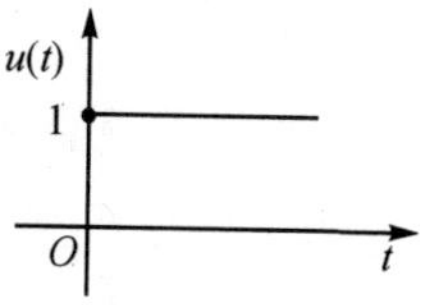

图 2-25 单位阶跃信号

利用单位阶跃信号可方便地表达各种单边信号,如单边正弦信号为 $u(t)\sin t$、单边指数衰减振荡信号 $u(t)Ae^{-|B|t}\sin 2\pi\omega_0 t$ 等。此外,它还能表示单边矩形脉冲信号

$$g(t) = u(t) - u(t-T)$$

式中,T 为矩形脉冲持续时间。

由于单位阶跃信号不满足绝对可积条件,不能直接由定义式给出其频谱,可把它看成当 $\alpha \to 0$ 时的指数信号 $e^{-\alpha t}$ 在时域上的极限,其频谱为 $e^{-\alpha t}$ 的频谱在 $\alpha \to 0$ 时的极限。

单边指数信号在时域上可表示为

$$x(t) = \begin{cases} e^{-\alpha t} & t \geq 0 \\ 0 & t < 0 \end{cases} (\alpha > 0)$$

如图 2-26(a)所示,其傅里叶变换为

$$X(\omega) = \int_{-\infty}^{+\infty} x(t) e^{-j\omega t} dt = \int_{0}^{+\infty} e^{-\alpha t} e^{-j\omega t} dt = \int_{0}^{+\infty} e^{-(\alpha+j\omega)t} dt = \frac{1}{\alpha + j\omega} \quad (2-64)$$

其幅度谱、相位谱分别为

$$|X(\omega)| = \frac{1}{\sqrt{\alpha^2 + \omega^2}} \quad (2-65)$$

$$\phi(\omega) = -\arctan\left(\frac{\omega}{\alpha}\right) \quad (2-66)$$

频谱图如图 2-26(b)和图 2-26(c)所示。

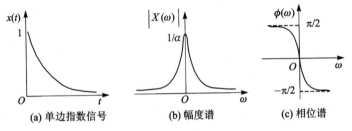

(a) 单边指数信号　　(b) 幅度谱　　(c) 相位谱

图 2-26　单边指数信号与频谱

把单边指数信号的频谱分解为实频与虚频两部分,有

$$X(\omega) = \frac{1}{\alpha + j\omega} = \frac{\alpha}{\alpha^2 + \omega^2} - j\frac{\omega}{\alpha^2 + \omega^2} = A(\omega) + jB(\omega)$$

设当 $\alpha \to 0$ 时,实频 $A(\omega)$ 和虚频 $B(\omega)$ 的极限分别为 $A_\varepsilon(\omega)$ 和 $B_\varepsilon(\omega)$,则有

$$A_\varepsilon(\omega) = \lim_{\alpha \to 0} A(\omega) = \begin{cases} 0 & \omega \neq 0 \\ \infty & \omega = 0 \end{cases}$$

而

$$\lim_{\alpha \to 0} \int_{-\infty}^{+\infty} A(\omega) d\omega = \lim_{\alpha \to 0} \int_{-\infty}^{+\infty} \frac{d\left(\frac{\omega}{\alpha}\right)}{1 + \left(\frac{\omega}{\alpha}\right)^2} = \lim_{\alpha \to 0} \arctan\frac{\omega}{\alpha} \Big|_{-\infty}^{+\infty} = \pi$$

由以上三式可知,$A_\varepsilon(\omega)$ 为一种冲激函数,且 $A_\varepsilon(\omega) = \pi\delta(\omega)$,并有

$$B_\varepsilon(\omega) = \lim_{\alpha \to 0} B(\omega) = \begin{cases} \dfrac{-1}{\omega} & \omega \neq 0 \\ \infty & \omega = 0 \end{cases}$$

因此阶跃信号的频谱为

$$X(\omega) = A_\varepsilon(\omega) + jB_\varepsilon(\omega) = \pi\delta(\omega) + \frac{1}{j\omega} \quad (2-67)$$

频谱图如图 2-27 所示。由于阶跃信号中含有直流分量,所以阶跃信号的频谱在 $\omega=0$ 处存在冲激;而且在 $t=0$ 处有跳变,其频谱中还有高频分量。

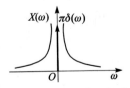

图 2-27　阶跃信号频谱

2.6.3 单位斜坡信号及其频谱

1. 斜坡信号

斜坡信号也称为斜变信号或斜升信号,指从某一时刻开始随时间成正比例增长的信号。如果增长的变化率为1,则称为单位斜坡信号,其波形如图2-28所示,表达式为

$$r(t) = \begin{cases} 0 & t < 0 \\ t & t \geqslant 0 \end{cases}$$

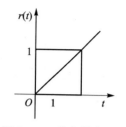

图2-28 单位斜坡信号

也可表示成

$$r(t) = t \cdot u(t) \tag{2-68}$$

2. 频谱分析

由傅里叶变换的性质

$$\mathscr{F}[u(t)] = \pi\delta(\omega) + \frac{1}{j\omega}$$

$$\mathscr{F}[-jtu(t)] = \frac{d\left[\pi\delta(\omega) + \frac{1}{j\omega}\right]}{d\omega} = \pi\delta'(\omega) + \frac{1}{j} \cdot \frac{1}{-\omega^2}$$

$$\mathscr{F}[tu(t)] = -\frac{\pi\delta'(\omega)}{j} - \frac{1}{\omega^2} = j\pi\delta'(\omega) - \frac{1}{\omega^2}$$

即

$$X(\omega) = \mathscr{F}[r(t)] = j\pi\delta'(\omega) - \frac{1}{\omega^2} \tag{2-69}$$

习题与思考题

2-1 简述工程信号的分类与各自特点。

2-2 确定性信号与非确定性信号分析方法有何不同?

2-3 什么是信号的有效带宽?分析信号的有效带宽有何意义?

2-4 周期信号的频谱有哪几个特点?

2-5 简述时限信号与周期信号在频谱分析方法及频谱结构上的差异。

2-6 求正弦信号 $x(t) = x_0\sin(\omega t + \theta)$ 的均值 μ_x、均方值 ψ_x^2 和概率密度函数 $p(x)$。

2-7 试画出 $f(t) = 3\cos\omega t + 5\sin 2\omega t$ 的频谱图(幅度谱和相位谱)。

2-8 求半周正弦脉冲信号和三角脉冲信号的傅里叶变换,画出频谱图,并进行有效带宽分析。

2-9 给出 $x(t) = A\cos(2f_0 + \phi) + k$ 的时域图和频谱图。

2-10 绘制周期信号 $x(t) = A\sin(2\pi f_0 t + \frac{\pi}{3})$ 的单边幅频谱图和双边幅频谱图。

2-11 求正弦信号 $x(t) = \sin 200t$ 的均值与均方值。

第3章 测量系统的基本特性

3.1 概 述

组建或选择合适而有效的测量系统时,除需要了解信号的特点以外,还需要了解测量系统的技术特性。本章针对动态测试的特点,研究测量系统的基本特性,并对动态误差的修正方法作初步探讨。

可将系统输入、测量系统及输出用图3-1表示。这种表示方法不仅适用于不同的测量系统,而且适用于其中的任何一个功能组件,如传感器中的弹性元件、电子放大器、微分器、积分器。图3-1中,$x(t)$表示输入量,$y(t)$表示与其对应的输出量,$h(t)$表示由此组件

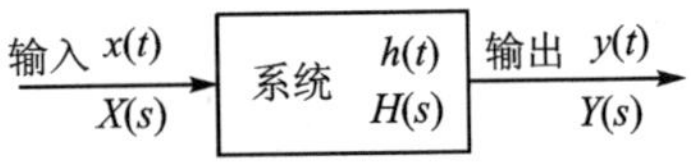

图 3-1 测量系统的功能方块图

的物理性能决定的数学运算法则。图3-1表示输入量送入此组件后经过规定的传输特性 $h(t)$转变为输出量。对比例放大环节$h(t)$可写成k(电子或机械装置的放大系数),对一阶微分环节$h(t)$可写成$\frac{\mathrm{d}}{\mathrm{d}t}$,等等。在有些书中将此方框图称为"黑盒子",具有更明显的哲学含义。这意味着,当把任一测量系统表示成如图3-1所示的框图时,关心的是它的输入量和输出量之间的数学关系,而对其内部物理结构并无兴趣。因此,不妨对其一无所知。基于此,本章首先假定测量系统具有某种确定的数学功能,在此基础上研究给定的输入信号通过它转换成何种输出信号,进而研究测量系统应具有什么样的特征,输出信号才能如实地反映输入信号,实现不失真测量。

3.1.1 测量系统的基本要求

一般的工程测试问题总是处理输入量(激励)$x(t)$、系统的传输转换特性$h(t)$和输出量(响应)$y(t)$三者之间的关系。即

① $x(t)$、$y(t)$是可以观察的量,则通过$x(t)$、$y(t)$可推断测量系统的传输特性或转换特性$h(t)$。

② 若$h(t)$已知,$y(t)$可测,则可通过$h(t)$、$y(t)$推断导致该输出的相应输入量$x(t)$,这是工程测试中最常见问题。

③ 若$x(t)$、$h(t)$已知,则可推断或估计系统的输出量$y(t)$。

这里所说的系统,是指从测量输入量的那个环节到测量输出量的那个环节之间的整个系统,既包括测量对象又包括测试仪器。若研究的对象是测试系统本身,则图3-1所反映的就是测量系统的转换特性问题,即测量系统的定度问题。

理想的测量系统应该具有单值的、确定的输入-输出关系。其中以输出和输入呈线性关系为最佳。在静态测量中,测量系统的这种线性关系总是所希望的,但并不是必需的,因为在静

态测量中可用曲线校正或输出补偿技术作非线性校正。在动态测量中,测量工作本身应该力求是线性系统,不仅因为目前只有对线性系统才能作比较完善的数学处理与分析,而且也因为在动态测试中做非线性校正目前还相当困难。一些实际测试系统不可能在较大的工作范围内完全保持线性,因此,只能在一定的工作范围内和在一定的误差允许范围内做线性处理。

3.1.2 测量系统的线性化

根据测试目的的不同可组成不同功能的测量系统,这些系统所具有的主要功能,应保证系统的信号输出能精确地反映输入。对于一个理想的测量系统应具有确定的输入与输出关系。其中输出与输入呈线性关系时为最佳,即理想的测量系统应当是一个线性时不变系统。严格地说,实际测量系统总是存在非线性因素,如许多电子器件都是非线性的。但在工程中常把测量系统作为线性系统来处理,这样,既能使问题得到简化,又能在足够精度的条件下获得实用的结果。

在动态测试中,线性系统常用线性微分方程来描述。设系统的输入为 $x(t)$、输出为 $y(t)$,则高阶线性测量系统可用高阶、齐次、常系数微分方程来描述:

$$a_n \frac{d^n y(t)}{dt^n} + a_{n-1} \frac{d^{n-1} y(t)}{dt^{n-1}} + \cdots + a_1 \frac{dy(t)}{dt} + a_0 y(t)$$
$$= b_m \frac{d^m x(t)}{dt^m} + b_{m-1} \frac{d^{m-1} x(t)}{dt^{m-1}} + \cdots + b_1 \frac{dx(t)}{dt} + b_0 x(t) \tag{3-1}$$

式中,$a_n, a_{n-1}, \cdots, a_0$ 和 $b_m, b_{m-1}, \cdots, b_0$ 是常数,与测量系统的结构特性、输入状况和测试点的分布等因素有关。这种系统就称为时不变(或称定常)系统,其内部参数不随时间变化而变化。信号的输出与输入和信号加入的时间无关,即若系统的输入延迟某一段时间 t_p,则其输出也延迟相同的时间 t_p。

既是线性的又是时不变的系统叫做线性时不变系统。线性时不变系统具有以下主要性质:

(1) 叠加性与比例性

若
$$x_1(t) \rightarrow y_1(t); x_2(t) \rightarrow y_2(t)$$

及
$$c_1 x_1(t) \rightarrow c_1 y_1(t); c_2 x_2(t) \rightarrow c_2 y_2(t)$$

则
$$[c_1 x_1(t) \pm c_2 x_2(t)] \rightarrow [c_1 y_1(t) \pm c_2 y_2(t)] \tag{3-2}$$

式中,c_1 和 c_2 为任意常数。

式(3-2)表明,同时作用于系统的两个任意值的输入量所引起的输出量,等于这两个任意输入量单独作用于这个系统时所引起的输出量之和,其值仍与 c_1 和 c_2 成比例关系。因此分析线性系统在复杂输入作用下的总输出时,可先将复杂输入分解成许多简单的输入分量,求出这些简单输入分量各自对应的输出之后,再求其和,即可求出其总输出。

(2) 微分性质

若 $x(t) \rightarrow y(t)$,则
$$\frac{dx(t)}{dt} \rightarrow \frac{dy(t)}{dt} \tag{3-3}$$

即系统对输入微分的响应,等同于对原输入响应的微分。

(3) 积分性质

若 $x(t) \rightarrow y(t)$,则 $\int_0^t x(t) dt \rightarrow \int_0^t y(t) dt \tag{3-4}$

即当初始条件为零时,系统对输入积分的响应等同于对原输入响应的积分。例如,已测得某物体振动加速度的响应函数,可利用积分特性作数学运算,求得该系统的速度或位移的响应函数。

(4) 频率不变性

若输入为正弦信号 $\quad\quad\quad\quad x(t)=A\sin\omega t$

则输出函数必为 $\quad\quad\quad\quad y(t)=B\sin(\omega t\pm\phi)$ (3-5)

式(3-5)表明,在稳态时线性系统的输出,其频率恒等于原输入的频率,但其幅值与相角均有变化。此性质在动态测试中具有重要作用。例如,在振动测试中,若输入的激励频率为已知时,则测得的输出信号中只有与激励频率相同的成分才可能是由该激励引起的振动,而其他频率信号都为噪声干扰。

3.2 测量系统的静态标定与静态特性

测量系统的激励信号可能是常量,也可能是变化的量,系统对上述两类信号的响应各不相同。在测量过程中,系统或仪器自身也产生固有运动,进行能量变换。例如,膜盒或波纹管的变形,表头指针的偏转,水银的膨胀收缩,电路中电容器的充放电,继电器的开闭,乃至模数转换器的转换及 CPU 的数据处理时间等,这些运动都会使被测信号在幅值和相位两方面发生变化。根据仪器固有运动的速度和被测信号的变化速度之间相对大小,测量过程可分为静态测量与动态测量。

仪器的静态特性用仪器的激励与响应的稳定值之间的相互关系来表示,其数学模型为代数方程,不含有时间变量 t。

3.2.1 静态标定

欲使测量结果具有普遍的科学意义,测量系统应当是经过检验的。用已知的标准校正仪器或测量系统的过程称为标定。根据标定时输入到测量系统中的已知量是静态量还是动态量,标定分静态标定和动态标定。

本节讨论静态标定。具体来讲,静态标定就是将原始基准器或比被标定系统准确度高的各级标准器或已知输入源作用于测量系统,得出测量系统的激励-响应关系的实验操作。对测量系统进行标定时,一般应在全量程范围内均匀地选取 5 个或 5 个以上的标定点(包括零点)。从零点开始,由低至高,逐次输入预定的标定值——此称正行程标定;由高至低依次输入预定的标定值,直至返回零点——此称反行程标定。按要求将以上操作重复若干次,记录下相应的响应-激励关系。

标定的主要作用是:

① 确定仪器或测量系统的输入-输出关系,赋予仪器或测量系统分度值。

② 确定仪器或测量系统的静态特性指标。

③ 消除系统误差,改善仪器或测量系统的正确度。

在科学测量中,标定是一个不容忽视的重要步骤。通过标定,可得到测量系统的响应值 y_i 和激励值 x_i 之间的一一对应关系,称为测量系统的静态特性。测量系统的静态特性可以用一个多项式方程表示

$$y = a_0 + a_1 x + a_2 x^2 + \cdots \tag{3-6}$$

式(3-6)称为测量系统的静态数学模型。

静态特性也可用一条曲线来表示,该曲线称为测量系统的静态特性曲线,有时也称为静态校准曲线或静态标定曲线。从标定过程可知,测量系统的静态特性曲线也可相应地分为正行程特性曲线、反行程特性曲线和平均特性曲线(正行程、反行程特性曲线之平均),一般以平均特性曲线作为测量系统的静态特性曲线。

理想的情况是测量系统的响应和激励之间有线性关系,这时数据处理最简单,并且可和动态测量原理相衔接。这是因为线性系统遵守叠加原理和频率不变性原理,在动态测量中不会改变响应信号的频率结构,造成波形失真。然而,由于原理、材料、制作上的种种客观原因,测量系统的静态特性不可能是严格线性的。如果在测量系统的特性方程中,非线性项的影响不大,实际静态特性接近直线关系,则常用一条参考直线来代替实际的静态特性曲线,近似地表示响应-激励关系,有时也将此参考直线称为测量系统的工作直线。如果测量系统的实际特性和参考直线关系相去甚远,则常采取限制测量的量程,以确保系统工作在线性范围内,或者在仪器的结构或电路上采取线性化补偿措施,如设计非线性放大器或采取软件非线性修正等补偿措施。

选用参考直线有多种方案,常用的几种有:

(1) 端点连线

端点连线法是将静态特性曲线上对应于量程上、下限的两点连线作为工作直线,如图3-2所示。该工作直线仅用到量程上、下限的两点,其他标定点过此线的甚少。如果测量系统呈明显的非线性,显然该参考工作直线的精度不高。

(2) 端点平移线

端点平移线国外称为最佳直线。端点平移线的作法是,先找到实际静态特性曲线上对应于量程上、下限的两点,并作端点连线①,然后在实际静态特性曲线上找到端点连线的最大正偏差及最大负偏差点,分别过正最大偏差点及负最大偏差点作端点连线的平行线②和③,再作两偏差点平行线的等分线④,该等分线即为端点平移线,如图3-3所示。

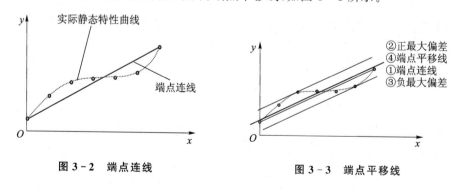

图3-2 端点连线　　　　图3-3 端点平移线

端点平移线作为参考工作直线,显然其与实际静态特性曲线偏离度要优于端点连线,能保证最大正偏差与最大负偏差相等。

(3) 最小二乘直线

设实际静态特性 m 个标定点数据为 $(x_i, y_i), i=1,2,3\cdots,m$,最小二乘参考工作直线方程为 $\hat{y}=a+bx$,实际标定点 i 与参考工作直线间的偏差为 $d_i, d_i = y_i - \hat{y}_i$ 如图3-4所示,有:

$$d_i = y_i - (a + bx_i) \tag{3-6}$$

引入准则函数 J，

$$J = \sum_{i=1}^{m} d_i^2 = \sum_{i=1}^{m} [y_i - (a + bx_i)]^2 \tag{3-7}$$

J 取最小值的必要条件是

$$\left. \begin{array}{l} \dfrac{\partial J}{\partial a} = 0 \\[6pt] \dfrac{\partial J}{\partial b} = 0 \end{array} \right\} \tag{3-8}$$

由式(3-8)可求解 a 和 b 的值。求解得到的 a，b 两系数具有物理意义，由此求取的参考工作直线与实际静态特性的符合程度将优于上述两种方法。

(4) 过零最小二乘直线

采用上述最小二乘直线作为参考工作直线，其方程中含有截距 a 值，该方程并不满足线性时不变系统的叠加性，实际使用时一般会将 a 值看成是系统误差

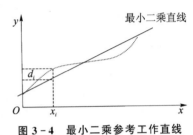

图 3-4 最小二乘参考工作直线

并对其进行修正。实际标定中，有许多系统零输入时，其输出为 0，对于这样的系统可采用过原点的最小二乘直线作为参考工作直线。其参考工作直线的模型为 $y = bx$，各标定点到该直线的偏差平方和 J 为：

$$J = \sum_{i=1}^{m} (y_i - bx_i)^2 \tag{3-9}$$

可由 $\dfrac{\partial J}{\partial b} = 0$ 求解参考工作直线的系数 b。

直线方程的形式为 $\hat{y} = bx$，且各标定点 (x_i, y_i) 偏差的平方和最小的直线。

3.2.2 静态特性指标

描述测量系统静态特性的指标有灵敏度、量程、测量范围、线性度、分辨率、重复性、迟滞等。

1. 灵敏度

灵敏度 S 是仪器在静态条件下响应量的变化 Δy 和与之相对应的输入量变化 Δx 的比值。如果激励和响应都是不随时间变化的常量(或变化极慢，在所观察的时间间隔内可近似为常量)，则式(3-1)中各个微分项均为零，方程式可简化

$$y = \dfrac{b_0}{a_0} x \tag{3-10}$$

理想的静态量测量装置应具有单调、线性的输入输出特性，其斜率为常数。在这种情况下，仪器的灵敏度 S 就等于特性曲线的斜率，如图 3-5(a)所示，即

$$S = \dfrac{\Delta y}{\Delta x} = \dfrac{y}{x} = \dfrac{b_0}{a_0} = 常数 \tag{3-11}$$

当特性曲线呈非线性关系时，灵敏度的表达式为

$$S = \lim_{\Delta x \to 0} \frac{\Delta y}{\Delta x} = \frac{dy}{dx} \quad (3-12)$$

如图 3-5(b)，表示单位被测量的变化引起的测量系统输出值的变化。

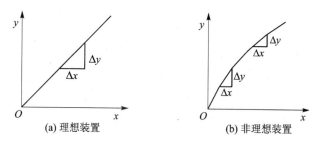

图 3-5 静态灵敏度的确定

灵敏度是一个有因次的量，因此在讨论测量系统的灵敏度时，必须确切地说明它的因次。例如，位移传感器的被测位移单位是 mm，输出量的单位是 mV，则该位移传感器的灵敏度单位是 mV/mm。有些仪器的灵敏度表示方法和定义相反，例如记录仪及示波器的灵敏度常表示为 V/cm，而不是 cm/V。假如测量仪器的激励与响应为同一形式的物理量（例如电压放大器），则常用"增益"这个名词来取代灵敏度的概念。

上述定义与表示方法都是指绝对灵敏度。另一种实用的灵敏度表示方法是相对灵敏度，相对灵敏度 S_r 的定义为

$$S_r = \frac{\Delta y}{\Delta x / x} \quad (3-13)$$

式中，Δy 为输出量的变化；$\Delta x/x$ 为输入量的相对变化。

相对灵敏度表示测量系统的输出变化量对于被测输入量的相对变化量的变化率。在实际测量中，被测量的变化有大有小，在要求相同的测量精度条件下，被测量越小，则所要求的绝对灵敏度越高。但如果用相对灵敏度表示，则不管被测量的大小如何，只要相对灵敏度相同，测量精度就相同。

测量系统除了对有效被测量敏感外，还可能对各种干扰量有反应，从而影响测量精度。这种对干扰量或影响量敏感的灵敏度称为有害灵敏度，在设计测量系统时，应尽可能使有害灵敏度降到最低限度。

许多测量单元的灵敏度是由其物理属性或结构所决定。人们常常追求高灵敏度，但灵敏度和系统的量程及固有频率等是相互制约的，应引起注意。

对于一个较为理想的测量系统而言，希望灵敏度 S 在整个测量范围内保持不变，在被测信号有效频率范围内保持不变，如图 3-6 所示。应该指出的是，灵敏度 S 与系统的量程及系统的动态特性（固有频率）密切相关。

2. 量程及测量范围

测量范围是指测量系统能测量的最小输入量（下限）至最大输入量（上限）之间的范围。测量上限值与下限值的代数差称为量程。如测量范围为 $-50 \sim 200$ ℃ 的温度计的量程是 250 ℃。仪器的测量范围决定于仪器中各环节的性能，假如仪器中任一环节的工作出现饱和或过载，则整个仪

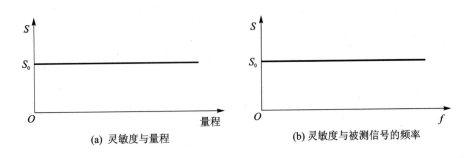

图 3-6 灵敏度 s 与测量量程及信号频率的要求

器都不能正常工作。测量系统的量程与灵敏度是相关联的,一般地灵敏度越大,其量程越小。

有效量程或工作量程是指被测量的某个数值范围,在此范围内测量仪器所测得的数值,其误差均不会超过规定值。仪器量程的上限与下限构成了仪器可以进行测量的极限范围,但并不代表仪器的有效量程。例如,某厂家称其湿度传感器的量程是 20%~100%RH,但仪器上也可能会特别注明在 30%~85%RH 以外的范围上湿度仪的标定会有误差。进一步细读说明书甚至会发现,实际上只有在 30%~85%RH 范围内仪器才保证规定的精度。所以仪器的有效量程是 30%~85%RH。

3. 非线性

非线性通常也称为线性度,是指测量系统的实际输入输出特性曲线对于理想线性输入输出特性的接近或偏离程度。它用实际输入输出特性曲线对理想线性输入输出特性曲线的最大偏差量与满量程的百分比来表示,如图 3-7 所示。即

$$\delta_L = \Delta L_{max}/Y_{FS} \times 100\% \tag{3-14}$$

式中,δ_L 为线性度;Y_{FS} 为满量程,是理想工作曲线的上限值与下限值之差的绝对值;ΔL_{max} 为最大偏差。

由式(3-14)可知,显然 δ_L 越小,系统的线性越好,实际工作中经常会遇到非线性较为严重的系统,此时,可以采取限制测量范围、采用非线性拟合或非线性放大器等技术措施来提高系统的线性。

4. 迟滞性

迟滞性亦称滞后量、滞后或回程误差,表征测量系统在全量程范围内,输入量由小到大(正行程)或由大到小(反行程)两者静态特性不一致的程度,如图 3-8 所示。将各标定点上正行程工作曲线与反行程工作曲线之间的偏差记为迟滞偏差,用 ΔH_i 表示。迟滞误差在数值上是用各标定点中的最大迟滞偏差 ΔH_{max} 与满量程 Y_{FS} 之比的百分率表示,即

$$\delta_H = \frac{\Delta H_{max}}{Y_{FS}} \times 100\% \tag{3-15}$$

显然 δ_H 越小,测量系统的迟滞性能越好。

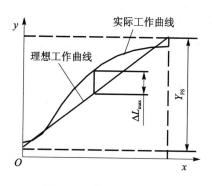

图 3-7 非线性示意图

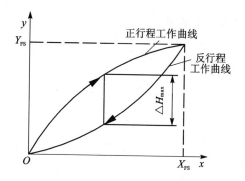

图 3-8 迟滞示意图

5. 重复性

重复性表示测量系统在同一工作条件下,按同一方向正行程或反行程作全量程多次(三次以上)标定时,对于同一个激励量其测量结果的不一致程度,如图 3-9 所示。重复性误差为随机误差,引用误差表示形式为

$$\delta_R = \frac{\Delta R}{Y_{FS}} \times 100\% \qquad (3-16)$$

式中,ΔR 为同一激励量对应多次循环的同向行程响应量的绝对误差。

重复性反映了标定值的分散性,是一种随机误差,可以根据标准偏差来计算 ΔR。

$$\Delta R = \frac{K\sigma}{\sqrt{n}} \qquad (3-17)$$

式中,σ 为子样标准偏差;K 为置信因子,$K=2$ 时,置信度为 95%,$K=3$ 时,置信度为 99.73%。

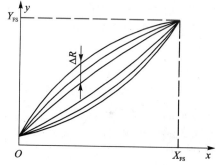

图 3-9 重复性示意图

标准偏差 σ 的可按贝塞尔公式计算

$$\sigma_{jD} = \sqrt{\frac{1}{n-1}\sum_{i=1}^{n}(y_{jiD} - \bar{y}_{jD})^2} \qquad (3-18)$$

$$\sigma_{jI} = \sqrt{\frac{1}{n-1}\sum_{i=1}^{n}(y_{jiI} - \bar{y}_{jI})^2} \qquad (3-19)$$

式中,σ_{jD} 和 σ_{jI} 分别为正、反行程各标定点响应量的标准偏差;$\bar{y}_{jD}$ 和 $\bar{y}_{jI}$ 分别为正、反行程各标定点的响应量的平均值;j 为标定点序号,$j=1,2,3,\cdots,m$;i 为标定的循环次数,$i=1,2,3,\cdots,n$;y_{jiD} 和 y_{jiI} 分别为正、反行程各标定点输出值。

再取 σ_{jD} 和 σ_{jI} 的均方值为子样的标准偏差 σ。

$$\sigma = \sqrt{\left(\sum_{j=1}^{m}\sigma_{jI}^2 + \sum_{j=1}^{m}\sigma_{jD}^2\right)\frac{1}{2m}} \qquad (3-20)$$

6. 准确度

准确度是指测量仪器的指示接近被测量真值的能力。准确度是重复误差和线性度等的综合。

准确度可以用输出单位来表示,例如温度表的准确度为±1℃,千分尺的准确度为±0.001mm等。但大多数测量仪器或传感器的准确度是用无量纲的百分比误差或满量程百分比误差来表示,即

$$百分比误差 = \frac{指示值 - 真值}{真值} \times 100\% \quad (3-21)$$

而在工程应用中多以仪器的满量程百分比误差来表示,即

$$满量程百分比误差 = \frac{指示值 - 真值}{最大量程} \times 100\% \quad (3-22)$$

准确度表示测量的可信程度,准确度不高可能是由仪器本身或计量基准的不完善两方面原因造成。

7. 分辨力和分辨率

分辨力是指测量系统能测量的输入量最小变化的能力。当被测量的变化小于分辨力时,传感器对输入量的变化无任何反应。对数字仪表而言,如果没有其他附加说明,可以认为该表的最后一位所表示的数值就是它的分辨力。有些传感器当输入量连续变化时,输出量只作阶梯变化,则分辨力就是输出量的每个"阶梯"所代表的输入量的大小。

设传感器能引起响应量发生变化的最小激励变化量,用 $\triangle x$ 表示。由于测量系统或仪器在全量程范围内,各测量区间的 $\triangle x$ 不完全相同,因此常用全量程范围内最大的 $\triangle x$ 即 $\triangle x_{\max}$ 与测量系统满量程输出值 Y_{FS} 之比的百分率表示其分辨能力,称为分辨率,用 F 表示,即

$$F = \frac{\Delta x_{\max}}{Y_{FS}} \quad (3-23)$$

为了保证测量系统的测量准确度,工程上规定:测量系统的分辨率应小于允许误差的 1/3, 1/5 或 1/10。可以通过提高仪器的敏感单元的增益的方法来提高分辨率,如使用放大镜可比裸眼更清晰地观察刻度盘相对指针的刻度值,也可以用放大器放大测量信号等。不应该将分辨率与重复性和准确度混淆起来。测量仪器必须有足够高的分辨率,但这还不是构成良好仪器的充分条件。分辨率的大小应能保证在稳态测量时仪器的测量值波动很小。分辨率过高会使信号波动过大,从而会对数据显示或校正装置提出过高的要求。一个好的设计应使仪器的分辨率与功用相匹配。提高分辨率相对而言是比较方便的,因为在仪器的设计中提高增益不成问题。

8. 漂 移

漂移是指在测量系统的激励不变时,响应量随时间的变化趋势。漂移的同义词是仪器的不稳定性。产生漂移的原因有两方面,一是仪器自身结构参数的变化,二是外界工作环境参数的变化对响应的影响。最常见的漂移问题是温漂,即由于外界工作温度的变化而引起的输出的变化。例如,溅射薄膜压力传感器的温漂为 $0.01\%/(h \cdot ℃)$,即当温度变化 1℃ 时,传感器的输出每小时要变化 0.01%。随着温度的变化,仪器的灵敏度和零位也会发生漂移,并相应地称之为灵敏度漂移和零点漂移。

3.3 测量系统动态特性

3.3.1 动态参数测试的特殊性

在测量静态信号时,线性测量系统的输出-输入特性是一条直线,二者之间有一一对应的关系,而且因为被测信号不随时间变化,测量和记录过程不受时间限制。在实际测试工作过程中,大量的被测信号是动态信号,测量系统对动态信号的测量任务不仅需要精确地测量信号幅值的大小,而且需要测量和记录动态信号变化过程的波形,这就要求测量系统能迅速准确地测出信号幅值的大小和无失真的再现被测信号随时间变化的波形。

测量系统的动态特性是指对激励(输入)的响应(输出)特性。一个动态特性好的测量系统,其输出随时间变化的规律,将能同时再现输入随时间变化的规律,即具有相同的时间函数。这是动态测量中对测量系统提出的新要求。但实际上除了具有理想的比例特性的环节外,输出信号将不会与输入信号具有完全相同的时间函数,这种输出与输入间的差异就是所谓的动态误差。

为了进一步说明动态参数测试中发生的特殊问题,下面讨论一个测量水温的实验过程。使一个恒温水槽中的水温保持在 T℃不变。当地环境温度为 T_0℃,把一支热电偶放于此环境中一定时间,那么热电偶反映出来的温度应为 T_0℃(不考虑其他因素造成的误差)。设 $T>T_0$,现在将热电偶迅速插到恒温水槽的热水中(插入时间忽略不计),这时热电偶测量的温度参数发生一个突变,即从 T_0 突然变化到 T,立即看一下热电偶输出的指示值,是否在这一瞬间从原来的 T_0 立刻上升到 T 呢?显然不会。它是从 T_0 逐渐上升到 T 的,没有这样一个过程就不会得到正确的测量结果。如图 3-10 所示,从 $t_0 \rightarrow t$ 的过程中,测试曲线始终与温度从 T_0 跳变到 T 的阶跃波形存在差值,这个差值称为动态误差,从记录波形看,测试具有一定失真。

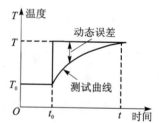

图 3-10 热电偶测温过程曲线

究竟是什么原因造成测试失真和产生动态误差呢?首先可以肯定,如果被测温度 $T=T_0$,不会产生上述现象。另一方面,就应该考察热电偶(传感器)对动态参数测试的适应性能,即它的动态特性怎样。热电偶测量热水温度时,水温的热量需要通过热电偶的壳体传到热接点上,热接点又具有一定热容量,它与水温的热平衡需要一个过程,所以热电偶不能在被测量温度变化时立即产生相应的反映。这种由热容量所决定的性能称为热惯性,热惯性是热电偶固有的,决定了热电偶测量快速温度变化时会产生动态误差。

任何测量系统或装置都有影响其动态特性的"固有因素",只不过它们的表现形式和作用程度不同而已。研究测量系统的动态特性主要是从测量误差角度分析产生动态误差的原因及改善措施。

3.3.2 测量系统动态特性的分析方法及主要指标

测量系统的动态特性可采用瞬态响应法和频率响应法从时域和频域两个方面来分析。由于输入信号的时间函数形式是多种多样的,在时域内研究测量系统的响应特性时,只能研究几种特定的输入时间函数,如阶跃函数、脉冲函数和斜坡函数等的响应特性。在频域内研究动态特性一般是采用正弦输入得到频率响应特性,动态特性好的测量系统暂态响应时间很短或者频率响应范围很宽。这两种分析方法内部存在必然的联系,在不同场合,根据实际需要解决的问题的不同而选择不同的方法。

在对测量系统进行动态特性分析和动态标定时,为了便于比较和评价,常采用正弦信号或阶跃信号作为标准激励源。

在采用阶跃输入研究测量系统时域动态特性时,为表征其动态特性,常用上升时间 t_{rs}、响应时间 t_{st}、过调量 M 等参数来综合描述,如图 3-11 所示。上升时间 t_{rs} 是指输出指示值从最终稳定值的 5% 或 10% 变到最终稳定值的 95% 或 90% 所需的时间。响应时间 t_{st} 是指从输入量开始起作用到输出值进入稳定值所规定的范围内所需要的时间。最终稳定值的允许范围常取所允许的测量误差值 $\pm e$。在给出响应时间时应同时注明误差值的范围,例如 $t_{st}=5s(\pm 2\%)$。过调量 M 是指输

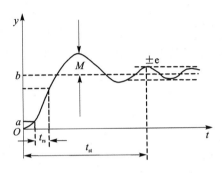

图 3-11 阶跃响应特性

出第一次达到稳定值之后又超出稳定值而出现的最大偏差,常用相对于最终稳定值的百分比来表示。

在采用正弦输入研究测量系统频域动态特性时,常用幅频特性和相频特性来描述其动态特性,其重要指标是频带宽度,简称带宽。带宽是指增益变化不超过某一规定分贝值的频率范围。

3.3.3 测量系统的数学模型

测量系统实质上是一个信息(能量)转换和传递的通道,在静态测量情况下,其输出量(响应)与输入量(激励)的关系符合式(3-6),即输出量为输入量的函数。在动态测量情况下,如果输入量随时间变化时,输出量能立即随之无失真地变化的话,那么这样的系统可看作是理想的。但实际的测量系统,总是存在着诸如弹性、惯性和阻尼等元件。此时,输出 y 不仅与输入 x 有关,而且还与输入量的变化速度 dx/dt,加速度 d^2x/dt^2 等有关。

要精确地建立测量系统的数学模型是很困难的。在工程上总是采取一些近似的方法,忽略一些影响不大的因素,给数学模型的确立和求解都带来很多方便。

一般可用线性时不变系统理论来描述测量系统的动态特性。从数学上可以用常系数线性微分方程表示系统的输出量 y 与输入量 x 的关系,这种方程的通式如下:

$$a_n \frac{d^n y(t)}{dt^n} + a_{n-1} \frac{d^{n-1} y(t)}{dt^{n-1}} + \cdots + a_1 \frac{dy(t)}{dt} + a_0 y(t) \\ = b_m \frac{d^m x(t)}{dt^m} + b_{m-1} \frac{d^{m-1} x(t)}{dt^{m-1}} + \cdots + b_1 \frac{dx(t)}{dt} + b_0 x(t) \quad (3-24)$$

式中,$a_n, a_{n-1}, \cdots, a_1, a_0$ 和 $b_m, b_{m-1}, \cdots, b_1, b_0$ 均为与系统结构参数有关的常数。

线性时不变系统有两个十分重要的性质,即叠加性和频率不变性。根据叠加性质,当一个系统有 n 个激励同时作用时,那么它的响应就等于这 n 个激励单独作用的响应之和,有

$$\sum_{i=1}^{n} x_i(t) \to \sum_{i=1}^{n} y_i(t)$$

即各个输入所引起的输出是互不影响的。在分析常系数线性系统时,可将一个复杂的激励信号分解成若干个简单的激励,如利用傅里叶变换,将复杂信号分解成一系列谐波或分解成若干个小的脉冲激励,然后求出这些分量激励的响应之和。频率不变性表明,当线性系统的输入为某一频率时,则系统的稳态响应也为同一频率的信号。

从理论上讲,用式(3-24)可以确定测量系统的输出与输入的关系,但对于一个复杂的系统和复杂的输入信号,若仍然采用式(3-24)求解肯定不是一件容易的事情。因此,在工程应用中,通常采用一些足以反映系统动态特性的函数,将系统的输出与输入联系起来。这些函数有传递函数、频率响应函数和冲激响应函数等。

3.3.4 传递函数

在工程应用中,为了计算分析方便,通常采用拉普拉斯变换(简称拉氏变换)来研究线性微分方程。如果 $y(t)$ 是时间变量 t 的函数,并且当 $t \leqslant 0$ 时,$y(t) = 0$,则它的拉氏变换 $Y(s)$ 的定义为

$$Y(s) = \int_{0}^{+\infty} y(t) \mathrm{e}^{-st} \mathrm{d}t \tag{3-25}$$

式中,s 是复变量,$s = \beta + \mathrm{j}\omega, \beta > 0$。

对式(3-24)取拉氏变换,并认为 $x(t)$ 和 $y(t)$ 及它们的各阶时间导数的初值($t=0$)为零,则得

$$Y(s)(a_n s^n + a_{n-1} s^{n-1} + \cdots + a_1 s + a_0)$$
$$= X(s)(b_m s^m + b_{m-1} s^{m-1} + \cdots + b_1 s + b_0)$$

或

$$\frac{Y(s)}{X(s)} = \frac{b_m s^m + b_{m-1} s^{m-1} + \cdots + b_1 s + b_0}{a_n s^n + a_{n-1} s^{n-1} + \cdots + a_1 s + a_0} \tag{3-26}$$

式(3-26)等号右边是一个与输入 $x(t)$ 无关的表达式,它只与系统结构参数有关;因而等号右边是测量系统特性的一种表达式,它联系了输入与输出的关系,是一个描述测量系统转换及传递信号特性的函数。定义其初始值为零时,输出 $y(t)$ 的拉氏变换 $Y(s)$ 和输入的拉氏变换 $X(s)$ 之比称为传递函数,并记为 $H(s)$

$$H(s) = \frac{Y(s)}{X(s)} \tag{3-27}$$

由式(3-27)可见,引入传递函数概念之后,在 $Y(s)$、$X(s)$ 和 $H(s)$ 三者之中,知道任意两个,第三个便可求得,这给了解一个复杂系统的传递信息特性创造了方便条件,此时不需要了解复杂系统的具体结构,只要给系统一个激励 $x(t)$,得到系统对 $x(t)$ 的响应 $y(t)$,系统特性就可确定。

传递函数有以下几个特点:传递函数 $H(s)$ 描述了系统本身的固有特性,与其表达的形式无关;对一个系统而言,$H(s)$ 不随 $x(t)$、$y(t)$ 的大小变化而变化。各种具体的物理系统,只要具有相同的微分方程,其传递函数也就相同,即同一个传递函数可表示不同的物理系统;传递函数与微分方程等价。

将传递函数的定义式(3-26)应用于线性传递元件串、并联的系统,则可得到十分简单的

运算规则。

如图 3-12(a)所示,两传递函数分别为 $H_1(s)$ 和 $H_2(s)$ 的环节串联后形成的系统的传递函数为

$$H(s) = \frac{Y(s)}{X(s)} = \frac{Y_1(s)}{X(s)} \cdot \frac{Y(s)}{Y_1(s)} = H_1(s) \cdot H_2(s) \quad (3-28)$$

图 3-12(b)所示为两环节 $H_1(s)$ 和 $H_2(s)$ 并联后形成的组合系统,该系统的传递函数为

$$H(s) = \frac{Y(s)}{X(s)} = \frac{Y_1(s) + Y_2(s)}{X(s)} = \frac{Y_1(s)}{X(s)} + \frac{Y_2(s)}{X(s)} = H_1(s) + H_2(s) \quad (3-29)$$

图 3-12(c)所示为两环节 $H_1(s)$ 和 $H_2(s)$ 连接成闭环回路的情形,此时有

$$Y(s) = X_1(s) \cdot H_1(s)$$
$$X_2(s) = X_1(s) \cdot H_1(s) \cdot H_2(s)$$
$$X_1(s) = X(s) + X_2(s)$$

于是系统传递函数

$$H(s) = \frac{Y(s)}{X(s)} = \frac{H_1(s)}{1 - H_1(s)H_2(s)} \quad (3-30)$$

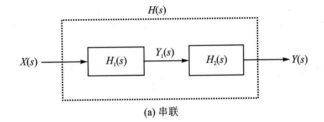

(a) 串联

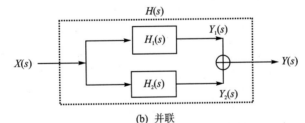

(b) 并联

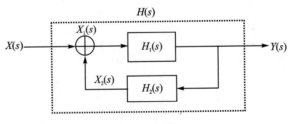

(c) 闭环系统

图 3-12 组合系统

3.3.5 频率响应函数

对于稳定的常系数线性系统,可用傅里叶变换代替拉氏变换。式(3-25)变为

$$Y(j\omega) = \int_0^{+\infty} y(t) e^{-j\omega t} dt \quad (3-31)$$

这实际上是单边傅里叶变换。相应地有

$$X(j\omega) = \int_0^{+\infty} x(t) e^{-j\omega t} dt \quad (3-32)$$

$$H(j\omega) = \frac{Y(j\omega)}{X(j\omega)}$$

或

$$H(j\omega) = \frac{b_m (j\omega)^m + b_{m-1} (j\omega)^{m-1} + \cdots + b_1 (j\omega) + b_0}{a_n (j\omega)^n + a_{n-1} (j\omega)^{n-1} + \cdots + a_1 (j\omega) + a_0}$$

$H(j\omega)$ 称为测量系统的频率响应函数，简称为频率响应或频率特性。很明显，频率响应是传递函数的一个特例。显然，测量系统的频率响应 $H(j\omega)$ 就是在初始条件为零时，响应的傅里叶变换与激励的傅里叶变换之比，是在"频域"对系统传递信息特性的描述。

通常，频率响应函数 $H(j\omega)$ 是一个复数函数，它可用复指数形式表示，即

$$H(j\omega) = A(\omega) e^{j\phi} \quad (3-33)$$

式中，$A(\omega)$ 为 $H(j\omega)$ 的模，$A(\omega) = |H(j\omega)|$；ϕ 为 $H(j\omega)$ 的相角，$\phi = \arctan H(j\omega)$。

$$A(\omega) = |H(j\omega)| = \sqrt{[H_R(\omega)]^2 + [H_I(\omega)]^2} \quad (3-34)$$

称为测量系统的幅频特性。式中，$H_R(\omega)$ 和 $H_I(\omega)$ 分别为频率响应函数的实部与虚部。

$$\phi(\omega) = -\arctan \frac{H_I(\omega)}{H_R(\omega)} \quad (3-35)$$

称为测量系统的相频特性。

由两个频率响应分别为 $H_1(j\omega)$ 和 $H_2(j\omega)$ 的定常系数线性系统串接而成的总系统，如果后一系统对前一系统没有影响，那么，描述整个系统的频率响应 $H(j\omega)$、幅频特性 $A(\omega)$ 和相频特性 $\phi(\omega)$ 为

$$\left. \begin{array}{l} H(j\omega) = H_1(j\omega) \cdot H_2(j\omega) \\ A(\omega) = A_1(\omega) \cdot A_2(\omega) \\ \phi(\omega) = \phi_1(\omega) + \phi_2(\omega) \end{array} \right\} \quad (3-36)$$

常系数线性测量系统的频率响应 $H(j\omega)$ 是频率的函数，与时间、输入量无关。如果系统为非线性的，则 $H(j\omega)$ 将与输入有关。若系统是非常系数的，则 $H(j\omega)$ 还与时间有关。

直观上看，频率响应是对简谐信号而言的，反映了系统对简谐信号的测试性能。由于任何信号都可分解成简谐信号之和，并且线性系统又具有叠加性，频率响应也反映了系统测试任意信号的能力。幅频和相频特性分别反映了系统对输入信号中各个频率分量幅值的缩放能力和相位角的增减能力，频率响应对动态信号的测试具有普遍而重要的意义。

3.3.6 冲激响应函数

由式(3-27)可知，理想状况下若选择一种激励 $x(t)$，使 $\mathscr{L}[x(t)] = X(s) = 1$。这时自然会想到引入单位冲激函数 δ。根据单位冲激函数的定义和函数的抽样性质，可求出单位冲激函数的拉氏变换，即

$$\begin{aligned} X(s) &= \mathscr{L}[\delta(t)] = \int_{-\infty}^{+\infty} \delta(t) e^{-st} dt \\ &= e^{-st} \big|_{t=0} = 1 \end{aligned} \quad (3-37)$$

将 $\mathscr{L}[\delta(t)]=X(s)=1$ 代入式(3-27)得

$$H(s) = \frac{Y(s)}{X(s)} = Y(s) \tag{3-38}$$

对式(3-38)两边取拉氏逆变换,且令 $\mathscr{L}^{-1}[H(s)]=h(t)$,则有

$$h(t) = \mathscr{L}^{-1}[H(s)] = \mathscr{L}^{-1}[Y(s)] = y_\delta(t) \tag{3-39}$$

式(3-39)表明,单位冲激函数的响应同样可描述测量系统的动态特性,它同传递函数是等效的,不同的是一个在复频域($\beta+j\omega$),一个是在时间域。通常称 $h(t)$ 为冲激响应函数。

对于任意输入 $x(t)$ 所引起的响应 $y(t)$,可利用两个函数的卷积关系,即系统的响应 $y(t)$ 等于冲激响应函数 $h(t)$ 同激励 $x(t)$ 的卷积,有

$$\begin{aligned} y(t) &= h(t) * x(t) = \int_0^t h(\tau)x(t-\tau)\mathrm{d}\tau \\ &= \int_0^t x(\tau)h(t-\tau)\mathrm{d}\tau \end{aligned} \tag{3-40}$$

3.4 测量系统的动态特性分析

测量系统的种类和形式很多,比较常见的是一阶或二阶系统,而高阶测量系统总能分解成若干个一阶和二阶系统的串联或并联形式。因此,掌握了一阶和二阶系统的动态特性,就可分析并了解各种测量系统的动态特性。

3.4.1 典型系统的频率响应

(1) 一阶测量系统的频率响应

在工程上,一般将

$$a_1 \frac{\mathrm{d}y(t)}{\mathrm{d}t} + a_0 y(t) = b_0 x(t) \tag{3-41}$$

视为一阶测量系统的微分方程的通式,它可以改写为

$$\frac{a_1}{a_0} \frac{\mathrm{d}y(t)}{\mathrm{d}t} + y(t) = \frac{b_0}{a_0} x(t)$$

式中,a_1/a_0 具有时间的量纲,称为系统的时间常数,一般记为 τ;b_0/a_0 表示系统的灵敏度 S,具有输出/输入的量纲。

对于任意阶测量系统来说,根据灵敏度的定义,b_0/a_0 总是表示灵敏度 S。由于在线性测量系统中灵敏度 S 为常数,在动态特性分析中,S 只起着使输出量增加 S 倍的作用。因此,为了方便起见,在讨论任意测量系统时,都采用

$$S = \frac{b_0}{a_0} = 1$$

这样灵敏度归一化后,式(3-41)写成

$$\tau \frac{\mathrm{d}y(t)}{\mathrm{d}t} + y(t) = x(t) \tag{3-42}$$

这类测量系统的传递函数 $H(s)$、频率特性 $H(j\omega)$、幅频特性 $A(\omega)$、相频特性 $\phi(\omega)$ 分别为

$$H(s) = \frac{1}{1+\tau s} \tag{3-43}$$

$$H(j\omega) = \frac{1}{\tau(j\omega)+1} \tag{3-44}$$

$$A(\omega) = \frac{1}{\sqrt{1+(\omega\tau)^2}} \tag{3-45}$$

$$\phi(\omega) = -\arctan(\omega\tau) \tag{3-46}$$

图 3-13 所示的由弹簧阻尼器组成的机械系统属于一阶测量系统，$x(t)$ 表示作用于系统的外力，$y(t)$ 为弹簧的伸缩量。系统的运动方程为

$$c\frac{dy}{dt} + ky(t) = x(t)$$

式中，k 为弹性刚度；c 为阻尼系数。

图 3-14 是一简单的 RC 电路，$u_r(t)$ 为系统的输入电压，$u_0(t)$ 为系统的输出电压。该系统输出电压与输入电压之间的关系为

$$RC\frac{du_0(t)}{dt} + u_0(t) = u_r(t)$$

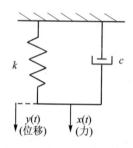

图 3-13　无质量的弹簧阻尼器振动系统

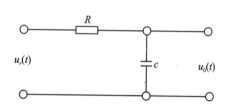

图 3-14　RC 电路图

图 3-15 为一阶测量系统的频率响应特性曲线。从式(3-45)、式(3-46)和图 3-15 看出，时间常数 τ 越小，频率响应特性越好。当 $\omega\tau \ll 1$ 时，$A(\omega) \approx 1$，表明测量系统输出与输入为线性关系；$\phi(\omega)$ 很小，$\tan\phi \approx \phi$，$\phi(\omega) \approx \omega\tau$，相位差与频率 ω 呈线性关系。这时保证了测量是无失真的，输出 $y(t)$ 真实地反映输入 $x(t)$ 的变化规律。

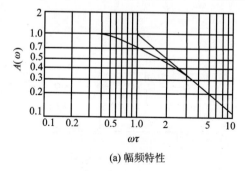

(a) 幅频特性

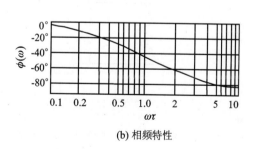

(b) 相频特性

图 3-15　一阶测量系统的频率响应特性曲线

(2) 二阶测量系统的频率响应

典型二阶测量系统的微分方程通式为

$$a_2\frac{d^2y(t)}{dt^2} + a_1\frac{dy(t)}{dt} + a_0y(t) = b_0x(t) \tag{3-47}$$

其传递函数、频率响应、幅频特性和相频特性分别为

$$H(s) = \frac{\omega_n^2}{s^2 + 2\xi\omega_n s + \omega_n^2} \tag{3-48}$$

相应的二阶系统的频率响应函数可表示为

$$H(j\omega) = \frac{1}{1-\left(\frac{\omega}{\omega_n}\right)^2 + 2j\xi\frac{\omega}{\omega_n}} \tag{3-49}$$

二阶系统的相频特性和幅频特性分别为

$$A(\omega) = \frac{1}{\sqrt{\left[1-\left(\frac{\omega}{\omega_n}\right)^2\right]^2 + 4\xi^2\left(\frac{\omega}{\omega_n}\right)^2}} \tag{3-50}$$

$$\phi(\omega) = -\arctan\frac{2\xi\left(\frac{\omega}{\omega_n}\right)}{1-\left(\frac{\omega}{\omega_n}\right)^2} \tag{3-51}$$

式中,$\omega_n = \sqrt{a_0/a_2}$ 为测量系统的固有频率;$\xi = a_1/2\sqrt{a_0 a_2}$ 为测量系统的阻尼比。

图 3-16 所示弹簧-质量-阻尼系统是一典型的单自由度振动系统,$x(t)$ 为作用于系统的外力,$y(t)$ 质量块中心的位移。系统的运动方程为

$$m\frac{d^2 y}{dt^2} + c\frac{dy}{dt} + ky(t) = kx(t)$$

式中,m 为系统运动部分的质量;c 为阻尼系数;k 为弹簧刚度;可改写为

$$\frac{d^2 y}{dt^2} + 2\xi\omega_n\frac{dy}{dt} + \omega_n^2 y(t) = \omega_n^2 x(t)$$

ω_n 为系统的固有频率,$\omega_n = \sqrt{k/m}$;ξ 为系统的阻尼比,$\xi = \frac{c}{c_c} = \frac{c}{2\sqrt{mk}}$;$c_c$ 为临界阻尼系数,$c_c = 2\sqrt{mk}$。

图 3-17 是一简单的 RLC 电路,u_r 为系统输入电压,u_0 为系统输出电压,该系统输出电压与输入电压间的关系为:

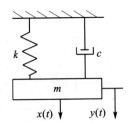

图 3-16 具有质量的单自由度振动系统

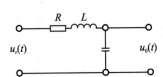

图 3-17 RLC 电路

$$LC\frac{d^2 u_0(t)}{dt^2} + RC\frac{du_0(t)}{dt} + u_0(t) = u_r(t)$$

图 3-18 为二阶测量系统的频率响应特性曲线。从式(3-50)、式(3-51)和图 3-18 可见,测量系统的频率响应特性好坏,主要取决于系统的固有频率 ω_n 和阻尼比 ξ。

当 $\xi<1$,$\omega_n \gg \omega$ 时,$A(\omega) \approx 1$,幅频特性平直,输出与输入为线性关系;$\phi(\omega)$ 很小,$\phi(\omega)$ 与 ω

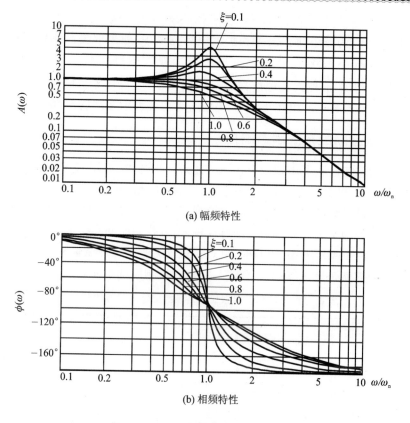

图 3-18 二阶测量系统的频率特性

呈近似的线性关系。此时,系统的输出 $y(t)$ 真实准确地再现输入 $x(t)$ 的波形,这是测试设备应有的性能。

当系统的无阻尼阻尼比 ξ 在 0.7 左右时,$A(\omega)$ 的水平直线段会相应地长一些,$\phi(\omega)$ 与 ω 之间也在较宽频率范围内更接近线性。计算表明,当 $\xi=0.7$ 时,在 $\frac{\omega}{\omega_n}=0\sim0.58$ 的范围内,$A(\omega)$ 的变化不超过 5%,同时 $\phi(\omega)$ 也接近于过坐标原点的斜直线。一般期望测量系统的 $\xi=0.6\sim0.8$,这样才可获得较合适的综合动态特性。当 ξ 远小于 0.7 时,幅频特性曲线出现较为明显的共振峰,其水平直线段越来越小。

通过上面的分析,可以得到这样一个结论:为了使测试结果能精确地再现被测信号的波形,在传感器设计时,必须使其阻尼比 $\xi<1$,固有频率 ω_n 至少应大于被测信号频率 ω 的 $3\sim5$ 倍,即 $\omega_n\geqslant(3\sim5)\omega$。只有测量系统的固有频率 ω_n 不低于输入信号谐波中最高频率 ω_{max} 的 $3\sim5$ 倍,才能保证动态测试精度。但若要保证 $\omega_n\geqslant(3\sim5)\omega_{max}$,实际上很困难,且 ω_n 太高又会影响其灵敏度。分析信号的频谱可知:在各次谐波中,高次谐波具有较小的幅值,占整个频谱中次要部分,所以即使测量系统对它们没有完全地响应,对整个测量结果也不会产生太大的影响。

实践证明,如果被测信号的波形与正弦波相差不大,则被测信号谐波中最高频率 ω_{max} 可以用其基频的 $2\sim3$ 倍代替。在选用和设计测量系统时,保证系统的固有频率 ω_n 不低于被测信号基频的 10 倍即可。即

$$\omega_n \geqslant (3\sim5) \times (2\sim3)\omega \approx 10\omega \tag{3-52}$$

由以上分析可知,为减小动态误差和扩大频响范围,一般采取提高测量系统的固有频率 ω_n,提高 ω_n 是通过减小系统运动部分质量和增加弹性敏感元件的刚度来达到的($\omega_n = \sqrt{k/m}$)。但刚度 k 增加,必然使灵敏度按相应比例减小,阻尼比 ξ 是测量系统设计和选用时要考虑的另一个重要参数。所以在实际中,应综合考虑各种因素来确定测量系统的特征参数。

3.4.2 典型激励的系统瞬态响应

测量系统的动态特性除了用频域中频率特性来评价外,也可用时域中瞬态响应和过渡过程来分析。阶跃函数、冲激函数、斜坡函数等是常用的激励信号。

一阶和二阶测量系统的脉冲响应及其图形列于表 3-1 中。理想的单位脉冲输入实际上是不存在的。但是若给系统以非常短暂的脉冲输入,其作用时间小于 $\tau/10$(τ 为一阶测量系统的时间常数或二阶测量系统的振荡周期),则近似地认为是单位冲激输入。在单位冲激激励下系统输出的频域函数就是该系统的频率响应函数,时域响应就是冲激响应。

表 3-1 一阶和二阶系统对各种典型输入信号的响应

输 入		输 出	
		一阶系统 $H(s) = \dfrac{1}{\tau s + 1}$	二阶系统 $H(s) = \dfrac{\omega_n^2}{s^2 + 2\xi\omega_n s + \omega_n^2}$
冲激响应	$x(t) = \delta(t)$ $X(s) = 1$	$Y(s) = \dfrac{1}{\tau s + 1}$ $y(t) = h(t) = \dfrac{1}{\tau}e^{-t/\tau}$	$Y(s) = \dfrac{\omega_n^2}{s^2 + 2\xi\omega_n s + \omega_n^2}$ $y(t) = h(t) = \dfrac{\omega_n}{\sqrt{1-\xi_n^2}}e^{-\xi\omega_n t}\cdot \sin\sqrt{1-\xi^2}\omega_n t$
单位阶跃	$x(t) = \begin{cases} 0 & t<0 \\ 1 & t\geqslant 0 \end{cases}$ $X(s) = \dfrac{1}{s}$	$Y(s) = \dfrac{1}{s(\tau s + 1)}$ $y(t) = 1 - e^{-t/\tau}$	$Y(s) = \dfrac{\omega_n^2}{s(s^2 + 2\xi\omega_n s + \omega_n^2)}$ $*\, y(t) = 1 - [(1/\sqrt{1-\xi^2})e^{-\xi\omega_n t}]\cdot \sin(\omega_d t + \phi_2)$

续表 3-1

输入	输出	
	一阶系统 $H(s)=\dfrac{1}{\tau s+1}$	二阶系统 $H(s)=\dfrac{\omega_n^2}{s^2+2\xi\omega_n s+\omega_n^2}$
单位斜坡 $x(t)=\begin{cases}0 & t<0\\ t & t\geq 0\end{cases}$ $X(s)=\dfrac{1}{s^2}$	$Y(s)=\dfrac{1}{s^2(\tau s+1)}$ $y(t)=t-\tau(1-\mathrm{e}^{-t/\tau})$	$Y(s)=\dfrac{\omega_n^2}{s^2(s^2+2\xi\omega_n s+\omega_n^2)}$ $y(t)=t-\dfrac{2\xi}{\omega_n}+[\mathrm{e}^{-\xi\omega_n t/\omega_d}]\cdot\sin[\omega_d t+\mathrm{arctg}(2\xi\sqrt{1-\xi^2}/2\xi^2-1)]$
单位正弦 $x(t)=\sin\omega t \quad t>0$ $X(s)=\dfrac{\omega}{s^2+\omega^2}$	$Y(s)=\dfrac{\omega}{(s^2+\omega^2)(\tau s+1)}$ $y(t)=\dfrac{1}{\sqrt{1+(\omega\tau)^2}}\cdot[\sin(\omega t+\phi_1)-\mathrm{e}^{-t/\tau}\cos\phi_1]$	$Y(s)=\dfrac{\omega\omega_n^2}{(s^2+\omega^2)(s^2+2\xi\omega_n s+\omega_n^2)}$ $y(t)=A(\omega)\sin[\omega t+\phi_2(\omega)]-\mathrm{e}^{-\xi\omega_n t}[K_1\cos\omega_d t+K_2\sin\omega_d t]$

注：① 表中 $A(\omega)$ 和 $\phi(\omega)$ 见式(3-50)、式(3-51)；$\omega_d=\omega_n\sqrt{1-\xi^2}$，$\phi_1=\arctan\omega\tau$；$k_1$，$k_2$ 都是取决于 ω_n 和 ξ 的系数；$\phi_2=\arctan(\sqrt{1-\xi^2}/\xi)$；

② 对二阶系统只考虑 $0<\xi<1$ 的欠阻尼情况。

由于单位阶跃函数可看成是单位冲激函数的积分，因此单位阶跃输入下的输出就是测量系统冲激响应的积分。对系统突然加载或突然卸载即属于阶跃输入。这种输入方式既简单易行，又能充分揭示系统的动态特性，故常被采用。

一阶测量系统在单位阶跃激励下的稳态输出误差理论上为零。理论上一阶系统的响应只在 t 趋于无穷大时才到达稳态值，但实际上当 $t=4\tau$ 时其输出和稳态响应间的误差已小于 2%，可认为已达到稳态。毫无疑义，一阶测量系统时间常数 τ 越小越好。

二阶测量系统在单位阶跃激励下的稳态输出误差为零。但是二阶系统的响应在很大程度上决定于阻尼比 ξ 和固有频率 ω_n。固有频率由其主要结构参数所决定，ω_n 越高，系统的响应越快。阻尼比 ξ 直接影响超调量和振荡次数。$\xi=0$ 时，超调量为 100%，且持续不断地振荡下去，达不到稳态。$\xi>1$ 时，则系统蜕化到等同于两个一阶环节的串联，此时虽然不产生振荡

(即不发生超调),但也需经过较长时间才能达到稳态。如果阻尼比 ξ 选在 0.6～0.8 之间,则最大超调量将不超过 2.5%～10%。允许动态误差为 2%～5% 时,其调整时间也最短,约为 $(3\sim4)/(\xi\omega_n)$。这就是很多测量系统在设计时常把阻尼比 ξ 选在此区间的理由之一。

斜坡输入函数是阶跃函数的积分。由于输入量不断增大,一、二阶测量系统相应的输出量也不断增大,但总是"滞后"于输入一段时间。所以不管是一阶还是二阶系统,都有一定的"稳态误差",并且稳态误差随 τ 的增大或 ω_n 的减小和 ξ 的增大而增大。

在正弦激励下,一、二阶测量系统稳态输出也都是该激励频率的正弦函数。但在不同频率下有不同的幅值和相位滞后。而在正弦激励之初,还有一段过渡过程。因为正弦激励是周期性和长时间维持的,因此在测试中往往能方便地观察其稳态输出而不去仔细研究其过渡过程。用不同频率的正弦信号去激励测量系统,观察稳态时的响应幅值和相位滞后,就可得到测量系统准确的动态特性。

3.4.3 相似原理

许多物理本质完全不同的系统却可用形式相同的微分方程式来描述,这种具有相同形式微分方程式的系统称为相似系统。在微分方程中占据相同位置的物理量叫做相似量。测试技术中,常常按照相似原理,将非电量变成电量进行测试与处理,或用电系统来模拟机械系统,而不必考虑它们的物理本质的差别。这是研究系统动态特性的有力手段。

图 3-19 所示为一简单机械系统。假定所研究的输入是作用在质量块上的力 $f(t)$,而相应的输出是质量块的位移 $x(t)$。其运动方程为

$$m\frac{d^2 x(t)}{dt^2} + D\frac{dx(t)}{dt} + Kx(t) = f(t) \qquad (3-53)$$

图 3-20 所示的是一个简单电路。假定所研究的输入是电压 $u(t)$,相应的输出是电荷 $q(t)$,其平衡方程式为

$$L\frac{d^2 q(t)}{dt^2} + R\frac{dq(t)}{dt} + \frac{1}{C}q(t) = u(t) \qquad (3-54)$$

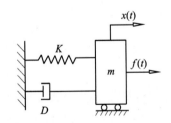

图 3-19 具有力输入的机械系统

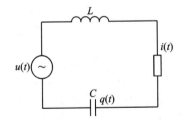

图 3-20 有电压输入的电学系统

式(3-53)可表示为

$$m\frac{dv(t)}{dt} + Dv(t) + K\int v(t)dt = f(t) \qquad (3-55)$$

式中,$v(t)$ 为质量块的速度。式(3-54)可表示为

$$L\frac{di(t)}{dt} + Ri(t) + \frac{1}{C}\int i(t)dt = u(t) \qquad (3-56)$$

式(3-55)和式(3-56)均属于二阶系统。这说明两个系统具有相似的动态特性。将上述两个

相似系统中的相似量列于表 3-2 中,并根据作用在两个系统上的激励的类别,称上述相似系统为力-电压相似系统。同理,如果电系统如图 3-21 所示,其平衡方程式为

$$i_L + i_R + i_C = i_s \tag{3-57}$$

考虑到磁通量 Φ 与电压 u 的关系为 $d\Phi/dt = u$,故式(3-57)最终可表示为

$$C\frac{d^2\Phi}{dt^2} + \frac{1}{R}\frac{d\Phi}{dt} + \frac{1}{L}\Phi = i_s \tag{3-58}$$

这两个系统也是相似的,不过称为力-电流相似。它们之间的相似量列于表 3-3 中。

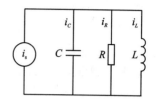

图 3-21 RLC 并联网络

表 3-2 力-电压相似量变换表

机械系统	电系统($f-u$ 相似)
力,$f(t)$	电压,$u(t)$
速度,$v = dx/dt$	电流,$i = dq/dt$
位移,$x(t)$	电荷,q
质量,m	电感,L
阻尼系数,D	电阻,R
弹性系数,K	电容的倒数,$1/C$

表 3-3 力-电流相似量变换表

机械系统	电系统($f-I$ 相似)
力,$f(t)$	电流,$i(t)$
速度,$v = dx/dt$	电压,u
位移,$x(t)$	磁通量,Φ
质量,m	电容,C
阻尼系数,D	电导,$G = 1/R$
弹性系数,K	电感的倒数,$1/L$

3.5 测量系统无失真测试条件

对于任何一个测量系统,总是希望它们具有良好的响应特性,即精度高、灵敏度高、输出波形无失真地复现输入波形等。但是要满足上面的要求是有条件的。

设测量系统输出 $y(t)$ 和输入 $x(t)$ 满足下列关系:

$$y(t) = A_0 x(t - \tau_0) \tag{3-59}$$

式中,A_0 和 τ_0 都是常数。此式说明该系统的输出波形精确地与输入波形相似,只不过对应瞬间放大了 A_0 倍,在时间上滞后了 τ_0。可见,满足式(3-59)才可能使输出的波形无失真地复现输入波形。对式(3-59)取傅里叶变换得

$$Y(j\omega) = A_0 e^{-j\tau_0 \omega} X(j\omega) \tag{3-60}$$

可见,若输出的波形要无失真地复现输入波形,则测量系统的频率响应 $H(j\omega)$ 应当满足:

$$H(j\omega) = \frac{Y(j\omega)}{X(j\omega)} = A_0 e^{-j\tau_0 \omega}$$

即

$$A(\omega) = A_0 = 常数 \tag{3-61}$$

$$\phi(\omega) = -\tau_0 \omega \tag{3-62}$$

这就是说,从精确地测定各频率分量的幅值和相位来说,理想的测量系统的幅频特性应当是常数,相频特性应当是线性关系,否则就要产生失真。$A(\omega)$ 不等于常数所引起的失真称为幅值失真,$\phi(\omega)$ 与 ω 不是线性关系所引起的失真称为相位失真。

应该指出,满足式(3-61)、式(3-62)所示的条件,系统的输出仍滞后于输入一定的时间

τ_0。如果测试的目的是精确地测出输入波形,则上述条件完全可满足要求;但在其他情况下,如测试结果要用为反馈信号,则上述条件是不充分的,因为输出对输入时间的滞后可能破坏系统的稳定性。这时 $\phi(\omega)=0$ 才是理想的。

从实现测试波形不失真条件和其他工作性能综合来看,对一阶测量系统而言,时间常数 τ 愈小,则响应愈快,对斜坡函数的响应,其时间滞后和稳定误差将越小,因此测量系统的时间常数 τ 原则上越小越好。

对于二阶测量系统来说,其特性曲线中有两段值得注意。一般而言,在 $\omega < 0.3\omega_n$ 范围内, $\phi(\omega)$ 的数值较小,而且 $\phi(\omega)$-ω 特性接近直线。$A(\omega)$ 在该范围内的变化不超过 10%,因此这个范围是理想的工作范围。在 $\omega > (2.5 \sim 3)\omega_n$ 范围内,$\phi(\omega)$ 接近于 180°,且差值很小,如在实测或数据处理中用减去固定相位差值或把测试信号反相 180°的方法,则也接近于可不失真地恢复被测信号波形。若输入信号频率范围在上述两者之间,则系统的频率特性受阻尼比 ξ 的影响较大而需作具体分析。分析表明,ξ 愈小,测量系统对斜坡输入响应的稳态误差 $2\xi/\omega_n$ 愈小。但是对阶跃输入的响应,随着 ξ 的减小,瞬态振荡的次数增多,过调量增大,过渡过程增长。在 $\xi = 0.6 \sim 0.7$ 时,可获得较为合适的综合特性。对于正弦输入来说,从图 3-18 可以看出,当 $\xi = 0.6 \sim 0.7$ 时,幅值在比较宽的范围内保持不变,计算表明,当 $\xi = 0.7$ 时,ω 在 $0 \sim 0.58\omega_n$ 的频率范围中,幅值特性 $A(\omega)$ 的变化不会超过 5%,同时在一定程度下可认为在 $\omega < \omega_n$ 的范围内,系统的 $\phi(\omega)$ 也接近于直线,因而产生的相位失真很小。

3.6 测量系统的动态特性参数获取方法

测量系统动态标定主要目的是研究系统的动态响应,与动态响应有关的参数,一阶测量系统只有一个时间常数 τ,二阶测量系统则有固有频率 ω_n 和阻尼比 ξ 两个参数。本节仅讨论上述动态特性参数求取方法。

3.6.1 阶跃响应法

一种较好的方法是:由测量系统的阶跃响应确定系统的时间常数或固有频率和阻尼比。

1. 一阶系统时间常数

对于一阶测量系统,测得阶跃响应后,取输出值达到最终值 63.2% 所经过的时间作为时间常数 τ。但这样确定的时间常数实际上没有涉及响应的全过程,测量结果的可靠性仅仅取决于某些个别的瞬时值。用下述方法来确定时间常数,可获得较可靠的结果。一阶测量系统的阶跃响应函数为

$$y_u(t) = 1 - e^{-\frac{t}{\tau}}$$

改写后得

$$1 - y_u(t) = e^{-\frac{t}{\tau}} \tag{3-63}$$

令

$$z = -\frac{t}{\tau}$$

或

$$z = \ln[1 - y_u(t)] \tag{3-64}$$

式(3-64)表明 z 与时间 t 呈线性关系,并且有 $\tau = \Delta t/\Delta z$(见图 3-22)。因此可根据测得的

$y_u(t)$值,作出 z-t 曲线,并根据 $\Delta t/\Delta z$ 值获得时间常数 τ,该方法考虑了瞬态响应的全过程。

根据 z-t 曲线与直线拟合程度可判断系统和一阶线性测量系统的符合程度。

2. 二阶系统

典型的欠阻尼($\xi<1$)二阶测量系统的阶跃响应函数表明,其瞬态响应是以 $\omega_n\sqrt{1-\xi^2}$ 的角频率作衰减振荡的,此角频率称为有阻尼角频率,并记为 ω_d,按照求极值的通用方法,可求得各振荡峰值所对应的时间 $t_p=0,\pi/\omega_d,2\pi/\omega_d,\cdots$ 将 $t=\pi/\omega_d$ 代入表 3-1 中单位阶跃响应式,可求得最大过调量 M(图 3-23)和阻尼比 ξ 之间的关系。

$$M = e^{-\left(\frac{\pi\xi}{\sqrt{1-\xi^2}}\right)} \tag{3-65}$$

因此,测得 M 之后,便可按式(3-66)或者与之相应的图 3-24 来求得阻尼比 ξ。

$$\xi = \sqrt{\frac{1}{\left(\frac{\pi}{\ln M}\right)^2+1}} \tag{3-66}$$

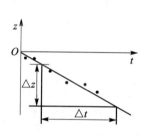

图 3-22 一阶系统时间常数的测定

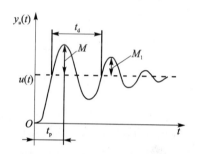

图 3-23 二阶系统阶跃响应曲线

如果测得阶跃响应有较长瞬变过程,还可利用任意两个过调量 M_i 和 M_{i+n} 来求得阻尼比 ξ,其中 n 为两峰值相隔的周期(整数)。设 M_i 峰值对应的时间为 t_i,则 M_{i+n} 峰值对应的时间为

$$t_{i+n} = t_i + \frac{2\pi n}{\sqrt{1-\xi^2}\omega_n}$$

将它们代入表 3-1 所列二阶系统 $y(t)$ 式中,可得

$$\ln\frac{M_i}{M_{i+1}} = \ln\left[\frac{e^{-\xi\omega_n t_i}}{e^{-\xi\omega_n(t_i+2\pi n/\sqrt{1-\xi^2}\omega_n)}}\right]$$
$$= \frac{2\pi n\xi}{\sqrt{1-\xi^2}} \tag{3-67}$$

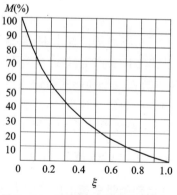

图 3-24 超调量与阻尼比的关系

整理后可得

$$\xi = \frac{\delta_n}{\sqrt{\delta_n^2+4\pi^2 n^2}} \tag{3-68}$$

其中

$$\delta_n = \ln\frac{M_i}{M_{i+n}}$$

若考虑,当 $\xi<0.1$ 时,以 1 代替 $\sqrt{1-\xi^2}$,此时不会产生过大的误差(不大于 0.6%),则式

(3-67)可改写为

$$\xi \approx \frac{\ln \dfrac{M_i}{M_{i+n}}}{2\pi n} \qquad (3-69)$$

若系统是精确的二阶测量系统,那么 n 值采用任意正整数所得的 ξ 值不会有差别。反之,若 n 取不同值,获得不同的 ξ 值,则表明该系统不是线性二阶系统。

3.6.2 幅频特性法

根据幅频特性图 3-25 和图 3-26,分别可求得一阶系统的时间常数 τ 和欠阻尼二阶系统的阻尼比 ξ、固有频率 ω_n。

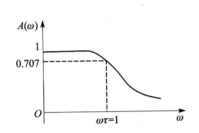

图 3-25 由幅频特性求时间常数

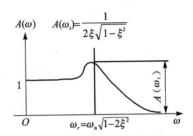

图 3-26 欠阻尼二阶装置的 ξ 和 ω_n

需要指出的是,若测量系统不是纯粹电气系统,而是机械-电气装置或其他物理系统,一般很难获得理想的正弦输入信号,但获得阶跃输入信号却很方便。在这种情况下,使用阶跃输入信号来测定系统的参数也就更为方便了。

3.7 动态误差修正

对于动态测量过程来讲,若测量系统的动态响应特性不够理想,则输出信号的波形与输入信号波形相比会产生畸变。这种畸变显然不可能用简单的修正系数之类的方法去修正。另外,这种畸变大小和形式与输入信号波形有关,或与被测信号的频谱有关。由于被测信号波形是事先不能确切知道的,这就是动态误差修正的特殊性。动态误差修正不可能像静态测量误差那样,通过简单的叠加修正值或乘某一个修正系数,而有其独特的方法。

3.7.1 频域修正方法

在已知测量系统的频率响应函数 $H(j\omega)$ 的前提下,通过对输出信号进行傅里叶变换而得到 $Y(j\omega)$,则不难得到输入信号的傅里叶变换 $X(j\omega)$,即

$$X(j\omega) = \frac{Y(j\omega)}{H(j\omega)}$$

对上式进行傅里叶逆变换即可以得到输入的时域信号 $x(t)$,有

$$x(t) = \mathscr{F}^{-1}[X(j\omega)] = \mathscr{F}^{-1}[Y(j\omega)/H(j\omega)] \qquad (3-70)$$

从理论上讲,$x(t)$ 即为系统输入信号,具有动态误差的输出信号 $y(t)$,经过正逆两个傅里叶变换运算后得到了修正。

由式(3-70)可知,当分母 $H(\mathrm{j}\omega)\to 0$ 时,该式就无意义,即进行动态误差修正时只有在频率响应函数 $H(\mathrm{j}\omega)\neq 0$ 的频域里才是可行的。从物理上讲,通过系统后完全消失掉的那些频率分量就再也无法修正。事实上,即使没有完全消失,其幅度也将衰减到被噪声淹没的程度,此时修正已难以进行。该修正方法要求进行正、逆两次傅里叶变换,尽管可以采用 FFT 算法,但计算工作量仍较大,而计算误差也将随之增大。此外,离散傅里叶变换所固有的混叠、泄漏和栅栏效应都会在这个修正过程中反映出来,并会形成修正误差。

3.7.2 时域修正方法

时域修正方法较多,本书仅介绍数值微分法。若已知测量系统的微分方程,且输入信号 $x(t)$ 没有导数项,即可用数值微分法进行修正。如二阶测量系统运动微分方程为

$$\frac{\mathrm{d}^2 y(t)}{\mathrm{d}t^2} + 2\xi\omega_\mathrm{n}\frac{\mathrm{d}y(t)}{\mathrm{d}t} + \omega_\mathrm{n}^2 y(t) = \omega_\mathrm{n}^2 x(t) \tag{3-71}$$

当已知系统的固有特性 ξ 和 ω_n 两参数后,只要对某个 t_i 值求出 $y(t)$ 响应的一阶及二阶导数,代入式(3-71)就可以直接求得输入信号 $x(t_i)$,这就是数值微分法修正动态误差的基本思路。

3.8 数字测量系统的基本特性

测量的最终目的是获取被测信号 $x(t)$ 中蕴含的信息。在数字计算机高度发展的今天,对信号实施分析、提取信息的工作往往都由功能强大的数字计算机来承担。相应地,要求现代的测量系统都应该提供适应于计算机的数字输出信号。在此,将能提供数字输出信号的测量系统称之为数字测量系统。

实际的被测输入信号 $x(t)$ 一般都是随时间连续变化的模拟信号,相应的数字测量系统必须完成将模拟信号转换成数字信号的工作(简称 ADC)。

将连续模拟信号转换成计算机能接受的离散数字信号,需经过两个基本环节:首先是采样,由连续的模拟信号变成离散模拟信号;然后量化,即通过模/数转换将采样后的离散模拟信号转换为数字信号。数字测量系统的基本特性便主要表现在这两个过程中。

3.8.1 采 样

1. 采样过程

采样过程如图 3-27 所示。采样开关每隔 T_s 秒短暂闭合一次,接通连续函数 $x(t)$,实现一次采样,设每次开关闭合时间为 τ 秒,则采样器的输出为脉宽 τ、周期为 T_s 的脉冲序列。该组脉冲序列的幅度被连续时间信号 $x(t)$ 所调制(即每一脉冲信号的幅值等于该脉冲所在时刻的相应的连续时间信号的幅度),称该信号为采样信号,记为 $x^*(t)$,可表示为

$$x^*(t) = x(t) \cdot s(t) \tag{3-72}$$

式中,$s(t)$ 是周期为 T_s、脉冲宽度为 τ、幅值为 1 的采样脉冲序列,$s(t)$ 及 $x^*(t)$ 的图形表示如图 3-28 所示。

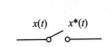

(a) 采样开关及采样输出

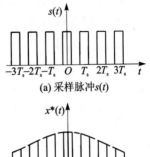

(a) 采样脉冲 $s(t)$

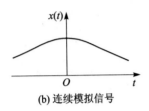

(b) 连续模拟信号

(b) 采样信号 $x^*(t)$

图 3-27 采样过程示意图

图 3-28 采样过程

因脉冲宽度 τ 远小于采样周期 T_s,可认为 $\tau \to 0$,用单位脉冲序列函数 $\delta_T(t)$ 来描述,$\delta_T(t)$ 可表示为

$$\delta_T(t) = \sum_{n=-\infty}^{\infty} \delta(t - nT_s) \qquad (3-73)$$

式中,$\delta(t - nT_s)$ 为 $t = nT_s$ 处的单位脉冲,如图 3-29 所示。

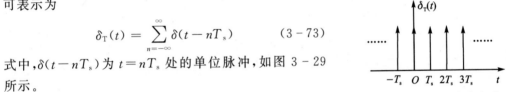

图 3-29 单位脉冲序列

因此采样信号为

$$x^*(t) = x(t) \cdot \delta_T(t) = x(t) \sum_{n=-\infty}^{\infty} \delta(t - nT_s) = \sum_{n=-\infty}^{\infty} x(nT_s)\delta(t - nT_s) \qquad (3-74)$$

2. 采样定理

为确保采样后的离散信号能恢复原来的连续信号,要遵守采样定理,否则将出现信号的严重畸变。设对信号的采样周期为 T_s,采样频率为 $f = 1/T_s$。采样频率必须大于或等于信号最高频率的两倍,此即采样定理,也称奈奎斯特定理。以下是对采样定理的推导。

由于 $\delta_T(t)$ 为周期函数,将其展开为傅里叶级数

$$\delta_T(t) = \sum_{n=-\infty}^{\infty} C_n e^{jn\omega_s t} \qquad (3-75)$$

式中,$\omega_s = 2\pi/T_s$,为采样角频率;$C_n = \dfrac{1}{T_s}\int_{-T_s/2}^{T_s/2} \delta_T(t) e^{-jn\omega_s t} dt$ 为傅里叶系数。

由于单位脉冲函数在 $t=0$ 处面积为 1,而在积分区间的其余处为 0,所以

$$C_n = \frac{1}{T_s}\int_{-T_s/2}^{T_s/2} \delta_T(t) e^{-jn\omega_s t} dt = \frac{1}{T_s}$$

代入式(3-75),得

$$\delta_T(t) = \frac{1}{T_s} \sum_{n=-\infty}^{\infty} e^{jn\omega_s t}$$

代入式(3-74)

$$x^*(t) = \frac{1}{T_s} \sum_{n=-\infty}^{\infty} [x(t) e^{jn\omega_s t}] \quad (3-76)$$

将式(3-76)进行拉氏变换,得

$$X^*(s) = \frac{1}{T_s} \sum_{n=-\infty}^{\infty} \mathscr{L}[x(t) e^{jn\omega_s t}] \quad (3-77)$$

将拉氏变换中的 s 用 $j\omega$ 取代,得

$$X^*(j\omega) = \frac{1}{T_s} \sum_{n=-\infty}^{\infty} X[j(\omega + n\omega_s)] \quad (3-78)$$

图 3-30 所示为连续函数 $x(t)$ 的幅值谱密度 $|X(j\omega)|$ 和采样函数 $x^*(t)$ 频谱。由式(3-78)可知:

① 连续函数有最高频率 ω_{max},采样函数有以采样频率 ω_s 为周期的无限多个频谱,每个频谱宽度仍为 $2\omega_{max}$,幅值为原来的 $1/T_s$;

② 当频谱宽度 $2\omega_{max} > \omega_s$ 时,各频谱将相互交叠,发生混迭,因此,仅有 $\omega_s \geq 2\omega_{max}$,即采样频率大于等于信号最高频率的两倍,才能保证频谱不混迭。在实际使用中,一般采样频率取最高频率的 5~10 倍。

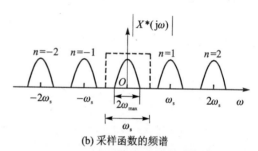

(a) 连续函数

(b) 采样函数的频谱

图 3-30 连续函数和采样函数的频谱

3.8.2 量 化

采样是对模拟信号在时间轴上的离散化,而量化则是把采样点的幅值在一组有限个离散电平中取其中之一来近似取代信号的实际电平。这些离散电平称为量化电平,每一个量化电平用一个二进制数码来表示,这样模拟信号经采样、量化之后,就转化为数字信号。

A/D 转换器的位数是一定的,一个 n 位(又称量化位数)的二进制数,共有 $L=2^n$ 个数码,即有 L 个量化电平,如果 A/D 转换器允许的动态工作范围为 E(例如 $\pm 5V$ 或 $0 \sim 10V$),则该 A/D 转换器的量化分辨率 Δx 为

$$\Delta x = \frac{E}{2^n} \quad (3-79)$$

A/D 转换的非线性度为

$$\Delta = \frac{\Delta x}{E} = \frac{1}{2^n} = 2^{-n} \quad (3-80)$$

当模拟信号采样值 $x(n)$ 的电平落在两个相邻量化电平之间时,就要舍入归并到相应的一个量化电平上,该量化电平与信号实际电平之间的归一化差值称为量化误差 e,量化误差 e 的最大差值为 $\pm \frac{\Delta}{2}$,可以认为量化误差 e 在 $(-\frac{\Delta}{2}, +\frac{\Delta}{2})$ 间隔内出现的概率是相等的,概率分布密度为 $\frac{1}{\Delta}$、误差的均值为零,误差的均方值为

$$\delta_e^2 = \int_{-\frac{\Delta}{2}}^{\frac{\Delta}{2}} e^2 \frac{1}{\Delta} de = \frac{\Delta^2}{12} \qquad (3-81)$$

量化误差的标准差为

$$\delta_e = \sqrt{\Delta^2/12} \approx 0.29\Delta \qquad (3-82)$$

量化分辨率 Δx 决定了数字测量系统固有的量化误差的大小，总希望其取值较小。由于转换幅度 E 是可人为设定的，决定量化分辨率特征的实际是量化位数，故常用 A/D 转换器的位数来表示量化分辨率。

量化误差是叠加在信号采样值 $x(n)$ 上的随机误差。应该指出，进入 A/D 转换的信号本身常常含有一定的噪声，增加 A/D 转换器的位数可以相应地增加 A/D 转换的动态范围，因而可减少因量化误差而引入的噪声，但却不能改善信号中的固有噪声。所以对进入 A/D 以前的模拟信号采取前置滤波处理是非常重要的。A/D 转换器的位数选择应视信号的具体情况和量化的精度要求而定，但位数高，则价格贵，而且会降低转换速率。

习题与思考题

3-1 何为测量系统静态特性？静态特性主要技术指标有哪些？

3-2 何为测量系统动态特性？动态特性主要技术指标有哪些？

3-3 测量系统实现不失真测量的条件是什么？

3-4 何为动态误差？为了减少动态误差，在一、二阶测量系统中可采取哪些相应的措施？

3-5 频率响应的物理意义是什么？它是如何获得的？为什么说它反映了系统测试任意信号的能力？

3-6 试说明二阶测量系统的阻尼比力求在 0.6~0.7 的原因。

3-7 已知某二阶系统传感器的自振频率 $f_0 = 20$ kHz，阻尼比 $\xi = 0.1$，若要求该系统的输出幅值误差小于 3%，试确定该传感器的工作频率范围。

3-8 某测量系统的频率响应曲线 $H(j\omega) = \dfrac{1}{1 + 0.05j\omega}$，若输入周期信号 $x(t) = 2\cos 10t + 0.8\cos(100t - 30)$，试求其响应 $y(t)$。

3-9 有一个传感器，其微分方程为 $30 dy/dt + 3y = 0.15x$，其中 y 为输出电压(mV)，x 为输入温度(℃)，试求传感器的时间常数和静态灵敏度 S。

3-10 某力传感器为一典型的二阶系统，已知该传感器的自振频率 $f_0 = 1000$ Hz，阻尼比 $\xi = 0.7$。试问：用它测量频率为 600 Hz 的正弦交变力时，其输出与输入幅值比 $A(\omega)$ 和相位差 $\phi(\omega)$ 各为多少？

3-11 某二阶测量系统的频响函数为

$$H(\omega) = \dfrac{1}{1 - \left(\dfrac{\omega}{\omega_n}\right)^2 + 0.5j\left(\dfrac{\omega}{\omega_n}\right)}$$

将 $x(t) = \cos(\omega_0 t + \dfrac{\pi}{2}) + 0.5\cos(2\omega_0 t + \pi) + 0.2\cos(4\omega_0 t + \dfrac{\pi}{6})$ 输入此系统，假定 $\omega_0 = 0.5\omega_n$，试求信号 $x(t)$ 输入该系统后的稳态响应 $y(t)$。

3-12 某压力传感器的标定数据如题 3-12 表所列。分别求以端点连线、端点平移线、最小二乘直线作为参考工作直线的线性度、迟滞误差及重复性。

题 3-12 表　某压力传感器标定数据

压力/MPa	系统输出/mV					
	第一轮		第二轮		第三轮	
	正行程	反行程	正行程	反行程	正行程	反行程
0.00	−2.74	−2.72	−2.71	−2.68	−2.68	−2.67
0.02	0.56	0.66	0.61	0.68	0.64	0.69
0.04	3.95	4.05	3.99	4.09	4.02	4.11
0.06	7.39	7.49	7.42	7.52	7.45	7.52
0.08	10.88	10.94	10.92	10.88	10.94	10.99
0.10	14.42	14.42	14.47	14.47	14.46	14.46

3-13　一测试装置的幅频特性如题 3-13 图所示，相频特性为：$\omega=125.5\text{rad/s}$ 时相移 $75°$；$\omega=150.6\text{rad/s}$ 时相移 $180°$。若用该装置测量下面两复杂周期信号：

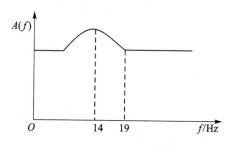

题 3-13 图

$$x_1(t) = A_1\sin 125.5t + A_2\sin 150.6t$$
$$x_2(t) = A_3\sin 626t + A_4\sin 700t$$

试问，该装置对 $x_1(t)$ 和 $x_2(t)$ 能否实现不失真测量？为什么？

3-14　判断题。

(1) 频率不变性原理是指任何测试装置的输出信号的频率总等于输入信号的频率。

(2) 连续模拟信号的频谱具有谐波性、离散性、收敛性特点。

(3) 系统的传递函数 $H(s)=Y(s)/X(s)$，式中 $Y(s)$、$X(s)$ 分别为响应与激励的拉氏变换，表明 $H(s)$ 将随 $X(s)$ 的减小而增大。

3-15　将连续时间信号进行离散化时产生混叠的主要原因是什么？

3-16　叙述采样定理，并说明你对该定理是如何理解的。

第 4 章　计算机测试技术

4.1　概　述

计算机技术在测试中的应用可追溯至 20 世纪 50 年代,和许多新技术的发展情况一样,它首先在军事工业中得到应用,然后逐渐被推广到民用技术领域。自 20 世纪 70 年代以来,由于大规模、超大规模及甚大规模集成电路技术的发展,计算机的发展进入了微型计算机时代,微型计算机具有功能强大、体积小、功耗低、性价比高等特点,使其与测试技术愈来愈紧密地结合在一起。同时,通信、网络、微/纳米技术、微机电技术及新型传感器技术的发展,不断赋予计算机化测试技术新的内容,促进着测试技术不断发展。

与传统的模拟或数字仪器相比,计算机化测试仪器最主要的优点有:

① 能够对信号进行复杂的分析处理。如基于 FFT 的时域和频域分析、振动模态分析等。

② 能够进行高精度、高分辨率和高速实时分析处理。用软件对传感器和测量环境引起的非线性误差进行修正;高位数的 A/D 转换、高精度时钟控制和足够位数的数值运算,可使分析结果达到高精度和高分辨率。

③ 性能可靠、稳定,维修方便。计算机化测试仪器由硬件和软件组成,大规模生产的硬件保证了高可靠性和稳定性,维修方便;而软件运行的重现性好。

④ 能够以多种形式输出信息。各类图形图表能直观地显示分析结果;信息的存储便于建立档案、调用分析结果对测试对象进行计算机辅助设计或仿真等;数字通信可实现远程监控和远程测试。

⑤ 多功能。使用者可扩充处理功能,以满足各种要求。

⑥ 能够自动测试和故障监控。自动测试程序可对仪器自检并自修复一些故障,使仪器或系统在局部故障情况下仍能工作。

目前在测试分析的各个领域,计算机化测试分析仪器占主导地位。计算机化测试仪器亦称智能仪器,但目前一般只能算是初级智能仪器。

计算机化测试仪器由微机加插卡式硬件和采集分析软件组成。在微机扩展槽中插入 ADC 卡,或用集成有 ADC 的通用单片机,自编或调用采集、分析处理软件,就可进行测试分析。通常称这种测试方式为计算机辅助测试(CAT),它产生于 20 世纪 60 年代。随着一些高性能 ADC、DAC 插卡、专用预处理模块和专用测试分析软件的相继出现,产生了以个人计算机为主的各种数据采集仪和分析仪。20 世纪 80 年代后期,微机性能的极大提高,面向测试分析的通用软件开发平台的成功应用,使得所谓的虚拟仪器应运而生。通用微机型测试分析仪中,计算机是仪器(系统)的核心,称以个人计算机为核心的仪器为个人仪器。

以微机为核心的测试系统中,标准接口总线使微机与各程控仪器的联接通用而简便。20 世纪 70 年代中期推出的 GPIB 总线,是一种积木式测试系统的通用接口。80 年代进一步推出了 VXI 总线、PXI 总线标准的插件式仪器系统。目前正迅速发展的现场总线技术,集众多的数字式智能传感器、智能仪表、智能执行装置等现场测控单元和主、从监控计算机于一体，组成全数字通信、标准化、开放式的互联网络。这种现场总线控制系统，引起了生产过程自动控制系统（包括自动测试系统）新的变革。

本章将从现场总线、智能传感器、计算机辅助测试系统以及虚拟仪器及系统等几方面分别予以简要介绍。

4.2 现场总线

现场总线是随着控制、计算机、通信、网络等技术发展起来的一项新技术，是当今自动化领域的热点技术。

4.2.1 概述

现场总线是应用在生产现场，在微机化测量控制设备之间实现双向串行多节点数字通信的系统，是开放式、数字化、多点通信的底层控制网络。

现场总线是 20 世纪 80 年代中期发展起来的。随着微处理器与计算机功能的不断增强和价格的急剧降低，计算机与计算机网络系统得到迅速发展，而处于生产过程底层的测控自动化系统，采用一对一连线，用电压、电流的模拟信号进行测量控制，或采用自封闭式的集散系统，难以实现设备之间以及系统与外界之间的信息交换，使自动化系统成为"信息孤岛"。要实现整个行业的信息集成，要实施综合自动化，就必须设计出一种能在工业现场环境运行的、性能可靠的、造价低廉的通信系统，形成工厂底层网络，完成现场自动化设备之间的多点数字通信，实现底层现场设备之间及生产现场与外界的信息交换。

仪表的智能化是现场总线的基础，现场总线技术将专用微处理器置入传统测量仪表，使它们各自都具有了数字计算和数字通信能力，采用可进行简单连接的双绞线等作为总线，把多个测量控制仪表连接成网络系统，并按公开、规范的通信协议，在位于现场的多个微机化测量控制设备之间及现场仪表与远程监控计算机之间，实现数据传输与信息交换，形成各种适应实际需要的自动控制系统。简而言之，这种自动控制系统将单个分散的测量控制设备变成网络节点，以现场总线为纽带，把它们联接成可以相互沟通信息、共同完成自控任务的网络系统与控制系统。

现场总线测控系统既是一个开放的网络，又是一种全分布控制系统。它作为智能设备的联系纽带，把挂接在总线上、作为网络节点的智能设备连接为网络系统，并进一步构成自动化系统，实现基本控制、补偿计算、参数修改、报警、显示、监控、优化及控管一体化的综合自动化功能；是一项以智能传感器、控制、计算机、数字通信、网络为主要内容的技术综合，它突破了目前被广泛采用的集散控制系统（DCS）中通信由专用网络的封闭系统来实现所造成的缺陷，把基于封闭、专用的解决方案变成了基于公开化、标准化的解决方案，即可以把来自不同厂商而遵守统一协议规范的自动化设备，通过现场总线网络连接成系统，实现综合自动化的各种功能；同时把 DCS 集中与分散相结合的集散系统结构变成了新型全分布式结构，把测控功能彻底下放到现场，依靠现场智能设备本身便可实现基本测量与控制功能。

由于现场总线适应了工业控制系统向分散化、网络化、智能化发展的方向，它一经产生便成为全球工业自动化技术的热点，受到全世界的普遍关注。现场总线的出现，导致目前生产的自动化仪表、DCS、可编程控制器(PLC)在产品的体系结构、功能结构方面的较大改革,自动化设备的制造厂家被迫面临产品更新换代的又一次挑战,传统的模拟仪表将逐步让位于智能化数字仪表,并具备数字通信功能,出现了一批集检测、运算、控制功能于一体的变送控制器;出现了集检测温度、压力、流量于一身的多变量变送器;出现了带控制模块和具有故障信息的执行器,并由此大大改变了现有的设备维护管理方法。

现场总线在结构上打破了传统测控系统的结构形式。从图4-1的现场总线控制与传统控制仪表的结构对比,可直观地反映二者结构上的差异。传统模拟控制系统采用一对一的设备连线,按控制回路分别进行连接。位于现场的测量变送器与位于控制室的控制器之间,控制器与位于现场的执行器、开关、马达之间均为一对一的物理连接。

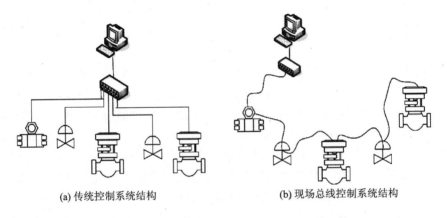

(a) 传统控制系统结构　　　　　　(b) 现场总线控制系统结构

图4-1　现场总线控制系统与传统控制系统比较

现场总线系统由于采用了智能现场设备,能够把原先DCS系统中处于控制室的控制模块、各输入输出模块植入现场设备,加上现场设备具有的通信能力,现场的测量变送仪表可与阀门等执行机构直接传送信号,因而控制系统功能能够不依赖控制室的计算机或控制仪表,直接在现场完成,实现了彻底的分散控制。由于采用数字信号替代模拟信号,因而可实现一对电线上传输多个信号(包括多个运行参数值、设备状态、故障信息),同时又为多个设备提供电源;现场设备以外不再需要模拟/数字、数字/模拟转换部件。由此简化了系统结构,节约了硬件设备、连接电缆及各种安装、维护、改造的费用。

4.2.2　现场总线的发展

1984年,美国仪表协会(ISA)下属的标准与实施工作组中的ISA/SP50开始制定现场总线标准;1985年,国际电工委员会决定由Proway Working Group负责现场总线体系结构与标准的研究制定工作;1986年,德国开始制定过程现场总线(Process Fieldbus)标准,简称PROFIBUS,由此拉开了现场总线制定及其产品开发的序幕。

1992年,由Siemens、Rosemount、ABB、Foxboro、Yokogawa等80家公司联合,成立了ISP(Interoperable System Protocol)组织,着手在PROFIBUS的基础上制定现场总线标准。1993年,以Honeywell、Bailey等公司为首,成立了World FIP(Factory Instrumentation Protocol)组织,由120多个公司加盟该组织,并以法国标准FIP为基础制定现场总线标准。此时各大公司均已清醒地认识到,现场总线应该有统一的国际标准,现场总线技术势在必行。但总线标准的制定工作并非一帆风顺,由于行业与地域发展历史等原因,加之各公司和企业集团受自身商业利益驱使,致使总线的标准化工作进展缓慢。

1994 年,ISP 和 World FIP 北美部分合并,成立了现场总线基金会 FF(Field - bus Foundation),推动了现场总线标准的制定和产品开发,于 1996 年第一季度颁布了低速总线 H1 的标准,安装了示范系统,将不同厂商符合 FF 规范的仪表互联为控制系统和通信网络,使 H1 低速总线开始步入了实用阶段。

与此同时,在不同行业还陆续派生出一些有影响的总线标准。它们大都在公司标准的基础上逐渐形成,并得到其他公司、厂商、用户以至国际组织的支持。如德国 Bosch 公司推出 CAN(control area network),美国 Echelon 公司推出的 Lon Works 等。各行各业,需求各异,加上要考虑已有各种总线产品的投资效益和各公司的商业利益,在一段时期内,会出现几种现场总线标准共存、同一生产现场有几种异构网络互连通讯的局面。但发展共同遵从统一的标准规范,真正形成开放式互联系统,是大势所趋。

4.2.3 现场总线协议参考模型

以微处理器芯片为基础的各种智能仪表,为现场信号的数字化及实现复杂的应用功能提供了条件。但不同厂商所提供的设备之间的通信标准不统一,严重束缚了工厂底层网络的发展。从用户到设备制造商都强烈要求形成统一的标准,组成开放互联网,把不同厂商提供的自动化设备互联为系统。这里的开放意味着对同一标准的共同遵从,意味着来自不同厂商而遵从相同标准的设备可互连为一致的通信系统。从这个意义上说,现场总线就是工厂自动化领域的开放互联系统。开发这项技术首先必须制定相应的统一标准。

国际标准化组织 ISO 于 1978 年建立了一个"开放系统互连"的技术委员会。起草了"开放系统互连(OSI,open system interconnection)基本参考模型"的建议草案。1983 年正式成为国际标准(ISO7498)。1986 年又对该标准进行了进一步的完善和补充。

OSI 参考模型是在博采众长的基础上形成的系统互联技术的产物。它不仅促进了数据通信的发展,而且还导致了整个计算机网络的发展。OSI 参考模型提供了概念和功能性结构。OSI 参考模型是计算机网络体系结构发展的产物,它的基本内容是开放系统通信功能的分层结构。该模型将开放系统的通信功能划分为 7 个层次,各层协议细节的研究是独立进行的。这样一旦导入新技术或提出新的业务要求时,就可把由通信功能扩充、变更所带来的影响限制在直接有关的层内,而不必改动全部协议。

OSI 参考模型分层的原则是将相似的功能集中在同一层内,功能差别较大时则分层处理,每层只对相邻的上、下层定义接口。从邻接物理媒体的层次开始,分别赋予 1,2,…,7 层的顺序编号,相应地称之为物理层、数据链路层、网络层、传输层、会话层、表示层和应用层。OSI 参考模型如图 4-2 所示。

OSI 参考模型每一层的功能是独立的,它利用其下一层提供的服务并为其上一层提供服务,而与其他层的具体实况无关。这里所谓的"服务"就是下一层向上一层提供的通信功能和层之间的会话规定,一般用通信服务原语实现。两个开放系统中的同等层之间的通信规则和约定称之为协议。通常,第 1~3 层功能称为底层功能(LLF),即通信传递功能,这是网络与终端均需具备的功能。第 4~7 层功能称之为高层功能(HLF),即通信处理功能,通常需由终端来提供。

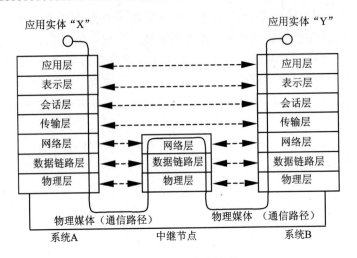

图 4-2 OSI 参考模型

1. 物理层

物理层(第1层)并不是物理媒体本身,它只是开放系统中利用物理媒体实现物理连接的功能描述和执行连接的规程。物理层提供用于建立、保持和断开物理连接的机械的、电气的、功能的和过程的条件。简而言之,物理层提供有关同步和比特流在物理媒体上的传输手段,常用的接口协议有 RS-232C、RS-422、RS-485 等标准。

2. 数据链路层

数据链路层(第2层)用于建立、维持和拆除链路连接,实现无差错传输的功能,在点到点或点到多点的链路上,保证信息的可靠传递。该层对连接相邻的通路进行差错控制、数据成帧、同步等控制。检测差错一般采用循环冗余校验(CRC),纠正差错采用计时器恢复和自动请求重发(ARQ)等技术。其典型的协议有 OSI 标准协议集中的高级数据链路控制协议 HDLC。

3. 网络层

网络层(第3层)规定了网络连接的建立、维持和拆除的协议。它的主要功能是利用数据链路层所提供的相邻节点间的无差错数据传输功能,通过路由选择和中继功能,实现两个系统之间的连接。在计算机网络系统中,网络还具有多路复用的功能。

4. 传输层

传输层(第4层)完成开放系统之间的数据传送控制。主要功能是开放系统之间数据的收发确认。同时,还用于弥补各种通信网络的质量差异,对经过下三层之后仍然存在的传输差错进行恢复,进一步提高可靠性。另外,还通过复用、分段和组合、连接和分离、分流和合流等技术措施,提高吞吐量和服务质量。

5. 会话层

会话层(第5层)依靠传输层以下的通信功能使数据传送功能在开放系统间有效地进行。

其主要功能是按照在应用进程之间的约定,按照正确的顺序收、发数据,进行各种形式的对话。其控制方式可归纳为两类:一是为了在会话应用中易于实现接收处理和发送处理的逐次交替变换,设置某一时刻只有一段发送数据,因此需要有交替改变发信端的传送控制;二是在类似文件传送等单方向传送大量数据的情况下,为了防备应用处理中出现意外,在传送数据的过程中需要给数据打上标记,当出现意外时,可由标记处重发,如可将文件分页发送,当收到上页的接收确认后,再发下页的内容。

6. 表示层

表示层(第6层)的主要功能是把应用层提供的信息变换为能够共同理解的形式,提供字符代码、数据格式、控制信息格式、加密等的统一表示。表示层仅对应用层信息内容的形式进行变换,而不改变其内容本身。

7. 应用层

应用层(第7层)是OSI参考模型的最高层。其功能是实现应用进程(如用户程序、终端操作员等)之间的信息交换。同时,还具有一系列业务处理所需要的服务功能。

具有7层结构的OSI参考模型是一个通用参考模型,须具有丰富的功能,而作为工业现场底层网络的现场总线,要构成开放互联系统,在通信模型选择上,则未必需要如此丰富的功能和复杂的协议。工业生产现场存在大量传感器、控制器、执行器等,通常相当零散地分布在一个较大范围内。对由它们组成的工业控制底层网络来说,单个节点面向控制的信息量不大,信息传输的任务比较简单,但实时性、快速性的要求较高。如用7层模式的参考模型,由于层间操作与转换的复杂性,网络接口的造价与时间开销过高,为满足实时性要求,也为了实现工业网络的低成本,现场总线采用的通信模型大都在OSI模型的基础上进行了简化,其中运用较多的是物理层、数据链路层和应用层。

4.2.4 典型现场总线简介

自20世纪80年代末以来逐渐形成了几种有影响的现场总线技术,它们大都以国际标准组织的开放系统互连模型作为基本框架,并根据行业的应用需要施加某些特殊规定后形成标准,在较大范围内取得了用户与制造商的认可。下面选最具影响的三种总线予以简单介绍。

1. PROFIBUS 总线

PROFIBUS是Process Fieldbus的简称。它是一种国际化的、开放的、不依赖于设备生产厂商的现场总线标准,由十三家工业企业及五家研究所历时两年多完成。20世纪90代初被定为德国国家标准(DIN19245),1998年又成为欧洲标准(EN50170)。

PROFIBUS协议将网络站点分为主站和从站。主站间以传递令牌的方式轮流掌握总线控制权,主站与从站间的数据通信由主站决定,当主站得到总线的控制权时,没有外界请求也可主动发送信息。从站为外围设备,它们没有总线控制权。仅对接收到的信息给以确认或当主站发出请求时向它发出信息。

根据EN50170标准,PROFIBUS有三种形式,即PROFIBUS - DP(Decentralized Periphery分散型外围设备)、PROFIBUS - PA(Process Automation过程自动化)、PROFIBUS -

FMS(Fieldbus Message Specification 现场总线报文规范)，它们分别适用于不同的领域，但这三种形式使用的是统一的总线访问协议。

① PROFIBUS-DP 是一种适用于进行高速数据传输的通信连接，它是专门为自动化系统与在设备级分散的 I/O 之间进行通信而设计的。它可取代 24V 或 0~20mA 测量值的传输，并具有非常短的响应时间和极高的抗干扰性能。

② PROFIBUS-PA 是一种适用于过程自动化的形式，它可使传感器和执行器接在一根公用的总线上，根据 IEC1158-2 国际标准，PROFIBUS-PA 采用双线进行总线供电和数据通信。由于应用了本质安全传输技术，因此，PROFIBUS-PA 可方便地适用于对安全性要求较高的场合。

③ PROFIBUS-FMS 是一种工业通信层次结构，用来解决车间级的通信任务，功能强大的 FMS 规范，向用户提供了广阔的应用范围和更大的灵活性，同时，PROFIBUS-FMS 还具有更加强大的数据通信功能。

PROFIBUS 协议遵循 ISO/OSI 模型，其通信模型有三层构成：物理层、数据链路层和应用层，其结构如图 4-3 所示。其中 PROFIBUS-DP 使用了第 1 层、第 2 层和用户接口，第 3 层到第 7 层未加定义，这种结构确保数据传输的快速性。用户接口规定了用户、系统及不同设备可调用的应用功能，并提供了 RS-485 传输技术和光纤传输技术。PROFIBUS-PA 采用扩展的"PROFIBUS-PA"协议，并采用了描述现场设备行为的 PA 行规，使用分段式耦合器，可以方便将 PROFIBUS-PA 设备集成到 PROFIBUS-DP 网络中。PROFIBUS-FMS 使用了 ISO/OSI 模型的第 1 层、第 2 层和第 7 层，应用层包括现场总线报文规范(FMS)和底层接口(LLI)，第 2 层(FDL)可完成总线存取控制和数据的可靠传输，它还为 PROFIBUS-FMS 提供 RS-485 和光纤传输技术。

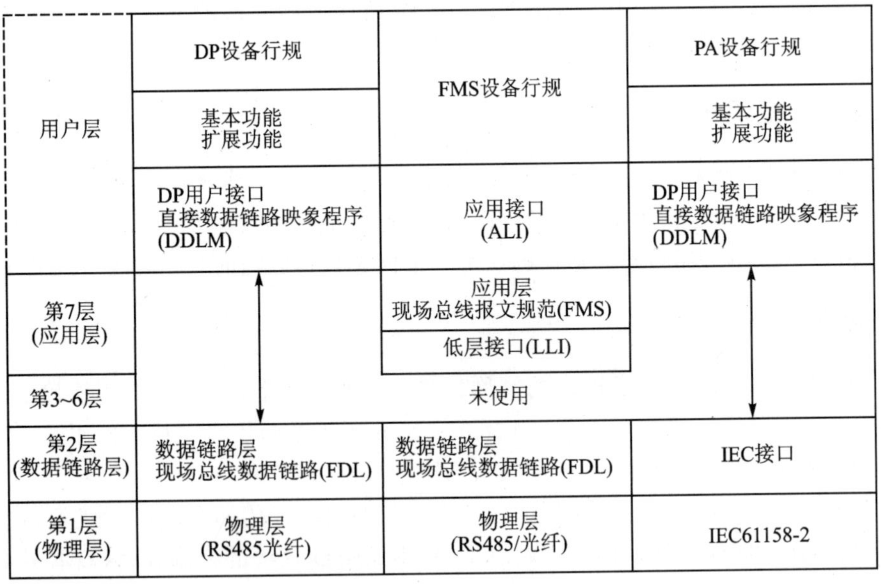

	DP设备行规	FMS设备行规	PA设备行规
用户层	基本功能 扩展功能		基本功能 扩展功能
	DP用户接口 直接数据链路映象程序 (DDLM)	应用接口 (ALI)	DP用户接口 直接数据链路映象程序 (DDLM)
第7层 (应用层)		现场总线报文规范(FMS)	
		低层接口(LLI)	
第3~6层	未使用		
第2层 (数据链路层)	数据链路层 现场总线数据链路(FDL)	数据链路层 现场总线数据链路(FDL)	IEC接口
第1层 (物理层)	物理层 (RS485光纤)	物理层 (RS485/光纤)	IEC61158-2

图 4-3 PROFIBUS 协议结构图

当 PROFIBUS-DP 和 PROFIBUS-FMS 使用 RS-485 传输技术时，传输介质为双绞线，带转发器最多可接 127 个站点，波特率 9.6kbps~12Mbps。在电磁干扰很大的环境下应用 PROFIBUS 系统时可使用光纤以增加传输的距离。许多厂商提供专用的总线插头可进行 RS485 信号和光纤传输技术的转换。PROFIBUS-PA 使用 IEC1158-2 传输方式,其通信速率为 31.25kbps,最大距离 1.9km,每一段上可连接的仪表的台数≤32(取决于所接入总线仪表设备的耗电量和应用的最大总线电流),可采用 DP/PA 耦合器使 RS-485 信号和 IEC1158-2 信号适配。图 4-4 为 PROFIBUS 现场总线的连接结构图。

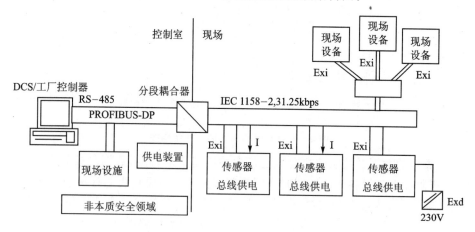

图 4-4　PROFIBUS 现场总线典型结构图

2. 基金会现场总线

基金会(FF)现场总线由现场总线基金会组织开发,是为适应自动化系统,特别是过程自动化系统在功能、环境与技术上的需要而设计的,得到了世界上主要自动化设备供应商的广泛支持,在北美、亚太、欧洲等地区具有较强的影响。其通信模型由 4 层构成,采用了 ISO/OSI 参考模型的物理层、数据链路层和应用层并增加了一层用户层,如图 4-5 所示。

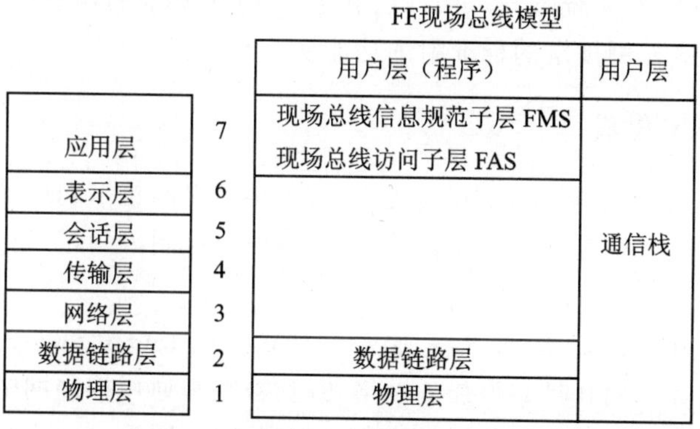

		FF现场总线模型	
		用户层（程序）	用户层
应用层	7	现场总线信息规范子层 FMS 现场总线访问子层 FAS	通信栈
表示层	6		
会话层	5		
传输层	4		
网络层	3		
数据链路层	2	数据链路层	
物理层	1	物理层	

图 4-5　FF 现场总线模型与 OSI

FF 现场总线的物理层遵循 IEC1158-2 和 ISA-S50.02 中有关物理层的标准,定义了两种速率的总线,波特率为 31.25kb/s 的称为 H1(低速)标准,波特率为 1Mb/s 的称为 H2 标准。H1 支持总线型和树型拓扑结构,每段节点数最多为 32 个,传输距离为 0.2～1.9km,可采用总线供电,支持本质安全。H2 支持总线型拓扑结构,每段节点数最多为 124 个,传输距离为 750m。H1 和 H2 之间通过网桥互连。FF 现场总线支持双绞线、电缆、光缆和无线电等多种传输介质。图4-6为FF现场总线的拓扑结构图。

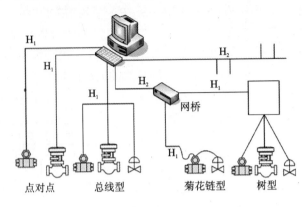

图4-6 FF现场总线的拓扑结构图

FF现场总线的数据链路层完成总线通信中的链路活动调度,数据的接收发送,活动状态的探测、响应,总线上各设备间的链路时间同步等工作。每一段总线上有一个链路活动调度器LAS。LAS拥有总线上设备的清单,由它来掌握总线上各设备对总线的操作。任何时刻每个总线段上只有一个链路主设备(有能力成为LAS的设备)为链路活动调度器,由它调度网络站点间的周期和非周期通信。FF现场总线提供的数据传输方式有:无连接数据传输、发行数据定向连接传输和请求/响应数据定向连接传输。

FF现场总线的应用层分为现场总线访问子层FAS和现场总线信息规范子层FMS。FAS的基本功能是确定数据访问的关系模型和规范,FAS提供三种虚拟通信关系:客户/服务器虚拟通信关系、报告分发虚拟通信关系和发布/预定接收型虚拟通信关系。现场总线信息规范子层FMS规定了访问应用进程的报文格式及服务。

FF现场总线的用户层规定了标准的功能模块、对象字典和设备描述,供用户组成所需要的应用程序,并实现网络和系统管理。用户层规定了29个标准的功能模块,其中10个为基本功能块,另19个为先进控制规定的标准附加功能块。

3. LONWORKS总线

LONWORKS总线是美国Echelon公司于1991年推出的技术和产品,为新一代的智能化低成本现场测控产品。主要应用于工业自动化,机械设备控制等领域,是当前最为流行的现场总线之一。

LONWORKS采用LONTALK通信协议,该协议遵循ISO/OSI参考模型,它提供了OSI所定义的全部7层服务。使其具有很强的网络功能,被誉为通用控制网络,这在所有现场总线中是独一无二的。其各层的作用及所提供的服务如图4-7所示。

LONWORKS技术核心是Neuron(神经元)芯片。它内含3个8位CPU,一个CPU为介质访问控制处理器,处理LONTALK协议的第一层和第二层。一个CPU为网络处理器,实现LONTALK的第3层到第6层的功能。另一个CPU为应用处理器,执行用户的程序及用户程序所调用的操作系统服务。这样在一个神经元芯片上就能完成网络和控制功能。LONWORKS给使用者提供了一个完整的开发平台,包含有节点开发工具NodeBuilder和网络管理工具LonBuilder及网络开发语言Neuron C等。

应用层	网络应用程序	标准网络变量类型：组态性能，文件传送，网络服务
表示层	数据表示	网络变量：外部帧传送
会话层	远程传送控制	请求/响应，确认
传输层	端-端传输可靠性	单路/多路应答服务，重复信息服务，复制检查
网络层	报文传递	单路/多路寻址，路径
数据链路层	媒体访问与成帧	成帧，数据编码，CRC校验，冲突回避/仲裁，优先级
物理层	电气连接	媒体特殊细节（如调制），收发种类，物理连接

图 4-7 LONWORKS 的模型

LONWORKS 的物理层采用 RS-485 通信标准，总线可根据不同的现场环境选择不同的收发器和介质，传输介质可以是：电源线、双绞线、同轴电缆、光缆、无线电和红外线。使用双绞线时的最高传输速率为 1.25 Mb/s，最大传输距离为 1.2km。LONWORKS 可以构成总线型、星型、环型和混合型等典型的网络结构，能实现网络拓扑结构的自由组合，可以通过网关实现不同现场总线的互联。图 4-8 为采用 LONWORKS 现场总线构成的工业现场网络。

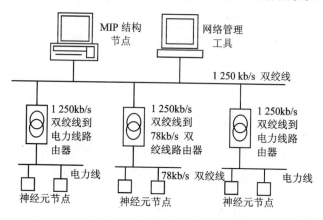

图 4-8 LONWORKS 现场总线网络

4.3 智能传感器

现场总线网络的每一个节点处安装的现场仪表要求是"智能"的，即安装的传感器是"智能传感器"。智能传感器基于现场总线数字化、标准化、智能化的要求，带有总线接口，能自行管理自己，能将检测到的现场信号进行处理变换后，以数字量形式通过现场总线与上位机进行信息传递。显然，传统的传感器不能满足要求，而智能传感器能满足要求，代表着现代传感器技术的发展方向。

4.3.1 智能传感器的概念

智能传感器是一门涉及多学科的现代综合技术，是当今发展迅速的高新技术。传感器本身就是一个系统，随着科学技术的发展，这个系统的组成与内容也在不断更新。所以，现在还没有一个规范化的定义。"传感器系统"的提法是因为当今传感技术发展的重要特征是传感器"系统"的发展，内容包括传感器、计算机通讯和微/纳米技术的综合，其中智能传感器系统与微传感器系统是两个重要研究方向。

对于智能传感器的概念,早期人们只是简单强调在传感器集成工艺上将传感器与微处理器结合,认为"智能传感器"就是将传感器的敏感元件及其信号调理电路与微处理器集成在一块芯片上。随着以传感器系统发展为特征的传感技术的发展,人们认识到重要的是传感器(通过调理电路)与微处理器/微型计算机赋以智能的结合,若没有赋予足够的智能结合,则仅是"传感器微机化"。于是进而又提出"所谓智能传感器,就是一种带有微处理器兼有检测信息和信息处理功能的传感器"、"传感器(通过调理电路)与微处理器赋予智能的结合,兼有信息检测与信息处理功能"等说法。这些提法着重于两者赋予智能的结合,所以传感器系统的功能由以往只起"信息检测"作用扩展到兼有"信息处理"的功能。传统观念认为"信息处理"任务是由仪器执行,将有用信号从含噪声的信号中提取出来。智能传感器系统既有信息获取功能又有信息处理功能的提法淡化了传统的传感器与仪器的界限。

H. Schodel、E. Beniot 等人的说法则更强化了智能化功能,认为"一个真正意义上的智能传感器,必须具备学习、推理、感知、通讯以及管理功能"。这种功能相当于一个具备知识与经验丰富的专家的能力,然而知识的最大特点是其所具有的模糊性。20 世纪 80 年代末,L. Foulloy 提出了模糊传感器概念,认为"模糊传感器是一种能够在线实现符号处理的智能传感器"。关于智能传感器的中、英文称谓,目前也尚未统一。英文有 Intelligent Sensor、Smart Sensor 及 Integrated Smart Sensor,中文有智能传感器、灵巧传感器等译法,仁者见仁,智者见智,随着智能传感器系统的发展,它的定义及内容还会有新的发展。

4.3.2 智能传感器的实现途径

目前传感器有以下三条途径实现智能化,成为智能传感器。

1. 非集成化实现

非集成化智能传感器是将传统的经典传感器(采用非集成化工艺制作的传感器,仅具有获取信号的功能)、信号调理电路、带数字总线接口的微处理器组合为一整体而构成的一个智能传感器系统。其框图如图 4-9 所示,图中的信号调理电路用来调理传感器的输出信号,即将传感器输出信号进行放大并转换为数字信号后送入微处理器,再由微处理器通过数字总线接口挂接在现场总线上。这是一种实现智能传感器系统的最快捷的方式。例如美国罗斯蒙特公司生产的电容式智能压力(差)变送器系列产品,就是在原有传统式非集成化电容式变送器基础上附加一块带数字接口的微处理器插板后组装而成的,并开发配备通讯、控制、自校正、自补偿、自诊断等智能化软件,从而实现智能传感器。

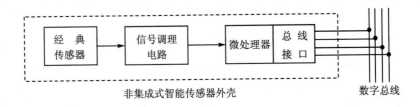

图 4-9 非集成式智能传感器框图

这种非集成化智能传感器是在现场总线控制系统发展的推动下迅速发展起来的。这种控制系统要求挂接的传感器/变送器必须是智能型的,对于自动化仪表生产厂家来说,原有的一整套生产工艺设备基本不变。因此,对于这些厂家而言,非集成化实现是一种建立智能传感器系统最经济、最快捷的途径与方式。

近年来发展迅速的模糊传感器也是一种非集成化的新型智能传感器。模糊传感器是在经典数字测量的基础上,经过模糊推理和知识合成,以模拟人类自然语言符号描述的形式输出测量结果。显然,模糊传感器的核心部分就是模拟人类自然语言符号的产生及其处理。模糊传感器的"智能"之处在于:可模拟人类感知的全过程,不仅具有智能传感器的一般优点和功能,而且具有学习推理的能力,具有适应测量环境变化的能力,能根据测量任务的要求进行学习推理。另外,模糊传感器还具有与上级系统交换信息的能力及自我管理和调节的能力。

2. 集成化实现

这种智能传感器系统是采用微机械加工技术和大规模集成电路工艺技术,利用硅为基本材料来制作敏感元件、信号调理电路、微处理器单元,并把它们集成在一块芯片上。故又可称为集成式智能传感器(Integrated Smart /Intelligent Sensor)。

随着微电子技术的飞速发展,微米/纳米技术的问世,大规模集成电路工艺技术的日臻完善,集成电路器件的密集度越来越高,已成功地使各种数字电路芯片、模拟电路芯片、微处理器芯片、存储器电路芯片性价比大幅度提高。反过来,它又促进了微机械加工技术的发展,形成了与传统的经典传感器制作工艺完全不同的现代传感器技术。

现代传感器技术,是指以硅材料为基础,采用微米级的微机械加工技术和大规模集成电路工艺来实现各种仪表传感器系统的微米级尺寸化,也称为专用集成微型传感技术。由此制作的智能传感器的特点是:微型化、一体化、高精度、多功能、数字化,可实现阵列式,使用方便。

通过集成方法实现智能传感器,优点明显,虽然还存在许多待解决的难题,但目前发展异常迅猛,并且愈来愈多的成果正从实验室逐步走向应用。

3. 混合实现

根据需要与可能,将系统各个集成化环节,如:敏感元件、信号调理电路、微处理器单元、数字总线接口,以不同的组合方式集成在两块或三块芯片上,并装在一个外壳里。如图4-10中所示的几种方式。

集成化敏感单元包括(对结构型传感器)弹性敏感元件及变换器;信号调理电路包括多路开关、仪用放大器、模/数转换器(ADC)等;微处理器单元包括数字存储器(EPROM、ROM、RAM)、I/O接口、微处理器、数/模转换器(DAC)等。

图4-10(a)是三块集成化芯片封装在一个外壳里;图4-10(b)~(d)是两块集成化芯片封装在一个外壳里。图4-10(a)、(c)中的(智能)信号调理电路,具有部分智能化功能,如自校零、自动进行温度补偿,是因其带有零点校正电路和温度补偿电路才获得这种简单的智能化功能的。

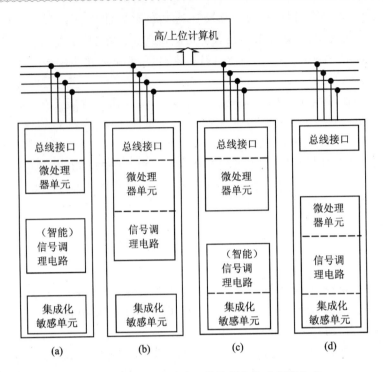

图 4-10　在一个封装中可能的混合集成实现方式

4.3.3　智能传感器系统智能化功能

智能传感器的集成技术可分为集成电路工艺和微机加工工艺两部分。在智能传感器系统中，微机械加工技术主要用来制作传感器的敏感单元，而集成电路工艺则用来制作传感器的电路部分。集成电路工艺和微机械加工技术的结合使敏感元件与电子线路集成在同一芯片上（或二次集成在同一外壳内）。与经典的传感器相比，智能传感器具有体积小、成本低、功耗小、速度快、可靠性好、精度高以及功能强等优点。这使得集成智能传感器成为当前传感器研究热点，代表当前传感器的发展方向。

实现传感器各项智能化的功能和建立智能传感器系统，是使传感器克服自身不足，获得高稳定性、高可靠性、高精度、高分辨率与高自适应能力的必由之路与必然趋势。不论非集成化实现方式还是集成化实现方式，或是混合实现方式，传感器与微计算机/微处理器赋予智能的结合所实现的智能传感器系统，都是在最少硬件条件基础上采用强大的软件优势来"赋予"智能化功能的。

测量系统的线性度（非线性误差）是影响系统精度的重要指标之一。智能传感器系统具有非线性自动校正功能，可消除整个传感器系统的非线性系统误差，提高了传感器的精度。与经典传感器技术不同的是，智能化非线性自动校正技术是通过软件来实现的。它不在乎测量系统中任一环节具有多么严重的非线性特性，也不需要再对改善测量系统中每一个测量环节的非线性而耗费精力，只要求它们的输入-输出特性具有重复性。

智能传感器系统具有自动校零与自动校准功能。在智能化软件程序的导引下实时进行自动校零和实时自动校准/标定，使得系统的固定系统误差和在某些干扰因素如温度、电源电压波动引起的可变系统误差得以排除，从而提高了智能传感器系统的精度与稳定性。采用这种智能化技术，可以实现采用低精度、低重复性、低稳定性的测量系统而获得高精度的测量结果，其测量精度仅决定于作为标准量的基准；这样可以不再为使测量系统中的每一个测量环节都具有高稳定性、高重复性而耗费精力，而只需将主要精力集中在获得高精度、高稳定性的参考基准上面。

被测信号在进入测量系统之前与之后都受到各种干扰与噪声的侵扰。排除干扰与噪声，把有用信息从混杂有噪声的信号中提取出来，这是测量系统或仪器的主要功能。智能传感器系统具有数据存储、记忆与信息处理功能。通过智能化软件可进行数字滤波、相关分析、统计平均处理等，并可消除偶然误差、排除内部或外部引入的干扰，将有用信号从噪声中提取出来，从而使智能传感系统具有高的信噪比与高的分辨率。智能传感器系统所具有的抑制噪声的智能化功能也是由强大的软件来实现的。这就使智能传感器系统集经典传感器获取信息的功能与信息处理功能于一身，冲破了"传感器"与"仪器"之间的界线。

通过自补偿技术可改善传感器系统的动态特性，使其频率响应特性向更高或更低频段扩展。在不能进行完善的实时自校准的情况下，可采用补偿法消除因工作条件、环境参数发生变化后引起系统特性的漂移，如零点漂移、灵敏度温度漂移等。自补偿与信息融合技术有一定程度的交叠，信息融合有更深更广的内涵。通过信息融合技术不但可消除干扰量，如温度引起的系统特性漂移，提高测量精度，还可开发多功能传感器。对具有严重交叉灵敏度与时间漂移的传感器，可采用传感器阵列多信息融合技术来提高对目标参量的选择性与识别能力。如果不能长时间可靠地工作，高精度与高分辨率都是没有意义的。智能传感器系统能够根据工作条件的变化，自动选择改换量程，定期进行自校验、自寻故障、自行诊断等多项措施保证系统可靠地工作。在传感器阵列化基础上，经过信息处理技术不但可给出数值测量结果，而且还可将目标参量的场分布状况进行图像处理并显示。

4.4 自动测试系统

4.4.1 自动测试系统的基本概念

随着科学技术的发展，测试任务日渐复杂、工作量越来越大，而且有些测试现场人们难以进入。这就要求能够对被测对象进行自动测试。通常将在最少人工参与的情况下能自动进行测量、数据处理并输出测试(量)结果的系统称为自动测试系统(Automatic Test System，ATS)。一般来说，自动测试系统由五部分组成：

① **控制器**　主要是计算机，如小型机、个人计算机、微处理机、单片机等，是系统的指挥、控制中心。

② **程控仪器、设备**　包括各种程控仪器、激励源、程控开关、程控伺服系统、执行元件以及显示、打印、存储记录等器件，能完成一定的具体的测试、控制任务。

③ **总线与接口**　连接控制器与各程控仪器、设备的通路，完成消息、命令、数据的传输与交换，包括机械接插件、插槽、电缆等。

④ **测试软件**　为了完成系统测试任务而编制的各种应用软件。如测试主程序、驱动程序、I/O 软件等。

⑤ **被测对象**　随着测试任务不同，被测对象往往是千差万别的，由操作人员用非标准方

式通过电缆、接插件、开关等与程控仪器和设备相连。

4.4.2 自动测试系统的发展概况

自动测试系统是检测技术与计算机技术和通信技术有机结合的产物。自20世纪50年代到现在,它的发展大体经历了三个阶段:

第一代,组装阶段。将几种具有不同输入和输出电路的可程控仪器总装在一起形成一个组装系统。设计和组建第一代自动测试系统时,组建者必须自行解决各器件之间的接口和有关问题。当系统关系比较复杂,需要程控的器件较多时,就会使得研制工作量大、费用高,而且系统的适应性差。

第二代,接口标准化阶段。系统采用了标准接口总线,将测试系统中各器件按规定的形式连接在一起。这种系统组建方便,可灵活地更改、增加测试内容,显示了很大的优越性。最具代表性并得到广泛使用的是 IEEE488(GPIB)标准接口系统。GPIB(General Purpose Interface Bus 通用接口总线)标准由美国 HP 公司于1972年提出,并迅速得到推广。先后得到 IEEE 和 IEC 等组织认可,成为一种流行的标准。

第三代,基于 PC 仪器(Personal Computer - based Instrument)阶段。这种新型的微机化仪器是做成插件式的,它需要与个人计算机配合才能工作,因此被称为个人仪器(Personal Instrument)。由此出现了所谓的"虚拟仪器",给测试系统带来了革命性的冲击,对测试理论、测试方法等很多方面都产生了重大影响。虚拟仪器系统代表着当今自动测试系统发展的方向,而虚拟仪器最引人注目的应用是基于 VXI 和 PXI 总线的测试系统。

4.4.3 通用接口总线

IEEE-488接口总线被称为通用接口总线(GPIB)。它的作用是实现仪器仪表、计算机、各种专用的仪器控制器和自动测控系统之间的快速双向通信。它的应用不但简化了自动测量过程,而且为设计和制造自动测试装置(Automatic Test Equipment,ATE)提供了有力的工具。

IEEE-488接口是一种数字系统,在它支持下的每个主单元或控制器可控制多达10台以上的仪器或装置,使其相互之间能通过总线以并行方式进行通信联系,这种组合测试结构通常由 PC 或专用总线控制器来监控,而监控软件可用 C 语言或 C++语言来编程。利用 PC 平台界面及软件包等脱离硬件框架的模式很容易按给定应用要求构筑一个检测体系。

GPIB 的软、硬件技术及产品遵从 IEEE-488 所规定的技术标准。

1. 基本特性

IEEE-488.1是一种数字式8位并行通信接口,其数据传输速率可达1 MB/s。该总线支持一台系统控制器(通常是 PC)和多达10台以上的附加仪器。它的高速传输和8位并行接口使得它被广泛地应用到了其他领域,如计算机之间的通信和周边控制器等。

各有关器件之间通过一根24(或25)芯的通信电缆联系。这根通信电缆两端都有一个阳性和阴性连接器。这种设计使器件可按总线型或星型结构连接,如图4-11所示。GPIB使用负逻辑(标准的 TTL 电平),任一根线上都以零逻辑代表"真"条件(即"低有效"条件),这样做的重要原因之一是负逻辑方式能提高对噪声的抗御能力。通信电缆通过专用标准连接器与设备连接,连接器及其引脚定义如图 4-12 所示。

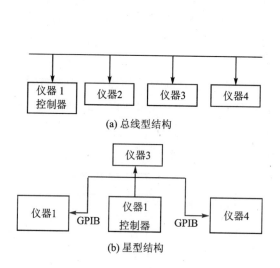

图 4-11 GPIB 系统结构

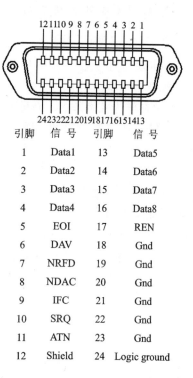

图 4-12 标准 IEEE-488.1 连接器引脚说明

GPIB 使用一个传输线系统来进行工作。其通信电缆阻抗和终端性能制约着最大数据传输速率。IEEE-488 规定使用的所有通信电缆的总长度必须小于 2m/器件,总长度最大限制为 20m。如果需要超越这些限制,就应使用延伸器和扩展器。虽然数据传输速率上限为 1MB/s,但当传输电缆长度到最大值 20m 时,最大传输速率将会下降到约 250 KB/s。后来出现了更高速的数据协议(HS-488,美国 NI 公司提供 IEEE-488.2,其数据传输速率高达 8MB/s,并与普通协议兼容。

由于接收门灌电流最大为 48mA,而每个发送门高电平输出电流 3.3mA,IEEE-488 规定器件容量少于或等于 15 台(包括控者器件在内)。

2. GPIB 操作

GPIB 采用字节串行/位并行协议。GPIB 通过连接总线传输信息而实现通信。输送的信息分两种:基于器件的信息和连接信息。基于器件的信息通常叫做数据或数据信息,它包括各种器件专项信息,如编程指令、测量结果、机器状态或数据文档等,它们通过 GPIB 或下面将提到的 ATN 线进行"无申报"传送;连接信息的任务是对总线本身进行管理,通常称作命令或命令信息。它们执行着对总线和寻址/非寻址器件进行初始化和对器件的模式进行设置(局部或远程)等任务,这些信息通过 ATN 总线进行"有申报"传送,数据信息通过 8 位导向数据线在总线上从一个器件传往另一个器件,一般使用 7 位 ASCII 码进行信息交换,8 根数据线(DIO1～DIO8)传送数据和命令信息,所有的命令和大多数数据都使用上述 7 位 ASCII 码,第 8 位则不用或仅用于奇偶校验。ATN 线用于辨别所传送的是数据还是命令。

3. GPIB 器件和接口功能

基于 GPIB 测试结构的全部有关器件可分为控者、讲者和听者三大类。

(1) 控者

控者指明谁是讲者,谁是听者。大多数 GPIB 系统以 PC 为核心,此时 PC 即为系统的控者,通常在作为控者的 PC 中安装专用接口卡来完善其功能。当采用多个 PC 进行组合时,其中任一个都可能是控者,但只能有一个积极的控者,叫做执行控者。每个 GPIB 系统都必须定义一个系统执行控者,这一工作可通过设置接口板卡上的跳线或软件设置来完成。

(2) 讲者与听者

讲者指发送数据到其他器件的器件,听者指接收讲者发送的数据的器件。大多数 GPIB 器件都可充当讲者和听者,有些器件只能做讲者或只能做听者,一台用作控者的 PC 可以同时扮演上述三者。表 4-1 列出了讲者和听者的功能特性。

表 4-1　讲者和听者的地位及其相互关系

讲　者	听　者
被控者指定去讲	被控者指定去听
将数据放到 GPIB 上	读出由讲者送到 GPIB 上的数据
一次只能有一个器件被寻址讲者	每次可有多台器件被寻址为听者

IEEE-488 标准提供了 11 种接口功能,它们可在任何 GPIB 器件中实现。各种器件的制造厂可任意使用它们来完成各种功能,每种接口功能可通过由 1、2 或 3 个字母构成的字来识别,这些字母组合描述了特定的功能。表 4-2 简要给出了这些接口的功能,而所有的功能子集都由 IEEE-488 标准作了详细描述。每个子集通过在上述字组之后添加一个数字来识别。

表 4-2　GPIB 接口功能简表

GPIB 接口功能	助记符	说　明
讲者或扩展讲者	T,TE	作为讲者的器件必备的能力
听者或扩展听者	L,LE	作为听者的器件必备的能力
控　者	C	允许一个器件向 GPIB 上的其他器件发送地址、通令和已定地址的命令。也包括执行一次投选来确定申请服务的器件的能力
握手源	SH	提供一个有能力正确地输送综合报文的器件
握手受者	AH	提供一个有能力正确接收远距离综合报文的器件
远距离/本地	AL	允许器件在 2 个输入信息之间进行选择。"本地"对应于面板控制,"远距离"对应于来自总线的输入信息
服务申请	SR	允许一个器件异步地申请来自控制器的服务
并行查询	PP	控者收到总线上的服务请求后,并行查询请求服务的器件
设备清除	DC	它与"服务申请"的区别在于它要求控者委托它预先进行一次并投选
设备触发器	DT	允许一个器件具有它自身的(由讲者在总线上启动的)基本操作
驱动器	E	此码描述用在一个器件上的电驱动的类型

4. 信号及连线

GPIB 有 16 条信号线,其余为地线和屏蔽线,GPIB 上的所有器件分享 24 条总线。16 条信号线分为三组:8 条数据线、5 条接口管理线和 3 条握手线。分述如下:

(1) 数据线

以并行方式输送数据,每根线传送一位,其中前 7 位构成 ASCⅡ 码,最后一位作其他用,如奇偶校验等。

(2) 接口管理线

5 条接口管理线管理着 GPIB 中的信号传输。

① 接口清除线(interface clear,IFC):只能由系统控者来控制,用于控制总线的异步操作,是 GPIB 的主控复位线。

② 注意线(attention,ATN):供执行控者使用,分为申报或不申报型。用于向器件通告当前数据类型。申报型:总线上的信息被翻译成一个命令信息;非申报型:总线上的信息被翻译成一个数据报文。

③ 远控使能线(remote enable,REN):由控者用来将器件置为远程模式,这是由系统控者申报的。

④ 终止或识别线(end or identify,EOI):由某些器件用来停止它们的数据输出。讲者在数据的最后一位之后发出 EOI 申报,听者在接到 EOI 后立即停止读数,这条线还用于并行查询。

⑤ 服务请求线(service request,SRQ):当一个器件需要向执行控者提出获得服务的要求时发出此信号,执行控者必须随时监视 SRQ 线。

(3) 握手线

三条握手线异步地控制各器件之间的信息字节的传输,其三线连锁握手模式保证了数据线上的信息字节正确无误地发送和接收,三条握手线分别代表三种含义,分述如下:

① NRFD(not ready for data)指出一个器件是否已准备好接收一个数据字节,此线由所有正在接受命令(数据信息)的听者器件来驱动。

② NDAC(not data accepted)指出一个器件是否已收到一个数据字节,此线由所有正在接收(数据信息)的听者器件来驱动。在此握手模式下,该传输率将以最慢的执行听(正在听)者为准,因为讲者要等到所有听者都完成工作。在发送数据和等待听者接受之前,NRFD 应被置于"非"。

③ DAV(data valid)指出数据线上的信号是否稳定、有效和可以被器件接收。当控者发送命令和讲者发送数据信息时都要申报一个 DAV。图 4-13 描述了三线握手的时序。

5. 总线命令

所有器件必须监视 ATN 线并在 200ns 内做出响应。当 ATN 为"真"时,所有器件都接收数据线上的数据并将其作为命令或地址来处理。被所有器件接收的命令称为通令。这些通令可以是单线式的,如 ATN,或其他类型的,如 IFC、REN 或 EOI;通令也可以是多线式的,在这里,命令是一条数据线上的编码的字。命令中有些已有了地址:即,它们只对有地址的器件有意义。一个控制器可使用这些命令来制定讲者和听者(发送讲地址和听地址),取消讲者和听

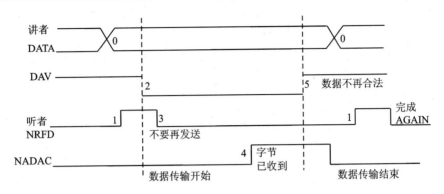

图 4-13 三线握手过程

者(发送不讲命令和不听命令),将一个器件设置到一个预先针对它而指定的状态,使能一个器件的查询,从而确定哪一个器件要求注意(并行查询结构,串行查询使能命令)。这五种通用命令列于表 4-3,被寻址的命令列于表 4-4。

表 4-3 通用命令表

多线命令	代 号
器件清除	DCL
本地封锁	LLO
串行查询使能	SPE
串行查询能力取消	SPP
并行查询设置解除	PPU

表 4-4 被寻址的命令

被寻址命令	代 号
分组执行触发	GET
被选器件清除	SDC
转向本地	GTL
并行查询配置	PPC
执行控制	TCT

6. 查 询

在 IEEE-488 中,每个数据传输过程都由控者来启动。在已确定唯一讲者的系统中,讲者可独立工作而不需要控制。控者的地位与公用电话系统的电话交换机相似,一旦确定了讲者和听者,就将二者间的路线接通。若某个器件要求成为讲者(如要送出数据或报告一个错误),则必须向控者提出申请。申请方法是:通过一条 SRQ 线向控者发出中断触发信号。控者接到申请后,便启动一个查询过程来依次寻址(按照地址去查询目标)每一个器件以发现申请 SRQ 的器件(可以是一个或多个)。查询方法分为串行式和并行式两种。

(1) 串行查询

被寻址到的器件组为讲者向控者发送一个状态字节来表明自己是否要注意。

(2) 并行查询

此时所选定的器件有可能发送一个状态位到预先制定的数据线上。并行查询的启动方法是同时用 ATN 和 EOI 线作申请。

4.4.4 VXI 总线

1987 年,一些著名的测试和测量公司联合推出了 VXI(VMEbus extensions for instrumentation)总线结构标准。它将测量仪器、主机架、固定装置、计算机及软件集为一体,是一种电子插卡式工作平台。

VXI 总线来源于 VME 总线结构。VME 总线是一种非常好的计算机总线结构，和必要的通信协议相配合，数据传输速率可达 40MB/s。VXI 总线的消息基设备（message based device）具有 IEEE-488 仪器容易使用的特点，如 ASCII 编程等。同时，VXI 总线和 VME 设备一样，有很高的数据吞吐量，可以直接用二进制的数据进行编程和通信，和这些 VME 设备相对应的是 VXI 寄存器基的设备（register based device）。VXI 的构成如图 4-14 所示。

在每个 VXI 总线系统中，必须有两个专门的功能。第一个是 0 号槽功能，它负责管理底板结构。第二个是资源管理程序。每当系统加电或复位时，这个程序就对各个模块进行配置，以保证能正常工作。

1. VXI 总线的构成、环境和电气性能

VXI 总线的体系结构，包括机械尺寸、电源、冷却、连接插座、模块连接、通信协议、电磁干扰等各方面，VXI 总线标准都作了规定。

(1) VXI 总线标准规定

VXI 总线结构标准在四个方面分别作了详细的规定：

① 机械尺寸方面，规定了模块的尺寸和空间的大小及对冷却的要求；
② 电气性能方面，规定了完整的线路连接、触发器、时钟和模拟/数字信号总线；
③ 电源和 EMC 方面，对电压、噪声及辐射的敏感性做了限制；
④ 通信方面，规定了系统配置、设备的类型和通信协议等。

VXI 总线规定了四种模块尺寸如图 4-15 所示。其中两个较小的 A 尺寸和 B 尺寸模块是标准的 VME 总线模块，VXI 另外补充了两个尺寸较大的模块 C 和 D，目的是为了适应性能更高的仪器。C 和 D 尺寸模块的可用空间较大，能完全屏蔽敏感电路，适合于在高性能的测量场合使用。VXI 总线结构的大小是可改变的，尺寸小的模块可以装在尺寸较大的主机箱中。

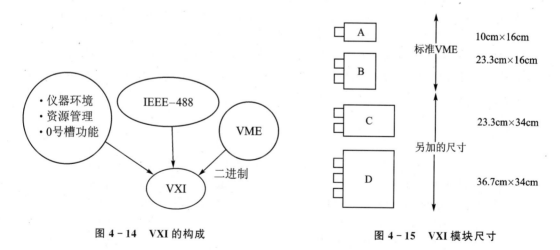

图 4-14 VXI 的构成　　　　　图 4-15 VXI 模块尺寸

在 VXI 总线结构中供仪器使用的其他资源有：供模拟和 ECL 电路使用的电源电压，供测量同步和测量触发使用的仪器总线等。此外还包括模拟相加总线和一组本地总线，后者专门用于模块与模块之间的通信。

VXI 总线结构标准还制定了一组标准化的通信协议，其目的是为了保证 VXI 总线能协调

地工作，完成自动配置、资源管理和设备之间互相通信等任务。对 VXI 总线及模块的 EMC 指标也有严格的规定，目的是为了防止任何模块由于辐射的能量过大而妨碍其他模块的正常工作或者影响其他模块的电性能。

VXI 总线结构规定了三种 96 芯的双列直插（DIN）连接插座，分别为 P1、P2 和 P3，如图 4-16 所示。其中 P1 是唯一的必须在 VME 或 VXI 总线中配备的连接插座，这种连接插座包括有数据传输总线（24 位寻址线和 16 位数据线）、中断线及电源线等。

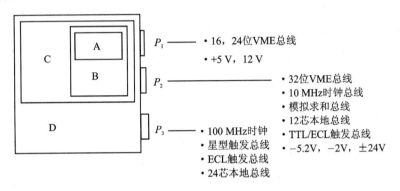

图 4-16　VXI 总线三种双列直插插座

（2）连接插座

在 VXI 总线结构中，P2 连接插座是可选的，除了 A 尺寸模块外，其他的模块都要配备。P2 连接插座把数据传输总线扩展到了 32 位，并增加了许多其他的资源，这些资源包括：4 组额外的电源电压、本地总线、模块识别总线（用来确定 VXI 总线模块所在的插槽号码）和模拟求和总线（一种电流求和总线）。此外还有 TTL 和 ECL 触发总线（和 4 个规定的触发协议一起）和 10MHz 的差分 ECL 时钟信号（缓冲后供各插槽使用）。

在 VXI 总线结构中，P3 连接插座也是可选的，只有 D 型模块才配备这种连接插座。P3 连接插座又扩展了 P2 的资源，供专门使用。P3 比 P2 又增加了 24 条本地总线、ECL 触发总线和 100MHz 的时钟及星型触发总线，供精确同步之用。

如果 VXI 主机支持扩展的 P2 或 P3 连接插座，则测量的启动和同步需要的时钟及触发信号要由位于最左边的 0 号插槽来提供，这时的 0 号插槽模块既要管理总线的通信，又要提供 IEEE-488 接口，以便于用外部的控制器进行控制。这样的模块可称为命令模块、IEEE-488 接口或资源管理模块。

（3）本地总线

本地总线是邻近模块之间进行通信的总线，它能使 VXI 总线测量系统的功能明显增加，是一种非常灵活的链式总线结构（如图 4-17 所示）。实际上，VXI 总线主机中的每个内部插槽都有一组非常短的 50Ω 的传输线，两边和相邻插槽互相连通。本地总线通过 P3 连接插座能在相邻模块间实现专门的快速通信。

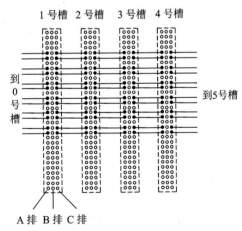

图 4-17　本地总线

VXI 总线标准为本地总线定义了 5 种信号类型,可以用于 TTL 电平的信号、ECL 电平的信号或 3 种模拟电平的信号。

(4) 电磁相容性

为确保仪器模块不干扰其他模块,也不被其他模块所干扰,VXI 总线结构标准对辐射和传导电磁干扰(EMC)做了限制。限定 EMC 指标是为了确保含有灵敏电子电路的模块能正常工作,不受系统中其他模块的影响。

(5) 冷　却

在典型的 IEEE-488 机架组合式系统中,必须采取严格的措施来保证系统正常工作所需要的冷却环境,每一种仪器的耗散功率、冷却气流以及在机架中的放置都必须仔细考虑,机架的冷却能力也必须顾及。同样,在 VXI 总线系统中,也要对冷却提出严格要求,以保证各个部分的正常工作。

(6) 电　源

VXI 总线结构对电源的指标也做了规定,这也是为了方便系统设计而采取的一项措施,表 4-5 是 VXI 总线主机对电源的要求。每组电源包括直流电流峰值和动态电流峰-峰值两项指标。选择模块时,要把模块对电压和电流的要求与主机的能力进行比较。

表 4-5　HP E1041B 的电源指标

直流输出/V	+5	+12	-12	+24	-24	-5.2	-2
直流电流峰值/A	60	12	12	12	10	60	30
动态电流峰-峰值/A	9.0	2.5	2.5	5.0	5.0	8.5	4.5

注:每个插槽的最大制冷功率为 75W,温升为 15℃。

电源在提供稳定的电压的时候,若要求其电流发生突然变化,电源的供电能力就会改变。如果电源具有较大的感性负载(这在开关式电源中是常见的),这时电源输出的电压就会由于继电器对动态电流的需求而发生变化,感应出来的噪声就会进入使用统一电源的其他模块,影响其性能。因此,VXI 总线结构对动态电流的规定,可确保所选择的模块不会在主机的电源线上感应出较大的起伏噪声,也不会影响其他模块的电性能。

2. VXI 总线的通信

通信是 VXI 总线标准的重要部分,VXI 总线结构规定了几种设备类型,并规定了相应的通信协议和通信方式,同时还规定了系统的配置实体,称之为资源管理程序。

VXI 总线设备共有四种类型:寄存器基设备、消息基设备、存储器设备和扩展存储器设备。这里主要介绍最常用的两种:寄存器基设备和消息基设备。

(1) 寄存器基设备及其通信方式

寄存器基设备(register based device)是最简单的一种 VXI 总线设备,常用来作为简单仪器和开关模块的基本部分。寄存器基设备的通信是通过寄存器的读写操作来完成,它的优点是速度快,因为寄存器基设备完全是在直接硬件控制这一层次上进行通信的。这种高速度通信可使测试系统的吞吐量大大提高。

寄存器基模块由于价格低廉而被广泛采用,但用二进制的命令编程却有许多不便。为此,VXI 总线用命令者(commander)和受令者(servants)来解决这一问题。所谓的命令者是一种智能化的设备,被配置成寄存器基设备的命令者。向命令者发送高级 ASCII 仪器命令,它就会对这些命令进行解析,并向寄存器基设备(受令者)发送相应的二进制信息。

(2) 消息基设备及其通信方式

消息基设备一般是 VXI 总线系统中智能化程度较高的设备。消息基设备都配有公共通信单元和字串行协议,以保证与其他消息基模块进行 ASCII 级的通信,也便于多厂家的仪器相互兼容。消息基设备由于要解析 ASCII 消息,通信速度会受到一定的影响。而且,消息基设备一般都要使用微处理器,所以比寄存器基设备成本要高。字串行协议要求每次只能传送一个字节,而且必须由主板上的微处理器加以解析,因此,消息基设备的通信速度只限于 IEEE-488 接口的速度。然而,在消息基模块中有时也包括有寄存器基的通信方式,用这种方式可以化解通信瓶颈现象。

在 VXI 总线结构中,还定义了由 IEEE-488 总线到 VXI 总线的接口,并对消息从 IEEE-488 总线到 VXI 总线的传送路径做了描述。这是一种特殊的消息基设备,它能把 IEEE-488 总线消息转换成 VXI 总线的字串行协议,供嵌入式消息基的仪器解析。

资源管理程序在 VXI 总线中的逻辑地址为 0,是消息基的命令发布者,它负责完成系统配置的任务,如设置共享的地址空间,管理系统的自检,建立命令者/受令者体系等,然后把完全配置好了的系统交付使用。

3. VXI 的寻址

在 VXI 总线标准中,提供了三种寻址方式,即 IEEE-488 主寻址、IEEE-488 副寻址和嵌入式寻址。这三种寻址方式都是与 VXI 总线中消息基的仪器相容的,IEEE-488 总线到 VXI 总线接口的设备可采用任何一种。

在 IEEE-488 主寻址方式下,主控制器把每个 VXI 总线上的仪器都作为一个独立的 IEEE-488 仪器来对待,这些仪器有唯一的 IEEE-488 地址,也有专用的命令和相应方式、状态字节和状态存储器。任何能在 IEEE-488 仪器上运行的软件包、软件工具或驱动程序都可以不做修改地在其等效的 VXI 总线模块上运行,唯一可能要改的是地址。

IEEE-488 副寻址方式与主寻址方式相似,它是利用 IEEE-488 总线的副地址寻址功能,不用主地址寻址。在通常情况下,一个 IEEE-488 总线到 VXI 总线的接口设备,只对主地址做出响应,而把相应的副地址变换成一个唯一的 VXI 总线仪器。和主寻址方式一样,当把 VXI 总线的可寻址设备的数目从 30 扩展到 900 多个时,副寻址方式仍保持了与 IEEE-488 应用程序的相容性。这样保证了在多机箱的系统中有足够的寻址空间。另一方面,一旦在 VXI 总线接口模块上设定了主地址,在 IEEE-488 仪器和附加的 VXI 总线设备之间就不会发生主地址冲突的问题,这样有助于系统的集成。目前,标准的 IEEE-488 接口芯片都能高性能地处理多重寻址方式。

在 VXI 总线的嵌入式寻址方式下,单个的主地址可以代表这个机箱,而用嵌入在消息中的原文字串来识别消息的接收者。这种寻址技术还能通过 RS-232 或其他没有寻址协议的链路对仪器寻址。但是,嵌入式寻址方式如果在 IEEE-488 系统中使用,在性能和相容性方面都存在着严重的缺点。嵌入式寻址技术要求 VXI 总线中的接口模块要在内部存储每一个命令串,并要普遍地检查语法,分析和确定串的匹配,然后再把命令串重新发送给相应的模块。虽然这种方式也能用于某些 RS-232 和其他串行链路,但这种额外花费的时间会严重地影响整个测试系统的吞吐量,和副寻址方式比较,这种方式的缺点就更明显,副寻址方式使用硬件解码,立即就能识别出消息的接收者。

4.4.5 PXI总线

PXI(PCI Extension for Instrumentation)是由美国 NI 公司于 1997 年推出的测控仪器总线标准。PXI 总线是以 PCI 计算机局部总线(IEEE1014-1987 标准)为基础的模块仪器结构,目标是在 PCI 总线基础上提供一种技术优良的模块仪器标准。

1. PXI 模块尺寸

与 VXI 规范的要求相似,PXI 规范定义了一个包括电源系统、冷却系统和安插模块槽位的一个标准机箱。PXI 在机械结构方面与 Compact PCI 的要求基本相同,采用了 ANSI310-C、IEC-297、IEEE1101.1 等在工业环境下具有很长应用历史的 Eurocard 规范,支持 3U 和 6U 两种模块尺寸,它们分别与 VXIbus 的 A 尺寸和 B 尺寸相同。

PXI 规定系统槽(相当于 VXI 的零槽)位于总线的最左端,主控模块只能向左扩展自身的扩展槽,而不能向右扩展占用仪器模块插槽。PXI 仪器模块安装在右边余下的几个槽内,同时用户可以在第一个外围插槽(系统插槽的相邻槽)安装一个可选的星型触发控制器,为其他外围模块提供非常精确的触发信号。

2. PXI 总线电气结构

PXI 总线规范是在 PCI 规范的基础上发展而来的,具有 PCI 的性能和特点,包括 32/64 位数据传输能力及分别高达 132 MB/s(32 位)和 264 MB/s(64 位)的数据传输速度,另外还支持 3.3V 系统电压、PCI-PCI 桥路扩展和即插即用。PXI 在保持 PCI 总线所有这些优点的前提下增加了专门的系统参考时钟、触发总线、星型触发线和模块间的局部总线,以此来满足高精度的定时、同步与数据通信要求。所有这些总线位于 PXI 总线背板,其中星型总线是在系统槽右侧的第 1 个仪器模块槽与其他 6 个仪器槽之间分别配置的一条唯一确定的触发线形成的,如图 4-18 所示。

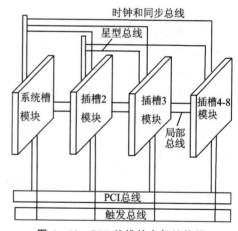

图 4-18 PXI 总线的电气结构图

3. PXI 总线特点

PXI 总线是 PCI 总线的增强与扩展,并与现有工业标准 Compact PCI 兼容,它在相同插件底板中提供不同厂商产品的互连与操作。作为一种开放的仪器结构,PXI 提供了在 VXI 以外的另一种选择,满足了希望以比较低的价格获得高性能模块仪器的用户需求。

PXI 最初只能使用内嵌式控制器,后 NI 公司发布了 MXI-3 接口,扩展了 PXI 的系统控制,包括直接 PC 控制、多机箱扩展和更长的距离控制,扩大了 PXI 的应用范围。

为了满足测控模块的需要，PXI 总线通过 J1 连接器提供了 33MHz 的系统时钟，通过 J2 连接器提供了 10MHz 的 TTL 参考时钟信号、TTL 触发总线和 12 引脚的局部总线。这样同步、触发和时钟等功能的信号线均可直接从 PXI 总线上获得，而不需要繁多的连线和电缆。PXI 也定义了一个星型触发系统，与 VXI 不同的是，它通过 1 槽传送精确的触发信号，用于模块间的精确定时。

4. PXI 软件特性

PXI 定义了由不同厂商提供的硬件产品所遵守的标准。但 PXI 在硬件需求的基础上还定义了软件需求以简化系统集成。PXI 需要采用标准操作系统架构如 Windows 操作系统，同时还需要各种外部设备的设置信息和软件驱动程序。

(1) 公共软件需求

PXI 规范制定了把 Windows 作为 PXI 系统软件框架。不管运行于哪种 PXI 系统下的 PXI 控制器都必须能够运行现有的操作系统，控制器需要安装工业标准应用编程接口如 LabVIEW、LabWindows CVI、Visual Basic、VisualC/C++或者 Borland C++以实现工业应用。

PXI 要求为运行于某一操作系统下的所有外部设备提供相应的设备驱动程序。PXI 标准要求所有厂商都要为自己开发的测试仪器模块开发出相应的软件驱动程序，从而使用户从繁琐的仪器驱动程序工作中解脱出来。

(2) 其他软件需求

PXI 同样要求外部设备模块或者机箱的生产厂商提供其他的软件组件，如完成定义系统设置和系统性能的初始化文件必须随 PXI 组件一起提供。这些文件在操作软件如何正确配置系统时将提供信息，比如两个相邻的模块是否具有匹配的局部总线信息等。如果没有这些文件，则不能实现局部总线的功能。另外虚拟仪器软件体系结构（Virtual Instrument Software Architecture, VISA）已经广泛用于计算机测试领域，PXI 规范中已经定义了 VXI、GPIB、USB 等的设置和控制，以实现虚拟仪器软件体系结构。

4.4.6 AXIe 总线简介

Advanced TCA（Advanced Telecom Computing Architecture）即先进电信运算架构，集众多先进总线于一身，速度快，性能稳定，是高性能计算和高速数据交换的理想架构。AXIe 是一个以 Advanced TCA 为基础的开放式标准，并参考了 VXI、PXI、LXI 和 IVI 等现有的标准，其目标是创建一个由各种元器件、产品和系统组成的生态系统，以满足通用测试仪器和半导体测试总线需求，提供最大的可扩展性，满足各种平台的需求。

2009 年 11 月，安捷伦科技有限公司、艾法斯公司和 Test Evolution 公司联合成立 AXIe 联盟，旨在开发和推广 AXIe 系列标准，并于 2010 年 6 月发布了 AXIe 总线标准。

AXIe 总线标准具有诸多优势，在相同尺寸下能达到更高性能；具有更大的可剪裁性；很方便和 PXI、VXI、LXI 和 IVI 集成；具有更好的模块化、更好的灵活性、更高的速度，可解决众多平台需求，如 ATB 系统、堆叠模块系统、插卡模块系统；大大减少开发成本。

与 VXI 和 PXIe 总线技术相比，AXIe 可提供更大印制板尺寸、输出功率、高效散热、高速灵活的数据通信架构，以及 Advanced TCA 标准的灵活性，同时还能与 Advanced TCA 标准兼容。AXIe 基于 Advanced TCA 的模块大小，每个槽位可提供高达 240W 的功率，是高性能测试测量仪器的理想选择,尤其适合对空间和功率需求大的射频/微波仪器。AXIe 可提供多机箱互连方式,每个机箱可提供 1 至 14 个槽位,可插入 PXI/PCI 适配卡,基本架构支持 LAN 和 PCIe 数据架构,智能平台管理接口允许单机箱和多机箱系统控制功能。AXIe 提供多种扩展功能,包括 I/O、定制背板、液体冷却等。AXIe 与常用总线的性能指标对比见表 4-6 所列。

表 4-6 AXIe 与常用总线的性能指标对比

主要指标	VXI	PXIe	AXIe
技术基础	VME	CPCI/CPCIe	Advanced TCA
单个插槽与背板之间的最大数据带宽	320MB/s	4GB/s	2GB/s
系统插槽与其余插槽间最大数据带宽	320MB/s	8GB/s	26GB/s
PCIe 结构	无	有	有
LAN 底板	无	无	有
局部总线通道数	12(独立)	1(13 PXI)	18~62
触发方式	8 信号触发	星形触发	双向星形触发
参考时钟	10MHz	10MHz,100MHz	100MHz
时钟同步	有	有	有
每插槽功率	75~100W	30W	240W
每个插槽提供的印制板空间	782cm^2	160cm^2	900cm^2

4.5 虚拟仪器系统

4.5.1 概 述

随着电子技术的发展,客观上要求测试系统向自动化、柔性化发展。同时,计算机硬件技术的发展也给测试仪器的自动化发展提供了可能。在这种背景下,自 1986 年美国国家仪器公司(NI)提出虚拟仪器(Virtual Instrument VI)概念以来,这种集计算机技术、通讯技术和测量技术于一体的模块化仪器便在世界范围得到了认同和应用,逐步体现了仪器仪表技术发展的一种趋势。

所谓虚拟仪器是指具有虚拟仪器面板的个人计算机,它由通用计算机、模块化功能硬件和控制专用软件组成。"虚拟"主要有两方面的含义,一方面是指虚拟仪器的面板是虚拟的,另一方面是指虚拟仪器测量功能是由软件编程来实现。在虚拟仪器系统中,运用计算机灵活强大的软件代替传统的某些部件,用人的智力资源代替许多物质资源,其本质上是利用 PC 机强大的运算能力、图形环境和在线帮助功能,建立具有良好人机交互性能的虚拟仪器面板,完成对仪器的控制、数据分析与显示,通过一组软件和硬件,实现完全由用户自己定义、适合不同应用环境和对象的各种功能。形成既有普通仪器的基本功能,又有一般仪器所没有的特殊功能的高档新型仪器。在虚拟仪器系统中,硬件仅仅是解决信号的输入和输出问题的方法和软件赖以生存、运行的物理环境,软件才是整个仪器的核心,借以实现硬件的管理和仪器功能。使用者只要通过调整或修改仪器的软件,便可方便地改变或增减仪器系统的功能与规模,甚至仪器的性质,完全打破了传统仪器由厂家定义、用户无法改变的模式,给用户一个充分发挥自己才能和想象力的空间。

4.5.2 虚拟仪器的特点

虚拟仪器是由计算机硬件资源、模块化仪器硬件和用于数据分析、过程通讯及图形用户界面显示的软件组成的测控系统,是一种由计算机操纵的模块化仪器系统。

与传统仪器相比,虚拟仪器具有如下特点:

① 虚拟仪器用户可以根据自己的需要灵活地定义仪器的功能,通过不同功能模块的组合可构成多种仪器,而不必受限于仪器厂商提供的特定功能。

② 虚拟仪器将所有的仪器控制信息均集中在软件模块中,可以采用多种方式显示采集的数据、分析的结果和控制过程。这种对关键部分的转移进一步增加了虚拟仪器的灵活性。

③ 由于虚拟仪器关键在于软件,硬件的局限性较小,因此与其他仪器设备连接比较容易实现。而且,虚拟仪器可以方便地与网络、外设及其他应用连接,还可以利用网络进行多用户数据共享。

④ 虚拟仪器可实时、直接地对数据进行编辑,也可通过计算机总线将数据传送到存储器或打印机。这样一方面解决了数据的传输问题,另一方面充分利用了计算机的存储能力,从而使虚拟仪器具有几乎无限的数据容量。

⑤ 虚拟仪器利用了计算机强大的图形用户界面(GUI),用户可以通过软件编程或采用现有分析软件,实时、直接地对测试数据进行各种分析处理。

⑥ 虚拟仪器价格低,其基于软件的体系结构大大节省了开发和维护费用。

虚拟仪器与传统仪器相比较有表4-7所列的特点。

表 4-7 虚拟仪器与传统仪器比较

传统仪器	虚拟仪器
功能由仪器厂商定义	功能由用户自己定义
与其他仪器设备的连接十分有限	面向应用的系统结构,可方便地与网络、外设及其他应用连接
图形界面小,人工读数,信息量小	展开全汉化图形界面,计算机读数及分析处理
数据无法编辑	数据可编辑、存储、打印
硬件是关键部分	软件是关键部分
价格昂贵	价格低廉(是传统仪器的 $\frac{1}{5} \sim \frac{1}{10}$)
系统封闭、功能固定、扩展性低	基于计算机技术开放的功能块可构成多种仪器
技术更新慢(周期5~10年)	技术更新快(周期1~2年)
开发和维护费用高	基于软件体系的结构,大大节省了开发维护费用

虚拟仪器在性能方面的优点有以下几个方面。

① 测量精度高、重复性好。嵌入式数据处理器的出现允许建立一些功能的数学模型,如FFT和数字滤波器,因此不再需要可能随时间漂移而要定期校准的分立式模拟硬件。

② 测量速度高。测量输入信号的几个特性(如电平、频率和上升时间)只需一个量化的数据块,要测量的信号特性就能被数据处理器计算出来,这种将多种测试结合在一起的办法缩短了测量的时间,而在传统仪器系统中,必须把信号连接到某一台仪器上去测量各个参数,这就受电缆长度、阻抗、仪器校准和修正因子的差异影响。

③ 开关、电缆减少。由于所有信号具有一个公用的量化通道,故允许各种测量使用同一校准和修正因子。这样,复杂的开关矩阵和信号电缆就能减少,信号不必切换到多个仪器上。

④ 系统组建时间短。所有通用模块支持相同的公用硬件平台,当测试系统要增加一个新的功能时,只需增加软件来执行新的功能或增加一个通用模块来扩展系统的测量范围。

⑤ 测量功能易于扩展。由于仪器功能可由用户产生,它不再是深藏于硬件中而不可改变。为提高测试系统的性能,可方便地加入一个通用模块或更换一个模块,而不用购买一个完全新的系统。

4.5.3 虚拟仪器的系统组成

1. 虚拟仪器的硬件系统

随着微机的发展和采用总线方式的不同可分为五种:
① PCI 总线-插卡式虚拟仪器;
② 并行口式虚拟仪器;
③ GPIB 总线方式的虚拟仪器;
④ VXI 总线方式的虚拟仪器;
⑤ PXI 总线方式的虚拟仪器。

虚拟仪器的系统组成如图 4-19 所示。它包括计算机、虚拟仪器软件、硬件接口或测试仪器。硬件接口包括数据采集卡、IEEE488 接口卡、串/并口、插卡仪器、VXI 控制器以及其他接口卡。

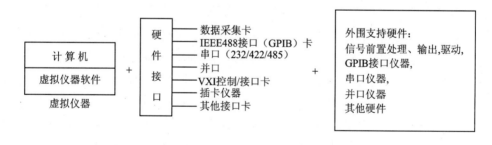

图 4-19 虚拟仪器系统组成

虚拟仪器最常用的形式是数据采集卡,它具有灵活、成本低的特点,其功能是将现场数据采集到计算机,或将计算机数据输出给受控对象。用数据采集卡配以计算机平台和虚拟仪器软件,便可构成数字存储万用表、信号发生器、示波器、动态信号分析仪等多种测量和控制仪器。

许多中高档仪器配有串口/并口、GPIB 通讯口。串口 RS232 只能作单台仪器与计算机的连接,且计算机控制性能差。GPIB 是仪器系统互连总线规范,速度可达 1MB/s。通过 GPIB

接口卡、串口/并口实现仪器与计算机互连,仪器间的相互通讯,从而组成由多台仪器构成的自动测试系统。

虚拟仪器的典型应用之一是 VXI 自动测试仪器系统。VXI 仪器系统是将若干仪器模块插入具有 VXI 总线的机箱内,仪器模块没有操作和显示面板,仪器必须由计算机来控制和显示。VXI 将仪器和仪器、仪器和计算机更紧密地联系在一起,综合了数据采集卡和台式仪器的优点,代表着今后仪器系统的发展方向。VXI 的开放结构,即插即用(VXIplug&play)、虚拟仪器软件体系(VISA)等规范使得用户在组建 VXI 系统时可以不必局限于一家厂商的产品,允许根据自己的要求自由选购各仪器厂商的特长仪器模块,从而达到系统最优化。

插卡仪器指带计算机总线接口的专用插卡,例如数据信号处理板(DSP)、网卡、传真卡和传真软件构成的"虚拟传真机"早已被广泛应用,其性能和灵活性超出了传统的台式传真机,而且其价格远远低于台式传真机。

GPIB 技术可以说是虚拟仪器技术发展的第一阶段。GPIB 犹如一座金桥,把可编程仪器与计算机紧密地联系起来,从此电子测量由独立的手工操作的单台仪器向组成大规模自动测试系统的方向迈进。

GPIB 的局限性是最高数据传输速率为每秒 1M 字节。在进行高速数字化以及数字输入和输出时,有大量数据必须从仪器传到计算机进行专门处理时,这一数据传输速率是不够的。VXI 总线可以很好地解决这一问题。

2. 虚拟仪器的软件系统

虚拟仪器的软件系统由 I/O 接口软件、仪器驱动程序和应用软件三部分构成。

(1) I/O 接口软件

I/O 接口是系统正常工作不可或缺的重要环节,其主要实现以下三个方面的功能:①速度匹配;②信息格式的变换,包括串并转换、A/D、D/A 转换、电平转换等;③提供主机和外设数据所必需的状态和控制信息。在虚拟仪器系统中,硬件接口软件驱动化,已经经历了 VISA 和 IVI 两种规范。

① VISA(Virtual Instrumentation Software Architecture)虚拟仪器软件体系结构。VISA 体系结构是标准的 I/O 函数库及其相关规范的总称。一般称这个 I/O 函数库为 VISA 库,驻留于计算机系统之中执行仪器总线的特殊功能,是计算机与仪器之间的软件层连接,用于编写仪器的驱动程序,完成计算机与仪器间的命令和数据传输,以实现对仪器的程控。无论是使用 PXI、VXI、GPIB、LAN 还是 LXI 总线,VISA 都提供了标准的函数库和仪器进行通讯,同时从软件上保证了总线之间的互换性。

② IVI(Interchangeable Virtual Instrumentation)可互换的虚拟仪器体系。作为仪器驱动的另一种标准,IVI 标准定义了通用仪器的互换性,对于一些指定的仪器类,如示波器、信号源等,用户可以随意地将现在使用的仪器换成一台其他生产厂家的,甚至是其他总线的另一台同类的仪器,而不需要修改任何的软件测试代码。

(2) 仪器驱动程序

驱动程序(Driver)是一种将硬件与操作系统相互连接的软件,通常仪器厂商会以源码的形式提供给用户。

(3) 应用软件

应用软件建立在仪器驱动程序之上,直接面对操作用户,通过直观友好的测控操作界面、丰富的数据分析与处理功能等,完成自动测试任务。

习题与思考题

4-1 简述现场总线协议参考模型的组成及各层含义。

4-2 根据你的理解请给智能传感器下一个确切的定义。

4-3 挂接在 GBIB 接口总线上的器件按它们的作用不同可分为讲者、听者和控者三类,分别解释何为讲者器件、听者器件和控者器件,在该控制总线上三者之间的关系有何规定。

4-4 简答下列有关 IEEE-488 接口的基本特性问题:
① IEEE-488 接口采用何种信息传递方式?
② 接口的逻辑电平是怎样规定的?
③ 8 根数据总线在使用中有几种工作模式?

4-5 GPIB 总线标准中规定了哪些基本特性?

4-6 简述常用接口总线类型及其主要特点?

4-7 什么是虚拟仪器?虚拟仪器有何特点?

4-8 试用 LabVIEW 软件开发平台设计一个频谱分析仪。

第5章 测量误差分析及不确定度评定

5.1 概 述

通过测试,可得到一系列原始数据或图形,这些数据是认识事物内在规律,研究事物相互关系和预测事物发展趋势的重要依据。但这仅仅是第一步工作,只有在此基础上对已获得的数据进行科学的处理,才能去粗取精、去伪存真、由表及里,从中提取能反映事物本质和运动规律的有用信息,这才是测试工作的最终目的。

由于科技水平的限制,人们对事物认识的局限性及被测量数值变化形式的不确定性,测量结果和被测量的实际值之间不可避免地存在着差异,在数值上表现为误差,测量误差的存在是必然的,如何抑制或减小误差,显然需要弄清产生误差的因素,理清误差的性质,找到合适的减小误差的技术措施,以提高测量结果的准确性,对测量误差进行分析或估算,对评定测量结果的不确定度具有重要意义。

本章介绍了实验数据的表述方法、回归分析方法、误差分析方法及不确定度评定的方法。

5.2 实验数据的表述方法

大量的实验数据最终必然要以人们易于接受的方式表述出来,常用的表述方法有表格法、图解法和方程法三种。这些表述方法的基本要求是:

① 确切地将被测量的变化规律反映出来;

② 便于分析和应用。对于同一组实验数据,应根据处理需要选用合适的表达方法,有时采用一种方法,有时要多种方法并用。

另外数据处理结果以数字形式表达时,要有正确合理的有效位数。

5.2.1 表格法

表格法是把被测量数据精选、定值,按一定的规律归纳整理后列于一个或几个表格中,该方法比较简便、有效、数据具体、形式紧凑、便于对比。常用的是函数式表,一般按自变量测量值增加或减少为顺序,该表能同时表示几个变量的变化而不混乱。一个完整的函数式表格,应包括表的序号、名称、项目、测量数据和函数推算值,有时还应加些说明。

列表时应注意以下几个问题:

① 数据的写法要整齐规范,数值为零时要记"0",不可遗漏;试验数据空缺时应记为"—";

② 表格力求统一简明。同一竖行的数值、小数点应上下对齐。当数值过大或过小时,应以 10^n 表示,n 为正、负整数;

③ 根据测量精度的要求,表中所有数据有效数字的位数应取舍适当。

5.2.2 图解法

图解法是把互相关联的实验数据按照自变量和因变量的关系在适当的坐标系中绘制成几何图形,用以表示被测量的变化规律和相关变量之间的关系。该方法的最大优点是直观性强,在变量之间解析关系未知的情况下,易于看出数据的变化规律和数据中的极值点、转折点、周期性和变化率等。

曲线描绘时应注意如下几个问题:

① **合理布图** 常采用直角坐标系,一般从零开始,但也可用稍低于最小值的某一整数为起点,用稍高于最大值的某一整数作终点,使所作图形能占满直角坐标系的大部分为宜。

② **正确选择坐标分度** 坐标分度粗细与实验数据的精度相适应,即坐标的最小分度以不超过数据的实测精度为宜,过细或过粗都是不恰当的,分度过粗,将影响图形的读数精度;分度过细,则图形不能明显表现甚至会严重歪曲测试过程的规律性。

③ **灵活采用特殊坐标形式** 有时根据自变量和因变量的关系,为了使图形尽量成为一直线或要求更清楚的显示曲线某一区段的特性时,可采用非均匀分度或将变量加以变换。如描述幅频特性的伯德(Bode)图,横坐标可用对数坐标,纵坐标应采取分贝数。

④ **正确绘制图形** 绘制图形的方法有两种:如数据的数量过少且不是以确定变量间的对应关系时,则可将各点用直线连接成折线图形,如图5-1(a)所示;或画成离散谱线,如图5-1(b)所示;当实验数据足够密且变化规律明显时,可用光滑曲线(包括直线)表示,如图5-1(c)所示,曲线不应当有不连续点,应当光滑匀整,并尽可能多地与实验点接近,但不必强求通过所有的点,尤其是实验范围两端的那些点。曲线两侧的实验点分布应尽量相等,以便使其分布尽可能符合最小二乘法原则。

⑤ **图的标注要规范** 规范其标注方式,不要遗忘其单位。

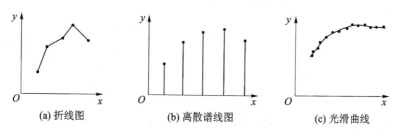

图5-1 曲线示例图

5.2.3 经验公式

通过试验获得一系列数据,这些数据不仅可用图表法表示出函数之间的关系,且可用与图形相对应的数学公式来描述函数之间的关系,从而进一步用数学分析的方法来研究这些变量之间的相关关系。该数学表达式称为经验公式,又称为回归方程。建立回归方程常用的方法为回归分析。根据变量个数以及变量之间的关系不同,所建立的回归方程也不同,有一元线性回归方程(直线拟合)、一元非线性回归方程(曲线拟合)、多元线性回归和多元非线性回归等。由于其在实验数据处理中的重要地位,5.3节将重点讨论回归分析方法及其在工程测试中的应用。

5.2.4 有效数字

由于测量结果不可避免地存在误差,因此测量值仅是其值的近似数,它与数学上的数应该有不同的意义和表示方法。凡测量值都称为有效数字,具有特殊的表示方法和运算规则。测量值中的可靠数字加上可疑数字统称为有效数字,有效数字中所有位数的个数称为有效数字的位数。如用米尺测量某工件长度,米尺的最小计数是 mm,如工件长度介于 3mm 与 4mm 之间,眼睛分辨的读数约为 3.4mm,则 3 是可靠数字,十分位 4 是估计,为可疑数字。

针对有效数字的说明:

① 小数点的位置不影响有效数字的位数,如 12.3 mm、1.23cm、0.0123m 三个数都是三位有效数字。

② "0"在有效数字中的地位。有效数字前面有几个"0",都不影响有效数字的位数,数字前面的"0"不是有效数字,数字中间或数字末尾的"0"是有效数字,如 1.202 是 4 位有效数字,1.000 也是 4 位有效数字。

③ 测量数值特大或特小时,可以配合用 10 的指数表示,指数部分前面的系数为有效数字,指数部分不是有效数字。如 0.00315m 可写成 3.15×10^{-3}m。

④ 有效数字的位数多少反映了测量仪器的精度。如对某物体长度测量:用米尺测量,读数为 1.34cm;用游标卡尺测量为 1.342cm,用螺旋测微计测量为 1.3422 cm。由此可见,有效位数越多,相应的测量仪器精度越高。

⑤ 在测量结果的表示中,误差和测量值的有效数字要相适应。

⑥ 有效数字进行运算时,会出现很多的位数,如果都予以保留,既烦琐又不合理,要注意的几个运算原则:

第一,有效数字相互运算后仍为有效数字,即最后一位可疑,其他位数可靠;

第二,可疑数与可疑数相互运算后仍为可疑数,但进位数可视为可靠数;

第三,可疑数与可靠数相互运算后仍为可疑数;

第四,可靠数与可靠数相互运算后仍为可靠数。

5.3 回归分析及其应用

5.3.1 一元线性回归

1. 相关

在测试结果的分析中,相关的概念是非常重要的。所谓相关指变量之间具有某种内在的物理联系。对于确定性信号来说,两个变量之间可用函数关系来描述,两者一一对应。而两个随机变量之间不一定具有这样确定性的关系,可通过大量统计分析发现它们之间是否存在某种相互关系或内在的物理联系。将两个随机变量 x、y 数据对在 xy 坐标中用点来表示,图 5-2(a)中,各对 x 和 y 值之间没有明显的关系,两个变量是不相关的。图 5-2(b)中,x 和 y 具有明显的依赖关系,大的 x 值对应大的 y 值,小的 x 值对应小的 y 值,所以说这两个变量是相关的。

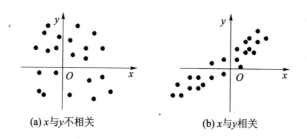

(a) x 与 y 不相关　　(b) x 与 y 相关

图 5-2　x-y 变量的相关性

2. 线性回归方程的确定

若所获取的一组 x_i、y_i 数据可用线性回归方程来描述,确定回归方程的方法较多,常用"最小二乘法"和"绝对差法"。

(1) 最小二乘法

最小二乘法是数据处理和误差分析中有力的数学工具,是数据处理中异常活跃和应用最广泛的方法之一。

假设有一组实测数据,含有 N 对 x_i、y_i 值,用回归方程来描述,即

$$\hat{y} = kx + b \tag{5-1}$$

可计算出与自变量 x_i 对应的回归值

$$\hat{y}_i = kx_i + b \quad (i=1,2,\cdots,N) \tag{5-2}$$

由于数据的误差和公式的近似性,回归值 $\hat{y}_i$ 与对应测量值 y_i 间会有一定的偏差,偏差计算公式为

$$v_i = y_i - \hat{y}_i \tag{5-3}$$

通常该差值称为残差,表征了测量值与回归值的偏离程度。残差越小,测量值与回归值越接近。根据最小二乘法理论,若残差的平方和 $\sum_{i=1}^{N} v_i^2 = \sum_{i=1}^{N}(y_i - kx_i - b)^2$ 为最小,则意味着回归值的平均偏差程度最小,回归直线为最能表述测量数据内在关系的曲线。

根据求极值的原理应有

$$\begin{cases} \dfrac{\partial \sum\limits_{i=1}^{N} v_i^2}{\partial k} = -2\sum\limits_{i=1}^{N}(y_i - kx_i - b)x_i = 0 \\ \dfrac{\partial \sum\limits_{i=1}^{N} v_i^2}{\partial b} = -2\sum\limits_{i=1}^{N}(y_i - kx_i - b) = 0 \end{cases} \tag{5-4}$$

解此方程组,设

$$L_{xy} = \sum_{i=1}^{N}(x_i - \bar{x})(y_i - \bar{y}) \tag{5-5}$$

$$\bar{y} = \frac{1}{N}\sum_{i=1}^{N} y_i \tag{5-6}$$

$$L_{xx} = \sum_{i=1}^{N}(x_i - \bar{x})^2 \tag{5-7}$$

$$\bar{x} = \frac{1}{N}\sum_{i=1}^{N} x_i \tag{5-8}$$

则得

$$k = \frac{L_{xy}}{L_{xx}} \tag{5-9}$$

$$b = \bar{y} - k\bar{x} \tag{5-10}$$

求出 k 和 b 后代入式(5-1),即可得到回归方程。将式(5-10)代入回归方程式(5-1),可得回归方程的另一种形式为

$$k = \frac{\hat{y} - \bar{y}}{x - \bar{x}} \qquad \hat{y} - \bar{y} = k(x - \bar{x}) \tag{5-11}$$

(2) 绝对差法

绝对差法求回归方程,首先是求出数据的"重心",可用式(5-8)、式(5-6)计算重心的坐标$(\bar{x}, \bar{y})$。回归方程为 $\hat{y} = kx + b$,由下式可计算出斜率 k 和截距 b:

$$\begin{cases} k = \dfrac{\sum\limits_{i=1}^{N}|y_i - \bar{y}|}{\sum\limits_{i=1}^{N}|x_i - \bar{x}|} \\ b = \bar{y} - k\bar{x} \end{cases} \tag{5-12}$$

3. 回归方程的精度问题

用回归方程根据自变量 x 的值,求因变量 y 的值,其精度如何,即测量数据中 y_i 和回归值 $\hat{y}_i$ 的差异可能有多大,一般用回归方程的剩余标准偏差 σ_γ 来表征,有

$$\sigma_\gamma = \sqrt{\frac{Q}{N-q}} = \sqrt{\frac{\sum\limits_{i=1}^{N}(y_i - \hat{y}_i)^2}{N-q}} = \sqrt{\frac{\sum\limits_{i=1}^{N} v_i^2}{N-q}} \tag{5-13}$$

式中,N 为测量次数,或成对测量数据的对数;q 为回归方程中待定常数的个数。

σ_γ 越小表示回归方程对测试数据拟合越好。

5.3.2 多元线性回归

设因变量 y 依赖若干个变量 $x_j(j=1,2,\cdots,m)$ 变化而变化,按照间接测量的原理,对上述变量进行测量,可获得 $\{x_1, x_2, \cdots x_m, y\}$ 数据对,此时回归方程可表示为

$$\hat{y} = k_0 + k_1 x_1 + k_2 x_2 + \cdots + k_m x_m \tag{5-14}$$

y_i 在某点上与上述回归方程差值为

$$\Delta y_i = y_i - \hat{y} = y_i - (k_0 + k_1 x_{1i} + k_2 x_{2i} + \cdots + k_m x_{mi}) \tag{5-15}$$

利用最小二乘原理,可求出系数 k_0、k_1、k_2、$\cdots$、k_m,即有

$$\frac{\partial(\sum \Delta y_i^2)}{\partial k_0} = \frac{\partial(\sum \Delta y_i^2)}{\partial k_1} = \cdots = \frac{\partial(\sum \Delta y_i^2)}{\partial k_m} = 0 \tag{5-16}$$

得到正规方程组

$$\begin{bmatrix} n & \sum x_{1i} & \sum x_{2i} & \cdots & \sum x_{mi} \\ \sum x_{1i} & \sum x_{1i}x_{1i} & \sum x_{1i}x_{2i} & \cdots & \sum x_{1i}x_{mi} \\ \sum x_{2i} & \sum x_{2i}x_{1i} & \sum x_{2i}x_{2i} & \cdots & \sum x_{2i}x_{mi} \\ \vdots & \vdots & \vdots & \cdots & \vdots \\ \sum x_{mi} & \sum x_{mi}x_{1i} & \sum x_{mi}x_{2i} & \cdots & \sum x_{mi}x_{mi} \end{bmatrix} \begin{bmatrix} k_0 \\ k_1 \\ k_2 \\ \vdots \\ k_m \end{bmatrix} = \begin{bmatrix} \sum y_i \\ \sum y_i x_{1i} \\ \sum y_i x_{2i} \\ \vdots \\ \sum y_i x_{mi} \end{bmatrix} \quad (5-17)$$

由上式可解出回归系数 $k_0, k_1, k_2, \cdots, k_m$，为简便起见，用 $\sum y_i$ 代替 $\sum_{i=1}^{n} y_i$，其余与之类似。

$$\sum_{j=1}^{m} k_j \left[\sum_{i=1}^{n} y_i x_{ji} - \left(\sum_{i=1}^{n} x_{ji} \sum_{i=1}^{n} y_i \right)/n \right] = S \quad (5-18)$$

$$\sum_{i=1}^{n} y_i^2 - \left(\sum_{i=1}^{n} y_i \right)^2 / n = L \quad (5-19)$$

相关系数
$$\rho^2 = \frac{S}{L} \quad (5-20)$$

标准差
$$\sigma = \sqrt{\frac{L-S}{n-m-1}} \quad (5-21)$$

式中，m 为自变量个数；n 为测量次数。

对于常用的二元回归方程有

$$y = k_0 + k_1 x_1 + k_2 x_2 \quad (5-22)$$

得

$$\begin{bmatrix} n & \sum x_{1i} & \sum x_{2i} \\ \sum x_{1i} & \sum x_{1i}^2 & \sum x_{1i}x_{2i} \\ \sum x_{2i} & \sum x_{2i}x_{1i} & \sum x_{2i}^2 \end{bmatrix} \begin{bmatrix} k_0 \\ k_1 \\ k_2 \end{bmatrix} = \begin{bmatrix} \sum y_i \\ \sum y_i x_{1i} \\ \sum y_i x_{2i} \end{bmatrix} \quad (5-23)$$

从上式可解出回归系数 k_0、k_1、k_2，令

$$L = \sum y_i^2 - \frac{\left(\sum y_i \right)^2}{n} \quad (5-24)$$

$$S = k_1 \left[\sum y_i \sum x_{1i} - \frac{\sum y_i \sum x_{1i}}{n} \right] + k_2 \left[\sum y_i \sum x_{2i} - \frac{\sum y_i \sum x_{2i}}{n} \right] \quad (5-25)$$

同样有

$$\rho^2 = \frac{S}{L} \quad (5-26)$$

$$\sigma = \sqrt{\frac{(L-S)}{(n-3)}} \quad (5-27)$$

5.3.3 非线性回归

在测试过程中，被测量之间并非都是线性关系，很多情况下，它们遵循一定的非线性关系。求解非线性模型的方法通常有：

① 利用变量变换把非线性模型转化为线性模型。
② 利用最小二乘原理推导出非线性模型回归的正规方程,然后求解。
③ 采用直接最优化方法,以残差平方和为目标函数,寻找最优化回归函数。

本书重点介绍第①种方法中把非线性模型转化为线性模型及常用的多项式回归法。

1. 模型转换

一些常用非线性模型,可用变量变换的方法使其转化为线性模型,如指数函数

$$y = Ae^{Bx} \tag{5-28}$$

两边取对数得

$$\ln y = \ln A + Bx$$

令 $\ln y = t, \ln A = C$,则方程可化为

$$t = Bx + C \tag{5-29}$$

对幂函数

$$y = Ax^B \tag{5-30}$$

同样有

$$\ln y = \ln A + B\ln x$$

令 $t_1 = \ln y, t_2 = \ln x, C = \ln A$

则有

$$t_1 = Bt_2 + C \tag{5-31}$$

即可转化为线性关系,实际应用时可根据具体情况确定变量变换方法。

2. 非线性回归分析简介

并不是所有非线性模型都能用上述方法进行转化。如当 $y = b_0(x^c - a)$,就无法用上述办法来处理。这一类问题,可采用多项式回归方法来解决。对于若干测量数据对 (x_i, y_i),经绘图发现其间存在着非线性关系时,可用含 $m+1$ 个待定系数的 m 阶多项式来逼近。即

$$y_i = k_0 + k_1 x_i + k_2 x_i^2 + \cdots + k_m x_i^m \tag{5-32}$$

将上式作如下变量置换,令 $x_{1i} = x_i, x_{2i} = x_i^2, \cdots, x_{mi} = x_i^m$,即可将上式转化为形如式(5-14)的多元线性回归模型,同样可列出正规方程组,求解方法同上。

5.3.4 回归分析应用举例

【例 5-1】 已知 x 及 y 为近似直线关系的一组数据,如表 5-1 所列。试用最小二乘法建立此直线的回归方程。

表 5-1 x、y 关系表

x	1	3	8	10	13	15	17	20
y	3.0	4.0	6.0	7.0	8.0	9.0	10.0	11.0

解:① 列一元回归计算表 5-2。

表 5-2　一元回归计算表

序号	x_i	y_i	x_i^2	y_i^2	$x_i y_i$
1	1	3.0	1	9	3.0
2	3	4.0	9	16	12.0
3	8	6.0	64	36	48.0
4	10	7.0	100	49	70.0
5	13	8.0	169	64	104.0
6	15	9.0	225	81	135.0
7	17	10.0	289	100	170.0
8	20	11.0	400	121	220.0
$\sum$	87	58.0	1257	476	762.0

② 由表中数据可知：

$$\sum x_i = 87, \quad \sum y_i = 58$$

$$\sum x_i^2 = 1\,257, \quad \sum y_i^2 = 476$$

$$\bar{x} = \frac{87}{8} = 10.875, \quad \bar{y} = \frac{58}{8} = 7.25 \quad (n=8)$$

$$\frac{(\sum x_i)^2}{n} = 946.125, \quad \frac{(\sum y_i)^2}{n} = 420.5, \quad \frac{(\sum x_i)(\sum y_i)}{n} = 630.75$$

③ $L_{xx} = \sum x_i^2 - \frac{(\sum x_i)^2}{n} = 1\,257 - 946.125 = 310.875$

$L_{xy} = \sum x_i y_i - \frac{(\sum x_i)(\sum y_i)}{n} = 762 - 630.75 = 131.25$

$k = \frac{L_{xy}}{L_{xx}} = \frac{131.25}{310.875} = 0.422$

$b = \bar{y} - k\bar{x} = 7.25 - 0.422 \times 10.875 = 2.66$

④ 可得回归方程为

$$\hat{y} = 0.422x + 2.66$$

【例 5-2】 一位移测量系统，经大量试验表明，其系统输出 y 与被测位移量变化及环境温度的变化线性相关，某次试验数据如表 5-3 所列。试用多元线性回归法，建立系统输出与位移及温度的经验公式。

表 5-3　试验数据表

x_1/mm	10	20	30	10	15	25	20	30	30	25	15	20
x_2/℃	11	15	16	20	26	30	25	29	12	14	12	30
y/mV	36	68	98	37	69	92	71	102	96	82	54	76

解：按题意，可设位移测量系统输出与位移及温度的回归方程为

$$y = k_0 + k_1 x_1 + k_2 x_2$$

由多元线性回归法可得式

$$\begin{bmatrix} 12 & 250 & 240 \\ 250 & 5800 & 5090 \\ 240 & 5090 & 5428 \end{bmatrix} \begin{bmatrix} k_0 \\ k_1 \\ k_2 \end{bmatrix} = \begin{bmatrix} 881 \\ 20105 \\ 18239 \end{bmatrix}$$

及

$$\sum y^2 = 70195$$

由此求得 $k_1 = 2.8718, k_2 = 0.5741, k_0 = 2.1049$。得回归方程为

$$y = 2.1049 + 2.8718x_1 + 0.5741x_2$$

其相关系数为 $\rho = 0.988$,标准偏差为 $\sigma = 3.824$。

5.4 误差的定义及分类

5.4.1 误差概念

(1) 真 值

真值即真实值,是指在一定时间和空间条件下,被测物理量客观存在的实际值。真值通常是不可测量的未知量,一般说的真值是指理论真值、规定真值和相对真值。

理论真值:理论真值也称绝对真值,如平面三角形内角之和恒为 $180°$。

规定真值:国际上公认的某些基准量值,如米是光在真空中 $(1/299\,792\,458)$ s 时间间隔内所经路径的长度。这个米基准就当做计量长度的规定真值。规定真值也称约定真值。

相对真值:是指计量器具按精度不同分为若干等级,上一等级的指示值即为下一等级的真值,此真值称为相对真值。

(2) 误 差

误差存在于一切测量中,误差定义为测量结果减去被测量的真值

$$\Delta x = x - x_0 \tag{5-33}$$

式中,Δx 为测量误差(又称真误差);x 为测量结果(由测量所得到的被测量值);x_0 为被测量的真值。

(3) 残余误差

测量结果减去被测量的最佳估计值

$$\nu = x - \bar{x} \tag{5-34}$$

式中,ν 为残余误差(简称残差);$\bar{x}$ 为真值的最佳估计(也即约定真值)。

式(5-34)是研究误差最常用的公式之一。

5.4.2 误差的分类

测量误差不可避免,究其原因,主要是由以下因素引起的。

① 工具误差:包括试验装置、测量仪器所带来的误差,如传感器的非线性等。

② 方法误差:测量方法不正确引起的误差称为方法误差,包括测量时所依据的原理不正确而产生的误差,这种误差亦称为原理误差或理论误差。

③ 环境误差：在测量过程中，因环境条件的变化而产生的误差称为环境误差（环境条件主要指环境的温度、湿度、气压、电场、磁场及振动、气流、辐射等）。

④ 人员误差：测量者生理特性和操作熟练程度的优劣引起的误差称为人员误差。

为了便于对测量误差进行分析和处理，按照误差的特点和性质进行分类，可分为随机误差、系统误差、粗大误差。

（1）随机误差

在相同的测量条件下，多次测量同一物理量时，误差的绝对值与符号以不可预定的方式变化着。也就是说，产生误差的原因及误差数值的大小、正负是随机的，没有确定的规律性，或者说带有偶然性，这样的误差就称为随机误差。随机误差就个体而言，从单次测量结果来看是没有规律的，但就其总体来说，随机误差服从一定的统计规律。

在很多情况下，随机误差是对测量值影响微小且相互独立的多种影响因素的综合结果，也就是说测量中随机误差通常是多种因素造成的许多微小误差的综合，根据随机变量的中心极限定理，可知随机误差的概率分布大多接近于正态分布。随机误差一般具有以下特征：

① 对称性。绝对值相等的正误差与负误差出现的概率相等。

② 单峰性。绝对值小的误差比绝对值大的误差出现的概率大。

③ 有界性。随机误差一般都分布在 $[-3\sigma, +3\sigma]$ 区间内，若测量中出现的数据误差超出此范围，那么此数据可认为是异常数据，是过失误差，可将此数据舍去。

④ 抵偿性。相同条件下对同一样本进行测量时，各误差的代数和随着测量次数 n 的无限增加而趋于 0。

（2）系统误差

在相同的测量条件下，多次测量同一物理量时，误差不变或按一定规律变化着，这样的误差称之为系统误差。系统误差等于误差减去随机误差，是具有确定性规律的误差，可以用非统计的函数来描述。

系统误差又可按下列方法分类。

按对误差的掌握程度可分为已定系统误差和未定系统误差。

① 已定系统误差：误差的变化规律为已知的系统误差。

② 未定系统误差：误差的变化规律为未确定的系统误差。这种系统误差的函数公式还不能确定，一般情况下可估计出这种误差的最大变化范围。

按误差的变化规律可分为定值系统误差、线性系统误差、周期系统误差和复杂规律系统误差。

① 定值系统误差：误差的绝对值和符号都保持不变的系统误差；

② 线性系统误差：误差是按线性规律变化的系统误差，误差可表示为一线性函数；

③ 周期系统误差：误差是按周期规律变化的系统误差，误差可表示为一三角函数；

④ 复杂规律系统误差：误差是按非线性、非周期的复杂规律变化的系统误差，误差可用非线性函数来表示。

系统误差一般具有以下特征：

① 确定性。系统误差是固定不变的，或是一个确定性的，即非随机性质的时间函数，它的出现符合确定的函数规律。

② 重现性。在测量条件完全相同时，经过重复测量，系统误差可以重复出现。

③ 可修正性。由于系统误差具有重现性,就决定了它的可修正性。

(3) 粗大误差

粗大误差是指那些误差数值特别大,超出在规定条件下的预计值,测量结果中有明显错误的误差,也称粗差。出现粗大误差的原因是由于在测量时仪器操作的错误,或读数错误,或计算出现明显的错误等。粗大误差一般是由于测量者粗心大意、实验条件突变等因素造成的。

粗大误差由于误差数值特别大,容易从测量结果中发现,一经发现有粗大误差,应认为该次测量无效,即可消除其对测量结果的影响。

5.4.3 误差的表示方法

这里仅介绍常用的几种误差表示方法:绝对误差、相对误差和引用误差。

(1) 绝对误差

绝对误差 Δx 是指测得值 x 与真值 x_0 之差,可表示为

$$绝对误差 = 测得值 - 真值$$

用符号表示,即

$$\Delta x = x - x_0 \tag{5-35}$$

(2) 相对误差

相对误差是指绝对误差与被测真值之比值,通常用百分数表示,即

$$相对误差 = \frac{绝对误差}{被测真值} \times 100\%$$

用符号表示,即

$$r = \frac{\Delta x}{x_0} \times 100\% \tag{5-36}$$

当被测真值为未知数时,一般可用测得值的算术平均值代替被测真值。对于不同的被测量值,用测量的绝对误差往往很难评定其测量精度的高低,通常采用相对误差来评定。

(3) 引用误差

测量仪器的绝对误差除以仪器的满度值。

$$r_m = \frac{\Delta x}{x_m} \times 100\% \tag{5-37}$$

式中,r_m 为测量仪器的引用误差;Δx 为测量仪器的绝对误差,一般指的是测量仪器的示值绝对误差;x_m 为测量仪器的满度值,一般又称为引用值,通常是测量仪器的量程。

引用误差实质是一种相对误差,可用于评价某些测量仪器的准确度高低。国际规定电测仪表的精度等级指数 a 分为:0.1,0.2,0.5,1.0,1.5,2.5,5.0 共 7 级,其最大引用误差不超过仪器精度等级指数 a 百分数,即 $r_m \leq a\%$。

5.4.4 表征测量结果质量的指标

常用正确度、精密度、准确度、不确定度等来描述测量的可信度。

① **正确度** 正确度表示测量结果中系统误差大小的程度,即由于系统误差而使测量结果与被测量值偏离的程度。系统误差越小,测量结果越正确。

② **精密度** 精密度表示测量结果中随机误差大小的程度,即在相同条件下,多次重复测量所得测量结果彼此间符合的程度,随机误差越小,测量结果越精密。

③ **准确度** 准确度表示测量结果中系统误差与随机误差综合大小的程度,即测量结果与被测真值偏离的程度,综合误差越小,测量结果越准确。

④ **不确定度** 不确定度表示合理赋予被测量之值的分散性,与测量结果相联系的参数。不确定度越小,测量结果可信度越高。

5.5 常用误差处理方法及误差的合成与分配

5.5.1 随机误差处理方法

由于存在随机误差,当对某一量进行一系列等精度测量时,其测得值各不相同,应以全部测得值的算术平均值作为测量结果。算术平均值就是在系列测量中,被测量的几个测得值的代数和除以 n 而得的值。算术平均值与被测量的真值最为接近,由大数定律可知,如果测量次数无限增加,则算术平均值 $\bar{x}$ 必然趋近于真值 x_0。

由随机误差 $\varepsilon_i = x_i - x_0$ 可得

$$\varepsilon_1 + \varepsilon_2 + \cdots + \varepsilon_n = (x_1 + x_2 + \cdots + x_n) - nx_0 \tag{5-38}$$

$$\sum_{i=1}^{n}\varepsilon_i = \sum_{i=1}^{n}x_i - nx_0 \text{ 或 } nx_0 = \sum_{i=1}^{n}x_i - \sum_{i=1}^{n}\varepsilon_i \tag{5-39}$$

当 $n \to \infty$,有 $\sum_{i=1}^{n}\varepsilon_i \to 0$,则有 $\bar{x} \to x_0$。

由此可见,若能够对某一量进行无限多次测量,就可得到不受随机误差影响的测量值。但由于实际上实验测量是有限次测量,所以只能将算术平均值近似地作为被测量的真值。

5.5.2 系统误差处理方法

1. 系统误差的判别

实际测量中,系统误差产生的原因很复杂,对测量结果的影响可能很大。为了设法消除系统误差首先要判别是否存在系统误差。以下是几种判别系统误差是否存在的方法。

(1) 实验对比法

这种方法适用于恒值的系统误差,通过改变测量条件、测量仪器或测量方法进行先后测量结果的对比,以发现误差。如对一固定系统误差的仪表,即使进行多次测量,也不能发现误差,只能用更高一级精度的测试仪表进行同样的测试,它的系统误差才能检验出来。

(2) 残差观察法

该方法适合于发现有变化规律的系统误差。各次测量值与其算术平均值之差 $v_i = x_i - \bar{x}$,定义为残差,也称为剩余误差。残差观察法就是对被测对象进行多次测量后,求取每次测量的残差,然后将测量数据的各个残差制成表格或绘制成曲线,通过分析残差数的大小和符合的变化规律,来判断是否存在系统误差。

(3) 马利科夫判据

马利科夫判据用于发现是否存在线性的系统误差。进行 n 次等精度测量,然后计算各测

量值所对应的残差,按测量的先后顺序排列。各测量值所对应的残差 v_i,若测量次数为偶数时

$$M = \sum_{i=1}^{n/2} v_i - \sum_{i=n/2+1}^{n} v_i \qquad (5-40)$$

若测量次数为奇数时

$$M = \sum_{i=1}^{(n-1)/2} v_i - \sum_{i=(n+3)/2}^{n} v_i \qquad (5-41)$$

若 M 近似等于零 0,则测量数据中不含有线性的系统误差;若 M 明显地不等于 0(与 v_i 相当或更大),则测量数据中存在线性的系统误差。

(4) 阿贝-赫梅特判据

阿贝-赫梅特判据用于判别有无周期性的系统误差。进行 n 次等精度测量,将测量数据按先后顺序排列,计算此列数据的标准差 σ 及各测量值所对应的残差 v_i,若

$$\left| \sum_{i=1}^{n-1} (v_i \times v_{i+1}) \right| > \sqrt{n-1}\sigma^2 \qquad (5-42)$$

成立,则认为测量中存在周期性的系统误差。

2. 系统误差的处理

对于系统误差的处理,最好是掌握其数值及规律,找出误差来源,然后采取相应的处理措施或典型的测量技术来减小系统误差,必要时对系统误差进行修正。

(1) 减小系统误差的常规措施

① 测量原理和方法尽力做到正确、严格。

② 测量仪器应定期检验和校准,并注意仪器的使用条件和操作方法。

③ 尽量减少或消除周围环境对测量的影响。

④ 尽量减少或消除测量人员主观原因造成的系统误差。

(2) 用修正方法减少系统误差

修正方法是预先通过检定、校准或计算得出测量器具的系统误差的估计值,作出误差表或误差曲线,然后取与误差数值大小相同方向相反的值作为修正值,将实际测量值加上相应的修正值,即可得到已修正的测量结果。

(3) 减小系统误差的典型技术措施

① 零示法。将被测量与已知标准量进行比较,使两者对比较仪的作用相抵消,当总的效应达到平衡时,比较仪的指示为 0,这时已知量的数值就是被测量的数值。

② 替代法。在测量条件不变的情况下,用一个已知标准量代替被测量,并调整已知量,使仪器的示值不变,这时被测量就等于已知量。由于在替代过程中,仪表的工作状态和示值都保持不变,那么仪器误差和其他原因造成的误差对测量结果基本上没影响。

③ 微差法。设被测量为 x,与其数值相近的标准量为 B,被测量与已知标准量为差值为 A,且 $A \ll B$,A 的数值可以测得,则

$$\begin{aligned} x &= B + A \\ \frac{\Delta x}{x} &= \frac{\Delta B}{x} + \frac{\Delta A}{x} = \frac{\Delta B}{x} + \frac{A}{x} \cdot \frac{\Delta A}{A} \end{aligned} \qquad (5-43)$$

由于 $A \ll B$,故 $x = B + A \approx B$,由此可得

$$\frac{\Delta x}{x} \approx \frac{\Delta B}{B} + \frac{A}{B} \cdot \frac{\Delta A}{A} \qquad (5-44)$$

式(5-44)表明,若标准量与被测量的差值微小,且微差量可测得,就可以由标准量的相对误差和微差值的相对误差求得被测量的相对误差。

5.5.3 粗大误差的判别

在无系统误差条件下,受随机误差的影响,测量数据具有一定的离散性且分布在被测量的真值附近。在实际测量中,随机误差是有界的,因此测量值远离真值的可能性很小。当测量值中存在绝对值很大的数据,可视为可疑数据。这些数据对样本均值和方差影响很大,因此当遇到可疑数据时,应仔细分析其产生的原因。常见原因有:

① 测量方法不正确或测量条件发生异常;
② 测量仪表自身故障或人员操作失误;
③ 测量结果受强磁场干扰、导线接插头接触不良等;
④ 受随机误差正常的离散性影响。

判大误差的判别方法很多,本书仅介绍两种常用的判别准则:莱特准则和格拉布斯准则。

1. 莱特准则

莱特准则的基本原理是:当测量次数足够大时,把样本均值 $\bar{x}$ 当作测量值的数学期望,把样本均方差 $\hat{\sigma}$ 当作测量值的均方差,按 x 服从正态分布且数学期望和均方差都已知的情况下,令置信概率为 99.73%,求得一区间,认为该区间以外的测量值属于坏值,予以剔除。具体方法是:

计算测量数据中绝对值的最大值 $|v_i|_{max} = |x_i - \bar{x}|_{max}$,若 $|v_i|_{max} \leqslant 3\hat{\sigma}$,则所有测量数据都是正常的。若有 $|v_i|_{max} > 3\hat{\sigma}$,则对应的测量数据应剔除。如果同时有几个,应先剔除最大的一个,然后重新计算 $\bar{x}$ 和 $\hat{\sigma}$,再进行第二次判别,直到所有的 $|v_i|_{max}$ 不大于 $3\hat{\sigma}$ 为止。

2. 格拉布斯准则

当测量次数较少时莱特准则不大可靠,宜采用格拉布斯准则。格拉布斯准则是用数理统计方法推导出来的,其概率意义比较明确,用它判别异常数据较合理。格拉布斯准则判别粗大误差的步骤如下。

① 计算测量数据的样本均值和样本均方差:

$$\bar{x} = \frac{1}{n}\sum_{i=1}^{n} x_i, \qquad \hat{\sigma} = \sqrt{\frac{1}{n-1}\sum_{i=1}^{n}(x_i - \bar{x})^2} \qquad (5-45)$$

② 根据测量次数 n 和给定概率 P 由表 5-4 查得格拉布斯系数 p;
③ 找出残差的最大值 $|v_i|_{max}$;

$$|v_i|_{max} = |x_i - \bar{x}|_{max}$$

当 $|v_i|_{max} \leqslant p \cdot \hat{\sigma}$ 时,表明所测数据都是正常的;当 $|v_i|_{max} > p \cdot \hat{\sigma}$ 时,该残差的测量值视为粗大误差,预以剔除。然后重新对留下的数据进行计算、判别,直到留下的数据全部是正常数据为止。

表 5-4　格拉布斯系数表

P \ n	0.95	0.99	P \ n	0.95	0.99
3	1.15	1.16	17	2.48	2.78
4	1.46	1.49	18	2.50	2.82
5	1.67	1.75	19	2.53	2.85
6	1.82	1.94	20	2.56	2.88
7	1.94	2.10	21	2.58	2.91
8	2.03	2.22	22	2.60	2.94
9	2.11	2.32	23	2.62	2.96
10	2.18	2.41	24	2.64	2.99
11	2.23	2.48	25	2.66	3.01
12	2.28	2.55	30	2.74	3.10
13	2.33	2.61	35	2.81	3.18
14	2.37	2.66	40	2.87	3.24
15	2.41	2.70	50	2.96	3.34
16	2.44	2.75	100	3.17	3.59

5.5.4　测量误差的合成与分配

系统误差和随机误差由于其规律和特点不同，它们合成与分配的处理方法也不同，因此有必要分别研究其理论和方法。

1. 测量误差的合成

一个测量系统或一台测量仪器都是由若干部分组成的，而各部分都存在测量误差，各局部误差对整个测量系统或仪表测量误差的影响就是误差合成问题。

(1) 系统误差的合成

设测量系统或仪表各环节输入参数分别为 $x_1, x_2, \cdots, x_n$，总的输出与输入的函数关系为：

$$y = f(x_1, x_2, \cdots, x_n)$$

令 $dx_1, dx_2, \cdots, dx_n$ 分别为 $x_1, x_2, \cdots, x_n$ 的绝对误差，则可近似得到各部分系统误差的绝对误差 Δ 的合成表达式为：

$$\Delta = dy = \frac{\partial y}{\partial x_1}dx_1 + \frac{\partial y}{\partial x_2}dx_2 + \cdots + \frac{\partial y}{\partial x_n}dx_n \tag{5-46}$$

相对误差 δ 合成的表达式为：

$$\delta = \frac{dy}{y} = \frac{\partial y}{\partial x_1} \cdot \frac{dx_1}{y} + \frac{\partial y}{\partial x_2} \cdot \frac{dx_2}{y} + \cdots + \frac{\partial y}{\partial x_n} \cdot \frac{dx_n}{y} \tag{5-47}$$

(2) 随机误差的合成

设测量系统或仪表由几个环节组成，各部分的标准误差分别为 $\sigma_1, \sigma_2, \cdots, \sigma_n$，误差合成表达式为：

$$\sigma = \sqrt{\sum_{i=1}^{n}(\frac{\partial f}{\partial x_i})^2\sigma_i^2 + 2\sum_{i<j<n}^{n}\frac{\partial f}{\partial x_i}\cdot\frac{\partial f}{\partial x_j}\rho_{ij}\sigma_i\sigma_j} \qquad (5-48)$$

式中，ρ_{ij} 为第 i 和第 j 个单项随机误差之间的相关系数，ρ_{ij} 取值为 $-1 \leqslant \rho_{ij} \leqslant 1$。

若各个环节标准误差相互独立或不相关时，有 $\rho_{ij}=0$，则有误差合成表达式为：

$$\sigma = \sqrt{\sigma_1^2 + \sigma_2^2 + \cdots + \sigma_n^2} \qquad (5-49)$$

(3) 总误差 ρ_{ij} 合成

若测量系统或仪表的系统误差和随机误差相互独立，总的合成误差的极限值可表示为：

$$\varepsilon = \Delta + \sigma = \sum_{i=1}^{n}\Delta_i + \sqrt{\sum_{i=1}^{n}\sigma_i^2} \qquad (5-50)$$

实际测量中，系统误差与随机误差相互独立的可能性较小，存在一定程度的相关性，因此式(5-50)给出的值偏小。

2. 测量误差的分配

若预先对测量系统或仪表总误差提出要求，则如何确定各组成环节的单项误差值，就是误差的合理分配问题。

(1) 系统误差分配

系统误差的分配是指在组成一测量系统或设计一台测量仪器时，应如何合理分配各环节或元件的系统误差。以四臂电桥的系统误差分配为例说明系统误差的分配方法。

已知四臂电桥的系统综合误差公式

$$\delta_{R_x} = \delta_{R_N} + \delta_{R_2} - \delta_{R_3}$$

式中，δ_{R_N} 为标准电阻的相对误差；δ_{R_2}、δ_{R_3} 为非标准电阻的相对误差，一般数值较大，但 δ_{R3} 前有负号。若取 $\delta_{R_2}=\delta_{R_3}$，则 $\delta_{R_x}=\delta_{R_N}$，即 R_x 的测量误差 δ_{R_x} 只取决于可变标准电阻 R_N 的误差值。

(2) 随机误差的分配

随机误差自身的特点给误差分配带来了困难，在误差分配时常采用等精度分配原则，即认为各环节的随机误差均相等，把总的误差平均分配给各个环节。

5.6 不确定度评定的基本知识

当报告测量结果时，必须对其质量给出定量的说明，以确定测量结果的可信度。近年来，人们越来越普遍地认为，在测量结果的定量表述中，用"不确定度"比"误差"更为合适。测量不确定度就是对测量结果质量的定量表征，测量结果的可用性很大程度上取决于其不确定度的大小，测量结果必须附有不确定度说明才是完整并有意义的。

5.6.1 有关不确定度的术语

① **标准不确定度**　以标准差表示的测量不确定度。

② **不确定度的 A 类评定**　用对测量列进行统计分析的方法来评定标准不确定度。不确定度的 A 类评定有时又称为 A 类不确定度评定。

③ **不确定度的 B 类评定** 用不同于测量列进行统计分析的方法来评定标准不确定度。不确定度的 B 类评定有时又称为 B 类不确定度评定。

④ **合成标准不确定度** 当测量结果是由若干个其他量的值求得时,按其他各量的方差和协方差算得标准不确定度。它是测量结果标准差的估计值。

⑤ **扩展不确定度** 确定测量结果区间的量,合理赋予被测量之值分布的大部分可望含于此区间。扩展不确定度有时也称为展伸不确定度或范围不确定度。

⑥ **包含因子** 为求得扩展不确定度,对合成标准不确定度所乘之数字因子。

5.6.2 产生测量不确定度的原因和测量模型

1. 产生测量不确定度的因素

测量过程中有许多引起不确定度的因素,它们可能来自以下几个方面:
① 被测量的定义不完整;
② 测量被测量的方法不理想;
③ 取样的代表性不够,即被测样本不能代表所定义的被测量;
④ 对测量过程受环境影响的认识不恰如其分或对环境的测量与控制不完善;
⑤ 对模拟式仪器的读数存在人为偏移;
⑥ 测量仪器的计量性能(如灵敏度、鉴别力阈、分辨力、死区及稳定性等)的局限性;
⑦ 测量标准或标准物质的不确定度;
⑧ 引用的数据或其他参数的不确定度;
⑨ 测量方法和测量程序的近似和假设;
⑩ 在相同条件下被测量在重复测量中的变化。

在实际工作中经常会发现,无论怎样控制环境以及各类对测量结果可能产生影响的因素,而最终的测量结果总会存在一定的分散性,即多次测量的结果并不完全相等。这种现象是客观存在的,是由一些随机效应造成的。

上述不确定度的来源可能相关,例如第⑩项可能与前面各项有关。对于那些尚未认识到的系统效应,显然是不可能在不确定度中予以考虑的,但它可能导致测量结果的误差。

由此可见,测量不确定度一般来源于随机性或模糊性。前者归因于条件不充分,后者归因于事物本身概念不确定。因而测量不确定度一般由许多分量组成,其中一些分量具有统计性,另一些分量具有非统计性。所有这些不确定度来源,若影响到测量结果都会对测量结果的分散性作出贡献。可用概率分布的标准差来表示测量的不确定度,称为标准不确定度,它表示测量结果的分散性。也可用具有一定置信概率的区间来表示测量不确定度。

2. 测量不确定度及其数学模型的建立

测量不确定度通常由测量过程的数学模型和不确定度的评定规律来评定。由于数学模型可能不完善,所有有关的量更应充分地反映其实际情况的变化,以便依据尽可能多的测量数据来评定不确定度。在可能情况下,应采用按长期积累的数据建立起来的经验模型。

在很多情况下,被测量 Y(输出量)不能直接测得,而是由 N 个其他量 $X_1, X_2, \cdots, X_N$(输入量)通过函数关系 f 来确定

$$Y = f(X_1, X_2, \cdots, X_N) \tag{5-51}$$

式(5-51)称为测量模型或数学模型。

数学模型不是唯一的,如果采用不同的测量方法和不同的测量程序就可能有不同的数学模型。例如:一个随温度 t 变化的电阻器两端的电压为 V,在温度为 t_0 时的电阻为 R_0,电阻器的温度系数为 α,则电阻器的损耗功率 P(被测量)取决于 V、R_0、α 和 t,即

$$P = f(V, R_0, \alpha, t) = \frac{V^2}{R_0}[1 + \alpha(t - t_0)] \tag{5-52}$$

同样是测量该电阻器的损耗率 P,也可采用测量其端电压和流经电阻的电流来获得,则 P 的数学模型就变成

$$P = f(V, I) = VI$$

有时输出量的数学模型也可能简单到 $Y = X$,如用卡尺测量工件的尺寸时,则工件的尺寸就等于卡尺的示值。

设式(5-51)中,被测量 Y 的估计值为 y,输入量 X_i 的估计值为 x_i,则有:

$$y = f(x_1, x_2, \cdots, x_N) \tag{5-53}$$

式(5-51)中,大写字母表示的量的符号既代表可测的量,也代表随机变量。当叙述为 X_i 具有某概率分布时,这个符号的含义就是随机变量。

在一列测量值中,第 k 个 X_i 的测量值用 $X_{i,k}$ 表示。

式(5-53)中,当被测量 Y 的最佳估计值 y 是通过输入量 $X_1, X_2, \cdots, X_N$ 的估计值 $x_1, x_2, \cdots, x_N$ 得出时,可有以下两种方法:

①
$$y = \bar{y} = \frac{1}{n}\sum_{k=1}^{n} y_k = \frac{1}{n}\sum_{k=1}^{n} f(x_{1,k}, x_{2,k}, \cdots, x_{N,k}) \tag{5-54}$$

式中,y 是取 Y 的 n 次独立测量值 y_k 的算术平均值,其每个测量值 y_k 的不确定度相同,且每个 y_k 都是根据同时获得的 N 个输入量 X_i 的一组完整的测量值求得的。

②
$$y = f(\overline{x_1}, \overline{x_2}, \cdots, \overline{x_N}) \tag{5-55}$$

式中,$\overline{x_i} = \frac{1}{n}\sum_{k=1}^{n} X_{i,k}$,它是独立测量值 $X_{i,k}$ 的算术平均值。这一方法的实质是先求 X_i 的最佳估计值 $\overline{x_i}$,再通过函数关系式得出 y。

以上两种方法,当 f 是输入量 X_i 的线性函数时,它们的结果相同。但当 f 是 X_i 的非线性函数时,式(5-54)的计算方法较为优越。

在数学模型中,输入量 $X_1, X_2, \cdots, X_N$ 可以是当前直接测定的量,也可以是外部引入的量。当前直接测定的量的值与不确定度可来自单一测量、重复测量、依据经验对信息的估计,并可包含测量仪器读数修正值,以及对周围温度、大气压、湿度等影响的修正值。由外部来源引入的量如:已校准的测量标准、有证的标准物质、由手册所得的参考数据等。

x_i 的不确定度是 y 的不确定度的因素,寻找不确定度的来源时,可从测量仪器、测量环境、测量人员、测量方法、被测量等方面全面考虑,应做到不遗漏、不重复,特别应考虑对结果影响大的不确定度来源。遗漏会使 y 的不确定度过小,重复会使 y 的不确定度过大。

评定 y 的不确定度之前,为确定 Y 的最佳值,应将所有修正量加入测得值,并将所有测量异常值剔除。

y 的不确定度将取决于 x_i 的不确定度,为此首先应评定 x_i 的标准不确定度 $u(x_i)$。

5.7 标准不确定度的 A 类评定

5.7.1 单次测量结果试验标准差与平均值试验标准差

对被测量 X,在重复性条件或复现性条件下进行 n 次独立重复测量,测量值为 $x_i(i=1,2,\cdots,n)$。算术平均值为

$$\bar{x} = \frac{1}{n}\sum_{i=1}^{n} x_i \tag{5-56}$$

$s(x_i)$ 为单次测量的实验标准差,由贝塞尔公式计算得到

$$s(x_i) = \sqrt{\frac{1}{n-1}\sum_{i=1}^{n}(x_i - \bar{x})^2} \tag{5-57}$$

$s(\bar{x})$ 为平均值的实验标准值,其值为

$$s(\bar{x}) = \frac{s(x_i)}{\sqrt{n}} \tag{5-58}$$

通常以样本的算术平均值 $\bar{x}$ 作为被测量值的估计(即测量结果),以平均值的实验标准差 $s(\bar{x})$ 作为被测量结果的标准不确定度,即 A 类标准不确定度。

当测量结果取测量列的任一次 x_i 时所对应的 A 类不确定度为

$$u(x) = s(x_i) \tag{5-59}$$

当测量结果取 n 次的算术平均值 $\bar{x}$ 时,$\bar{x}$ 所对应的 A 类不确定度为

$$u(\bar{x}) = s(x_i)/\sqrt{n} \tag{5-60}$$

当测量结果取 n 次独立重复测量中的 m 次的算术平均值 $\bar{x}_m$ 时($1 \leqslant m \leqslant n$),$\bar{x}_m$ 所对应的 A 类不确定度为

$$u(\bar{x}_m) = s(x_i)/\sqrt{m} \tag{5-61}$$

$u(x)$、$u(\bar{x})$ 和 $u(\bar{x}_m)$ 的自由度是相同的,都是

$$\nu = n - 1 \tag{5-62}$$

测量次数 n 充分多,才能使 A 类不确定度的评定可靠,一般认为 n 应大于 5。但也要视实际情况而定,当该 A 类不确定度分量对合成标准不确定度的贡献较大,n 也不宜太小,反之,当该 A 类不确定度对合成标准不确定度的贡献较小,n 小一些关系也不大。

【例 5-3】 对一等标准活塞压力计的活塞有效面积进行检定。在各种压力下测得有效面积 S_0 与工作基准面积 S_S 之比 l_i 如下:

0.250 670	0.250 673
0.250 670	0.250 671
0.250 675	0.250 671
0.250 675	0.250 670
0.250 673	0.250 670

则其最佳估计值为

$$L = \frac{\sum l_i}{n} = \frac{\sum l_i}{10} = 0.250\,672$$

由贝塞尔公式求得单次测量标准差为

$$s(l_i) = \sqrt{\frac{\sum(l_i - L)^2}{n-1}} = \sqrt{\frac{38 \times 10^{-12}}{10-1}} = 2.05 \times 10^{-6}$$

L 由测量重复性导致的标准不确定度为

$$u_1(l) = s(L) = \frac{s(l_i)}{\sqrt{n}} = 0.63 \times 10^{-6}$$

$u_1(l)$ 是表示一等标准活塞压力计活塞有效面积 S_0 与工作基准面积 S_s 之比 l 的由测量重复性引起的不确定度分量(还有其他分量,如工作基准活塞 S_s 的不确定度、加力砝码的质量、温度影响等),由

$$l = \frac{S_0}{S_s}$$

得到由测量重复性引起的 S_0 的标准不确定度分量

$$u_1(S_0) = S_s \cdot u_1(l) = 0.63 \times 10^{-6} S_s$$

以相对不确定度表示

$$u_{1\text{rel}}(S_0) = \frac{S_s}{S_0} \cdot u_1(l) = \frac{0.63 \times 10^{-6}}{0.250\,672} = 2.5 \times 10^{-6}$$

5.7.2 测量过程的合并样本标准差

对于一个测量过程,若采用核查标准或控制图的方法使其处于统计控制状态,则该测量过程的合并样本标准差为

$$s_p = \sqrt{\frac{\sum s_i^2}{k}} \tag{5-63}$$

式中,s_i 为每次核查时的样本标准差;k 为核查次数。每次核查,其自由度相同时,式(5-63)成立。合并样本标准差 s_p 为测量过程长期的组内标准差的平方之平均值的平方根。在此情况下,由该测量过程对被测量 X 进行 n 次测量,以算术平均值作为测量结果时,其标准不确定度为

$$u(x) = \frac{s_p}{\sqrt{n}} \tag{5-64}$$

【例 5-4】 为使工作量块处于控制状态,实验室用标准量块对工作量块进行多次检测,以核查标准计算工作量块的标准差。其中第 i 次检测时的样本标准差为

$$s_i = \sqrt{\frac{1}{n-1}\sum_{j=1}^{n}(L_{i,j} - L_i)^2}$$

式中,$L_{i,j}$ 为第 i 次检测的第 $j(j=1,2,\cdots,n)$ 个测量值,$L_i = \sum_{j=1}^{n} L_{i,j}/n$。设 k 为检测次数,则合并样本标准差为

$$s_p = \sqrt{\frac{1}{k}\sum_{i=1}^{k} s_i^2} \tag{5-65}$$

现对 90mm 量块进行重复检查,检测次数 $k=2$。

① 第一次检测时测量值 $L_{1,j}$ 如下

$$0.250\mu m, \quad 0.236\mu m, \quad 0.213\mu m, \quad 0.212\mu m, \quad 0.221\mu m, \quad 0.220\mu m$$

算得 $L_{1,j}$ 的算术平均值 L_1 及单次测量标准差 s_1 分别为

$$L_1 = \sum_{j=1}^{6} L_{1,j}/6 = 0.225\mu m$$

$$s_1 = \sqrt{\frac{1}{6-1}\sum_{j=1}^{6}(L_{1,j} - L_1)^2} = 0.015\mu m$$

② 第二次检测时测量值 $L_{2,j}$ 如下：

$$0.248\mu m, \quad 0.236\mu m, \quad 0.210\mu m, \quad 0.222\mu m, \quad 0.225\mu m, \quad 0.228\mu m$$

算得 $L_{2,j}$ 的算术平均值 L_2 及单次测量标准差 s_2 分别为

$$L_2 = \sum_{j=1}^{6} L_{2,j}/6 = 0.228\mu m$$

$$s_2 = \sqrt{\frac{1}{6-1}\sum_{j=1}^{6}(L_{2,j} - L_1)^2} = 0.013\mu m$$

故检测二次 ($k=2$) 的合并样本标准差 s_p 为

$$s_p = \sqrt{\frac{s_1^2 + s_2^2}{2}} = \sqrt{\frac{0.015^2 + 0.013^2}{2}} = 0.014\mu m$$

若以 s_p 作为核查标准，考查任一次测量，测量次数 $n=6$，则标准不确定度 $u(x)$ 为

$$u(x) = s_p/\sqrt{n} = 0.014/\sqrt{6} = 0.006\mu m$$

L_1 和 L_2 的实验标准差非常接近，表征被测量处于统计控制状态；平均值 L_1 和 L_2 之差反映了被测量的漂移，是衡量被测量的另一个重要参数指标。

采用合并样本标准差的方法可以核查标准是否处于控制状态，还可以得到自由度比较高的标准不确定度，在这里，实验标准差的值并没有明显的变化，但可靠性却提高了。

5.7.3 极 差

在重复性条件或复现性条件下，对 X_i 进行 n 次独立测量，计算结果中的最大值与最小值之差 R 称为极差。在 X_i 可以估计接近正态分布的前提下，单次测量结果 x_i 的实验标准差 $s(x_i)$，可按下式近似地评定

$$s(x_i) = \frac{R}{C} = u(x_i) \tag{5-66}$$

式中，系数 C 及自由度 ν 如表 5-5 所示。

表 5-5 极差系数 C 及自由度 ν

n	2	3	4	5	6	7	8	9
C	1.13	1.64	2.06	2.33	2.53	2.70	2.85	2.97
ν	0.9	1.8	2.7	3.6	4.5	5.3	6.0	6.8

一般在测量次数较少时采用极差法，以 4~9 为宜。

【例 5-5】 用金属洛氏硬度计测量混凝土回弹仪试验钢砧的硬度，测量 5 次，硬度值分别为：60.0HRC、60.8HRC、60.9HRC、61.8HRC、62.0HRC，5 次平均值 $\bar{H}$ 为 61.1HRC。用贝塞尔公式算得平均值的实验标准差为

$$u(\bar{H}) = \sqrt{\frac{\sum_i (\bar{H} - H_i)^2}{n(n-1)}} = 0.36 \text{HRC}$$

自由度为 $\nu = n - 1 = 4$

如采用极差法进行计算，则

$$u(\bar{H}) = \frac{1}{\sqrt{n}} \cdot \frac{H_{\max} - H_{\min}}{C} = \frac{1}{\sqrt{5}} \cdot \frac{62.0 - 60.0}{2.33} \text{HRC} = 0.38 \text{HRC}$$

自由度 $\nu = 3.6$

极差法与贝塞尔法相比，得到不确定度的自由度下降了，也就是说不确定度评定的可靠性有所降低。

5.7.4 最小二乘法

当 X 的估计值由实验数据用最小二乘法拟合的直线或曲线得到时，任意预期的估计值或表征曲线拟合参数的标准不确定度可以用已知的统计程序计算得到。

在计量工作中，常遇到寻求两个物理量的关系问题，如两估计值 x、y 有线性关系 $y = b + kx$，对其独立测得若干对数据 $(x_1, y_1), (x_2, y_2), \cdots, (x_n, y_n)$，$n > 2$，欲得到参数 b、k 及其标准不确定度，以及预期估计值及其标准不确定度，要用到最小二乘法。

实验标准差

$$s = \sqrt{\frac{\sum_{i=1}^{n} v_i^2}{n-2}}$$

式中，v_i 为残差。

参数 b、k 的标准不确定度为

$$u(b) = s(b) = \sqrt{\frac{1}{nL_{xx}} s^2 [x^2]} = s \sqrt{\frac{[x^2]}{nL_{xx}}} \tag{5-67}$$

式中，方括号"[ ]"为求和符号。

$$u(k) = s(k) = \sqrt{\frac{1}{L_{xx}} s^2} = s \sqrt{\frac{1}{L_{xx}}} \tag{5-68}$$

式中，L_{xx} 见式(5-7)。

5.7.5 不确定度 A 类评定的流程

在重复性条件下所得的测量列的不确定度，通常比其他评定方法所得到的不确定度更为客观，并具有统计学的严格性，但要求有充分的重复次数。此外，这一测量程序中的重复测量值应相互独立。例如：

① 被测量是一批材料的某一特性，所有重复测量值来自于同一样品，而取样又是测量程序的一部分，则测量值不具有独立性，必须把不同样本间可能存在的随机差异导致的不确定度分量考虑进去；

② 测量仪器的调零是测量程序的一部分，重新调零应成为重复性的一部分；

③ 通过直径的测量计算圆的面积，在直径的重复测量中，应随机地选取不同的方向测量；

④ 当使用测量仪器的同一测量段进行重复性测量时,测量结果均带有相同的这一测量段的误差,因而降低了测量结果间的相互独立性。

不确定度评定时,各不确定度因素可能相关,不确定度因素的 $a \sim i$ 都可能影响到第 j 项,即在相同条件下被测量在重复观测中的变化,这一项通常采用 A 类评定的方法。所以 A 类不确定评定不仅要注意不要把影响量遗漏,更要注意影响量的相互独立,不要重复计算。

影响量的相互影响有时是难免的,所以有时也可能出现重复计算,例如标准量块的校准中,量块长度差的实验标准差可能已包含了比较仪的随机效应。但当这些量对合成标准不确定度的贡献比较大时,应考虑把重复计算的影响量扣除,如采用标准洛氏硬度块检定金属洛氏硬度计,硬度块的均匀性既影响到硬度块的不确定度,又影响到硬度计的测量重复性,而且影响相当大,这时要注意不能重复计算。

对于独立重复测量,自由度 $\nu=n-1$(n 为测量次数);对于最小二乘法,自由度 $\nu=n-t$(n 为数据个数,t 为未知数个数)。

综上所述,可用图 5-3 简明地表示出标准不确定度 A 类评定的流程。

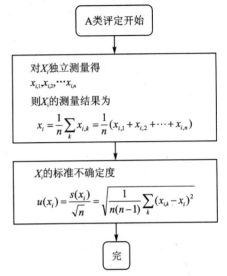

图 5-3 标准不确定度 A 类评定标准

5.8 标准不确定度的 B 类评定

5.8.1 B 类不确定度评定的信息来源

当被测量 X 的估计值 x_i 不是由重复测量得到,其标准不确定度 $u(x_i)$ 可用 x_i 的可能变化的有关信息或资料来评定。B 类评定的信息来源有以下 6 项:

① 以前的测量数据;
② 对有关技术资料和测量仪器特性的了解和经验;
③ 生产部门提供的技术说明文件;
④ 校准证书、检定证书或其他文件提供的数据、准确度的等级或级别,包括目前暂时在使用的极限误差等;
⑤ 手册或某些资料给出的参考数据及其不确定度;
⑥ 规定实验方法的国家标准或类似技术文件中给出的重复性限 r 或复现性限 R。

5.8.2 B 类不确定度的评定方法

(1) 已知置信区间和包含因子

先分析或判断被测量值落入的区间 $[\bar{x}-a, \bar{x}+a]$,并估计区间内被测量值的概率分布,再按置信水准 p 来估计包含因子 k,则 B 类标准不确定度为

$$u(x) = \frac{a}{k} \tag{5-69}$$

式中,a 为置信区间半宽;k 为对应置信水准的包含因子。

(2) 已知扩展不确定度 U 和包含因子 k

如估计值 x_i 来源于制造部门的说明书、校准证书或其他资料,其中同时还明确给出了其扩展不确定度 $U(x_i)$ 是标准差 $s(x_i)$ 的 k 倍,指明了包含因子 k 的大小,则标准不确定度 $u(x_i)$ 可取 $U(x_i)/k$。

(3) 已知扩展不确定度 U_p 和置信水准 p 的正态分布

如 x_i 的扩展不确定度不是按标准差 $s(x_i)$ 的 k 倍给出,而是给出了置信水准 p 和置信区间的半宽 U_p,除非另有说明,一般按正态分布考虑评定其标准不确定度。

$$u(x_i) = \frac{U_p}{k_p} \tag{5-70}$$

正态分布的置信水准(概率)p 与包含因子 k_p 之间关系如表 5-6 所列。

表 5-6 正态分布情况下置信水准 p 与包含因子 k_p 间的关系

$p(\%)$	50	68.27	90	95	95.45	99	99.73
k_p	0.67	1	1.645	1.960	2	2.576	3

【例 5-6】 校准证书上给出标称值为 10Ω 的标准电阻器的电阻 R_S 在 23℃时为

$$R_S(23℃) = (10.000\ 74 \pm 0.000\ 13)\Omega$$

同时说明置信水准 $p = 99\%$。

由于 $U_{99} = 0.13\text{mV}$,查表 5-6,$k_p = 2.58$,其标准不确定度为 $u(R_S) = 0.13/2.58 = 50\mu\Omega$,估计方差为 $u^2(R_S) = (50\mu\Omega)^2 = 2.5 \times 10^{-9}\Omega^2$。相应的相对标准不确定度为

$$u_{\text{rel}}(R_S) = u(R_S)/R_S = 5 \times 10^{-6}$$

(4) 已知扩展不确定度 U_p、置信水准 p 与有效自由度 ν_{eff} 的 t 分布

如 x_i 的扩展不确定度不仅给出了扩展不确定度 U_p 和置信水准 p,而且给出了有效自由度 ν_{eff} 或包含因子 k_p,这时必须按 t 分布处理

$$u(x_i) = \frac{U_p}{t_p(\nu_{\text{eff}})} \tag{5-71}$$

这种情况提供给不确定度评定的信息比较齐全,常出现在标准仪器的校准证书上。

【例 5-7】 校准证书上给出了标称值为 5kg 的砝码的实际质量为 $m = 5\ 000.000\ 78\ \text{g}$,并给出了 m 的测量结果扩展不确定度 $U_{95} = 48\ \text{mg}$,有效自由度 $\nu_{\text{eff}} = 35$。

查 t 分布表得知 $t_{95}(35) = 2.03$,故 B 类标准不确定度为

$$u(x_i) = \frac{U_{95}}{t_{95}(\nu_{\text{eff}})} = \frac{48}{2.03}\text{mg} = 24\ \text{mg}$$

(5) 其他几种常见分布

除了正态分布和 t 分布以外,其他常见的分布有均匀分布、反正弦分布、三角分布、梯形分布及两点分布等。

如已知信息表明 X_i 之值 x_i 分散区间的半宽为 a,且 x_i 落在 $x_i - a$ 至 $x_i + a$ 区间的概率 p 为 100%,即全部落在此范围中,通过对其分布的估计,可以得出标准不确定度 $u(x_i) = a/k$,其中 k 与分布状态有关,如表 5-7 所示。

表 5-7 常用分布与 $k,u(x_i)$ 的关系

分布类型	$p(\%)$	k	$u(x_i)$
正态	99.73	3	$a/3$
三角	100	$\sqrt{6}$	$a/\sqrt{6}$
梯形 $\beta=0.71$	100	2	$a/2$
矩形(均匀)	100	$\sqrt{3}$	$a/\sqrt{3}$
反正弦	100	$\sqrt{2}$	$a/\sqrt{2}$
两点	100	1	a

表 5-7 中 β 为梯形的上底与下底之比,对于梯形分布来说,$k=\sqrt{6/(1+\beta^2)}$,特别当 $\beta=1$,梯形分布变为矩形分布;当 $\beta=0$ 变为三角分布。

(6) 界限不对称的考虑

在输入量 X_i 可能值的下界 a_- 和上界 a_+ 相对于其最佳估计值 x_i 不对称的情况下,即下界 $a_-=x_i-b_-$,上界 $a_+=x_i+b_+$,其中 $b_-\neq b_+$。这时由于 x_i 不处于 a_- 至 a_+ 区间的中心,X_i 的概率分布在此区间内不会是对称的,在缺乏用于准确判定其分布状态的信息时,按矩形分布处理可采用下列近似评定

$$u^2(x_i)=\frac{(b_++b_-)^2}{12}=\frac{(a_+-a_-)^2}{12} \qquad (5-72)$$

【例 5-8】 设手册给出的铜膨胀系数 $\alpha_{20}(Cu)=16.52\times 10^{-6}/℃$,但指明最小可能值为 $16.40\times 10^{-6}/℃$,最大值为 $16.92\times 10^{-6}/℃$。这时

$$b_-=(16.52-16.40)\times 10^{-6}/℃=0.12\times 10^{-6}/℃$$
$$b_+=(16.92-16.52)\times 10^{-6}/℃=0.40\times 10^{-6}/℃$$

由式(5-72)得

$$u(\alpha_{20})=0.15\times 10^{-6}\ ℃$$

有时对于不对称的界限,可以对估计值 x_i 加以修正,修正值的大小为 $(b_+-b_-)/2$,则修正后 x_i 就在界限的中心位置 $x_i=(a_++a_-)/2$,而其半宽 $a=(a_+-a_-)/2$,然后再按上面各节所述方式处理。

(7) 以"级"使用的仪器的不确定度计算

当测量仪器检定证书上给出准确度级别时,可按检定系统或检定规程所规定的该级别的最大允许误差进行评定。假定最大允许误差为 $\pm A$,一般采用均匀分布,得到示值引起的标准不确定度分量

$$u(x)=\frac{A}{\sqrt{3}} \qquad (5-73)$$

以"级"使用的仪器,上面计算所得到的不确定度分量并没有包含上一个级别仪器对所使用级别仪器进行检定带来的不确定度,因此,当上一级别检定的不确定度不可忽略时,还要考虑这一项不确定度分量。

5.8.3 B 类标准不确定度评定的流程

总结以上所述,可用图 5-4 简明地表示出标准不确定度 B 类评定的流程。

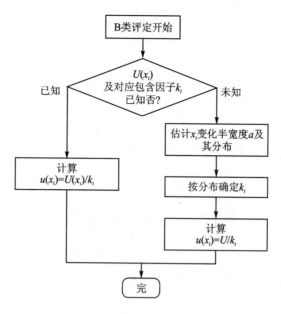

图 5-4 标准不确定度 B 类评定流程图

5.9 测量不确定度的合成

5.9.1 合成标准不确定度的计算方法

当测量结果受多种因素影响形成了若干个不确定度分量时,测量结果的标准不确定度用各不确定度分量合成后的合成标准不确定度 u_c 表示。为计算 u_c,首先需分析各影响因素和测量结果的关系,以便准确评定各不确定度的分量,然后才能进行合成标准不确定度的计算。被测量 Y 的估计值由 n 个输入量 $X_1, X_2, \cdots, X_n$ 的测量值 $x_1, x_2, \cdots, x_n$ 的函数求得,即 $y = f(x_1, x_2, \cdots, x_n)$

若各直接测得值 x_i 的标准不确定度为 $u(x_i)$,则由 x_i 引起的被测量的标准不确定度分量为

$$u_i = \left| \frac{\partial f_i}{\partial x_i} \right| u(x_i) \tag{5-74}$$

式中,$\frac{\partial f}{\partial x_i}$ 是被测量 y 在 $X_i = x_i$ 时的偏导数,称为灵敏度系数或传递系数,用符号 c_i 表示。

而测量结果 y 的不确定度 $u(y)$ 应是所有不确定度分量的合成,用合成标准不确定度 u_c 来表征,计算公式为:

$$u_c = \sqrt{\sum_{i=1}^{n} \left(\frac{\partial f}{\partial x_i} \right)^2 u^2(x_i) + 2 \sum_{i=1}^{n-1} \sum_{j=i+1}^{n} \frac{\partial f}{\partial x_i} \cdot \frac{\partial f}{\partial x_j} \rho_{ij} u(x_i) u(x_j)} \tag{5-75}$$

或

$$u_c = \sqrt{\sum_{i=1}^{n} c_i^2 u^2(x_i) + 2 \sum_{i=1}^{n-1} \sum_{j=i+1}^{n} c_i c_j \rho_{ij} u(x_i) u(x_j)} \tag{5-76}$$

式中,ρ_{ij}——任意两个直接测量值 x_i 与 x_j 不确定度的相关系数。

若 x_i 与 x_j 的不确定度相互独立,有 $\rho_{ij} = 0$,则 u_c 可表示为:

$$u_c = \sqrt{\sum_{i=1}^{n} c_i^2 u^2(x_i)} \tag{5-77}$$

当 $\rho_{ij}=1$，且 $\dfrac{\partial f}{\partial x_i}$ 和 $\dfrac{\partial f}{\partial x_i}$ 同号，或 $\rho_{ij}=-1$，且 $\dfrac{\partial f}{\partial x_i}$ 和 $\dfrac{\partial f}{\partial x_i}$ 为异号时，u_c 可用下式计算：

$$u_c = \sum_{i=1}^{n} \left| \frac{\partial f}{\partial x_i} \right| u(x_i) \tag{5-78}$$

若不确定度分量的各种因素与测量结果没有确定的函数关系，则应根据具体情况首先按 A 类评定或 B 类评定的方法来确定各不确定度分量 u_i 的值，然后再计算合成不确定度 u_c：

$$u_c = \sqrt{\sum_{i=1}^{n} u_i^2 + 2\sum_{i=1}^{n-1}\sum_{y=i+1}^{n} \rho_{ij} u_i u_j} \tag{5-79}$$

为正确给出测量结果的不确定度，还应全面分析影响测量结果的各种因素，从而列出影响测量结果的所有不确定度来源，做到不遗漏、不重复。遗漏会使测量结果的合成标准不确定度减小，重复则会使测量结果的合成标准不确定度增大，都会影响到不确定度的评定质量。

【例 5-9】 某数字电压表出厂时的技术规范说明："在仪器校准后的两年内，1V 不确定度是读数的 14×10^{-6} 倍加量程的 2×10^{-6} 倍"。在校准一年后，在 1V 量程上测量电压，得到一组独立重复测量的算术平均值为 $V=0.928571\text{V}$，重复测量值均值 V 的 A 类不确定度为 $u_A(\bar{v})=14\mu\text{V}$，假设概率分布为均匀分布，计算电压表在 1V 量程上测量该电压的合成标准不确定度。

解：已知 A 类标准不确定度为 $u_A(\bar{v})=14\mu\text{V}$，

由已知的信息计算该电压表的 B 类扩展不确定度 a：

$$a = 14\times10^{-6}\times0.928\,571\text{V} + 2\times10^{-6}\times1\text{V} = 15\mu\text{V}$$

假设概率分布为均匀分布，则有 $k=\sqrt{3}$，则电压测量的 B 类不确定度为

$$u_B(\bar{v}) = 15\mu\text{V}/\sqrt{3} = 8.7\mu\text{V}$$

有 $u_c(\bar{v}) = \sqrt{u_A^2(\bar{v}) + u_B^2(\bar{v})} = \sqrt{(14\mu\text{V})^2 + (8.7\mu\text{V})^2} = 16\mu\text{V}$

【例 5-10】 某压力测量系统由压电式压力传感器、电荷放大器及 12 bit 的数据采集系统组成，用该系统测量某动态压力，试计算压力测量的不确定度（$k=2$）。该系统采用准静态校准方法对其进行校准，在校准过程中，已知其量传不确定度 $u_1=1.5\%(k=2)$；测压系统参考工作曲线的拟合不确定度 $u_2=0.5\%(k=2)$；与传感器、电荷放大器及数字系统相关的重复性不确定度 $u_3=0.2\%(k=2)$；测压系统灵敏度变化的不确定度 $u_4=0.5\%(k=2)$；电荷放大器的增益漂移不确定度为 $u_5=0.4\%$。

解：由题中给出的信息，可知给出的不确定度均为 $k=2$ 的扩展不确定度，题中要求的压力测量不确定度也是 $k=2$ 的扩展不确定度。经分析，与压力测量不确定度有关的分量除题中给出的外，还有两项需考虑：一是数采系统的不确定度 u_6；二是电测过程中随机干扰噪声的不确定度 u_7。题中给出的是 12bit 数采，其分辨率为 1/4096，按满量的 $1/3\sim1/5$ 计算，其 $k=2$ 的扩展不确定度均为 $u_6=0.15\%$；随机干扰噪声的不确定度，由实际经验可知，约为 $u_7=0.9\%$（$k=2$），因此有压力测量的标准不确定度 u_c 为：

$$u_c = \sqrt{\left(\frac{u_1}{k}\right)^2 + \left(\frac{u_2}{k}\right)^2 + \left(\frac{u_3}{k}\right)^2 + \left(\frac{u_4}{k}\right)^2 + \left(\frac{u_5}{k}\right)^2 + \left(\frac{u_6}{k}\right)^2 + \left(\frac{u_7}{k}\right)^2}$$

压力测量的扩展不确定度

$$k \cdot u_c = \sqrt{\sum_{i=1}^{7} u_i^2} = 1.7\%$$

5.9.2 合成标准不确定度的分配及最佳测量方案选择

在实际工程中,许多被测量直接测量有困难,或者难以保证测量精度,不得以采用间接测量。合成标准不确定度是各个测量值不确定度分量的函数。有时为控制测量值的精度,要合理选择各环节的设备,限制各影响环节的不确定度分量,这就涉及合成标准不确定的分配问题及最佳测量方案选择问题。

1. 合成标准不确定度的分配

假定各不确定度互不相关,由式(5-7.7)可得

$$u_c = \sqrt{\sum_{i=1}^{n} \left(\frac{\partial f}{\partial x_i}\right) u^2(x_i)} = \sqrt{\sum_{i=1}^{n} c_i^2 u^2(x_i)} = \sqrt{\sum_{i=1}^{n} u_i^2}$$

若 u_c 已知,需确定 u_i 或相应的 $u(x_i)$,需满足

$$u_c \geqslant \sqrt{u_1^2 + u_2^2 + \cdots + u_n^2} \tag{5-80}$$

式中,显然 u_i 可以是任意值,为不确定解,一般可按下列分配方案及步骤求解。

(1) 按等作用原则分配不确定度

等作用原则即各个不确定度分量对合成标准不确定度的贡献相等。即

$$u_1 = u_2 = \cdots u_n = \frac{u_c}{\sqrt{n}} \tag{5-81}$$

$$u_i = \left|\frac{\partial f}{\partial x_i}\right| \cdot u(x_i) = |c_i| \cdot u(x_i) \tag{5-82}$$

$$u(x_i) = \frac{u_c}{\sqrt{n}} \cdot \frac{1}{|c_i|} \tag{5-83}$$

式中,u_i 为第 i 个标准不确定度分量;$u(x_i)$ 为输入量 x_i 的标准不确定度。

(2) 按可能性适当调整不确定度

等作用原则分配不确定度可能会出现不合理情况,这是由于计算出来的各个局部不确定度都相等,可能会导致某些量的测量不确定度不会超出允许的范围,而有些量是难以满足要求的。此外,由于 c_i 的作用,实际各量的测量不确定度不可能相等,有时相差较大。因此,需按具体情况在保证 u_c 的前提下,对难以实现的不确定度分量适当扩大,对容易实现的尽可能缩小。作调整后,需按合成标准不确定度的方法进行验算,以确保合成标准不确定度 u_c 值不超标。

2. 最佳测量方案的选择

间接测量时,测量结果与多个因素有关,需要选择最佳测量方案,确保测量值的不确定度最小。最佳测量方案的选择可以从以下两个方面考虑。

① 选择最有利的函数关系测量。一般情况下,间接测量中的不确定度分量的项数减少,则合成标准不确定度也会越小。选择间接测量模型时,如果可由不同函数关系式来表示,则应选取包含直接测量值最少的函数关系式。若不同的函数公式所包含的直接测量值数目相同

时,应选取不确定度较小的直接测量值的函数公式。如测量内尺寸的误差比测量外尺寸的误差大,应选择包含外尺寸的函数公式。

② 正确选择测量系统的参数,使各个测量值对函数的传递系数为0或最小。

5.9.3 扩展不确定度的计算方法

合成标准不确定度可表征测量结果的不确定度,但它仅对应于标准差,由其所表示的测量结果为 $y\pm u_c$,含被测量 Y 的真值概率约为 68%。在实际工作中,如高精度的比对、一些与安全生产以及与身体健康有关的测量,应使被测量的值大部分位于其中,为此需要扩展不确定度表示测量结果。

扩展不确定度由合成不确定度 u_c 乘以包含因子 k 得到,记为 U,即

$$U = k \cdot u_c \tag{5-84}$$

测量结果表示成 $Y=y\pm u$,y 是被测量 Y 的最佳估计值,被测量 Y 的可能值以较高的置信概率落在该区间内,即 $y-U \leqslant Y \leqslant y+U$。

包含因子 k 的选取方法有以下几种。

① 如果无法得到合成标准不确定度的自由度,且测量值接近正态分布时,则一般取 k 的典型值为 2 或 3。工程应用中,通常按惯例取 $k=2$。

② 根据测量值的分布规律和所要求的置信水平选取 k 值。

③ 如果 u_c 自由度较小,并要求区间具有规定的置信水平时,可根据自由度求包含因子 k,方法如下:

● 若被测量 $Y=f(x_1,x_2,\cdots,x_n)$,求出其合成标准不确定度 u_c。

● 当各不确定度分量 u_i 相互独立时,根据各标准不确定度分量 u_i 的自由度 ν_i 计算 u_c 的有效自由 ν_{eff}

$$\nu_{eff} = \frac{u_c^4}{\sum_{i=1}^{n}\dfrac{u_i^4}{\nu_i}} = \frac{u_c^4}{\sum_{i=1}^{n}\dfrac{c_i^4 u^4(x_i)}{\nu_i}} \tag{5-85}$$

当 u_i 是 A 类不确定度时,ν_i 计算方法与标准不确定度 A 类评定方法相同;当 u_i 是 B 类不确定度时,可用下式估计 ν_i 的自由度:

$$\nu_i \approx \frac{1}{2}\left[\frac{\Delta u(x_i)}{u(x_i)}\right]^{-2} \tag{5-86}$$

式中,$\dfrac{\Delta u(x_i)}{u(x_i)}$ 是标准不确定度 $u(x_i)$ 的相对标准不确定度。

④ 根据给定的置信概率 P 与计算得到自由度 ν_{eff} 查 t 分布表,得到 $t_p(\nu_{eff})$ 的值,即 $k=t_p(\nu_{eff})$。

5.10 测量不确定度的评定步骤

对测量设备进行校准或检定后,要出具校准或检定证书;对某个被测量进行测量后也要报告测量结果,并应对给出的测量结果的不确定度。测量不确定度评定的一般步骤如下:

① 明确被测量的定义及测量条件,明确测量原理、方法、被测量的数学模型以及所用的测量标准、测量设备等;

② 分析并列出对测量结果有明显影响的不确定度分量；
③ 定量评定各标准不确定度分量，并给出其数值 u_i 和自由度 ν_i；
④ 计算合成标准不确定度 u_c 及自由度 ν_{eff}；
⑤ 计算扩展不确定度 U；
⑥ 报告测量结果。

【例 5 - 11】 直接测量圆柱体的直径 D 和高度 h 来计算圆柱体的体积 V。由分度值为 0.01 mm 的测微仪重复 6 次分别测量直径 D 和高度 h，数据如表列。试给出圆柱体体积测量报告。

n	1	2	3	4	5	6
D_i/mm	10.075	10.085	10.095	10.060	10.085	10.080
h_i/mm	10.105	10.115	10.115	10.110	10.110	10.115

解：

(1) 圆柱体体积测量模型

$$V = \frac{\pi}{4} D^2 h$$

(2) 计算测量结果的最佳估计值

$$\overline{D} = \frac{1}{6} \sum_{i=1}^{6} D_i = 10.080 \text{ mm}$$

$$\overline{h} = \frac{1}{6} \sum_{i=1}^{6} h_i = 10.110 \text{ mm}$$

$$V = \frac{\pi}{4} \overline{D}^2 \overline{h} = 806.8 \text{ mm}^3$$

(3) 测量不确定度分析

对体积 V 的测量不确定度影响显著的因素有：
① 直径 D 测量重复性引起的测量不确定度 u_1；
② 高度 h 测量重复性引起的测量不确定度 u_2；
③ 测微仪示值误差引起的不确定度 u_3。
u_1、u_2 属 A 类不确定度，u_3 为 B 类不确定度。

(4) 标准不确定度分量的评定

① 直径 D 的测量重复性引起的测量不确定度 u_1：

$$u(D) = \sigma_{\overline{D}} = \sqrt{\frac{\sum_{i=1}^{n}(D_i - \overline{D})^2}{n(n-1)}} = 0.0048 \text{ mm}$$

$$u_1 = \left| \frac{\partial V}{\partial D} \right| u(D) = \frac{\pi}{2} h D u(D) = 0.77 \text{ mm}^3$$

其自由度 $\nu_1 = n - 1 = 5$。

② 高度 h 的测量重复性引起的测量不确定度 u_2：

$$u(h) = \sqrt{\frac{\sum_{i=1}^{n}(h_i - \overline{h})^2}{n(n-1)}} = 0.0026 \text{ mm}$$

$$u_2 = \left|\frac{\partial V}{\partial h}\right| \cdot u(h) = \frac{\pi}{4}D^2 \cdot u(h) = 0.21 \text{ mm}^3$$

其自由度 $\nu_2 = n-1 = 5$。

③ 测微仪的示值误差引起的标准不确定度分量 u_3：

由仪器说明书已知 $a=0.01$ mm，按均匀分布，$k=\sqrt{3}$，有

$$u_{仪} = \frac{a}{k} = 0.0058 \text{ mm}$$

$$u_3 = \sqrt{\left(\frac{\partial V}{\partial D}\right)^2 + \left(\frac{\partial V}{\partial h}\right)^2} \cdot u_{仪} = \sqrt{\left(\frac{\pi}{2}Dh\right)^2 + \left(\frac{\pi}{4}D^2\right)^2} \cdot u_{仪} = 1.04 \text{ mm}^3$$

取相对标准不确定度 $\frac{\Delta u_3}{u_3} = 35\%$

自由度 $\nu_3 = \frac{1}{2}\left[\frac{\Delta u_3}{u_3}\right]^{-2} = 4$

(5) 计算合成标准不确定度 u_c

可认为 u_1, u_2, u_3 相互独立。所以有：

$$u_c = \sqrt{u_1^2 + u_2^2 + u_3^2} = 1.3 \text{ mm}^3$$

自由度

$$\nu_{\text{eff}} = \frac{u_c^4}{\sum_{i=1}^{n}\frac{u_i^4}{\nu_i^4}} = \frac{(1.3)^4}{\frac{0.77^4}{5} + \frac{0.21^4}{5} + \frac{1.04^4}{4}} = 7.86$$

取 $\nu_{\text{eff}} = 8$。

(6) 扩展不确定度 U

取置信概率 $P=0.95$，由 $\nu_{\text{eff}}=8$ 查 t 分布表得 $k=t_{0.95}(8)=2.31$，则

$$U = k \cdot u_c = 2.31 \times 1.3 = 3.0 \text{ mm}^3$$

(7) 不确定度报告

① 用合成标准不确定度评定体积测量的不确定度，测量结果为：

$$V = 806.8 \text{ mm}^3, u_c = 1.3 \text{ mm}^3, \nu = 8$$

② 用扩展不确定度评定体积测量的不确定度，测量结果为：

$$V = (806.8 \pm 3.0) \text{ mm}^3$$

其中"±"符号后的数值为扩展不确定度 $u = k \cdot u_c = 3.0$ mm³，k 是由基于 t 分布、自由度 $\nu=8$ 得到的，其置信概率为 95%。

习题与思考题

5-1 说明误差的分类，各类误差的性质、特点及对测量结果的影响。

5-2 什么是标准偏差？它的大小对概率分布有什么影响？

5-3 系统误差、随机误差、粗大误差产生的原因是什么？对测量结果有何影响？从提高测量精度来看，应如何处理这些误差？

5-4 什么是等精度测量？什么是不等精度测量？

5-5 对某量进行7次测量，测得值为：802.40、802.50、802.38、802.48、802.42、802.45、802.43，求其测

5-6 欲测量某回路中一标称值为 $10(1\pm1\%)\Omega$ 电阻器的功率损耗 P,可采用两种方法进行,一是只测电阻器两端的电压 V,然后由公式 $P=V^2/R$ 计算功率损耗;二是分别测量电阻器两端的电压 V 和流过电阻器的电流 I,由公式 $P=VI$ 计算电阻器上的功率损耗。估算这两种方案的电功率测量误差,设 V 和 I 的测量结果为 $V=100(1\pm1\%)$ V,$I=10(1\pm1\%)$ A。

5-7 圆柱体的直径及高度的相对标准偏差均为 0.5%,求其体积的相对标准差为多少?

5-8 用高质量钢卷尺对 50m 跑道长度进行测量,卷尺带有一定张力拉紧,作用在卷尺上的温度效应和弹性效应很小,可忽略不计,由卷尺刻度引起的误差为 ±3mm。跑道 6 次测量结果见题 5-8 表,试对跑道测量的不确定度进行评定。

题 5-8 表

序 号	1	2	3	4	5	6
x_i/m	50.003	49.998	50.004	50.001	49.999	50.005

5-9 为求长方体的体积 V,对其边长 a,b,c 进行测量,测量值分别为:$a=18.5$ mm,$b=32.5$ mm,$c=22.3$ mm。它们的系统误差分别为:$\Delta a=0.9$ mm,$\Delta b=1.1$ mm,$\Delta c=0.6$ mm。求体积 V 和其系统误差。

5-10 已知 $y=x_1 \cdot x_2^{-\frac{1}{2}} \cdot x_3^{-\frac{3}{2}}$,$x_1,x_2,x_3$ 的相对不确定度分别如下:

$$u_{crel1}=2.0\%, \nu_1=8; u_{crel2}=1.5\%, \nu_2=6; u_{crel3}=1.0\%, \nu_3=10$$

x_1,x_2,x_3 互不相关。试计算 y 的扩展不确定度($p=0.99$)。

5-11 测量某箱体零件的轴心距离 L,如题 5-11 图所示。

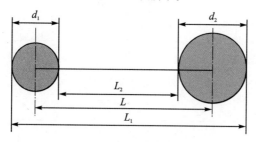

题 5-11 图

图中各量的标准差分别为:$s_{d1}=5$ μm,$s_{d2}=7$ μm,$s_{L1}=8$ μm,$s_{L2}=10$ μm,试选择最佳测量方案。

5-12 用题 5-12 图(a)、(b)所示两种测量电路测电阻 R_x,若电压表的内阻为 R_v,电流表的内阻为 R_A,求测量值受电表影响产生的绝对和相对误差,并讨论所得结果。

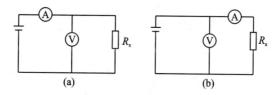

题 5-12 图

5-13 已知某电路电阻 $R=(1\pm0.001)\Omega$,用电压表测得 R 上电压为 $U=(0.53\pm0.01)$mV,由此得出的电路电流 I 应为多少?误差有多大?在什么情况下可使电流误差最小?

5-14 设两只电阻 $R_1=(150\pm0.6)\Omega$,$R_2=62(1\pm2\%)\Omega$,试求此二电阻分别在串联和并联时的总阻值及其误差?

5-15 已知某仪器测量的标准差为 0.5 μm。

(1) 若用该仪器对某一轴径测量一次,得到的测量值为 26.202 5 mm,试写出测量结果($k=2$)。

(2) 若重复测量 10 次,测量值如题 5-16 表所列,试写出测量结果($k=2$)。

题 5-16 表

序号	1	2	3	4	5	6	7	8	9	10
x_i/mm	26.2026	26.2025	26.2028	26.2028	26.2025	26.2022	26.2023	26.2025	26.2026	26.2022

5-16 用一把卡尺测量一个工件的长度,在相同条件下重复进行 7 次测量。测量值如下:25.3、25.2、24.9、25.0、27.3、25.1、25.4(单位 cm)。检定证书上给出卡尺经检定合格,其最大允许误差为±1cm。要求报告该工件长度及其扩展不确定度。

5-17 某间接测量的函数式为 $y=a_0 x_1 x_2$,试推导 y 的标准误差式子(设 $\sigma_{x1} \sigma_{x2}$ 分别为直接测量值 x_1、x_2 的标准误差)。

5-18 某一热敏电容的温度和电容值的实测数据如题 5-18 表所列,试用最小二乘法原理求其数学表达式,并求出最小二乘法线性度和电容对温度的灵敏系数。

题 5-18 表

T_i/℃	50	60	70	80	90	100	109	119
C_i/pF	842	725	657	561	491	433	352	333

5-19 铜导线电阻随温度变化规律为:$R=R_{20}[1+\alpha(t-20)]$,为确定电阻温度系数 α,实测 6 组数据如题 5-19 表所列,请用拟合办法确定 α 和 R_{20} 值。

题 5-21 表

t/℃	25.0	30.0	35.0	40.0	45.0	50.0
R/Ω	24.8	25.4	26.0	26.5	27.1	27.5

5-20 炼焦炉的焦化时间 y 与炉宽 x_1 及烟道管相对温度 x_2 的数据如题 5-20 表所列,求回归方程。

题 5-20 表

y/min	6.40	15.05	18.75	30.25	44.85	48.94	51.55	61.50	100.44	111.42
x_1/m	1.32	2.69	3.65	4.41	5.35	6.20	7.12	8.87	9.80	10.65
x_2	1.15	3.40	4.10	8.75	14.82	15.15	15.32	18.18	35.19	40.40

5-21 用 A、B 两只电压表分别对 A、B 两只用电设备进行电压测量,测量结果如下:
A 表对用电设备 A 测量结果为:$V_A=10.000$ V,绝对误差 $\Delta V_A=1$ mV;
B 表对用电设备 B 测量结果为:$V_B=10$ mV,绝对误差 $\Delta V_B=0.1$ mV。
试比较两测量结果的测量精度高低。

5-22 简述 A 类不确定度与 B 类不确定度在评定方法上的主要区别。

5-23 已知函数 $z=x+y,y=3x$,被测量 x 的标准不确定度为 σ_x,求 σ_y。

5-24 现欲测量一圆柱体铅的密度。用分度值为 0.02mm 的游标卡尺分别测其直径和高度各 10 次,数据如题 5-24 表所列,用最大称量为 500g 的物理天平称其质量 $m=152.10$g。求铅的密度并给出其不确定度报告。

题 5-24 表

n	1	2	3	4	5	6	7	8	9	10
d	20.42	20.34	20.40	20.46	20.44	20.40	20.40	20.42	20.38	20.34
h	41.20	41.22	41.32	41.28	41.12	41.10	41.16	41.12	41.26	41.22

第 6 章　信号调理电路及记录仪器

被测非电量经传感器变换为满足一定要求的电信号,由于该电信号幅度及相关电气特性不一定能满足记录仪器的要求,因此需利用对应的信号调理电路来对信号进行变换和处理,如调制、滤波、放大等。这些经信号调理电路变换、处理后的信号,可由记录仪器将其不失真地实时记录、存储下来,供观察研究、数据处理或信号再现。信号调理电路及记录仪器是测试系统的基本环节,它们的性能同样直接决定了测试结果的可信度。

本章讨论滤波器、调幅解调、调频解调、信号的放大与隔离及常用记录仪器工作原理与特性。

6.1　滤波器

滤波器是一种选频装置,可使信号中特定的频率成分通过,而极大地衰减其他频率成分。在测试中利用滤波器的这种选频作用,可滤除干扰噪声或进行频谱分析。

广义地讲,任何一种信息传输的通道都可视为一种滤波器,因为,任何装置的响应特性都是激励频率的函数,都可用频域函数描述其传输特性。因此,构成测试系统的任何一个环节,如机械系统、电气网络、仪器仪表等,都将在一定频率范围内,按其频域特性,对所通过的信号进行变换与处理。

滤波器可分为模拟滤波器和数字滤波器。近年来,数字滤波技术已得到广泛应用,但模拟滤波在自动检测、自动控制以及电子测量仪器中仍然广泛应用。本节主要讨论模拟滤波。

6.1.1　滤波器分类

根据滤波器的选频作用,一般分为低通、高通、带通、带阻滤波器,图 6-1 所示为这四种滤波器的幅频特性。其中图 6-1(a)所示为低通滤波器,频率从 $0\sim f_2$,幅频特性平直,它可使信号中低于 f_2 的频率成分几乎不受衰减地通过,而高于 f_2 的频率成分受到极大的衰减;图 6-1(b)所示为高通滤波器,与低通滤波器相反,从频率 $f_1\sim\infty$ 其幅频特性平直,它让信号中高于 f_1 的频率成分几乎不受衰减地通过,而低于 f_1 的频率成分将受到极大地衰减;图 6-1(c)所示为带通滤波器,它的通频带在 $f_1\sim f_2$ 之间,它使信号中高于 f_1 而低于 f_2 的频率成分可不受衰减地通过,而其他成分受到衰减;图 6-1(d)所示为带阻滤波器,特性与带通滤波器刚好相反。

应该指出,在每种滤波器中,在通带与阻带之间都存在一过渡带,在此带内,信号受到不同程度的衰减,这个过渡带是实际滤波器不可避免的。

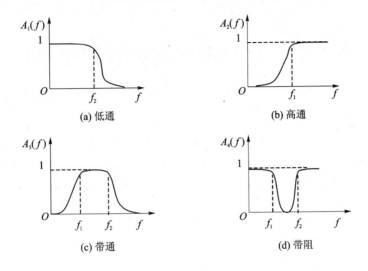

图 6-1 滤波器的幅频特性

6.1.2 理想滤波器

1. 模 型

理想滤波器是一个理想化的模型,是一种物理不可实现的系统。但对它的讨论,有助于理解滤波器的传输特性,导出一些可作为实际滤波器传输特性分析基础的结论。

理想滤波器具有矩形幅频特性和线性相移特性。其频率响应函数、幅频特性、相频特性分别为

$$H(f) = A_0 \mathrm{e}^{-\mathrm{j}2\pi f t_0} \tag{6-1}$$

$$|H(f)| = \begin{cases} A_0 & -f_c < f < f_c \\ 0 & \text{其他} \end{cases} \tag{6-2}$$

$$\varphi(f) = -2\pi f t_0 \tag{6-3}$$

式中,A_0、t_0 均为常数。这种理想低通滤波器,将信号中低于截止频率 f_c 的频率成分予以传输,无任何失真;而将高于 f_c 的频率成分完全衰减掉。

2. 脉冲响应

根据线性系统的传输特性,当 δ 函数通过理想滤波器时,其脉冲响应函数 $h(t)$ 应是频率响应函数 $H(f)$ 的傅氏逆变换,即

$$h(t) = \int_{-\infty}^{+\infty} H(f) \mathrm{e}^{\mathrm{j}2\pi f t} \mathrm{d}f \tag{6-4}$$

由此有

$$\begin{aligned} h(t) &= \int_{-\infty}^{+\infty} H(f) \mathrm{e}^{\mathrm{j}2\pi f t} \mathrm{d}f = \int_{-f_c}^{f_c} A_0 \mathrm{e}^{-\mathrm{j}2\pi f t_0} \mathrm{e}^{\mathrm{j}2\pi f t} \mathrm{d}f \\ &= 2A_0 f_c \frac{\sin[2\pi f_c(t-t_0)]}{2\pi f_c(t-t_0)} = 2A_0 f_c \mathrm{Sa}[2\pi f_c(t-t_0)] \end{aligned} \tag{6-5}$$

式中，
$$\mathrm{Sa}[2\pi f_c(t-t_0)] = \frac{\sin 2\pi f_c(t-t_0)}{2\pi f_c(t-t_0)}$$

脉冲响应函数 $h(t)$ 的波形如图 6-2 所示，这是一个峰值位于 t_0 时刻的 $\mathrm{Sa}(t)$ 型函数。由分析可知：

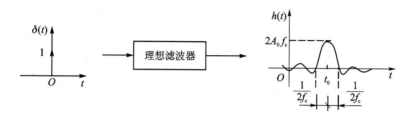

图 6-2 理想滤波器的脉冲响应

① 当 $t=t_0$ 时，$h(t)=2A_0 f_c$，t_0 称为相时延，表明了信号通过系统时，响应时间滞后于激励时间；

② 当 $t=t_0 \pm \dfrac{n}{2f_c}$ $(n=1,2,\cdots)$ 时，$h(t)=0$，表明了函数的周期性；

③ 当 $t \leqslant 0$ 时，$h(t) \neq 0$，表明当激励信号 $\delta(t)$ 在 $t=0$ 时刻加入，而响应却在 t 为负值时已经出现。

从 $h(t)$ 的波形看，在输入 $\delta(t)$ 到来之前，滤波器就有与该输入相对应的输出，显然，任何滤波器都不可能有这种"先知"，所以，理想滤波器是不可能存在的。可以推论，理想的高通、带通、带阻滤波器都是不存在的。实际滤波器的频域图形不可能出现直角锐变，也不会在有限频率上完全截止。原则上，实际滤波器的频域图形将延伸到 $|f| \to \infty$，所以，一个滤波器对信号通带以外的频率成分只能极大地衰减，却不能完全阻止。

3. 阶跃响应

讨论理想滤波器的阶跃响应，是为了进一步了解滤波器的传输特性，确立关于滤波器的通频带宽和建立比较稳定的输出所需要的时间之间的关系。如果给予滤波器单位阶跃输入 $u(t)$，则滤波器的输出 $y(t)$ 将是该输入与脉冲响应函数的卷积，即

$$\begin{aligned}
y(t) &= h(t) * u(t) \\
&= 2A_0 f_c \mathrm{Sa}[2\pi f_c(t-t_0)] * u(t) \\
&= 2A_0 f_c \int_{-\infty}^{+\infty} \mathrm{Sa}[2\pi f_c(\tau-t_0)] u(t-\tau) \mathrm{d}\tau \\
&= 2A_0 f_c \int_{-\infty}^{t} \mathrm{Sa}[2\pi f_c(\tau-t_0)] \mathrm{d}\tau \\
&= A_0 \left[\frac{1}{2} + \frac{1}{\pi} \mathrm{Si}[y]\right]
\end{aligned} \qquad (6-6)$$

式中，$\mathrm{Si}[y] = \int_0^y \dfrac{\sin x}{x} \mathrm{d}x$，$y = 2\pi f_c(t-t_0)$，$x = 2\pi f_c(\tau-t_0)$。式 (6-6) 的结果可用图 6-3 表示。

由图 6-3 可知：

① 当 $t=t_0$ 时，$y(t)=0.5A_0$，t_0 是阶跃信号通过理想滤波器的延迟时间，或称相时延。

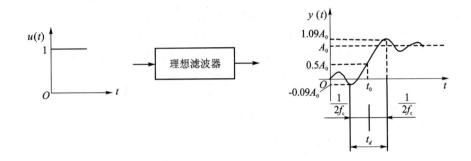

图 6-3　理想低通滤波器对单位阶跃输入的响应

② 当 $t=t_0+\dfrac{1}{2f_c}$ 时，$y(t)\approx 1.09A_0$；$t=t_0-\dfrac{1}{2f_c}$ 时，$y(t)\approx -0.09A_0$。

从 $(t_0-1/2f_c)$ 到 $(t_0+1/2f_c)$ 的时间，或 $t_d=1/f_c$，是滤波器对阶跃响应的时间历程，如果定义 t_d 为阶跃响应的上升时间，滤波器的带宽为 $B=f_c$，则有

$$t_d=\frac{1}{B} \tag{6-7}$$

故低通滤波器阶跃响应上升时间和带宽成反比，或者说，上升时间与带宽之乘积为一常数。滤波器带宽体现了分辨力，通带越窄则分辨力越高，因此上述这一结论具有重要意义。它提示我们，滤波器的高分辨能力和测量时快速响应的要求是相互矛盾的。如要用滤波的方法从信号中择取某一很窄的频率成分（如希望做高分辨力的频谱分析），就需要有足够的时间。如果建立时间不够，就会产生谬误和假象。

6.1.3　实际滤波器

1. 实际滤波器的基本参数

对于理想滤波器，仅用截止频率就可说明其性能。而对于实际滤波器，由于它的特性，如图 6-4 所示没有明显的转折点，通带中幅频特性也并非常数，因此，需要用更多的参数来描述实际滤波器的性能，主要参数有纹波幅度、截止频率、带宽、品质因素以及滤波器因素倍频程选择性等。

① 纹波幅度　在一定的频率范围内，实际滤波器的幅频特性可能呈波纹变化，其波动幅度 d 与幅频特性的平均值 A_0 相比，越小越好，一般应远小于 3dB，即 $d\ll A_0/\sqrt{2}$。

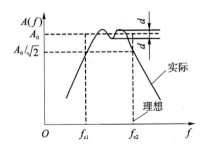

② 截止频率　幅频特性值等于 $A_0/\sqrt{2}$ 所对应的频率称为滤波器的截止频率 f_c。以 A_0 为参考值，$A_0/\sqrt{2}$ 对应于 -3dB 点，即相对于 A_0 衰减 3dB。若以信号的幅值平方表示信号功率，则所对应点正好是半功率点。

图 6-4　理想带通与实际带通滤波器的幅频特性

③ 带宽与品质因素　上、下两截止频率之间的频率范围称为滤波器带宽或 -3dB 带宽，单位为 Hz，带宽决定着滤波器分离信号中相邻频率成分的能力，即频率分辨力。把中心频率

f_0 和带宽 B 之比称为滤波器的品质因素 Q,Q 值越大,表明滤波器分辨力越高。

④ **倍频程选择性**　在两截止频率外侧,实际滤波器有一个过渡带,这个过渡带的幅频曲线倾斜程度表明了幅频特性衰减的快慢。它决定着滤波器对带宽外频率成分衰阻的能力,通常用倍频程选择性来表征。所谓倍频程选择性是指在上截止频率 f_{c2} 与 $2f_{c2}$ 之间,或者在下截止频率 f_{c1} 与 $f_{c1}/2$ 之间幅频特性的衰减,即频率变化一个倍频程时的衰减量,以 dB 表示。显然,衰减越快,滤波器选择性越好。对于远离截止频率的衰减率也可用 10 倍频程衰减数表示之。

⑤ **滤波器因素(或矩形系数)**　滤波器选择性的另一种表示方法,是用滤波器幅频特性的 $-60\mathrm{dB}$ 带宽与 $-3\mathrm{dB}$ 带宽的比值 λ 来表示

$$\lambda = \frac{B_{-60\mathrm{dB}}}{B_{-3\mathrm{dB}}}$$

理想滤波器 $\lambda=1$,通常使用的滤波器 $\lambda=(1\sim 5)$。有些滤波器因器件影响(如电容漏阻等),阻带衰减倍数达不到 $-60\mathrm{dB}$,则以标明的衰减倍数(如 $-40\mathrm{dB}$ 或 $-30\mathrm{dB}$)带宽与 $-3\mathrm{dB}$ 带宽之比来表示其选择性。

2. RC 调谐式滤波器的基本特性

在测试系统中,常用 RC 滤波器。因为在这一领域中,信号频率相对来讲是不高的,而 RC 滤波电路简单,抗干扰性强,有较好的低频性能,且易通过标准阻容元件来实现。

(1) 一阶 RC 低通滤波器

RC 低通滤波器的典型电路及其幅频、相频特性如图 6-5 所示。设滤波器的输入电压为 e_x,输出电压为 e_y,电路的微分方程式为

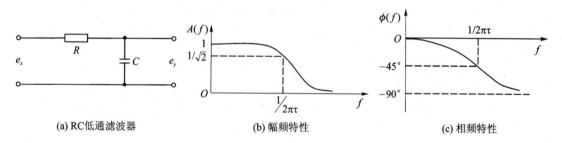

(a) RC低通滤波器　　(b) 幅频特性　　(c) 相频特性

图 6-5　RC 低通滤波器及其幅频、相频特性

$$RC \frac{\mathrm{d}e_y}{\mathrm{d}t} + e_y = e_x \tag{6-8}$$

令 $\tau=RC$ 称为时间常量,对式(6-8)取拉氏变换,可得传递函数

$$H(s) = \frac{e_y(s)}{e_x(s)} = \frac{1}{\tau s + 1} \tag{6-9}$$

幅频特性和相频特性分别为

$$A(f) = |H(f)| = \frac{1}{\sqrt{1+(2\pi f\tau)^2}} \tag{6-10}$$

$$\varphi(f) = -\arctan(2\pi f\tau) \tag{6-11}$$

当 $f \ll 1/(2\pi\tau)$ 时,$A(f)=1$,此时信号几乎不受衰减地通过。并且 $\varphi(f)$ 与 f 的关系为近似于一

条通过原点的直线。因此,可以认为在此情况下,RC 低通滤波器近似为一个不失真传输系统。

当 $f=1/(2\pi\tau)$ 时,$A(f)=\dfrac{1}{\sqrt{2}}$,即

$$f_{c2} = \frac{1}{2\pi\tau} \quad (6-12)$$

此式表示,RC 值决定着上截止频率。因此,适当地改变 RC 参数,就可改变滤波器截止频率。

当 $f \gg 1/(2\pi\tau)$ 时,输出 e_y 与输入 e_x 的积分成正比,即

$$e_y = \frac{1}{\tau}\int e_x \mathrm{d}t \quad (6-13)$$

此时,RC 滤波器起着积分器的作用,对高频成分的衰减率为 $-20\mathrm{dB}/10$ 倍频程(或 $-60\mathrm{dB}$/倍频程)。如要加大衰减率,应提高低通滤波器阶数,可将几个一阶低通滤波器串联使用。

(2) RC 高通滤波器

RC 高通滤波器的典型电路及幅频、相频特性如图 6-6 所示。该输入电压为 e_x,输出为 e_y,则微分方程式为

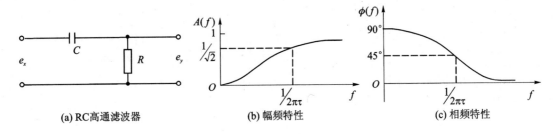

图 6-6 RC 高通滤波器及其幅频、相频特性

$$e_y + \frac{1}{RC}\int e_y \mathrm{d}t = e_x \quad (6-14)$$

同理令 $RC=\tau$,则传递函数为

$$H(s) = \frac{\tau s}{\tau s + 1} \quad (6-15)$$

频率响应为

$$H(\mathrm{j}\omega) = \frac{\mathrm{j}\omega\tau}{1 + \mathrm{j}\omega\tau} \quad (6-16)$$

幅频特性和相频特性分别为

$$A(f) = \frac{2\pi f\tau}{\sqrt{1+(2\pi f\tau)^2}} \quad (6-17)$$

$$\phi(f) = \arctan\frac{1}{2\pi f\tau} \quad (6-18)$$

当 $f=1/(2\pi\tau)$ 时,$A(f)=\dfrac{1}{\sqrt{2}}$,滤波器的 $-3\mathrm{dB}$ 截止频率为

$$f_{c1} = \frac{1}{2\pi\tau}$$

当 $f \gg 1/(2\pi\tau)$ 时,$A(f) \approx 1$;$\phi(f) \approx 0$,即当 f 相当大时,幅频特性接近于 1,相移趋于零,

此时 RC 高通滤波器可视为不失真传输系统。

当 $f \ll 1/(2\pi\tau)$ 时，RC 高通滤波器的输出与输入的微分成正比，起着微分器作用。

(3) RC 带通滤波器

带通滤波器可看成是高通滤波器和低通滤波器的串联组合，如图 6-7 所示，串联后的传递函数为

$$H(s) = H_1(s) \cdot H_2(s) = \frac{\tau_1 s}{\tau_1 s + 1} \cdot \frac{1}{1 + \tau_2 s} \quad (6-19)$$

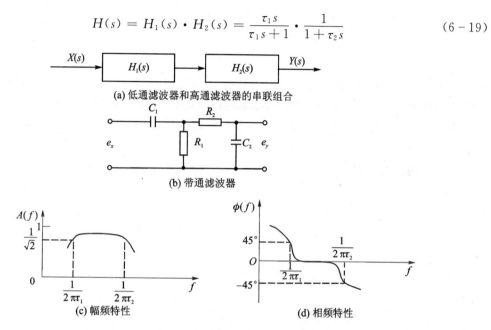

图 6-7 RC 带通滤波器及其幅频、相频特性

幅频特性和相频特性分别为

$$A(f) = A_1(f)A_2(f) = \frac{2\pi f \tau_1}{\sqrt{1 + (2\pi f \tau_1)^2}} \cdot \frac{1}{\sqrt{1 + (2\pi f \tau_2)^2}} \quad (6-20)$$

$$\phi(f) = \phi_1(f) + \phi_2(f) = \arctan\frac{1}{2\pi f \tau_1} - \arctan 2\pi f \tau_2 \quad (6-21)$$

串联所得的带通滤波器以原高通的截止频率为上截止频率，即 $f_{c1} = \frac{1}{2\pi\tau_1}$，相应地其下截止频率为原低通滤波器的截止频率，即 $f_{c2} = \frac{1}{2\pi\tau_2}$。

分别调节高、低通滤波器的时间常数 τ_1 和 τ_2，可得到不同的上、下限截止频率和带宽的带通滤波器。但要注意，高、低通两级串联时，应消除两级耦合时的相互影响，因为后一级成为前一级的"负载"，而前一级又是后一级的信号源内阻。实际上两级间常用射极输出器或者用运算放大器进行隔离。所以实际的带通滤波器常是有源的。有源滤波器由 RC 调谐网络和运算放大器组成。

3. 可实现的典型滤波网络函数

分析由集中参数元件所构成的滤波系统，其传递函数的一般形式为

$$H(s) = \frac{Y(s)}{X(s)} = \frac{b_m s^m + b_{m-1} s^{m-1} + \cdots + b_1 s + b_0}{a_n s^n + a_{n-1} s^{n-1} + \cdots + a_1 s + a_0} = \frac{k \prod\limits_{j=1}^{m}(s - b_j)}{\prod\limits_{i=1}^{n}(s - a_i)} \qquad (6-22)$$

取 $s = j\omega$，则系统的频率响应函数为

$$H(j\omega) = \frac{k \prod\limits_{j=1}^{m}(j\omega - b_j)}{\prod\limits_{i=1}^{n}(j\omega - a_i)} \qquad (6-23)$$

式中，a_i 为第 i 个极点位置；b_j 为第 j 个零点位置；零点 m 个，极点 n 个，一般 $m \leqslant n$；k 为常数。

要实现逼近理想特性的滤波网络，问题的实质是决定式(6-23)中全部系数 a_i、b_j 及阶次 n。系数 a_i、b_j 取决于网络元件参数。n 也即滤波器阶次，它影响着传递函数的特性，对于同一类型的逼近函数，n 值越大，逼近特性越好。

实用中的滤波器，在通频带内不平坦；在过渡部分不陡直；阻带部分不为零。而滤波器的设计是在一定限度内进行逼近的。"最佳逼近特性"标准是根据滤波器的不同应用要求而定出的。若只考虑幅频特性，而不考虑相频特性，如巴特沃斯、切比雪夫滤波器等，也可以提出相频特性而不关心幅频特性，如贝塞尔滤波器等。

(1) 巴特沃斯滤波器

巴特沃斯滤波器具有最大平坦幅度特性，其幅频响应表达式为

$$|H(j\omega)| = \frac{1}{\sqrt{1 + (\omega/\omega_c)^{2n}}} \qquad (6-24)$$

其幅频特性、相频特性曲线如图 6-8 所示。可以看出，当 $\omega = 0$ 时，$|H(j\omega)|$ 取得最大值；当 $\omega = \omega_c$ 时，$|H(j\omega_c)| = \frac{1}{\sqrt{2}}$，即衰减特性为 -3dB，常取此点作为低通滤波器的截止频率。随着 n 的增大，函数曲线与理想特性的近似程度改善，因为在 $\omega/\omega_c < 1$（通带）范围内，n 增大，$(\omega/\omega_c)^{2n}$ 减小，曲线越平；在 $\omega/\omega_c > 1$（阻带）范围内，n 增大，则 $(\omega/\omega_c)^{2n}$ 增大，$|H(j\omega)|$ 趋于零值越快。

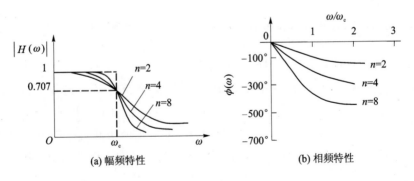

图 6-8 巴特沃斯滤波函数特性

(2) 切比雪夫滤波器

切比雪夫滤波器的幅频响应为

$$|H(\mathrm{j}\omega)| = \frac{1}{\sqrt{1+\varepsilon^2 T_n^2(\omega/\omega_c)}} \tag{6-25}$$

其幅频、相频特性曲线如图 6-9 所示。式(6-25)中，ε 是决定通带纹波大小的系数，纹波的产生是由于实际滤波器网络中含有电抗元件，T_n 是 n 阶切比雪夫多项式。

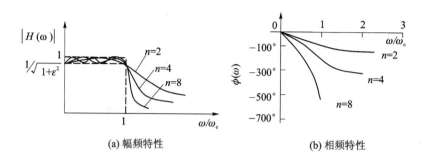

(a) 幅频特性　　　　　(b) 相频特性

图 6-9　切比雪夫滤波函数特性

$$T_n(x) = \begin{cases} \cos(n \cdot \arccos x) & |x| \leqslant 1 \\ \mathrm{ch}(n \cdot \operatorname{arccos} x) & |x| > 1 \end{cases} \tag{6-26}$$

可以看出，在 $\omega/\omega_c<1$ 内为通带，$\omega/\omega_c>1$ 为阻带。切比雪夫滤波器的幅频特性虽然在通带内有起伏，但进入阻带后衰减陡峭，更接近理想情况。在截止频率 $\omega/\omega_c=1$ 处，其衰减不一定是下降 3dB，而是按 $\dfrac{1}{\sqrt{1+\varepsilon^2}}$ 来计算，ε 值越小，通带起伏越小，截止频率点衰减的分贝值也越小，但进入阻带后衰减特性变化缓慢。

(3) 贝塞尔滤波器

贝塞尔滤波器又称最平时延或恒时延滤波器，其相移和频率成正比，即时移 τ 值对所有频率为一常数，即

$$\tau = -\frac{d\varphi(\omega)}{d\omega}$$

二阶贝塞尔滤波器的传递函数

$$H(s) = \frac{3\omega_0^2 G}{s^2 + 3\omega_0 s + 3\omega_0^2} \tag{6-27}$$

三阶贝塞尔滤波器的传递函数

$$H(s) = \frac{15\omega_0^3 G}{s^3 + 6\omega_0 s^2 + 15\omega_0^2 s + 3\omega_0^2} \tag{6-28}$$

式中，G 为增益，相移均近似于线性，在 $0\sim\omega_0$ 的频率范围内，时移 $\tau \approx \dfrac{1}{\omega_0}$，阶数 n 增加时，近似程度也增加。但由于贝塞尔滤波器的幅频特性欠佳，它的应用面不广。

6.1.4　模拟滤波器的应用

模拟滤波器在测试系统或仪器仪表中是一种常用的变换装置。如带通滤波器用作频谱分

析仪中的选频装置;低通滤波器用作数字信号分析系统中的抗频混滤波;高通滤波器用于声发射检测仪中剔除低频干扰噪声;带阻滤波器用作电涡流测振仪中的陷波器。

用于频谱分析装置中的带通滤波器,可根据中心频率与带宽之间的数值关系分为两种:一种是带宽 B 不随中心频率 f_0 而变化,称为恒带宽带通滤波器,如图 6-10(a)所示其中心频率处在任何频段上时,带宽都相同;另一种是带宽 B 与中心频率 f_0 的比值是恒定的,称为恒带宽比带通滤波器,如图 6-10(b)所示,其中心频率越高,带宽也越宽。

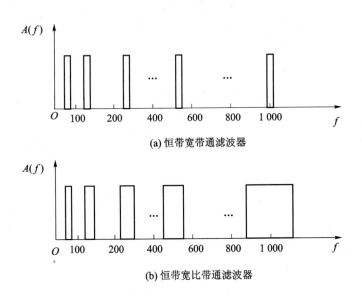

图 6-10 恒带宽与恒带宽比带通滤波器比较

一般情况下,为使滤波器在任何频率都有良好的频率分辨力,可采用恒带宽带通滤波器,所选带宽越窄,则频率分辨力越高,但这时为覆盖所要检测的整个频率范围,所需滤波器数量就很多。因此,恒带宽带通滤波器不一定做成固定中心频率的,而是利用一个参考信号,使滤波器中心频率跟随参考信号的频率而变化。在做信号频谱分析过程中,参考信号是由可作为频率扫描的信号发生器供给的。这种可变中心频率的恒带宽带通滤波器被用于相关滤波和扫描跟踪滤波中。

恒带宽比带通滤波器被用于倍频程频谱分析仪中,这是一种具有不同中心频率的滤波器组,为使各个带通滤波器组合起来后能覆盖整个要分析的信号频率范围,其中心频率与带宽是按一定规律配置的。

设带通滤波器的下截止频率为 f_{c1},上截止频率为 f_{c2},令 f_{c2}、f_{c1} 之间的关系为

$$f_{c2} = 2^n f_{c1} \tag{6-29}$$

式中,n 为倍频程数。$n=1$ 为倍频程滤波器,$n=\dfrac{1}{3}$ 称为 1/3 倍频程滤波器。滤波器中心频率 f_0 为

$$f_0 = \sqrt{f_{c1} f_{c2}} \tag{6-30}$$

根据式(6-29)和式(6-30)有 $f_{c1}=2^{-\frac{n}{2}}f_0$, $f_{c2}=2^{\frac{n}{2}}f_0$。则滤波器带宽

$$B = f_{c2} - f_{c1} = (2^{\frac{n}{2}} - 2^{-\frac{n}{2}})f_0 \tag{6-31}$$

用滤波器的品质因素 Q 来表示,即

$$\frac{1}{Q} = \frac{B}{f_0} = 2^{\frac{n}{2}} - 2^{-\frac{n}{2}} \tag{6-32}$$

故若为倍频程滤波器,$n=1$,得 $Q=1.41$;若 $n=1/3$,$Q=4.38$;若 $n=1/5$,$Q=7.2$。

为使被分析信号的频率成分不丢失,带通滤波器组的中心频率是倍频程关系,同时带宽又需是邻接式的,通常的做法是使前一个滤波器的-3dB 上截止频率与后一个滤波器的-3dB 下截止频率相一致。如图 6-11 所示,这样的一组滤波器将覆盖整个频率范围,称之为邻接式的。

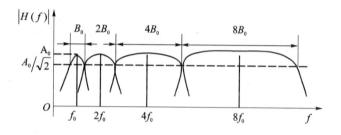

图 6-11 带通滤波器的邻接

图 6-12 为邻接式倍频程滤波器,方框内数字是各个带通滤波器的中心频率。被分析信号输入后,输入、输出波段开关顺序接通各滤波器,如信号中有某带通滤波器通频带内的频率成分,即可在显示、记录仪器上观测到这一频率成分。

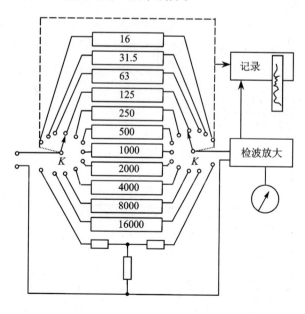

图 6-12 邻接式倍频程滤波器

6.2 调幅及其解调

在测试技术中,许多情况下需要对信号进行调制。如被测的温度、位移、力等参数,经过传感器变换后,多为低频缓变的微弱信号,当采用交流放大时,需要调幅。

一般正(余)弦调制可分为幅度调制、频率调制、相位调制三种,简称为调幅、调频、调相。本节讨论调幅及其解调。

6.2.1 调幅与解调原理

调幅(AM)是将一个高频正弦信号(载波)与测试信号相乘,使载波信号幅值随测试信号的变化而变化,下面以频率为 f_z 的余弦信号 $z(t)$ 作为载波进行讨论。

由傅里叶变换的性质可知,时域中两信号相乘,则对应在频域中为这两个信号进行卷积,即

$$x(t) \cdot z(t) \Leftrightarrow X(f) * Z(f)$$

余弦函数的频域图形是一对脉冲谱线,即

$$\cos(2\pi f_z t) \Leftrightarrow \frac{1}{2}\delta(f - f_z) + \frac{1}{2}\delta(f + f_z)$$

一个函数与单位脉冲函数卷积的结果,就是将其图形由坐标原点平移至该脉冲函数处。所以,若以高频余弦信号作载波,把信号 $x(t)$ 和载波信号 $z(t)$ 相乘,其结果就相当于把原信号频谱图形由原点平移至载波频率 f_z 处,其幅值减半,如图 6-13 所示,即

$$x(t)\cos(2\pi f_z t) \Leftrightarrow \frac{1}{2}X(f) * \delta(f + f_z) + \frac{1}{2}X(f) * \delta(f - f_z) \tag{6-33}$$

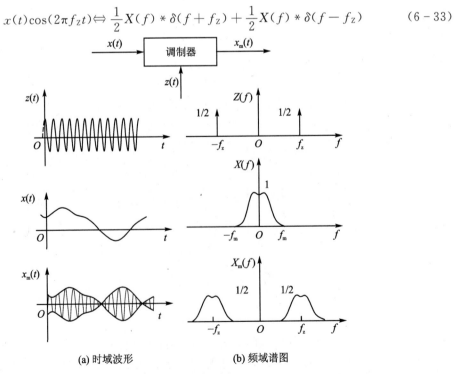

(a) 时域波形　　(b) 频域谱图

图 6-13　调幅过程

这一过程就是调幅,调幅的过程相当于频率"搬移"的过程。若把调幅波 $x_\mathrm{m}(t)$ 再次与载波 $z(t)$ 信号相乘,则频域图形将再次进行"搬移",即 $x_\mathrm{m}(t)$ 与 $z(t)$ 乘积的傅里叶变换为

$$\mathscr{F}[x_\mathrm{m}(t)z(t)] = \frac{1}{2}X(f) + \frac{1}{4}X(f+2f_z) + \frac{1}{4}X(f-2f_z) \qquad (6-34)$$

这一结果如图 6-14 所示。若用一个低通滤波器滤除中心频率为 $2f_z$ 的高频成分,则可复现原信号的频谱(只是其幅值减小了一半,可用放大处理来补偿),这一过程称为同步解调。"同步"指解调时所乘的信号与调制时载波信号具有相同的频率与相位。

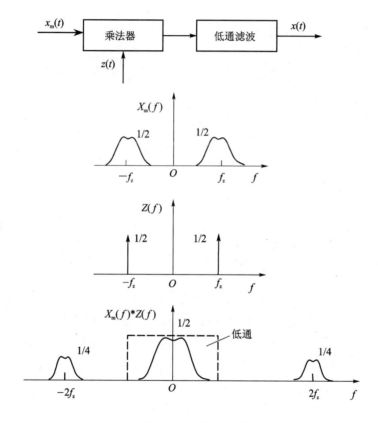

图 6-14 同步解调

上述调制方法是将调制信号 $x(t)$ 直接与载波信号 $z(t)$ 相乘。这种调幅波具有极性变化,即在信号过零线时,其幅值发生由正到负或由负到正的突然变化,此时调幅波的相位(相对于载波)也相应地发生180°的相位变化。这种调制方法称为抑制调幅,抑制调幅需采用同步解调,才能反映出原信号的幅值和极性。

若把调制信号 $x(t)$ 进行偏置,叠加一个直流分量 A,使偏置后的信号都具有正电压,此时调幅波的表达式为

$$x_\mathrm{m}(t) = [A + x(t)]\cos(2\pi f_z t) \quad \text{或} \quad x_\mathrm{m}(t) = A[1 + mx(t)]\cos(2\pi f_z t) \quad (6-35)$$

式中,$m \leqslant 1$,称为调幅指数。该调制方法为非抑制调幅或偏置调幅。其调幅波的包络线具

有原符号形状,如图 6-15 所示。对于非抑制调幅波,一般进行整流、滤波后,就可恢复原信号。

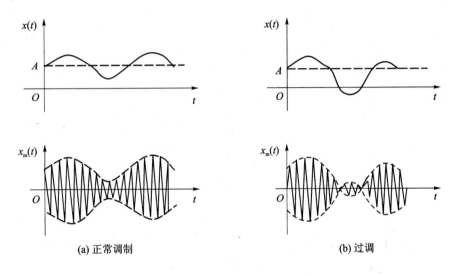

(a) 正常调制 (b) 过调

图 6-15 非抑制调幅波

6.2.2 调幅波的波形失真

信号经过调制后,可能出现下列波形失真现象。

1. 过调失真

对于非抑制调幅,其直流偏置必须足够大,要求调幅指数 $m \leqslant 1$。因为当 $m > 1$ 时,$x(t)$ 取最大负值可能使 $A[1+mx(t)] < 0$,即 $x(t)$ 的相位将发生 180°倒相,如图 6-15(b)所示,称为过调。此时,如采用包络法检波,则检出的信号就会产生失真,而不能恢复原信号。

2. 重叠失真

调幅波是由一对每边为 f_m 的双边信号组成。当载波频率 f_z 较低时,正频端的下边带将与负频端的上边带相重叠,如图 6-16 所示。这类似于采样频率较低时发生的频率混叠效应。因此,要求载波频率 f_z 必须大于调制信号 $x(t)$ 中的最高频率,即 $f_Z > f_m$。实际应用中,往往选择载波频率至少数倍甚至数十倍于信号中的最高频率。

3. 调幅波通过系统时的波形失真

调幅波通过系统时,将受到系统频率特性的影响,图 6-17 为系统的带通特性所引起的调幅波波形变化。图中 6-17(a)为理想情况下调幅波不变;6-17(b)则为边带波被衰减使调幅深度变浅;6-17(c)则为边带波被放大,使调幅波深度变深。

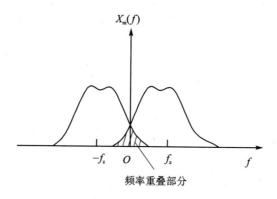

图 6-16　调幅波的重叠失真

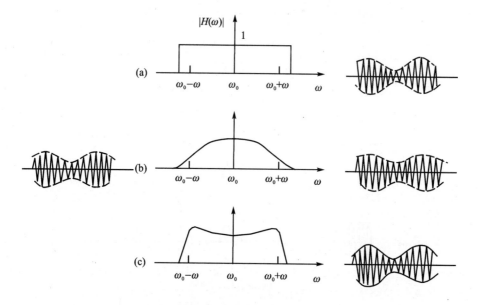

图 6-17　调幅波通过系统时的波形变化

6.2.3　典型调幅波及其频谱

为熟悉和了解调幅波的时频域关系,图 6-18 绘出了一些典型调幅波的波形及频谱。

① 图 6-18(a)为直流调制

$$x_{\mathrm{m}}(t) = 1 \cdot \cos(2\pi f_z t)$$

$$X_{\mathrm{m}}(f) = \frac{1}{2}[\delta(f+f_z) + \delta(f-f_z)] \qquad (6-36)$$

② 图 6-18(b)余弦调制

$$x_{\mathrm{m}}(t) = \cos(2\pi f_0 t)\cos(2\pi f_z t)$$

$$X_m(f) = \frac{1}{4}[\delta(f+f_Z+f_0)+\delta(f+f_Z-f_0)$$
$$+\delta(f-f_Z-f_0)+\delta(f-f_Z+f_0)] \tag{6-37}$$

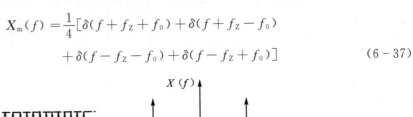

(a) 直流调制

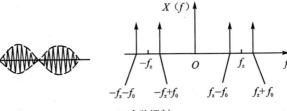

(b) 余弦调制

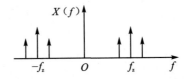

(c) 余弦偏置调制

 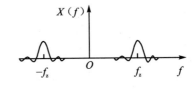

(d) 矩形脉冲调制

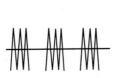 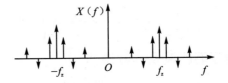

(e) 周期矩形脉冲调制

 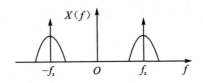

(f) 任意频限信号调制

图 6-18 典型调幅波的波形及频谱

③ 图 6-18(c)为余弦偏置调制

$$x_m(t) = (1 + \cos(2\pi f_0 t))\cos(2\pi f_z t)$$

$$X_m(f) = \frac{1}{2}[\delta(f+f_z) + \delta(f-f_z)] + \frac{1}{4}[\delta(f+f_z+f_0)$$
$$+ \delta(f+f_z-f_0) + \delta(f-f_z-f_0) + \delta(f-f_z+f_0)] \tag{6-38}$$

④ 图 6-18(d)为矩形脉冲调制

$$x_m(t) = x(t)\cos(2\pi f_z t) \tag{6-39}$$

矩形脉冲的表达式为

$$x(t) = \begin{cases} 1 & |t| \leqslant \frac{\tau}{2} \\ 0 & \text{其他} \end{cases}$$

$$X_m(f) = \frac{\tau}{2}[\text{Sa}[\pi(f+f_z)\tau] + \text{Sa}[\pi(f-f_z)\tau]] \tag{6-40}$$

⑤ 图 6-18(e)为周期矩形脉冲调制

$$x_m(t) = x(t)\cos(2\pi f_z t) \tag{6-41}$$

周期矩形脉冲信号在一周期内的表达式及其傅里叶变换为

$$x(t) = \begin{cases} 1 & |t| \leqslant \frac{\tau}{2} \\ 0 & |t| > \frac{\tau}{2} \end{cases}$$

$$X(f) = 4\pi^2 \sum_{n=-\infty}^{+\infty} \frac{A\tau}{T}\text{Sa}(\pi n f_0 \tau)\delta(f - n f_0)$$

则 $X_m(f) = X(f) * Z(f)$

$$= 4\pi^2 \sum_{n=-\infty}^{+\infty} \frac{A\tau}{T}\text{Sa}(\pi n f_0 \tau)\delta(f - n f_0) * \frac{1}{2}[\delta(f-f_z) + \delta(f+f_z)]$$

$$= 2\pi^2 \sum_{n=-\infty}^{+\infty} \frac{A\tau}{T}[\text{Sa}(\pi n f_0 \tau)\delta(f - n f_0 - f_z) + \text{Sa}(\pi n f_0 \tau)\delta(f - n f_0 + f_z)]$$

$$\tag{6-42}$$

⑥ 图 6-18(f)为任意频限信号偏置调制

$$x_m(t) = [1 + x(t)]\cos(2\pi f_z t)$$

$$X_m(f) = \frac{1}{2}[\delta(f+f_z) + \delta(f-f_z)] + \frac{1}{2}[X(f+f_z) + X(f-f_z)] \tag{6-43}$$

6.3 调频及其解调

在实际应用中,除调幅及其解调外,还经常在测试中运用调频及其解调方法。

6.3.1 调频波及其频谱

调频(FM)是利用信号 $x(t)$ 的幅值调制载波的频率,或者说,调频波是一种随信号 $x(t)$ 的电压幅值而变化的疏密不同的等幅波,如图 6-19 所示。

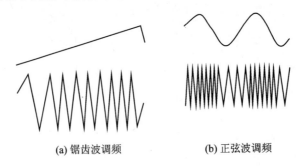

(a) 锯齿波调频　　　　(b) 正弦波调频

图 6-19　调频波

频率调制较之幅度调制的主要优点是改善了信噪比。分析表明,在调幅情况下,若干扰噪声与载波同频,则有效的调幅波对干扰波的功率比(S/N)必须在 35dB 以上。但在调频的情况下,在满足上述相同性能指标时,有效的调频波对干扰的功率比只要 6dB。调频波之所以改善了信号传输过程中的信噪比,是因为调频信号所携带的信息包含在频率的变化之中,并非振幅之中,而干扰波的干扰作用则主要表现在振幅之中。由干扰引起的幅度变化,往往可通过限幅器有效地消除掉。

调频方法也存在严重缺点,调频波通常要求很宽的频带,甚至为调幅所要求带宽的 20 倍;调频系统较之调幅系统复杂,因为频率调制实际上是一种非线性调制,它不能运用叠加原理,因此,分析调频波比分析调幅波困难。实际上,对调频波的分析是近似的。

频率调制是使载波频率对应于调制信号 $x(t)$ 的幅值的变化。由于 $x(t)$ 的幅值是一个随时间而变化的函数,因此,调频波的频率是一个"随时间而变化的频率",其定义为

$$\omega = \frac{d\phi}{dt} \tag{6-44}$$

式中,ϕ 为 $u(t) = A\cos\phi$ 中的 ϕ。通常在单一频率时

$$\phi = \omega t + \theta$$

式中,θ 为初相位,是常数。

频率调制就是利用瞬时频率 $d\phi/dt$ 来表示信号的调制,即

$$\frac{d\phi}{dt} = \omega_0[1 + x(t)] \tag{6-45}$$

式中,ω_0 为载波中心频率;$x(t)$ 是调制信号;$\omega_0 x(t)$ 是载波被信号调制部分。这表明瞬时频率是载波中心频率 ω_0 与随信号 $x(t)$ 幅值而变化的频率[$\omega_0 x(t)$]之和,对式(6-45)积分

$$\phi = \omega_0 t + \omega_0 \int x(t) dt \tag{6-46}$$

如设定调制信号是单一余弦波,即

$$x(t) = A\cos\omega t \tag{6-47}$$

若保持调频波的振幅 G 为常数,则调频波表达式为

$$\begin{aligned} g(t) &= G\sin\phi \\ &= G\sin\left[\omega_0 t + \omega_0 \int x(t) dt\right] \\ &= G\sin\left[\omega_0 t + \frac{A\omega_0}{\omega}\sin\omega t\right] \end{aligned}$$

$$= G\sin[\omega_0 t + m_f \sin\omega t] \tag{6-48}$$

式中,$m_f = A\omega_0/\omega$ 为调频指数;$A\omega_0$ 为实际变化的频率幅度,称为最大频率偏移,或表示为 $\Delta\omega_0 = A\omega_0$。为研究调频波的频谱,将式(6-48)展开,利用贝塞尔函数式

$$\cos(m_f \sin\omega t) = J_0(m_f) + 2\sum_{n=1}^{\infty} J_{2n}(m_f)\cos\omega t \tag{6-49}$$

$$\sin(m_f \sin\omega t) = 2\sum_{n=0}^{\infty} J_{2n+1}(m_f)\sin\omega t [(2n+1)\omega t] \tag{6-50}$$

计算可得

$$\begin{aligned} g(t) = G[&J_0(m_f)\sin\omega_0 t + J_1(m_f)\sin(\omega_0+\omega)t \\ &-J_1(m_f)\sin(\omega_0-\omega)t + J_2(m_f)\sin(\omega_0+2\omega)t \\ &+J_2(m_f)\sin(\omega_0-2\omega)t + \cdots + J_n(m_f)\sin(\omega_0+n\omega)t \\ &+(-1)^n J_n(m_f)\sin(\omega_0-n\omega)t] \end{aligned} \tag{6-51}$$

式中,$J_n(m_f)$ 为 m_f 的 n 阶贝塞尔函数;m_f 是自变量,下角 n 为整数。

因为 $m_f = A\omega_0/\omega$,它不仅依赖于最大频率偏移 $\Delta\omega_0 = A\omega_0$,而且取决于调制信号频率 ω 本身。根据式(6-51)求得调频波的频谱,如图6-20所示,由此得出结论:

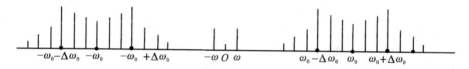

图6-20 调频波的频谱

① 用单一频率 ω 调制时,调频波可用载频 ω_0 与许多对称的位于载频两侧的边频($\omega_0\pm n\omega$)之和来表示,邻近的边频彼此之间相差为 ω。

② 每一个频率分量的幅值等于 $GJ_n(m_f)$,当 n 为偶数时,高低对称边频有相同的符号;当 n 为奇数时,它们符号相反。

③ 从理论上讲,边频数目无穷多,不过,由于从 $n=m_f+1$ 开始,随 n 的增加,边频幅值很快衰减,实际上可以认为边频有效数目为 $2(m_f+1)$。

6.3.2 直接调频与鉴频

在应用电容、电涡流或电感传感器测量位移、力等参数时,常常把电容 C 或电感 L 作为自激振荡器的谐振网络的一个调谐参数,此时振荡器的谐振频率为

$$\omega = \frac{1}{\sqrt{LC}} \tag{6-52}$$

例如,在电容传感器中以电容 C 作为调谐参数时,对式(6-52)微分

$$\frac{\partial \omega}{\partial C} = -\frac{1}{2}(LC)^{-\frac{3}{2}}L = \left(-\frac{1}{2}\right)\frac{\omega}{C} \tag{6-53}$$

令 $C = C_0$ 时,$\omega = \omega_0$,故频率增量

$$\Delta\omega = \left(-\frac{1}{2}\right)\frac{\omega_0}{C_0}\Delta C \tag{6-54}$$

所以,当参数 C 发生变化时,谐振回路的瞬时频率为

$$\omega = \omega_0 \pm \Delta\omega = \omega_0\left(1 \mp \frac{\Delta C}{2C_0}\right) \qquad (6-55)$$

式(6-55)表明,回路的振荡频率与调谐参数是线性关系,即在一定范围内,它与被测参数的变化存在线性关系。进一步将式(6-55)与式(6-45)比较可知,它是一个频率调制式,ω_0 相当于中心频率,而 ΔC 则相当于调制部分,这种把被测参数变化直接转换为振荡频率变化的电路,称为直接调频式测量电路。

调频波的解调,又称鉴频,即把频率变化变换为电压幅值的变化过程,在一些测试仪器中,常采用变压器耦合的谐振回路方法,如图 6-21 所示,图中 L_1、L_2 是变压器耦合的原、副线圈,它们和 C_1、C_2 组成并联谐振回路。将等幅调频波 e_f 输入,在回路的谐振频率 f_n 处,线圈 L_1、L_2 中的耦合电流最大,副边输出电压 e_a 也最大,e_f 频率离开 f_n,e_a 也随之下降。e_a 的频率虽然和 e_f 保持一致,但幅值 e_a 却随频率而变化,如图 6-21(b)所示,通常利用 $e_a - f$ 特性曲线的亚谐振区近似直线的一段实现频率-电压变换。测量参数(如位移)为零值时,调频回路的振荡频率 f_0 对应特性曲线上升部分近似直线段的中点。

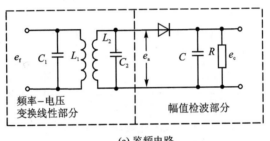

(a) 鉴频电路

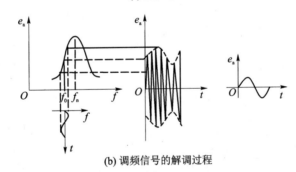

(b) 调频信号的解调过程

图 6-21 用谐振振幅进行鉴频

随着测量参数的变化,幅值 e_a 随调频波而近似直线变化,调频波 e_f 的频率却和测量参数保持近似线性关系。因此,把 e_a 进行幅值检波应能获得测量参数变化的信息,且保持近似线性关系。

6.3.3 应用举例

在工程测试领域,调制技术不仅在一般检测仪表中应用,且也是工程遥测技术中的一个重要内容。下面以图 6-22 所示 Y6Y-12 型六通道遥测仪为例来说明。这是一个调频/调频(FM/FM)式遥测系统,可同时对多路信号传输,实现多点测量。图 6-22 中各测量电桥由副载波振荡器供电,各路副载波的中心频率不同,分别为 $f_{01}=4.25\text{kHz}$,$f_{02}=6.75\text{kHz}$,……各路被测信号（应力、应变）通过电桥分别对不同频率的副载波进行调制。各路电桥的输出为不同频带的调幅信号。相互之间频谱不重叠，都有一定间隔带。各路调幅信号经过波道混合器（线性叠加网络）相加，再对发射机的主载波进行调频，然后由天线发射出去，在接收端，则通过鉴频（或检波）、带通滤波和二次鉴频等环节，还原成原来被测信号，以获得所测应力（或应变）信息。该遥测仪适用于旋转部件的应力、扭矩测量，如机床主轴、轧钢机的轧辊、汽车发动机、电机等旋转轴的扭矩、应力的测量。

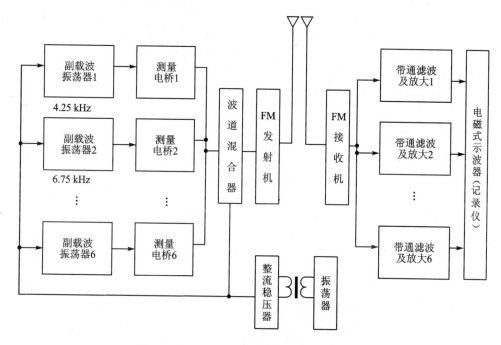

图 6-22　Y6Y-12 型六通道遥测仪原理框图

6.4　信号的放大与隔离

传感器输出的微弱电压、电流或电荷信号，其幅值或功率不足以进行后续的转换处理，或驱动指示器、记录器以及各种控制机构，因此需要对其进行放大处理。由于传感器所处的环境条件、受干扰的情况及其测试系统要求的不同，所采用放大电路的形式和性能指标也不一样。例如：对于数字测试系统，要求放大电路增益能程控；对于生物电信号以及强电、强电磁干扰环境下信号的放大，需要采用隔离放大技术，以保证人身及设备的安全。

随着集成电路技术的发展，集成运算放大器的性能不断完善，价格不断降低，完全采用分立元件的信号放大电路已基本被淘汰。故这里主要介绍测试系统中由集成运算放大器组成的一些典型放大电路。

6.4.1　基本放大器

运算放大器是一种采用直接耦合的高增益、高输入阻抗、低漂移的差动放大器，其中反相与同相放大电路是集成运算放大器两种最基本的应用电路。许多集成运放的功能电路都是在反相和同相放大器两种放大电路的基础上组合和演变而来的。

1. 反相放大器

基本的反相比例放大器电路如图 6-23(a)所示，其特点是输入信号和反馈信号均加在运放的反相输入端。根据理想运放的特性，其同相输入端电压与反相输入端电压近似相等，流入运放输入端的电流近似为零，可以得到反相放大器的输入、输出电压 u_i、u_o 关系为

$$u_0 = -\frac{R_f}{R_1}u_i = A_{vf} \cdot u_i \tag{6-56}$$

反相比例放大器的输出、输入信号反相，通过确定 R_f、R_1 的阻值来确定电压放大倍数（电压增益）A_{vf}，A_{vf} 可大于1，也可小于1。由于此时反相输入端电压趋于零（虚地），故对信号源而言，反相放大器的输入电阻近似为 R_1；而作为深度的电压负反馈，其输出电阻趋于零。在与传感器配合使用时，需注意阻抗匹配的问题。

2. 同相放大器

基本的同相比例放大器电路如图 6-23(b)所示，其特点是输入信号加在同相输入端，而反馈信号加在反相输入端。同样，由理想运放特性，可以分析出同相放大器的输入、输出电压 u_i、u_o 关系为

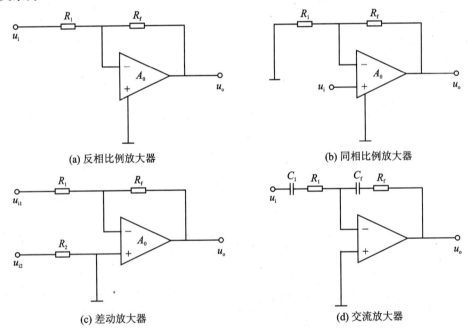

(a) 反相比例放大器　　(b) 同相比例放大器

(c) 差动放大器　　(d) 交流放大器

图 6-23　基本放大器

$$u_0 = (1 + \frac{R_f}{R_1})u_i = A_{vf}u_i \tag{6-57}$$

同相比例放大器的输出、输入信号同相，通过确定 R_f、R_1 的阻值来确定电压放大倍数（电压增益）$A_{vf} \geqslant 1$。由于注入运放同相端的电流近似为零，故同相放大器的输入电阻为无限大，而输出电阻仍趋于零。值得注意的是，由于运放同相端与反相端电压近似相等，即引入了共模电压，因此需要高共模抑制比的运放才能保证精度。同时在使用中需注意其输入电压幅度不能超过其共模电压的输入范围。

作为同相放大器的特例,若 $R_1 \to \infty$,$R_f \to 0$,则构成了电压跟随器。其特点是对低频信号,其增益近似为1,同时具有极高的输入阻抗和低输出阻抗,因此常在测试系统中用作阻抗变换器。

3. 差动放大器

差动放大器如图 6-23(c)所示,当 $R_1 = R_2$ 时,差动放大器的输出与输入信号的关系为

$$u_0 = \frac{R_f}{R_1}(u_{i2} - u_{i1}) = A_{vf}(u_{i2} - u_{i1}) \tag{6-58}$$

差动放大器的输出与输入两端的电压差成正比,即可用来放大差动信号,该电路的缺点是输入阻抗不大。

4. 交流放大器

交流放大器如图 6-23(d)所示,其输出与输入信号的关系为

$$u_0 = -\frac{Z_f}{Z_1}u_i = A_{vf}u_i \tag{6-59}$$

式中,

$$Z_1 = R_1 + \frac{1}{j\omega C_1}$$

$$Z_f = R_f + \frac{1}{j\omega C_f}$$

交流放大器可用于低频交流信号的放大,由于阻抗 Z_1 和 Z_f 都与频率 ω 有关,所以放大器的放大倍数也与频率有关。

图 6-24(a)为用同相比例放大器放大单臂电桥信号,图 6-24(b)为用差动放大器放大单臂电桥信号。

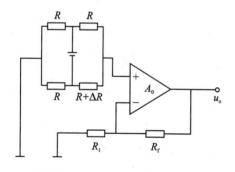
(a) 用同相比例放大器放大单臂电桥信号

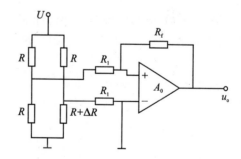
(b) 用差动放大器放大单臂电桥信号

图 6-24 基本放大器的应用

6.4.2 测量放大器

在许多测试场合,传感器输出的信号不仅很微弱,而且伴随有很大的共模电压(包括干扰电压),一般对这种信号需要采用具有很高共模抑制比、高增益、低噪声、高输入阻抗的放大器进行放大,习惯上将具有这种特点的放大器称为测量放大器,又称仪表放大器。

图 6-25 是目前广泛应用的三运放测量放大器电路。其中 A_1、A_2 为两个性能一致(主要指输入阻抗、共模抑制比和开环增益)的通用集成运放,工作于同相放大方式,构成平衡对称的差动放大输入级。A_3 工作于差动放大方式,用来进一步抑制 A_1、A_2 共模信号,并接成单端输出方式以适应接地负载的需要。

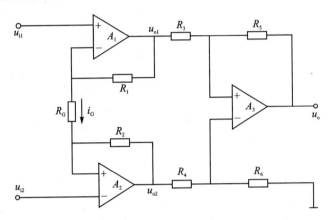

图 6-25 典型的测量放大器

由电路分析可知

$$u_{o1} = \left(1 + \frac{R_1}{R_G}\right)u_{i1} - \frac{R_1}{R_G}u_{i2}, \quad u_{o2} = \left(1 + \frac{R_2}{R_G}\right)u_{i2} - \frac{R_2}{R_G}u_{i1}$$

$$u_o = -\frac{R_5}{R_3}u_{o1} + \left(1 + \frac{R_5}{R_3}\right)\frac{R_6}{R_4 + R_6}u_{o2}$$

为了提高电路的抗共模干扰能力,抑制漂移的影响,应根据上下对称的原则选择电阻的参数,即 $R_1 = R_2, R_3 = R_4, R_5 = R_6$,则对差动输入电压 $u_{i1} - u_{i2}$,测量放大器的电压增益为

$$A_f = \frac{u_o}{u_{i1} - u_{i2}} = -\left(1 + \frac{2R_1}{R_G}\right) \tag{6-60}$$

测量放大器的共模抑制比主要取决于输入级运放 A_1、A_2 的对称性以及输出级运放 A_3 的共模抑制比和输出级外接电阻 R_3、R_4 及 R_5、R_6 的匹配精度。一般其共模抑制比可达 120dB 以上。

此外,测量放大电路还具有增益调节功能,从式 6-60 可以看出,调节 R_G 可以改变增益而不影响电路的对称性,而且由于输入级采用了对称的同相放大器,输入电阻可达数百兆欧以上。

目前,许多公司已开发出各种高质量的单片集成测量放大器,如美国模拟器件(AD)公司的 AD620,通常只需接电阻 R_G 用于设定增益,外接元件少,使用灵活,能够处理几微伏到几伏的电压信号。

6.4.3 隔离放大器

隔离放大器应用于高共模电压环境下的小信号的测量,是一种特殊的测量放大电路,其输入、输出和电源电路之间没有直接的电路耦合。隔离放大器由输入放大器、输出放大器、隔离器以及隔离电源几部分组成,如图 6-26(a)所示。

图 6-26 中,隔离电阻 R_{iso} 约 $10^{12}\Omega$,隔离电容 C_{iso} 的典型值为 20pF,u_d 为输入端的差模电

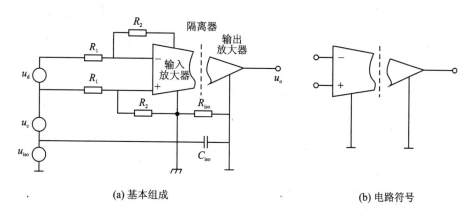

图 6-26 隔离放大器的基本组成及符号

压,u_c 为对输入端公共地的输入级共模电压,u_{iso} 为隔离共模电压(隔离器两端或输入端与输出端两公共地之间能承受的共模电压),通常额定的隔离峰值电压高达 5 000V。图 6-26(b)为隔离放大器的电路符号。典型的隔离放大器如美国 AD 公司的 AD210 等。

由于隔离放大器采用浮置式(浮置电源、浮置放大器输入端)设计,输入、输出端相互隔离,不存在公共地线的干扰,因此具有极高的共模抑制能力,能对信号进行安全准确地放大,有效地防止高压信号对低压测试系统造成的破坏。

6.5 记录仪器

记录仪器是测试系统的三次仪表,其性能同样直接决定了测试结果的可信度。因此有必要对其工作原理、特性有所了解,以便正确选用。记录仪器很多,本书主要介绍磁带记录仪和瞬态波形存储器。

6.5.1 磁带记录仪

磁记录系隐式记录,须通过其他显示记录仪器才能观察波形,但它能多次反复重放,以电量输出(复现信号)。它可用与记录时不同的速度重放,从而实现信号的时间压缩与扩展。它也便于复制,还可抹除并重复使用记录介质。磁记录的存贮信息密度大,易于多线记录,记录信号频率范围宽(从直流到兆赫),存贮的信息稳定性高,对环境(温度、湿度)不敏感,抗干扰能力强。

磁记录器有磁带式、磁盘式和磁鼓式。磁带记录仪结构简单,便于携带,广泛用于记录测试信号。限于篇幅,本节限于介绍磁带记录仪的原理与应用。

1. 工作原理

磁带记录仪的基本组成如图 6-27 所示。磁带是一种坚韧的塑料薄带,厚约 $50\mu m$,一面涂有硬磁性材料粉末(如 $\gamma-Fe_2O_3$),涂层厚约 $10\mu m$。磁头是一个环形铁芯,上绕线圈。在与磁带贴近的前端有一很窄的缝隙,一般为几个微米,称为工作间隙,如图 6-28 所示。

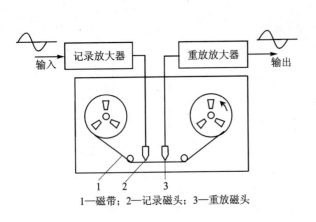

1—磁带；2—记录磁头；3—重放磁头

图 6-27　磁带记录器的基本构成

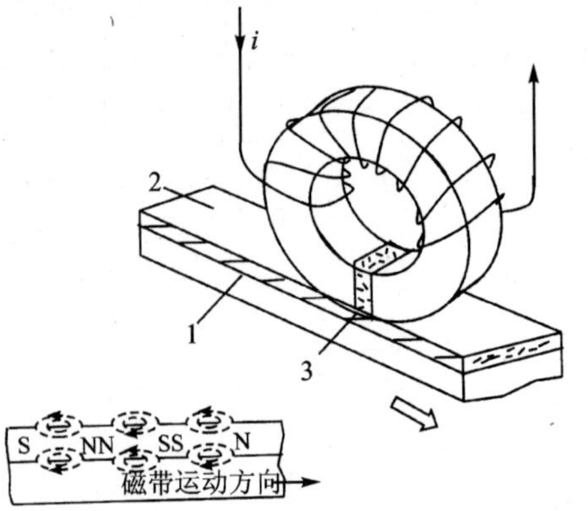

1—塑料带基；2—磁性涂层；3—工作间隙

图 6-28　磁带和磁头

(1) 记录过程

当信号电流通过记录磁头的线圈时，铁芯中产生随信号电流而变化的磁通。由于工作间隙的磁阻较高，大部分磁力线便绕磁带上的磁性深层回到另一磁极而构成闭合回路。磁极下的那段磁带上所通过的磁通和其方向随瞬间电流而变。当磁带以一定的速度离开磁极，磁带上的剩余磁化图像就反映输入信号的情况。

图 6-29 反映了磁带上的磁化过程。a-b-c-d 是磁滞回线，c-O-a 是磁化曲线。磁场强度 H 和信号电流成正比。当磁场强度为 H_2 时，磁极下工作间隙内磁带表层的磁感应强度为 B_2。当磁带离开工作间隙，外磁场去除，磁感应强度沿着磁滞回线到 B_{r2}，这就是在与信号电流相对应的外

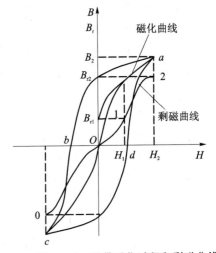

图 6-29　磁带磁化过程和剩磁曲线

磁场强度 H_2 下磁化后的剩磁感应强度。对应不同 H 值的剩磁曲线如图 6-29 中的 0-1-2 所示。剩磁曲线通过 O 点，但并非直线，在 O 点附近有明显的非线性记录。

(2) 重放过程

与记录过程相反，当初被磁化的磁带经过重放磁头时，磁带上剩磁小磁畴的磁力线便通过磁极和铁芯形成回路。因为磁带不断移动，铁芯中的磁通也不断变化，在线圈绕组中就感应出电势。感应电势和磁通 Φ 的变化率成正比，即

$$e = -W \frac{d\Phi}{dt} \tag{6-61}$$

式中，W 为线圈匝数。

因为磁通 Φ 和磁带剩余磁感应强度成正比，也即和记录时的信号电流有关，所以重放时的线圈电压输出也与信号电流的微分有关。如信号电流为 $I_0 \sin\omega t$，输出电压将为 $-I_0 \omega \cos\omega t$，也即 $I_0 \omega \sin(\omega t - \frac{\pi}{2})$ 的形式。

由式(6-56)知重放磁头应有较多的线圈匝数(即 W 应大)以提高其灵敏度,这一点有别于记录磁头。从式(6-56)也可看到重放磁头的电压输出将和信号频率有关且产生固定的相移。对于一个有多种频率成分的信号,重放时将引起幅值畸变和相位畸变,即将发生严重失真。为补偿重放磁头的这种微分特性,其重放放大电路应具有积分放大的特性,如图 6-30 所示。

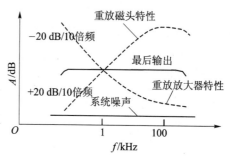

图 6-30 重放磁头及其放大器特性

(3) 消 磁

磁带存贮的信息可消除。消除是用"消去磁头"通入高频大电流(100mA 以上)。如走带速度为 v,频率为 f 的信号电流在磁带上的记录波长 $\lambda = v/f$。如 λ 远小于磁头工作间隙 d,则磁带上的一个微段在行经工作间隙时就受到正、反方向多次反复磁化。当这微段逐渐离开工作间隙,高频磁场强度逐渐减弱,故微移磁带上剩磁减弱,最后宏观上不再呈磁性。

2. 记录方式

磁带记录按照信号记录方式不同可分为数字和模拟两类。本书仅讨论模拟记录方式,在模拟记录方式中最常用的又有直接记录和频率调制两种。

(1) 直接记录式(DR 式)

直接记录式出现最早,在语言、音响录制中用得很普通。在一些要求不高的测试信号记录中也还有应用。

由图 6-29 可以看出,剩磁曲线在 0 点附近有明显的非线性。如直接输入一个正弦信号,则磁带上的磁化波形将是一个畸变的钟形波,如图 6-31 所示。为解决这种非线性畸变,可采用偏磁技术。常用的是交流偏磁技术。将一个高频振荡信号与欲记录信号叠加(是叠加,不是调幅)后供给记录磁头,使叠加后的信号幅值能和磁带的剩磁曲线线性段相应,如图 6-32 所示。高频振荡上的低频信号(反映为叠加后信号的上下包络线)却是不失真的。

直接记录方式的优点是结构简单,工

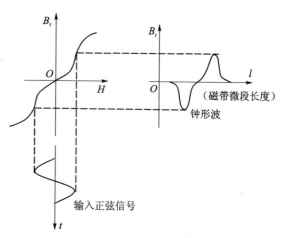

图 6-31 钟形畸变

作频带宽(50Hz~1MHz)。因为重放磁头的感应电势具有微分特性,对低频信号感应电势很弱,而具有积分特性的电路对低频特别敏感,因此不宜记录 50Hz 以下的低频信号。其高频上限则受走带速度和磁头工作间隙的限制,如磁头工作间隙 d 为 $6\mu m$,走带速度 v 为 1.5m/s,则可望记录 100kHz 的信号;如 d 为 $1.2\mu m$,v 为 3m/s,则可望记录 1MHz 的信号。直接记录式的缺点是容易引起由于磁带上磁层不匀、尘埃、损伤而造成"信号跌落"的误差。

(2) 频率调制记录式（FM 式）

频率调制记录方式在测量用磁带记录仪中应用较广,把信号变成调频波后,调频波是等幅的,其频率的偏移正比于输入信号的幅值。这种调频波很容易转换为具有"0"和"1"两值的信号,或者疏密不等的脉冲信号,所以将不受图 6-29 剩磁曲线非线性的影响,对信号跌落也不敏感。重放时,重放磁头只要检测出磁带上的频率信息,经过解调、低通滤波后输出记录信号。

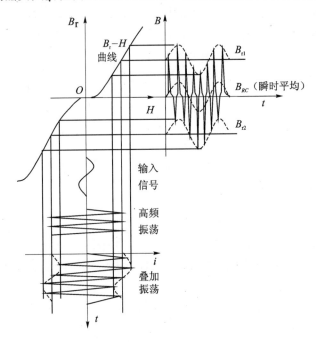

图 6-32　采用高频偏磁时磁带的磁化

频率调制记录方式具有较高的精确度,抗干扰的性能更好。记录过程不再需要加偏磁技术。虽然调频波的偏移只和信号的幅值有关,信号的频率只反映调频波疏密变化的频率,但显然"载波"频率(指记录信号为零值时的调频波频率)应该数倍于信号中的最高频率。因此 FM 记录方式的工作频带上限受到限制,其工作频带一般为 0～100kHz,适宜于记录低频信号。

3. 走带速度

上面已提及对某一固定频率 f,走带速度 v 影响其记录波长 λ,$\lambda = v/f$。过慢的走带速度限制记录信号的频率上限,走带速度的上限则受走带机构、带长储备和记录时间的限制。一般磁带记录仪有若干档固定走带速度可供选择。

对于一个磁带记录仪,重要的是记录和重放时的走带速度,或者保持一致,或者保持预选的、恒定的比例。同时,要保持走带速度的均匀,既不允许瞬间跳动,也不允许长周期的慢变化。对于 DR 记录方式,走带速度的不匀影响所录信号的频率晃移,对 FM 记录方式则影响所录信号的幅值。所以磁带记录仪走带机构有恒速控制系统。此外,走带机械还应保持清洁,防止尘埃。磁带也应保持清洁和平整,不允许有凸凹扭曲,这对多通道的同时记录尤为重要,因为这些缺陷所造成的长度变化就相当于各通道的时间差异。

6.5.2 波形记录仪

波形记录仪也称瞬态记录仪、瞬态波形存储器等,是一种动态参量测试和记录设备。这种仪器主要用于分析瞬态信号和单次事件的场合,属于数字化测量仪器的范畴,能进行数字存储及重放,也可搭配分析仪器和计算机进行数据处理。

1. 原理及组成

波形记录仪的基本工作原理如图 6-33 所示。

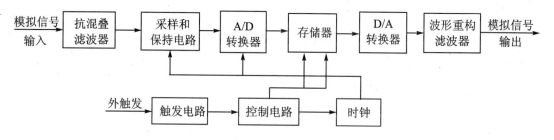

图 6-33 波形存储原理框图

波形记录仪由四个主要部分组成:A/D 转换器、存储器、D/A 转换器及控制与时钟发生电路。其工作过程是:待记录的模拟信号经抗混叠滤波器后,通过 A/D 转换器由模拟信号转变成数字信号并存储于存储器中,显示时再将存储信号取出,经由 D/A 转换器恢复成原模拟信号。由于并非"实时"重放,因而可以根据不同记录仪的要求,可快速或慢速重放,改变时间比例尺和信号比例尺,从而可得到充分展宽和放大的波形。

对于瞬态信号的记录则需要一个触发(或启动)脉冲来控制仪器工作。波形记录仪的触发方式有以下三种:

(1) 内触发:将输入信号的幅值与预设电平进行比较,当达到预设电平时,触发计数器作为记录的起始点。

(2) 外触发:由输入的外部脉冲来触发计数器工作。

(3) 人工触发:由人直接控制计数器工作。

2. 技术性能指标及选择原则

波形记录仪的性能主要取决于 A/D 转换器和存储器。对于 A/D 转换器的要求是转换速度快、分辨率高、可靠性好。对存储器的要求是存储速度快、容量大。波形记录仪的主要性能指标指标有如下几个。

(1) 采样频率

由采样定理可知,要使记录信号不失真,采样频率应高于被记录信号中最高频率的两倍。因此为了记录信号不失真,实际上应选取的采样频率为被记录信号的最高频率的 3~5 倍或更高些。

最低采样频率主要用于超低频信号记录,应结合存储器容量考虑,以确定最长记录时间,其值为最低采样速率与最大存储容量的乘积。

总之,对采样频率的正确选择应根据被测对象的具体要求,考虑被测信号的频率变化范围和需采集的信号时间的长短等因素。

(2) 存储容量

存储容量是指可存储的采样点数,如 1K 表示可存储 1 024 个采样点,4K 为可存储 4 096 个采样点。对于容量的选择主要取决于被测信号的持续时间,当采样频率确定后,容量越大,记录的数据越多。但容量增大会增加后续数据处理的工作量和仪器的造价。

(3) 输入特性

输入特性是指波形记录仪的电压范围,即输入信号的电压幅值应与所选量程相匹配;输入带宽主要由采样频率和放大器带宽所决定;输入阻抗一般为 1MΩ 左右。

(4) 数字输出位数

这一指标体现了 A/D 转换器的精度。通常由二进制位数给出,如 8bit 即数字信息字长为 8 位。A/D 变换时,不论字长多少,其量化误差为一个最低位。但最低位带来的相对误差与字长有关。如字长 8 位,相对误差为 $1/2^8 \times 100\% \approx 0.4\%$;字长为 12 位,相对误差为 $1/2^{12} \times 100\% \approx 0.025\%$。此计算均设输入信号为 A/D 要求的满量程值。计算给出了模拟信号的分辨率,也称垂直分辨率,即 A/D 分辨率。由于它与字长有固定的关系,故 A/D 分辨率常用字长表示,如 8bit、12bit、16bit 等。

(5) 通道数

多路波形记录仪的通道设置方式有两种:一种是每一通道配置一套放大、采样、A/D 变换器和数字存储器的记录仪,它们主要用于需要同时测量多路信号的场合;另一种是各路共用一套 A/D 变换器及数字存储器,在信号输入端加一套多路转换开关,以切换方式记录各路信号。

除上述性能指标外,还应注意如触发方式、输出信号的类型与方式、有无通用接口等。

6.5.3 数据采集系统

对多路模拟信号进行分析时采用的数字化测量,从中获得大量数据的技术称为数据采集技术。模拟信号在传输时,易受外界干扰影响;而数字化信号在受干扰后,仍能保持其所载信息。在传输过程中,数字化信号不易衰减其信息。用数字电路或计算机对数字化信号进行处理时产生的误差较少,如波形记录仪等大都采用了这一技术。

1. 工作原理

数据采集装置,一般由四大部件组成,即输入通道部件(多路切换开关、归一化前置放大器、滤波电路、采样保持器等)、A/D 转换器(有的含采样保持器)、数据处理部件(移位寄存器或随机存储器 RAM、数字运算器、译码显示器或数字打印机等)和同步控制器。数据采集装置原理框图如图 6-34 所示。

要使模拟信号转变成数字化信号,必须经过以下三个过程。

(1) 采 样

采样是指周期地获取模拟信号的瞬时值,得到一系列的样值脉冲。若采样的间隙时间 Δt 很小、而采样点很密集,得到的样值序列就可以代替原来的模拟信号。若把此离散信号经过一个低通滤波器,就可还原成原来的模拟信号。当然,采样频率必须满足采样定理。

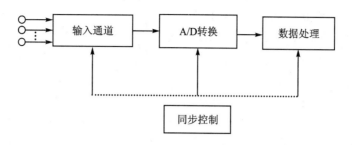

图 6-34 数据采集装置原理框图

(2) 保 持

为了能更真实地反映原模拟信号,必然使采样点足够密集,就要求采样的时间间隙足够小,这样会使后面的量化装置难以及时响应,为此,在采样之后要加一保持电路。此电路可将采样值脉冲保持一段时间,实际上是使采样值脉冲展宽,使离散信号变成阶梯变化信号后再加到后面的量化编码电路中去。

(3) 量化与编码

这个过程就是 A/D 转换过程。经过采样保持后的信号,是阶梯变化的幅值电压,它不能直接编成数字码,需把它量化后,再用相应的码制编码成所需的数字量。其原理是将模拟电压 U_A 用一基准电压 V_{REF} 来度量,得到相应的数字,再用二进制码或其他码进行编码。可用式 (6-61) 表示 A/D 转换函数功能

$$D = U_A / V_{REF} \tag{6-61}$$

数字量 D 用二进制编码后,就直接送到数据处理部件中去,进行运算或显示输出。

以上三个过程都是由同步控制器发出指令,使整个采样过程同步协调地进行。

数据采集装置的 A/D 转换器应用最广泛。它能极快地转换串行或并行数据。其中应用较为广泛的逐次逼近式 A/D 转换器的工作原理和用天平称量重物类似。在 A/D 转换中,输入模拟电压 V_i 相当于重物,比较器相当于天平,D/A 转换器给出的反馈电压 V_F 相当于试探砝码的总重量,而逐次逼近寄存器 SAR 相当于称量过程中人的作用。

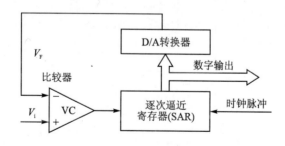

图 6-35 逐次逼近式 A/D 转换器原理框图

图 6-35 为逐次逼近式 A/D 转换器的原理框图。A/D 转换从高位到低位依次进行试探比较。初始时,逐次逼近寄存器 SAR 内的数字被清为全 0。转换开始时,先把 SAR 的最高位置 1(其余位仍为 0),经 D/A 转换后给出试探(反馈)电压 V_F,该电压被送入比较器中与输入电压 V_i 进行比较。如果 $V_F \leqslant V_i$,则所置的 1 被保留,否则被舍掉(复原为 0)。再置次高位为 1,构成的新数字再经 D/A 转换得到新的 V_F,该 V_F 再与 V_i 进行比较,又根据比较的结果决定

次高位的留或舍。如此试探比较下去,直至最低位,最后得到转换结果并以数字形式输出。逐次逼近式 A/D 转换器的优点是转换速度较高,精度是其输出数字在"正确值"上下摆动±1/2个最低位数值。

随动跟踪式 A/D 转换器,其特点是只有并行数据输出方式,优点是这种转换器本身就起到采样与保持作用,因而可以省去采样保持电路。由于它始终跟踪被测信号的瞬时值,只要将某一瞬时的数字输出装入外部数字存储器即可实现一次采样。它的主要缺点是其输出数字在"正确值"上下摆动为±1 个最低数值,而且采样时受其摆率的限制。

积分型 A/D 转换器,其优点是分辨率高,若不使用采样保持电路,则转换出来的数字代表了转换时间内信号的平均值。缺点是转换时间较长,对快速信号不适应,其输出也为并行数据。

2. 数据采集系统的通道构成方式

在对多路信号进行数据采集时,各通道信号之间如果没有严格的相位要求,可以分时一路一路地采集,如果各通道信号之间有严格的相位要求,就需要多路信号同时采集。因此,A/D 转换装置的通道设计方案多种多样,在满足采集要求的前提下,须尽可能降低数据采集系统的成本。

A/D 转换通常包括输入/输出接口、多路模拟开关、放大器、采样保持器(S/H)、控制逻辑电器等几部分。在一些新型 A/D 转换装置当中,在系统设计上还带有数字量输入通道、外部触发通道、定时器、先进先出(FIFO)缓冲存储器等,以便实现外部触发,准确控制采样间隔,提高采集传输速度。

目前常见的多通道 A/D 转换装置,其通道结构方案主要有以下几种方式。

① 不带 S/H 共享 A/D 器件的结构。如图 6-36 所示,由多路模拟开关轮流接入各通道模拟信号,经 A/D 转换后,送入计算机。这种结构形式不带 S/H,主要适用于直流信号或低频信号。

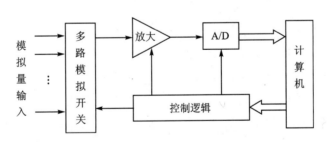

图 6-36 不带 S/H 共享 A/D 器件的结构

② 多路通道共享 S/H 和 A/D 器件结构。如图 6-37 所示,这种结构形式带有 S/H,适用于变化较快的信号,但不能实现通道同步采集。

③ 多路通道共享 A/D 器件结构。如图 6-38 所示,每路都带有 S/H,且由同一状态指令控制,这样系统可以同时保持多路模拟信号同一时刻的瞬时幅值,然后经多路模拟开关分时轮流接通 A/D 转换器件,分别进行 A/D 转换并送入计算机内存。这种结构形式既可实现对相位有严格要求的多路信号同步采集,又充分利用了 A/D 器件的功能。

④ 多路通道独自有 A/D 器件结构。如图 6-39 所示,每个通道有独自 S/H 和 A/D 可以

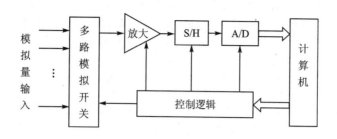

图 6-37 多路通道共享 S/H 和 A/D 器件结构

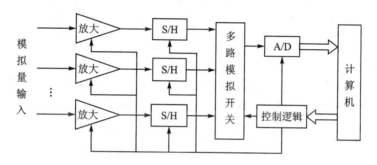

图 6-38 多路通道共享 A/D 器件结构

实现多路并行同步数据采集。这种结构形式的成本较高，主要适用于高速数据采集系统。

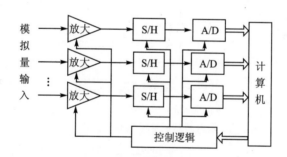

图 6-39 多路通道独自有 A/D 器件结构

上述各种通道方案的选择应根据被采集信号的路数、特性（缓变还是瞬变等）、精度、转换速度、多路信号之间的相位要求和工作环境要求等实际情况而定，使之既在系统功能上达到或超过预期的指标，又造价低廉。

3. 数据采集系统的技术性能

数据采集系统的技术性能指标有以下三个。

① 通道数。通道数越多，一次可采集的模拟输入信号的路数越多，这对于采集与分析多测点的信号非常有利。

② 采样率和模拟信号的带宽。采样率决定了可被采样的模拟信号的变化速度，根据采样定理，每一通道的采样频率必须大于输入该通道信号中最高次谐波频率值（或有效带宽）的两倍。实际应用中，采样频率还应更高一些。

③ 准确度。采样误差的大小反映了采样结果的数字值与信号在该点上瞬时值差别的多少,即决定了数据采集系统的准确度。一般来说,数据采集系统的误差主要来自 A/D 转换器,如波形记录仪中所提到的,A/D 转换器的量化误差与 A/D 转换器的位数有关。位数越多,量化误差越小。但是,随着 A/D 转换器的位数增多,系统对相应的采样保持器、前置放大器及模拟多路开关的要求也越高。

在所有数据采集系统中,采样速率和准确度之间的矛盾总是存在的,因此在设计中不得不采取折中的办法。由于无论是增大采样速率还是提高准确度都将付出较高的代价,因此应根据具体情况对系统提出恰当的采样速率和准确度要求。

习题与思考题

6-1 实现幅值调制解调的方法有哪几种?各有何特点?

6-2 试述频率调制和解调的原理。

6-3 信号滤波的作用是什么?滤波器的主要功能和作用有哪些?

6-4 试述滤波器的基本类型和它们的传递函数,并各举一工程中的实际例子来说明它们的应用。

6-5 何为恒带宽滤波器?何为恒带宽比滤波器?

6-6 若将高、低通网络直接串联,如题 6-39 图所示,是否能组成带通滤波器?写出此电路的频响函数,分析其幅频、相频特性,以及 R、C 的取值对其幅频、相频特性的影响。

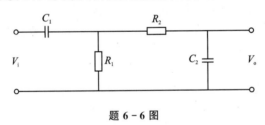

题 6-6 图

6-7 求调幅波 $f(t)=A(1+\cos 2\pi ft)\sin 2\pi f_0 t$ 的幅值频谱。

6-8 求 $\sin 10t$ 输入题 6-40 图所示电路后的输出信号。

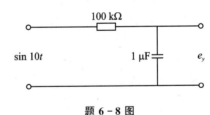

题 6-8 图

6-9 将 RC 高、低通网络直接串联,求出该网络的频率响应函数 $H(j\omega)$,并与

$$H(j\omega) = \frac{j\omega \tau_1}{1+j\omega \tau_1} \cdot \frac{1}{1+j\omega \tau_2} \cdot K, \tau_1 = R_1 C_1, \tau_2 = R_2 C_2$$

比较,说明负载效应的影响。

6-10 模拟磁记录器主要有哪几部分组成?简述各组成部分的作用。

6-11 模拟磁记录器的记录方式主要分为哪几种?分述其记录原理,比较它们的优越性。

6-12 简述数据采集系统常用通道的构成方式,并说明各种方式的特点及适用范围。

6-13 简要说明在常用数据采集系统中采样频率、存储容量、分辨率、记录时间的内涵及相互间的关系。

第 7 章　应变电测技术

电阻应变式传感器具有悠久的历史,是应用最广泛的传感器之一。电阻应变片简称应变片,是一种将应变转换成电阻变化的变换元件。将应变片粘贴在被测构件表面上,随着构件受力变形,应变片产生与构件表面应变成比例的电阻变化,用适当的测量电路和仪器就能测得构件的应变或应力。应变片不仅能测应变,而且对能转化为应变变化的物理量,如力、扭矩、压强、位移、温度、加速度等,都可利用应变片进行测量,所以它在测试中的应用非常广泛。

应变电测技术之所以得到广泛应用,是由于它具有以下优点:
(1) 非线性小,电阻的变化同应变成线性关系;
(2) 应变片尺寸小(我国的应变片栅长最小达 0.178 mm),重量轻(一般为 0.1~0.2 g),惯性小,频率响应好,可测 0~500 kHz 的动态应变;
(3) 测量范围广,从弹性变形一直可测至塑性变形(1~2%),最大可达 20%;
(4) 测量精度高,动态测试精度达 1%,静态测试技术可达 0.1%;
(5) 可在各种复杂或恶劣的环境中进行测量,如从 −270 ℃(液氮温度)深冷温度到 +1 000 ℃的高温;从宇宙空间的真空到几千个大气压的超高压状态;长时间地浸没于水下;大的离心力和强烈振动;强磁场、放射性和化学腐蚀等恶劣环境。

7.1　电阻应变片

7.1.1　电阻应变片的结构和工作原理

电阻应变片是基于金属的应变效应工作的。由欧姆定律可知,金属丝的电阻($R=\rho L/S$)与材料的电阻率(ρ)及其几何尺寸(长度 L 和截面积 S)有关,而金属丝在承受机械变形的过程中,这三者都要发生变化,因而引起金属丝的电阻变化。金属丝的电阻随其所受的机械变形(拉伸或压缩)的大小而发生相应变化的现象称为金属的电阻应变效应。

1. 应变片的结构

应变片种类繁多,形式多样,但基本构造大体相同。现以丝绕式应变片为例说明。丝绕式应变片的结构如图 7-1 所示。它以直径约为 0.025 mm 的高电阻率合金电阻丝 2,绕成形如栅栏的敏感栅。敏感栅为应变片的敏感元件,敏感栅粘贴在基底 1 上,基底除能固定敏感栅外,还有绝缘作用;敏感栅上面粘贴有覆盖层 3,敏感栅电阻丝两端焊接引出线 4,用以和外接导线相连。

2. 电阻应变特性

由物理学可知,金属丝的电阻为

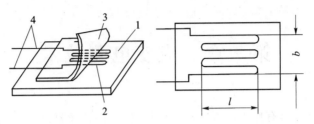

1—基底；2—电阻丝；3—覆盖层；4—引线

图 7-1 丝绕式应变片的基本结构

$$R = \rho \frac{L}{S} \tag{7-1}$$

式中，R 为金属丝的电阻(Ω)；ρ 为金属丝的电阻率($\Omega \cdot m^2/m$)；L 为金属丝的长度(m)；S 为金属丝的截面积(m^2)。

取如图 7-2 所示一段金属丝，当金属丝受拉而伸长 dL 时，其横截面积将相应减小 dS，电阻率因金属晶格发生变形等因素的影响也将改变 $d\rho$，则有金属丝电阻变化量为

$$dR = \frac{\rho}{S}dL - \frac{\rho L}{S^2}dS + \frac{L}{S}d\rho \tag{7-2}$$

以 R 除左式，$\rho L/S$ 除右式，得

$$\frac{dR}{R} = \frac{dL}{L} - \frac{dS}{S} + \frac{d\rho}{\rho} \tag{7-3}$$

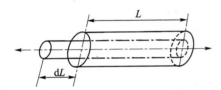

图 7-2 金属导体的电阻应变效应

设金属丝半径为 r，有

$$\frac{dS}{S} = 2\frac{dr}{r} \tag{7-4}$$

令 $\varepsilon_x = dL/L$ 为金属丝的轴向应变；$\varepsilon_y = dr/r$ 为金属丝的径向应变。金属丝受拉时，沿轴向伸长，沿径向缩短，二者之间的关系为

$$\varepsilon_y = -\mu \varepsilon_x \tag{7-5}$$

式中，μ 为金属材料的泊松系数。

将式(7-4)、式(7-5)代入式(7-3)得

$$\frac{dR}{R} = (1+2\mu)\varepsilon_x + \frac{d\rho}{\rho} \quad \text{或} \quad \frac{dR/R}{\varepsilon_x} = (1+2\mu) + \frac{d\rho/\rho}{\varepsilon_x} \tag{7-6}$$

令

$$K_S = \frac{dR/R}{\varepsilon_x} = (1+2\mu) + \frac{d\rho/\rho}{\varepsilon_x} \tag{7-7}$$

式中，K_S 为金属丝的灵敏系数，表征金属丝产生单位变形时，电阻相对变化的大小。显然，K_S 越大，由单位变形引起的电阻相对变化越大。由式(7-7)可看出，金属丝的灵敏系数 K_S 受两个因素影响：第一项 $(1+2\mu)$ 是由于金属丝受拉伸后，几何尺寸发生变化而引起的；第二项 $(d\rho/\rho)/\varepsilon_x$ 是由于材料发生变形时，其自由电子的活动能力和数量均发生了变化的缘故。由于 $(d\rho/\rho)/\varepsilon_x$ 还不能用解析式来表示，所以 K_S 只能实验求得。实验证明，在弹性范围内，应变片电阻相对变化 dR/R 与应变 ε_x 成正比，K_S 为一常量，可表示为

$$\frac{dR}{R} = K_S \varepsilon_x \tag{7-8}$$

应该指出,将金属丝做成敏感栅之后,电阻应变特性与直线时不同,实验表明,应变片的 dR/R 与 ε_x 的关系在很大范围内具有很好的线性关系,即

$$\frac{dR}{R} = K\varepsilon_x \quad \text{或} \quad K = \frac{dR/R}{\varepsilon_x} \quad (7-9)$$

式中,K 为电阻应变片的灵敏系数。

由于横向效应的影响,应变片的灵敏系数 K 恒小于同一材料金属丝的灵敏度系数 K_s。灵敏度系数是通过抽样测定得到的,一般每批产品中按一定比例(一般为 5%)的应变片测定灵敏系数 K 值,再取其平均值作为这批产品的灵敏系数,这就是产品包装盒上注明的"标称灵敏系数"。

用应变片测量应变或应力时,是将应变片粘贴于被测对象上,在外力作用下,被测对象表面发生微小机械变形,粘贴在其表面上的应变片亦随其发生相同的变化,因而应变片的电阻也发生相应的变化,如用仪器测出应变片的电阻值变化 dR,则根据式(7-9)可得到被测对象的应变值 ε_x,而根据应力-应变关系可得到应力值为

$$\sigma = E\varepsilon \quad (7-10)$$

式中,σ 为试件的应力;E 为试件的弹性模量。

3. 电阻应变片的横向效应

直线金属丝受单向力拉伸时,在任一微段上所受的应变都是相同的,且每段都是伸长的,因而每一段电阻都将增加,金属丝总电阻的增加为各微段电阻增加的和。但将同样长度的金属丝弯成敏感栅做成应变片之后,粘贴在单向拉伸试件上,各直线段的金属丝只感受沿其轴向拉伸应变 ε_x,故其各微段电阻都将增加。但在圆弧段上,沿各微段轴向(即微段圆弧的切向)的应变却并非是 ε_x(见图 7-3)。因此与直线段上同样长的微段所产生的电阻变化就不同。最明显的是,在 $\theta=\pi/2$ 处圆弧段处,由于拉伸时,除了沿轴向(水平方向)产生拉应变外,按泊松关系同时在垂直方向上产生负的压应变 ε_y,因而该段的电阻不仅不增加,反而是减少的。在圆弧的其他各段上,其轴向应变是由 $\pm\varepsilon_x$ 变化到 $\pm\varepsilon_y$,因此圆弧段部分的电阻变化小于同样长度沿轴向安放的金属丝的电阻变化。可见,将直的金属丝绕成敏感栅之后,虽然长度相同,但应变状态不同,应变片敏感栅的电阻变化较直的金属丝小,因而灵敏系数有所降低,这种现象称为应变片的横向效应。应变片感受应变时电阻变化应由两部分组成:一是与纵向应变有关,另一是与横向应变有关。对于图 7-3 所示 U 形应变片,电阻相对变化的理论计算式为

$$\frac{dR}{R} = \left[\frac{2nl + (n-1)\pi r}{2L}K_s\right]\varepsilon_x + \left[\frac{(n-1)\pi r}{2L}K_s\right]\varepsilon_y \quad (7-11)$$

式中,l 为直线段电阻丝长度;r 为圆弧部分半径;n 为敏感栅直线段数目(如图 7-3 中 $n=6$)。

设 $K_x = \frac{2nl + (n-1)\pi r}{2L}K_s$

$K_y = \frac{(n-1)\pi r}{2L}K_s$

$c = \frac{K_y}{K_x} \quad (7-12)$

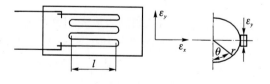

图 7-3 横向效应

式(7-11)可写成对其他形式应变片也适用的一般形式

$$\frac{\mathrm{d}R}{R} = K_x \varepsilon_x + K_y \varepsilon_y \tag{7-13}$$

$$\frac{\mathrm{d}R}{R} = K_x (\varepsilon_x + c\varepsilon_y) \tag{7-14}$$

$$K_x = \left.\frac{\mathrm{d}R/R}{\varepsilon_x}\right|_{\varepsilon_y=0} \tag{7-15}$$

$$K_y = \left.\frac{\mathrm{d}R/R}{\varepsilon_y}\right|_{\varepsilon_x=0} \tag{7-16}$$

式中,K_x 为应变片对轴向应变的灵敏度(表示 $\varepsilon_y=0$ 时,敏感栅电阻相对变化与 ε_x 之比);K_y 为应变片对横向应变的灵敏度(表示 $\varepsilon_x=0$ 时,敏感栅电阻相对变化与 ε_y 之比);c 为应变片横向灵敏度(表示横向应变对应变片电阻相对变化的影响程度),可用实验方法来测定 K_x 和 K_y,然后再求出 c。

7.1.2 电阻应变片的种类、材料和参数

1. 电阻应变片的种类

电阻应变片的种类繁多,分类方法各异,几种常见的应变片及其特点如下。

(1) 丝式应变片

① 回线式应变片是将电阻丝绕制成敏感栅粘贴在各种绝缘基底上而制成的,是一种常用的应变片,敏感栅材料直径在 0.012~0.05 mm 之间,以 0.025 mm 左右最为常用,基底很薄(一般在 0.03 mm 左右),粘贴性能好,能保证有效地传递应变,引线多用 0.15~0.30 mm 直径的镀锡铜线与敏感栅相连。图 7-4(a)所示为常见的回线式应变片构造图。

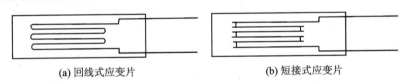

图 7-4 丝式应变片

② 短接式应变片是由敏感栅平行安放,两端用直径比栅丝直径大 5~10 倍的镀银丝短接构成的,如图 7-4(b)所示。该应变片的优点是克服了回线式应变片的横向效应。但由于焊点多,在冲击、振动试验条件下,易在焊接点处出现疲劳破坏,且制造工艺要求高。

(2) 箔式应变片

这类应变片利用照相制版或光刻腐蚀的方法,将箔材在绝缘基底下制成各种图形而成。箔材厚度多在 0.001~0.01 mm,利用光刻技术可制成适用于各种需要的、形状美观的、称为应变花的应变片。图 7-5 所示为常见的几种箔式应变片形式,在常温条件下,已逐步取代了线绕式应变片。它的主要优点是:

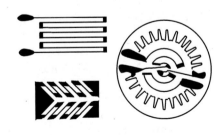

图 7-5 箔式应变片

① 能确保敏感栅尺寸正确、线条均匀,可制成任意形状以适应不同的测量要求;
② 敏感栅界面为矩形,表面积与截面积之比远比圆断面的大,故黏合面积大;
③ 敏感栅薄而宽,黏结性能及传递试件应变性能好;
④ 散热性能好,允许通过较大的工作电流,从而增大输出信号;
⑤ 敏感栅弯头横向效应可忽略,蠕变、机械滞后较小,疲劳寿命高。

(3) 半导体应变片

半导体应变片的工作原理是基于半导体材料的电阻率随应力而变化的"压阻效应"。所有材料在某种程度上都具有压阻效应,但半导体的这种效应特别显著,能直接反映出很微小的应变。常见的半导体应变片是用锗或硅等半导体材料作敏感栅,一般为单根状,如图 7-6 所示。根据压阻效应,半导体和金属丝一样可把应变转换成电阻的变化。

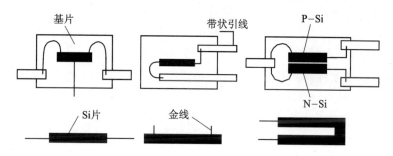

图 7-6 半导体应变片的结构形式

半导体应变片受纵向力作用时,电阻相对变化可用下式表示

$$\frac{\Delta R}{R} = (1+2\mu)\varepsilon_x + \frac{\Delta\rho}{\rho} \qquad (7-17)$$

式中,$\Delta\rho/\rho$ 为半导体应变片的电阻率相对变化,其值与半导体小条的纵向轴所受的应力之比为一常数,即

$$\frac{\Delta\rho}{\rho} = \pi\sigma \quad \text{或} \quad \frac{\Delta\rho}{\rho} = \pi E \varepsilon_x \qquad (7-18)$$

式中,π 为半导体材料的压阻系数,它与半导体材料的种类及应力方向与晶轴方向之间的夹角有关。将式(7-18)代入式(7-17)得

$$\frac{\Delta R}{R} = (1+2\mu+\pi E)\varepsilon_x \qquad (7-19)$$

式中,$1+2\mu$ 项随半导体几何形状而变化,πE 项为压阻效应,随电阻率而变。实验表明,πE 比 $(1+2\mu)$ 大近百倍,$(1+2\mu)$ 可忽略,故半导体应变片的灵敏系数为

$$K = \frac{\Delta R/R}{\varepsilon_x} = \pi E \qquad (7-20)$$

半导体应变片的优点是尺寸、横向效应、机械滞后都很小,灵敏系数大,因而输出也大;缺点是电阻值和灵敏系数的温度稳定性差,测量较大应变时非线性严重,灵敏系数随受拉或受压而变,且分散度大,一般在 3%~5% 之间。

2. 电阻应变片的材料

(1) 敏感栅材料

敏感栅常用的材料有康铜、镍铬合金、铁铬铝合金、铁镍铬合金、贵金属(铂、铂钨合金)等,对敏感栅材料的要求如下：

① 灵敏系数 K_S 和电阻率 ρ 要尽可能高而稳定，电阻变化率 $\Delta R/R$ 与机械应变 ε 之间应具有良好而宽广的线性关系，即要求 K_S 在很大范围内为常数。

② 电阻温度系数小，电阻与温度间的线性关系和重复性好。

③ 机械强度高，碾压及焊接性能好，与其他金属之间的接触电势小。

④ 抗氧化、耐腐蚀性能强，无明显机械滞后。

(2) 应变片基底材料

应变片基底材料有纸和聚合物两大类，纸基逐渐被胶基取代，因胶基各方面都好于纸基。胶基是由环氧树脂、酚醛树脂和聚酰亚胺等制成胶膜，厚 0.03～0.05 mm。对基底材料性能有如下要求：

① 机械强度好，挠性好；

② 粘贴性能好；

③ 绝缘性能好；

④ 热稳定性和抗湿性好；

⑤ 无滞后和蠕变。

(3) 引线材料

康铜丝敏感栅应变片，引线采用直径为 0.05～0.18 mm 的银铜丝，采用点焊焊接。其他类型敏感栅多采用直径与上述相同的铬镍、卡玛、铁铬铝金属丝作为引线，与敏感栅点焊相接。

3. 应变片的主要工作参数

(1) 应变片的尺寸

将顺着应变片轴向敏感栅两端转向处之间的距离称为标距 l。电阻丝式 l 一般为 5～180 mm，箔式的一般为 0.3～180 mm。敏感栅的横向尺寸称为栅宽，以 b 表示。通常 b 值在 10 mm 以下，如图 7-7 所示。$l \times b$ 称为应变片的使用面积。应变片的基底长 L 和宽度 W 要比敏感栅大一些。小栅长的应变片对制造要求高，对粘贴的要求亦高，且应变片的蠕变、滞后及横向效应也大。因此应尽量选栅长大一些的片子，应变片的栅宽也以小一些的为好。

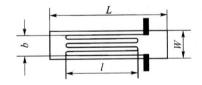

图 7-7 应变片的尺寸

(2) 应变片的电阻值

应变片的电阻值指应变片没有安装且不受力的情况下，在室温时测定的电阻值。应变片的标准电阻值通常有 5 种，分别为 60 Ω，120 Ω，350 Ω，500 Ω，1 000 Ω。用得最多的是 120 Ω 和 350 Ω 两种。应变片在相同的工作电流下，电阻值愈大，允许的工作电压亦愈大，可提高测量灵敏度。

(3) 机械滞后

对已粘贴的应变片，在恒定的温度环境下，加载和卸载过程中同一载荷下指示应变的最大差值，称为机械滞后。造成此现象的原因很多，如应变片本身特性不好；试件本身的材质不好；黏结剂选择不当；固化不良；黏接技术不佳，部分脱落和黏结层太厚等。常规应变片都有此现象。在测量过程中，为了减小应变片的机械滞后给测量结果带来的误差，可对新粘贴应变片的试件反复加、卸载 3～5 次。

(4) 热滞后

已粘贴的应变片试件在不受外力作用下,在室温与极限工作温度之间增加或减少温度,同一温度下指示应变的差值,称为热滞后。这主要由黏结层的残余应力、干燥程度、固化速度和屈服点变化等引起。应变片粘贴后进行"二次固化处理"可使热滞后值减小。

(5) 零点漂移

对已粘贴的应变片,在温度恒定、试件不受力的条件下,指示应变随时间的变化称为零点漂移(简称零漂)。这是由于应变片的绝缘电阻过低及通过电流而产生热量等原因造成的。

(6) 蠕 变

对已安装的应变片,在温度恒定并承受恒定的机械应变时,指示应变随时间的变化称为蠕变。这主要是由胶层引起,如黏结剂种类选择不当、粘贴层较厚或固化不充分及在黏结剂接近软化温度下进行测量等。

(7) 应变极限

温度不变时使试件的应变逐渐加大,应变片的指示应变与真实应变的相对误差(非线性误差)小于规定值(一般为10%)情况下所能达到的最大应变值为该应变片的应变极限。

(8) 绝缘电阻

应变片引线和安装应变片的试件之间的电阻值称为绝缘电阻。此值常作为应变片黏结层固化程度和是否受潮的标志。绝缘电阻下降会带来零漂和测量误差,尤其是不稳定绝缘电阻会导致测试失败。

(9) 疲劳寿命

对已粘贴的应变片在一定的交变机械应变幅值下,可连续工作而不致产生疲劳损坏的循环次数,称为疲劳寿命。疲劳寿命的循环次数与动载荷的特性及大小有密切的关系。一般情况下循环次数可达 $10^6 \sim 10^7$。

(10) 最大工作电流

允许通过应变片而不影响其工作特性的最大电流值,称为最大工作电流。该电流和外界条件有关,一般为几十毫安,箔式应变片有的可达 500mA。流过应变片的电流过大,会使应变片发热引起较大的零漂,甚至将应变片烧毁。静态测量时,为提高测量精度,流过应变片的电流要小一些;短期动态测量时,为增大输出功率,电流可大一些。

7.1.3 应变片的粘贴

1. 应变片的工作情况

贴在试件上的应变片,其敏感部分基本上可和试件一起变形。这是因为电阻丝的直径很细(直径仅 0.02～0.03 mm),中间物质(一层基底和二层黏结剂)很薄(约 0.06 mm 以下),电阻丝全部埋在黏结剂里,其黏结表面积相当大。如常用的直径为 0.025 mm,长度为 4 mm 的康铜丝,它与黏贴剂胶合的面积是它截面的 1 600 倍,因此说基本上可和试件一起变形。

试件表面的变形(应变)是通过胶层、基底以剪力的形式传给电阻丝的,如图 7-8 所示。当试件沿 x 方向变形时,胶层下表面与试件一起移动,和基底黏合的上表面是被动的,基底被带动,胶层产生剪应力 γ_1。基底产生剪应力 γ_2 将应变传到电阻丝上。剪应力分布规律如图 7-8(b)。应变片两端剪应力最大,中间最小。因此在粘贴应变片时应注意将应变片的两端贴牢固。

2. 黏合剂

电阻应变片工作时,总是被粘贴到试件或传感器的弹性元件上。在测量时,黏合剂所形成的胶层起着非常重要的作用,应准确无误地将试件或弹性元件的应变传递到应变片的敏感栅上去。所以黏合剂与粘贴技术对于测量结果有直接影响,不能忽视它们的作用。

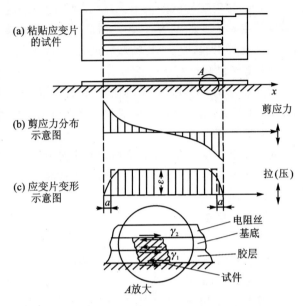

图7-8 应变片的受力状态

对黏合剂有如下要求:
① 有一定的黏结强度;
② 能准确传递应变;
③ 蠕变小;
④ 机械滞后小;
⑤ 耐疲劳性能好、韧性好;
⑥ 长期稳定性好;
⑦ 具有足够的稳定性能;
⑧ 对弹性元件和应变片不产生化学腐蚀作用;
⑨ 有适当的贮存期;
⑩ 有较大的使用温度范围。选用黏合剂时要根据应变片的工作条件、工作温度、潮湿程度、有无化学腐蚀、稳定性要求、加温加压、固化的可能性、粘贴时间长短要求等因素考虑,此外还要注意黏合剂的种类是否与应变片基底材料相适应。

3. 应变片粘贴工艺

质量优良的电阻应变片和黏合剂,只有在正确的粘贴工艺基础上才能得到良好的测试结果,因此正确的粘贴工艺对保证粘贴质量、提高测试精度关系很大。

(1) 应变片检查

根据测试要求选用应变片,要做外观和电阻值的检查,对精度要求较高的测试还应复测应变片的灵敏系数和横向灵敏度。

① 外观检查 检查线栅或箔栅的排列是否有造成短路、断路的部位或是否有锈蚀斑痕,引出线焊接是否牢固,上下基底是否有破损部位。

② 电阻值检查 对经过外观检查合格的应变片,要逐个进行电阻值测量,配对桥臂用的应变片电阻值应尽量相同。

(2) 修整应变片

① 对没有标出中心线标记的应变片,应在其基底上标出中心线;
② 如有需要,应对应变片基底的长度和宽度进行修整,但修整后的应变片不可小于规定的最小长度和宽度;
③ 对基底较光滑的胶基应变片,可用细沙纸将基底轻轻地稍许打磨,并用溶剂洗净。

(3) 试件表面处理

为了使应变片牢固地粘贴在试件表面上,须将试件贴应变片的表面部分处理得平整光洁,无油漆、锈斑、氧化层、油污和灰尘等。

(4) 划粘贴应变片的定位线

为确保应变片粘贴位置的准确,可用划笔在试件表面划出定位线。粘贴时应使应变片的中心线与定位线对准。

(5) 贴应变片

在处理好的粘贴位置上和应变片基底上,各涂抹一层薄薄的黏合剂,稍待一段时间(视黏合剂种类而定),然后将应变片粘贴到预定位置上。在应变片上面放一层玻璃纸或一层透明的塑料薄膜,然后用手滚压挤出多余的黏合剂,黏合剂层的厚度尽量薄。

(6) 黏合剂的固化处理

对粘贴好的应变片,依黏合剂固化要求进行固化处理。

(7) 应变片粘贴质量的检查

① 外观检查。最好用放大镜观察黏合层是否有气泡,整个应变片是否全部粘贴牢固,有无造成短路、断路等危险的部位,还要观察应变片的位置是否正确。

② 电阻值检查。应变片的电阻值在粘贴前后不应有较大的变化。

③ 绝缘电阻检查。应变片电阻丝与试件之间的绝缘电阻一般大于 200 MΩ。

(8) 引出线的固定保护

将粘贴好的应变片引出线与测量用导线焊接在一起,为了防止电阻丝和引出线被拉断,用胶布将导线固定于试件表面,但固定时要考虑使引出线有呈弯曲形的余量,以及引线与试件之间的良好绝缘。

(9) 应变片的防潮处理

应变片粘贴好、固化好后要进行防潮处理,以免因潮湿引起绝缘电阻和黏合强度降低,影响测试精度。简单的方法是在应变片上涂一层中性凡士林,其有效期为数日。最好是石蜡或蜂蜡熔化后涂在应变片表面上(厚约 2 mm),可实现长时间防潮。

7.2 电阻应变片的温度误差及补偿

7.2.1 温度误差及其产生原因

由于温度变化所引起应变片的电阻变化与试件(弹性敏感元件)应变所造成的电阻变化几乎有相同的数量级,如不采取必要的措施克服温度的影响,测量精度无法保证。

(1) 温度变化引起应变片敏感栅电阻变化而产生附加应变

电阻与温度关系可用下式表达

$$R_t = R_0(1 + \alpha \Delta t) = R_0 + R_0 \alpha \Delta t$$

$$\Delta R_{ta} = R_t - R_0 = R_0 \alpha \Delta t \tag{7-21}$$

式中,R_t 为温度为 t 时的电阻值;R_0 为温度为 t_0 时的电阻值;Δt 为温度的变化值;ΔR_{ta} 为温度变化 Δt 时的电阻变化;α 为敏感栅材料的电阻温度系数。将温度变化 Δt 时的电阻变化折合成应变 ε_{ta},则

$$\varepsilon_{ta} = \frac{\Delta R_{ta}/R_0}{K} = \frac{\alpha \Delta t}{K} \tag{7-22}$$

(2) 试件材料与敏感栅材料的线膨胀系数不同而使应变片产生附加应变

粘贴在试件上一段长度为 l_0 的应变丝，当温度变化 Δt 时，应变丝受热膨胀至 l_{t1}，而应变丝下的试件伸长为 l_{t2}，有

$$l_{t1} = l_0(1 + \beta_{丝}\Delta t) = l_0 + l_0\beta_{丝}\Delta t \tag{7-23}$$

$$\Delta l_{t1} = l_{t1} - l_0 = l_0\beta_{丝}\Delta t \tag{7-24}$$

$$l_{t2} = l_0(1 + \beta_{试}\Delta t) = l_0 + l_0\beta_{试}\Delta t \tag{7-25}$$

$$\Delta l_{t2} = l_{t2} - l_0 = l_0\beta_{试}\Delta t \tag{7-26}$$

式中，l_0 是温度为 t_0 时的应变丝长度；l_{t1} 为温度为 t 时的应变丝长度；l_{t2} 为温度为 t 时试件的长度；$\beta_{丝}$、$\beta_{试}$ 为应变丝和试件材料的线膨胀系数；Δl_{t1}、Δl_{t2} 为温度变化 Δt 时应变丝和试件的膨胀量。

由式(7-24)和式(7-26)可知，如 $\beta_{丝} \neq \beta_{试}$，则 $\Delta l_{t1} \neq \Delta l_{t2}$，由于应变丝和试件是黏结在一起的，若 $\beta_{丝} < \beta_{试}$，则应变丝被迫从 Δl_{t1} 拉长至 Δl_{t2}，使应变丝产生附加变形为 $\Delta l_{t\beta}$。即

$$\Delta l_{t\beta} = \Delta l_{t2} - \Delta l_{t1} = l_0(\beta_{试} - \beta_{丝})\Delta t \tag{7-27}$$

折算为应变

$$\varepsilon_{t\beta} = \frac{\Delta l_{t\beta}}{l_0} = (\beta_{试} - \beta_{丝})\Delta t \tag{7-28}$$

引起的电阻变化为

$$\Delta R_{t\beta} = R_0 K \varepsilon_{t\beta} = R_0 K(\beta_{试} - \beta_{丝})\Delta t \tag{7-29}$$

因此由于温度变化 Δt 而引起的总电阻变化为

$$\Delta R_t = \Delta R_{ta} + \Delta R_{t\beta} = R_0 \alpha \Delta t + R_0 K(\beta_{试} - \beta_{丝})\Delta t \tag{7-30}$$

总附加虚假应变量为

$$\varepsilon_t = \frac{\Delta R_t/R_0}{K} = \frac{\alpha\Delta t}{K} + (\beta_{试} - \beta_{丝})\Delta t \tag{7-31}$$

由式(7-31)可知，由于温度变化而引起附加电阻变化或造成了虚假应变，从而给测量带来误差。这个误差除与环境温度变化有关外，还与应变片本身的性能参数（K、α、$\beta_{丝}$）及试件的线膨胀系数（$\beta_{试}$）有关。

7.2.2 温度补偿方法

常用的温度补偿方法有桥路补偿和应变片自补偿两种。

1. 桥路补偿法

桥路补偿法也称补偿片法。其应变片通常是作为平衡电桥的一个臂测量应变的，图 7-9 中，R_1 为工作片，R_2 为补偿片。工作片 R_1 粘贴在需要测量应变的试件上，补偿片 R_2 粘贴在一块不受力的与试件相同的材料上，这块材料自由地放在试件上或附近，如图 7-9(b)所示。当温度发生变化时，工作片 R_1 和补偿片 R_2 的电阻都发生变化，而它们的温度变化相同，R_1 与 R_2 为同类应变片，又贴在相同的材料上，因此 R_1 和 R_2 的阻值变化量相同，即 $\Delta R_{1t} = \Delta R_{2t}$。由于 R_1 和 R_2 分别接入电桥的相邻两桥臂，则因温度变化引起的电阻变化 ΔR_{1t} 和 ΔR_{2t} 的作用相互抵消。

桥路补偿法的优点是简单、方便,在常温下补偿效果较好,缺点是在温度变化梯度较大的条件下,很难做到工作片与补偿片处于完全一致的温度场中,因而影响补偿效果。

2. 应变片自补偿法

粘贴在被测部位上的是一种特殊应变片,当温度变化时,产生的附加应变为零或相互抵消,这种特殊应变片称为温度自补偿应变片。利用温度自补偿应变片来实现温度补偿的方法称为应变片自补偿法。下面介绍两种自补偿应变片。

(1) 选择式自补偿应变片

由式(7-31)可知,实现温度补偿的条件为

$$\varepsilon_t = \frac{\alpha \Delta t}{K} + (\beta_{试} - \beta_{丝})\Delta t = 0$$

则
$$\alpha = -K(\beta_{试} - \beta_{丝}) \quad (7-32)$$

被测试件材料确定后,应选择合适的应变片敏感栅材料满足式(7-32),以达到温度自补偿。该方法的缺点是一种 α 值的应变片只能在一种试件的材料上应用,局限性很大。

(2) 双金属敏感栅自补偿应变片

这种应变片也称组合式自补偿应变片。它是利用两种电阻丝材料的电阻温度系数不同(一个为正,一个为负)的特性,将二者串联绕制成敏感栅,如图 7-10 所示。若两段敏感栅 R_1 与 R_2 由于温度变化而产生的电阻变化为 ΔR_{1t} 和 ΔR_{2t},大小相等而符号相反,即可实现温度补偿,电阻 R_1 与 R_2 的比值关系决定于

$$\frac{R_1}{R_2} = \frac{\Delta R_{2t}/R_2}{\Delta R_{1t}/R_1}$$

式中,$\Delta R_{1t} = -\Delta R_{2t}$,这种补偿的效果较前者好,在工作温度范围内通常可达到 $\pm 0.14 \mu\varepsilon/℃$。

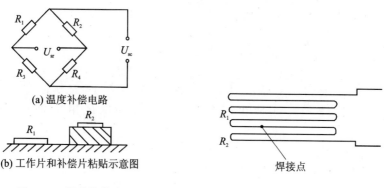

图 7-9 桥路补偿法　　　　图 7-10 双金属线栅法

7.3 电阻应变片的信号调理电路

应变片将应变转换为电阻的变化,由于电阻的变化量值很小,因此须采用高精度的测量电路——电桥测量电路。将应变转化为电压的变化,这种测量电路不仅测量的准确度高,且可进行温度补偿。

以直流电源供电的电桥称直流电桥,以交流电源供电的电桥称交流电桥。

7.3.1 直流电桥

图 7-11 为直流惠斯登电桥。由 4 个电阻 R_1, R_2, R_3, R_4 组成 4 个桥臂;$A、C$ 为供桥电压端,接电压为 U_{sr} 的直流电源;$B、D$ 为输出端,接电流指示表 R_g。流经电流表的电流 I_g 可根据戴维南定理算出。依据电路等效方法可将图 7-11 简化成图 7-12。

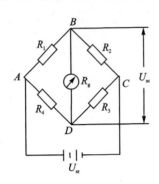 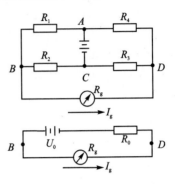

图 7-11 直流电桥 　　　图 7-12 直流电桥等效电路

电势 U_0 是原网络开路时($B、D$ 两点)的端电压,可由二支路的分压比直接得出

$$U_{sc} = \frac{R_1}{R_1+R_2} \cdot U_{sr} - \frac{R_4}{R_3+R_4} \cdot U_{sr} \tag{7-33}$$

电阻 R_0 等于网络内各电源的内阻,即原网络 $B、D$ 两端的总电阻,等于该电路的混联电阻

$$R_0 = \frac{R_1 \cdot R_2}{R_1+R_2} + \frac{R_3 \cdot R_4}{R_3+R_4} \tag{7-34}$$

则流经电流表的电流为

$$I_g = \frac{U_{sc}}{R_g + R_0} = \frac{U_{sr}\left(\dfrac{R_1}{R_1+R_2} - \dfrac{R_4}{R_3+R_4}\right)}{R_g + \dfrac{R_1 \cdot R_2}{R_1+R_2} + \dfrac{R_3 \cdot R_4}{R_3+R_4}}$$

$$= U_{sr} \cdot \frac{R_1 \cdot R_3 - R_2 \cdot R_4}{R_g(R_1+R_2)(R_3+R_4) + R_1 \cdot R_2(R_3+R_4) + R_3 \cdot R_4(R_1+R_2)} \tag{7-35}$$

为使电桥的输出功率最大,应使电桥的输出阻抗 R_0 和负载 R_g 相等,即

$$R_g = R_0 = \frac{R_1 \cdot R_2}{R_1+R_2} + \frac{R_3 \cdot R_4}{R_3+R_4} \tag{7-36}$$

将式(7-36)代回式(7-35),得到流经指示电表的电流为

$$I_g = \frac{U_{sr}}{2} \cdot \frac{R_1 \cdot R_3 - R_2 \cdot R_4}{R_1 \cdot R_2(R_3+R_4) + R_3 \cdot R_4(R_1+R_2)} \tag{7-37}$$

电桥以电流形式输出,仅用于被测应变较大,不用放大器而直接与显示、记录器相连接的情况。而一般测量时电桥的输出端 $B、D$ 多接至应变仪的放大器,放大器的输入端内阻很高,即 R_g 远远大于桥臂的电阻,电桥的输出端相当于开路,则电桥的输出是 $B、D$ 两端的电位差 U_{sc}。根据图 7-11 及式(7-33),此时

$$U_{sc} = R_g \cdot I_g$$

$$= U_{sr} \cdot \frac{R_1 \cdot R_3 - R_2 \cdot R_4}{(R_1+R_2)(R_3+R_4) + \dfrac{1}{R_g}[R_1 \cdot R_2(R_3+R_4) + R_3 \cdot R_4(R_1+R_2)]} \tag{7-38}$$

由于 R_g 的值很大,式(7-38)分母中的第二项可忽略不计,则

$$U_{sc} = U_{sr} \cdot \frac{R_1 \cdot R_3 - R_2 \cdot R_4}{(R_1 + R_2)(R_3 + R_4)} \quad (7-39)$$

当 $I_g = 0$ 或 $U_{sc} = 0$ 时,电桥处于平衡状态,故电桥的平衡条件为

$$R_1 \cdot R_3 - R_2 \cdot R_4 = 0 \quad \text{或} \quad \frac{R_1}{R_4} = \frac{R_2}{R_3} \quad (7-40)$$

因此,调节桥臂电阻的比例关系,可使电桥达到平衡。实际测量时,桥臂四个电阻 $R_1 = R_2 = R_3 = R_4$ 时,称为等臂电桥。设 R_1 为工作片(即该片贴于变形的试件上),则其电阻在试件变形后,将由 R_1 变为 $R_1 + \Delta R$,使电桥失去平衡,即

$$\frac{R_1 + \Delta R}{R_4} \neq \frac{R_2}{R_3}$$

于是 B、D 间有电位差,电流表中有电流 I_g 流过,在匹配条件下,可由式(7-37)求得

$$I_g = \frac{U_{sr}}{2} \cdot \frac{(R + \Delta R)R - R \cdot R}{(R + \Delta R)R(R + R) + R \cdot R[(R + \Delta R) + R]} = \frac{U_{sr}}{2} \cdot \frac{\Delta R/R}{4R + 3\Delta R} \quad (7-41)$$

一般 ΔR 比 R 小得多,舍去 $3\Delta R$,式(7-41)可简化为

$$I_g \approx U_{sr} \cdot \frac{\Delta R}{8R^2}$$

由式(7-39)得 B、D 两点间电位差为

$$U_{sc} = U_{sr} \cdot \frac{(R + \Delta R)R - R \cdot R}{[(R + \Delta R) + R](R + R)}$$

$$= U_{sr} \cdot \frac{\Delta R}{4R + 2\Delta R}$$

同理,由于 $\Delta R \ll R$,故可忽略分母中的 $2\Delta R$ 项,则

$$U_{sc} = U_{sr} \cdot \frac{\Delta R}{4R} = \frac{U_{sr}}{4} K \cdot \varepsilon \quad (7-42)$$

式(7-41)及式(7-42)建立了 I_g 与 ΔR 及 U_{sc} 与 ΔR 的关系。可见电桥的输出电流或电压,与应变片的电阻变化率和供桥电压有关。当 ΔR 远小于 R 时,I_g、U_{sc} 与 ΔR 呈线性关系。式(7-42)中,K 为应变片的灵敏度;ε 为应变片的应变量。

7.3.2 交流电桥

交流电桥的一般形式如图 7-13(a)所示,电桥的四臂可为电阻、电感或电容。因此,电桥的四臂需以阻抗 Z_1、Z_2、Z_3、Z_4 表示,电表的电阻也需以 Z_g 表示。按照直流电桥的推导方法,同样可导出交流电桥的输出公式。参照式(7-35)、式(7-38)可得

$$i_g = u_{sr} \cdot \frac{Z_1 \cdot Z_3 - Z_2 \cdot Z_4}{Z_g \cdot (Z_1 + Z_2) \cdot (Z_3 + Z_4) + Z_1 \cdot Z_2(Z_3 + Z_4) + Z_3 \cdot Z_4(Z_1 + Z_2)}$$

$$(7-43)$$

$$u_{sc} = i_g \cdot Z_g = u_{sr} \cdot \frac{Z_1 \cdot Z_3 - Z_2 \cdot Z_4}{(Z_1 + Z_2)(Z_3 + Z_4)} \quad (7-44)$$

由应变片构成的电桥如图 7-13(b)所示,两臂由应变片构成,另两臂是应变仪中的精密无感电阻,可认为是纯电阻 R_3 和 R_4;由于应变片接线及线栅存在分布电容,所以两应变片可看成由电阻、电容并联阻抗组成(因电感很小可忽略)。如在测量前,对电桥分别同时进行电

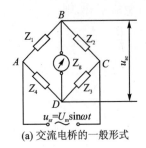 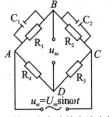

(a) 交流电桥的一般形式　　(b) 接入应变片的交流电桥

图 7-13　交流电桥

阻、电容平衡，测量时又将连接导线固定，则电容的影响很小，式(7-43)和式(7-44)可写成和式(7-35)和式(7-38)相似的形式，即

$$i_g = \frac{R_1 \cdot R_3 - R_2 \cdot R_4}{R_g(R_1+R_2)\cdot(R_3+R_4)+R_1\cdot R_2(R_3+R_4)+R_3\cdot R_4(R_1+R_2)} \cdot U_m \sin\omega t \quad (7-45)$$

$$u_{sc} = \frac{R_1 \cdot R_3 - R_2 \cdot R_4}{(R_1+R_2)\cdot(R_3+R_4)} \cdot U_m \sin\omega t \quad (7-46)$$

当为等臂电桥单臂工作时，输出电压与电阻的变化关系参照式(7-42)可写成

$$u_{sc} = \frac{\Delta R}{4R} \cdot U_m \sin\omega t \quad (7-47)$$

式中，$U_m \sin\omega t$ 为交流供桥电源电压（设初相角 $\varphi=0°$）；U_m 为电压峰值；ω 为角频率。

可见，输出电压 U_{sc} 及电流 i_g 均是交流，且交流电桥也能把电阻的变化变换为与之成比例的电流或电压输出。测量时电桥与应变仪放大器相连接，放大器的输入阻抗远大于电桥各臂阻值，故一般用电压输出的形式来表示。

1. 交流电桥的平衡条件

由式(7-43)及式(7-44)得交流电桥的平衡条件为

$$Z_1 \cdot Z_3 = Z_2 \cdot Z_4 \quad (7-48)$$

即两相对桥臂的阻抗乘积相等。若桥臂阻抗用复指数形式表示，则式(7-48)可写成

$$r_1 \cdot r_3 e^{j(\varphi_1+\varphi_3)} = r_2 \cdot r_4 e^{j(\varphi_2+\varphi_4)}$$

由复数相等的条件，等式两端的幅模和幅角须分别相等，故有

$$\left.\begin{array}{c} r_1 \cdot r_3 = r_2 \cdot r_4 \\ \varphi_1 + \varphi_3 = \varphi_2 + \varphi_4 \end{array}\right\} \quad (7-49)$$

式(7-49)是交流电桥平衡条件的一种表达形式。因此，交流电桥设有电阻平衡装置和电容平衡装置。

2. 交流电桥的"调幅"作用

为便于分析，以等臂电桥单臂工作为例介绍交流电桥的"调幅"作用。

设供桥电源电压 $U_{sr}=U_m \cdot \sin\omega t$，当试件受拉伸产生静应变时，电桥输出为

$$u_{sc} = \frac{1}{4}K \cdot \varepsilon \cdot U_m \sin\omega t \quad (7-50)$$

可见,输出波形与电源电压相同,但幅度为电源电压幅值的 $\frac{1}{4}K\cdot\varepsilon$ 倍。如图 7-14(a)所示。

当试件受压产生静的负应变时

$$u_{sc} = \frac{1}{4}K(-\varepsilon)U_m\sin\omega t \tag{7-51}$$

可见波形仍与电源电压相同,但幅度降为电源电压的 $-\frac{1}{4}K\cdot\varepsilon$ 倍,与受拉相比波形在相位上差了 180°,如图 7-14(b)所示。

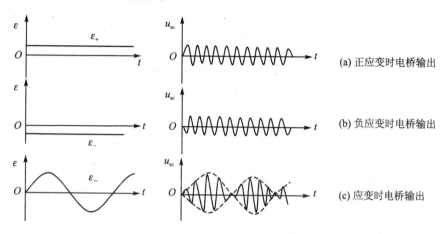

图 7-14 交流电桥的调幅作用

当试件受动态应力产生简谐变化应变时,设简谐应变为 ε_N,$\varepsilon_N = \varepsilon_m\sin\Omega t$,其中 ε_N 和 ε_m 为简谐应变的瞬时值和最大值;Ω 为简谐应变的角频率。此时电桥的输出电压为

$$\begin{aligned}u_{sc} &= \frac{1}{4}K\cdot\varepsilon_m\sin\Omega t\cdot U_m\cdot\sin\omega t \\ &= \frac{1}{8}K\cdot\varepsilon_m\cdot U_m\cos(\omega-\Omega)t - \frac{1}{8}\cdot K\cdot\varepsilon_m\cdot U_m\cos(\omega+\Omega)t\end{aligned} \tag{7-52}$$

可见,输出波形是在载波上叠加了一个低频的工作正弦波,载波的波幅由常数 U_m 变为 $\frac{1}{4}K\cdot\varepsilon_m\cdot\sin\Omega t\cdot U_m$,如图 7-14(c)所示。

由式(7-52)可知,动态应变的调幅波是由振幅相等而频率分别为 $(\omega-\Omega)$ 和 $(\omega+\Omega)$ 的两个波叠加而成的。但实际应变的变化频率多为非正弦的,其中有不可忽视的高次谐波频率 $n\Omega$,则此时电桥的输出频率宽度为 $\omega\pm n\Omega$。为使电桥调制后不失真,载波频率 ω 应比应变信号频率 $n\Omega$ 大 10 倍左右。

7.3.3 等臂对称电桥的加减特性

当电桥的四臂 R_1,R_2,R_3,R_4 分别产生电阻变化 $\Delta R_1,\Delta R_2,\Delta R_3,\Delta R_4$ 时,根据式(7-38)可得输出电压为

$$U_{sc} = \frac{(R_1+\Delta R_1)\cdot(R_3+\Delta R_3)-(R_2+\Delta R_2)\cdot(R_4+\Delta R_4)}{(R_1+\Delta R_1+R_2+\Delta R_2)\cdot(R_3+\Delta R_3+R_4+\Delta R_4)}\cdot U_{sr}$$

由于 ΔR_i 远小于 R_i,在分母中忽略 ΔR_i,在分子中忽略 ΔR_i 的高次项,又考虑电桥的初始

状态是平衡的(即 $R_1 \cdot R_3 = R_2 \cdot R_4$),则输出电压为

$$U_{sc} = \frac{\Delta R_1 \cdot R_3 + \Delta R_3 \cdot R_1 - \Delta R_2 \cdot R_4 - \Delta R_4 \cdot R_2}{(R_1 + R_2) \cdot (R_3 + R_4)} \cdot U_{sr} \qquad (7-53)$$

对于等臂电桥,即($R_1 = R_2 = R_3 = R_4 = R$),则式(7-53)可写成

$$U_{sc} = \frac{1}{4} \left(\frac{\Delta R_1}{R} + \frac{\Delta R_3}{R} - \frac{\Delta R_2}{R} - \frac{\Delta R_4}{R} \right) \cdot U_{sr} \qquad (7-54)$$

由于 $\frac{\Delta R}{R} = K\varepsilon$,则式(7-54)可写成

$$U_{sc} = \frac{1}{4} K \cdot (\varepsilon_1 + \varepsilon_3 - \varepsilon_2 - \varepsilon_4) \cdot U_{sr} \qquad (7-55)$$

式(7-54)和式(7-55)是电桥加减特性表达式。由此可知,电桥的加减特性是:

① 单臂工作时,即只有一只电阻 R 产生 ΔR 变化时,电桥输出电压为

$$U_{sc} = \frac{1}{4} \frac{\Delta R}{R} \cdot U_{sr} = \frac{1}{4} K \cdot \varepsilon \cdot U_{sr} \qquad (7-56)$$

② 双臂工作时,设 R_1 产生正 ΔR 的变化,R_2 产生负 ΔR 的变化,且变化的绝对值相等,即 $\varepsilon_1 = \varepsilon, \varepsilon_2 = -\varepsilon, \varepsilon_3 = 0, \varepsilon_4 = 0$,则电桥输出电压为

$$U_{sc} = \frac{1}{2} \frac{\Delta R}{R} \cdot U_{sr} = \frac{1}{2} K \cdot \varepsilon \cdot U_{sr} \qquad (7-57)$$

即为单臂工作输出电压的 2 倍。若 R_1、R_2 产生 ΔR 的绝对值相等且符号相同,即 $\varepsilon_1 = \varepsilon, \varepsilon_2 = \varepsilon$,则 $U_{sc} = 0$,电桥无输出,两工作臂的作用互相抵消。

③ 四臂工作时,设 R_1 和 R_3 产生正 ΔR 的变化,R_2 和 R_4 产生负 ΔR 的变化,且 ΔR 绝对值相等,即 R_1 和 R_3 感受正应变,R_2 和 R_4 感受负应变,且应变的绝对值相等,则电桥的输出电压为

$$U_{sc} = \frac{\Delta R}{R} \cdot U_{sr} = K \cdot \varepsilon \cdot U_{sr} \qquad (7-58)$$

即为单臂工作的 4 倍。若 R_1、R_4 产生负的 ΔR 的变化,R_2、R_3 产生正的 ΔR 的变化,且 ΔR 的绝对值相等,则 $U_{sc} = 0$,即各桥臂的作用互相抵消。

据以上分析,可得出图 7-15 所示的电桥加减特性。图 7-15 虽为直流电桥形式,但对交

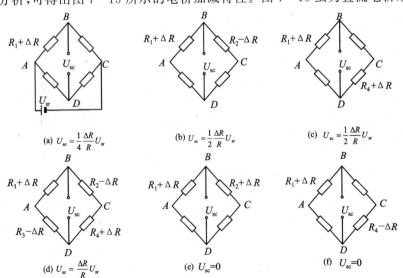

图 7-15 电桥的加减特性

流电桥形式也完全适用。由此可得电桥输出特性的重要结论是:当相邻桥臂为异号或相对桥臂为同号的电阻发生变化时,电桥的输出应相加;当相邻桥臂为同号或相对桥臂为异号的电阻发生变化时,电桥的输出应相减。

在测量前,应将电桥调平。但由于接入电桥的每个应变片不可能绝对相同,各桥臂的连接导线及接触电阻也不可能完全一样,因而需设置电阻平衡装置;对于交流电桥,还须设置电容平衡装置,以消除应变片线栅及接线分布电容的影响。还应指出的是,为使电桥输出电压与被测应变成较好的线性关系,式(7-55)使用的前提条件是:电桥工作前起始是平衡的,各应变片的阻值变化微小。

7.4 固态压阻式传感器

7.4.1 概 述

固态压阻式传感器是根据半导体材料的压阻效应工作的,是在半导体材料的基片上扩散电阻制成的,基片直接作为测量传感元件(甚至可包括某些电路)。扩散电阻在基片内组成电桥,当基片受力作用产生变形时,各电阻值发生变化,电桥产生相应的不平衡输出。本节只对固态压阻式传感器作简单介绍。半导体的压阻效应为

$$\frac{\Delta\rho}{\rho} = \pi\sigma \tag{7-59}$$

式中,$\Delta\rho/\rho$ 为电阻率的变化率,π 为压阻系数,σ 为应力。

半导体电阻相对变化为

$$\frac{\Delta R}{R} = (1 + 2\mu + \pi E)\varepsilon \approx \pi\sigma \tag{7-60}$$

实际上,半导体材料(如单晶硅)是各向异性材料,它的压阻效应是与晶向有关的,因此,其一般表达式应为

$$\frac{\Delta\rho_{ij}}{\rho} = \pi_{ijkl}\sigma_{kl} \tag{7-61}$$

式中,σ_{kl} 为外加作用力引起的应力(下标 k 表示应力的作用面的方向,l 表示应力的方向);ρ_{ij} 为电阻率(下标 i 表示电场强度的方向,j 表示电流密度方向);π_{ijkl} 为对应于 σ_{kl} 和 ρ_{ij} 的压阻系数。而电阻的相对变化应该为

$$\frac{\Delta R}{R} = \pi_{/\!/}\sigma_{/\!/} + \pi_{\perp}\sigma_{\perp} \tag{7-62}$$

式中,$\pi_{/\!/}$ 为纵向压阻系数;$\pi_{\perp}$ 为横向压阻系数;$\sigma_{/\!/}$ 为纵向应力;$\sigma_{\perp}$ 为横向应力。

纵向压阻系数 $\pi_{/\!/}$ 和横向压阻系数 $\pi_{\perp}$ 与晶向有关,纵向应力 $\sigma_{/\!/}$ 和横向应力 $\sigma_{\perp}$ 由膜片受力情况而定。固态压阻式传感器主要用于测量压力和加速度,其输出信号可是模拟电压信号,也可是频率信号。

7.4.2 压阻式压力传感器

压阻式压力传感器由外壳、硅膜片和引线组成,其简单结构如图 7-16 所示,核心部分是一块圆形的膜片。在膜片上,利用集成电路的工艺设置四个阻值相等的电阻,构成平衡电桥。

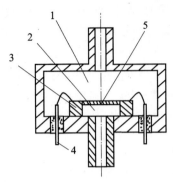

1—低压腔；2—高压腔；3—硅杯；
4—引线；5—硅膜片

图 7-16 固态压力传感器结构简图

膜片的四周(硅杯)固定，如图 7-17 所示。膜片的两边有两个压力腔：一个是和被测系统相连接的高压腔；另一个是低压腔，通常和大气相通。当膜片两边存在压力差时，膜片上各点存在应力。四个电阻在应力作用下，阻值发生变化，电桥失去平衡，输出相应的电压。该电压和膜片的两边压力差成正比。这样，测得不平衡电桥的输出电压就能求得膜片所受压力差的大小。

对于压阻式压力传感器，它的纵向应力 $\sigma_{//}$ 和横向应力 $\sigma_{\perp}$ 决定于硅膜片上各点径向应力 σ_r 和切向应力 σ_t，当 $r=0.635r_0$ 时，$\sigma_r=0$；$r<0.635r_0$ 时，$\sigma_r>0$ 为拉应力；$r>0.635r_0$ 时，$\sigma_r<0$ 为压应力。同时当 $r=0.812r_0$ 时，$\sigma_t=0$，仅有 σ_r 存在，且 $\sigma_r<0$。

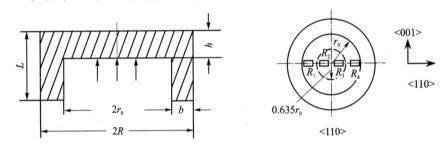

图 7-17 硅杯上法线为<110>晶向的膜片

设硅膜片所承受的压力为 p，圆形平膜片上各点的径向应力平均值 σ_r 和切向应力平均值 σ_t 分别为

$$\left. \begin{array}{l} \sigma_r = [r_0^2(1+\mu) - r^2(3+\mu)] \times 3p/8h^2 \\ \sigma_t = [r_0^2(1+\mu) - r^2(1+3\mu)] \times 3p/8h^2 \end{array} \right\} \quad (7-63)$$

其中，μ 为泊松比，硅取 $\mu=0.35$。

7.4.3 压阻式加速度传感器

压阻式加速度传感器的悬臂梁直接用单晶硅制成，四个扩散电阻在其根部，如图 7-18 所示。当悬臂梁自由端质量块受到加速度作用时，悬臂梁受有弯矩作用，产生应力，使阻值变化。电桥产生与加速度成比例的输出。

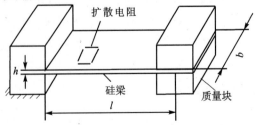

图 7-18 压阻式加速度传感器

7.5 电阻应变仪

电阻应变片的电阻变化很小,测量电桥的输出信号也很小,不足以推动显示和记录装置,因此需要将电桥的输出信号用一个高增益的放大器进行放大,以便推动显示或记录装置,用于完成这一任务的仪器称应变仪。此外应变仪还起阻抗变换的作用,其输出阻抗应与记录仪器相匹配。

电阻应变仪具有灵敏度高,稳定性好,测量简便、准确、可靠,且能做多点较远距离测量等特点。对电阻应变仪的要求是,具有低阻抗的电流输出及高阻抗电压输出,便于连接各种记录仪器,同时适用于室内及野外测量。

7.5.1 电阻应变仪的分类及其特点

电阻应变仪按被测应变的变化频率及相应的电阻应变仪的工作频率范围可分为静态电阻应变仪、静动态电阻应变仪、动态电阻应变仪和超动态电阻应变仪。

(1) 静态电阻应变仪

静态电阻应变仪主要用于测量静载荷作用下应变的变化,其应变信号变化十分缓慢或变化一次后能相对稳定。静态电阻应变仪一般是载波放大式的,使用零位法进行测量,进行多点测量时需选配一个预调平衡箱。各传感器和箱内电阻一起组桥,并进行预调平衡。预调或实测时需另配一手动或自动的多点转换开关,依次接通测量。

(2) 静动态电阻应变仪

静动态电阻应变仪以测量静态应变为主,也可测量频率较低的动态应变。

(3) 动态电阻应变仪

动态电阻应变仪与各种记录仪配合,用以测量动态应变,测量的工作频率可达 $0\sim2\,000$ Hz,个别的可达 10 kHz。动态电阻应变仪具有电桥、放大器、相敏检波器和滤波器等。动态应变仪用"偏位法"进行测量,可测周期或非周期性的动态应变。

(4) 超动态电阻应变仪

工作频率高于 10 kHz 的应变仪称超动态应变仪,用于测量冲击等变化非常剧烈的瞬间过程。超动态电阻应变仪工作频率比较高,要求载波频率就更高,因此,多采用直流放大器。

7.5.2 载波放大式应变仪的组成及工作原理

载波放大式应变仪由电桥、电桥平衡装置、放大器、振荡器、相敏检波器、滤波器和稳压电源组成。其工作原理如图 7-19 所示。稳压电源对放大器和载波振荡器提供稳定的电压。载波振荡器产生 1 kHz~1 MHz 的正弦电压供给测量电桥和作为相敏检波器的参考电压。当工作片感受一个如图 7-19 所示的动态应变时,电桥输出一个微弱的调幅波,调幅波的包络线与动态应变相似。放大器将微弱的调幅波放大后输入相敏检波器,经解调得应变包络线,可根据应变波形辨别出信号的正负方向,再经低通滤波器滤去载波及高次谐波而得到与所测动态应变相似的放大信号(电压或电流波形)。

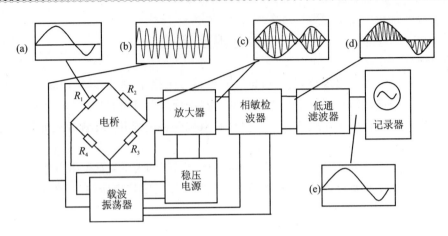

图 7-19 载波放大式应变仪的典型方框图

7.5.3 电标定及电标定桥

动态应变仪可根据电标定来确定应变片的应变值。当被测应变使应变片产生 $\Delta R = K\varepsilon R$ 的电阻变化,为了模拟这种变化,可在应变片 R 上并联一大阻值电阻 R_p,如图 7-20 所示,使并联后与并联前相比也产生 ΔR 的变化。这种在桥臂并联大电阻来模拟试件变形的方法叫电标定。电标定的作用是给出测量比例尺。如 100 微应变的电标定,实际上是将 $R_p = 600\ k\Omega$ 的电阻并联到 120 Ω 的测量应变片上,使这个臂的阻值减小了 $\Delta R = 120 - 120 \cdot R_p/(120 + R_p) = 0.024\ \Omega$;而 $K = 2$,阻值为 120 Ω 的应变片在 100 微应变的作用下,产生的电阻变化为 $\Delta R = K\varepsilon R = 2 \times 100 \times 10^{-6} \times 120\ \Omega = 0.024\ \Omega$ 这两种情况是等效的。

实际应变仪的电标定不是在桥臂上并联一个电阻,而是有一系列的精密电阻,根据需要并联其中之一,以便给出一系列的电标定值,如 ±50, ±100, ±300, ±1 000, ±3 000 微应变如图 7-21 所示。动态应变仪中均设有专用的标定桥,不仅能给出标准的应变信号作为测量比例尺,而且还给出应变的正负号。

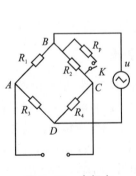

图 7-20 电标定

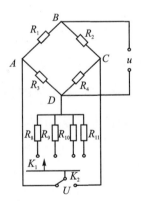

图 7-21 电阻应变仪的电标定

7.5.4 常用电阻应变仪主要电路

常用的应变仪,无论静态或动态大都采用交流电桥-载波放大式这种方案,本节将应变仪各主要电路的特点作一简单介绍。

(1) 应变仪的电桥

静态电阻应变仪一般采用平衡电桥(零位测量法)。为扩大平衡范围,实际上采用双电桥串联电路,即一个接入应变片的测量电桥,另一个为有较大平衡范围的读数电桥。

动态电阻应变仪大都采用不平衡电桥(偏位测量法)进行测量。图 7 – 22 为某型应变仪的电桥。图中虚线部分为所连接的应变片,为使用方便起见,将此虚线部分从仪器内部引出构成电桥盒,如图 7 – 23 所示。该应变仪电桥盒上 1、3 点连接输出,2、4 点连接电源。该电桥用差动电容器进行电容平衡,由于差动电容的容量不能做得很大,它的电容平衡范围较小。为此在其电桥上的 2、6 接线柱间接一个 1 000 pF 的固定电容,使用时将此固定电容试着并联到某一桥臂上,以扩大电容平衡范围。

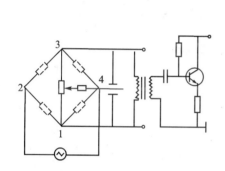

图 7 – 22 YD – 15 应变仪的电桥

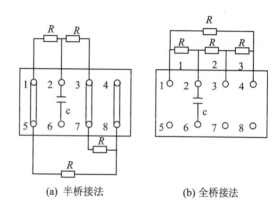

(a) 半桥接法　　　　(b) 全桥接法

图 7 – 23 电桥盒接线图

(2) 相敏检波器

应变仪中相敏检波器的作用是既能鉴别应变振幅的大小,又能区分应变的正负。图 7 – 24 是环型桥式相敏检波器的电路图,当应变为正时,电桥输出的相位与振荡器载波波形的相位相同;而当应变为负时,则相差 180°。相敏检波器就是根据这一点,来分辨应变(信号)的正负的。

变压器 B_1、B_2 分别接入由放大器来的输入信号电压 U_1 及由振荡器来的基准参考信号电压 U_2,二者频率相同,且常保持 $U_2 > U_1$。电流以不同方向通向输出电表。若 i_1、i_4 为正,i_2、i_3 为负。输出电表中的电流为

$$I_m = (i_1 + i_4) - (i_2 + i_3)$$
(7 – 64)

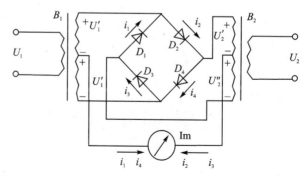

图 7 – 24 桥式相敏检波器电路

① 当 $U_1 = 0$ 时,由于 U_2 作用,D_3 和 D_4 正向导通,i_3 和 i_4 以不同方向流过输出电表,由于变压器抽头居中,各两极管特性一致,故 $I_m = i_3 - i_4 = 0$,U_2 负半周时,D_1 和 D_2 导通,$I_m = i_1 - i_2 = 0$;若 $U_2 = 0$,由于 U_1 作用,$I_m = 0$,若电表中出现 $I_m \neq 0$,主要是变压器中心

抽头不对称或二极管参数不一致造成的。

② 当 $U_1 \neq 0$,且 U_1、U_2 同相位时,在正半周,由于 $U_1 < U_2$,所以 D_3 和 D_4 仍导通,但 D_4 两端电压迭加为 $U_1 + U_2$,D_3 两端电压相减为 $U_2 - U_1$,所以 $i_3 < i_4$,U_1 越大电流也越大。负半周时,由于 $U_1 < U_2$,D_1 和 D_2 导通,但同样 D_1 两端电压为 $U_1 + U_2$,D_2 两端电压为 $U_1 - U_2$,所以 $i_1 > i_2$。在一周期内平均输出电流为正值,即 $I_m > 0$。

③ 当 $U_1 \neq 0$,且 U_1 与 U_2 相位相反时,U_2 为正半周时,由于 $U_1 < U_2$,所以仍然是 D_3 和 D_4 导通,但由于 U_1 与 U_2 相位相反,D_3 两端电压叠加为 $U_1 + U_2$,D_4 两端电压相减为 $U_2 - U_1$,所以 $i_3 > i_4$,通过电表电流 $I_m = i_4 - i_3 < 0$,即为一与两端电压同相时相反的负电流。U_2 为负半周时,这时 D_1 和 D_2 导通,D_2 两端迭加,D_1 两端电压相减,$i_2 > i_1$,电表流过电流 $I_m = i_1 - i_2 < 0$。仍为负值,一周输出电流均不为零而是负值。

相敏检波器可分辨出信号的正负方向。有些应变仪具有两套相敏检波器:低阻抗电流输出配用输入阻抗低的记录仪器,高阻抗电压输出配用输入阻抗高的记录仪器。

7.6 测量中应变片的排列与接桥

7.6.1 应变式传感器

应变片的基本用途是测量应变,但在测量中远不限于此,凡是能转化为应变变化的物理量都可用应变片进行测量。关键是如何选择合适的弹性元件将被测物理量转变成应变的变化。应变片和弹性元件是构成各种应变式传感器不可缺少的两个关键件。常用应变式传感器的弹性元件结构如图 7-25 所示,其中图 7-25(a)为膜片式压力应变传感器;图 7-25(b)为圆柱

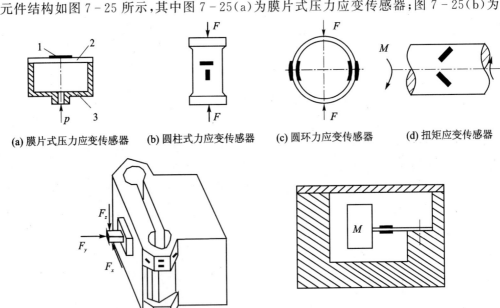

(a) 膜片式压力应变传感器　(b) 圆柱式力应变传感器　(c) 圆环力应变传感器　(d) 扭矩应变传感器

(e) 八角环车削测力仪　　　　　　　　　(f) 弹性梁应变加速度计

1—应变片;2—膜片;3—壳体

图 7-25　应变式传感器示意图

式力应变传感器;图 7-25(c)为圆环力应变传感器;图 7-25(d)扭矩应变传感器;图 7-25(e)为八角环车削测力仪,可用来同时测量三个互相垂直的力(走刀抗力 F_x、吃刀抗力 F_y 和主削力 F_z);图 7-25(f)为应变式加速度计。

7.6.2 常用载荷测量中应变片的排列和连桥

应变片感受的是构件表面某点的拉或压变形。有时应变可能是由多种内力(如有拉、有弯)造成的。为了测量某种内力所造成的变形,而排除其余内力的应变,必须合理选择贴片位置、方位和组桥方式,才能利用电桥的加减特性达到目的,同时也可达到温度补偿的效果。组成测量电桥的方法常用的有两种。半桥接法,即用两个电阻应变片作电桥的相邻臂,另两臂为应变仪电桥盒中精密无感电阻所组成的电桥;全电桥接法,即电桥四个桥臂全由电阻应变片构成,可消除连接导线电阻影响和降低接触电阻的影响,同时可提高灵敏度。

进行载荷测量时,可根据需要组成半桥或全桥测量。半桥测量时工作半桥与如图 7-23(a)所示电桥盒的 1、2、3 接线柱相连,并通过短接片与电桥盒中的精密无感电阻相连接组成测量电路,接入应变仪。全桥测量时,工作应变片组成的全桥与如图 7-23(b)所示电桥盒的 1、2、3、4 接线柱相连,此测量电路通过电桥盒接入应变仪。

1. 拉(压)力的测量

如图 7-26(a)所示,试件受力 F 作用,方向已知,为测量力的大小,可沿力作用方向贴一工作电阻应变片 R_1;而在另一块与试件处于同一温度环境且不受力的相同材料的金属块上贴一温度补偿片 R_2。即 R_1 和 R_2 接入电桥中,构成了测量拉力 F 的桥路,如图 7-26(c)所示。该电桥可进行温度补偿,输出电压为

$$U_{sc} = \frac{1}{4}\frac{\Delta R}{R}U_{sr} = \frac{1}{4}K \cdot \varepsilon \cdot U_{sr} \tag{7-65}$$

还可将温度补偿片 R_2 也贴在同一试件上,如图 7-26(b)所示,其输出电压增加了 $1+\mu$(μ 为泊松比)倍,即

$$U_{sc} = \frac{1}{4}U_{sr}K\varepsilon(1+\mu) \tag{7-66}$$

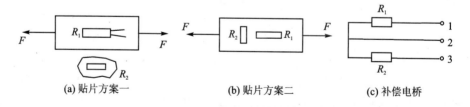

(a) 贴片方案一　　(b) 贴片方案二　　(c) 补偿电桥

图 7-26　拉(压)载荷的测量

显然,上述两种布片、接桥方式,不能排除弯曲的影响。如有弯曲,也会引起电阻的变化而产生电压输出。拉力 F 的大小可按下式计算

$$F = \sigma \cdot A = E \cdot \varepsilon \cdot A \tag{7-67}$$

式中,E 为试件材料的弹性模量;ε 为所测量的应变值;A 为试件截面面积。

2. 弯曲载荷的测量

如图 7-27(a)所示，试件受一弯矩 M 作用，在试件上贴一工作电阻应变片 R_1，温度补偿片 R_2 是贴在一块与试件环境温度、同材质且不受力的材料上，将 R_1 和 R_2 按图 7-27(c)所示接入半桥，可进行弯矩 M 的测量，其输出电压为：

$$U_{sc} = \frac{1}{4}\frac{\Delta R}{R}U_{sr} = \frac{1}{4}U_{sr}K\varepsilon$$

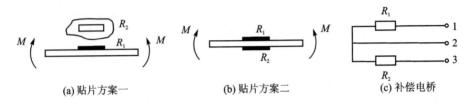

(a) 贴片方案一　　(b) 贴片方案二　　(c) 补偿电桥

图 7-27　弯矩的测量

也可用图 7-27(b)所示的方法，在试件正对的上下表面上分别贴 R_1 和 R_2 两片工作片，按图 7-27(c)所示接桥，即可实现温度补偿。R_1 贴在压缩区，R_2 贴在拉伸区，两者电阻变化大小相等，符号相反，此时输出为前者 2 倍，即

$$U_{sc} = \frac{1}{2}U_{sr}K\varepsilon$$

弯矩 M 可按下式计算

$$M = W \cdot \sigma = W \cdot E \cdot \varepsilon \tag{7-68}$$

式中，W 为试件的抗弯截面系数；E 为试件材料的弹性模量；ε 为所测量的应变值。

3. 拉压及弯曲联合作用时的测量

如果要求只测量弯矩值，可按图 7-28(a)和(b)所示方式来贴片和组桥。这时 R_K 不用。因为力 F 产生的应变而导致的 ΔR_1 和 ΔR_2 大小相等符号相同，在电桥臂上相互抵消，不会对电桥的输出产生影响，因此该测量电桥的输出自动消除了力 F 及环境温度的影响，仅反映出弯矩 M 的大小，其输出电压为

$$U_{sc} = \frac{1}{2}U_{sr}K\varepsilon$$

如果只测力 F 而不考虑弯矩 M 的作用，可按图 7-28(a)和(c)所示贴片和组桥，R_1 和 R_2 串联组成桥臂，另一臂用二片温度补偿片 R_K 串联组成。R_K 贴在与试件相同环境、同材质且不受力的零件上，由于弯矩 M 引起的 R_1 和 R_2 的电阻变化绝对值相等，符号相反而在一个电桥臂上互相抵消，因此电桥的输出只表示载荷力 F，同时该电桥具有温度补偿作用，其输出电压为

$$U_{sc} = \frac{1}{4}U_{sr}K\varepsilon$$

4. 剪力的测量

电阻应变片只能直接测量应力，不能直接测量剪应力，因为剪应力不能使电阻应变片变形而产生电阻的变化。所以只能利用由剪应力引起的正应力来测量剪力。

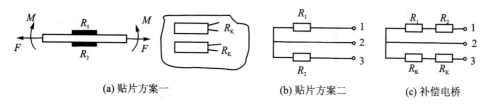

(a) 贴片方案一　　　　　(b) 贴片方案二　　　　(c) 补偿电桥

图 7-28　拉(压)、弯曲载荷的测量

如图 7-29(a)所示，Q 为被测剪力，在 a_1 和 a_2 处贴电阻应变片 R_1 和 R_2，则 a_1、a_2 两点断面弯矩分别为 $M_1=Qa_1$；$M_2=Qa_2$。由材料力学知 $M_1=E\cdot\varepsilon_1\cdot W$；$M_2=E\cdot\varepsilon_2\cdot W$（$\varepsilon_1$、$\varepsilon_2$ 分别为处 a_1 和 a_2 处的应变值）。则

$$Q=\frac{E\cdot\varepsilon_1\cdot W}{a_1} \quad \text{或} \quad Q=\frac{E\cdot\varepsilon_2\cdot W}{a_2}$$

所以只要用应变片测出某断面上的应变值，即可求出剪力 Q。

这种方案的缺点是，当 Q 力的作用点改变时（a_1 或 a_2 改变），就要影响测量结果。况且在有些情况下，a_1 或 a_2 值无法精确测量，但是两应变片 R_1 和 R_2 之间的贴片位置可精确测量，因此上述方法可以改为

$$M_1-M_2=Qa_1-Qa_2=Q(a_1-a_2)=Qa \tag{7-69}$$

式中，a 为两应变片 R_1 和 R_2 之间的距离。可得出

$$Q=\frac{\varepsilon_1 EW-\varepsilon_2 EW}{a}=\frac{\varepsilon_1-\varepsilon_2}{a}EW \tag{7-70}$$

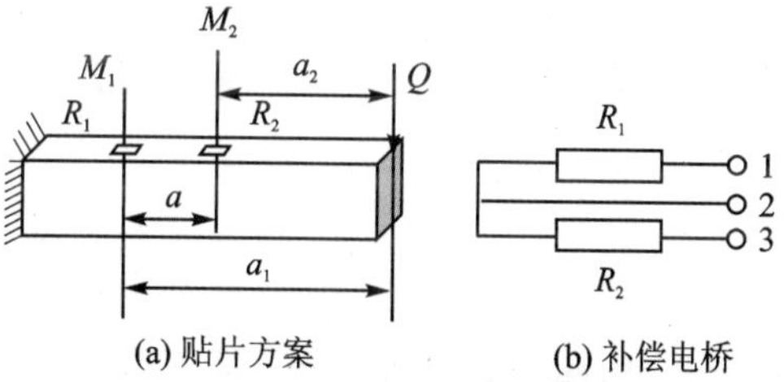

(a) 贴片方案　　　　(b) 补偿电桥

图 7-29　横剪力的测量

将 R_1 和 R_2 按如图 7-29(b)所示组成半桥，则此时测量电桥的输出只和 $\varepsilon_1-\varepsilon_2$ 成正比，而和剪力 Q 的作用点的变化无关。a、E、W 均为常数，则可用公式(7-70)算出剪力 Q。

5. 轴扭转时横断面上剪应力和扭矩的测量

由力学知识可知，当圆轴受纯扭矩时，与轴线成 45°的方向为主应力方向，如图 7-30(a)所示，且在互相垂直方向上的拉、压主应力绝对值相等、符号相反，其绝对值在数值上等于横截面上的最大剪应力 $\tau_{\max}$，即

$$\sigma_1=-\sigma_3 \quad |\sigma_1|=\tau_{\max}$$

将应变片贴在与轴线成 45°方向的圆轴表面上。即可测出此处的应变 ε。根据广义虎克定律，$\sigma=\dfrac{E\varepsilon}{1+\mu}$，则此贴应变片处截面上的最大剪应力 $\tau_{\max}=|\sigma|=\left|\dfrac{E\varepsilon}{1+\mu}\right|$，则扭矩为

$$M_K=\tau_{\max}W_p=\left|\frac{E\varepsilon}{1+\mu}\right|W_p \tag{7-71}$$

式中，W_p 为圆轴抗扭断面模量。

在实际使用中，为了增加电桥的输出，往往互相垂直地贴两片或四片应变片组成半桥或全桥测量电路，这同时也解决了温度补偿问题。在工程上的轴，承受扭矩的同时往往还承受弯矩。测量时要充分注意，应设法消除其影响。如果弯矩沿轴向有较大梯度时，不能采用

图 7-30(b)所示的贴片方案,而应采用图 7-30(a)所示的贴片方案。如图 7-30(d)所示,轴上贴有 4 片应变片,测量时将 R_1 和 R_4、R_2 和 R_3 串联起来接入电桥,即可测出轴上的扭矩而消除弯矩的影响。如轴承受的弯矩沿轴向变化较大,则应按图 7-30(e)所示的方案贴片和接桥,图中(R_3)和(R_4)表示贴在背面对应 R_1 和 R_2 的位置。

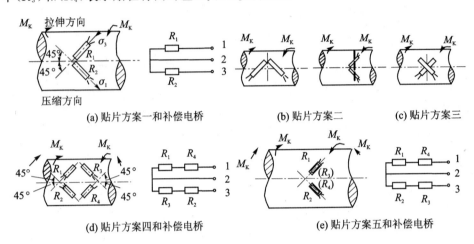

图 7-30 扭矩测量中应变片的布片

7.7 应力与应变测量

测定构件中应力与应变是应力分析学科领域的重要内容,是解决工程强度问题的主要手段。目前测定构件应力与应变的实验应力分析方法已经发展到有十几种之多,主要有:电阻应变测量法、光测弹性力学法、脆性涂层法、云纹方法、激光全息干涉法、激光散斑干涉法、声全息、声弹性以及 X 光衍射法等。其中电阻应变测量法是实验应力分析中应用最广的一种方法。电阻应变测量方法测出的是构件上某一点处的应变,还需通过换算才能得到应力。根据不同的应力状态确定应变片贴片方位,有不同的换算公式。

7.7.1 单向应力状态

在杆件受到拉伸(或压缩)情况下,如图 7-31 所示。此时只有一个主应力 σ_1,它的方向是平行于载荷 F 的方向,所以这个主应力 σ_1 的方向是已知的,该方向的应变为 ε_1。而垂直于主应力 σ_1 方向上的应力虽然为零,但该方向的应变 $\varepsilon_2 \neq 0$,而是 $\varepsilon_2 = -\mu\varepsilon_1$。由此可知,在单向应力状态下,只要知道应力 σ_1 的方向,虽然 σ_1 的大小是未知的,可在沿主应力 σ_1 的方向上贴一个应变片,通过测得 ε_1,就可利用 $\sigma_1 = E\varepsilon_1$ 公式求得 σ_1。

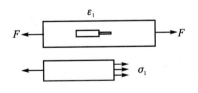

图 7-31 杆件单向受拉伸

7.7.2 主应力方向已知的平面应力状态

平面应力是指构件内的一个点在两个互相垂直的方向上受到拉伸(或压缩)作用而产生的

应力状态,如图 7-32 所示。图中单元体受已知方向的平面应力 σ_1 和 σ_2 作用。σ_1 作用在 x 方向的应变 ε_1 为 σ_1/E,y 方向的应变 ε_2 为 $-\mu\sigma_1/E$;σ_2 作用在 x 方向的应变 ε_2 为 σ_2/E,y 方向的应变 ε_1 为 $-\mu\sigma_2/E$。

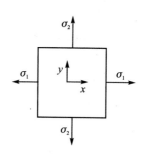

由此可得 x 方向的应变和 y 方向的应变分别为

$$\left.\begin{array}{l}\varepsilon_1 = \dfrac{\sigma_1}{E} - \mu\dfrac{\sigma_2}{E} = \dfrac{1}{E}(\sigma_1 - \mu\sigma_2) \\ \varepsilon_2 = \dfrac{\sigma_2}{E} - \mu\dfrac{\sigma_1}{E} = \dfrac{1}{E}(\sigma_2 - \mu\sigma_1)\end{array}\right\} \quad (7-72)$$

图 7-32 已知主应力方向的平面应力状态

由此可求取 σ_1 和 σ_2,即

$$\left.\begin{array}{l}\sigma_1 = \dfrac{E}{1-\mu^2}(\varepsilon_1 + \mu\varepsilon_2) \\ \sigma_2 = \dfrac{E}{1-\mu^2}(\varepsilon_2 + \mu\varepsilon_1)\end{array}\right\} \quad (7-73)$$

在平面应力状态下,若已知主应力 σ_1 或 σ_2 的方向(σ_1 与 σ_2 相互垂直),则只要沿 σ_1 和 σ_2 方向各贴一片应变片,测得 ε_1 和 ε_2 后代入式(7-73),即可求得 σ_1 和 σ_2 值。

7.7.3 主应力方向未知平面应力状态

当平面应力的主应力 σ_1 和 σ_2 的大小及方向都未知时,需对一个测点贴三个不同方向的应变片,测出三个方向的应变,才能确定主应力 σ_1 和 σ_2 及主方向角 θ 三个未知量。

图 7-33 表示边长为 x 和 y、对角线长为 l 的矩形单元体。设在平面应力状态下,与主应力方向成 θ 角的任一方向的应变为 ε'_θ,即图中对角线长度 l 的相对变化量。

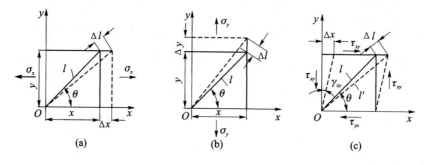

图 7-33 在 σ_x、σ_y 和 τ_{xy} 作用下单元体的应变

由于主应力 σ_x、σ_y 的作用,该单元体在 x、y 方向的伸长量为 Δx、Δy,如图 7-33(a)、(b)所示,该方向的应变为 $\varepsilon_x = \Delta x/x$,$\varepsilon_y = \Delta y/y$;在切应力 τ_{xy} 作用下,使原直角 $\angle xOy$ 减小 γ_{xy},如图 7-33(c)所示,即切应变 $\gamma_{xy} = \Delta x/y$。这三个变形引起单元体对角线长度 l 的变化分别为 $\Delta x \cos\theta$、$\Delta y \sin\theta$、$y\gamma_{xy}\cos\theta$,其应变分别为 $\varepsilon_x\cos^2\theta$、$\varepsilon_y\sin^2\theta$、$\gamma_{xy}\sin\theta\cos\theta$。当 ε_x、ε_y、γ_{xy} 同时发生时,则对角线的总应变为上述三者之和,可表示为

$$\varepsilon_\theta = \varepsilon_x\cos^2\theta + \varepsilon_y\sin^2\theta + \gamma_{xy}\sin\theta\cos\theta \quad (7-74)$$

利用半角公式变换后,式(7-74)可写成

$$\varepsilon_\theta = \dfrac{\varepsilon_x + \varepsilon_y}{2} + \dfrac{\varepsilon_x - \varepsilon_y}{2}\cos 2\theta + \dfrac{\gamma_{xy}}{2}\sin 2\theta \quad (7-75)$$

由式(7-75)可知 ε_θ 与 ε_x、ε_y、γ_{xy} 之间的关系。因 ε_x、ε_y、γ_{xy} 未知,实际测量时可任选与 x 轴成 θ_1、θ_2、θ_3 的 3 个角的方向各贴一个应变片,测得 ε_1、ε_2、ε_3 连同 3 个角度代入式(7-75)中可得

$$\left.\begin{aligned}\varepsilon_1 &= \frac{\varepsilon_x+\varepsilon_y}{2}+\frac{\varepsilon_x-\varepsilon_y}{2}\cos 2\theta_1+\frac{\gamma_{xy}}{2}\sin 2\theta_1 \\ \varepsilon_2 &= \frac{\varepsilon_x+\varepsilon_y}{2}+\frac{\varepsilon_x-\varepsilon_y}{2}\cos 2\theta_2+\frac{\gamma_{xy}}{2}\sin 2\theta_2 \\ \varepsilon_3 &= \frac{\varepsilon_x+\varepsilon_y}{2}+\frac{\varepsilon_x-\varepsilon_y}{2}\cos 2\theta_3+\frac{\gamma_{xy}}{2}\sin 2\theta_3\end{aligned}\right\} \quad (7-76)$$

由式(7-76)联立方程就可解出 ε_x、ε_y、γ_{xy}。再由 ε_x、ε_y、γ_{xy} 可求出主应变 ε_1、ε_2 和主方向与 x 轴的夹角 θ,即

$$\left.\begin{aligned}\varepsilon_1 &= \frac{\varepsilon_x+\varepsilon_y}{2}+\frac{1}{2}\sqrt{(\varepsilon_x-\varepsilon_y)^2+\gamma_{xy}^2} \\ \varepsilon_2 &= \frac{\varepsilon_x+\varepsilon_y}{2}-\frac{1}{2}\sqrt{(\varepsilon_x-\varepsilon_y)^2+\gamma_{xy}^2} \\ \theta &= \frac{1}{2}\arctan\frac{\gamma_{xy}}{\varepsilon_x-\varepsilon_y}\end{aligned}\right\} \quad (7-77)$$

将式(7-77)中主应变 ε_1 和 ε_2 代入式(7-73)中,即可求得主应力。

在实际测量中,为简化计算,三个应变片与 x 轴的夹角 θ_1、θ_2、θ_3 总是选取特殊角,如 $0°$、$45°$ 和 $90°$ 或 $0°$、$60°$ 和 $120°$ 角,并将三个应变片的丝栅制在同一基底上,形成所谓应变花。图 7-34 为常用丝式应变花。

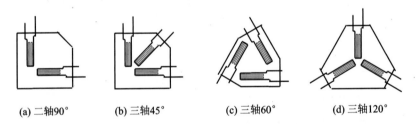

(a) 二轴90°   (b) 三轴45°   (c) 三轴60°   (d) 三轴120°

图 7-34 丝式应变花

设应变花与 x 轴夹角为 $\theta_1=0°$, $\theta_2=45°$, $\theta_3=90°$,将此 θ_1、θ_2、θ_3 值分别代入式(7-76)得

$$\left.\begin{aligned}\varepsilon_0 &= \frac{1}{2}(\varepsilon_x+\varepsilon_y)+\frac{1}{2}(\varepsilon_x-\varepsilon_y)=\varepsilon_x \\ \varepsilon_{45} &= \frac{1}{2}(\varepsilon_x+\varepsilon_y)+\frac{1}{2}\gamma_{xy} \\ \varepsilon_{90} &= \frac{1}{2}(\varepsilon_x+\varepsilon_y)-\frac{1}{2}(\varepsilon_x-\varepsilon_y)=\varepsilon_y\end{aligned}\right\} \quad (7-78)$$

由式(7-78)可得

$$\begin{aligned}\varepsilon_x &= \varepsilon_0 \quad \varepsilon_y = \varepsilon_{90} \\ \gamma_{xy} &= 2\varepsilon_{45}-(\varepsilon_0+\varepsilon_{90})\end{aligned} \quad (7-79)$$

将式(7-79)代入式(7-77)可得主应变 ε_1、ε_2 和主应变方向角 θ 的计算式为

$$\left.\begin{aligned}\varepsilon_1 \\ \varepsilon_2\end{aligned}\right\} = \frac{\varepsilon_0+\varepsilon_{90}}{2}\pm\frac{\sqrt{2}}{2}\sqrt{(\varepsilon_0-\varepsilon_{45})^2+(\varepsilon_{45}-\varepsilon_{90})^2} \quad (7-80)$$

$$\theta = \frac{1}{2}\arctan\frac{2\varepsilon_{45} - \varepsilon_0 - \varepsilon_{90}}{\varepsilon_0 - \varepsilon_{90}} \qquad (7-81)$$

将式(7-80)代入式(7-81)得应力计算公式为

$$\left.\begin{array}{c}\sigma_1\\\sigma_2\end{array}\right\} = \frac{E}{2}\left[\frac{\varepsilon_0 + \varepsilon_{90}}{1-\mu} \pm \frac{\sqrt{2}}{1+\mu}\sqrt{(\varepsilon_0 - \varepsilon_{45})^2 + (\varepsilon_{45} - \varepsilon_{90})^2}\right] \qquad (7-82)$$

对 $\theta_1 = 0°$、$\theta_2 = 60°$、$\theta_3 = 120°$ 的应变花，主应变 ε_1、ε_2 和主应变方向角 θ 及主应力 σ_1 和 σ_2 计算公式为

$$\left.\begin{array}{c}\varepsilon_1\\\varepsilon_2\end{array}\right\} = \frac{1}{3}(\varepsilon_0 + \varepsilon_{60} + \varepsilon_{120}) \pm \frac{\sqrt{2}}{3}\sqrt{(\varepsilon_0 - \varepsilon_{60})^2 + (\varepsilon_{60} - \varepsilon_{120})^2 + (\varepsilon_{120} - \varepsilon_0)^2} \qquad (7-83)$$

$$\theta = \frac{1}{2}\arctan\frac{\sqrt{3}(\varepsilon_{60} - \varepsilon_{120})}{2\varepsilon_0 - \varepsilon_{60} - \varepsilon_{120}} \qquad (7-84)$$

$$\left.\begin{array}{c}\sigma_1\\\sigma_2\end{array}\right\} = \frac{E}{3}\left[\frac{\varepsilon_0 + \varepsilon_{60} + \varepsilon_{120}}{1-\mu} \pm \frac{\sqrt{2}}{1+\mu}\sqrt{(\varepsilon_0 - \varepsilon_{60})^2 + (\varepsilon_{60} - \varepsilon_{120})^2 + (\varepsilon_{120} - \varepsilon_0)^2}\right] \qquad (7-85)$$

其他形式应变花的计算公式可查阅有关文献。

习题与思考题

7-1 电阻应变片的直接测量(敏感)量是什么？

7-2 说明金属丝型电阻应变片与半导体电阻应变片的异同点。

7-3 什么是金属的电阻应变效应？利用应变效应解释金属电阻应变片的工作原理。金属应变片灵敏系数的物理意义是什么？

7-4 举例说明用应变片进行测量时为什么要进行温度补偿？常采用的温度补偿方法有哪几种？

7-5 应变式传感器的测量电桥有哪几种类型？各有何特点？

7-6 交、直流电桥的平衡条件是什么？简述直流电桥和交流电桥的异同点。

7-7 应变效应和压阻效应二者有何不同？电阻丝应变片与半导体应变片在工作原理上有何区别？各有何优缺点？

7-8 什么是半导体的压阻效应？半导体应变片灵敏系数有何特点？

7-9 简要说明应变测量中信号转变的过程。

7-10 用图表示由等强度梁来做一荷重(测力)传感器，以 4 片应变片 $R1 = R2 = R3 = R4$ 作变换元件组成全桥形式，其供桥电压为 6 V，问：

① 其应变片如何粘贴组成全桥比较合理？画出应变片布置图及桥路连接图。

② 求其电压输出值($K_1 = K_2 = K_3 = K_4 = 2.0$)。

7-11 R_1、R_2 是性能完全相同的两个应变片，R 为 R_1、R_2 同阻值的无感电阻，若按题 7-11 图方式布片，试问：

① 测拉力但不受弯矩影响应如何构成测量桥路？

② 欲测其弯矩而不受拉力的影响，应如何连桥？

③ 上述两种连桥方式中，是否有温度补偿作用？

7-12 两应变片 R_1 和 R_2 阻值均为 120 Ω，灵敏度系数 $K = 2$，两应变片一个受拉、另一个受压，应变均为 $800 \times 10^{-6}\varepsilon$。两者接入差动直流电桥，电源电压 $U_{sr} = 6$ V。求：

① ΔR 和 $\Delta R/R$；

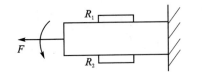
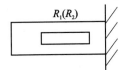

题 7-11 图

② 电桥输出电压 U_{sc}。

7-13 一个电阻值为 250 Ω 的电阻应变片,当感受到应变为 1.5×10^{-4} 时,其阻值变化为 0.15 Ω,问这个电阻应变片的灵敏度系数是多少?

7-14 将 100 Ω 的一个应变片粘贴在低碳钢制的拉伸试件上,若试件等截面积为 $0.5\times10^{-4}\ m^2$,低碳钢的弹性模量 $E=200\times10^9\ N/m^2$,由 50 kN 的拉力所引起的应变片电阻变化为 1 Ω,试求该应变片的灵敏系数。

7-15 有一阻值为 $R=120\ \Omega$,的电阻应变片,其灵敏系数 $K=2.0$,电阻温度系数 $\alpha=2.0\times10^{-6}/℃$,线膨胀系数 $\beta_1=12\times10^{-6}/℃$,将其贴于线膨胀系数为 $\beta_2=14.2\times10^{-6}/℃$ 的工件上,若工件在外力作用下产生应变量为 $200\times10^{-6}\varepsilon$,试问:

① 当温度改变 4℃ 时,如果未采取温度补偿措施,电阻变化量为多少?

② 由于温度影响会产生多大的相对误差?

7-16 一个量程为 10kN 的应变式力传感器,其弹性元件为薄壁圆筒,外径 20 mm,内径 16 mm,在其表面贴 8 片应变片,4 片沿轴向贴,4 片沿周向贴,应变片电阻值均为 120 Ω,灵敏度系数为 2,泊松比为 0.3,材料弹性模量 $E=2.1\times10^{11}$ Pa,画出此传感器的应变片贴片位置及全桥电路。当此传感器在轴向受力时,要求:

① 计算传感器在满量程时各应变片电阻变化量;

② 当供桥电压为 12V 时,计算传感器的电桥输出电压。

7-17 有一电桥,已知工作臂应变片阻值为 120 Ω,灵敏度 $K=2$,其余桥臂阻值也为 120 Ω,供桥电压为 3 V,当应变片的应变为 $10\times10^{-6}\varepsilon$ 和 $1\,000\times10^{-6}\varepsilon$ 时,分别求出单臂和双臂电桥的输出电压,并比较两种情况下的灵敏度。

7-18 在材料为钢的实心圆柱试件上,沿轴线和圆周方向各贴一片电阻值为 120 Ω 的金属应变片 R_1 和 R_2,把这两应变片接入电桥。若钢的泊松系数 $\mu=0.285$,应变片的灵敏度系数 $K=2$,电桥电源电压 $U_{sr}=2$ V,当试件受轴向拉伸时,测得应变片 R_1 的阻值变化 $\Delta R_1=0.48$ Ω,试求:

① 轴向应变量;

② 电桥的输出电压。

7-19 测一悬臂梁的应变。一个阻值 1 kΩ,灵敏度系数为 2 的电阻应变片粘贴在悬臂梁上,该应变片与其他电阻接成如题 7-19 图所示电桥。如果设检流计的电阻是 100 Ω,其灵敏度为 10 mm/μA,电池内阻可忽略,问:

① 若应变片感受到的应变为 0.1‰ 时,检流计指针偏转多少毫米?

② 假设该电阻应变片的温度系数为 0.1/K 时,检流计指针偏转多少毫米?

③ 提出减小温度影响的方法或途径。

7-20 在如题 7-20 图所示的一直流应变电桥中,$U_{sr}=4$ V,$R_1=R_2=R_3=R_4=120\ \Omega$,试求:

① R_1 为金属应变片,其余为外接电阻。当 R_1 的增量为 $\Delta R_1=1.2$ Ω 时,求电桥输出电压 U_{sc}。

② R_1、R_2 都是应变片,且批号相同,感受应变的极性和大小都相同,其余为外接电阻,求电桥输出电

压 U_{sc}。

③ 题②中,如果 R_2 与 R_1 感受应变的极性相反,且 $|\Delta R_1| = |\Delta R_2| = 1.2\ \Omega$,求电桥输出电压 U_{sc}。

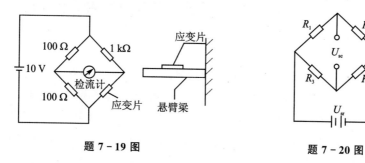

题 7-19 图　　　　　　　题 7-20 图

第8章 压电测量技术

压电式传感器是一种典型的有源传感器或发电型传感器,以某些电介质的压电效应为基础,在外力作用下,在电介质的表面上产生电荷,从而实现非电量电测的目的。压电传感元件是力敏感元件,可测量最终能变换为力的物理量,如力、压力、加速度等。压电式传感器具有响应频率宽、灵敏度高、信噪比高、结构简单、工作可靠、重量轻等优点。近年来,由于电子技术的飞速发展和与之配套的二次仪表及低噪声、小电容、高绝缘电阻电缆的出现,使压电传感器的应用更为广泛。

8.1 压电效应与压电材料

8.1.1 压电效应

某些电介质,在沿一定方向对其施力而使其变形时,内部产生极化现象,其表面上产生符号相反的电荷;当外力去除后,又重新恢复为不带电的状态;当作用力的方向改变时,电荷的极性随之改变。这种现象称为"压电效应",或称为"正向压电效应"。

相反,在这些材料的极化方向施加电场,这些电介质就会产生变形;外电场撤除,变形也随之消失。这种现象称为"逆压电效应",或称为"电致伸缩效应"。

具有压电效应的材料称为压电材料,用它们制成的元件称为压电元件。压电式传感器通常是利用正压电效应来实现的。利用电致伸缩效应可以制成机械微进给装置,甚至可制成高频振动台。

8.1.2 压电材料

具有压电特性的材料称为压电材料,选用合适的压电材料是设计高性能压电传感器的关键,一般应考虑以下几方面的特性进行选择。

① 转换性能。转换性能衡量材料压电效应的强弱。压电材料应具有较大的压电常数。

② 机械性能。压电元件作为受力元件,希望它的强度高、刚度大,以期获得宽的线性范围和高的固有振动频率。

③ 电性能。希望具有高的电阻率和大的介电常数,以期减弱外部分布电容的影响,并获得良好的低频特性。

④ 温度和湿度稳定性。希望具有较高的居里点(又称居里温度),以期得到宽的工作温度范围。居里点是压电材料开始丧失其压电特性的温度。

⑤ 时间稳定性。要求压电板料的压电特性不随时间蜕变。

常用于压电式传感器中的压电材料有3类:一类是压电晶体,如石英晶体,一般为单晶体;另一类是经过极化处理的压电陶瓷,如钛酸钡、钛铅等,一般为多晶体;第三类是新型压电材料,主要有压电式半导体和有机高分子压电材料两类。

1. 压电晶体

压电晶体的种类很多,如石英、酒石酸钾钠、电气石、磷酸二氢铵,硫酸锂等。其中,石英晶体是压电传感器中常用的一种性能优良的压电材料。

(1) 石英晶体

石英晶体俗称水晶,是单晶体结构,化学分子式为 SiO_2,有天然和人工之分。天然石英晶体经历亿万年地质作用,性能稳定,但存量较少,并大多存在缺陷。因其较为稀缺,故只限于标准传感器及高精度传感器使用。人造石英晶体更为常用,但外形与天然石英晶体有所不同。

图 8-1 所示为天然结构的石英晶体,呈六角形晶柱。石英晶体有 3 个晶轴,其中 z 轴与晶体纵向轴一致,称为光轴。光线沿 z 轴方向通过晶体不发生折射,此轴可用光学方法确定。沿光轴的作用力不产生压电效应,故又称作中性轴。x 轴为电轴,它通过两个相对的棱线,是相邻柱面内夹角的等分线并且要与 z 轴垂直。垂直于此轴的晶面上有最强的压电效应。垂直于 xOz 平面的 y 轴为机械轴,在电场作用下,y 轴方向有最明显的机械变形。

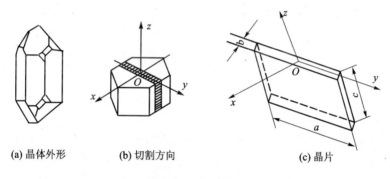

(a) 晶体外形　　(b) 切割方向　　(c) 晶片

图 8-1　石英晶体

从晶体上沿轴线切下的薄片称为石英切片,垂直于 x 轴的切片称为 x 切片,垂直于 y 轴的切线称为 y 切片。图 8-1(c)即为石英晶体切片(x 切片)的示意图。当在电轴 x 方向施加作用力 F_x 时,则在与电轴垂直的平面上产生电荷 Q_x,其大小为

$$Q_x = d_{11} \cdot F_x$$

式中,d_{11} 为 x 方向受力的压电常数。

若在同一切片上,沿机械轴 y 方向施加作用力 F_y,则仍在与 x 轴垂直的平面上产生电荷 Q_y,其大小为

$$Q_y = d_{12} \frac{a}{b} F_y = -d_{11} \frac{a}{b} F_y$$

式中,d_{12} 为 y 轴方向受力的压电常数,$d_{12} = -d_{11}$;a, b 为晶体切片的长度和厚度。电荷 Q_x 和 Q_y 的符号是由受压力还是受拉力所决定。

石英晶体的压电特性与其内部分子结构有关。为了直观了解其压电特性,将一个单元体中构成石英晶体的硅离子和氧离子排列在垂直于晶体 z 轴的 xy 平面上的投影,等效为图 8-2(a)的正六边形排列。图中,"⊕"代表 Si^{4+};"⊖"代表 $2O^{2-}$。

当石英晶体未受外力作用时,正、负离子(Si^{4+} 和 $2O^{2-}$)正好分布在正六边形的顶角上,形成 3 个大小相等、互成 120°夹角的电偶极矩 p_1, p_2 和 p_3,如图 8-2(a)所示。电偶极矩的大小为 $p = ql$,其中 q 为电荷量,l 为正负电荷之间距离。电偶极矩方向为负电荷指向正电荷。此

时,正、负电荷中心重合,电偶极矩的矢量和等于零,即 $p_1+p_2+p_3=0$,这时晶体表面不产生电荷,石英晶体从整体上说呈电中性。

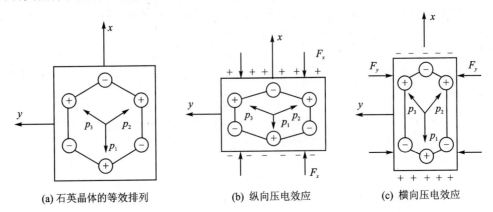

(a) 石英晶体的等效排列　　(b) 纵向压电效应　　(c) 横向压电效应

图 8-2　石英晶体压电效应机理示意图

当石英晶体受到沿 x 方向的压力作用时,晶体沿 x 方向产生压缩变形,正、负离子的相对位置之变动,正、负电荷中心不重合,如图 8-2(b) 所示。电偶极矩在 x 轴方向的分量为 $(p_1+p_2+p_3)_x>0$,在 x 轴的正方向的晶体表面上出现正电荷;而在 y 轴和 z 轴方向的分量为零,即 $(p_1+p_2+p_3)_y=0$,$(p_1+p_2+p_3)_z=0$。在垂直于 y 轴和 z 轴的晶体表面上不出现电荷。这种沿 x 轴方向施加作用力,而在垂直于此轴晶面上产生电荷的现象,称为"纵向压电效应"。

当石英晶体受到沿 y 轴方向的压力作用时,沿 x 方向产生拉伸变形,正、负离子的相对位置随之变动,晶体的变形如图 8-2(c) 所示,正、负电荷中心不重合。电偶极矩在 x 轴方向的分量为 $(p_1+p_2+p_3)_x<0$,在 x 轴的正方向的晶体表面上出现负电荷;同样,在垂直于 y 轴和 z 轴的晶面上不出现电荷。这种沿 y 轴方向施加作用力,而在垂直于 x 轴晶面上产生电荷的现象,称为"横向压电效应"。

当晶体受到沿 z 轴方向的力(无论是压力式拉力)作用时,因为晶体在 x 轴方向和 y 轴方向的变形相同,正、负电荷中心始终保持重合,电偶极矩在 x 轴方向和 y 轴方向的分量等于零。所以,沿光轴方向施加作用力,石英晶体不会产生压电效应。

当作用力 F_x 或 F_y 的方向相反时,电荷的极性会随之改变。如果石英晶体的各个方向同时受到均等的作用力(如液体压力),石英晶体将保持电中性。所以,石英晶体没有体积变形的压电效应。

图 8-3 表示晶体切片在 x 轴和 y 轴方向受拉力和压力的具体情况。

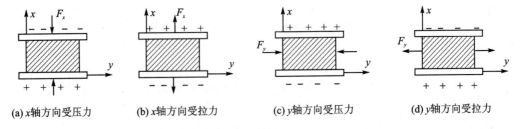

(a) x 轴方向受压力　　(b) x 轴方向受拉力　　(c) y 轴方向受压力　　(d) y 轴方向受拉力

图 8-3　晶体切片上电荷极性与受力方向的关系

在片状压电材料上的两个电极面上,如果加以交流电压,那么压电片能产生机械振动,即压电片在电极方向上有伸缩的现象。这种电致伸缩现象即为前述的逆压电效应。

压电石英晶体的主要性能特点是：①压电常数小，其时间和温度稳定性好，常温下几乎不变，在20～200 ℃范围内温度变化仅为$-0.016\%/℃$；②机械强度和品质因数高，许用应力高达$(6.8～9.8)×10^7$ Pa，且刚度大，固有频率高，动态特性好；③居里点为573 ℃，重复性、绝缘性好。对于天然石英上述性能尤佳。因此，它们常用于精度和稳定性要求高的场合和制作标准传感器。

(2) 其他压电单晶

在压电单晶中除天然和人工石英晶体外，锂盐类压电和铁电单晶如铌酸锂（LiN-bO₃）、锗酸锂（LiGeO₃）和锗酸铋（Bi₁₂GeO₂₀）等材料，近年来已在传感器技术中日益得到广泛应用，其中以铌酸锂为典型代表。

铌酸锂是一种无色或浅黄色透明铁电晶体。从结构看，它是一种多畴单晶。它必须通过极化处理后才能成为单畴单晶，从而呈现出类似单晶体的特点，即机械性能各向异性。它的时间稳定性好，居里点高达1 200 ℃，在高温、强辐射条件下，仍具有良好的压电性，且力学性能如机电耦合系数、介电常数、频率常数等均保持不变。此外，它还具有良好的光电、声光效应，因此在光电、微声和激光等器件方面都有重要应用。不足之处是质地脆、抗力学性能和热冲击性差。

2. 压电陶瓷

(1) 压电陶瓷的压电机理

压电陶瓷是人工制造的多晶压电材料，在未进行极化处理时，不具有压电效应；经过极化处理后，压电陶瓷的压电效应非常明显，具有很高的压电系数，是石英晶体的几百倍。

压电陶瓷由无数细微的电畴组成，这些电畴实际上是自发极化的小区域。自发极化的方向是完全任意排列的，如图8-4(a)所示。在无外电场作用下，从整体来看，这些电畴的极化效应被互相抵消了，使原始的压电陶瓷呈电中性，不具有压电性质。

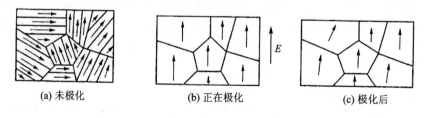

(a) 未极化   (b) 正在极化   (c) 极化后

图8-4 压电陶瓷的极化

为了使压电陶瓷具有压电效应，必须进行极化处理。所谓极化处理，就是在一定温度下对压电陶瓷施加强直流电场（20～30 kV/cm 的直流电场），经过2～3 h后，压电陶瓷就具备压电性能了。这是因为陶瓷内部电畴的极化方向在外电场作用下都趋向于电场的方向。如图8-4(b)所示，这个方向就是压电陶瓷的极化方向。

压电陶瓷的极化过程与铁磁材料的磁化过程极其相似。经过极化处理的压电陶瓷，在外电场去掉后，其内部仍存在着很强的剩余极化强度。当压电陶瓷受外力作用时，电畴的界限发生移动，因此，剩余极化强度将发生变化，压电陶瓷就呈现出压电效应，如图8-4(c)所示。

压电陶瓷的特点是：压电常数大，灵敏度高；制造工艺成熟，可通过合理配合和掺杂等人工控制来达到所要求的性能;成形工艺性好,成本低廉,利于广泛应用。

(2) 常用压电陶瓷

传感器技术应用的压电陶瓷,按其组成基本元素多少可分为以下几类。

① 二元系压电陶瓷。主要包括钛酸钡($BaTiO_3$),钛酸铅($PbTiO_3$),锆钛酸铅系列($PbTiO_3$-$PbZrO_3$(PZT))和铌酸盐系列($KNbO_3$-$PbNb_2O_3$)。其中以锆钛酸铅系列压电陶瓷应用最广。

② 三元系压电陶瓷。目前应用的有 PMN,它由铌镁酸铅($Pb(Mg_{1/3}Nb_{2/3})O_3$)、钛酸铅($PbTiO_3$)、锆钛酸铅($PbZrO_3$)3 种成分配比而成。另外还有专门制造耐高温、高压和电击穿性能的铌锰酸铅系、镁碲酸铅、锑铌酸铅等。

综合性能更为优越的四元系压电陶瓷已经研制成功,研究工作正在不断深入。

表 8-1 常用压电晶体和陶瓷材料性能参数

压电材料			压电陶瓷				压电晶体	
			钛酸钡 $BaTiO_3$	锆钛酸铅系列			铌镁酸铅 (PMN)	铌酸锂 ($LiNbO_3$)	石英 (SiO_2)
				PZT-4	PZT-5	PZT-8			
性能参数	压电常数 /($pC \cdot N^{-1}$)	d_{15}	260	410	670	410		2 220	$d_{11}=2.31$ $d_{14}=0.73$
		d_{31}	-78	-100	-185	-90	-230	-25.9	
		d_{33}	190	200	415	200	700	487	
	相对介电常数 ε_r		1 200	1 050	2 100	1 000	2 500	3.9	4.5
	居里点/℃		115	310	260	300	260	1 210	573
	密度/($10^3 kg \cdot m^{-3}$)		5.5	7.45	7.5	7.45	7.6	4.64	2.65
	弹性模量/($10^9 N \cdot m^{-2}$)		110	83.3	117	123		24.5	80
	机械品质因素		300	≥500	80	≥800		105	$10^5 \sim 10^6$
	最大安全应力/($10^6 N \cdot m^{-2}$)		81	76	76	83			95~100
	体积电阻率/($\Omega \cdot m$)		10^{10}	>10^{10}	10^{11}				>10^{12}
	最高允许温度/℃		80	250	250				550

3. 新型压电材料

(1) 压电半导体

1968 年以来,出现了多种压电半导体,如硫化锌(ZnS)、碲化镉(CdTe)、氧化锌(ZnO)和砷化镓(GaAs)等。这些材料的显著特点是:既具有压电特性,又具有半导体特性。因此既可用其压电性研制传感器,又可用其半导体特性制作电子器件;也可以两者结合,集元件与线路于一体,研制成新型集成压电传感器测试系统。

(2) 有机高分子压电材料

某些合成高分子聚合物,经延展拉伸和电极化后具有压电性高分子压电薄膜,如聚氟乙烯(PVF)、聚偏二氟乙烯(PVF_2)、聚氯乙烯(PVC)、聚 τ 甲基-L 谷氨酸酯(PMG)和尼龙 11 等。这些材料的独特优点是:质轻柔软,抗拉强度较高、蠕变小、耐冲击,电阻率达 10^{12} $\Omega \cdot m$,击穿强度为 150~200 kV/mm,声阻抗近于水和生物体含水组织,热释电性和热稳定性好,且便于批量生产和大面积使用,可制成大面积阵列传感器乃至人工皮肤。

高分子化合物中掺杂压电陶瓷 PZT 或 $BaTiO_3$ 粉末制成的高分子压电薄膜。这种复合压电材料既保持了高分子压电薄膜的柔软性，又具有较高的压电性和机电耦合系数。

几种新型压电材料的主要性能参数如表 8-2 所列。

表 8-2　几种新型压电材料的主要性能参数

压电材料		压电半导体					高分子压电薄膜	
		ZnO	CdS	ZnS	CdTe	PVF2	PVF2-PZT	PMG
性能参数	压电常数/(pC·N^{-1})	$d_{33}=12.4$ $d_{31}=-5.0$	$d_{33}=10.3$ $d_{31}=-5.2$	$d_{14}=3.18$	$d_{14}=1.68$	6.7	23	3.3
	相对介电常数 ε_r	10.9	10.3	8.37	9.65	5.0	55	4.0
	密度/(10^3 kg·m^{-3})	5.68	4.80	4.09	5.84	1.8	3.5	1.3
	机电耦合系数 %	48	26.2	8.00	2.60	3.9	8.3	2.5
	弹性系数/(N·m^{-2})	21.1	9.30	10.5	6.20	1.5	4.0	2.0
	声阻抗/(10^6 kg·m^{-2}·s)					1.3	2.6	1.6
	电子迁移率/(cm^{-2}·V^{-1}·s)	180	150	140	600			
	禁带宽度/(eV)	3.3	240	3.60	1.40			

8.2　压电常数和表面电荷的计算

8.2.1　压电常数

压电元件在受到力 F 作用时，在相应的表面上产生电荷 Q，即
$$Q = d_{ij}F \tag{8-1}$$
式中，Q 为表面电荷；d_{ij} 为压电常数。

为了使电荷的表达式与压电元件的尺寸无关，常采用电荷的表面密度与作用力的关系，即
$$q = d_{ij}\sigma \tag{8-2}$$
式中，q——电荷的表面密度，C/m^2；σ——单位面积上的作用力，N/m^2。

压电常数 d_{ij} 有两个下角标：其中第 1 个下角标 i 表示晶体的极化方向，当产生电荷的表面垂直于 x 轴（y 轴或 z 轴），记做 $i=1$（2 或 3）；第 2 个下角标 j 表示作用力的方向，$j=1,2,3,4,5,6$，分别表示在沿 x 轴、y 轴、z 轴方向作用的单向应力和在垂直于 x 轴、y 轴、z 轴的平面内（即 yz 平面、zx 平面、xy 平面）作用的剪切力，如图 8-5 所示。单向应力的符号规定拉应力为正而压应力为负；剪切力的正号规定为自旋转轴的正向看去，使其在Ⅰ、Ⅲ象限的对角线延长线上。

例如：d_{31} 表示沿 x 轴方向作用单向应力，而在垂直于 z 轴的表面产生电荷；d_{16} 表示在垂直于 z 轴的平面即 xy 平面内作用剪切力，而在垂直于 x 轴的表面产生电荷等。

晶体在任意受力状态下所产生的表面电荷密度可由下列方程组决定，即
$$\left.\begin{array}{l} q_{xx} = d_{11}\sigma_{xx} + d_{12}\sigma_{yy} + d_{13}\sigma_{zz} + d_{14}\tau_{yz} + d_{15}\tau_{zx} + d_{16}\tau_{xy} \\ q_{yy} = d_{21}\sigma_{xx} + d_{22}\sigma_{yy} + d_{23}\sigma_{zz} + d_{24}\tau_{yz} + d_{25}\tau_{zx} + d_{26}\tau_{xy} \\ q_{zz} = d_{31}\sigma_{xx} + d_{32}\sigma_{yy} + d_{33}\sigma_{zz} + d_{34}\tau_{yz} + d_{35}\tau_{zx} + d_{36}\tau_{xy} \end{array}\right\} \tag{8-3}$$

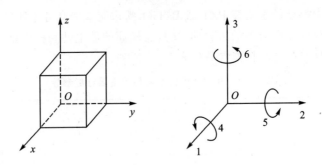

图 8-5 压电元件坐标系的表示法

式中,q_{xx},q_{yy},q_{zz} 为在垂直于 x 轴、y 轴和 z 轴的表面上产生的电荷密度;σ_{xx},σ_{yy},σ_{zz} 为沿 x 轴、y 轴和 z 轴方向作用的拉应力或压应力;τ_{yz},τ_{zx},τ_{xy} 为在 yz 平面、zx 平面和 xy 平面内作用的剪应力。

这样,压电材料的压电特性可以用它的压电常数矩阵表示如下,即

$$D = \begin{bmatrix} d_{11} & d_{12} & d_{13} & d_{14} & d_{15} & d_{16} \\ d_{21} & d_{22} & d_{23} & d_{24} & d_{25} & d_{26} \\ d_{31} & d_{32} & d_{33} & d_{34} & d_{35} & d_{36} \end{bmatrix} \tag{8-4}$$

对于不同的压电材料,上述压电常数矩阵中有其特定的值,如石英晶体,其压电常数矩阵为

$$D = \begin{bmatrix} d_{11} & d_{12} & 0 & d_{14} & 0 & 0 \\ 0 & 0 & 0 & 0 & d_{25} & d_{26} \\ 0 & 0 & 0 & 0 & 0 & 0 \end{bmatrix} \tag{8-5}$$

矩阵中第 3 行全部元素为零,且 $d_{13}=d_{23}=d_{33}=0$,说明石英晶体在沿 z 轴方向受力作用时,并不存在压电效应。同时,由于晶格的对称性,有

$$\begin{cases} d_{12} = -d_{11} \\ d_{25} = -d_{14} \\ d_{26} = -2d_{11} \end{cases} \tag{8-6}$$

所以,实际上石英晶体只有两个独立的压电常数,即

$$d_{11} = \pm 2.31 \times 10^{-12} \text{C/N}$$

$$d_{14} = \pm 0.73 \times 10^{-12} \text{C/N}$$

8.2.2 压电元件的变形方式

由压电常数矩阵还可以看出,对能量转换有意义的石英晶体变形方式有以下 5 种。

(1) 厚度变形(简称 TE 方式),如图 8-6(a)所示。这种变形方式是利用石英晶体的纵向压电效应,产生的表面电荷密度或表面电荷用下式计算,即

$$q_{xx} = d_{11}\sigma_{xx} \quad \text{或} \quad Q_{xx} = d_{11}F_{xx} \tag{8-7}$$

(2) 长度变形(简称 LE 方式),如图 8-6(b)所示。利用石英晶体的横向压电效应,计算式为

$$q_{xx} = d_{12}\sigma_{yy} \quad \text{或} \quad Q_{xx} = d_{12}F_{yy}\frac{S_{xx}}{S_{yy}} \tag{8-8}$$

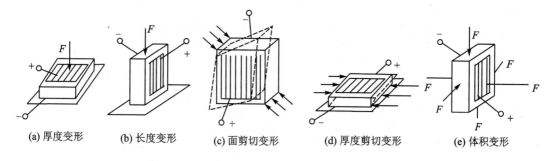

(a) 厚度变形　(b) 长度变形　(c) 面剪切变形　(d) 厚度剪切变形　(e) 体积变形

图 8-6　压电元件的受力状态及变形方式

式中，S_{xx} 为压电元件垂直于 x 轴的表面积；S_{yy} 为压电元件垂直于 y 轴的表面积。

(3) 面剪切变形(简称 FS 方式)，如图 8-6(c)所示。计算式为

$$q_{xx} = d_{14}\tau_{yz} \quad (\text{对于 } x \text{ 切晶片}) \tag{8-9}$$

或

$$q_{yy} = d_{25}\tau_{zx} \quad (\text{对于 } y \text{ 切晶片}) \tag{8-10}$$

(4) 厚度剪切变形(TS 方式)，如图 8-6(d)所示。计算式为

$$q_{yy} = d_{26}\tau_{xy} \quad (\text{对于 } y \text{ 切晶片}) \tag{8-11}$$

(5) 弯曲变形(简称 BS 方式)。弯曲变形不是基本变形方式，而是按拉、压、剪切应力共同作用的结果。应根据具体的晶体切割及弯曲情况选择合适的压电常数进行计算。对沿 z 轴方向极化的钛酸钡陶瓷的压电常数矩阵，有

$$\begin{bmatrix} 0 & 0 & 0 & 0 & d_{15} & 0 \\ 0 & 0 & 0 & d_{24} & 0 & 0 \\ d_{31} & d_{32} & d_{33} & 0 & 0 & 0 \end{bmatrix} \tag{8-12}$$

对钛酸钡陶瓷，除长度变形方式(利用压电常数 d_{31})和厚度变形方式(利用压电常数 d_{33})以及面剪切变形方式(利用压电常数 d_{15})外，还有体积变形方式(简称 VE 方式)可以利用，如图 8-6(e)所示。此时产生的表面电荷按下式计算：

$$q_{zz} = d_{31}\sigma_{xx} + d_{32}\sigma_{yy} + d_{33}\sigma_{zz} \tag{8-13}$$

由于此时 $\sigma_{xx} = \sigma_{yy} = \sigma_{zz} = \sigma$，同时对钛酸钡压电陶瓷有 $d_{31} = d_{32}$，所以

$$q_{zz} = (2d_{31} + d_{33})\sigma = d_h\sigma \tag{8-14}$$

式中，$d_h = 2d_{31} + d_{33}$ 为体积压缩的压电常数。这种变形方式可用来进行液体或气体压力的测量。

8.3　压电式传感器的等效电路

压电元件是压电式传感器的敏感元件。当它受到外力作用时，就会在垂直于电轴或垂直于极化方向的表面上产生电荷，在一个表面上聚集正电荷，在另一个表面上聚集等量的负电荷。因此，可以把压电式传感器看作是一个静电电容器，如图 8-7 所示。

显然，当压电元件的两个表面聚集电荷时，它就是一个电容器，其电容量为

$$C_a = \frac{\varepsilon S}{t} = \frac{\varepsilon_r \varepsilon_0 S}{t} \tag{8-15}$$

式中，S 为电容器极板面积；t 为压电元件厚度；ε 为压电材料的介电常数；ε_0 为真空的介电常

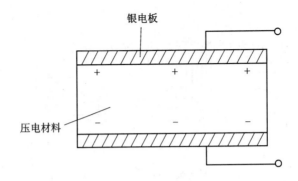

图 8-7 压电元件构成

数;ε_r 为压电材料的相对介电常数,随材料不同而变;C_a 为压电元件的内部电容。

因此,可以把压电式传感器等效为一个电荷源与电容相并联的电荷等效电路,如图 8-8(a)所示。在开路状态,输出端电荷为

$$Q = C_a U \qquad (8-16)$$

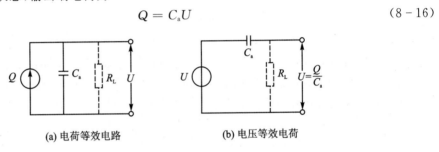

(a) 电荷等效电路 (b) 电压等效电荷

图 8-8 压电传感器的等效电路

压电式传感器也可以等效成一个电压源与电容相串联的电路,如图 8-8(b)所示。同样,在开路状态,其输出端电压为

$$U = \frac{Q}{C_a} \qquad (8-17)$$

由图可知:只有在外电路负载 R_L 为无穷大、内部无漏电时,压电式传感器受力所产生的电荷及其形成的电压 U 才能长期保存下来;如果负载不是无穷大,则电路将以时间常数 $R_L C_a$ 按指数规律放电。为此,在测量一个频率很低的动态参数时,就必须保证 R_L 具有很大值,使 $R_L C_a$ 大,才不致产生大的误差,这时,R_L 至少要达到数百兆欧。

在构成传感器时,利用电缆将压电元件接入测量线路或仪器,这样,就引入了电缆的分布电容 C_c,测量放大器的输入电阻 R_i 和输入电容 C_i 等形成的负载阻抗影响,加之考虑压电器件并非理想元件,它内部存在泄漏电阻 R_a,从而可以得到如图 8-9 所示的压电式传感器完整的等效电路。

为提高灵敏度,可将两片压电元件重叠放置并按并联或串联方式连接,此方式称为压电晶体堆,如图 8-10 所示。

如图 8-10(a)所示的并联结构的输出电容 C'、电荷量 Q' 为单片电容的 2 倍,而输出电压 U' 等于单片电压 U,即

$$Q' = 2Q \quad ,U' = U \quad ,C' = 2C \qquad (8-18)$$

如图 8-10(b)所示的串联结构的输出总电荷 Q' 等于单片电荷 Q,而输出电压 U' 等于单

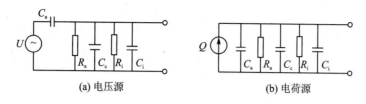

图 8-9 压电式传感器完整等效电路

片电压 U 的 2 倍,总电容 C' 为单片电容 C 的 $\frac{1}{2}$,即

$$Q' = Q, \quad U' = 2U, \quad C' = \frac{C}{2} \tag{8-19}$$

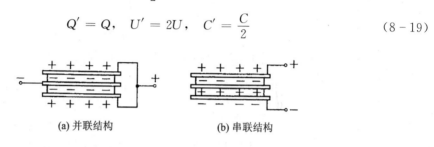

图 8-10 压电元件的连接方式

8.4 压电式传感器的测量电路

由于压电传感器的输出信号非常微弱,一般将电信号进行放大才能测量出来。但因压电传感器的内阻抗相当高,不是普通放大器能放大的;而且,除阻抗匹配的问题外,连接电缆的长度、噪声都是突出的问题。为解决这些问题,通常传感器的输出信号先由低噪声电缆输入高输入阻抗的前置放大器。前置放大器主要作用是将压电传感器的高阻抗输出变换成低阻抗输出,同时也起到放大传感器微弱信号的作用。压电传感器的输出信号经过前置放大器的阻抗变换后,就可以采用一般的放大、检波指示或通过功率放大至记录和数据处理设备。

按照压电式传感器的工作原理及其等效电路,传感器的输出可以是电压信号,这时把传感器看作电压发生器;也可以是电荷信号,这时把传感器看作电荷发生器。因此,前置放大器也有两种形式:一种是电压放大器,其输出电压与输入电压(即传感器的输出电压)成比例,这种电压前置放大器一般称为阻抗变换器;另一种是电荷放大器,其输出电压与输入电荷成比例。这两种放大器的主要区别是:使用电压放大器时,整个测量系统对电缆电容的变化非常敏感,尤其是连续电缆长度变化的影响更为明显;而使用电荷放大器时,电缆长度变化的影响差不多可以忽略不计。

8.4.1 电压放大器

压电传感器相当于一个静电荷发生器或电容器,按照电容器的输出特性,电容器两端的电压将按指数规律变化,放电的快慢决定于测量回路的时间常数 τ,如图 8-11 所示。τ 越大,放电越慢;反之,放电就越快。由此可见,只有在测量回路开路情况,也就是传感器本身的绝缘电阻 R_a 无限大的情况,才能使传感器的输出电压(或电荷)保持不变,如果传感器本身的绝缘电阻不是足够大,电荷就会通过这个电阻很快漏掉。但一般来说,压电传感器的绝缘电阻 $R_a \geqslant$

10^{10} Ω，因此传感器可近似看为开路。

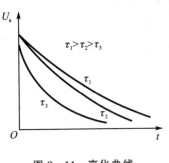

图 8-11 变化曲线

当传感器与测量仪器连接后，在测量回路中就应当考虑电缆电容和前置放大器的输入电容和输入电阻。为了尽可能保持压电传感器的输出电压（或电荷）不变，同样要求测量回路的时间常数尽可能大，这就要求前置放大器的输入电阻要尽量大，一般需要大于 10^3 MΩ。尤其是测量低频载荷时，为增加放电时间常数，更应该有极高的输入阻抗，这样才能减小由于漏电造成的电压（或电荷）的损失，不致引起较大的低频测量误差。否则，电荷就会通过放大器的输入电阻漏掉。

压电传感器与前置放大器相连的等效电路如图 8-12 所示。图 8-12(b) 中，等效电阻 R 为

$$R = \frac{R_a R_i}{R_a + R_i} \tag{8-20}$$

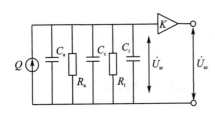

(a) 压电传感器与前置放大器连接的等效电路

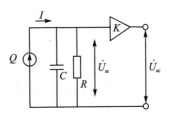

(b) 图(a)的简化电路

图 8-12 压电传感器与前置放大器相连的等效电路

等效电容 C 为

$$C = C_a + C_c + C_i \tag{8-21}$$

式中，R_a 为传感器的绝缘电阻；R_i 为前置放大器的输入电阻；C_a 为传感器内部电容；C_c 为电缆电容；C_i 为前置放大器输入电容。

由等效电路可知，前置放大器的输入电压 $\dot{U}_{sr}$ 为

$$\dot{U}_{sr} = \dot{I}\frac{R}{1+j\omega RC} \tag{8-22}$$

假设作用在压电元件上的力为 F，其幅值为 F_m，角频率为 ω。即

$$F = F_m \sin \omega t \tag{8-23}$$

若压电元件的压电系数为 d_{ij}，在力 F 的作用下，有产生的电荷 Q 为

$$Q = d_{ij} F \tag{8-24}$$

因此

$$i = \frac{dQ}{dt} = \omega d_{ij} F_m \cos \omega t \tag{8-25}$$

写成复数形式为

$$\dot{I} = j\omega d_{ij} \dot{F} \tag{8-26}$$

将式(8-26)代入式(8-22)得

$$\dot{U}_{sr} = d_{ij}\dot{F}\frac{j\omega R}{1+j\omega RC} \tag{8-27}$$

因此，前置放大器的输入电压的幅值 U_{im} 为

$$U_{im} = |\dot{U}_{sr}| = \frac{d_{ij}F_m\omega R}{\sqrt{1+(\omega R)^2(C_a+C_c+C_i)^2}} \tag{8-28}$$

输入电压与作用力之间的相位差 ϕ 为

$$\phi = \frac{\pi}{2} - \arctan(\omega(C_a+C_c+C_i)R) \tag{8-29}$$

假设在理想情况下，传感器的绝缘电阻 R_a 和前置放大器的输入电阻 R_i 都为无限大，也就是等效电阻 R 为无穷大的情况，电荷没有泄漏。由式(8-28)可知，前置放大器的输入电压（即传感器的开路电压）的幅值 U_{am} 为

$$U_{am} = \frac{d_{ij}F}{C_a+C_c+C_i} \tag{8-30}$$

它与输入电压 U_{im} 之幅值比为

$$\frac{U_{im}}{U_{am}} = \frac{\omega R(C_a+C_c+C_i)}{\sqrt{1+(\omega R)^2(C_a+C_c+C_i)^2}} \tag{8-31}$$

令

$$\omega_1 = \frac{1}{R(C_a+C_c+C_i)} = \frac{1}{\tau}$$

式中，τ 为测量回路的时间常数，其值为

$$\tau = R(C_a+C_c+C_i) \tag{8-32}$$

则式(8-31)和式(8-29)可分别写成

$$\frac{U_{im}}{U_{am}} = \frac{\frac{\omega}{\omega_1}}{\sqrt{1+\left(\frac{\omega}{\omega_1}\right)^2}} = \frac{1}{\sqrt{1+\left(\frac{1}{\omega\tau}\right)^2}} \tag{8-33}$$

$$\phi = \frac{\pi}{2} - \arctan\left(\frac{\omega}{\omega_1}\right) = \frac{\pi}{2} - \arctan(\omega\tau) \tag{8-34}$$

由此得到电压幅值比和相角与角频率比的关系曲线，如图 8-13 所示。当作用在压电元件上的力是静态力($\omega=0$)时，则前置放大器的输入电压等于零。因为电压前置放大器的输入阻抗不可能无限大，传感器也不可能绝对绝缘。因此，电荷就会通过放大器的输入电阻和传感器本身的泄漏电阻漏掉。这也从原理上决定了压电式传感器不能测量静态物理量。

当 $\omega\tau \gg 1$ 时，即作用力的变化频率与测量回路的时间常数的乘积远大于 1 时，前置放大器的输入电压 U_{im} 随频率的变化不大，当 $\omega\tau \gg 3$ 时，可近似看作输入电压与作用力的频率无关。这说明在测量回路的时间常数一定的情况下，压电式传感器的高频响应是相当好的。这是压电式传感器的一个突出优点。

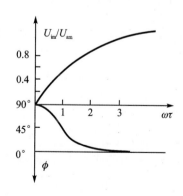

图 8-13 电压幅值比和相角与频率比的关系曲线

但是，如果被测物理量是缓慢变化的动态量，而测量回路的时间常数又不大，则造成传感器灵敏度下降。因此，为了扩大传感器的低频响应范围，就必须尽量提高回路的时间常数。但是应当指出的是，不能靠增加测量回路的电容量来提高时间常数，因为传感器的电压灵敏度 S_u 是与电容成反比的。可从式(8-28)得到以下关系式：

$$S_u = \frac{U_{im}}{F_m} = \frac{d_{ij}}{\sqrt{\frac{1}{(\omega R)^2} + (C_a + C_c + C_i)^2}} \tag{8-35}$$

因 $\omega R \gg 1$，所以传感器的电压灵敏度近似为 $S_u \approx \dfrac{d_{ij}}{C_a + C_c + C_i}$。

由式(8-35)可以看出，增加测量回路的电容量必然会使传感器的灵敏度下降。为此，切实可行的办法是提高测量回路的电阻。由于传感器本身的绝缘电阻一般都很大，所以测量回路的电阻主要取决于前置放大器的输入电阻。放大器的输入电阻越大，测量回路的时间常数就越大，传感器的低频响应也就越好。

为了满足阻抗匹配要求，压电式传感器一般都采用专门的前置放大器。电压前置放大器（阻抗变换器）因其电路不同而分为几种形式，但都具有很高的输入阻抗（1 000 MΩ 以上）和很低的输出阻抗（小于 100 Ω）。

由于阻抗变换器具有很高输入阻抗和低输出阻抗的特点，因此压电传感器的输出信号经过阻抗变换器后就变为低阻抗了。这样，就可以用普通的测量仪器进行测量。

但是，压电式传感器在与阻抗变换器配合使用时，连接电缆不能太长。从式(8-35)可知，电缆越长，电缆电容 C_c 就越大，电缆电容增大必然使传感器的电压灵敏度降低。

如果在实际测量中不是使用出厂规定的电缆，而是随意取用一根电缆，其结果将使传感器的电压灵敏度发生变化。例如，在实际测量中所用的电缆的电容为 C_c'，则传感器的实际电压灵敏度为

$$S_u' = \frac{d_{ij}}{C_a + C_c' + C_i} \tag{8-36}$$

由式(8-35)和式(8-36)可以知道，传感器的实际灵敏度与出厂的校正灵敏度之间存在以下关系：

$$S_u' = \frac{S_u(C_a + C_c + C_i)}{C_a + C_c' + C_i} \tag{8-37}$$

可见，电缆越长，灵敏度降低越多，因此在测量时，不能任意更换出厂配套的电缆，否则将引起测量误差。

电压放大器与电荷放大器相比，电路简单、元件少、价格便宜、工作可靠，但是，电缆长度对传感器测量精度的影响较大，在一定程度上限制了压电式传感器的应用场合。

当然，电缆的问题并不是不能解决的。随着固态电子器件和集成电路的迅速发展，超小型放大器完全有可能装入传感器之中，组成一体化传感器，如图 8-14 所示。该压电式加速度传感器的压电元件是二片并联连接的石英晶片，放大器是一个超小型静电放大器（阻抗变换器）。

由于阻抗变换器靠近压电元件，引线非常短，因此引线电容几乎等于零，避免了长电缆对传感器灵敏度的影响，放大器的输入端可得到较大的电压信号，弥补了石英晶体灵敏度低的缺陷。这种传感器与采用压电陶瓷的普通传感器相比，电压灵敏度不相上下。它能直接输出一个高电平、低阻抗的信号（输出电压可达几伏），既不需要特制的低噪声电缆，也无需使用昂贵

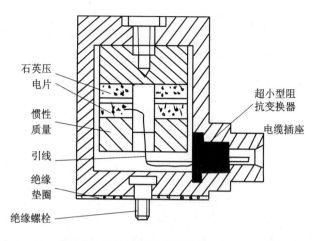

图 8-14 内部装有超小型阻抗变换器的压电式加速度传感器

的电荷放大器,用普通的同轴电缆输出信号,电缆可长达几百米而输出信号却无明显衰减。因此,很容易直接输出至示波器或其他普通的指示仪器。

图 8-15 为这种传感器的电路图。阻抗变换器的第一级是自给栅偏压的 MOS 型场效应管构成的源极输出器,第二级是具有源承载的放大器。由于 BG_1 的集电极和发射极之间的动态电阻非常大,因此大大提高了放大器的输出电压。同时,由于电路具有很强的负反馈,所以放大器的增益非常稳定,以致几乎不受晶体管特性变化和电源波动的影响。

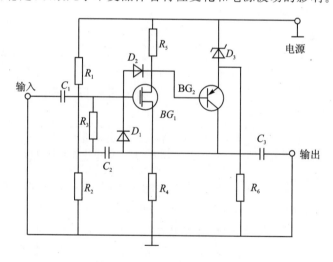

图 8-15 阻抗变换器电路图

这种传感器另一显著优点是,由于采用石英晶片作压电元件,因而在很宽的温度范围内灵敏度十分稳定,长期使用性能也几乎不变。其他性能指标,如输出线性度、频率响应以及动态范围等,与一般的压电式加速度传感器相比毫不逊色。

8.4.2 电荷放大器

电荷放大器是压电式传感器另一种专用的前置放大器。它能将高内阻的电荷源转换为低内阻的电压源,输出电压正比于输入电荷。因此电荷放大器同样也起着阻抗变换的作用,其输

入阻抗高达 $10^{10} \sim 10^{12}$ Ω，其输出阻抗小于 100 Ω。

使用电荷放大器突出的优点是，在一定条件下，传感器的灵敏度与电缆长度无关。电荷放大器实际上是一个具有深度电容负反馈的高增益放大器，其等效电路如图 8-16 所示。图中 k 是放大器的开环增益，$-k$ 表示放大器的输出与输入反相，若放大器的开环增益足够高，则运算放大器的输入端 a 点的电位接近"地"电位。由于放大器的输入级采用了场效应晶体管，因此放大器的输入阻抗极高，放大器输入端几乎没有分流，电荷 Q 只对反馈电容 C_f 充电，充电电压接近等于放大器的输出电压，即

$$U_{sc} \approx U_{C_f} = -\frac{Q}{C_f} \qquad (8-38)$$

式中，U_{sc} 为放大器输出电压；U_{C_f} 为反馈电容两端的电压。

由式(8-38)可知：电荷放大器的输出电压只与输入电荷量和反馈电容有关，与放大器的放大系数的变化或电缆电容等均无关系；只要保持反馈电容的数值不变，就可得到与电荷量 Q 变化呈线性关系的输出电压；反馈电容 C_f 小，输出就大。因此要达到一定的输出灵敏度要求，必须选择适当容量的反馈电容。

要使输出电压与电缆电容无关是有一定条件的，可从下面的讨论中加以说明。图 8-17 是压电式传感器与电荷放大器连接的等效电路，由"虚地"原理可知，反馈电容 C_f 折合到放大器输入端的有效电容 C'_f 为

$$C'_f = (1+k)C_f \qquad (8-39)$$

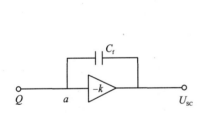

图 8-16 电荷放大器的等效电路

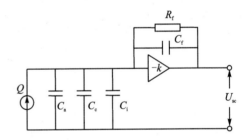

图 8-17 压电传感器与电荷放大器连接的等效电路

可见，忽略放大器的输入电阻 R_i 和反馈电容的漏电阻，放大器的输入阻抗等于运算放大器的输入电容 C_i 和折算到放大器输入端的电容 C'_f 并联的等效阻抗，由于放大器反馈电容 C_f 折算到输入端的电容 $(1+k)C_f$ 与传感器的内部电容 C_a 和电缆电容 C_c 并联，因此压电元件产生的电荷 Q 不仅对反馈电容充电，同时也对其他所有电容充电，则有放大器的输出电压为：

$$U_{sc} = \frac{-kQ}{C_a + C_c + C_i + (1+k)C_f} \qquad (8-40)$$

由式(8-40)可以看到，输出电压与电缆电容是有关的。只有在放大器的开环增益 k 足够高，以致满足以下条件

$$(1+k)C_f \gg (C_a + C_c + C_i) \qquad (8-41)$$

电缆电容 C_c、压电传感器的内部电容 C_a 和放大器的输入电容 C_i 才能忽略不计。由于 C_f 反馈电容可以做到足够大，满足式(8-41)这一条件是没问题的。因此有放大器的输出电压为

$$U_{sc} \approx -\frac{Q}{C_f} \qquad (8-42)$$

式中，负号表示放大器的输出信号与输入信号反相。

当$(1+k)C_f>10(C_a+C_c+C_i)$时，传感器的输出灵敏度可认为与电缆电容无关。因此，采用电荷放大器，即使连接电缆长达数百米，甚至上千米，灵敏度也无明显的损失，这是使用电荷放大器突出的优点。当然，随着电缆长度的增加，电缆噪声也将增加。在实际使用中，传感器与测量仪器总有一定的距离，它们之间由长电缆连接，由于电缆噪声增加，降低了信噪比，使低电平振动的测量受到一定程度的限制。

在电荷放大器的实际电路中，考虑到被测物理量的不同及后级放大器不致因输入信号太大而引起饱和，反馈电容C_f的容量做成可选择的，选择范围一般在$100\sim10\,000$ pF之间。选择不同容量的反馈电容，可以改变前置级的输出大小。由于采用电容负反馈，对直流工作点相当于开路，因此放大器的零漂比较大。为减小零漂，使电荷放大器工作稳定，一般在反馈电容的两端并联一个大电阻$R_f(10^8\sim10^{10}\ \Omega)$，如图 8-17 所示，其作用是提供直流反馈，减小零漂，使电荷放大器工作稳定。

由此可见，低频时电荷放大器的频率响应仅取决于反馈电路参数R_f和C_f，其中C_f的大小可由所需的输出电压幅值根据式(8-42)确定。

电荷放大器虽然允许使用很长的电缆，但它与电压放大器比较，价格要高得多，电路也比较复杂，调整也比较困难，这是电荷放大器的不足之处。

8.5 压电式传感器的应用

压电元件可直接作为力-电转换元件，关键是选取合适的压电材料，变形方式，机械上串联或并联的晶片数，晶片的几何尺寸和合理的传力结构。显然，压电元件的变形方式以利用纵向压电效应的 TE 方式最为简便。而压电材料的选择则取决于所测力的量值大小、对测量误差的要求、工作环境温度等各种因素。晶片数目通常是使用机械串联而电气并联的两片。因为机械上串联的晶片数目增加会导致传感器抗侧向干扰能力的降低，而机械上并联的片数增加会导致传感器加工精度过高，同时，由于传感器电容和所产生的电荷以同样的倍数增大，因而传感器的电压输出灵敏度并不增大。

8.5.1 压电式测力传感器

压电式测力传感器可分为单向力、双向力和三向力传感器，它可测量几百牛顿至几万牛顿的动、静态力。

1. 单向力传感器

图 8-18 所示为用于机床动态切削力测量的单向压电石英力传感器结构图。压电元件采用xy切型石英晶体，利用纵向压电效应，通过d_{11}实现力-电转换。它用两块晶片构成压电晶体堆作为传感元件，被测力通过力盖 1 使晶体片 2 沿电轴方向受压力作用，基于纵向压电效应使石英晶片在电轴方向上产生电荷，两块晶片沿电轴方向并联叠加，负电荷由片形电极 3 输出，压电晶片正电荷一侧与底座连接。两片晶片并联可提高其电荷灵敏度。压电元件弹性变形部分的厚度较薄，其厚度由测力大小决定。

这种结构的单向力传感器体积小、质量轻、固有频率较高，测力范围可做到10^5 N。

2. 双向力传感器

双向力传感器基本上有两种组合：一种是测量垂直分力 F_z 和切向分力 F_x（或 F_y）；另一种是测量互相垂直的两个切向分力 F_x 和 F_y。无论哪一种组合，传感器的结构形式基本相同。双向压电式力传感器结构如图 8-19 所示。

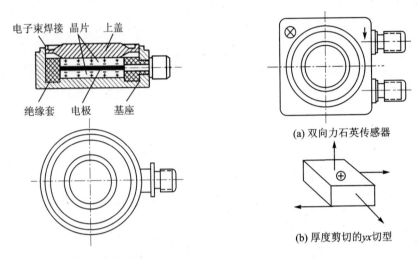

图 8-18 压电式单向力传感器的结构   图 8-19 压电式双向力传感器的结构

图 8-19 双向力传感器中的一组晶片采用 xy 切型晶片，通过 d_{11} 来实现力-电转换，用于测量轴向力 F_z；另一组晶片采用 yx 切型晶片，晶片的厚度方向为 y 轴方向，在平行于 x 轴的剪切应力 σ_6（在 xy 平面内）的作用下，产生厚度剪切变形。厚度剪切变形是指晶体受剪切应力的面与产生电荷的面不共面，如图 8-19(b) 所示。这一组石英晶体通过 d_{26} 实现力-电转换来测量 F_y。

3. 三向力传感器

图 8-20 所示为压电式三向力传感器结构示意图。压电组件为 3 组石英双晶片叠成并联

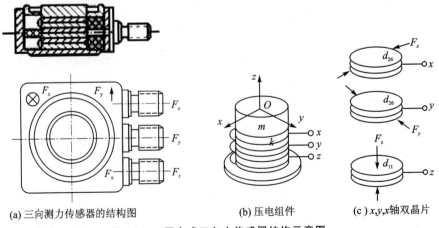

图 8-20 压电式三向力传感器结构示意图

方式。它可以测量空间任一个或3个方向的力。3组石英晶片的输出极性相同。其中一组取 $xy(x_0°)$ 切型晶片,利用厚度压缩纵向压电效应 d_{11} 来测量主轴切削力 F_z;另外两组采用厚度剪切变形的 $xy(x_0°)$ 切型晶片,利用剪切压电系数 d_{26} 来分别测量 F_y 和 F_x,如图 8-20(c)所示。由于 F_y 和 F_x 正交,因此,这两组晶片安装时应使其最大灵敏轴分别取向 x 和 y 方向。

8.5.2 压电式加速度传感器

压电式加速度传感器具有良好的高频响应特性、量程大、结构简单、工作可靠、安装方便等一系列优点,已广泛地应用于航空、航天、兵器、造船、机械及电气等系统的振动、冲击测试、环境模拟实验、模态分析、故障诊断等方面。

1. 压电式加速度传感器的结构

图 8-21 是压电式加速度传感器的结构原理图。该传感器由质量块、硬弹簧、压电晶片和基座组成。质量块一般由体积质量较大的材料(如钨或重合金)制成。硬弹簧的作用是对质量块加载,产生预压力,以保证在作用力变化时,晶片始终受到压缩。整个组件装在一个厚基座的金属壳中,为了隔离试件的任何应变传递到压电元件上,以避免产生虚假信号输出,因此,一般要加厚基座或选用刚度较大的材料来制造。

为了提高灵敏度,一般将两片晶片重叠放置,按串联(对应于电压放大器)或按并联(对应于电荷放大器)的方式连接,如图 8-21 所示。

压电式加速度传感器的具体结构形式也有多种,图 8-22 所示为常见的几种。

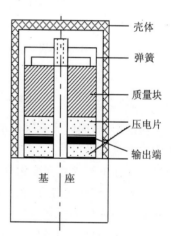

图 8-21 压电加速度传感器的结构原理图

图 8-22(a)所示为外圆配合压缩式。通过硬弹簧对压电元件施加预压力,这种形式的传感器结构简单,灵敏度高,但对环境的影响比较敏感。这是由于其外壳本身就是弹簧-质量系统中的一个弹簧,它与起弹簧作用的压电元件并联,由于壳体和压电元件之间这种机械上的并联连接,因此,壳体内的任何变化都将影响到传感器的弹簧-质量系统,使传感器的灵敏度发生变化。

图 8-22(b)所示为中心配合压缩式。具有外圆配合压缩式的优点,并克服了对环境敏感的缺点。这是因为弹簧、质量块和压电元件用一根中心柱牢固地固定在厚基座上,而不与外壳直接接触,外壳仅起保护作用。但这种结构仍然要受到安装表面应变的影响。

图 8-22(c)所示为倒装中心配合压缩式。由于中心柱离开基座,避免了基座应变引起的误差。但由于壳体是质量-弹簧系统的一个组成部分,所以壳体的谐振会使传感器的谐振频率有所降低,以致减小传感器的频响范围。另外,这种形式的传感器的加工和装配也比较困难,这是它的主要缺点。

图 8-22(d)所示为剪切式加速度传感器。它的底座向上延伸,管式压电元件套在这根圆柱上,压电元件上再套上惯性质量环。这种结构形式的传感器灵敏度大,横向灵敏度小,而且

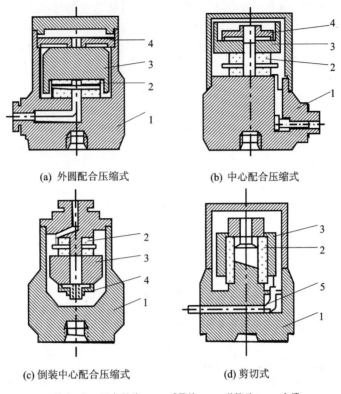

(a) 外圆配合压缩式　　(b) 中心配合压缩式

(c) 倒装中心配合压缩式　　(d) 剪切式

1—基座；2—压电晶片；3—质量块；4—弹簧片；5—电缆

图 8-22　压电式加速度传感器结构类型

能减少基座的影响,同时具有很高的固有频率,频响范围很宽。特别适用于测量高频振动,它的体积和重量都可做得很小,有助于实现传感器微型化。但由于压电元件与中心柱之间,以及惯性质量环与压电元件之间要用导电胶粘接,要求一次装配成功,因此,成品率较低。更主要的是,因为用导电胶粘接,所以在高温环境中使用就有困难了。

剪切式加速度传感器是一种很有发展前途的传感器。同压缩式加速度传感器相比,其横向灵敏度小一半,灵敏度受瞬时温度冲击和基座弯曲应变效应的影响都小得多,因此,剪切式加速度传感器有替代压缩式加速度传感器的趋势。

2. 工作原理

测量时,将传感器基座与被测物体固定在一起。当传感器受振动时,由于弹簧的刚度相对较大,而质量块的质量 m 相对较小,可以认为质量块的惯性很小。因此,质量块感受与传感器基座相同的振动,并受到与加速度方向相反的惯性力的作用。这样,质量块就有一正比于加速度的惯性力 F_a 作用在压电元件上。由于压电片具有压电效应,因此,在它的两个表面上就产生与加速度成正比的电荷 Q 或电压 U,这样就可以通过电荷量或电压量来测量被测物体的加速度 a。

当传感器与电荷放大器配合使用时,用电荷灵敏度 S_q 表示;与电压放大器配合使用时,用电压灵敏度 S_u 表示。其一般表达式为

$$S_q = \frac{Q}{a} = \frac{d_{ij}F_a}{a} = -d_{ij}m \tag{8-42}$$

$$S_u = \frac{U_a}{a} = \frac{Q/C_a}{a} = -\frac{d_{ij}m}{C_a} \tag{8-43}$$

式中，d_{ij} 为压电常数；C_a 为传感器电容。

由此可见，可通过选用较大的 m 和 d_{ij} 来提高灵敏度。但质量的增大将引起传感器固有频率下降，频宽减小，而且随之带来体积、质量的增加，构成对被测对象的影响，应尽量避免。通常多采用较大压电常数的材料或多晶片组合的方法来提高灵敏度。

3. 压电加速度传感器的传递函数

压电式加速传感器的机械系统是一个二阶惯性系统，如图 8-23 所示。系统中的弹簧由刚度系数为 K_y 的压电元件和刚度系数为 K' 的预紧弹簧并联组成。由于 K_y 很大，K' 的值也比较大，因此系统中弹簧的总刚度 K 是很大的。

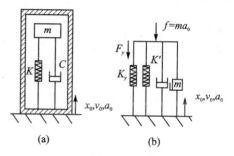

图 8-23 压电加速度等效机械系统

类似于电动式传感器机械阻抗的分析，压电式传感器的机械系统可以用 4 个元件的并联系统来表示。同样，振动体振动时，质量块 m 上相对于作用一个由外界振动所引起的等效激振力 $f(f=ma_0)$，如图 8-23 所示，等效激振力作用在整个系统上，作用到压电元件上的只是其中的一部分。

$$F_y = K_y \cdot x_t = K_y \frac{ma_0}{Z_m} = \frac{K_y \cdot m \cdot a_0}{K + j\omega c - \omega^2 m} = \frac{\dfrac{K_y}{\omega_n^2}}{1 - \left(\dfrac{\omega}{\omega_n}\right)^2 + j \cdot 2\xi\left(\dfrac{\omega}{\omega_n}\right)} \cdot a_0 \tag{8-43}$$

式中，ω_n 为系统无阻尼固有角频率，$\omega_n = \sqrt{\dfrac{K}{m}}$；$\xi$ 为阻尼比，$\xi = \dfrac{c}{2\sqrt{mK}}$。

如果用压电陶瓷作压电元件，则在力作用下，压电元件表面产生交变电荷

$$Q = d_{33}F_y = \frac{d_{33} \cdot \dfrac{K_y}{\omega_n^2}}{1 - \left(\dfrac{\omega}{\omega_n}\right)^2 + j \cdot 2\xi\left(\dfrac{\omega}{\omega_n}\right)} \cdot a_0 \tag{8-44}$$

则压电式传感器的频率传递函数为

$$\frac{Q}{a_0}(j\omega) = \frac{d_{33} \cdot \dfrac{K_y}{\omega_n^2}}{1 - \left(\dfrac{\omega}{\omega_n}\right)^2 + j \cdot 2\xi\left(\dfrac{\omega}{\omega_n}\right)} \tag{8-45}$$

幅频特性（电荷灵敏度）为

$$S_q = \left|\frac{Q}{a_0}(j\omega)\right| = \frac{d_{33} \cdot \dfrac{K_y}{\omega_n^2}}{\sqrt{\left[1 - \left(\dfrac{\omega}{\omega_n}\right)^2\right]^2 + \left[2\xi\left(\dfrac{\omega}{\omega_n}\right)\right]^2}} \tag{8-46}$$

由式(8-46)可知，当传感器固有频率远大于振动体的振动频率时，传感器的灵敏度近似

为一常数

$$S_q = \left| \frac{Q}{a_o}(j\omega) \right| = \frac{K_y \cdot d_{33}}{\omega_n^2} \tag{8-47}$$

4. 压电传感器的动态特性

由于压电元件的内阻抗相当高,因此应与高输入阻抗的电压或电荷放大器联用。这时,它的等效电路如图8-24所示。由式(8-46)得

$$I = j\omega d_{33} F \tag{8-48}$$

将式(8-48)、式(8-43)代入式(8-22)得

$$U_{sr} = j\omega d_{33} \frac{\dfrac{K_y}{\omega_n^2}}{1-\left(\dfrac{\omega}{\omega_n}\right)^2 + j \cdot 2\xi\left(\dfrac{\omega}{\omega_n}\right)} \cdot a_0 \frac{R}{1+j\omega RC} \tag{8-49}$$

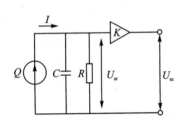

图 8-24 配用电压放大器的等效电路

得到经前置放大后的传感器的传递函数

$$\frac{U_{sc}}{a_0}(j\omega) = \frac{d_{33} \cdot K_y \cdot K}{\omega_n^2 C \left[1+\dfrac{1}{j\omega RC}\right]\left[1-\left(\dfrac{\omega}{\omega_n}\right)^2 + j \cdot 2\xi\left(\dfrac{\omega}{\omega_n}\right)\right]} \tag{8-50}$$

式中,K 为电路放大倍数。

幅频特性(总的灵敏度)为

$$S_U = \left|\frac{U_{sc}}{a_0}(j\omega)\right| = \frac{d_{33} \cdot K_y \cdot K}{\omega_n^2 C \sqrt{1+\left(\dfrac{1}{\omega RC}\right)^2}\sqrt{\left[1-\left(\dfrac{\omega}{\omega_n}\right)^2\right]^2+\left(2\xi\dfrac{\omega}{\omega_n}\right)^2}} \tag{8-51}$$

式(8-51)是压电式加速度传感器配以电压放大器的灵敏度随振动体振动频率变化的表达式。事实上,压电传感器中 ξ 比较小,ω_n 比较高,电路的时间常数 $\tau=RC$ 较大,即 $\xi \ll 1$,$\omega < \omega_n$,$1/(\omega RC) < 1$,此时即得到理想灵敏度 $S_{U_{sc}}$ 为

$$S_{U_{sc}} \approx \frac{d_{33} \cdot K_y \cdot K}{\omega_n^2 \cdot C} \tag{8-52}$$

这样,传感器相对灵敏度的频率特性为

$$\frac{S_U}{S_{U_{sc}}} = \frac{1}{\sqrt{1+\left(\dfrac{1}{\omega RC}\right)^2}\sqrt{\left[1-\left(\dfrac{\omega}{\omega_n}\right)^2\right]^2+\left[2\xi\left(\dfrac{\omega}{\omega_n}\right)\right]^2}} \tag{8-53}$$

式(8-53)所表示的频响特性曲线如图8-25所示。可见,压电式加速度传感器的理想工作区是中间平直段,此时灵敏度不随振动体振动频率而变化,相对响应为1。由式(8-53)及图8-25可知,压电式加速度传感器可检测的振动体振动加速度的最高频率受机械系统 ω_n 限制;当振动体 ω 接近 ω_n 时会产生一定的检测误差,要扩展上限检测频率、提高检测精度应适当加大 ω_n 值;但由式(8-52)可知,在其他条件不变的情况下增大 ω_n 会使整个传感器的灵敏度下降,因此应根据具体的检测情况,合理选取 ω/ω_n。由于放大器的通频带要做到100 kHz以上并不困难。因此,压电式传感器的高频响应只需要考虑传感器的固有频率,一般上限频率可达数十千赫兹。

由机械系统决定的高频段可能产生的误差可按下式计算：

$$\delta = \left| \frac{1}{\sqrt{\left[1-\left(\frac{\omega}{\omega_0}\right)^2\right]^2 + \left[2\xi\left(\frac{\omega}{\omega_n}\right)\right]^2}} - 1 \right| \times 100\% \tag{8-54}$$

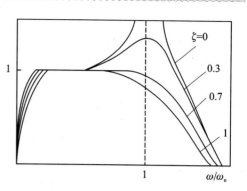

图 8-25 频响特性式

工程设计时常取 $\omega < (1/3 \sim 1/5)\omega_n$ 为理想工作区。

在传感器的低频段，式(8-53)可简化为

$$\frac{S_U}{S_{U_{sc}}} = \frac{1}{\sqrt{1+\left(\frac{1}{\omega RC}\right)^2}} \tag{8-55}$$

比较式(8-55)和式(8-33)可见，传感器的低频响应主要取决于电系统，当已知允许的低频误差和总电容 C、总电阻 R 时，就可以求出能测量的低频下限。时间常数 RC 大，在允许的低频误差下能测的低频下限就低。在某一低频时的测量误差可按下式计算：

$$\delta = \left| \frac{1}{\sqrt{\left[1+\left(\frac{1}{\omega RC}\right)^2\right]^2}} - 1 \right| \times 100\% \tag{8-56}$$

显然，在已知测量频率、低频误差以及总电容的情况下，就可以求出所要求的前置放大器的输入电阻。

在与电荷放大器配合使用的情况下，传感器的低频响应受电荷放大器的下限截止频率限制。电荷放大器的下限截止频率是指放大器的相对输入电压减小 3 dB 时的频率，它主要由放大器的反馈电容和反馈电阻决定。如果忽略放大器的输入电阻及电缆的漏电容，电荷放大器的下限截止频率为

$$f_L = \frac{1}{2\pi R_f C_f} \tag{8-57}$$

式中，R_f 为反馈电阻；C_f 为反馈电容。

一般电荷放大器的下限截止频率可低至 0.3 Hz，甚至更低。因此，当压电式传感器与电荷放大器配合使用时，低频响应是很好的，可以测量接近静态变化非常缓慢的物理量。实际上，在准静态测量条件，低频误差往往不取决于反馈电路的时间常数，而是受运算放大器的漂移限制。

由以上分析可知，压电式加速度传感器可测的振动频率范围很宽，特别适应于冲击加速度测量。与电动式传感器相比，它体积小，质量轻，频率宽，因此在振动、冲击测量中得到广泛应用。

5. 压电式加速度传感器的横向灵敏度

一个理想的加速度传感器，只有当振动沿压电传感器的轴向运动时才有信号输出。也就是说，传感器灵敏度最大的方向应当与传感器主轴线重合，而垂直于轴向的振动是不应当有信号输出的。然而实际上任何加速度传感器做不到这一点。这主要是由于：

① 压电材料性能的不均匀，压电片表面粗糙或两个表面不平行，压电片表面有杂质或接

触不良；

② 晶体片切割或极化方向有偏差；

③ 传感器基座上下两端互相不平行；

④ 基座平面与主轴方向互不垂直，基座平面不平；

⑤ 质量块或压紧螺母精度不紧；

⑥ 传感器装配质量不好，结构不对称。

尤其是在安装时，传感器的轴线和安装表面不垂直更是造成横向灵敏度的主要原因。因此，传感器的最大灵敏度方向就不可能和主轴线完全重合，一般将最大灵敏度在主轴线方向的分量称为主轴灵敏度或称基本灵敏度，而将最大灵敏度在垂直于主轴线方向的分量称为横向灵敏度，如图 8-26 所示。

通常，横向灵敏度以主轴灵敏度的百分数来表示，对于一个较好的传感器，最大横向灵敏度应小于主轴灵敏度的 5%。横向灵敏度是有方向性，在不同的方向上横向灵敏度不同，通过对传感器横向灵敏度的测量，横向灵敏度与主轴灵敏度关系如图 8-27 所示。根据这一特点，在安装传感器时，只要精细地调整两片压电片的相互位置，就可以起到互相补偿的作用，使横向灵敏度减为最小。

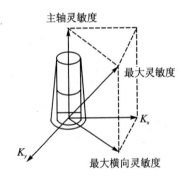

图 8-26　横向灵敏度的图解说明

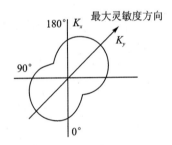

图 8-27　横向灵敏度的极坐标图

横向灵敏度是传感器测量误差的一个因素。为了减小横向灵敏度，除了尽量提高压电元件的加工精度和传感器的装配精度，以及调整压电片的相互位置外，如果在测量中已经知道横向振动来自某一方向，也可以根据传感器的横向灵敏度坐标图，在安装传感器时，使最小横向灵敏度方向与横向振动方向一致，这样就可以减小横向灵敏度引起的测量误差。

8.6　压电传感器测量精度影响因素及使用注意事项

8.6.1　影响压电传感器测量精度的因素

除了在 8.5.2 小节中所述的动态误差和横向灵敏度外，压电式传感器在使用时还应注意下列影响因素。

1. 环境温度的影响

周围环境温度的变化对压电材料的压电系数和介电常数的影响较大，它将使传感器灵敏度发生变化。然而,不同的压电材料,其温度影响的程度是不同的。例如,石英晶体对温度并不敏感,在常温范围甚至温度高至 200 ℃时,石英的压电常数和介电常数几乎不变,在 200～400 ℃范围内变化也不大。

人工极化的压电陶瓷受温度的影响比石英要大得多,压电常数和介电常数随温度变化的趋势大体上如图 8-28 所示。当然,不同的压电陶瓷材料,压电系数和介电常数的温度特性还是有很大差别的。例如,锆钛酸铅压电陶瓷的温度特性就比钛酸钡压电陶瓷好得多,尤其是近年来研制成功的一些耐高温的压电测量元件在较宽的温度范围内,其性能还是很稳定的。

为了提高压电陶瓷的温度稳定性和时间稳定性,一般应进行人工老化处理。人工老化处理的方法是,将压电陶瓷置于温度箱内反复加温和降温,连续做一个星期,加温和降温的周期为两小时,如图 8-29 所示。如果所加的最高温度为居里点 T_c 的 60%,经过一星期老化处理后,虽然灵敏度会降低,但性能却稳定了,相当于十年自然老化的结果。

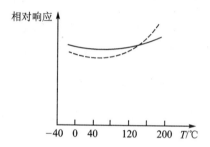

图 8-28 压电陶瓷的温度特性示意图

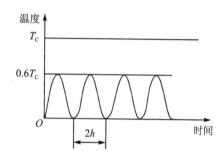

图 8-29 压电陶瓷人工老化处理温度与时间的关系

天然石英晶体无须做人工老化处理,因为天然石英晶体已有五百万年的历史。正因为如此长时间的自然老化,所以天然石英晶体的性能非常稳定。

压电陶瓷经人工老化处理后,虽然在稳定环境中正常使用时,性能比较稳定,但在高温环境中使用时,压电常数和介电常数仍会发生变化。例如,测量爆炸冲击波压力时,冲击波前沿的瞬时温度相当高,它不但以热传导的方式经过传感器的壳体传导到压电元件,使压电材料的压电常数和介电常数因受热而发生变化,引起传感器灵敏度变化;而且,当传感器的壳体受热而产生热应力时,此热应力又与冲击波有相同的传递速率,它以应力的方式传递至压电元件,相当于压电元件受到一个预加载荷的作用,以致传感器产生预加输出电信号而造成测量误差。为了减小瞬时温度冲击对传感器灵敏度的影响,在压电片上再加上两片非极化的锆钛酸铅陶瓷,它们没有压电效应,只起隔热作用。

普通的压电式传感器的工作温度总是有限的,这主要是受压电材料、电子线路元件和电缆耐温限制。为了使传感器适应各种恶劣环境的测量,尤其是在高温环境中使用,许多问题是必须解决的。例如,必须研制耐高温的新型压电材料,要求这种材料在高温下不但压电常数和介电常数的变化要小,而且要有很高的体电阻率。压电材料和体电阻率是随着温度的增加按指数规律减小的,压电传感器的低频响应是测量回路时间常数 RC 的函数,因此,压电元件的体电阻太小,将会造成严重的漏电,时间常数降低,以致使低频测量误差增大。

要适应高温环境中工作,除了有耐高温的压电材料外,传感器的连接电缆也是一个至关重要的部件。普通电缆是不能耐 700 ℃以上高温的。在高温传感器中大多采用无机绝缘电缆和含有无机绝缘材料的柔性电缆,但电缆两端必须气密焊封,以防止潮气侵入到电缆内而使其绝缘电阻降低。

2. 环境湿度的影响

环境湿度对压电式传感器性能影响也很大。如传感器长期在高湿环境下工作,传感器的绝缘电阻(泄漏电阻)将会减小,以致传感器的低频响应变坏。为此,传感器的有关部分一定要有良好的绝缘,要选用绝缘性能良好的绝缘材料,如聚氯乙烯、聚苯乙烯、陶瓷等。此外,零件表面的光洁度要高。在装配前所有的零件都要用酒精清洗、烘干、传感器的输出端要保持清洁干燥,以免尘土积落受潮后降低绝缘电阻,对一些长期在潮湿环境或水下工作的传感器,应采取防尘密封措施,在容易漏气或进水的输出引线接头处用特殊材料加以密封。

3. 电缆噪声

压电式传感器的信号电缆一般采用小型同轴导线,这种电缆很柔软,具有良好的挠性。但遗憾的是当它受到突然的拉动或振动时,电缆本身会产生噪声(虚假信号)。由于压电式传感器是电容性的,所以在低频(20 Hz)以下内阻抗极高(约上百兆欧)。因此电缆里产生的噪声不会很快消失,以致进入放大器,并放大,成为一种干扰信号。

电缆噪声完全是由电缆自身产生的。普通的同轴电缆是由聚乙烯或聚四氟乙烯作绝缘保护层的多股绞线组成,外部屏蔽是一个编织的多股镀银金属套包在绝缘材料上,如图 8-30 所示。工作时电缆受到弯曲或振动时,电缆芯线 3 和绝缘体 2 之间,以及绝缘体和金属屏蔽套之间就可能发生相对移动,以致在两者之间形成一个空隙。当相对移动很快时,在空隙中将因摩擦而产生静电感应,静

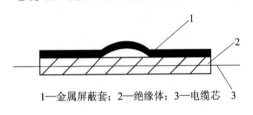

1—金属屏蔽套;2—绝缘体;3—电缆芯

图 8-30 同轴电缆分离示意图

电荷放电时将直接馈送到放大器中,形成电缆噪声。为减少这种噪声,除选用特制的低噪声电缆外,在测量过程中应将电缆固紧,以免产生相对运动。

8.6.2 压电测量系统使用注意事项

1. 电标定

压电测量系统的高频特性主要由传感器系统的机械特性决定,低频特性由整个测量系统的时间常数决定。现有的工艺条件及器件的水平还不能让压电测量系统的时间常数 τ 做到无限大,因此,从原理上讲,压电式测量系统不能用于测量静态量,在许多场合下不宜采用静态标定的方法来获取系统的灵敏度。当压电传感器与电荷放大器配合使用时,大多可采用电标定的方法来获取系统灵敏度。电荷放大器设计时一般都考虑到了这一问题,在各种电荷放大器上都设置有传感器的电荷灵敏度设定装置及放大器放大倍数旋钮。假定压电传感器的灵敏度为 S_Q,电荷放大器的放大倍数为 K_A,使用者可进行下列操作:①将压电传感器的灵敏度设置到电荷放大器的传感器灵敏度上,实际工作中称此步操作为灵敏度归一化设置,归一化设置后,原则上单位机械量作用在传感器上,电荷放大器输出 1 mV 的对应电压;②根据电荷放大

器的输出电压 U_{sc} 和放大器的放大倍数 K_A，计算被测量的幅值，公式如下：

$$\text{被测量} \quad M = \frac{U_{sc}}{K_A} \tag{8-58}$$

式中，M 的单位对应于传感器灵敏度的机械量单位。

2. 电荷放大器的保护

各种压电传感器在测量中都不可避免地要被安装在被测对象上。传感器安装时会给压电晶体产生一定的预应力，尤其是力和压力传感器，安装完成后在传感器的输出电极上会形成一定的残余电荷。为防止将电荷放大器前置级的场效应管烧坏，在将传感器输出电缆与电荷放大器连接前要作短接处理。工程测试中一定要注意该环节，许多电荷放大器烧坏都是由此引起的。另外，使用电荷放大器时要注意接地，要确保全系统真正共地。

习题与思考题

8-1 什么叫正压电效应？什么叫逆压电效应？

8-2 画出压电元件的两种等效电路。

8-3 电荷放大器要解决的核心问题是什么？试推导其输入输出关系。

8-4 何谓电压灵敏度和电荷灵敏度？两者间有什么关系？

8-5 简述压电式加速度传感器的工作原理。

8-6 有两只压电式加速度传感器，固有频率分别为 200 kHz 和 35 kHz，阻尼比均为 0.3，今欲测频率为 10 Hz 的振动应选用哪一只？为什么？

8-7 为扩大压电式传感器的低频响应范围，是否可以采用增加测量回路电容 C 的办法？为什么？

8-8 压电式传感器的上限频率和下限频率各取决于什么因素？

8-9 分析压电式加速度传感器的频率响应特性。若测量电路的 $C=1\,000$ pF，$R=500$ MΩ，传感器固有频率 $f_0=30$ kHz，相对阻尼比系数 $\xi=0.5$，求幅值误差在 2% 以内的使用频率范围。

8-10 用石英晶体加速度传感器及电荷放大器测量机器的振动，已知加速度传感器的灵敏度为 5 pC/g，电荷放大器灵敏度为 50 mV/pC，当机器达到最大加速度值时相应的输出电压幅值为 2 V，试求该机器的振动加速度。

8-11 石英晶体压电式传感器，面积为 1 cm^2，厚度为 1 mm，固定在两金属板之间，用来测量通过晶体两面力的变化。材料的弹性模量是 9×10^{10} Pa，电荷灵敏度为 2 pC/N，相对介电常量是 5.1，材料相对两面间电阻是 10^{14} Ω。一个 20 pF 的电容和一个 100 MΩ 的电阻与极板相连。若所加力 $F=0.01\sin(100\,t)$ N，求

① 两极板间电压峰—峰值；

② 晶体厚度的最大变化值。

8-12 已知电压前置放大器输入电阻及总电容分别为 $R_i=100$ MΩ，$C_i=100$ pF，求与压电式加速度传感器相配测 1 Hz 振动时幅值误差是多少？

8-13 已知某压电式传感器测量最低信号频率 $f=1$ Hz，现要求在 1 Hz 信号频率时其灵敏度下降不超过 5%，若采用电压前置放大器输入回路总电容 $C_i=500$ pF，求该前置放大器输入总电阻 R_i 是多少？

8-14 有一压电晶体，其面积 $S=3$ cm^2，厚度 $t=0.3$ mm，零度 X 切型纵向石英晶体压电常量 $d_{11}=2.31\times10^{-12}$ C/N。求受到压力 $P=10$ MPa 作用时产生的电荷 q 及输出电压 u。

第 9 章　光电测量技术

光电测量技术是现代测试技术中的一个重要分支。光电式传感器是以光电器件作为转换元件的传感器。它可用于检测直接引起光量变化的非电量,如光强、光照度、辐射测温、气体成分分析等;也可用来检测能转换成光量变化的其他非电量,如零件直径、表面粗糙度、应变、位移、振动、速度、加速度,以及物体的形状、工作状态的识别等。光电式传感器具有非接触、响应快、性能可靠等优点,因此在工业自动化装置和机器人中有着广泛的应用。

光电式传感器是以光电效应为基础,将光信号转换成电信号的传感器。光电式传感器通常由光源、光通路、光电器件及测量电路四部分组成。

9.1　光电测量基本知识

9.1.1　光　源

光源是光电式传感器的一个组成部分,大多数光电传感器都离不开光源,光电式传感器对光源的选择要考虑很多因素,例如波长、谱分布、相干性、体积、造价、功率等。

1. 白炽光源

白炽光源中最常用的是钨丝灯,它产生的光的谱线较丰富,包含可见光与红外光。使用时,常通过滤光片来获得不同窄带频率的光。

2. 气体放电光源

气体放电光源光辐射的持续,不仅要维持其温度,而且有赖于气体的原子或分子的激发过程。原子辐射光谱呈现许多分离的明线条,称为线光谱。分子辐射光谱是一段段的带,称为带光谱。线光谱和带光谱的结构与气体成分有关。气体放电光源常用的有碳弧、低压水银弧、高压水银弧、钠弧、氙弧灯等。高低压水银弧灯的光色近于日光。钠弧灯发出的光呈黄色,发光效率特别高。氙弧灯功率最大,光色与日光相近。

3. 发光二极管

发光二极管是一种电致发光的半导体器件,它与钨丝白炽灯相比具有体积小、功耗低、寿命长、响应快、便于与集成电路相匹配等优点,因此得到广泛应用。

发光二极管可用 LED 表示。一般情况下(在几十毫安电流范围内),LED 单位时间发射的光子数与单位时间内注入二极管导带中的电子数成正比,即输出光强与输入电流成正比。电流的进一步增加会使 LED 输出产生非线性,甚至导致器件损坏。

4. 激光器

激光是新颖的高亮度光,它是由各类气体、固体或半导体激光器产生的频率单纯的光。工作波长为 0.638 μm 或 1.5 μm 的氦氖激光器是最常用的气体激光器,它使用方便,亮度很高;工作波长为 10.6 μm 的二氧化碳激光器是工作在远红外波段的功率较高的光源,常用于探测大气成分的光雷达中;工作波长为 0.516 μm 的氩离子激光器具有很高的亮度,但价格昂贵、效率低。半导体激光器增益带宽特别高,但使用时需注意其输出特性的非线性及输出随光学负载(返回到激光器的外部反射率)的变化而变化。后一种情况在氦氖激光器中可观察到同样的效应,但很小。

激光是相干光源,它具有单色性和方向性,能量高度集中,利用激光作为光源的激光检测技术已得到广泛应用。

5. 光源特性

光源的辐射特性(如白炽灯辐射为非相干的朗勃光源)、光谱特性(辐射的中心波长 λ 和谱宽 Δλ)、光电转换特性(淘汰的电偏置与光源辐射的光学特性之间的关系)及淘汰的环境特性(热系数、长时间漂移和老化等)是光源的重要特性。

对于光电检测系统来说,光源光谱的噪声电平也是极其重要的。光源的最低噪声电平由散粒噪声决定。散粒噪声是光的光子性的直接结果。平均来看,在给定的时间间隔里,光源发射出 N 个光子,则在连续时间间隔内发射的实际值有 $N^{1/2}$ 的变化。这种变化等效于发射信号振幅中的一个噪声分量。散粒噪声又称光子噪声。多数白炽光源(包括发光二极管)的噪声电平非常接近于散粒噪声。激光器通常由填充着光学谐振媒质的光学谐振腔构成,在腔体内产生谐振效应,因此在一些特定频率上会产生附加噪声电平。另外,给光源提供能量的电源通常存在噪声,经光源的光电转换,这种电噪声将转换为光噪声。故光源的实际噪声电平往往超过散粒噪声。

9.1.2 光电效应及器件

所谓光电效应是指物体吸收了光能后转换为该物体中某些电子的能量而产生的电效应。光电效应可分成外光电效应和内光电效应。

1. 外光电效应

根据爱因斯坦的光子假说:光是一粒一粒运动着的粒子流,这些光粒子称为光子。每一个光子具有一定的能量,其大小等于普朗克常数 h 乘以光的频率 f,不同频率的光子具有不同的能量。光的频率越高,其光子能量就越大。光线照射在某些物体上,使电子从这些物体表面逸出的现象称为外光电效应,也称光电发射,逸出来的电子称为光电子。根据这一效应可制成不同的光电转换器件(亦称光敏元件)。

光照射在物体上可看成一连串具有一定能量的光子轰击这些物体。根据爱因斯坦假设:一个光子的能量只能给一个电子,因此一个单个的光子把全部能量传给物体中的一个自由电子,使自由电子能量增加 hf,这些能量一部分用作电子逸出物体表面的逸出功 A,另一部分变

成电子的初动能 $\frac{1}{2}mv^2$。按照能量守恒与转换定律有

$$hf = \frac{1}{2}mv^2 + A \qquad (9-1)$$

该式称为爱因斯坦光电效应方程式。式中，h 为普朗克常数；f 为入射光的频率；m 为电子质量；v 为电子逸出物体表面时的初速度；A 为物体的逸出功。

根据爱因斯坦光电方程及相关假设可知：

① 当光子能量大于逸出功时，才有光电子发射出来，才有外光电效应；当光子能量小于逸出功时，不会产生外光电效应；当光子能量恰好等于逸出功时，光电子的初速度 $v=0$，此时光电子相应的单色光频率为 f_0，根据式(9-1)可得

$$hf_0 = A \qquad (9-2)$$

式中，f_0 为该物质产生光电效应的最低频率，称其为红限频率。显然，如入射光的频率低于红限频率 f_0，不论光强度有多大，也不会使物质发射光电子。因为光强度再大，光的频率低于红限频率，每个光子的能量低于逸出功的能量，所以电子吸收光子能量后也不足以克服逸出功的能量。反之，入射光的频率高于红限频率，光强再弱，该物体也能发射光电子，只是发射的光电子数较少，随着光强的增加，光电子的数目增加，光电流增大。

② 光电子的初动能决定于光的频率。由式(9-1)可知，对于一定的物质，电子逸出功是一定的，若光子的能量 hf 越大，则电子的初动能越大，电子的初动能与频率成正比。

③ 根据"一个光子的能量只能给一个电子"的假说，电子吸收光子能量不需积累能量的时间，在光照射物质后，立刻有光电子发射，据测该时间不超过 10^{-9} s。

基于外光电效应原理工作的光电器件有光电管和光电倍增管。

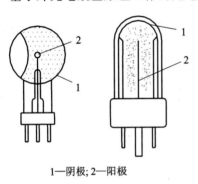

1—阴极；2—阳极

图 9-1 光电管

光电管种类很多，它是一个装有光电阴极和阳极的真空玻璃管，如图 9-1 所示。光电阴极有多种形式：① 由在玻璃管内壁涂上阴极涂料构成；② 由在玻璃管内装入涂有阴极涂料的柱面形极板构成。阳极为置于光电管中心的环形金属板或置于柱面中心线的金属柱。

光电管的阴极受到适当的照射后便放射光电子，这些光电子被具有一定电位的阳极吸引，在光电管内形成空间电子流。如在外电路中串入一适当阻值的电阻，则该电阻上将产生正比于空间电流的电压降，其值与照射在光电管阴极上的光强成函数关系。

如在玻璃管内充入惰性气体（如氩、氖等）即构成充气光电管。光电子流对惰性气体进行轰击，使其电离，产生更多的自由电子，从而提高光电变换的灵敏度。

光电倍增管的结构如图 9-2 所示。在玻璃管内除装有光电阴极和光电阳极外，还装有若干个光电倍增极。光电倍增极上涂有在电子轰击下能发射更多电子的材料。光电倍增极的形状及位置设置得正好能使前一级倍增极发射的电子继续轰击后一级倍增极。在每个倍增极间均依次增大加速电压。设每级的倍增率为 δ，若有 n 级，则光电倍增管的光电流倍增率将为 δ^n。光电倍增极常采用 Sb-Cs 涂料或 Ag-Mg 合金涂料，倍增极数常为 4~14，δ 值为 3~6。

2. 内光电效应

光照射在半导体材料上,材料中处于价带的电子吸收光子能量,通过禁带跃入导带,使导带内的电子浓度和价带内的空穴增多,即激发出光生电子吸收空穴对,从而使半导体材料产生电效应。光子能量必须大于材料的禁带宽度 ΔE_g 才能产生内光电效应,如图 9-3 所示。内光电效应按其工作原理可分为光电导效应和光生伏特效应两种。

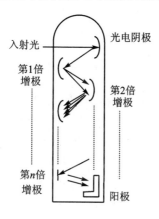

图 9-2 光电倍增管

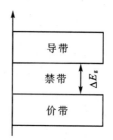

图 9-3 半导体能带图

(1) 光电导效应

半导体受到光照时会产生光生电子-空穴对,使导电性能增强;光线愈强,阻值愈低。这种光照后电阻率变化的现象称为光电导效应。基于该效应的光电器件有光敏电阻和反向偏置工作的光敏二极管与三极管。

① 光敏电阻　光敏电阻是一种电阻器件,工作原理如图 9-4 所示。使用时,可加直流偏压或加交流电压。光敏电阻中光电导作用的强弱可用其电导的相对变化来衡量。禁带宽度较大的半导体材料,在室温下热激发产生的电子-空穴对较少,无光照时的电阻(暗电阻)较大。因此光照引起的附加电导就十分明显,表现出很高的灵敏度。

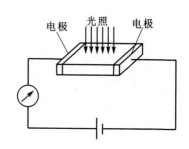

图 9-4 光敏电阻的工作原理

为提高光敏电阻的灵敏度,应尽量减小电极间的距离。对于面积较大的光敏电阻,常采用光敏电阻薄膜上蒸镀金属形成梳状电极的方法。为减小潮湿对灵敏度的影响,光敏电阻必须带有严密的外壳封装。光敏电阻灵敏度高、体积小、重量轻、性能稳定、价格便宜,因此在自动化技术中应用广泛。

② 光敏二极管　PN 结可以光电导效应工作,也可以光生伏特效应工作。如图 9-5 所示,处于反向偏置的 PN 结,在无光照时具有高阻特性,反向暗电流很小。当光照时,结区产生电子-空穴对,在结电场作用下,电子向 N 区运动,空穴向 P 区运动,形成光电流。光的照度愈大,光电流愈大。由于无光照时的反偏电流很小,一般为纳安(nA)数量级,因此光照时的反向电流基本与光强成正比。

③ 光敏三极管　可看成是一个 bc 结为光敏二极管的三极管,其原理和等效电路如图 9-6 所示。在光照作用下,光敏二极管将光信号转换成电流信号,该电流信号被晶体三极管放大。显然,在晶体管增益为 β 时,光敏三极管的光电流要比相应的光敏二极管大 β 倍。

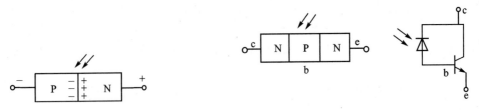

图 9-5　光电二极管原理图　　　　　图 9-6　光电三极管原理图

光敏二极管和三极管均用硅或锗制成。由于硅器件暗电流小、温度系数小,又便于用平面工艺大量生产,尺寸易于精确控制,因此硅光敏器件比锗光敏器件更为普通。

光敏二极管和三极管使用时应注意保持光源与光敏管的合适位置。因此只有在光敏晶体管管壳轴线与入射光方向接近的某一方位(取决于透镜的对称性和管芯偏离中心的程度),入射光恰好聚焦在管芯所在的区域,光敏管的灵敏度才最大。为避免灵敏度变化,使用中必须保持光源与光敏管的相对位置不变。

(2) 光生伏特效应

光生伏特效应是光照引起 PN 结两端产生电动势的效应。当 PN 结两端没有外加电压时,在 PN 结势垒区内仍然存在着内建结电场,其方向是从 N 区指向 P 区,如图 9-7 所示。当光照射到结区时,光照产生的电子-空穴对在结电场作用下,电子扫向 N 区,空穴扫向 P 区;电子在 N 区积累和空穴在 P 区积累使 PN 结两边的电位发生变化,PN 结两端出现一个因光照而产生的电动势,该现象称为光生伏特效应。由于它可像电池那样为外电路提供能量,因此又称为光电池。

光电池与外电路的连接方式有两种,如图 9-8 所示。一是把 PN 结的两端通过外导线短接,形成流过外电路的电流,该电流称为光电池的输出短路电流(I_L),其大小与光强成正比;另一种是开路电压输出,开路电压与光照度之间呈非线性关系;光照度大于 1 000 lx 时呈现饱和特性。因此使用时应根据需要选用工作状态。

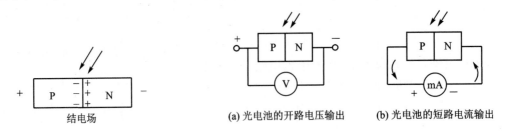

图 9-7　PN 结光生伏特效应原理图　　　　图 9-8　光电池与外电路的连接方式
　　　　　　　　　　　　　　　　　　　(a) 光电池的开路电压输出　(b) 光电池的短路电流输出

硅光电池是用单晶硅制成的。在一块 N 型硅片上用扩散方法渗入一些 P 型杂质,从而形成一个大面积 PN 结,P 层极薄能使光线穿透到 PN 结上。硅光电池也称硅太阳能电池,为有源器件。它轻便、简单,不会产生气体污染或热污染;特别适用作航天器仪表电源。硅光电池转换效能较低,适合于可见光波段工作。

9.2 光电器件的特性

9.2.1 光照特性

光电器件的灵敏度可用光照特性来表征,它反映了光电器件输入光量与输出光电流(光电压)之间的关系。

光敏电阻的光照特性呈非线性,大多数如图 9-9(a)所示。因此不宜作线性检测元件,但可在自动控制系统中用作开关元件。

光敏晶体管的光照特性如图 9-9(b)所示,它的灵敏度和线性度均好,在军事、工业自动控制和民用电器中应用极广,既可作线性转换元件,也可作开关元件。

光电池的光照特性如图 9-9(c)所示,短路电流在很大范围内与光照度呈线性关系。开路电压与光照度的关系呈非线性,在照度 2000 lx 以上即趋于饱和,但其灵敏度高,宜用作开关元件。光电池作为线性检测元件使用时,应工作在短路电流输出状态。负载电阻愈小,光电流与照度之间的线性关系愈好,且线性范围较宽。对于不同的负载电阻,可在不同的照度范围内使光电流与光照度保持线性关系。故用光电池作线性检测元件时,所用负载电阻的大小应根据光照的具体情况而定。

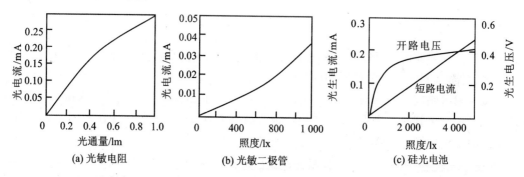

图 9-9 光电器件的光照特性

光照特性常用响应率 R 来描述。对于光生电流器件,输出电流 I_p 与光输入功率 P_i 之比称为电流响应率 R_I,即

$$R_I = I_p / P_i \tag{9-3}$$

对于光生伏特器件,输出电压 V_p 与光输入功率 P_i 之比,称为电压响应率 R_V,即

$$R_V = V_p / P_i \tag{9-4}$$

9.2.2 光谱特性

光电器件的光谱特性指相对灵敏度与入射光波长之间的关系,又称光谱响应。

光敏晶体管的光谱特性如图 9-10(a)所示,硅的波长限为 $1.1\ \mu m$,锗的波长限为 $1.8\ \mu m$,其大小取决于它们的禁带宽度。短波限一般在 $0.4 \sim 0.5\ \mu m$ 附近,这是由于波长过短,材料对光波的吸收剧增,光子在半导体表面附近激发的光生电子-空穴对不能到达 PN 结,因而使相对灵敏度下降。硅器件灵敏度的极大值出现在波长 $0.8 \sim 0.9\ \mu m$ 处,锗器件出现在 $1.4 \sim$

1.5 μm 处，都处于近红外光波段。采用较浅的 PN 结和较大的表面，可使灵敏度极大值出现的波长和短波减小，以适当改善短波响应。光敏电阻和光电池的光谱特性如 9-10(b)～(c)图所示。

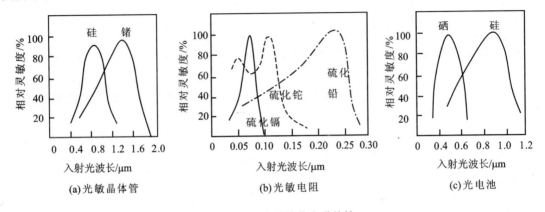

(a) 光敏晶体管　　(b) 光敏电阻　　(c) 光电池

图 9-10　光电器件的光谱特性

由光谱特性可知，为提高光电传感器的灵敏度，对于包含光源与光电器件的传感器，应根据光电器件的光谱特性合理选择相匹配的光源和光电器件；对于被测物体本身可作光源的传感器，则应按被测物体辐射的光波波长选择光电器件。

9.2.3　响应时间

光电器件的响应时间反映它的动态特性。响应时间小，表示动态特性好。对采用调制光的光电传感器，调制频率上限受时间的限制。

光敏电阻的响应时间一般为 $10^{-3} \sim 10^{-1}$ s，光敏晶体管约为 2×10^{-5} s，光敏二极管的响应速度比光敏三极管高一个数量级，硅管比锗管高一个数量级。图 9-11 所示为光敏电阻、光电池及硅光敏三极管的频率特性。

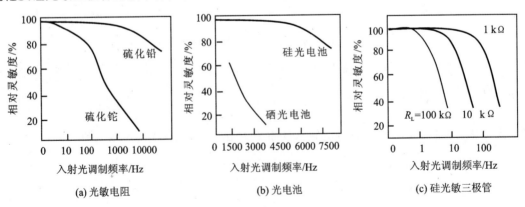

(a) 光敏电阻　　(b) 光电池　　(c) 硅光敏三极管

图 9-11　光电器件的频率特性

9.2.4　温度特性

温度变化不仅影响光电器件的灵敏度，同时对光谱特性也有很大影响。图 9-12 所示为硫化铅(PbS)光敏电阻的光谱温度特性，可见光谱响应峰值随温度升高而向短波方向移动。

因此,采取降温措施,可提高光敏电阻对长波长的响应。在室温条件下工作的光电器件由于灵敏度随温度而变,因此高精度检测时有必要进行温度补偿或使它在恒温条件工作。

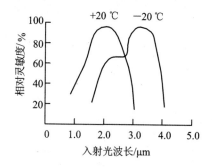

图 9-12 硫化铅光敏电阻光谱温度特性

9.2.5 伏安特性

在一定的光照下,对光电器件所加端电压与光电流之间的关系称为伏安特性,它是传感器设计时选择电参数的依据,使用时应注意不要超过器件允许的功耗限。

9.3 常用光电传感器及其应用

光电式传感器应用广泛,种类繁多,本节将按光电式传感器的工作方式介绍常用光电传感器的类型,并介绍一些应用实例。

9.3.1 光电式传感器的类型

光电式传感器按其输出量性质可分为模拟式光电传感器与开关式光电传感器两大类。

1. 模拟式光电传感器

这类传感器将被测量转换成连续变化的光电流,要求光电元件的光照特性为单值线性,且光源的光照均匀恒定。属于这一类的光电式传感器有下列几种工作方式:

① 被测物体本身是光辐射源,由它射出的光射向光电元件。如光电高温计、光电比色高温计、红外侦察、红外遥感和天文探测等均属于这一类。该方式还可用于防火报警、火种报警和构成光照度计等。

② 被测物体位于恒定光源与光电元件之间,根据被测物体对光的吸收程度或对其谱线的选择来测定被测参数。可用于测量液体、气体的透明度、混浊度,或对气体成分进行分析等。

③ 恒定光源释出的光投射到被测物体上,再从其表面反射到光电元件上,据反射的光通量多少测定被测物表面性质和状态。如测量零件表面粗糙度、表面缺陷、表面位移等。

如图 9-13 所示为反射式光电传感器示意图。其中图 9-13(a)、(b)是利用反射法检测材质表面粗糙度和表面裂纹、凹坑等疵病的传感器示意图。图 9-13(a)为正反射接收型,用于检测浅小的缺陷,灵敏度较高;图 9-13(b)为非正反射接收型,用于检测较大的几何缺陷;图 9-13(c)是利用反射法测量工作尺寸或表面位置的示意图。当工件位移 Δh 时,光斑移动 Δl,其放大倍数为 $\Delta l/\Delta h$。在标尺处放置一排光电元件即可获得尺寸分组信号。

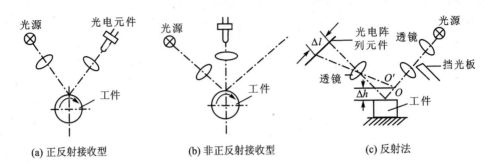

图 9-13 反射式光电传感器示意图

④ 被测物位于恒定光源与光电元件之间,根据被测物阻挡光通量的多少来测定被测参数。如测定长度、厚度、线位移、角位移和角速度等。

图 9-14 所示为透射式光电传感器示意图。这种传感器将被测对象作为光闸,主要用于测小孔、狭缝、细丝直径等。

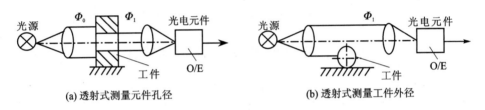

图 9-14 透射式光电传感器示意图

⑤ 时差测距。恒定光源发出的光投射于目的物,然后反射至光电元件,根据发射与接收之间的时间差测出距离。这种方式的特例为光电测距仪。

2. 开关式光电传感器

这类光电传感器利用光电元件受光照或无光照时"有"、"无"电信号输出的特性将被测量转换成断续变化的开关信号。为此,要求光电元件灵敏度高,而对光照特性的线性要求不高。这类传感器主要应用于零件或产品的自动记数、光控开关、电子计算机的光电输入设备、光电编码器及光电报警装置等方面。

图 9-15 为光电式数字转速表工作原理图。转轴上涂黑白两种颜色。当电机转动时,反光与不反光交替出现,光电元件间断地接收反射光信号,输出电脉冲。经放大整形电路转换成方波信号,由数字频率计测得电机的转速。

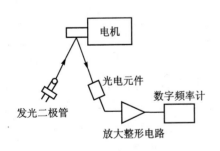

图 9-15 光电式数字转速表工作原理图

9.3.2 光电式传感器应用

1. 光电测微计

光电测微计用来检测加工零件的尺寸,如图 9-16 所示。光电测微仪的原理是:从光源 3 发出的光束经过调制盘 4 再穿过被测零件与样板环之间的间隙射至光电器件 5,小孔的面积是由被检测的尺寸所决定的,当被检测零件尺寸改变时,其面积发生变化,从而使射到光电器件上的光束大小改变,使光电流产生变化,因此测出光电流的大小即可知道被测零件尺寸的变化。该装置要求光电器件的光电特性具有良好的线性。

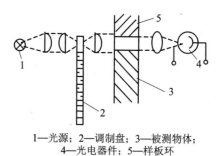

1—光源;2—调制盘;3—被测物体;
4—光电器件;5—样板环

图 9-16 光电测微计示意图

图 9-16 中调制盘 4 以恒定转速旋转,对光通量进行调制,使缓慢变化的光通量转换成以某一较快频率变化的光通量。调制的目的是使光信号以某一频率变化,以区别于自然光和其他杂散光,提高检测装置的抗干扰能力。

2. 烟尘浊度连续监测仪

消除工业烟尘污染是环境保护的重要措施之一,需对烟尘源进行连续监测、自动显示和超标报警。烟尘浊度的检测可用光电传感器,将一束光通入烟道。如果烟道里烟尘浊度增加,通过的光被烟尘颗粒吸收和折射就增多,到达光检测器上的光减小,用光检测器的输出信号变化,便可测出烟尘浊度的变化。

图 9-17 所示为装在烟道出口处的吸收式烟尘浊度监测仪的组成框图。为检测出烟尘中对人体危害性最大的亚微米颗粒的浊度,光源采用纯白炽平行光源,光谱范围为 400~700 nm。该光源还可避免水蒸气和二氧化碳对光源衰减的影响。光检测器选取光谱响应范围为 400~600nm 的光电管,变换为随浊度变化的相应电信号。为提高检测灵敏度,采用具有高增益、高输入阻抗、低零漂、高共模抑制比的运算放大器,对获取的电信号进行放大。显示器可显示浊度的瞬时值。为保证测试的准确性,用刻度校正装置进行调零与调满。报警发生器由多谐振荡器、喇叭等组成。当运算放大器输出的浊度信号超出规定值时,多谐振荡器工作,其信号经放大推动喇叭发出报警信号。

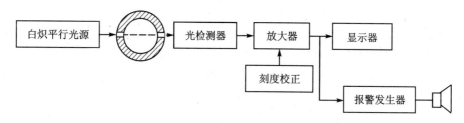

图 9-17 吸收式烟尘浊度监测仪框图

9.4 光纤传感器

光纤传感器以其高灵敏度、抗电磁干扰、耐腐蚀、可挠曲、体积小、结构简单及与光纤传输线路相容等独特优点，受到广泛重视。光纤传感器可应用于位移、振动、转动、压力、弯曲、应变、速度、加速度、电流、磁场、电压、温度、湿度、声场、流量、浓度、pH 值等 70 多个物理量的测量，且具有十分广泛的应用潜力和发展前景。

9.4.1 光纤传感器基础

1. 光纤的结构

光纤的结构很简单，由纤芯和包层组成，如图 9-18 所示。纤芯位于光纤的中心部位。它是由玻璃或塑料制成的圆柱体。直径约为 5~100 μm，光主要在纤芯中传输。围绕着纤芯的那一部分称为包层，材料也是玻璃或塑料，但两者材料的折射率不同。纤芯的折射率 n_1 稍大于包层的折射率 n_2。纤芯和包层构成了双层同心圆结构，这样的结构可以保证入射到光纤内的光波集中在纤芯内传播；在包层外还有一层保护层，该层是为了增加光纤的机械强度。

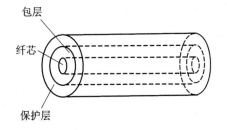

图 9-18 光纤的基本结构

2. 光纤的种类

光纤按纤层和包层材料性质分类，可分为玻璃及塑料光纤两大类；按折射率的分布分类，有阶跃折射率型和梯度折射率型两种；按传播模式分类，可以分为多模光纤和单模光纤两类。

在纤芯内传播的光波，可以分解为沿轴向传播的平面波和沿垂直方向（剖面方向）传播的平面波。沿剖面方向传播的平面波在纤芯与包层的界面上将产生反射。如果该波在一个往复（入射和反射）中相位变化为 2π 的整数倍，就会形成驻波。只有能形成驻波的那些以特定角度射入光纤的光才能在光纤内传播，这些波就称为模。在光纤内只能传输一定数量的模。通常，纤芯直径较粗（几十微米以上）时，能传播几百个以上的模，而纤芯很细（5~10 μm）时，只能传播一个模。前者称为多模光纤，后者称为单模光纤。

阶跃型光纤如图 9-19(a)所示，纤芯的折射率 n_1 分布均匀，不随半径变化。包层内的折射率 n_2 分布也大体均匀。可是纤芯与包层之间折射率的变化呈阶梯状。在纤芯内，中心光线沿光纤轴线传播。通过轴线平面的不同方向入射的光线（子午光线）呈锯齿形轨迹传播。

梯度形光纤纤芯内的折射率不是常值，从中心轴线开始沿径向大致按抛物线规律逐渐减小。因此光在传播中会自动地从折射率小的界面处向中心光纤会聚。图 9-19(b)所示为经过轴线的子午光线传播的轨迹。

3. 传光原理

光的全反射现象是研究光纤传光原理的基础。在几何光学中，当光线以较小的入射角 ϕ_1（$\phi_1 < \phi_c$，ϕ_c 为临界角），由光密介质（折射率为 n_1）射入光疏介质（折射率为 n_2）时，一部分光线

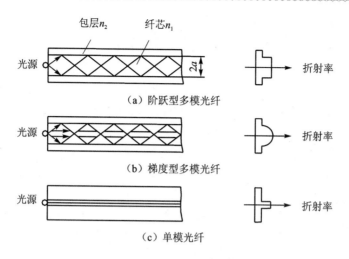

图 9-19 光纤的种类和光传播形式

被反射,另一部分光线折射入光疏介质,如图 9-20(a)所示。折射角 ϕ_2 满足折射定律

$$n_1 \sin \phi_1 = n_2 \sin \phi_2 \tag{9-5}$$

根据能量守恒定律,反射光与折射光的能量之和等于入射光的能量。

当逐渐加大入射角 ϕ_1,一直到 ϕ_c,折射光就会沿着界面传播,此时折射角 $\phi_2 = 90°$,如图 9-20(b)所示。这时的入射角 $\phi_1 = \phi_c$,ϕ_c 称为临界角。根据斯乃尔法则,临界角 ϕ_c 由下式决定:

$$\sin \phi_c = \frac{n_2}{n_1} \tag{9-6}$$

当继续加大入射角 ϕ_1(即 $\phi_1 > \phi_c$)时,光不再产生折射,只有反射,形成光的全反射现象,如图 9-20(c)所示。

下面以阶跃多模光纤为例来说明光纤的传光原理。

阶跃型多模光纤的基本结构如图 9-21 所示。设纤芯的折射率为 n_1,包层的折射率为 n_2($n_1 > n_2$)。当光线从空气(折射率 n_0)中射入光纤的一个端面,并与其轴线的夹角为 θ_0,如图 9-21 所示,按折射定律,在光纤内折成 θ_1 角,然后以 ϕ_1($\phi_1 = 90° - \theta_1$)角入射到纤芯与包层的界面的角度反复逐次全反射向前传播,直至从光线的另一端射出。因光纤两端都处于同一介质(空气)之中,所以出射角也为 θ_0。光纤即便弯曲,光也能沿着光纤传播。但是光纤过分弯曲,以致使光射至界面的入射角小于临界角,那么,大部分光将透过包层损失掉,从而不能在纤芯内部传播。

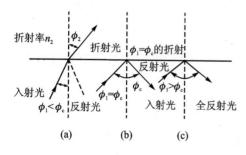

图 9-20 光线入射角小于、等于和大于临界角时界面上发生的内反射

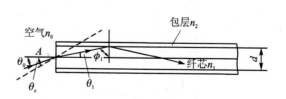

图 9-21 阶跃型多模光纤中子午光线的传播

从空气中射入光纤的光并不一定都能在光纤中产生全反射。只有在光纤端面一定入射角范围内的光线才能在光纤内部产生全反射传播出去。能产生全反射的最大入射角可以通过斯乃尔法则及临界角定义求得。

由图 9-21，入射光线在 A 点入射，应用折射定律，有

$$n_0 \sin \theta_0 = n_1 \sin \theta_1 = n_1 \cos \phi_1 \tag{9-7}$$

当入射光线在界面上发生全反射时，应满足

$$\sin \phi_1 > \frac{n_2}{n_1} \tag{9-8}$$

即

$$\cos \phi_1 < \sqrt{1 - \frac{n_2^2}{n_1^2}} \tag{9-9}$$

将式(9-9)代入式(9-7)，得

$$\sin \theta_0 < \frac{1}{n_0} \sqrt{n_1^2 - n_2^2} \tag{9-10}$$

式(9-10)确定了能发生全反射的子午光线在端面的入射角范围。若入射角超出这个范围，进入光纤的光线便会透入包层而消失。入射角的最大值 θ_c 可由式(9-9)求出，即

$$\sin \theta_c = \frac{1}{n_0} \sqrt{n_1^2 - n_2^2} \tag{9-11}$$

引入光纤的数值孔径 NA 这个概念，有

$$\sin \theta_c = \frac{1}{n_0} \sqrt{n_1^2 - n_2^2} = \text{NA} \tag{9-12}$$

式中，n_0 为光纤周围介质的折射率。对于空气，$n_0 = 1$。

数值孔径是光纤的一个基本参数，它决定了能被传播的光束的半孔径角的最大值 θ_c，反映了光纤的集光能力。纤芯与包层的折射率差越大，数值孔径就越大，光纤的集光能力越强。

4. 光纤传感器的分类及组成

光纤传感器是利用光纤将待测量对光纤内传输的光波参量进行调制，并对被调制过的光波信号进行解调检测，从而获得待测量。光纤传感器有以下几种分类方法：

第一，按照光纤在传感器中的作用可分为功能型和非功能型两种。

① 功能型光纤传感器，如图 9-22(a)所示。它是利用光纤本身对外界被测对象具有敏感能力和检测功能这一特性开发而成的传感器。光纤不但起到了传光的作用，而且在被测对象的作用下，诸如光强、相位、偏振态等光学特性得到了调制，空载波变成了调制波，携带了被测对象的信息。但这类传感器中的光纤是连续不断的，为了能感知被测对象的变化，往往需要采用特殊截面及特殊要求的特种光纤。

② 非功能型传感器，如图 9-22(b)所示。光纤只当作传光的介质，对待测对象的调制功能是依仗其他物理性质的光转换敏感元件来实现的。入射光纤和出射光纤之间插有敏感元件，传感器中的光纤是不连续的。该类传感器中的光纤可采用普通多模光纤，为了尽可能更多地传输光信号，可采用大芯径、大数值孔径的多模光纤。

第二，按光在光纤中被调制的原理，光纤传感器可分为强度调制型、相位调制型、频率调制型、波长调制型及偏振态调制型等。

第三，按测量对象可分为光纤位移传感器、光纤温度传感器、光纤流量传感器、光纤压力传

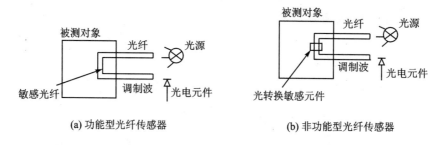

图 9-22 光纤传感器的基本形式

感器、光纤电流传感器及光纤图像传感器等。

光纤传感器由光源、光纤耦合器、光纤、光探测器等几个基本部分组成。

(1) 光　源

光源是光纤传感器中的重要器件,为确保光纤传感器的性能,对光源的结构及其特性有一定的要求。一般要求光源的体积尽量小,以利于它与光纤耦合;光源发光的光波长应合适,以便减少光在光纤中的损失;光源要具有足够的亮度,以提高传感器的输出信号;此外还要求稳定性好及噪声小。

光源种类有非相干光源和相干光源。非相干光源有白炽灯,发光二极管;相干光源有各种激光器,如氦氖激光器、半导体激光二极管等。

(2) 光纤元件的连接

① 光纤接头。接头在光纤传感器制作中是一种经常使用的元件,如光源或探测器与光纤的连接,光纤与光纤的连接等。接头的重要指标是:使用时插入损耗小为好。接头有活接头与死接头之分,活接头主要用于光源与光纤耦合,死接头大多用于光纤对接,如将两根光纤连接,连接时应采用专用工具——光纤熔接器。

② 光纤耦合器。常有必要将光源射出的光束分别耦合进两根以上的光纤。这种分束及耦合过程一般采用光纤耦合器完成。同理,也有必要将两束光纤的出射光同时耦合给探测器,它也可借助于光纤耦合器完成。

光源与光纤耦合时,总希望在光纤的另一端得到尽可能大的光功率,它与光源的光强、波长及光源发光面积等有关,也与光纤的粗细、数值孔径有关。它们之间耦合的好坏取决于它们之间的匹配程度。

耦合的方式有光源与光纤直接耦合和透镜耦合两种。直接耦合就是把一根平端面的光纤放在光源前面,让光直接耦合进去;透镜耦合是在光纤端面与光源或光接收元件之间放置光学透镜,改变光的传播方向和角度,以提高耦合效率。透镜耦合的效率远高于直接耦合,但安装透镜反会增加反射损失,所以输出常采用直接耦合。

(3) 光探测器

在光纤传感器中,光探测器作用是把传送到接收端的光信号转换成电信号,即将电信号解调出来,然后进行进一步的放大和处理。它的性能好坏既能影响到被测物理量的变换准确度,又关系到光探测接收系统的质量,它的线性度、灵敏度等参数直接关系到传感器的总体性能。常用的光探测器件有:光敏二极管、光敏三极管、光电倍增管等。

9.4.2 光纤传感器应用实例

1. 传光型光纤位移传感器

光纤位移传感器是利用光纤传输光信号的功能,根据探测到的反射光的强度来测量被测反射表面的距离。光纤位移传感器原理示意如图 9-22 所示。当光纤探头部紧贴被测件时,反射光纤中的光不能反射到接收光纤中去,因而就不能产生光电信号。当被测表面逐渐远离光纤探头时,反射光纤照亮被测表面的面积 A 越来越大,相应的反射光锥重合面积 B_1 越来越大,因而接收光纤端面上照亮的 B_2 区也越来越大,即接收的光信号越来越强,光电流也越来越强,并为一个线性增长的输出信号。当整个接收光纤端面被全部照亮时,输出信号就达到了位移-输出曲线上的"光峰"点,光峰点以前的这段曲线称为前坡区。当被测表面继续远离时,由于被反射光照亮的 B_2 面积大于接收光纤截面积 C,即有部分反射光没有反射进入接收光纤,由于接收光纤更加远离被测表面,接收到的光强逐渐减小,光敏检测器信号逐渐减弱,便进入曲线的后坡区,如图 9-24 所示。在后坡区,信号的减弱与探头和被测表面之间的距离平方成反比。

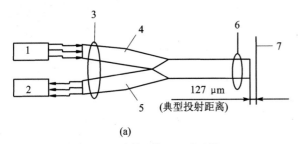
(a)

1—发光器;2—光敏元件;3—分叉端;
4—发射光纤束;5—接收光纤束;6—测量端;7—被测体

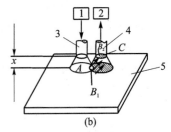
(b)

1—发光器件;2—光敏元件;
3—发射光纤;4—接收光纤;5—被测面

图 9-23 光纤位移传感器的工作原理示意图

在位移-输出曲线的前坡区,输出信号的强度增加得非常快,所以这一区域可以用来进行微位移测量;后坡区可用于距离较远而灵敏度、线性度和精度要求不高的测量;而在所谓的光峰区域,强度变化的灵敏度要比对位移变化的灵敏度大得多,所以这个区域可用于对表面状况进行光学检测。

这种类型的光纤传感器的灵敏度与所使用的光纤束特性有关,这些特性包括纤维的数量,纤维的尺寸和分布以及每一根纤维的数值孔径,其中的光纤探头端部反射纤维和接收纤维的分布状况是决定探头的测量范围和灵敏度的主要因素。例如,将接收光纤和发射光纤一个一个交错排列,可以获得最大的灵敏度,但这样排列困难,花费也高。若控制好光导纤维,随机排列也可近似地达到灵敏度的最佳值。

改变光纤分布以及改变光纤的一两个特性参数,也会影响到可测位移范围。例如半球状分布的探头,测量范围比随机分布的要大;如对每根纤维的直径加粗,也有同样的效果。但是位移范围的加大,又伴随着灵敏度下降。一般在光纤探头的端部,发射光纤与接收光纤有如图 9-25 所示的四种分布。

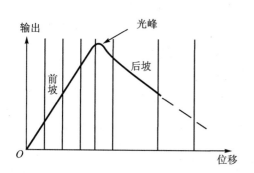

图 9-24 光纤位移传感器输出特性曲线

(a) 随机分布

(b) 半球形对开分布

(c) 共轴内发射分布

(d) 共轴外发射分

图 9-25 典型光纤传感器的光纤分布

光纤传感器位移-输出曲线的形状取决于光纤探头的结构特性,但是输出信号的绝对值却是被测表面发射率的函数。为了使传感器的位移灵敏度与被测体表面发射率无关,可以采取以下"归一化"过程:将光纤探头调整到位移-输出曲线的光峰位置上,在这个位置上,位移是独立于光的强度的,调整输入光,使输出信号达到满量程,这样就对被测表面的颜色、灰度实现补偿。进行了归一化后,可将探头移到前坡区或后坡区进行位移测量。这种归一化方法是人工进行的,实际上现在已经有专门的技术和线路用来对表面反射率进行自动补偿。

2. 相位调制光纤温度传感器

温度变化能引起光纤中光的相位变化,通过光干涉仪来检测相位的变化可测得温度值。图 9-26 所示为马赫-泽德(Mach-Zehnder)干涉测温原理图。干涉仪的信号臂和参考臂由单模光纤组成,参考臂置于恒温器中。一般认为,它在测温过程中始终保持不变。而信号臂在温度的作用下,长度和折射率会发生变化,信号臂的相位为

$$\phi = \frac{2\pi}{\lambda} nL \tag{9-13}$$

式中,λ 为光源波长;n 为纤芯折射率;L 为光纤长度。

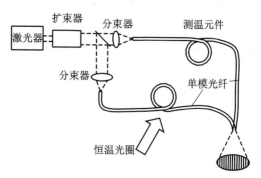

图 9-26 马赫-泽德干涉测温原理图

对式(9-13)进行微分,可求出单位长度上相位的变化,即

$$\frac{d\phi}{L dT} = \frac{2\pi}{\lambda}\left(\frac{dn}{dT} + \frac{n dL}{L dT}\right) \tag{9-14}$$

以氦-氖激光器为例,对于 $n=1.456$ 的单模光纤,$dL/(L dT) = 5 \times 10^{-7}/℃$,$dn/dT = 1 \times 10^{-5}/℃$,氦-氖激光器的波长约为 632.8 nm,将这些值代入式(9-14)得到

$$\frac{d\phi}{L dT} = 107 \text{ rad}/(℃ \cdot m) \tag{9-15}$$

式(9-15)表明,在 1 m 长的光纤上,温度每变化 1 ℃则有 17 根条纹移动。因此,通过条纹计数,就能测得温度。

习题与思考题

9-1 试述光敏电阻和光电池的工作原理,举例说明它们在工程测试中有何应用?

9-2 试述光敏二极管和三极管的工作原理,为什么光敏管需反向偏压?

9-3 光在光纤中是怎样传输的?对光纤及入射光的入射角有什么要求?

9-4 光纤的数值孔径 NA 的物理意义是什么? NA 取值大小有什么作用?

9-5 何谓光电池的开路电压及短路电流?为什么作为检测元件时需要采用短路电流输出形式?

9-6 试计算 $n_1=1.46$,$n_2=1.45$ 的阶跃折射率光纤的数值孔径值是多少?如果外部介质为空气 $n_0=1$,求该种光纤的最大入射角是多大?

9-7 已知在空气中行进的光线在与玻璃板表面成 35°角入射于玻璃板,此光束一部分发生反射,另一部分发生折射,若折射光束与反射光束成 90°角,求这种玻璃的折射率。这种玻璃的临界角是多少?

9-8 半导体内光电效应与光强和光频率的关系是什么?

9-9 用光电式转速传感器测量转速,已知测量孔数为 60,频率计的读数为 4 000 Hz,问转轴的转速是多少?

9-10 试设计一个利用光电开关测量转速的测量系统。

第 10 章 温度测量技术

10.1 概 述

温度是表征物体冷热程度的参数,它反映了物体内部分子的热运动状况。温度概念的建立是以热平衡为基础的,当冷热程度不同的两个物体相互接触时,会发生热交换现象,热量交换由热程度高的物体向热程度低的物体传递,两个物体的状态都将发生变化,直到两者的冷热程度一致,即处于热平衡状态,这时两个物体的温度必然相等。

1. 温标的基本概念

温标是衡量物体温度的标准尺度,是温度的数值表示方法,在温度测量过程中,温度数值定量的确定都是由统一的温标决定的。温标就是以数值表示温度的标尺。它应具有通用性、准确性及再现性,在不同的地区或不同的场合,测量相同的温度应具有相同的量值。建立温标的过程是十分曲折的,从 17 世纪的摄氏、华氏温标、热力学温标,1968 年国际实用温标到 1990 年国际温标,反映了测温技术的漫长发展过程。

(1) 摄氏温标

摄氏温标以水银为测温标准物质。规定在标准大气压力下,水的冰点为 0 摄氏度,沸点为 100 摄氏度,水银体积膨胀被为分 100 等份,每份定义为 1 摄氏度,单位为℃。一般用小写字母 t 表示。

(2) 华氏温标

华氏温标以水银温度计为标准仪器,选取氯化铵和冰水混合物的温度为 0 华氏度,人体正常温度为 100 华氏度。水银体积膨胀被均匀分为 100 等份,每份定义为 1 华氏度,单位为℉。按照华氏温标,水的冰点为 32 ℉,沸点为 212 ℉,摄氏温度和华氏温度的关系为

$$F = 1.8t + 32 \tag{10-1}$$

式中,F 为华氏温度;t 为摄氏温度。

(3) 热力学温标

热力学温标以卡诺循环为基础。卡诺定律指出,一个工作于恒温热源与恒温冷源之间的可逆热机,其效率只与热源和冷源的温度有关。假设热机从温度为 T_2 的热源获得的热量为 Q_2,释放/传递给温度为 T_1 的冷源的热量 Q_1,则有

$$\frac{Q_2}{Q_1} = \frac{T_2}{T_1} \tag{10-2}$$

当赋予其中一个温度某一固定值时,温标就完全确定了,为了在分度上和摄氏温标取得一致,选取水三相点 273.16 K 为唯一的参考温度。并以它的 1/273.16 为 1 K,这样热力学温标就完全确定,即

$$T = 273.16 \frac{Q_1}{Q_2} \tag{10-3}$$

这样的温标单位叫开尔文(开或K)。目前国际上已公认热力学温标可作为统一表述温度的基础,一切温度测量都应以热力学温度为准。

热力学温标与测温物质无关,故是一个理想温标。但能实现卡诺循环的可逆热机是没有的,故它又是一个不能实现的温标。

(4) 国际实用温标

国际实用温标是建立在热力学的基础上,并规定以气体温度计为基准仪器,以绝对零度(理想气体的压力为零时所对应的温度)到水的三相点之间的温度均匀分为273.15格,每格为一开尔文(符号K)。热力学温度T(单位开尔文)与摄氏温度t(单位摄氏度)的关系为

$$T = t + 273.15 \tag{10-4}$$

1990年,国际温标(ITS-90)同时定义国际开尔文温度(符号为T_{90})和国际摄氏温度(符号为t_{90}),单位分别是K和℃,T_{90}和t_{90}之间的关系与T和t一样,即

$$T_{90} = t_{90} + 273.15 \tag{10-5}$$

2. 温度测量方法分类

测温的方法很多,仅从测量体与被测介质接触与否来分,有接触式测温和非接触式测温两大类。接触式测温是基于热平衡原理,测温敏感元件必须与被测介质接触,使两者处于同一热平衡状态,具有同一温度,如水银温度计、热电偶温度计等。非接触式测温是利用物质的热辐射原理,测温敏感元件不与被测介质接触,而是通过接收被测物体发出的辐射热来判断温度,如辐射温度计、红外温度计等。工业上常用温度计及其测温原理、测温范围、使用场合等如表10-1所列。

表10-1 常用温度计一览表

测温方法	温度计分类	测温原理	测温范围/℃	使用场合
接触式	膨胀式温度计: • 固体膨胀式(双金属温度计) • 液体膨胀式(玻璃温度计)	利用液体或固体受热时产生热膨胀的原理	−200~700 0~300	用于测量轴承、定子等处的温度,输出控制信号或温度越限报警
	压力式温度计: • 液体式 • 气体式	利用封闭在固定体积中的气体、液体受热时,其体积或压力变化的性质	0~300	用于测量易爆、有震动处的温度,传送距离不很远
	电阻温度计: • 金属热电阻 • 半导体热敏电阻	利用导体或半导体受热后电阻值变化的性质	−260~850	用于测量液体、气体、蒸汽的中低温,能远距离传送
	热电偶温度计	利用物体的热电性质	0~2 800	用于测量液体、气体、加热炉中高温,能远距离传送
非接触式	辐射式高温计: • 光学高温计 • 辐射高温计 • 比色温度计	利用物体辐射能的性质	700~3 200 800~3 500 900~1 700	用于测量火焰、钢水等不能直接测量的高温

接触式测温简单、可靠,且测量精度高。但由于测温元件需与被测介质接触后进行充分的热交换才能达到热平衡,因而产生了滞后现象。另外,由于受到耐高温材料的限制,接触式测

温不能应用于很高温度的测量。非接触式测温,由于测温元件不与被测介质接触,因此测温范围很广,其测温上限原则上不受限制,测温速度也较快,且可对运动体进行测量。但它受到物体的发射率、被测对象到仪表之间的距离、烟尘和水汽等其他介质的影响,一般测温误差较大。

表10-1所列的各种测温计中,膨胀式的结构和工作原理简单,多用于就地指示;辐射式的精度较差;而热电测温计具有精度高,信号又便于远传等优点。因此,热电偶和热电阻温度仪表在工业生产中得到了广泛的应用。

10.2 热电偶

热电偶是工业上最常用的一种测温元件,是一种能量转换型温度传感器,是将温度转换成热电势输出的接触式温度测量传感器,在接触式测温仪表中,具有信号易于传输和变换、测温范围宽、测温上限高等优点。最近研制的钨铼-钨铼系列热电偶的测温上限可达2 800 ℃以上。在机械工业的多数情况下,这种温度传感器主要用于500~1 500 ℃范围内的温度测量。

10.2.1 测温原理

热电偶的测温原理是基于1821年塞贝克(See-beck)发现的热电现象。塞贝克效应示意图如图10-1所示。两种不同的导体A和B连接在一起,构成一个闭合回路,当两个接点1与2的温度不同时,如$T>T_0$,在回路中就会产生热电动势,该现象称为热电效应。该热电动势就是著名的"塞贝克温差电动势",简称"热电动势",记为E_{AB}。导体A、B称为热电极。接点1通常是焊在一起的,测量时将它置于测温场所感受被测温度,故称为测量端;接点2要求温度恒定,称为参考端或称为冷端。

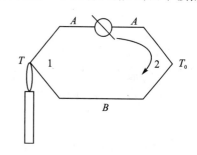

图10-1 塞贝克效应示意图($T>T_0$)

热电偶是通过测量热电动势来实现测温的,即热电偶测温是基于热电转化现象——热电现象。热电偶是一种转换器,它能将热能转化为电能,用所产生热电动势测量温度。该电动势实际上是由接触电势(帕尔贴电势)与温差电势(汤姆逊电势)组成的。

1. 接触电动势(帕尔贴电势)

不同导体内部的电子密度是不同的,当两种电子密度不同的异体A和B相互接触时,就会发生自由电子扩散现象,即自由电子从电子密度高导体流向密度低的导体。电子扩散的速率与自由电子的密度及所处的温度成正比。假如导体A与B的电子密度分别为N_A、N_B,并且$N_A>N_B$,则在单位时间内,由导体A扩散到导体B的电子数比从B扩散到A的电子数多,导体A因失去电子带正电,B因获得电子带负电,因此,在A和B间形成了电位差,如图10-2所示。一旦电位差建立起来之后,将阻止电子继续由A向B扩散。在某一温度下,经过一定的时间,电子扩散能力与上述电场阻力平衡,即在A与B接触处的自由电子扩散达到了动态平衡,那么,在其接触处形成的电动势,称为帕尔贴电势或接触电势,用符号$\Pi_{AB}(T)$表示。Π_{AB}可用下式表示:

$$\Pi_{AB}(T) = \frac{kT}{e}\ln\frac{N_A}{N_B} \qquad (10-6)$$

式中，k 为玻尔兹曼常数，等于 1.38×10^{-23} J/K；e 为电荷单位，等于 4.802×10^{-10} 绝对静电单位；N_A、N_B 分别在温度为 T 时，导体 A 与 B 的电子密度；T 为接触处的温度，单位为 K。

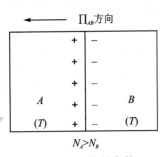

图 10-2 接触电势

如图 10-3 所示，对于导体 A、B 组成的闭合回路，两点的接触温度分别为 T、T_0 时，则相应的帕尔贴电势分别为

$$\Pi_{AB}(T) = \frac{kT}{e}\ln\frac{N_A}{N_B} \qquad (10-7)$$

$$\Pi_{AB}(T_0) = \frac{kT_0}{e}\ln\frac{N_A}{N_B} \qquad (10-8)$$

而 $\Pi_{AB}(T)$ 与 $\Pi_{AB}(T_0)$ 的方向相反，所以回路总的帕尔贴电势为

$$\Pi_{AB}(T) - \Pi_{AB}(T_0) = \frac{k}{e}(T-T_0)\ln\frac{N_A}{N_B} \qquad (10-9)$$

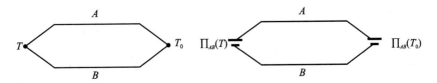

图 10-3 热电偶回路的帕尔贴电势

由式(10-9)可看出：热电偶回路的帕尔贴电势只与导体的性质和两接点的温度有关。温差越大，接触电势越大，两种导体电子密度比值越大，接触电势也越大。

如果 A、B 两种导体材质相同，即 $N_A = N_B$，则 $\Pi_{AB}(T) - \Pi_{AB}(T_0) = 0$。

如果 A、B 的材质不同，但两端温度相同，即 $T = T_0$，则 $\Pi_{AB}(T) - \Pi_{AB}(T_0) = 0$。

2. 温差电势

由于导体两端温度不同而产生的电势称为温差电势（汤姆逊电势）。如图 10-4 所示，由于温度梯度的存在，改变了电子的能量分布，高温（T）端电子向低温（T_0）端扩散，致使高温端因失电子带正电，低温端恰好相反，因获电子带负电。因而，在同一导体两端也产生电位差，并阻止电子从高温端向低温端扩散，最后使电子扩散建立一个动平衡，此时所建立的电位差称温差电势或汤姆逊电势。它与温差有关，可表示为

$$\int_{T_0}^{T} \sigma dT \qquad (10-10)$$

式中，σ 为汤姆逊系数，它表示温差 1 ℃（或 1 K）时所产生的电动势值，其大小与材料性质及两端温度有关。

如图 10-5 所示，对于导体 A、B 组成的热电偶回路，当接点温度 $T > T_0$ 时，回路中的温差电动势则为导体 A、B 的温差电势的代数和，即

$$-\int_{T_0}^{T}(\sigma_A - \sigma_B)dT \qquad (10-11)$$

式(10-11)表明，温差电势的大小，只与热电极材料及两端温度有关，而与热电极的几何尺寸和沿热电极的温度分布无关，显然，如果两接点温度相同，则温差电势为零。

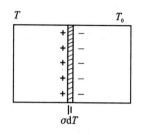
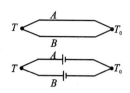

图 10-4　汤姆逊电势($T>T_0$)　　　图 10-5　热电偶回路的温差电势

3. 热电偶闭合回路的总热电动势

接触电动势是由于两种不同材质的导体接触时产生的电势,而温差电势是对同一导体当其两端温度不同时产生的电势。在图 10-1 所示的闭合回路中,两个接点处有两个接触电势$\Pi_{AB}(T)$和$\Pi_{AB}(T_0)$,又因为$T>T_0$,在导体 A 与 B 中还各有一个温差电势,如图 10-6 所示。

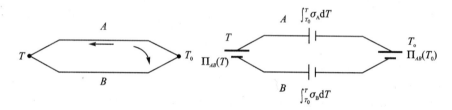

图 10-6　热电偶回路的总热电动势

闭合回路总热电动势 $E_{AB}(T,T_0)$ 应为接触电势与温差电势的代数和,即

$$E_{AB}(T,T_0) = \Pi_{AB}(T) - \Pi_{AB}(T_0) - \int_{T_0}^{T} (\sigma_A - \sigma_B)\,dT$$

所以

$$E_{AB}(T,T_0) = \left[\Pi_{AB}(T) - \int_0^T (\sigma_A - \sigma_B)\,dT\right] - \left[\Pi_{AB}(T_0) - \int_0^{T_0} (\sigma_A - \sigma_B)\,dT\right] \tag{10-12}$$

各接点的分热电势 e 等于相应的接触电势与温差电势的代数和,即

$$e_{AB}(T) = \Pi_{AB}(T) - \int_0^T (\sigma_A - \sigma_B)\,dT \tag{10-13a}$$

$$e_{AB}(T_0) = \Pi_{AB}(T_0) - \int_0^{T_0} (\sigma_A - \sigma_B)\,dT \tag{10-13b}$$

在总热电动势中,接触电势较温差电势大得多,因此它的极性也就取决于接触电势的极性。在两个热电极中,电子密度大的导体 A 为正极,而电子密度小的 B 则为负极。对于热电势的标注,一般角标 A、B 均按正电极在前,负电极在后的顺序书写,当 $T>T_0$ 时,$e_{AB}(T_0)$ 与总热电势方向相反。

如将式(10-13a)与式(10-13b)代入式(10-12)中,则

$$E_{AB}(T,T_0) = e_{AB}(T) - e_{AB}(T_0) \tag{10-14}$$

式(10-14)还可以表示为

$$E_{AB}(T,T_0) = \int_{T_0}^{T} S_{AB} dT \qquad (10-15)$$

比例系数 S_{AB} 称为塞贝克系数或热电动势率,它是一个热电偶最重要的特征量,其大小与符号取决于热电极材料的相对特性。

由式(10-14)可看出,热电偶总的热电动势即为两个接点分热电动势之差。它仅与热电偶的电极材料和两接点温度有关。因此,接点的分热电动势角标的颠倒不会改变分热电动势值的大小,而只改变其符号,即

$$e_{AB}(T_0) = -e_{BA}(T_0) \qquad (10-16)$$

将式(10-16)代入式(10-14)中,可得

$$E_{AB}(T,T_0) = e_{AB}(T) + e_{BA}(T_0) \qquad (10-17)$$

由此可见,热电偶回路的总热电动势等于各接点分热电动势的代数和,即

$$E = \sum e(T) \qquad (10-18)$$

对于已选定的热电偶,当参考端温度恒定时,$e_{AB}(T_0)$ 为常数 C,则总的热电动势就变成测量端温度 T 的单值函数

$$E_{AB}(T,T_0) = e_{AB}(T) - C = f(T) \qquad (10-19)$$

式(10-19)说明,当 T_0 恒定不变时,热电偶所产生的热电动势只随测量端温度的变化而变化,即一定的热电动势对应着一定的温度。在热电偶分度表中,参考端温度均为 0 ℃。所以,用测量热电动势的办法能够测温,这就是热电偶测温的基本原理。

在实际测温时,必须在热电偶测温回路内引入连接导线与显示仪表。因此,要想用热电偶准确地测量温度,不仅需要了解热电偶的工作原理,还要掌握热电偶的基本定律。

10.2.2 基本实验定律

1. 均质导体定律

如图 10-7 所示,由一种均质导体组成的闭合回路,不论导体的截面、长度以及各处的温度分布如何,均不产生热电动势。

由热电偶工作原理知:

① 热电偶为同一均质导体(A),不可能产生接触电势,即

$$\Pi_{AA}(T) = \frac{kT}{e} \ln \frac{N_A}{N_A} = 0$$

$$\Pi_{AA}(T_0) = \frac{kT_0}{e} \ln \frac{N_A}{N_A} = 0$$

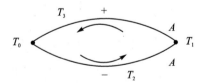

图 10-7 均质回路定律(T_2、T_3 的温度对热电动势无影响)

② 导体 A 因处于有温度梯度的温场中,所以有温差电势

$$\int_{\tau_0}^{T} \sigma_A dT$$

但回路上下两部分的温差电势大小相等、方向相反,因此,式(10-11)回路总的温差电势为零,即

$$-\int_{\tau_0}^{T}(\sigma_A-\sigma_A)\mathrm{d}T=0$$

该定律说明,如果热电偶的两根热电极是由两种均质导体组成,那么热电偶的热电动势仅与两接点温度有关,与沿热电极的温度 T_2、T_3 分布无关;如果热电极为非均质导体,又处于具有温度梯度的温度场时,将产生附加电势;如果此时仅从热电偶的热电动势大小来判断温度的高低,就会引起误差。所以,热电极材料的均匀性是衡量热电偶质量的主要标志之一。同时也可以依此定律检验两根热电极的成分和应力分布情况是否相同。如果不同,则有热电动势产生。该定律是同名极法检定热电偶的理论依据。

2. 中间导体定律

在热电回路内,串接第三种导体,只要其两端温度相同,则热电偶回路总热电动势与串联的中间导体无关。

用中间导体 C 接入热电偶回路有如图 10-8 所示的两种形式。由式(10-18)可知,图 10-8(a)回路中的热电动势等于各接点的分热电热的代数和,即

$$E_{ABC}(T,T_0)=e_{AB}(T)+e_{BC}(T_0)+e_{CA}(T_0) \qquad (10-20)$$

如果回路中各接点温度均为 T_0,那么它的热电动势应等于零,即

$$e_{AB}(T_0)+e_{BC}(T_0)+e_{CA}(T_0)=0$$
$$e_{BC}(T_0)+e_{CA}(T_0)=-e_{AB}(T_0) \qquad (10-21)$$

将式(10-21)代入式(10-20)中,得

$$\begin{aligned}E_{ABC}(T,T_0)&=e_{AB}(T)-e_{AB}(T_0)\\&=e_{AB}(T)+e_{BA}(T_0)=E_{AB}(T,T_0)\end{aligned} \qquad (10-22)$$

由此可见,式(10-22)与式(10-17)完全相同,说明只要接入的中间导体的两端温度相同,就不影响总热电动势。对图 10-8(b)也可以用上述方法证明,不论是接入一种或多种导体,只要接入导体的两端温度相同,均不会影响回路的总热电动势。

在热电偶实际测温线路中,必须有连接导线和显示仪表,如图 10-9(a)所示。若把连接导线和显示仪表看做是串接的第三种导体,只要它们的两端温度相同,则不影响总的热电动势。

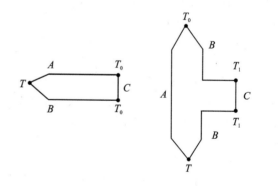

图 10-8 有中间导体的热电偶回路

因此,在测量液态金属或固体表面温度时,常常不是把热电偶先焊接好再去测温,而是把热电偶丝的端头直接插入或焊在被测金属表面上,把液态金属或固体金属表面看做是串接的第三种导体,如图 10-9(b)、(c)所示。只要保证电极丝 A、B 插入处的温度相同,那么对总热电动势就不产生任何影响。假如插入处的温度不同,就会引起附加电动势。附加电势的大小,取决于串接导体的性质与接点温度。

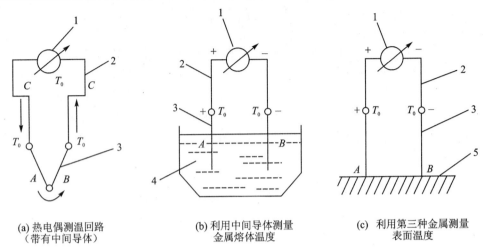

(a) 热电偶测温回路（带有中间导体）　(b) 利用中间导体测量金属熔体温度　(c) 利用第三种金属测量表面温度

1—显示仪表；2—连接导线；3—热电偶；4—金属熔体；5—固态金属或合金

图 10-9　热电偶测温回路（带有中间导体）

3. 中间温度定律

在热电偶测温回路中，测量端的温度为 T，连接导线各端点温度分别为 T_n、T_0（见图 10-10），若 A 与 A'、B 与 B' 的热电性质相同，则总的热电动势等于热电偶的热电动势 $E_{AB}(T,T_n)$ 的代数和，即

$$E_{ABB'A'}(T,T_n,T_0) = E_{AB}(T,T_n) + E_{A'B'}(T_n,T_0) \tag{10-23}$$

该定律也称连接导体定律，证明如下：

在图 10-10 所示的回路中，总的热电动势为

$$E_{ABB'A'}(T,T_n,T_0) = e_{AB}(T) + e_{BB'}(T_n) + e_{B'A'}(T_0) + e_{A'A}(T_n) \tag{10-24}$$

如果各接点温度相同，则回路总的热电动势为零，即

$$e_{AB}(T_n) + e_{BB'}(T_n) + e_{B'A'}(T_n) + e_{A'A}(T_n) = 0$$

所以

$$e_{BB'}(T_n) + e_{A'A}(T_n) = -e_{AB}(T_n) - e_{B'A'}(T_n) \tag{10-25}$$

将式(10-25)代入式(10-24)得

$$\begin{aligned}E_{ABB'A'}(T,T_n,T_0) &= e_{AB}(T) - e_{AB}(T_n) + e_{B'A'}(T_0) - e_{B'A'}(T_n)\\ &= e_{AB}(T) - e_{AB}(T_n) + e_{A'B'}(T_n) - e_{A'B'}(T_0)\\ &= E_{AB}(T,T_n) + E_{A'B'}(T_n,T_0)\end{aligned}$$

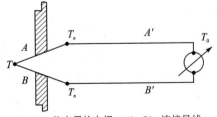

A、B—热电偶的电极；A'、B'—连接导线

图 10-10　用导线连接的测温回路

在实际测温线路中，该定律是应用补偿导线的理论基础。因为只要能选配出与热电偶的热电性能相同的补偿导线，便可使热电偶的参考端远离热源而不影响热电偶测温的准确性。

如果连接导线 A' 与 B' 具有相同的热电性质，则依据中间导体定律，只要中间导体两端温度相同，对热电偶回路的总热电动势无影响。在实验室测温时，常用纯铜连接热电偶参考端和电位差计。在此种情况下,常使参考端温度 T_n 恒定(冰点温度),所以测温准确度只取决于 T 与 T_n,而环境温度 T_0 对测量结果无影响。注意,最好将同一根导线分成两段,只有这样,才能在化学成分和物理性质方面相似。

4. 参考电极定律

如图 10-11 所示,两种电极 A、B 分别与参考电极 C 组成的热电偶,如果它们所产生的热电动势为已知,那么,A 与 B 两种热电极配对后的热电势可按下式求得:

$$E_{AB}(T,T_0) = E_{AC}(T,T_0) + E_{CB}(T,T_0)$$
(10-26)

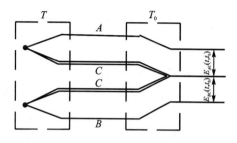

图 10-11　参考电极回路

式中,$E_{AB}(T,T_0)$ 为由热电极 A、B 组成的热电偶在接点温度为 T、T_0 时的热电动势;$E_{AC}(T,T_0)$、$E_{BC}(T,T_0)$ 为热电极 A、B 分别与参考电极 C 组成热电偶,在接点温度为 T、T_0 时的热电动势。

该定律证明如下:

如图 10-11 所示,由热电极 A、B、C 分别组成三个热电偶回路,各回路的热电动势分别为

$$E_{AB}(T,T_0) = e_{AB}(T) - e_{AB}(T_0)$$
$$E_{AC}(T,T_0) = e_{AC}(T) - e_{AC}(T_0)$$
$$E_{BC}(T,T_0) = e_{BC}(T) - e_{BC}(T_0)$$

$$E_{AC}(T,T_0) - E_{BC}(T,T_0) = [e_{AC}(T) - e_{AC}(T_0)] - [e_{BC}(T) - e_{BC}(T_0)]$$
$$= -e_{BC}(T) - e_{CA}(T) + e_{BC}(T_0) + e_{CA}(T_0) \quad (10-27)$$

因为
$$e_{AB}(T_0) + e_{BC}(T_0) + e_{CA}(T_0) = 0$$

所以
$$e_{AB}(T_0) = -e_{BC}(T_0) - e_{CA}(T_0) \quad (10-28)$$

同理
$$e_{AB}(T) = -e_{BC}(T) - e_{CA}(T) \quad (10-29)$$

将式(10-28)和式(10-29)代入(10-27)得

$$E_{AC}(T,T_0) - E_{BC}(T,T_0) = e_{AB}(T) - e_{AB}(T_0) = E_{AB}(T,T_0)$$

由此可见,只要知道两种导体分别与参考电极组成热电偶时的热电动势,就可以依据参考电极定律计算出由这两种导体组成热电偶时的热电动势,从而简化热电偶的选配工作。

10.2.3　热电偶的种类

根据热电效应,只要是两种不同性质的任何导体都可配制成热电偶,但在实际情况下,并不是所有材料都是有实用价值的热电极材料。考虑到灵敏度、准确度、可靠性、稳定性等条件,故作为热电极的材料,一般应满足如下要求:

① 在同样的温差下产生的热电势大,且其热电势与温度之间呈线性或近似线性的单值函数关系;

② 耐高温、抗辐射性能好,在较宽的温度范围内其化学、物理性能稳定;

③ 电导率高、电阻温度系数和比热容小;

④ 复制性和工艺性好,价格低廉。

1. 热电偶材料

并不是所有的材料都能作为热电偶的热电极材料。国际上公认的热电极材料只有几种，并已列入标准化文件中。国际计量委员会《1990年国际温标(ITS—90)》规定了8种通用热电偶。下面简单介绍中国常用的几种热电偶，其具体特点及适用范围可参见相关手册或文献资料。

① 铂铑10-铂热电偶（分度号为S）。正极为铂铑合金丝（用90%铂和10%铑冶炼而成）；负极为铂丝。

② 镍铬-镍硅热电偶（分度号为K）。正极为镍铬合金；负极为镍硅合金。

③ 镍铬-康铜热电偶（分度号为E）。正极为镍铬合金，负极为康铜（铜、镍合金冶炼而成）。这种热电偶也称为镍铬-铜镍合金热电偶。

④ 铂铑30-铂铑6热电偶（分度号为B）。正极为铂铑合金（70%铂和30%铑冶炼而成）；负极也为铂铑合金（由94%铂和6%铑冶炼而成）。

标准热电偶有统一的分度表，而非标准化热电偶没有统一的分度表，在应用范围和数量上不如标准化热电偶。这些热电偶一般是根据某些特殊场合的要求而研制的，如在超高温、超低温、核辐射、高真空等场合，一般的标准热电偶不能满足需求，此时必须采用非标准化热电偶。使用较多的非标准化热电偶有钨铼、镍铬-金铁等。

⑤ 钨铼热电偶。这是一种在高温测量方面具有特别良好性能的热电偶，正极为钨铼合金（由95%钨和5%铼冶炼而成）；负极也为钨铼合金（由80%钨和20%铼冶炼而成）。它是目前测温范围最高的一种热电偶。测量温度长期为2 800 ℃，短期可达3 000 ℃。高温抗氧化能力差，可在真空、惰性气体或氢气介质中使用。热电势和温度的关系近似直线，在高温为2 000 ℃时，热电势接近30 mV。

其他种类的热电极材料还有很多，在此不一一列举。

2. 热电偶结构

热电偶结构形式很多，按热电偶结构划分有普通热电偶、铠装热电偶、薄膜热电偶、表面热电偶、浸入式热电偶。

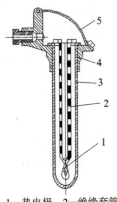

1—热电极；2—绝缘套管；
3—保护管；4—接线盒；
5—接线盒盖

图10-12 普通热电偶

① 普通热电偶。如图10-12所示，工业上常用的热电偶一般由热电极、绝缘管、保护套管、接线盒、接线盒盖组成。这种热电偶主要用于气体、蒸汽、液体等介质的测温。这类热电偶已经制成标准形式，可根据测温范围和环境条件来选择合适的热电极材料及保护套管。

② 铠装热电偶。根据测量端结构形式，可分为碰底型、不碰底型、裸露型和帽型等。分别如图10-13(a)、(b)、(c)、(d)所示。铠装热电偶由热电偶丝、绝缘材料（氧化铁）及不锈钢保护管经拉制工艺制成。其主要优点是：外径细、响应快、柔性强，可进行一定程度的弯曲；耐热、耐压、耐冲击性强。

③ 薄膜热电偶。其结构可分为片状、针状等。图10-14所示为片状结构示意图，采用真空蒸镀等方法，将两种热电极材料

做成薄膜状,即图中的薄膜 A 及薄膜 B。为了电极材料与被测物绝缘及防止热电极被氧化,常把薄膜热电偶表面再镀一层二氧化硅保护膜。这种热电偶的特点是热容量小、动态响应快,适用于测微小面积和瞬变温度。测温范围为 $-200 \sim 300\ ℃$。

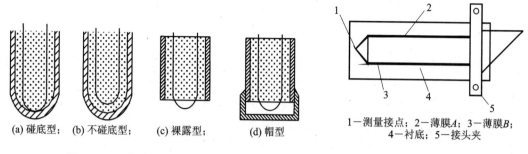

(a) 碰底型; (b) 不碰底型; (c) 裸露型; (d) 帽型

图 10-13 铠装热电偶结构示意图

1—测量接点;2—薄膜 A;3—薄膜 B;4—衬底;5—接头夹

图 10-14 片状薄膜热电偶结构图

④ 表面热电偶。分为永久性安装和非永久性安装两种,主要用来测金属块、炉壁、涡轮叶片、轧辊等固体的表面温度。

⑤ 浸入式热电偶。主要用来测铜水、钢水、铝水及熔融合金的温度。浸入式热电偶的主要特点是可直接插入液态金属中进行测量。

10.2.4 热电偶的冷端温度补偿

用热电偶测温时,热电势的大小取决于冷热端温度之差。如果冷端温度固定不变,则取决于热端温度;如冷端温度是变化的,将会引起测量误差。为此,常采取以下一些措施来消除冷端温度变化所产生的影响。

1. 冷端恒温法

一般热电偶定标时,冷端温度是以 0 ℃ 为标准。因此常将冷端置于冰水混合物中,使其温度保持为恒定的 0 ℃。在实验室条件下,通常是把冷端放在盛有绝缘油的试管中,然后再将其放入装满冰水混合物的保温容器中,使冷端保持 0 ℃。

2. 冷端温度校正法

由于热电偶的温度分度表是在冷端温度保持 0 ℃ 的情况下得到的,与它配套使用的测量电路或显示仪表又是根据这一关系曲线进行刻度的,因此冷端温度不等于 0 ℃ 时,就需对仪表指示值加以修正。如冷端温度高于 0 ℃,但恒定于 $T_0\ ℃$,则测得的热电势要小于该热电偶的分度值,为求得真实温度,可利用中间温度定律,即下式进行修正

$$E(T,0) = E(T,T_1) + E(T_1,0) \tag{10-30}$$

【例 10-1】 用 K 型热电偶测温,已知冷端温度为 30 ℃,毫伏表测得的热电势为 38.52 mV,求热端温度。

解: 由 K 型热电偶分度表查得

$$E(30,0) = 1.20\ \text{mV}$$

计算得

$$E(T,0) = 38.52\ \text{mV} + 1.20\ \text{mV} = 39.72\ \text{mV}$$

查分度表得热端温度
$$T = 960 \ ℃。$$

为使用方便起见,本书附录 A 中给出了分度号为 S 的铂铑 10 -铂及分度号为 K 的镍铬-镍硅两种常用热电偶的分度表(分度表摘自《1990 国际温标通用热电偶分度手册》)。

3. 补偿导线法

为了使热电偶冷端温度保持恒定(最好为 0 ℃),可将热电偶做得很长,使冷端远离工作端,并连同测量仪表一起放置到恒温或温度波动比较小的地方。但这种方法安装使用不方便,而且可能耗费许多贵重的金属材料。因此,一般使用一种称为补偿导线的连接线将热电偶冷端延伸出来,如图 10 - 15 所示。这种导线在一定温度范围内(0~150 ℃)具有和所连接的热电偶相同的热电性能。若是用廉价热电极材料制成的热电偶,则可用其本身材料作补偿导线,将冷端延伸到温度恒定的地方。常用热电偶的补偿导线如表 10 - 2 所列。

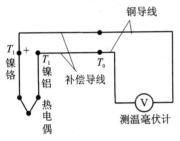

图 10 - 15 补偿导线法

表 10 - 2 常用补偿导线一览表

热电偶名称及分度号	补偿导线					补偿导线的热电势及允许误差/mV
	正极			负极		
	代号	材料	颜色	代号	材料	颜色	
铂铑—铂(S)	SPC	铜	红	SNC	镍铜	绿	0.64±0.03
镍铬—镍硅(K)	KPC	铜	红	KNC	康铜	兰	4.10±0.15
镍铬—考铜(XK)		镍铬	红		考铜	白	6.95±0.30
铜—康铜(T)	TPX	铜	红	TNX	康铜	白	4.10±0.15

注:代号中的最后一个字母"C",表示是补偿型补偿导线;"X",表示是延伸型补偿导线。

必须指出,只有冷端温度恒定或配用仪表本身具有冷端温度自动补偿装置时,应用补偿导线才有意义。热电偶和补偿导线连接端所处的温度一般不应超出 150℃,否则也会由于热电特性不同带来新的误差。

4. 补偿电桥法

补偿电桥法是利用不平衡电桥产生的电势来补偿热电偶因冷端温度变化而引起的热电势变化值。补偿电桥现已标准化,如图 10 - 16 所示。不平衡电桥(即补偿电桥)是由电阻 R_1、R_2、R_3 和 R_{Cu} 组成。其中 $R_1 = R_2 = R_3 = 1 \Omega$;$R_s$ 是用温度系数很小的锰铜丝绕制而成的;R_{Cu} 是由温度系数较大的铜线绕制而成的补偿电阻,0 ℃ 时,$R_{Cu} = 1 \Omega$;R_s 的值可根据所选热电偶的类型计算确定。此桥串联在热电偶测量回路中,热

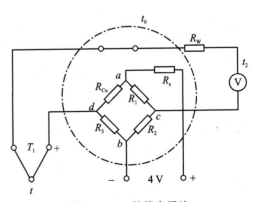

图 10 - 16 补偿电桥法

电偶冷端与电阻 R_{Cu} 感受相同的温度,在某一温度下(通常取 0 ℃)调整电桥平衡 $R_1=R_2=R_3=R_{Cu}$,当冷端温度变化时,R_{Cu} 随温度改变,破坏了电桥平衡,产生一不平衡电压 ΔU,此电压则与热电势相叠加,一起送入测量仪表。选择适当的 R_s 数值,可使电桥产生的不平衡电压 ΔU 在一定温度范围内基本上能够补偿由于冷端温度变化而引起的热电势变化值。这样,当冷端温度有一定变化时,仪表仍然可给出正确的温度示值。

10.2.5　热电偶的实用测温电路

实用热电偶测温电路一般由热电极、补偿导线、热电势检测仪表三部分组成。简易测温电路中,检测仪表可是一个磁电系(动圈式)表头。若以电压分度就是一个毫伏电压表;也可以是度分度,这样就成了一个专用的动圈式温度显示仪表。另外,常用的检测仪表还有电位差计、数字电压表等。

1. 测量某点温度的基本电路

图 10-17 所示为一个热电偶和一个检测仪表配用的基本连接电路。对于图 10-17(a)只要热电极和补偿导线的两个接线端的温度相同,如都为 T_1,则对测量精度无影响。图 10-17(b)是冷端在仪表外面(如放在恒温器中)的线路。若配用仪表是动圈的,则补偿导线电阻应尽量小。

图 10-18 所示为一个动圈式仪表测量线路,表头是以温度刻度的。为保证流过动圈的电流与热电势有严格的对应关系,回路的总电阻值应为定值。然而由于动圈本身是由铜导线绕制的,因此环境温度变化引起的阻值变化 ΔR_i 将会引起回路电流的变化,进而引起相应的示值误差 Δt,显然需要对动圈电阻进行温度补偿。图中 R_t 为具有负温度系数的热敏电阻,即阻值随温度的升高而下降,且呈指数规律变化,特性曲线如图 10-19 所示。与铜电阻的特性曲线相比可知,如果单用热敏电阻补偿就会补偿过量,因此再用一个锰铜丝绕制的电阻 R_B 与热敏电阻并联,并

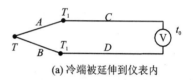

(a) 冷端被延伸到仪表内

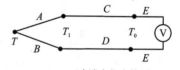

(b) 冷端在仪表外面

A、B—热电极; C、D—补偿导线; E—铜导线

图 10-17　测量某点温度的基本电路

联后的特性接近于线性变化,如图 10-19 所示。这样,如果配合得好就可以得到较好的补偿效果。此外,回路中还串有一个较大的电阻 R_c,可减小由动圈电阻随温度变化而引起的相对误差,改善测量精度。

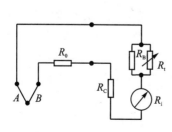

图 10-18　动圈仪表测量线路

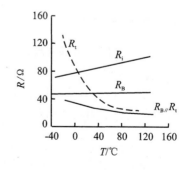

图 10-19　各电阻温度特性曲线

2. 利用热电偶测量两点之间温度差的连接电路

图 10-20 所示为测量两点之间温度差的电路,两支同型号热电偶配用相同的补偿导线对接起来,若 $T_1 \neq T_2$,由此可测得 T_1 和 T_2 间的温度差值。两支热电偶的冷端温度必须一样,它们的热电势 E 都必须与温度 T 呈线性关系,否则将产生测量误差。输入到仪表的热电势为

$$\Delta E = E_{AB}(T_1, T_0) - E_{AB}(T_2, T_0)$$
$$= E_{AB}(T_1, T_2) + E_{AB}(T_2, T_0) - E_{AB}(T_2, T_0)$$
$$= E_{AB}(T_1, T_2)$$

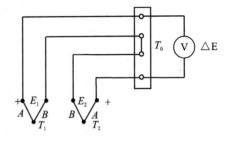

图 10-20 温差测量电路

3. 利用热电偶测量若干点的平均温度

图 10-21 所示为测量平均温度的连接电路。在图 10-21(a)中,输入到仪表两端的毫伏值为三个热电偶输出热电势的平均值,即 $E = (E_1 + E_2 + E_3)/3$,如三个热电偶均工作在特性曲线的线性部分,则代表了各点温度的算术平均值,为此每个热电偶需串联较大的电阻。这种电路的特点是仪表的分度仍然和单独配用一个热电偶时一样,缺点是当某一热电偶烧断时不能很快地被发现出来。在图 10-21(b)中,输入到仪表两端的热电势为两个热电偶产生的热电势之总和,即 $E = E_1 + E_2$,可直接从仪表读出平均值。该电路的优点是,当热电偶烧坏时可立即知道,另外可获得较大的热电势。应用此种电路时,每一支热电偶引出的补偿导线还必须回接到仪表中的冷端处,另外还应注意避免测量点接地。

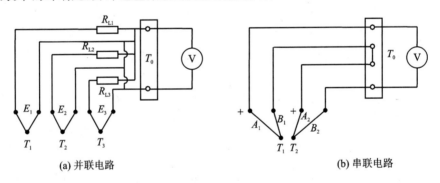

(a) 并联电路　　　　　　　　　　(b) 串联电路

图 10-21 热电偶测量平均温度连接电路

4. 热电偶的标定方法

热电偶在使用前或使用中都需要进行校验,也称定标或标定。热电偶定标或标定的目的是,核对标准热电偶的热电势-温度关系是否符合标准,或是确定非标准热电偶的热电势-温度定标曲线,也可通过定标消除测量系统的系统误差。定标方法有定点法和相对比较法,前者是利用纯物质的沸点或凝固点作为温度标准,后者是将高一级的标准热电偶与被定标热电偶放在同一温度的介质中,并以标准热电偶的温度读数作为温度标准。在对工业热电偶进行校验或检定中一般多用比较法,提供均匀温度场的装置多为管状电炉。

10.2.6 温度测量的动态误差修正

时间常数小的热电偶的制作工艺比较困难,因此,在测量瞬变温度时,研究对现有测温器件进行动态误差修正的方法具有实际意义。

热电偶是一典型的一阶线性测量器件,它的工作状态可用微分方程

$$\tau \frac{dT}{dt} + T = T_i \tag{10-31}$$

来表示,其中 τ 是热电偶的时间常数,可由实验测定,T_i 是待测温度随时间的变化规律;T 为热电偶所指示的温度函数,也就是记录仪器得到的实验结果。如 τ 过大,显然 $T \neq T_i$ 存在动态误差。如用数值微分法求出 $\frac{dT}{dt}$,代入式(10-31)就可算得修正的待测温度变化规律。

此外,也可采用在热电偶测量回路中接入补偿电路的办法对输出作动态误差补偿。热电偶的幅频特性如图 10-22 中的虚线所示,显然它对高频分量的衰减要比对低频分量的衰减严重得多。若在热电偶的测量电路中接入补偿网络,它的幅频特性恰好和热电偶的幅频特性相反,就能起到动态补偿作用,在较宽的频域内得到平坦的幅频特性。图 10-23 是一种典型的热电偶动态补偿电路,它的频率响应函数为

$$H_2(j\omega) = \alpha \frac{1 + j\omega\tau_c}{1 + j\alpha\omega\tau_c} \tag{10-32}$$

式中,$\alpha = \frac{R}{R + R_c}$;$\tau_c = R_c C$。对式(10-32)取幅值,可得幅频特性为

$$|H_2(j\omega)| = \alpha \sqrt{\frac{1 + \omega^2 \tau_c^2}{1 + \alpha^2 \omega^2 \tau_c^2}} \tag{10-33}$$

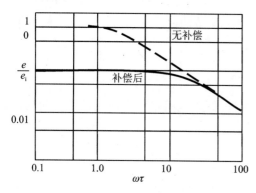

图 10-22 热电偶幅频特性

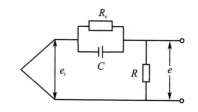

图 10-23 补偿电路

其幅频特性曲线如图 10-24 所示。实用中,常取补偿电路的时间常数 τ_c 和热电偶的时间常数 τ 相等,即 $\tau_c = \tau$,热电偶的频率响应函数为

$$H_1(j\omega) = \frac{1}{1 + j\omega\tau} \tag{10-34}$$

故有热电偶接补偿电路后的频率响应函数为

$$H(j\omega) = H_1(j\omega) \cdot H_2(j\omega) = \alpha \frac{1}{1 + j\alpha\omega\tau} \tag{10-35}$$

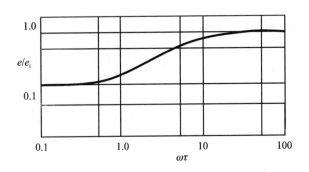

图 10-24 补偿电路的幅频特性

取 $\tau'=\alpha\tau$，τ' 为接补偿电路后的时间常量，其幅频特性曲线如图 10-22 中实线所示。显然，α 越小，τ' 越小，补偿的效果越好。但电路的输出也越小，这可用增加测量电路的放大倍数来弥补。热电偶的时间常数往往随使用条件而变化，为取得良好的补偿效果，R_c 可采用可变电阻。

10.3 热电阻温度计

在 10.2 节中讨论的热电偶温度计，适用于测量 500℃ 以上的较高温度，对于在 500℃ 以下的中、低温，使用热电偶测温有时就不一定恰当。第一，在中、低温区热电偶输出的热电势很小，这样小的热电势，对于测量电路的抗干扰措施要求高，否则难以测准。第二，在较低的温度区域，因一般方法不易得到全补偿，因此冷端温度的变化和环境温度的变化所引起的相对误差就显得特别突出。所以在中、低温区，一般是使用另一种测温元件——热电阻来进行温度测量。电阻温度计的工作原理是利用了导体或半导体电阻值随温度变化的性质。构成电阻温度计的测温元件，有金属丝热电阻及热敏电阻。

10.3.1 金属丝热电阻

由物理学可知，一般金属导体具有正的电阻温度系数，电阻率随着温度的上升而增加，在一定的温度范围内电阻与温度的关系为

$$R_T = R_0 + \Delta R_T$$

对于线性较好的铜电阻或一定温度范围内的铂电阻可表示为

$$R_T = R_0[1+\alpha(T-T_0)] = R_0(1+\alpha T) \tag{10-36}$$

式中，R_T 为温度为 T 时的电阻值；R_0 为温度为 0℃ 时的电阻值；α 为电阻温度系数（因材料不同而异）。

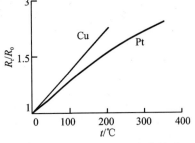

图 10-25 电阻值与温度的关系

常用的标准化测温电阻有铂热电阻（Pt_{100}）、铜热电阻（Cu_{50}）等。图 10-25 给出了铂、铜电阻值随温度升高而变化的情况。从图 10-25 中可知，铜电阻的线性很好，但测量范围不宽，一般为 0～150 ℃。铂电阻的线性稍差，但其物理化学性能稳定，复现性好，测量精度高，测温范围宽，因而应用广泛。在 0～961.78 ℃ 范围内还被用作复现国际

温标的基准器。

1. 铂电阻

铂的特点有：

① 在氧化性介质中,甚至在高温下,铂的物理、化学性质都很稳定;

② 在还原性介质中,特别是在高温下,很容易被氧化物中还原成金属的金属蒸气所玷污,以致使铂丝变脆,并改变电阻与温度关系特性;

③ 铂是贵金属,价格较贵。

对于②可以用保护套管设法避免或减轻。因此,从对热电阻的要求来衡量,铂在极大程度上满足了上述要求,所以它是制造基准热电阻、标准热电阻和工业用热电阻的最好材料。

铂电阻与温度的关系可以用下式表示：

$$R_T = R_0(1 + AT + BT^2 + CT^3) \quad (0 \sim 630.74\ ℃) \quad (10-37)$$

$$R_T = R_0[1 + AT + BT^2 + C(T-100)T^3] \quad (-190 \sim 0\ ℃) \quad (10-38)$$

式中,R_T 为温度为 T ℃时铂电阻的电阻值;R_0 为温度为 0 ℃时铂电阻的电阻值;A 为常数,$A = 3.96847 \times 10^{-3}(1/℃)$;$B$ 为常数,$B = -5.847 \times 10^{-7}(1/(℃)^2)$;$C$ 为常数,$C = -4.22 \times 10^{-12}(1/(℃)^3)$。

铂电阻的分度号如表 10-3 所示,分度表见附录 B 所列。表中 R_{100}/R_0 代表温度范围为 0~100 ℃内阻值变化的倍数。

表 10-3 铂电阻分度号

材 质	分度号	0 ℃时电阻值 R_0/Ω		电阻比 R_{100}/R_0		温度范围/℃
		名义值	允许误差	名义值	允许误差	
铂	Pt_{10}	10 (0~850 ℃)	A 级±0.006 B 级±0.012	1.385	±0.001	−200~850
	Pt_{100}	100 (−200−850 ℃)	A 级±0.06 B 级±0.12			

2. 铜电阻

铜电阻与温度近似呈线性关系特性,铜电阻温度系数大,容易加工和提纯,价格便宜,但当温度超过 100 ℃时容易被氧化,电阻率较小。

铜电阻的测量范围一般为 −50~150 ℃,其电阻与温度的关系可用下式表示：

$$R_T = R_0(1 + \alpha T) \quad (10-39)$$

式中,R_T 为铜电阻在温度 T ℃的电阻值;R_0 为铜电阻在温度为 0 ℃时的电阻值;α 为铜电阻的电阻温度系数,$\alpha = 4.28899 \times 10^{-3}(1/℃)$。

铜电阻分度号如表 10-4 所示,分度表见附录 B 所列。

表 10-4 铜电阻分度号

材质	分度号	0 ℃时电阻值 R_0/Ω		电阻比 R_{100}/R_0		温度范围/℃
		名义值	允许误差	名义值	允许误差	
铜	Cu_{50}	50	±0.05	1.428	±0.002	−50~150
	Cu_{100}	100	±0.1			

采用热电阻作为测温元件时,温度的变化转化为电阻的变化,因此对温度的测量就转化为对电阻的测量。要测量电阻的变化,一般是以热电阻作为电桥的一臂,通过电桥把测电阻的变化转变为测电压的变化。图 10-26 所示为一种热电阻测温传感器的结构形式。铂丝绕于玻璃轴上,置于陶瓷或金属制成的保护管内,引出导线有二线式和三线式。

图 10-27 所示为电桥线路接法,当采用二线式接法时,引出导线 r_1、r_2 被接于电桥的一臂上,当由于环境温度或通过电流引起温度变化时,将产生附加电阻,引起测量误差。采用三线式接法时,具有相同温度特性的导线 r_1、r_2 接于相邻两桥臂上,此时由于附加电阻引起的电桥输出将自行补偿,另外 r_3 与放大器相连,由于放大器的输入阻抗远远大于 r_3,则 r_3 因温度变化形成的阻值变化可以忽略不计。

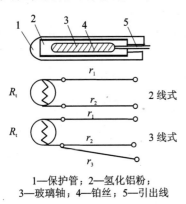

1—保护管；2—氢化铝粉；
3—玻璃轴；4—铂丝；5—引出线

图 10-26 铂电阻测温传感器

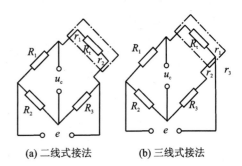

(a) 二线式接法   (b) 三线式接法

图 10-27 铂电阻电桥线路接法

10.3.2 热敏电阻

热敏电阻是金属氧化物（NiO、MnO、CuO、TiO 等）的粉末按一定比例混合烧结而成的半导体。与金属丝电阻一样,其电阻值随温度而变化。热敏电阻一般具有负的电阻温度系数,即温度上升阻值下降。根据半导体理论,热敏电阻在温度 T 时的电阻为

$$R_T = R_0 e^{B\left(\frac{1}{T}-\frac{1}{T_0}\right)} \tag{10-40}$$

式中,R_0 为温度 T_0 时的电阻值;B 为常数(由材质而定,一般在 2 000~4 500 K 范围内,通常取 B 值约为 3 400 K)。

由式(10-40)可求得电阻温度系数

$$\alpha = \frac{dR/dT}{R} = -\frac{B}{T^2} \tag{10-41}$$

如 $B=3\,400$ K,$T=(273.15+20)$ K$=293.15$ K 则 $\alpha=-3.96\times 10^{-2}$,其绝对值相当于铂电阻的 10 倍。

热敏电阻与金属电阻比较有下述优点：

① 由于有较大的电阻温度系数，所以灵敏度很高，目前可测到 0.001～0.000 5 ℃ 微小温度的变化；

② 热敏电阻元件可作成片状、柱状、珠状等，直径可达 0.5 mm，由于体积小，热惯性小，响应速度快，时间常数可小到毫秒级；

③ 热敏电阻的电阻值可达 1 Ω～700 kΩ，当远距离测量时导线电阻的影响可不考虑；

④ 在 −50～350 ℃ 温度范围内，具有较好的稳定性。热敏电阻的主要缺点是阻值分散性大，复现性差，其次是非线性大，老化较快。

热敏电阻制成的电路元件广泛用于测量仪器、自动控制、自动检测等装置中。图 10-28 所示为由热敏电阻构成的半导体点温计的工作原理图。热敏电阻 R_t 和三个固定电阻 R_1、R_2、R_3 组成电桥。R_4 为校准电桥输出的固定电阻，电位器 R_6 是用来调节电桥的输入电压。当开关 S 处于位置 1 时，电阻 R_4 被 R_t 所代替其阻值 $R_4 \neq R_t$，两者差值为温度的函数，此时电桥输出发生了变化，电表指示出相应读数，该值表示电阻 R_t 的温度，即所要测量的温度。

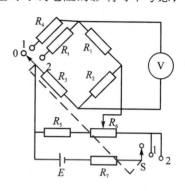

图 10-28 半导体点温计工作原理

10.4 热辐射测温

当物体受热后将有一部分热能转变为辐射能，辐射能以电磁波的形式向四周辐射，物体的温度越高，向周围空间辐射的能量就越多。辐射能包括的波长范围极广，从 γ 射线到电磁波。我们研究的对象主要是物体能吸收又能把它转换为热能的那些射线，其中最显著的是可见光和红外线，即波长为 0.4～40 μm 的，对应于这部分波长的能量称为热辐射能。

辐射式温度计是利用受热物体的辐射能大小与温度关系确定被测物体的温度。辐射式测温的主要优点是非接触式，具有很高的测温上限，响应快，输出信号大，灵敏度高；它的主要缺点是结构复杂，测量准确度不如接触式温度计高。

辐射式温度计有全辐射高温计、光学高温计、光电高温计、比色高温计和红外辐射测温仪等，本节仅介绍全辐射高温计、比色高温计和红外辐射测温仪。

10.4.1 全辐射高温计

普朗克定律指出，绝对黑体（简称黑体）的单色辐射强度 $M_{0\lambda}$ 与波长 λ 和温度 T 之间的关系为

$$M_{0\lambda} = C_1 \lambda^{-5} (e^{\frac{C_2}{\lambda T}} - 1)^{-1} \tag{10-42}$$

式中，λ 为波长；C_1 为普朗克第一辐射常量，取值为 $3.686\ 7 \times 10^{-16}$ W·m²；C_2 为普朗克第二辐射常量，取值为 $1.438\ 8 \times 10^{-2}$ m·k；T 为物体的绝对温度。

普朗克定律只给出黑体单色辐射强度与变化的规律，若要得到波长 λ 在 0～∞ 之间全部辐射能量的总和，可将 $M_{0\lambda}$ 对 λ(0～∞) 进行积分，即

$$M_0 = \int_0^\infty M_{0\lambda} d\lambda = \int_0^\infty C_1 \lambda^{-5} (e^{\frac{C_2}{\lambda T}} - 1)^{-1} d\lambda = \sigma T^4 \qquad (10-43)$$

式中,σ 为斯特藩-玻耳兹曼(Stefan-Boltzmann law)常量。

式(10-43)表明黑体的全辐射强度与绝对温度的四次方成正比,该式称为斯特藩－玻耳兹曼定律,也称为全辐射定律,它是全辐射高温计测温的理论基础。

由式(10-43)可知,当知道黑体的全辐射强度 M_0 后,就可知道温度 T。全辐射高温计是以黑体的辐射能力与温度的关系进行刻度的。但在实际中,被测物体并非黑体,而是灰体,对于灰体的全辐射强度与温度的关系为

$$M_0 = \varepsilon_T \sigma T^4 \qquad (10-44)$$

式中,ε_T 为灰体的吸收系数。

因此,对于灰体来说,测出的温度将低于物体的真实温度,这个温度称为辐射温度。辐射温度定义为:当物体在温度为 T 时所辐射的总能量与黑体在温度为 T_P 时所辐射的总能量相等时,此黑体的温度 T_P 就称为物体的辐射温度。由此可得

$$\varepsilon_T \sigma T^4 = \sigma T_P^4$$

$$T = T_P \left(\frac{1}{\varepsilon_T}\right)^{\frac{1}{4}} \qquad (10-45)$$

由式(10-45)可知,用全辐射高温计测量非黑体温度时,温度计读数是被测物体的辐射温度 T_P,再根据已知物体的吸收系数 ε_T(注不同物质的吸收系数 ε_T 可查相关的资料),利用该式可计算出被测物体的真实温度 T。

10.4.2 比色高温计

由维恩位移定律可知,当温度升高时,绝对黑体的最大辐射能量向波长减小的方向移动,因而对于不同波长 λ_1 和 λ_2 所对应的亮度比值也会发生变化,根据亮度比就可确定黑体的温度。用公式表述,黑体在温度为 T_s 时,波长 λ_1 和 λ_2 所对应的亮度分别为

$$B_{0\lambda_1} = C_1 \lambda_1^{-5} e^{-\frac{C_2}{\lambda_1 T_s}}$$

$$B_{0\lambda_2} = C_1 \lambda_2^{-5} e^{-\frac{C_2}{\lambda_2 T_s}}$$

两式相除取对数后得

$$T_s = \frac{C_2 \left(\frac{1}{\lambda_2} - \frac{1}{\lambda_1}\right)}{\ln \frac{B_{0\lambda_1}}{B_{0\lambda_2}} - 5\ln \frac{\lambda_2}{\lambda_1}} \qquad (10-46)$$

由式(10-46)可知,在预先规定的波长 λ_1 和 λ_2 情况下,只要知道该波长的亮度比,就可求得黑体的温度 T_s。

用这种方法测量非黑体温度时,所得温度称为比色温度或颜色温度。比色温度可定义为:当温度为 T 的非黑体在两个波长下的亮度比值与温度为 T_s 的黑体的上述两波长下的亮度比值相等时,T_s 就称为这个非黑体的比色温度。

根据上述定义,应用维恩公式,由黑体和非黑体的单色亮度可导出:

$$\frac{1}{T} - \frac{1}{T_s} = \frac{\ln \frac{\varepsilon_{\lambda_1}}{\varepsilon_{\lambda_2}}}{C_2 \left(\frac{1}{\lambda_2} - \frac{1}{\lambda_1}\right)} \qquad (10-47)$$

式中，T 为被测物体的真实温度；T_s 为被测物体的比色温度；ε_{λ_1}、ε_{λ_2} 为被测物体在波长 λ_1 和 λ_2 时的单色辐射吸收系数。

由式(10-47)可见，当已知被测物体的 ε_{λ_1} 和 ε_{λ_2} 后，就可由实测的比色温度 T_s 算出真实温度 T，若比色高温计所选波长 λ_1 和 λ_2 很接近，则单色辐射吸收系数 ε_{λ_1} 和 ε_{λ_2} 也十分接近，所测比色温度近似等于真实温度，这是比色高温计很重要的优点。

10.4.3 红外辐射测温仪

根据普朗克定律绘制物体辐射强度与波长和温度的关系曲线如图 10-29 所示。可见，在 2000K 以下峰值辐射波长已不是可见光而是在红外光区域。对这种不可见的红外光，需要用红外敏感元件来检测。

红外测温仪的基本工作原理与前面介绍的辐射高温计相同，所不同之处，是它有一个红外探测器。红外探测器是把红外辐射能量的变化转变成电量变化的器件或装置。

1. 红外探测器的特性参数

(1) 响应率

输出电压与输入的红外辐射功率之比，称为响应率。响应率表示为

$$R = \frac{S}{P} \quad (10-48)$$

式中，S 为红外探测器输出电压；P 为辐射到红外探测器上的功率。

(2) 响应波长范围

红外探测器的响应率与入射辐射的波长有一定关系。图 10-30 所示是两种典型的光谱响应曲线。其中图 10-30(a) 表明，在测量范围内，响应率与波长无关。图 10-30(b) 表明两者有一定关系，有一个响应率为最大的"响应峰"存在，波长为 λ_P，λ_P 对应的响应峰值 R_P。其值的一半所对应的波长 λ_C 称为截止波长，或称响应的"长波限"。

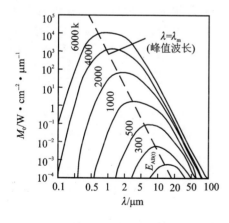

图 10-29 黑体辐射强度与波长

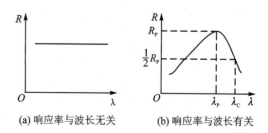

(a) 响应率与波长无关　　(b) 响应率与波长有关

图 10-30 红外探测器典型光谱响应曲线

(3) 噪声等效功率

若投射到探测器上的红外辐射功率所产生的输出电压正好等于探测器本身的噪声电压，这个辐射功率就称为噪声等效功率(NEP)，即它对探测器所产生的效果与噪声相等。噪声等

效功率是一个可测量的量。设入射辐射功率为 P，测得的输出电压为 S，然后除去辐射源，测得探测器的噪声电压为 N，则按比例计算，要使 $S=N$ 的辐射功率就是

$$NEP = \frac{P}{\frac{S}{N}} = \frac{N}{R} \qquad (10-49)$$

(4) 探测率

大多数重要的红外探测器的 NEP 都与探测元件的面积 A 的平方根成正比，与放大器带宽 Δf 的平方根成正比。因而 $NEP/\sqrt{A \cdot \Delta f}$ 就应当与 A 和 Δf 没有关系，探测率 D^* 用下式表示

$$D^* = \frac{\sqrt{A \Delta f}}{NEP} = \frac{R}{N} \sqrt{A \Delta f} \qquad (10-50)$$

从式(10-50)可看出，D^* 实质上就是当探测器的探测元件具有单位面积以及放大器带宽为 1Hz 时，单位功率辐射所获得的信噪比。

(5) 响应时间

当一定功率的辐射突然照射到探测器的敏感面上时，探测器的输出电压要经过一定的时间才能上升到与这一辐射功率相对应的稳定值。当辐射突然除去后，输出电压也要经过一定的时间才能下降到辐射照射之前的原有值。一般来说，上升或下降所需的时间是相等的，称为探测器的"响应时间"。

除上述特性参数外，还有探测器的工作温度、工作时的外加电压或电流、敏感元件面积、电阻等参数。

2. 红外探测器的种类

红外探测器按其工作原理，可分为光电红外探测器和热敏红外探测器两类。

(1) 光电红外探测器

光电红外探测器的工作原理是基于物质中的电子吸收红外辐射而改变运动状态的光电效应。因此，光电探测器的响应时间一般要比热敏探测器的响应时间短得多，最短的可达 ns（10^{-9} s）数量级。此外，要使物质内部电子改变运动状态，入射光子的能量 hf 必须足够大，即它的频率 f 必须大于某一值。对波长来说，就是能引起光电效应的辐射有一个最长的波长限。常用的光电红外探测器有光电导型和光生伏特型两种。

光电导型探测器就是光敏电阻，当红外辐射照射在光敏电阻上时，使光敏电阻随电导率增加，随着入射辐射功率的不同，电导率也不同，光电导型探测器的探测率比热敏型的要高，有的能高出两三个数量级；光生伏特型探测器即光电池，当它被红外辐射照射后就有电压输出，电压大小与入射辐射功率有关。

(2) 热敏红外探测器

热敏红外探测器是利用红外辐射的热效应原理，即物体受红外辐射的照射而温度升高引起某些物理参数的改变。由于热敏元件的温升过程较慢，因此热敏探测器的响应时间较长，大都在 ms 数量级以上。另外，不管是什么波长的红外辐射，只要功率相同，对物体的加热效果也相同。因此热敏探测器对入射辐射的各种波长都具有相同的响应率。

热敏探测器常用的有热敏电阻型、热电偶型、热释电型和气动型。

3. 红外测温仪结构原理

图 10-31 所示为红外测温仪的结构框图，它由光学系统、调制器、红外探测器、电子放大器和指示器等几部分组成。

光学系统部件是用红外光学材料制成。对 700 ℃ 以上的高温测温仪，主要用在 0.7～0.3 μm 的近红外区，可用一般光学玻璃和石英等材料；对 100～700 ℃ 的中温测温仪，主要用在 3～5 μm 的中红外区，可采用氟化镁和氧化镁等光学材料；对 100 ℃ 以下的低温测温仪，主要波段是在 5～14 μm 的中、远红外区，采用锗、硅、热压硫化锌等材料。

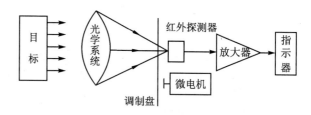

图 10-31　红外测温仪结构框图

调制器由微电机和调制盘组成，具有等间距小孔的调制盘把被测物连续的辐射调制成交变的辐射状态，使红外探测器的输出成为交变信号，可用交流放大器来处理。经放大器放大后的信号由指示器指示，或由记录器记录下来，即可定量确定被测物的温度值。

仪器中还需有一标准黑体，用来校准仪器的灵敏度。用这种方法测得的温度还不是目标的真实温度，而是仪器在使用波段范围内黑体的温度，即物体的"亮度温度"。要得到物体的真实温度，还需根据被测物的灰体系数对亮度温度进行修正。

习题与思考题

10-1　下面三种说法哪种正确：热电偶的热电动势大小①取决于热端温度；②取决于热端和冷端两个温度；③取决于热端和冷端温度之差。为什么？

10-2　热电偶的热电动势大小和热电极的长短、粗细有关吗？若热电偶接有负载后，负载上得到的电压和热电极长短、粗细有关吗？

10-3　热电偶的冷端延长导线的作用是什么？使用冷端延长线（即补偿导线）应满足什么样的条件和注意什么问题？

10-4　有人查补偿导线所用材料的资料发现铂铑-铂热电偶的补偿导线材料是铜-铜镍，而镍铬-镍硅热电偶的补偿导线所用材料就是镍铬-镍硅，这是为什么？既然铜-铜镍热电特性可替代铂铑-铂，为什么不用铜-铜镍热电偶代替铂铑-铂去测温？

10-5　试比较热电阻、热敏电阻及热电偶三种测温传感器的特点及对测量电路的要求。

10-6　用镍铬-镍硅热电偶测量加热炉的温度 t，室温为 20 ℃ 时，从毫伏表读出的热电势为 29.17 mV，问加热炉的温度 t 是多少？

10-7　试证明在热电偶中接入第三种材料，只要接入的材料两端的温度相同，对热电动势没有影响这一结论。

10-8　用热电偶测温为什么要进行冷端补偿？冷端补偿方法有哪些？

10-9　参考电极定律有何实际意义？已知在某特定条件下，材料 A 与铂配对的热电势为 13.967 mV，材料 B 与铂配对的热电动势为 8.345 mV，求出在此条件下，材料 A 与材料 B 配对后的热电势。

10-10　举例说明什么是接触式测温和非接触式测温。

10-11　简述热电偶冷端温度补偿的方法。

10-12　采用热电阻测温，说明三线接桥与二线接桥相比有什么优点？

第 11 章　噪声测量技术

11.1　噪声测试的物理学基本知识

噪声是声波的一种，具有声波的一切特性。从物理学的观点，称不协调音为噪音，协调音为乐音。从这个意义上讲，噪声是由许多不同频率和声强的声波无规律杂乱组合成的声音，它给人以烦躁的感觉，与乐音相比，其波形是无规则的，如图 11-1 所示。从生理学观点讲，凡是使人烦躁的、讨厌的、不需要的声音都叫噪声。噪声和乐音是很难区分的，如一个钢琴声，理应属于乐音，但对正在睡觉或看书的人来说，就成了噪声。因此，对同一声音，判断是不是噪声，要因人、因时、因环境、目的等来确定，由于这些因素出入很大，即使经过大量调查研究也难得到统一的、可靠的结果。随着工业噪声日益被重视，逐渐形成以引起噪声性耳聋的概率为基础的听力保护标准和根据噪声影响大小制定的环境噪声标准，这就摆脱了单纯主观评价的不便。因此噪声不能完全根据声音的客观物理性质来定义，应根据人们的主观感觉和心理、生理等因素来确定。

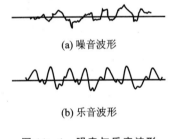

图 11-1　噪音与乐音波形

(a) 噪音波形
(b) 乐音波形

声音依频率高低可划分为次声、可听声、超声、特超声。次声是低于人们听觉范围的声波，即频率低于 20 Hz；可听声是人耳可听到的声音，频率为 20~20 000 Hz；当声波的频率高到超过人耳听觉范围的频率极限时，人们就觉察不出声波的存在，称这种高频率的声波为超声；特超声指高于超声频率上限的超高频声波。对超声频率的上限，曾有不同的划分意见，如 300 MHz、500 MHz、1 000 MHz 等。由噪声定义可知，一切可听声都有可能被判断为噪声。

11.1.1　声波、声速和波长

从物理本质上看，噪声具有声波的一切特性，因此，在对噪声的描述、分析、测试等方面与一般的声音相比并无特别之处。

声波是机械振动在弹性媒质中传播的波。声波的特征常用频率、波长和声速等物理参量来描述。波长是声波在一个周期内传播的距离；声速是声波在媒质中传播的速度。声速、波长和频率之间的关系为

$$\lambda = \frac{C}{f} \tag{11-1}$$

式中，λ 为波长，m；C 为声速，m/s；f 为频率，Hz。

11.1.2 声源、声场和波阵面

(1) 声　源

辐射声波的振动物体称为声源。

(2) 声　场

有声波存在的空间称为声场。均匀的、各向同性的、无边界影响的媒质中的声场称为自由场。实际上,只要边界的影响小到可忽略不计,就可以认为是自由场。自由场中声源附近声压和质点速度不同相的场称为近场;离声源远处,瞬时声压与瞬时质点速度同相的声场称为远场。在远场中的声波离声源呈球面发散波,即声源在某点产生的声压与该点至声源中心的距离成反比。把能量密度均匀、在各个传播方向作无规则分布的声场称为扩散声场。

(3) 波阵面

声波从声源发出,在媒质中向各方向传播,在某一瞬间,相位相同各点的轨迹曲面,称为波阵面。波的传播方向称为波线或射线,在各向同性的均匀媒质中,波线与波阵面垂直。

波阵面的形状取决于波的类型。波阵面平行于与传播方向垂直的平面的波,称为平面声波(平面波),即在给定时刻,垂直于平面声波传播方向的任一平面上,波的扰动情况处处相同。平面波的波阵面是平面,其波线是垂直于波阵面的平行线。波阵面为同心球面的波,称为球面声波(球面波)。从点声源向各方向传播的声波就是球面波,球面波是无方向性的。波阵面是同轴柱面的波称为柱面波,正在行驶的列车所发出的噪声可近似为柱面波。

(4) 声的反射和散射

当声在传播途中遇到障碍物时,就会发生绕射、透射、反射和散射。对声测试影响较大的是反射和射散。产生反射和散射的大小,主要取决于障碍物物理尺寸与声波波长的关系。当声波波长大于障碍物的物理尺寸时,声波在所有方向上散射,散射波的幅度正比于障碍物的体积,反比于声的波长;当声波波长可以和障碍物的物理尺寸相比较时,声扩张到障碍物的周围而产生绕射;当障碍物的物理尺寸比声波波长大许多时,反射、散射现象就会同时产生,并在障碍物后造成"声影区"。由于障碍物的反射与散射作用改变了声场特性,因此在声学测量和研究中应予注意。

11.1.3 声压、声强和声功率

声音和噪声均用声压、声强和声功率来表示其强弱。

(1) 声　压

声压是指有声波时,媒质中的瞬时总压力与静压(没有声波时媒质的压力)之差,通常以其均方根值来表示。声压记为 p,单位为牛/米^2(N/m^2),即帕(Pa)。正常人双耳刚能听到的 1 000 Hz 纯音的声压为 2×10^{-5} Pa,并称为听阈声压,此值作为基准声压。

(2) 声　强

声场中某一点的声强定义为通过一与传播方向垂直的单位面积表面的声功率,以 I 表示,其单位为瓦/米^2(W/m^2)。听阈声压的声强为 10^{-12} W/m^2,以此值作为基准声强。

(3) 声功率

声功率是声波辐射的、传输的或接收的功率,通常用 W 表示,单位为瓦(W)。取 10^{-12} W 作为基准声功率。声功率与声波传播的距离、环境无关,它是表示声源特性的主要物理参量。

声压、声强和声功率都是客观表示声音强弱的物理参量,而声强、声功率是从能量大小表示声音强弱的。

11.1.4 声级和分贝

正常人耳刚能听到的 1 000 Hz 纯音的声压为 2×10^{-5} Pa,而震耳欲聋的声音的声压是 20 Pa,两者之间相差约一百万倍。但人的听觉并不与此成比例,大概只觉得相差百余倍。所以直接用声压或声功率来描述声音的强弱,与感觉不符。因而度量声压的大小时,采用对数关系表达比较方便,由此引出声学的另一个概念——声压级。

通常声压级、声强级和声功率级,单位是贝(B),但通常用分贝(dB)为单位(1 dB=0.1 B)。分贝表示的量是与选定的基准量有关的对数量级,是相对量。

(1) 声压级(L_p/dB)

$$L_p = 10\lg\left(\frac{p}{p_0}\right)^2 = 20\lg\frac{p}{p_0} \tag{11-2}$$

式中,p_0 为基准声压($p_0 = 2\times10^{-5}$ Pa)。

由于人体听觉系统对声音强弱刺激的反应不是按线性规律变化,而是成对数比例关系变化的,所以采用对数的分贝值可以适应听觉本身的特点。其次,日常生活中遇到的声音,若以声压值表示,变动范围是很宽的,当用对数换算后,可以大大缩小声压的变化范围,因此用分贝来表示声学的量值是科学的。日常生活中,普通办公室的环境噪声的声压级为 50~60 dB,普通对话声的声压级为 65~70 dB,纺织厂织布车间噪声的声压级为 110~120 dB,小口径炮产生的噪声的声压级为 130~140 dB,大型喷气飞机噪声的声压级为 150~160 dB。

(2) 声强级(L_I/dB)

$$L_I = 10\lg\frac{I}{I_0}\ \text{dB} \tag{11-3}$$

式中,I_0 为基准声强($I_0 = 10^{-12}$ W/m²)。

(3) 声功率级(L_W/dB)

$$L_W = 10\lg\frac{W}{W_0}\ \text{dB} \tag{11-4}$$

式中,W_0 为基准声功率($W_0 = 10^{-12}$ W)。

(4) 分贝的加、减和平均

① 分贝加法。通常情况下,声源不是单一的,而总是有多个声源同时存在的。因此,就有声级的合成问题,声级的合成用分贝加法来进行。在各声源发生的声波互不相干的情况下,若相加的声压级分别为 $L_{p_1}, L_{p_2}, \cdots, L_{p_n}$,由式(11-2)可得总的声压级 L_{p_t} 为

$$L_{p_t} = 10\lg\left(\sum_{i=1}^{n} 10^{L_{p_i}/10}\right)\ \text{dB} \tag{11-5}$$

式中,L_{p_i} 为第 i 个声源的声压级(dB)。同理,可得声强级的求和公式

$$L_{I_t} = 10\lg\left(\sum_{i=1}^{n} 10^{L_{I_i}/10}\right)\ \text{dB} \tag{11-6}$$

式中,L_{I_t} 为总的声强级(dB);L_{I_i} 为第 i 个声源的声强级(dB)。

声功率级的求和公式为

$$L_{W_t} = 10 \lg\left(\sum_{i=1}^{n} 10^{L_{W_i}/10}\right) \text{ dB} \qquad (11-7)$$

式中，L_{W_t} 为总的声功率级(dB)；L_{W_i} 为第 i 个声源的声功率级(dB)。

在声学工程和声的测量中，对于小数分贝值一般都予以忽略，除非需要精确的计算外。一般都不用公式计算，而是用图 11-2、表 11-1 进行简便计算。利用这些图表所得到的结果，其误差小于 1 dB，而这些图表便于使用和记忆。

【例 11-1】 已知 $L_{p_1}=76$ dB，$L_{p_2}=70$ dB，求总声压级 L_{p_t}。

解：$L_{p_1}-L_{p_2}=6$ dB，由图 11-2 查得相应增值 $\triangle L=1$ dB，则

$$L_{p_t} = L_{p_1} + \triangle L = 77 \text{ dB}$$

表 11-1 分贝差值到总声压级的转换

差 值	加到大值的数值
0	3.0
1	2.6
2	2.1
3	1.8
4	1.4
5	1.2
6	1.0
7	0.8
8	0.6
9	0.5
10	0.4
11	0.3
12	0.2

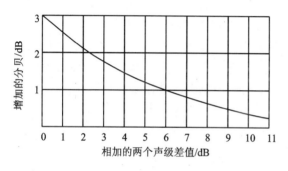

图 11-2 分贝加法图

② 分贝减法。在某些情况下，需要从总的测量结果中减去被测声源以外的声音，如本底噪声的影响，以确定单独由被测声源产生的声级，这就要进行分贝相减的计算。设总的声压级为 L_{p_t}，本底噪声的声压级为 L_{p_e}，由式(11-2)可得声源的声压级 L_{p_s}。

$$L_{p_s} = 10 \lg(10^{L_{p_t}/10} - 10^{L_{p_e}/10}) \text{dB} \qquad (11-8)$$

同分贝相加一样，分贝减法也可用图表进行，图 11-3 为减去本底噪声影响的修正曲线。

③ 分贝的平均值。分贝平均值的求法由分贝求和法而来，即

$$\overline{L}_p = 10 \lg\left(\frac{1}{n}\sum_{i=1}^{n} 10^{L_{p_i}/10}\right) \qquad (11-9)$$

式中，n 为测点数目；L_{p_i} 为第 i 点测得的声压级；$\overline{L}_p$ 为测点数目为 n 点的平均声压级。

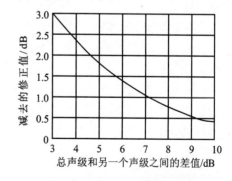

图 11-3 分贝相减图

11.2 人对噪声的主观量度

声压是噪声的基本物理参数，但人耳对声音的感受不仅和声压有关，而且和频率有关，声压级相同而频率不同的声音听起来可能是不一样响。如空气压缩机的噪声和小汽车车内的噪声，声压级都是 90dB，可是前者是高频，后者是

特低频,听起来前者就比后者响得多,这里就有一个客观存在的物理量和人耳感觉主观量的统一问题。这种主客观的差异主要是由声波频率的不同而引起的,与波形也有一定的关系。

11.2.1 响度与响度级

根据人耳的特性,人们仿照声压级的概念,引出一个与频率有关的响度级,其单位是方。即选取 1 kHz 的纯音作为基准音,某噪声听起来与该纯音一样响,则噪声的响度级就等于这个纯音的声压级。如某噪声听起来与频率 1 kHz 声压级 85 dB 的基准音一样响,则该噪声的响度级就是 85 方(phon)。

响度级是表示噪声响度的主观量,它把声压级和频率用一个单位统一起来了。它与音调不同,音调是人耳区分声音高低的一种属性,主要取决频率。

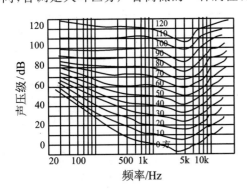

图 11-4 等响曲线

用与基准音比较的方法可得到可听范围的纯音的响度级,这就是等响曲线,它是由大量典型听者认为响度相同的纯音的声压级与频率关系而得出来的。图中纵坐标是声压级(或声强、声压),横坐标是频率,如图 11-4 所示。图中同一条曲线上的各点,虽然代表着不同频率和声压级,但其响度是相同的,故称等响曲线。最下面的曲线是听阈曲线,最上面的曲线是痛阈曲线,在听阈和痛阈之间,是正常人耳可听到的全部声音。

由等响曲线可看出,人耳对高频声,特别是 2~5 kHz 的声音敏感,而对低频声不敏感,如同样的响度级 60 方,对于 1 kHz 的声音来说,声压级是 60 dB,对 3~4 kHz 的声音,声压级是 52 dB,而对 100 Hz 的声音,声压级是 67 dB,它们都在响度级为 60 方的曲线上。可见,对于同样声压级不同频率下的噪声,响度差别很大。

此外,从曲线还可发现,当噪声声压级到达 100 dB 左右时,等响曲线几乎呈水平线,此时频率变化对响度级的影响不明显。只有当声压级小和频率较低时,对某一声音来说,声压级和响度级的差别很大。

响度级是个相对量,有时需要用绝对量来表示,需引出响度单位"宋"的概念。1 宋的响度选定为相当于 40 方的响度级,即 40 方时为 1 宋。响度级每增加 10 方,响度即增加一倍,如 50 方时为 2 宋,60 方时为 4 宋,70 方时为 8 宋等。其换算关系可由下式决定:

$$N = 2^{(L_N-40)/10} \quad \text{或} \quad L_N = 40 + 10 \log_2 N \qquad (11-10)$$

式中,N 为响度(宋);L_N 为响度级(方)。

用响度表示噪声的大小比较直观,可直接算出声音增加或减少的百分比。如噪声源经消声处理后,响度级从 120 方(响度为 256 宋)降低到 90 方(响度为 32 宋)则总响度降低。降低百分比为:$(256-32)/256=87.5\%$。

一般噪声总响度的计算,是先测出噪声的频带声压级,然后从相应的表中查出各频带的响度指数,再按下式算总响度:

$$N_t = N_m + F(\sum N_i - N_m) \qquad (11-11)$$

式中,N_t是总响度(宋);N_m是频带中最大的响度指数;$\sum N_i$为所有频带的响度指数之和;F为常数(对于倍频带、1/2 倍频带和 1/3 倍频带分析仪分别为 0.3、0.2 和 0.15)。

在噪声的主观评价中,对于飞机噪声,人们引进一个新的参数——感觉噪声级和噪度。感觉噪声级(L_{PN})的单位是分贝,与响度级相对应;噪度(N_n)的单位是呐,与响度相对应,与响度级、响度不同之处在于它们是以复合声音为基础的,而后者是以纯音为基础的。

11.2.2 声级计的计权网络、A 声级

在声学测量仪器中,声级计的"输入"信号是噪声客观的物理量声压,而"输出"信号,不仅是对数关系的声压级,而且最好是符合人耳特性的主观量响度级。为使声级计的"输出"符合人耳特性,应通过一套滤波器网络对某些频率成分进行衰减,使声压级的水平线修正为相对应的等响曲线。故一般声级计中,参考等响曲线设置 A、B、C 三种计权网络,对人耳敏感的频域加以强调,对人耳不敏感的频域加以衰减,就可直接读出反映人耳对噪声感觉的数值,使主客观量趋于一致。常用的是 A 计权和 C 计权,B 计权已逐渐淘汰,某些声级计上的 D 计权主要用于测量航空噪声。

A 计权网络是效仿倍频等响曲线中的 40 方曲线设计的,较好地模仿了人耳对低频段(500 Hz 以下)不敏感,对 1~5 kHz 声敏感的特点。用 A 计权测量的声级叫做 A 声级,记作 dBA。由于 A 声级是单一的数值,容易直接测量,且是噪声的所有频率分量的综合反映,故目前在噪声测量中得到广泛的应用,并用来作为评价噪声的标准。

B 计权网络是效仿 70 方等响曲线,低频有衰减。C 计权网络是效仿 100 方等响曲线,在可听频率范围内,有近乎平直的特点,让所有频率的声音近乎均同地通过,基本上不衰减,因此 C 计权网络代表总声压级。

声级计的读数均为分贝值。显然,选用 C 计权网络测量时,声压级未经任何修正(衰减),读数仍为声压级的分贝值。而 A 和 B 的计权网络,对声压级已有修正,故它们的读数不应是声压级,但也不是响度级,其读数应称声级的分贝值。图 11-5 所示为 A、B、C 计权网络的衰减曲线。

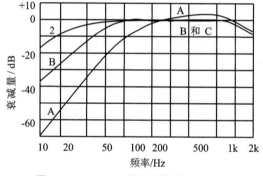

图 11-5 A、B、C 计权网络的衰减曲线

11.2.3 等效连续声级

我国工业企业噪声检测规范规定,稳态噪声测量 A 声级。非稳态噪声测量等效连续声级,或测量不同 A 声级下的暴露时间,计算等效连续声级,即用等效连续声级作为评定间断的、脉冲的或随时间变化的非稳态噪声的大小。

在声场中一定点位置上,采用求某一段时间的平均声强的办法,将间歇暴露的几个不同 A 声级噪声,以一个 A 声级来表示该段时间内的噪声大小。这个声级即为等效连续声级,或称等效声级。可用下式表示:

$$L_\infty = 10 \lg \left[\frac{1}{T} \int_0^T I(t) \mathrm{d}t / I_0 \right] = 10 \lg \left(\frac{1}{T} \int_0^T 10^{0.1L} \mathrm{d}t \right) \mathrm{dB} \qquad (11-12)$$

式中，$I(t)$ 为瞬时声强；I_0 为基准声强；T 为某段时间的时间总和 ($T = T_1 + T_2 \cdots\cdots + T_i$)；$L$ 为某一间歇时间内的 A 声级。

由 (11-12) 式可知，某一段时间内的稳态噪声，就是等效连续声级。以每个工作日 8 小时为基础，低于 78 分贝的不予考虑，则一天 (1 d) 的等效连续声级可按下式近似计算：

$$L_\infty = 80 + 10 \lg \frac{\sum\limits_n 10^{\frac{n-1}{2}} T_{nd}}{480} \text{ dB} \qquad (11-13)$$

式中，T_{nd} 为第 n 段声级 L_n 一个工作日的总暴露时间(分)。

如果一周工作五天，每周的等效连续声级可按下式近似计算：

$$L_\infty = 80 + 10 \lg \frac{\sum\limits_n 10^{\frac{n-1}{2}} T_{nw}}{480 \times 5} \text{ dB} \qquad (11-14)$$

式中，T_{nw} 为第 n 段声级 L_n 一周的总暴露时间(分)。

等效连续声级的测量方法，应根据声场噪声的变化情况，决定测一天、一周或一个月的等效连续声级。根据测量数据，按声级的大小及持续时间进行整理。将 80 dB～120 dB 声级从小到大分成 8 段排列，每段相差 5 dB，每段用中心声级表示。把一个工作日内测得各段声级的总暴露时间统计出来，并填入表 11-2 中，然后将已知数据代入 (11-13) 式，即可求出一天的等效连续声级。

表 11-2 噪声暴露时间统计表

N	1	2	3	4	5	6	7	8
中心声级 L_n/dBA	80 (78～82)	85 (83～87)	90 (88～92)	95 (93～97)	100 (98～102)	105 (103～107)	110 (108～112)	115 (113～117)
暴露时间 T_n/分	T_1	T_2	T_3	T_4	T_5	T_6	T_7	T_8

11.2.4 噪声评价曲线

为了确定噪声的容许标准，国际标准化组织 (ISO) 于 1971 年推荐了噪声评价曲线，如图 (11-6) 所示。图中每一条曲线均以一定的噪声评价数 NR 来表征，在这一曲线族上，1 000 Hz 声音的声压级即为噪声评价数 NR。噪声评价数在数值上与 A 声级的关系可近似为

$$NR = L_A - 5 \text{ dB} \qquad (11-15)$$

根据容许标准规定的 A 声级可确定容许的噪声评价数 NR。声压级超过该容许评价数对应的评价曲线，则认为不符合噪声标准的规定。

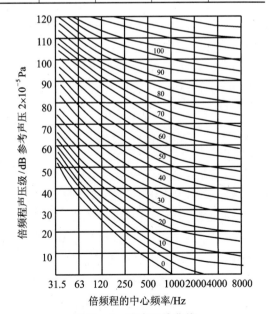

图 11-6 噪声评价曲线

11.3 噪声测量仪器

11.3.1 传声器

传声器是将声信号转换成相应的电信号的一种声电换能器。在噪声测试仪中,传声器处于首环的位置,担负着感受与传送"第一手信息"的重任,其性能的好坏将直接影响到测试的结果。因此,在整个噪声测试系统中传声器所起的作用是举足轻重的。

1. 传声器的种类和结构

传声器按其变换原理,可分成电容式、压电式和电动式等类型,其中电容式传声器在噪声测试中的应用最为广泛。

(1) 电容式传声器

电容式传声器的结构如图 11-7 所示。张紧的膜片与其靠得很近的后极板组成一电容器。在声压的作用下,膜片产生与声波信号相对应的振动,使膜片与不动的后极板之间的极距改变,导致该电容器电容量的相应变化。因此,电容式传声器是一极距变化型的电容传感器。运用直流极化电路输出一交变电压,此输出电压的大小和波形由作用膜片上的声压所决定。

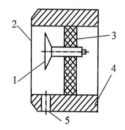

1—后极板;2—膜片;3—绝缘体;
4—壳体;5—均压孔

图 11-7 电容式传声器结构简图

(2) 压电式传声器

压电式传声器主要由膜片和与其相连的压电晶体弯曲梁所组成,结构如图 11-8 所示。在声压的作用下,膜片产生位移,同时压电晶体弯曲梁产生弯曲变形,由于压电材料的压电效应,使其两表面生产相应的电荷,得到一交变的电压输出。

(3) 电动式传声器

电动式传声器,又称动圈式传声器,结构如图 11-9 所示。在膜片的中间附有一线圈(动圈),此线圈处于永久磁场的气隙中,在声压的作用下,线圈随膜片一起移动,使线圈切割磁力线而产生一相应的感应电动势。

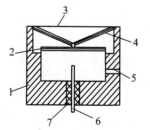

1—壳体;2—压电片;3—膜片;4—后极板;
5—均压孔;6—输出端;7—绝缘体

图 11-8 压电式传声器结构简图

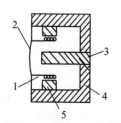

1—线圈;2—膜片;3—导磁体;
4—壳体;5—磁铁

图 11-9 电动式传声器结构简图

2. 传声器的参数

(1) 灵敏度

传声器灵敏度 S 由下式表示：

$$S = \frac{电量输出}{机械量输入}$$

习惯上常把传声器的灵敏度级 L_S 简称为"灵敏度"，灵敏度 L_S 由下式确定：

$$L_S = 20 \lg\left(\frac{u/p}{u_0/p_0}\right) \text{ dB} \qquad (11-16)$$

式中，u 为传声器的输出电压，V；p 为作用在传声器上的有效声压，Pa；u_0、p_0 分别为基准电压和基准声压，常取 $u_0/p_0 = 1$ V/Pa。

灵敏度又分声场灵敏度和声压灵敏度两种。声压灵敏度是输出电压与传声器放入声场后实际作用于膜片上的声压之比；声场灵敏度是指输出电压与传声器放入声场前所在位置的声压之比。当传声器的直径 D 远远小于声波波长（低频）时，两者基本相同，但当 $D \gg \lambda$（高频）时，声场灵敏度值将大于声压灵敏度值。

(2) 频率响应特性

传声器的频率响应特性是指传声器灵敏度对被测噪声的频率响应。传声器的理想频响特性是在 20 Hz～20 kHz 声频范围内保持恒定。

(3) 动态范围

传声器的过载声压级与等效噪声声压级之间的范围称为动态范围。

(4) 指向性

传声器的响应随声波入射方向变化的特性称为传声器的指向性。

(5) 非线性失真

当被测声压超出传声器正常使用的动态范围时，输出特性将呈非线性，产生非线性失真。

(6) 输出阻抗

传声器种类不同，其输出阻抗也不同，这就要求后接电路有相应的处理方式。如电容式传声器输出阻抗很高，应经阻抗变换或用高输入阻抗的前置放大电路来匹配；而电动式传声器的输出阻抗较低，可直接与一般电压放大器连用。

11.3.2 声级计

声级计(sound level meter，SLM)是噪声测量中最常用、最简便的测试仪器。它体积小、重量轻，一般用干电池供电。它不仅可进行声级测量，而且还可和相应的仪器配套进行频谱分析，振动测量等。

声级计是一种按照一定的频率计权和时间计权测量声音声压级和声级的仪器。世界上第一台声级计是 1925 年由美国贝尔电话公司发明的，用于城市交通噪声的普查。声级计广泛用于环境噪声、机器噪声、车辆噪声及其他噪声的测量，也可用于电声学、建筑声学等到领域的测量。

为了使世界各国生产的声级计的测量结果可以相互比较,IEC 制定了声级计的有关标准,并推荐各国采用。1979 年 5 月,IEC 在斯德哥尔摩通过了 IEC651《声级计》标准,我国有关声级计的国家标准是 GB3785-83《声级计电、声性能及测试方法》。1984 年,IEC 又通过了 IEC804《积分平均声级计》国际标准,我国于 1997 年颁布了 GB/T17181-1997《积分平均声级计》,与 IEC 标准的主要要求是一致的。2002 年,IEC 发布 IEC61672-2002《声级计》新的国际标准,该标准代替原 IEC651-1978《声级计》和 IEC804-1983《积分平均声级计》。我国根据该标准制定了 JJG188-2002《声级计》检定规程。新的声级计国际标准和国家检定规程与旧标准相比做了较大的修改。

声级计的种类有多种。按用途可分为一般声级计、积分声级计、脉冲声级计、噪声暴露计(又称噪声剂量计)、统计声级计、频谱声级计等;按电路组成方式可分为模拟声级计和数字声级计两种;按其体积大小可分为台式声级计、便携式声级计和袖珍式声级计;按其指示方式可分为模拟指示(电表、声级灯)和数字指示声级计。

在 1980 年以前一段时间中,声级计一般只分精密及普通两种等级,分别根据 IEC123 及 IEC179 及 IEC179A 标准设计。1979 年起,国际电工委员会分布了 IEC651 标准,把声级计分为 0 型、1 型、2 型和 3 型声级计。0 型声级计作为标准声级计,1 型声级计作为实验室用精密声级计,2 型声级计作为一般用途的普通声级计,3 型声级计作为噪声监测的普查型声级计,4 种类型的声级计的各种性能指标具有相同的中心值,仅仅是容许误差不同。

1. 声级计工作原理

声级计主要由传声器、输入级、放大器、衰减器、计权网络、检波电路和电源等部分组成,其原理方框图如图 11-10 所示。声信号通过传声器转换成交变的电压信号,经输入衰减器、输入放大器的适当处理进入计权网络,以模拟人耳对声音的响应,而后进入输出衰减器和输出放大器,最后通过均方根值检波器检波输出一直流信号驱动指示表头,由此显示出声级的分贝值。输入级是一阻抗变换器,用来使高内阻抗的电容传声器与后级放大器匹配。要求输入级的输入电容小和输入电阻高。电容传声器把声音变成电压,此电压一般是很微弱的,不足以驱动电表指示。为了测量微弱信号,需将信号进行放大。但当输入信号较大时,又需要对信号进行衰减,使电表指针得到适当的偏转。为了插入滤波器和计权网络,衰减器和放大器分成两

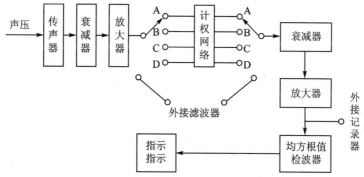

图 11-10 声级计方框图

级,即输入衰减器、输入放大器和输出衰减器、输出放大器等。

声级计的指示表头一般有"快"、"慢"两档,根据测试声压随时间波动的幅度大小来做相应选择。此外,为保证测试结果的精度和可靠性,声级计必须经常进行校准。

计权网络是模拟人耳对不同声音的反应而设计的滤波线路。早期设 A、B、C 三个计权网络,后来根据飞机噪声的特点,又提供了 D 计权网络。D 网络是模拟等响曲线族中 40 方曲线的反应而设计的,它反映了航空发动机中较为突出的 2~5 kHz 噪声对人耳的作用。用 D 网络评价航空噪声与人的主观反应有较好的相关性。

IEC651 号文件规定,声级计最少带有 A、B、C 三个计权网络中的一个,并对 A、B、C 网络的频率特性和允许误差做了明确规定。当计权网络开关放在"线性"时,声级计是线性频率响应,测得的是声压级。当放在 A、B 或 C 位置时,计权网络插入在输入放大器与输出放大器之间,测得相应的计权声级。当计权网络开关置"滤波器"时,在输入放大器和输出放大器之间插入倍频程滤波器,转动倍频程滤波器的选择开关,即可进行声信号的频谱分析。如需外接滤波器,只要将二芯插头插入"外接滤波器输入"和"外接滤波器输出"插孔,这时内置倍频程滤波器自动断开。外接滤波器插入到输入放大器和输出放大器之间。

检波器将来自放大器的交变信号变成与信号幅值保持一定关系的直流信号,以推动电表指针偏转。若整流输出信号相应于交变输入信号的有效值,则检波器称为有效值检波器;若整流输出信号相应于输入信号的平均值或峰值,则检波器为平均值或峰值检波器。精密声级计和普通声级均具备有效值检波器。

2. 声测量系统校准

和所有的测量装置一样,声测量系统应当定期校准,以确保测量结果的精确度。某些行业的噪声测量标准规定,每次测量开始和结束都必须对测量装置进行校准,两次差值不得大于 1 dB,否则所得结果无效。

目前常用的校准方法大致有以下几种。

(1) 活塞发声器校准法

这是一种在现场中使用的精确可靠而简便的方法。用一个由电池供电的电动机通过凸轮使两个对称的活塞作正弦移动,造成空腔中气体体积的变化,最终使气体压力随时间而按正弦规律变化,其有效值等于给定的声压级,如图 11-11 所示。

根据气体的绝热过程,气体的压力 p 和体积 V 的关系为

$$pV^\nu = 常数 \tag{11-17}$$

式中,ν 为气体的摩尔热容比,是气体的摩尔定压热容 C_p 和摩尔定容热容 C_V 之比,对空气而言 $\nu=1.4$。

由式(11-17)得

$$V^\nu dp + p\nu V^{\nu-1} dV = 0 \tag{11-18}$$

如果活塞的正弦运动所形成的体积变化量远远小于空腔原来的体积(一般两者之比取为 0.000 3),则式(11-18)中的 p、V 都可视为常数。因而压力变化量 dp 和体积变化量 dV 成正比。同时,当活塞作正弦运动时,体积变化量 dV、压力变化量 dp 也均随之而按正弦规律变化着。压力变化量的有效值

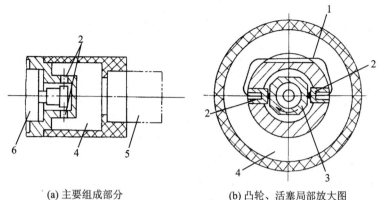

(a) 主要组成部分　　　(b) 凸轮、活塞局部放大图

1—复位弹簧；2—活塞；3—凸轮；4—空腔；5—被校准的传声器；6—电动机

图 11-11　活塞发声器

$$\Delta P_{rms} = \frac{\sqrt{2}\nu p_0 A_p l}{V_0} \tag{11-19}$$

式中，l 为活塞的冲程；V_0 为空腔体积；p_0 为大气压；A_p 为活塞面积。

所对应的声压级 L_p 为

$$L_p = 20 \lg\left(\frac{\Delta p_{rms}}{p_0}\right) \quad \text{dB} \tag{11-20}$$

由式(11-19)看出，使用时除必须注意密封之外，还应当根据大气压力的变化，修正读数（这类校准装置都附有气压计和修正曲线）。活塞发声器的工作频率为 250 Hz，标准大气下产生的声压级为 (124 ± 0.2) dB。

(2) 声级校准器校准法

此法也是常用的校准方法之一。声级校准器相当于一个标准声源，能产生基本不变的声压。其工作原理简单，它的电子稳幅振荡器激励压电晶体，使后者产生机械振动。压电晶体和金属振膜相连，带动振膜一起振动，从而在空腔内形成一定的声压，并以此来激励传声器。此外，声级校准器在设计上采取一些声学措施和温度补偿来保证所产生的声压级基本不变。声级校准器的工作频率为 1 000 Hz，产生的声压级为 (94 ± 0.3) dB。

(3) 静电激振器校准法

这种校准法将一个绝缘的栅状金属板置于传声器振膜之前，并使两者之间距离相当小。然后在栅状金属板和振膜之间加上一个高达 800 V 的直流电压使两金属板极化，从而两者互相作用着一个稳定的静电力。另外再加上 30 V 左右的交流电压使它们相互作用着一个交变力，其值等效于 1 Pa 的声压。和电磁激振器一样，如果没有直流电压以产生稳定的预加作用力，而仅加上交流电压，所产生的交变压力的频率就是交流电压频率的两倍。金属栅板与振膜之间的距离的变化对校准精度的影响很大。

(4) 高声强校准器校准法

高声强校准器是利用电动激振器推动活塞使之在较小的空腔内产生大的声压。可在 164~172 dB 声压级下进行校准，校准频率范围为 0.01~1 000 Hz。

(5) 互易校准法

这是最广泛采用的传声器的绝对校准法。互易校准法既可以测定传声器的声压响应，也可以测定它的自由场响应。

测量声压响应时,使用一个独立声源和两个传声器。校准的第一步是测定每个传声器在该声源作用下各自的开路输出电压 e_{y1} 和 e_{y2},从中得到每个传声器的灵敏度 $S_i = e_{yi}/p$,其中 p 是声源所造成的声压。消去参数 p 得

$$\frac{S_1}{S_2} = \frac{e_{y1}}{e_{y2}} \tag{11-21}$$

第二步,用一个很小的空腔将两个传声器耦合起来。其中第二个传声器通以适当的电流 i_2,使它起扬声器的作用,产生相互的声压 p'。测定在 p' 作用下第一个传声器的输出电压 e'_{y1}。根据互易原理,有

$$S_1 S_2 = \frac{e'_{y1}}{i_2} K \tag{11-22}$$

式中,K 为与空腔的声学特性有关的参数。它取决于空腔的体积 V、大气压 p_0、空气的摩尔热容比 ν 和声音的频率 ω,$K = \frac{V\omega}{p_0 \nu}$。显然 K 值是完全可以精确测定的。

由式(11-21)和式(11-22)解得

$$S_1 = \sqrt{\frac{e_{y1}}{e_{y2}} \frac{e'_{y1}}{i_2} K} \tag{11-23}$$

使用互易法测定自由场响应的方法与测定压力响应方法相似。第一步是测定两传声器在独立声源所形成的自由平面波场中的开路输出电压。第二步,仍然将第二个传声器作为"扬声器",而第一个传声器置于"扬声器"所形成的平面波声场中,并测量传声器的输出电压 e'_{y1}。为此应使两传声器之间的距离 d 大于传声器的尺寸。此外,在自由场响应校准时,K 值的计算与式(11-23)略有不同。

(6) 置换法

此法是使用一个精确的而且频率响应(灵敏度)已经确知的标准声级计来校准被校准的声级计。先用标准声级计来测量声压,随之使用被校准的声级计来测量同一声压。最后用标准声级计再次测量声压,以校验试验过程有无变化或疏忽。从两声级计测量结果的差别,可以确定被校准声级计的频率响应(灵敏度)。这种校准方法误差较大。

3. 声级计的使用

(1) 声级计的读数

用声级计测量噪声,测量值应取输入衰减器、输出衰减器的衰减值与电表读数之和。一般情况下,为获得较大的信噪比,尽量减小输入衰减器的衰减,使输出衰减器处于尽可能大的衰减位置,并使电表指针在 $0 \sim 10 \text{ dB}$ 的指示范围内。有的声级计具有输入与输出过载指示器,指示器一亮就表示信号过强,此信号进入相应的放大器后将产生削波而失真。为避免失真,必须适当调节相应的衰减器,有时为避免输出过载,电表指针不得在负数范围内指示读数。为了获得较小的测量误差,避免失真放大,有时可采取牺牲信噪比的权宜措施。

(2) 传声器的取向

通常将传声器直接连到声级计上,声级计的取向也决定了传声器的取向。一般噪声测量中常用的场型传声器。这种传声器在高频端的方向性较强,在 0° 入射时具有最佳频率响应。

若使用压力型传声器进行测量,在室外,应使传声器侧向声源,即传声器膜片与入射声波

平行,以减小由于膜片反射声波而产生的压力增量。在混响场,使用压力型传声器则没有任何约束,它最适于测量这种无规入射的噪声。图 11-12 表示场型与压力型传声器在自由场中测量噪声时的取向。

4. 数字式声级计

数字式声级计(简称数字声级计)是数字式声学测量仪器的一种。数字声级计与模拟式声级计的关键区别在于:数字声级计将测量传声器输出的模拟电信号转换为数字信号,其核心功能(如平方、时间计权、频率计权、对数运算等)通过数值运算得到。数字声级计的

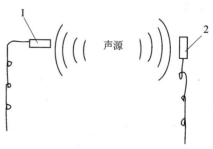

1—场型传声器; 2—压力型传声器

图 11-12 场型与压力型传声器在自由场中测量时的取向

核心器件是单片机或数字信号处理器(DSP),有些商业宣传中将测量结果是数字显示的声级计宣称为数字声级计,本质上这类声级计仍然是模拟式的。

数字声级计具有一般数字测量仪器的基本功能,在传声器之后,是测量放大器、抗混叠滤波器、采样/保持器、A/D 转换器。A/D 转换之后的数字信号按设定功能完成运算后,其结果可直接显示,同时也可将某些变量经过 D/A 转换和重建滤波器作为模拟量输出,扩展声级计的功能。需要指出的是,为了降低成本,数字声级计中的某些功能(如时间计权、频率计权等)可采用模拟器件完成,这取决于厂家的策略。

与模拟式声级计相比,数字声级计的准确度大大提高、测量范围更宽、灵敏度更高、读数清晰直观。更重要的是,由于数字声级计具有强大的运算功能,同时与计算机接口,最新型的数字声级计集声学测量、分析与声信号处理为一体,已经演变为多功能声学信号处理系统。

11.3.3 噪声分析仪

噪声分析仪用作噪声频谱分析,而噪声的频谱分析是识别产生噪声原因、有效地控制噪声的必要手段。

(1) 频谱分析仪

频谱分析仪主要由放大器、滤波器及指示器所组成。

对噪声的频谱分析,视具体情况可选用不同带宽的滤波器。常用的有:恒百分比带宽的倍频程滤波器和 1/3 倍频程滤波器。如 ND$_2$ 型声级计内部设有倍频程滤波器,当选择"滤波器"挡时,声级计便成为倍频程频谱分析仪,采用的带宽为 3.15 Hz、10 Hz、31.5 Hz、100 Hz、315 Hz 和 1 000 Hz。一般来说,滤波器的带宽越窄对噪声信号的分析越详细,但所需的分析时间也越长,且仪器的价格也越贵。

(2) 实时频谱分析仪

上述的频谱分析仪是扫频式的,是逐个频率逐点进行分析的,因此分析一个信号要花费很长的时间。为加速分析过程,满足瞬时频谱分析要求,发展了实时频谱分析仪器。

最早出现的实时频谱分析仪是平行滤波型的,相当于恒百分比带宽的分析仪,由于分析信号同时进入所有的滤波器,并同时被依次快速地扫描输出,因此整个频谱几乎是同时显示出来的。随着采用时间压缩原理的实时频谱分析仪的发展,它可获得窄带实时分析。时间压缩原理的实时分析仪采用的是模拟滤波和数字采样相结合的方法,时间压缩是由数字化信号在存

入和读出存储器时的速度差异来实现的。随着电子技术的不断发展,采用数字采样和数字滤波的全数字式频谱分析仪得到了日益广泛的应用。如丹麦 B&K 公司的 2131 型是一种数字式实时频谱分析仪,能进行倍频程、1/3 倍频程的实时频谱分析;而 2031 型为数字式窄带实时频谱分析仪,它是利用快速傅里叶变换(FFT)直接求功率谱来进行分析的。

11.4 噪声测量方法

11.4.1 测试环境对噪声的影响

由于测试环境能改变被测噪声源的声场情况,因此它对噪声测试必定会产生一定影响。为使测试结果准确、可靠,必须考虑各测试环境因素对噪声测试的影响。

(1) 本底噪声的影响

实际测量中,与被测声源无关的环境噪声称为本底噪声。本底噪声的存在,影响了噪声测试的准确性,因此须从声级计上的读数值中扣除本底噪声的影响。扣除方法按式(11-8)进行分贝减法或按图 11-3 来扣除。

(2) 反射声的影响

声源附近或传声器周围有较大的反射体时,会使测试产生误差。实验表明,当反射表面与声源的距离小于 3 m 时,必须考虑反射带来的影响,其结果会使测试值增大;而当反射表面与声源的距离超出 3 m,反射的影响可忽略不计。

(3) 其他环境因素的影响

风、气流、磁场、振动、温度、湿度等环境因素对噪声测试都会产生影响。尤其要注意风和气流的影响,当风力过大时,则测量就不便进行。

11.4.2 噪声级的测量

测量噪声级只需要声级计。早先设想在声级计中设置 A、B、C 计权网络,以联系人耳的响度特性,因而规定,声级小于 55 dB 的噪声用 A 计权网络测量,在 55～85 dB 之间的噪声用 B 计权网络测量,大于 85 dB 的噪声用 C 计权网络测量。近年来进行的研究并没有证实这种设想;但发现,A 声级可以用来评价噪声引起的烦恼程度,评价噪声对听力的危害程度,因此在噪声测量中越来越多地使用 A 声级。

准确使用声级计的时间响应很重要。使用快挡时,表针指示大约在 0.2 s 达到稳定读数,故它不合适测量短脉冲。慢挡用于对起伏很大的信号取平均。对于持续时间为 0.20～0.25 s,频率为 1 000 Hz 的脉冲声,快挡指示的准确度用 1 级声级计测量大约在 2 dB 以内;用 2、3 级声级计测量大约在 4 dB 范围内。对于持续时间为 0.5 s,频率为 1 000 Hz 的脉冲信号,用慢挡测量用 1 级声级计读数比最大值约低 3～5 dB;用 2、3 级声级计读数比最大值低 2～6 dB,对于稳态声,两种速度响应的读数是一样的。

为了准确测量噪声,在测量时应选择合适的测量设备并进行校准;要正确选择测量点的位置和数量;要正确放置传声器的位置和方向。当传声器电缆较长时,要对电缆引起的衰减进行校正。在环境噪声较高的条件下进行测量,则应修正背景噪声的影响。在室外测量时,要考虑气候,即风噪声、温度和湿度的影响。在室内测量时,要考虑驻波的影响。对稳态噪声可直接测量平均声压级;对起伏较大的噪声,除了测量平均声压级外,还应给出标准误差。平均不但对时间而言,也应该对空间平均。对于噪声频谱分析通常用倍频带和 1/3 倍频带声压级谱,常用的 8 个倍频带的中心频率为 63 Hz,125 Hz,250 Hz,500 Hz,1 000 Hz,2 000 Hz,4 000 Hz 和 8 000 Hz,有时还分别测量 L_A 与 L_C 以大致了解噪声频谱的情况。如果 $L_C > L_A$,表示低频声分量较多;如果 $L_C < L_A$,表示高频声分量较多。下面简单讨论各类噪声的测量方法。

1. 稳态噪声的测量

稳态噪声的声压级用声级计测量。如果用快挡来读数,当输入频率为 1 000 Hz 的纯音时,在 200~250 ms 以后就可指出真实的声压级。如果用慢挡读数,则需要更长时间才能给出平均声压级。对于稳态噪声,快挡读数的起伏小于 6 dB。如果某个倍频带声压级比邻近的倍频带声压级大 5 dB,就说明噪声中有纯音或窄带噪声,必须进一步分析其频率成分。对于起伏小于 3 dB 的噪声可以测量 10 s 时间内的声压级,如果起伏大于 3 dB 但小于 10 dB,则每五秒读一次声压级并求出其平均值。

测量时,背景噪声的影响可用表 11-3 给出的数值作修正。例如,噪声在某点的声压级为 100 dB,背景噪声为 93 dB,则实际声压级应为 99 dB。测得 n 个声压的平均值

$$\bar{p} = \frac{1}{N} \sum_{i=1}^{n} p_i \tag{11-24}$$

表 11-3 环境噪声的修正值

测量噪声级与环境噪声级之差/dB	3	4	5	6	7	8	9	10
应由测得噪声级修正的数值/dB	-3.0	-2.3	-1.7	-1.25	-0.95	-0.75	-0.6	0

注:修正值可应用于倍频带声压级。

其标准误差:

$$\delta = \frac{1}{\sqrt{N-1}} \left[\sum_{i=1}^{n} (p_i - \bar{p})^2 \right]^{1/2} \tag{11-25}$$

若用声压级表示,则为

$$\bar{L}_p = 20 \lg \frac{1}{N} \sum_{i=1}^{n} 10^{L_i/20}, \quad \delta = \frac{1}{\sqrt{N-1}} \left[\sum_{i=1}^{n} 10^{L_i/10} - N \, 10^{(\bar{L}_p/10)} \right]^{1/2} \tag{11-27}$$

式中,p_i 和 L_i 分别为第 i 次测得的声压和声压级。

对于 n 个分贝数非常接近的声压级求平均时,可用下列的近似公式:

$$\bar{L}_p = \frac{1}{N} \sum_{i=1}^{n} L_i, \quad \delta = \frac{1}{\sqrt{N-1}} \left[\sum_{i=1}^{n} L_i - N(\bar{L}_p) \right]^{1/2} \tag{11-28}$$

对于上述近似平均计算,若 n 个 L_i 的数值相差小于 2 dB,则计算误差小于 0.1 dB;若 n 个 L_i 的数值相差 10 dB,则计算误差可达 1.4 dB。

2. A 声级测量

噪声测量中广泛使用 A 声级。可用 A 计权网络直接测量,也可由测得的倍频程或 1/3 倍频程声压级转换为 A 声级,其转换公式如下:

$$L_A = 10 \lg \sum_{i=1}^{n} 10^{-0.1(R_i + \Delta_i)} \quad (11-29)$$

式中,R_i 为测得的倍频程声压级;Δ_i 为修正值,如表 11-4 所列。

表 11-4 倍频程和 1/3 倍频程声压级换算为 A 声级的修正值

中心频率/Hz	修正值/dB	中心频率/Hz	修正值/dB
100	-19.1	1 250	0.6
125	-16.1	1 600	1.0
160	-13.4	2 000	1.2
200	-10.9	2 500	1.3
250	-8.6	3 150	1.2
315	-6.6	4 000	1.0
400	-4.8	5 000	0.5
500	-3.2	6 300	-0.1
630	-1.9	8 000	-1.1
800	-0.8	10 000	-2.5
1 000	0		

3. 脉冲噪声测量

脉冲噪声指大部分能量集中在持续时间小于 1 s 而间隔时间大于 1 s 的猝发噪声,关于 1 s 的选择当然是任意的。在极限情况下,如脉冲时间无限短而间隔时间无限长,这就是单个脉冲。脉冲噪声对人产生的影响通常是其能量而不是峰值声压、持续时间和脉冲数量。因此,对连续的猝发声序列应测量声压级和功率,对于有限数目的猝发声则测量暴露声级。

脉冲峰值声压和持续时间常用记忆示波器测量或用脉冲声级计测量。如只需声压级可用峰值指示仪表。图 11-13 所示为超声速飞机飞行时产生的冲击波传到地面的 N 形波,其中 ΔP 是峰压、ΔT 是持续时间,是描述 N 形波的两个参数。

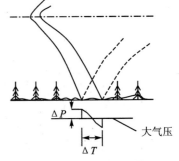

图 11-13 N 形波的描述

11.4.3 声功率级测试

机械噪声的声功率级能客观地表征机械噪声源的特性。国际标准化组织(ISO)根据不同的试验环境和测试要求颁布了一系列关于测定机械声功率级之不同方法的国际标准。表 11-5 列出了国际标准规定的测试机械声功率级的各种方法。

表 11-5 国际标准规定的机械声功率级测试的各种方法

国际标准系列号	方法的分类	测试环境	声源体积	噪声的性质	能获得的声功率级	可选用资料
3741	精密级	满足规定的混响室	最好小于测试体积的1%	稳态、宽带	1/3 倍频程或倍频程	A 计权声功率级
3742				稳态、离散频率或窄带		
3743	工程级	特殊的混响测试室	最好小于测试体积的1%	稳态、宽带离散频率	A 计权和倍频程	其他计权声功率级
3744	工程级	室外或大房间	最大尺寸小于15 m	任意	A 计权以及1/3倍频程或倍频程	作为时间函数的指向性资料和声压级,其他计权声功率级
3745	精密级	消声室或半消声室	最好小于消声室的体积的0.5%	任意		
3746	简易级	无需特殊的测试环境	没有限制,仅受现有的测试环境限制	任意	A 计权	作为时间函数的声压级,其他计权声功率级

在工程应用中,较多采用近似半自由声场条件工程法。该方法与其他方法一样,都是在特定的测试条件下由测得的声压级参量经计算而得到声功率级的。用近似半自由声场条件进行声功率级测试的具体方法为:将待测机器放在硬反射地面上,测量以此机器为中心的测量表面上若干个(至少 9 个)均匀分布的点上之 A 声级或频带声压级,所取测量表面为半球面、矩形体面或与机器形状相应的结构表面,在条件许可的情况下,选用半球面为佳,其次为矩形体面。然后根据下列公式确定机器噪声的声功率级 L_W

$$L_W = \overline{L}_P + 10 \lg\left(\frac{S}{S_0}\right) \text{ dB} \tag{11-30}$$

式中,L_W 为噪声的 A 计权或频带功率级 A(dB);$\overline{L}_P$ 为测量表面的平均 A 声级或频带的平均声压级;S 为测量表面面积(m^2);S_0 为基准面积取 1 m^2。$\overline{L}_P$ 由下式确定

$$\overline{L}_P = 10 \lg \frac{1}{W}\left[\sum_{i=1}^{n} 10^{(L_{Pi} - \Delta L_{Pi})/10}\right] - K \text{ dB} \tag{11-31}$$

式中,L_{pi} 为第 i 测点上测得的 A 声级,dBA 或频带声压级,dB;ΔL_{pi} 为第 i 测点上本底噪声的扣除值;n 为测点数;K 为环境修正系数,dB。K 值可按下式计算确定

$$K = 10 \lg\left(1 + \frac{4}{A/S}\right) \text{ dB} \tag{11-32}$$

式中,S 为测量表面面积,m^2;A 为房间的吸声面积,m^2。房间的吸声面积可由下式得到

$$A = 0.16V/T \tag{11-33}$$

式中,V 为房间体积,m^3;T 为房间的混响时间,s,由实验测定。ISO3744 规定,要求 $A/S > 6$,$K < 2.2$ dB。

11.4.4 声强的测试

根据声强的定义及其量纲可知,声强具有单位面积的声功率的概念,即等于某一点的瞬时

声压和相应的瞬时质点速度的乘积的平均值,用矢量表示则有

$$I = \overline{p \cdot u} \tag{11-34}$$

它的指向就是声的传播方向,而在某给定方向上的分量 I_r 为

$$I_r = \overline{p \cdot u_r} \tag{11-35}$$

根据牛顿第二定律,可得

$$\rho \frac{\partial u_r}{\partial t} = -\frac{\partial p}{\partial r} \tag{11-36}$$

式中,ρ 为媒质密度。式(11-36)中,r 方向的压力梯度可近似为

$$\frac{\partial p}{\partial r} \approx \frac{\Delta p}{\Delta r} = \frac{p_2 - p_1}{\Delta r} \quad (当 \Delta r \ll \lambda) \tag{11-37}$$

式中,Δr 为测点 1、2 间的距离;p_1、p_2 为测点 1、2 处的瞬时声压;λ 为测试声波的波长。由式(11-36)、式(11-37)可得

$$U_r = -\frac{1}{\rho \Delta r} \int (p_2 - p_1) \mathrm{d}t \tag{11-38}$$

取

$$p = (p_1 + p_2)/2 \tag{11-39}$$

将式(11-38)和式(11-39)代入式(11-37),得出

$$I_r = -\frac{1}{2\rho \Delta r}(p_1 + p_2) \int (p_2 - p_1) \mathrm{d}t \tag{11-40}$$

式(11-40)为设计声强测试仪器提供了依据,如丹麦 B&K 公司提供的 3360 型声强测试仪就是根据此设计的,其原理框图如图 11-14 所示。两传声器获得的声信号(p_1、p_2)经过前置放大、A/D 转换和滤波后,一路使之相加得到声压,另一路使之相减后积分得到质点速度,然后两路相乘再经时间平均而得到声强。

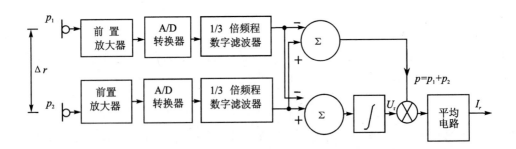

图 11-14 B&K 公司 3360 型声强测试仪器框图

由声强测试原理可知,测试某点声强需安置两个传声器组成声强探头。声强探头中两传声器的距离应满足式(11-37)的近似条件,还应注意它们的排列方向。声强测试具有许多优点,如用它来判别噪声源的位置,能在不需特殊声学环境条件下测试声源声功率等。

习题与思考题

11-1 常用的噪声测量仪器有哪些?各有什么特点?

11-2 在噪声测量过程中,常受到哪些因素的影响?

11-3 声场中某点的瞬时声压为
$$p(t) = A1\sin(100\pi t) + A2\cos(400\pi t) + A3\sin(2\,000\pi t)$$
式中,$A_1=2$ Pa,$A_2=1.2$ Pa,$A_3=1$ Pa,求该点的声压 P,声压级 Lp,A 声级 L_A。

11-4 声场中某测点附近有 3 个声源,同时发声时测得 A 声级为 95 dB(A),1 号声源停止,2、3 号声源发声时测得 A 声级为 87.5 dB(A),2 号声源停止,1、3 号声源发声时测得 A 声级为 90.6 dB(A)。求各声源单独发声时产生的 A 声级(不计声声背景噪声)。

11-5 评价噪声的主要技术参数有哪些? 各代表什么物理意义?

11-6 三种不同计权网络在噪声测试中各有什么用途?

11-7 简述常用声级计校准的方法有哪些?

11-8 某工作地点周围有 5 台机器,它们在该地点造成的声压级分别为 95 dB、90 dB、92 dB、88 dB 和 82 dB。

① 求 5 台机器在该地点产生总声压级;

② 试比较第 1 号机停机和第 2、3 号机同时停机对降低该点总声压级的效果。

11-9 在所考察的声源发生时,测得某点的声压级为 93 dB;而所考察的声源不发生时,测得该点的声压级为 86 dB。求声源在该点产生的声压级值。

第 12 章 压力测量技术

12.1 概 述

12.1.1 压力的定义

流体或固体垂直作用在单位面积(S)上的力(F)称为压力(p),也称压强。按此定义,压力可用下式表示

$$p = \frac{F}{S} \tag{12-1}$$

压力是工业生产过程中常见的一个重要参数,在动力机械、冶金、造船、航空航天、化工、石油、纺织、原子能、电子、轻工、食品、医药、农业和气象等工农业部门中经常用到;此外,如物位、流量等参数的测量,常通过测量压力或压差的方法来达到的。

工程中常采用的压力有绝对压力(p_a)、表压力(p_g)、真空(p_v)和差压(Δp)等几种,它们的定义、计算公式如表 12-1 所列。

表 12-1 各种压力的定义、计算公式和相互关系

压力名称	符号	定义	计算公式
绝对压力	p_a	相对于绝对压力零线测得的压力,或作用于物体上的全部压力	$p_a = p_g + p_0$
表压力	p_g	绝对压力 p_a 与当地大气压力 p_0 的差值,当 $p_a > p_0$ 时,p_g 为正时,称为正表压;当 $p_a < p_0$ 时,p_g 为负,称为真空度	$p_g = p_a - p_0$
真 空	p_v	习惯上,将负表压称为真空,理想的真空是绝对零压力	$p_v = p_0 - p_a$
差 压	Δp	任意两个压力之间的差值	$\Delta p = p_1 - p_2$

p_a、p_g、p_v 与 p_0 之间的关系如图 12-1 所示。图 12-1(a)所示为正表压,即 $p_a > p_0$ 时的状况;反之,图 12-1(b)为负表压(真空),即 $p_a < p_0$ 时的状况。

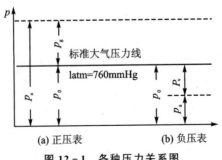

图 12-1 各种压力关系图

12.1.2 压力的计量单位

国际单位制中定义压力的单位是帕斯卡,符号为 Pa(1 Pa=1 N/m²)。

目前,在工程上广泛使用的压力单位主要有下列几种。

(1) 标准大气压(atm)。0 ℃时,水银密度为 13.595 1 g/cm³,标准重力加速度 g=9.806 65 m/s²时,垂直高度为 760 mm 水银柱的底面上产生的压力。

(2) 工程大气压(at)。目前工业上常用的单位,指每平方厘米的面积上垂直作用 1 千克的力,用 kgf/cm² 表示。

(3) 约定毫米汞柱。0 ℃时,标准重力加速度下,1 mm 高的水银柱在 1 cm² 的底面上所产生的压力。

(4) 约定毫米水柱。4 ℃时,标准重力加速度下,1 mm 高的水柱在 1 cm² 的底面上所产生的压力。

(5) psi。英文全称为 Pounds per square inch,即每平方英寸的面积上受到多少磅的压力,为英制单位,在欧美等国家多习惯使用 psi 作压强的单位。

(6) 巴(bar)。国际标准组织定义的压力单位,源自希腊语 báros,意思是重量,后来引申用巴作为压强的单位,1 bar=10⁵ Pa。1 bar 约为一个大气压。

各种压力单位间的换算关系如表 12-2 所列。

表 12-2 压力单位换算表

单位	帕 (Pa)	巴 (bar)	标准大气压 (atm)	工程大气压 (kgf/cm²)	毫米汞柱 (mmHg)	毫米水柱 (mmH₂O)	磅力/英寸 (psi)
帕 (Pa)	1	1×10^{-5}	9.869236×10^{-6}	1.019716×10^{-5}	7.5006×10^{-3}	1.019716×10^{-1}	1.4504×10^{-4}
巴 (bar)	1×10^{5}	1	0.9869236	1.019716	7.5006×10^{2}	1.0197×10^{4}	1.4504×10
标准大气压(atm)	1.01325×10^{5}	1.01325	1	1.0332	7.6×10^{2}	1.033227×10^{4}	1.4696×10
工程大气压(kgf/cm²)	9.80665×10^{4}	0.980665	9.80665×10^{2}	1	7.3557×10^{2}	1×10^{4}	1.4224×10
毫米汞柱 (mmHg)	1.333224×10^{2}	1.333224×10^{-3}	1.316×10^{-3}	1.35951×10^{-3}	1	1.35951×10	1.9337×10^{-2}
毫米水柱 (mmH₂O)	9.80665	9.80665×10^{-5}	9.678×10^{-5}	1×10^{-4}	7.3556×10^{-2}	1	1.4223×10^{-3}
磅力/英寸 (psi)	6.8948×10^{3}	6.8948×10^{-2}	6.805×10^{-2}	7.07×10^{-2}	5.1715×10	7.0307×10^{2}	1

此表用法,先从纵列表头中找到被换算的单位,再由横行中找到想要换算成的单位,两坐标交点处便是换算比值。例如由工程大气压(kgf/cm²)换算成帕(Pa),先在单位行里找到工程大气压(kgf/cm²),再在单位纵行里找到帕(Pa),两者交点处的数值为 9.80665×10^{4},可知 1 kgf/cm²=98066.5 Pa≈0.1 MPa。

12.1.3　压力测量方法分类

在实际应用中，常根据压力随时间有无变化的特征，将压力分为静态压力和动态压力。静态压力是不随时间变化或变化非常缓慢的压力，动态压力是随时间变化的压力（如脉动压力、爆炸冲击波压力等）。因此，压力测量方法大致分成两个大类，即静态压力测量与动态压力测量。

静态压力测量一般采用压力表、压力变送器直接进行。动态压力测量与静态压力测量迥然不同，有些静压测量中精度很高的测压器材，用于动压测量却可能出现高达百分之百的动态误差。

在工程测量中，压力测量主要采用的测量方法有以下几种：

(1) **塑性变形测压法**。基于铜柱或铜球的永久塑性变形进行压力的测量。

(2) **弹性变形法**。压力测量中，利用测压弹性元件受力变形的原理，将压力转换成位移。例如：弹簧管压力表。

(3) **液体压力平衡法**。基于流体静力学原理，被测压力与液体产生的传递压力相平衡，从而测出被测压力。例如：液柱式压力计。

(4) **电测法**。利用某些敏感元件的物理效应与压力的关系，把被测压力转换成电量进行测量。例如：应变式压力传感器、电容式压力表传感器及压电式压力传感器等。

12.2　塑性变形测压法

12.2.1　概　述

塑性变形测压法是利用塑性敏感元件（如铜柱、铜球等）在压力作用下产生的塑性变形以实现压力的测量，在火炮、枪械的膛压测试中应用非常广泛。

膛压是各类兵器设计、研制、生产、验收中必须测量的一个重要参数，膛压变化较快、压力很高，且伴随着高温和振动，因此在其测试方法上有一定的特殊性。目前常用的测量方法有两种：一是电测法；二是塑性变形测压法。自 19 世纪 60 年代诺贝尔首次使用铜柱测压器测得膛内火药燃气最大压力后，一百多年来，古老的塑性测压法在"实用弹道学"领域内一直是膛压测量的主要技术手段，至今仍为世界各国采用，究其原因主要是塑性变形测压法具有以下几个特点：

① 使用方便。采用电测技术测量压力信号时，不仅需要高精度的压力传感器，而且需要复杂的信号放大设备及记录设备，还需要稳定的供电系统，对于野外实验极为不便。如果采用塑性测压法进行膛压测量，只需一个塑性测压器系统（由测压器、塑性敏感元件组成）即可，敏感元件受压后塑性残余变形就是实验结果的记录，因而无须采用专门的记录仪及供电系统。

② 操作简单。使用电测法测量膛压时，由于需采用专门的仪器设备，为了获得完整的实验结果，常常需要对各测试系统的仪器反复进行调试。而采用塑性测压法进行测压，操作过程要简单得多，省去了繁杂的调试。

③ 不需要破坏武器。使用电测法，精密的压力传感器造价比较昂贵，相比之下，塑性测压器件要便宜得多。采用电测法测量膛压，压力传感器对安装有要求，需要在武器上开出大小合

适的安装孔,这对于造价昂贵的武器(如火炮等重型武器),实验代价高。如果采用塑性测压法进行测压,在这类武器上可以使用放入式的测压器,从而避免了对武器的破坏,这对于成品武器的检验更为重要。

由上可见,塑性测压法具有明显的经济性和可靠性优点,因此,在膛压测量尤其是重武器膛压测量领域,塑性变形测压法还有相当长的技术寿命。

目前常见的塑性测压敏感元件有测压铜柱、铜球等。中国过去基本上沿用苏联20世纪40年代以前的铜柱系列,技术落后且测压范围很小。在过去的几十年中,中国已自行研制了具有中国特色的铜柱、铜球测压系列,如Φ3.5 mm×8.75 mm 锥形铜柱及柱形铜柱,锥形铜柱测压范围为 20~240 MPa;柱形铜柱测压范围为 240~800 MPa;Φ4.763 mm 铜球的测压范围为 80~600 MPa,改善了中国引进多批次、多型号进口测压器件的混乱状况。

12.2.2 铜柱测压法

铜柱测压法所用的测压敏感元件是铜柱。铜柱用含铜量不小于99.97%、含氧量不大于0.02%的纯净电解铜制成。它具有良好的塑性,同一批铜柱的硬度应相同。铜柱应有良好的表面质量,且变形均匀。测压铜柱有锥形铜柱和柱形铜柱两种,前者用于低膛压枪炮测压,后者用于高膛压枪炮测压。

铜柱测压器按其结构和使用方法,可分为旋入式测压器和放入式测压器两种,如图12-2所示。

旋入式测压器主要用于各种枪械、迫击炮、无后座炮的最大膛压测量。它只能用于特制的测压枪(炮)。旋入式测压器由本体2、活塞4及支撑螺杆1组成。本体的端部有螺纹及锥面,螺纹用以旋入测压枪(炮)上特制的测压孔内,锥面用以保证密封。活塞的作用是传递火药气体压力,它应既能在本体的活塞孔内自由滑动,又能保证射击时不发生气体泄漏,因此加工精度要求很高。使用时将测压铜柱3放在活塞平台和支撑螺杆之间,并用支撑螺杆压紧。为防止火药燃气烧蚀活塞,应在活塞端部活塞孔的空余部份填满特制的测压油。常温用测压油的成分为炮油30%、蜂腊67%。

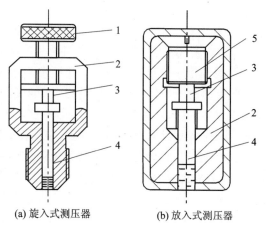

(a) 旋入式测压器　　(b) 放入式测压器

1—支撑螺杆;2—本体;3—测压铜柱;
4—活塞;5—螺塞

图 12-2　铜柱测压器

放入式测压器主要用于测量药室容积较大的火炮的最大膛压。它由本体2、活塞4、螺塞5组成。使用时放入炮弹的药筒内,为防止撞伤炮管的膛线,本体外镶嵌了紫铜外套。

根据测压器用途的不同,测压器又分为工作级、检验级、副标准级和标准级四种。日常实验室和靶场测量最大膛压时,都使用工作级测压器。

塑性测压的基本方法为,将放入式测压器放入弹膛内的某位置或将旋入式测压器安装在测压孔上,火药燃气压力通过活塞作用于塑性测压敏感元件(测压铜柱、铜球等),使其产生塑性永久变形。为获得膛压峰值,需要对铜柱变形量或铜球压后高进行定度,即获得变形量或压后高与压力之间的对应关系,该关系通常表示为数表的形式,称为压力对照表。

在铜柱发明后的一百年里,铜柱塑性变形测压法一直采用的是静态标定体制,在压力标定机上,用砝码加静载(保压 30 s),得出压力和塑性变形量之间的关系,这种方法获得的是静态压力对照表。然而早在 20 世纪 40 年代,人们已经发现采用静态标定的铜柱用于动态测量,含有相当严重的动态误差,即静动差。

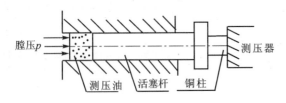

图 12-3 铜柱测压系统工作原理

静标铜柱用于动态压力测量时会产生严重的动态误差,这是静态标定体制塑性测压法的缺点;为此,研究动态误差的成因和修正方法一直备受关注。图 12-3 所示为铜柱测压系统的工作原理示意图。其产生动态误差的原因有两个:一是塑性测压器件的本构关系。材料的应力-应变关系和应变速率有关,称为应变效应,即塑性变形的抗力不仅是变形量的函数,还是变形速率的函数。随着应变率的增大,材料的屈服极限将提高,即静态加载时屈服极限低。这就导致在相同压力情况下,动态加载时塑性测压元件变形量小于静态时变形量,从而产生负误差,即静态标定的塑性器件在测定动态的膛压时测量值偏低。二是测压器活塞惯性的影响。火药燃气压力通过测压器活塞压缩铜柱的同时,活塞获得运动速度,压力脉冲消失后,由于活塞的惯性,要继续压缩铜柱,产生过冲,从而产生静动差,这种误差的趋势一般可认为是正误差,即测量值大于真实的压力值。一般情况下,在火炮膛压测量中前一种因素起主导作用,即静态标定的铜柱在测定动态的膛压时测量值要偏低。

长期以来,测试人员一直在探讨减少静动差的方法,目前主要有以下三种:

① 经验修正。早在 20 世纪 40 年代,英国的内弹道学权威 J. Corner 就指出铜柱测得的压力比真实最大压力低 20%;20 世纪 50 年代,苏联的内弹道专家升克瓦尔尼可夫等进一步指出,根据火药的种类及装填密度不同,铜柱压力值较真实压力低 12%~21%。苏联在 20 世纪 50 年代的炮身设计规范中明确规定,由铜柱测得的压力应增大 12% 作为真实的最大膛压。

② 分析法。即通过建立塑性测压系统的数学模型,在静态标定的基础上修正动态误差。早在第二次世界大战中,苏联就提出了一种以测压器活塞的惯性为动态误差的主要因素,而不考虑铜柱材料特性影响的模型。1967 年,法国科学家提出只考虑材料特性,完全忽略活塞惯性影响的铜柱测压器的理论解。中国在 20 世纪 80 年代开始这方面的研究工作,并取得了一定成果,明确指出了产生静动差的双重作用。

③ 准动态校准(标定)。早在 20 世纪 70 年代末,美国就对膛压测量体制进行了改革,连续三次修订膛压测量规程,全面推行准动态校准体制。这种体制以后又推广到北约组织各国。准动态校准可有效减少或抑制静动差,是塑性测压器材的发展方向。

12.2.3 铜球测压法

铜球测压法的工作过程和铜柱测压法相似,即在火药燃气作用下,活塞压缩铜球,使之产生塑性变形。铜球测压器亦分为旋入式和放入式两种,其基本工作原理同铜柱测压器类似。铜球测压系统采用的标定体制是准动态校准体制。

铜球测压法和铜柱测压法的主要差别有两点:

① 测压敏感元件不同。铜球测压法的敏感元件是具有一定直径的铜球（也用铝球或铁球），使用前不进行预压，直接用压后高作为最大膛压的量度。

② 压力标定的方法不同。铜球压力表的编制是在能产生半正弦压力波形的动态压力发生器（如落锤液压动标装置）上进行。由于这种半正弦压力脉冲和枪炮膛压曲线的形状有一定的相似性，适当地调节半正弦压力脉冲的峰值和脉宽，就可在一定程度上模拟膛压对铜球的作用，得出压力幅值和铜球压后高之间的关系，铜球压力表是以电测法测定的半正弦压力峰值为基准编制的。

准动态校准可有效地减小静动差，是塑性测压器材校准体制改革的方向。所谓准动态校准，就是以已知峰值且波形与膛压曲线接近的压力脉冲作用于塑性测压元件上，得出峰压和测压器材的输出（对测压铜柱来说就是变形量，对铜球来说是压后高）间的对应关系，再据此编出动态压力对照表。由于标定压力和待测压力有相似的动态特征，得到的响应自然也比较接近，因此，准动态校准可以减小塑性测压的静动差。

准动态校准一般是在落锤液压动标装置上进行的。国内外许多研究单位已对该装置进行了充分试验研究，并取得了丰硕的成果。早在 20 世经 60 年代，美国阿伯丁靶场就拥有落锤压力标定装置，1980 年，瑞士 Kistler 公司和奥地利 AVL 公司弹道部都研制了类似的动态压力标定装置。1983 年，我国自行研制的落锤液压动标装置通过技术鉴定。落锤液压动标装置由半正弦压力源和标准动态压力监测系统组成。半正弦压力源的工作原理如图 12-4 所示，沿导向系统自由下落的重锤将重力势能转化为动能，随后与油缸顶端的精密活塞相撞，通过活塞压缩油缸内的液体在油

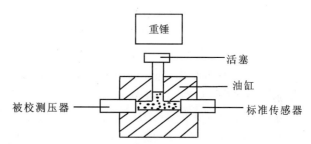

图 12-4　落锤液压动标装置的原理

缸内产生压力，从而将重锤的动能又转化为液压油体积变形的弹性势能。当动能全部转化时，重锤与活塞达到最大压缩行程。其后由于液压油的弹性恢复作用，把活塞与重锤上推，直到重锤跳离活塞，弹性势能又转化为重锤动能。这样，在油缸内形成一个近似于半正弦的压力脉冲，它和膛压曲线上升段相似。调节落锤液压动标装置的工作参数（重锤质量、重锤落高、活塞面积、油缸初始容积等），可以产生不同峰值及脉宽的半正弦脉冲，用作准动态校准的压力源。

实施准动态校准时，在落锤液压动标装置上的油缸四周径向安装四只标准电测压力传感器及四只铜球（柱）测压器，可同时测出四只电测压力传感器的压力峰值及相应测压器材的输出值（对铜球来说是压后高，对铜柱来说是变形量）。从而得到表示峰压与铜球压后高（铜柱变形量）间关系的数据对。在铜球（柱）测量范围内大致均匀地设定 7~9 个点进行标定，运用多项式回归技术可求出峰压与铜球压后高（铜柱变形量）的回归方程，据此可编出塑性敏感元件的动态压力对照表。值得注意的是对测压铜柱，采用的是峰压和变形量编表，而不用峰压和压后高编表，这是为了消除铜柱原始高度差异的影响。

12.3 测压弹性元件

物体在外力作用下改变原来尺寸或形状的现象称为变形。当外力去掉后,物体又能完全恢复其原来的尺寸和形状,这种变形称为弹性变形。具有弹性变形特性的物体称为弹性元件。

测压弹性元件感受的是液体或气体的压力或压力差,而输出的参量一般是位移或力等机械量。常用的测压弹性元件有膜片、膜盒、膜盒组、波纹管和薄壁圆筒等。

12.3.1 圆形膜片和膜盒

圆形膜片分平膜片、波纹膜片两种,在相同的压力下,波纹膜片可产生较大的挠度(位移)。

1. 圆形平膜片

圆形平膜片在均布载荷情况下应力分布如图 12-5 所示。在均匀压力 p 作用下,中心最大挠度为

$$y_{\max} = \frac{3}{16} \cdot \frac{1-\mu^2}{E} \cdot \frac{R^4}{h^3} \cdot p \qquad (12-1)$$

式中,p 为压力;E 为膜片材料的弹性模量;h 为膜片厚度;R 为膜片的半径;$y_{\max}$ 为膜片中心的最大挠度;μ 为膜片材料的泊松比。

从式(12-1)可看出,膜片的中心挠度正比于压力,但这只有当 $y_{\max} \leqslant h$ 时,式(12-1)才成立。

当 $y_{\max} > h$ 时,挠度与压力的关系具有下面的关系,即

$$\frac{pR^4}{Eh^4} = \frac{16y}{3(1-\mu^2)h} + \frac{2}{21} \cdot \frac{23-9\mu}{1-\mu}\left(\frac{y}{h}\right)^3 \qquad (12-2)$$

从式(12-2)可知,圆形平膜片中心的位移与压力呈非线性关系,为了减小非线性,位移量应比膜片的厚度要小得多。

在半径为 r 处膜片的应变值为

$$\varepsilon_r = \frac{3}{8} \cdot \frac{(1-\mu^2)}{Eh^2} \cdot (R^2 - 3r^2)p \qquad (12-3)$$

圆形平膜片的固有振动频率为

$$f_0 = \frac{0.492h}{R^2}\sqrt{\frac{E}{\rho}} \qquad (12-4)$$

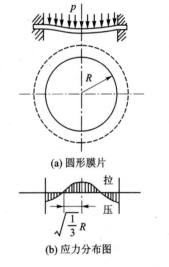

(a) 圆形膜片

(b) 应力分布图

图 12-5 圆形平膜片均布载荷应力分布

平膜片作为压力敏感元件测量压力时,采用周边机械夹固式,膜片表面粘贴应变片来感测表面的应变。圆形平膜片具有较高的抗振、抗冲击的能力,在压力测量中应用较多。

2. 波纹膜片

波纹膜片是一种压有环状同心波纹的圆形薄板,一般用来测量压力或压力差。为了增加膜片中心的位移,可把两个膜片沿边缘焊接在一起,制成膜盒。它的位移为单个膜片的两倍,如果需要得到更大的位移,可把数个膜盒串联成膜盒组。

膜片的轴向截面如图 12-6(b)所示,为了便于和其他零件相连接,在膜片中央留有一个

光滑部分，焊接一块金属片，称为膜片的硬心。

波纹膜片的形状可以做成多种形状，通常采用的波纹形状有正弦形、梯形、锯齿形，如图 12-6(a)所示。波纹形状对膜片的 p-y 特性有一定影响。图 12-7 给出锯齿形波纹、梯形波纹及正弦形波纹膜片与压力的关系。在一定的压力下，正弦形波纹膜片变形挠度最大，锯齿形波纹膜片变形挠度最小，但它的特性比较接近于直线。梯形波纹膜片的特性介于上述两者之间。

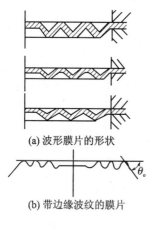

图 12-6 波形膜片

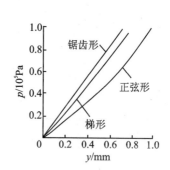

图 12-7 波纹形状对膜片特性的影响

波纹的高度对膜片特性的影响也很大，加大波纹的高度，一方面增大了初始变形的刚度，同时可使特性接近线性。通常波纹的高度在 0.7～1.0 mm 范围内。

膜片的厚度对特性的影响很大，随着厚度的增加，膜片的刚度增加，同时也增加了特性的非线性。膜片厚度通常在 0.05～0.30 mm 范围内。

12.3.2 波纹管

波纹管是一种表面上带许多同心环状形波纹的薄壁圆筒，如图 12-8 所示。在流体压力（或轴向压力）的作用下，将产生伸长或缩短；在横向力的作用下，波纹管将在平面内弯曲。金属波纹管的轴向容易变形，也就是说灵敏度非常好，在变形量允许的情况下，压力（或轴向压力）的变化与伸缩量成正比，所以利用它可把压力（或轴向压力）变换为位移。

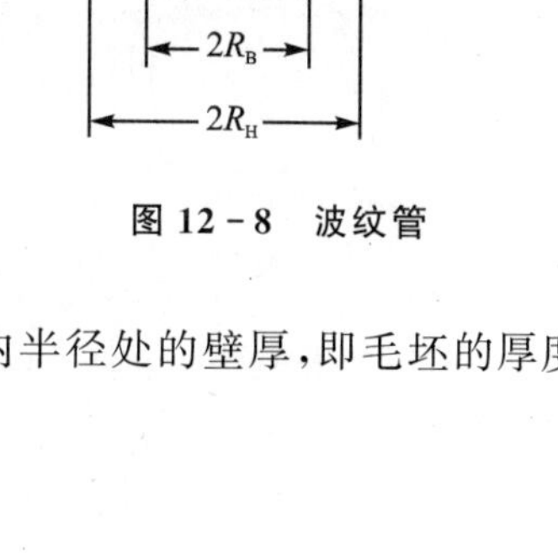

波纹管的轴向位移 y 与轴向作用力 F 之间的关系可用下式表示，即

$$y = F \frac{1-\mu^2}{Eh_0} \cdot \frac{n}{A_0 - \alpha A_1 + \alpha^2 A_2 + B_0 \frac{h_0^2}{R_H^2}} \tag{12-5}$$

图 12-8 波纹管

式中，F 为轴向集中作用力；n 为工作的波纹数；h_0 为波纹管内半径处的壁厚，即毛坯的厚度；A_0、A_1、A_2、B_0 为取决于参数 K 和 m 的系数。即

$$K = \frac{R_H}{R_B}, m = \frac{R}{R_H}$$

式中,R_H 为波纹管的外半径;R_B 为波纹管的内半径;R 为波纹管圆弧半径。

α 为波纹平面部分的斜角,又叫紧密角,α 角可按下式计算,即

$$\alpha = \frac{2R-a}{2(R_H - R_B - 2R)} \tag{12-6}$$

式中,a 为相邻间管的间隙。

计算出 K 和 m 后,可从有关图表中查得 A_0、A_1、A_2、B_0。

测压时,波纹管一端为开口,焊接于固定基座上,将流体引入管内;另一端(自由端)封闭,在流体的作用下,密封端会产生一定位移。

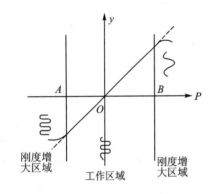

图 12-9 波纹管的工作特性

理论分析表明,波纹管自由端位移 y 与轴向力 F 或压力 p 成正比,即弹性特性是线性的。但是在很大压力或拉力作用下,波纹管的刚度会增大,从而破坏了线性特性,如图 12-9 所示。前一种情况是由于压力过大,使波纹相互接触的结果;后一种情况是由于拉力过大,使波纹形状发生变化的结果。在允许行程内,波纹受压缩时的基本特性曲线的线性度较好,因此通常使其在压缩状态工作。

理论分析和实验表明,当其他条件不变时,波纹管的灵敏度与工作波纹数目成正比,与壁厚的三次方成反比,与内、外径比(R_H/R_B)的平方成正比。为了提高波纹管的强度和耐久性,常将它做成多层的。

在仪表制造业中所用的波纹管,直径为 12～160 mm,被测压力范围为 1～10^7 Pa。

12.3.3 弹簧管

弹簧管又称波登管,通常是弯曲成各种形状的空心管子,大多数是 C 型弹簧管 (图 12-10)。它是弹簧管压力表中的主要元件,在压力传感器中也得到应用。为了减小应力可制成螺旋形弹簧管,如图 12-11 所示。管的一端固定,另一端是自由的,在压力作用下,自由端产生位移。

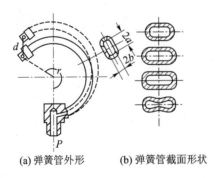

(a) 弹簧管外形　　(b) 弹簧管截面形状

图 12-10 C 型弹簧管

图 12-11 螺旋形弹簧管

弹簧管的横截面开关是椭圆形或扁形。在流体压力测量中它作为压力敏感元件,将压力变换为弹簧管端部的位移。弹簧管的一端通过接头与压力为 p 的流体相接,把流体引入管内腔,管的另一端(自由端)封闭,并与传感器相连。在压力 p 的作用下,弹簧管的截面发生变形,导致自由端产生线位移或角位移,直到与压力的作用相平衡为止。

对于椭圆形截面薄壁弹簧管,其自由端的位移和所受压力之间的特性关系曲线如图 12-12 所示。特性曲线表明:弹簧管位移 $d=f(p)$ 是线性的。其线性保持到一定的压力值 p_0,超过 p_0 值时,线性破坏,因此 p_0 称为弹簧管的极限压力。

不同材料的弹簧管适用于不同的被测压力和被测流体介质。当压力高于 20 MPa 时,采用不锈钢或高强度合金钢;当压力低于 20 MPa 时,一般采用磷铜。

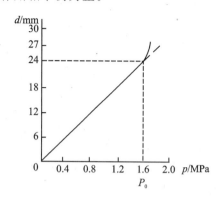

图 12-12 弹簧管特性曲线

弹簧管具有较高的测量精度,但由于尺寸和质量较大,测量时明显滞后,故不宜进行动态测量。

12.3.4 薄壁圆筒

这种弹性元件的壁厚一般都小于圆筒直径的 1/20,内腔与被测压力相通时,内壁均匀受压,薄壁无弯曲变形,只是均匀向外扩张。所以,筒壁的每一单元将在轴线方向和圆周方向产生拉伸应力,如图 12-13 所示。其值为

$$\sigma_x = \frac{r_0}{2h}p, \sigma_r = \frac{r_0}{h}p$$

式中,σ_x 为轴向的拉伸应力;σ_r 为圆周方向的拉伸应力;r_0 为圆筒的内半径;h 为圆筒的壁厚。

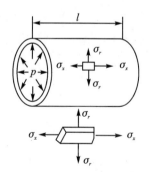

图 12-13 薄壁圆筒受力分析

轴向应力 σ_x 和周向应力 σ_r 相互垂直,应用广义虎克定律,可求得这种弹性敏感元件压力-应变关系为

$$\varepsilon_x = \frac{r_0}{2Eh}(1-2\mu)p \qquad (12-7)$$

$$\varepsilon_r = \frac{r_0}{2Eh}(2-\mu)p \qquad (12-8)$$

由式(12-7)和式(12-8)可见,这种弹性元件的灵敏度与圆筒的长度无关,而仅决定于筒的半径、厚度、弹性模量,并且轴线方向应变和圆周方向应变不相等。显然,从式(12-7)和式(12-8)可知,这种薄壁圆筒的灵敏度结构系数为

$$\beta_x = \frac{1}{2}(1-2\mu) \qquad (12-9)$$

$$\beta_r = \frac{1}{2}(2-\mu) \qquad (12-10)$$

当 $\mu=0.3$ 时,$\beta_x=0.2$,$\beta_r=0.85$。

应当指出,在同时应用这两种应变时,即在传感器中,电阻应变片既不沿轴向粘贴,又不沿

周向粘贴,而是以与轴向(或周向)成某一角度的方向粘贴。灵敏度结构系数应该在 $0.2\sim 0.87$ 范围内,应变将与轴向应力和周向应力合成后的应力有关,合成后的最大灵敏度结构系数为 0.87,此时最大的合成应力方向与圆周应力方向的夹角为 $13°18'$。

薄壁圆筒的固有振动频率为

$$f_0 = \frac{0.32}{\sqrt{2r_0 l + 2l^2}} \sqrt{\frac{E}{\rho}} \tag{12-11}$$

12.4 液柱式压力计

液柱式压力计是基于流体静力学原理设计的。其结构比较简单,精度较高。既可用于测量流体的压强,也可用于测量流体的压差。

1. U形管压差计

U形管压差计的结构如图 12-14 所示,它用一根粗细均匀的玻璃管弯制而成,也可用两根粗细相同的玻璃管做成连通器形式,内装有液体作为指示液。U形管压差计两端连接两个测压点,当U形管两边压强不同时,两边液面便会产生高度差 R,根据流体静压力学基本方程可知:

$$p_1 + Z_1\rho g + R\rho g = p_2 + Z_2\rho g + \rho_0 g \tag{12-12}$$

当被测管段水平放置时($Z_1 = Z_2$),式(12-2)可简化为

$$\Delta p = p_1 - p_2 = (\rho_0 - \rho)gR$$

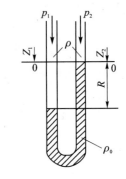

图 12-14 U形管压差计结构

式中,ρ_0 为U形管内指示液的密度,kg/m^3;ρ 为管路中流体密度,kg/m^3;R 为U形管指示液两边液面差,m。

U形管压差计常用的指示液为汞、水和酒精等。当被测压差很小,且流体为水时,还可用氯苯($\rho_{20℃} = 1\,106\ kg/m^3$)和四氯化碳($\rho_{20℃} = 1595\ kg/m^3$)作指示液。

记录U形管读数时,正确方法是:同时指明指示液和待测流体名称。例如,待测流体为水,指示液为汞,液柱高度为 50 mm 时,Δp 的读数应为

$$\Delta p = 50\ mm(Hg-H_2O)$$

若U形管一端与设备或管道连接,另一端与大气相通,这时读数所反映的是管道中某截面处流体的绝对压强与大气之差,即为表压强。

因为 $\rho_{H_2O} \gg \rho_{air}$,所以 $p_{表} = (\rho_{H_2O} - \rho_{air})gR = \rho_{H_2O}gR$。

2. 单管压差计

单管压差计是U形压差计的变形,用一只杯形物代替U形压差计中的一根管子,如图 12-15 所示。由于杯的截面 $S_{杯}$ 远大于玻璃管的截面 $S_{玻}$(一般情况下 $S_{杯}/S_{玻} \geqslant 200$),所以其两端有压强差时,根据等体积原理,细管一边的液柱升高值 h_1 远大于杯内液面下降 h_2,即 $h_1 \gg h_2$,这样 h_2 可忽略不计,读数时只需读一边液柱高度,误差比U形压差计减少 1/2。

3. 倾斜式压差计

倾斜式压差计如图 12-16 所示,是将 U 形压差计或单管压差计的玻璃管与水平方向作 α 角度的倾斜。它使读数放大了 $1/\sin\alpha$ 倍,即使 $R' = R/\sin\alpha$。

倾斜式微压计结构图如图 12-17 所示。微压计可用酒精作指示液,不同倾斜角的正弦值以相应的数值标刻在微压计的弧形支架上,以供使用时选择。

4. 双液微压计

这种压差计是用于测量微小压差,如图 12-18 所示。它一般用于测量气体压差,其特点是 U 形管中装有两种密度相近的指示液,且 U 形管两臂上设有一个截面积远大于管截面积的"扩大室"。

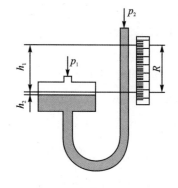

图 12-15 单管压差计示意图

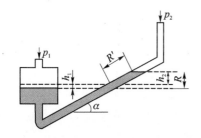

图 12-16 倾斜式压差计示意图

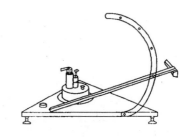

图 12-17 倾斜式微压计示意图

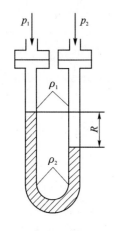

图 12-18 双液微压计

由静力学基本方程得

$$\Delta p = p_1 - p_2 = R(\rho_2 - \rho_1)g$$

当 Δp 很小时,为了扩大读数 R,减小相对读数误差,可减小 $\rho_1 - \rho_2$ 来实现,所以对两指示液的要求是尽可能使两者密度相近,且有清晰的分界面,工业上常以石蜡油和工业酒精,试验中常用的有氯苯、四氯化碳、苯甲基醇和氯化钙溶液等,其中氯化钙溶液的密度可以用不同的浓度来调节。

当玻璃管径较小时,指示液易与玻璃管发生毛细现象,所以液柱式压力计应选用内径不小于 5 mm(最好大于 8 mm)的玻璃管,以减小毛细现象带来的误差。因为玻璃管的耐压能力低,如过长易破碎,所以液柱式压力计一般仅用于 1×10^5 Pa 以下的正压或负压(或压差)的场合。

12.5 压力电测法

随着非电量电测技术的发展,工程压力测量的许多场合采用电测法对压力进行测量,本书仅讨论几种典型的压力测量传感器,包括常用的应变式压力传感器及压电式压力传感器。

12.5.1 应变式压力传感器

应变式测压传感器是基于弹性变形的原理,被测压力作用在传感器的弹性元件上,使弹性元件产生弹性变形,并用弹性变形的大小来量度压力的大小。由于去载时弹性变形可恢复,应变式测压传感器不仅能测量压力的上升段,也能测量压力的下降段,能反映出压力变化的全过程。

常用的应变测压传感器有以下几种。

1. 应变筒式压力传感器

图 12-19 是应变筒式测压传感器的结构示意图。应变筒式测压传感器的弹性元件是一只钻了盲孔的圆筒,称之为应变筒。使用时空腔中注满油脂,所注油脂的种类和测量的压力的大小有关。测量时把传感器安装到测量孔中,压力作用在油脂上,油脂受压后,把压力传送到应变筒的内壁,使应变筒外壁膨胀,发生弹性变形。在应变筒外壁的中部,沿圆周方向贴有一片或两片工作应变片,以感受应变筒受压力作用时所产生的应变。应变筒的应变可按照厚壁圆筒公式计算,应变筒外表面的切向应变 ε_t 和压力 p 之间的关系为

$$\varepsilon_t = \frac{p}{E} \frac{d_1^2}{d_2^2 - d_1^2}(2 - \mu) \quad (12-13)$$

式中,E 为应变筒材料的弹性模量;d_2 为应变筒外径;d_1 为应变筒内径;μ 为应变筒材料的泊松比。

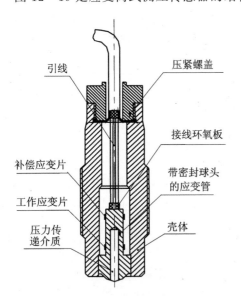

图 12-19 应变筒式测压传感的结构器示意图

对于测量小压力用的薄壁应变筒,由于 $d_2^2 - d_1^2 = (d_2 + d_1)(d_2 - d_1) \approx 2d_1 h$($h$ 为应筒壁厚),故有

$$\varepsilon_t = \frac{p}{E} \frac{d_1}{h}(1 - 0.5\mu) \quad (12-14)$$

应变筒式压力传感器的弹性敏感元件如图 12-20(a)所示。盲孔的直径一般为 φ3 mm 左右,一般在应变筒上粘贴 4 片应变片。其中 2 片为工作应变片,2 片为温度补偿片。如图中 R_1、

R_2 为工作应变片,沿周向粘贴在盲孔的中心部位,R_3、R_4 为沿轴向粘贴在应变筒的实心部位或粘贴在应变筒的顶端,构成如图 12-20(b)所示的电桥,该电桥既可以提高传感的灵敏度,又可能消除环境温度的影响。

2. 平膜片式压力传感器

平膜片式压力传感器结构如图 12-21(a)所示,该传感器的弹性敏感元件是周边固定的平圆膜片,在上面粘贴一个组合应变片,当

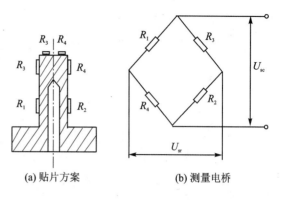

(a) 贴片方案　　(b) 测量电桥

图 12-20　应变筒结构示意图

膜片在被测压力作用下发生弹性变形时,应变片也发生相应的变化,从而使应变片的阻值发生变化,由四个电阻组成的电桥就有相应的输出信号。

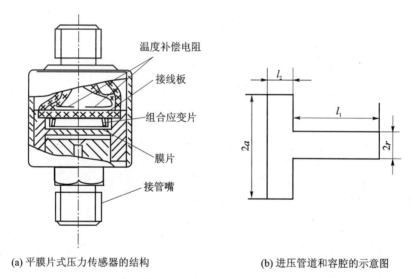

(a) 平膜片式压力传感器的结构　　(b) 进压管道和容腔的示意图

图 12-21　平膜式压力传感器

周边固定的平圆膜片,当其一面承受压力时,膜片发生弯曲变形,在另一面(应变片粘贴面)半径方向的应变 ε_r 和切线方向的应变 ε_t 按以下公式计算。

$$\varepsilon_r = \frac{3pr_0^2}{8Eh^2}(1-\mu^2)\left(1-3\frac{r^2}{r_0^2}\right) \quad (12-15)$$

$$\varepsilon_t = \frac{3pr_0^2}{8Eh^2}(1-\mu^2)\left(1-\frac{r^2}{r_0^2}\right) \quad (12-16)$$

式中,p 为作用于膜片的压力;r_0 为膜片有效半径;r 为膜片任意点半径;h 为膜片厚度;E 为膜片材料弹性模量;μ 为膜片材料泊松系数。

由式(12-15)和式(12-16)可知,当 $r=0$(膜片中心处),径向应变 ε_r 和切向应变 ε_t 都达到最大值

$$\varepsilon_t = \varepsilon_r = \frac{3pr_0^2}{8Eh^2}(1-\mu^2) \quad (12-17)$$

当 $r=r_0$(膜片边缘处)时,$\varepsilon_t=0$,ε_r 达到负的最大值(压缩应变)。即

$$\varepsilon_r = -\frac{3pr_0^2}{4Eh^2}(1-\mu^2) \tag{12-18}$$

当 $r=\frac{1}{\sqrt{3}}r_0$ 时,径向应变 $\varepsilon_r=0$;$r<\frac{1}{\sqrt{3}}r_0$ 时,ε_r 为正应变(拉伸应变);$r>\frac{1}{\sqrt{3}}r_0$ 时,ε_r 为负应变(压缩应变)。

根据以上分析,膜片的应变分布曲线如图 12-22 所示。根据膜片应变分布来设计箔式组合应变片,其图形如图 12-23 所示,结合图 12-22 可看到,位于膜片中心部分的两个电阻 R_1 和 R_3 感受正的切向应变 ε_t(拉伸应变),则应变片丝栅按圆周方向排列,丝栅拉伸电阻增大;而位于边缘部分的两个电阻 R_2 和 R_4 感受负的径向应变 ε_r(压缩应变),则应变片丝栅按半径方向排列,丝栅被压缩,电阻减小。这种结构所组成的全桥电路的灵敏度较大,并具有温度自补偿作用。

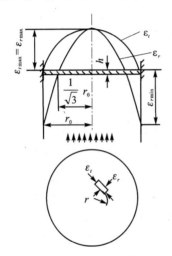
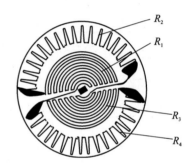

图 12-22 膜片应变分布曲线　　图 12-23 箔式组合应变花

根据膜片所允许的最大应变量 ε_r 和传感器的额定量程 p,并选定膜片半径 r_0,即可求出膜片的厚度。

$$h = \sqrt{\frac{3pr_0^2}{4E\varepsilon_r}(1-\mu^2)} \tag{12-19}$$

周边固定圆膜片自振频率由下式计算

$$f_0 = \frac{2.56h}{\pi r_0^2}\sqrt{\frac{Eg}{3\gamma(1-\mu^2)}} \tag{12-20a}$$

式中,h 为膜片的厚度;γ 为膜片材料比重;g 为重力加速度。

这种结构形式的压力传感器在膜片前面有一个进压管道和容腔,可简化如图 12-21(b)所示的形式。由于管道容腔的存在,在测量动态压力时必须考虑它的动态响应问题,该管道容腔系统的固有频率可用下式估算:

$$f_0 = \frac{c}{2\pi}\sqrt{\frac{\pi r^2}{V(l_1+1.7r)}} \tag{12-20b}$$

式中,c 为容腔中介质的声速;r 为进口孔道半径;l_1 为进口孔道长度;V 为容腔容积($V=\pi a^2 l_2$,l_2 为容腔长度)。

由式(12-20b)可知,要提高该传感器的频率响应,应减小容腔的容积,适当增大进口孔道的直径,减小进口孔道的长度。这种形式的传感器,膜片的固有频率比管道容腔系统的固有频率要高得多,因此,传感器的频响主要受容腔效应的影响。

3. 活塞式应变测压传感器

图 12-24 是活塞式应变测压传感器的结构示意图。活塞式应变测压传感器的弹性元件是应变管。使用时传感器安装在测压孔内,压力 p 作用在活塞的一端,活塞把压力转化为集中力 $F(F=p \cdot S, S$ 为活塞杆的面积)作用在应变管上,使应变管产生轴向压缩弹性变形。工作应变片(一片或两片)沿轴向贴在应变管的中部。轴向压缩应变 ε 和压力 p 之间的关系为

$$\varepsilon = \frac{4p \cdot s}{\pi E(d_2^2 - d_1^2)} \quad (12-21)$$

式中,E 为应变管材料的弹性模量;d_2 为应变管的外径;d_1 为应变管的内径。

在应变管上部较粗的部位,沿周向粘贴一片或两片和工作应变片同一阻值、同一批号的温度补偿片。为了消除间隙的影响,装配时应给应变管一定的预应力,此预应力使应变管产生 50~80 微应变的预应变。活塞式应变测压传感器主要是通过活塞杆,而不是通过油脂传递压力的,所以它的固有频率比较高,一般可达 10~15 kHz。活塞的质量愈轻,活塞杆的刚度愈大,固有频率愈高。

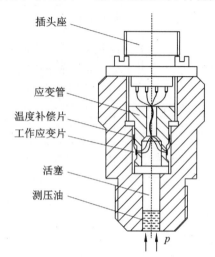

图 12-24 活塞式应变测压传感器结构示意图

12.5.2 压电式压力传感器

1. 活塞式压电测压传感器

图 12-25 所示为活塞式压电压力传感器的结构示意图。该传感器主要由传感器本体、活塞、砧盘、压电晶体、导电片、引出导线等组成。传感器在装配时用螺母给晶片组件一定的预紧力,以保证活塞、砧盘、晶片、导电片之间压紧,避免受冲击时因有间隙而使晶片损坏,并可提高传感器的固有频率。测量时传感器通过螺纹安装到测压孔上,锥面起密封作用,被测压力作用在活塞的端面上,并通过活塞把压力传送到压电晶体上。

2. 膜片式压电测压传感器

图 12-26 所示为膜片式压电测压传感器结构示意图。它用金属膜片代替活塞,膜片起着传递压力、实现预压和密封三个作用。膜片用微束等离子焊和本体焊接,整个结构是密封的。因此,在性能稳定性和勤务性上都大大优于活塞式结构。由于膜片质量小,和压电元件相比,刚度也很小,如果提供合适的预紧力,传感器的固有频率可达 100 kHz 以上。

膜片式压电测压传感器常用于动态压力的测量,采用的压电晶体大多是石英晶体。为了

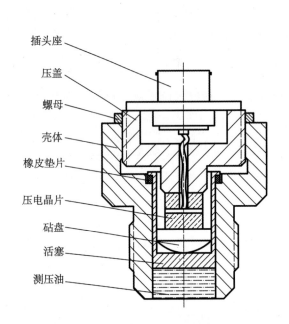
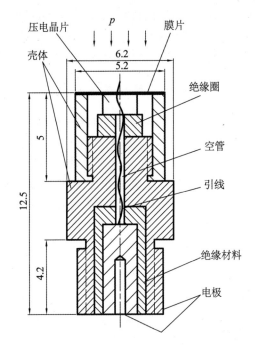

图 12-25　活塞式压电测压传感器结构示意图　　图12-26　膜片式压电测压传感器结构示意图

提高传感器的灵敏度,传感器内采用了压电晶体堆技术,可以测量几百帕到几百兆帕的压力,并且外形尺寸可以做得很小。这种传感器和压电式加速度及压电式力传感器一样,需采用极高输入阻抗的电荷放大器作为前置放大,其可测频率的下限主要由放大器决定。

由于压电晶体有一定的质量,传感器工作在有振动的环境下,会产生与加速度相对应的输出,从而造成压力测量误差。这类传感器常用于兵器膛压的测量,由于火药燃气的温度变化,也会使其产生相应的漂移。

为了提高压电传感器的特性,目前生产的膜片式压电测压传感器都采取了一些补偿措施,主要有温度补偿和加速度补偿。

(1) 温度补偿

压电传感器的温度特性主要表现在两方面:一是温度引起传感器灵敏度变化,二是温度引起传感器零点漂移。对采用物理特性良好的石英制成的压电式压力传感器,温度引起的灵敏度变化是很小的,尤其是采取水冷措施后,传感器体的实际温度并不高,灵敏度变化可忽略。但温度的变化会引起传感器各零件产生不同程度的线膨胀,由于石英晶体的膨胀系数远小于金属零件的线膨胀系数,当温度变化时,金属体的线膨胀大于石英晶体的线膨胀,从而引起预紧力的变化,导致传感器零点漂移,严重的还会影响线性和灵敏度。对这种影响,目前采取的补偿办法是在晶片的前面安装一块金属片,如图12-27所示,材料选用具有特定线膨胀系数的金属,如纯铝。当温度变化时,补偿片的线膨胀可弥

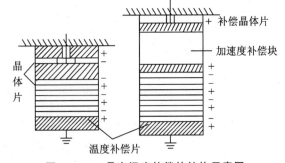

图 12-27　具有温度补偿的结构示意图

补石英晶体与金属线膨胀之间的差值,以保证预紧力的稳定性。

(2) 加速度补偿

石英晶体压力传感器在振动条件下测量压力时,由于晶片本身及膜片、弹性壳体、温度补偿片等零件都有一定的质量,在加速度作用下就会产生惯性力。这个惯性力对中、高量程的传感器来说,比起直接作用在膜片上的被测压力对晶体的负荷是很小的,可忽略不计。但对低量程压力传感器,尤其是高精度压力传感器,振动加速度所引起的附加输出信号就必须加以考虑。

加速度效应的补偿目前常采用的办法有主动式振动补偿和被动式振动补偿两种,如图 12-28 所示。主动式振动补偿法如图 12-28(a)所示,在电极的上部有一块补偿晶体片,放置这块晶体片时,应使它对于电极的电荷极性与压力敏感晶体片组产生的电荷极性相反。这样,当有加速度存在时,设计适当的质量块,可使晶体片组因加速度所产生的附加电荷与补偿晶体片因质量块惯性力产生的附加电荷大小相等、极性相反而互相抵消,达到加速度补偿的目的。由于采用了一块晶体片极性反向安装,这与晶体片数目相同而没有加速度补偿的传感器相比,其输出灵敏度要低。这种设计结构比较复杂,且需要较大的空间,不适用于微型压力传感器。最新的被动式振动补偿法如图 12-28(b)所示,该补偿法为瑞士 Kistler 公司专利,巧妙地使用附加悬置惯性力与膜片惯性力正好抵消。

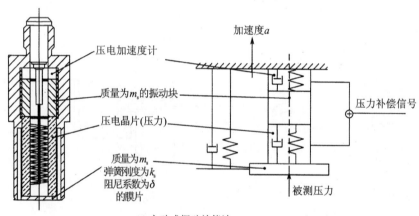

(a) 主动式振动补偿法

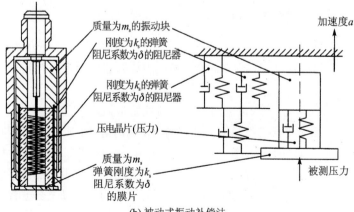

(b) 被动式振动补偿法

图 12-28 压力传感器的振动补偿

12.6 动态压力测量的管道效应

一般来说,传感器测量动态压力信号时往往接有引压管,引压管段的尺寸、传感器的安装位置对传感器的动态压力测量精度影响很大。

12.6.1 传感器的安装

用压力传感器测量压力时,应该尽可能使传感器的压力敏感面与被测介质接触,即采用"齐平"安装方式,如图 12-29(a)所示。然而,要实现"齐平安装"是困难的,例如,空间尺寸不允许或待测装置的形状与传感器的外形差异较大,被测介质温度变化大,不宜直接作用在压力传感器的敏感面上等,这时需要借助于引压管道传递压力。由于引压管道的存在,显然在传感器前存在一定大小的空腔,称为"容腔",该安装方式的结构示意如图 12-29(b)所示。

管道容腔与传感系统串联构成实际的测压系统。由于管道容腔的动态特性较差,因此,管道-容腔将显著影响测压系统的动态特性,常称该影响为管道效应,为提高动态压力的测量精度,有必要讨论传感器的管道效应问题。

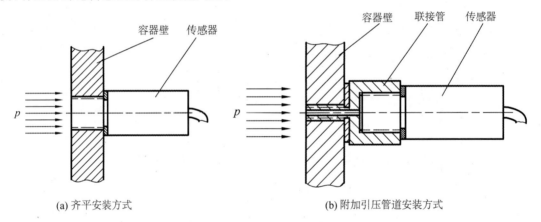

图 12-29 传感器的安装方式

12.6.2 测压管道动态特性分析

图 12-30(a)所示为压力传递系统等效结构图。它由引压管道(直径 d,长度 L)和容腔(容积 V)构成。被测压力 $p(t)$ 作用于管口,而空腔(此容腔被压力传感器的敏感面封闭)压力为 $p_V(t)$,$p_V(t)$ 作用于传感器的敏感面上。假设管内流体是不可压缩的,在进行动态压力测量时,由于容腔内流体的流速很小,其加速度也很小,可忽略不计其惯性质量,容腔可简化为一个没有质量的弹簧,如果把传感器的敏感面简化成支撑弹簧上具有集中质量的活塞,于是传感器与测压管道的等效图如图 12-30(b)所示。如果把引压管道内流体简化为一个质量为 m 的刚性柱体,再考虑到运动中不可避免的摩擦阻尼,测压系统就可以简化成一个典型的单自由度二阶系统,等效模型如图 12-30(c)所示。由此模型可建立以 $p(t)$ 为输入、$p_V(t)$ 为输出的运动微分方程。

根据腔内流体弹性模量 E_q 的定义

$$E_q = \frac{\mathrm{d}p_V(t)}{\mathrm{d}V} \cdot V \tag{12-22}$$

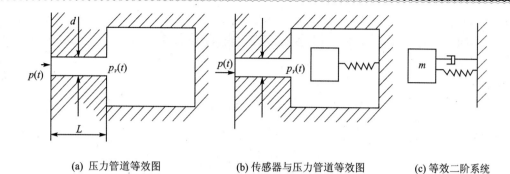

(a) 压力管道等效图　　(b) 传感器与压力管道等效图　　(c) 等效二阶系统

图 12-30　压力测量的简化图

可以得到容腔内流体体积变化率与容腔内压力变化率的关系

$$\frac{\mathrm{d}V}{\mathrm{d}t} = \frac{V}{E_q} \cdot \frac{\mathrm{d}p_V(t)}{\mathrm{d}t} \tag{12-23}$$

由于流体的连续性,容腔内体积的变化必然要有管道内同体积的液体补充,所以有

$$\frac{\mathrm{d}V}{\mathrm{d}t} = S\bar{v} \tag{12-24}$$

式中,S 为引压管的横截面积;$\bar{v}$ 为管道内流体的平均速度。

由式(12-22)～式(12-24)可得

$$\bar{v} = \frac{V}{SE_q} \cdot \frac{\mathrm{d}p_V(t)}{\mathrm{d}t} \tag{12-25}$$

根据泊肃叶定律可知层流情况下,作用在管道流体上的摩擦力为

$$F_\mu = 8\pi\mu L\bar{v} \tag{12-26}$$

式中,μ 为管道内流体的黏度;L 为管道的长度。

于是作用在管道流体上的惯性力为

$$F_m = SL\rho\frac{\mathrm{d}\bar{v}}{\mathrm{d}t} \tag{12-27}$$

式中,ρ 为传输管道内流体的密度。

作用在管道流体上的弹性力为

$$F_k = S \cdot p(t) \tag{12-28}$$

根据牛顿第二定律建立平衡方程为

$$F_m = F_k - p_V(t) \cdot S - F_\mu \tag{12-29}$$

将式(12-26)～式(12-28)代入式(12-29),并转换成二阶系统微分方程

$$\frac{\mathrm{d}^2 p_V(t)}{\mathrm{d}t^2} + \frac{8\pi\mu}{S\rho} \cdot \frac{\mathrm{d}p_V(t)}{\mathrm{d}t} + \frac{SE_q}{LV\rho}p_V(t) = \frac{SE_q}{LV\rho}p(t) \tag{12-30}$$

其固有频率 ω_n 和阻尼比 ξ 为

$$\omega_n = \sqrt{\frac{SE_q}{LV\rho}} = \frac{C}{L}\sqrt{\frac{V_g}{V}} \tag{12-31}$$

$$\xi = \frac{4\pi}{S\omega_n} \cdot \frac{\mu}{\rho} \tag{12-32}$$

式中,$V_g = SL$ 为管道容积;C 为声速,$C = \sqrt{E_q/\rho}$。

为了减少管道效应对测量精度的影响,从以上分析可以看出,ω_n 与声速成正比,在工作介

质为液体且混有气体时,声的传播速度将会降低,则传输管道的固有频率也会降低,从而带来测量误差,因此应排除混在工作中的气体;ω_n 与管道长度 L 成反比,因而尽量减少传输管道的长度 L,以提高系统的固有频率。另外,在 L 一定的条件下,应设法增大管道容积 V_g,减小容腔容积 V。

为了适当增大阻尼比 ξ,应选用黏度大的流体,选择合适的管道面积,以综合考虑阻尼比与系统的固有频率。

12.7 测压系统的标定

测压系统的标定分为静态标定和动态标定两种,静态标定的目的是确定测压系统静态特性指标,如线性度、灵敏度、滞后和重复性等。动态标定的目的是确定测压系统的动态特性参数,如频率响应函数、时间常数、固有频率及阻尼比等。

12.7.1 测压系统的静态标定

常用的静压发生装置有活塞式压力发生器、杠杆式压力发生器及弹簧测力计,这里仅介绍活塞式压力计。

活塞式压力计的结构如图 12-31 所示。被标定的压力传感器或压力仪表安装在压力计的接头上。当转动手轮时,加压油缸的活塞往前移动使油缸增压,并把压力传至各部分。当压力达到一定值时,油缸内压力将精密活塞连同上面所加的标准砝码顶起,轻轻转动砝码盘,使精密活塞与砝码旋转,以减小活塞与缸体之间的摩擦力。此时油压与砝码(连同活塞)的重力相平衡。这种压力标定方法又称为"静重比较法"。传感器或压力仪表受到的压力等于砝码(连同活塞)的重力与活塞的有效面积之比,可表示为

$$p = \frac{4g(m_1 + m_2)}{\pi D^2} \qquad (12-33)$$

式中,p 为油缸的压力;m_1 为标准砝码的质量;m_2 为活塞的等效质量;D 为活塞的直径;g 为当地的重力加速度。

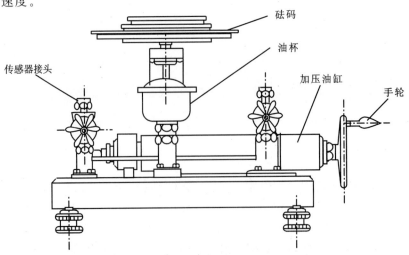

图 12-31 活塞式压力计的结构

增加或减少标准砝码的数量,以达到给传感器或压力仪表逐级加压或降压的目的。由于精密活塞的直径在工艺上可达到很高的精度,且砝码的质量可作得非常准确,再加上必要的温度、摩擦、重力加速度和空气浮力等修正,因此活塞式压力计的精度是很高的,被广泛应用于压力基准及压力传感器的校验与标定中。这种标定方法在加压和卸压时都要放上或卸下一块砝码,特别是在连续多次标定时,操作非常繁重。通常,在不降低标定精度的前提下,为了操作方便,可不用砝码加载,而直接用标准压力表(一般精度为 0.4%)直接读取所加的压力。然后测出测压系统在各压力值下的输出电压值。

按相关压力传感系统标定规程进行标定,记录下所加的压力值,以及被标压力系统的输出。标定时所施加的最大压力应略大于待测压力的最大值。

12.7.2 测压系统的动态标定

在压力测量中,用动态特性较差的压力传感器系统去测量变化很快的动态压力信号,所得到的测量结果是难以置信的。压力测量系统进行动态标定的目的就是要确定测压系统对动态压力的响应特性,以便正确地选用测量系统及估计动态测量误差。压力系统动态标定要解决两个问题:

① 要获得一个令人满意的周期或阶跃的压力源;
② 要可靠地确定上述压力源所产生的真实的压力-时间关系。

获得动态标定压力源的方法很多,但需要指出的是,提供了动态压力并不等于提供了动态标准。因为要获得标准动态压力,必须正确地知道有关压力-时间关系。动态压力源的分类如下:稳态周期性压力源,如活塞与缸筒、凸轮控制喷嘴、声谐振器、验音盘等;非稳态压力源,如快速卸荷阀、脉冲膜片、闭式爆炸器、激波管及落锤液动标装置等。

1. 稳态压力源

常见的活塞和缸筒装置就是一种简单的稳态周期性校准压力源,其结构如图 12-32 所示。如果活塞行程固定不变,压力振幅可通过调整缸筒体积来改变,可以获得 7 MPa 的峰值压力,而频率可达到 100 Hz。

活塞运动源的一种变型是传动膜片、膜盒或弹簧管,通过连杆与管端连接的偏心轮使弹簧管弯曲。

图 12-33 所示为获得稳态周期性压力源的又一方法。已使用的这种形式的压力源的振幅可达到 0.1 kg/cm^2,频率为 300 Hz。

上述各种方法只提供了可变的压力源,但它们本身不能提供确定的压力数值或压力时间特性,这些方法特别适用于将未知特性的传感器与已知特性的传感器进行比较。

2. 非稳态压力源

采用稳态周期性压力源来确定压力系统的动态特性时,往往受到所产生的压力幅值和频率的限制,高压和稳态频率很难同时获得。为此,在较高压力幅值范围内,为了确定压力传感器的高频响应特性,必须借助于阶跃函数理论。

最简单的一种方法是在液压源与传感器之间使用一个快速卸荷阀,从 0 上升到 90% 的全压力的时间约为 10 ms。

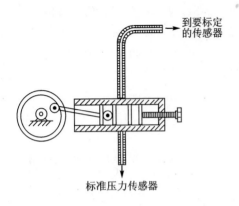

图 12-32　活塞缸筒静态压力源示意图

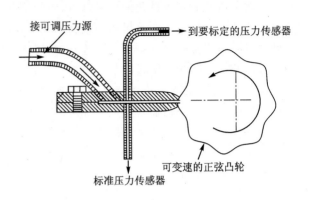

图 12-33　凸轮控制喷嘴稳态压力源

采用脉冲膜片也可获得阶跃压力。用薄塑料膜片或塑料薄板,把两个空腔隔开,由撞针或尖刀使膜片产生机械损坏。由此发现,降压而不是升压,可产生一个更接近理想的阶跃函数。降压时间约为 0.25 ms。

还有一种阶跃函数压力源是密闭式爆炸器。在该爆炸器中,烈性硝甘炸药雷管发生爆炸,容器内压力产生跃变,可通过有效体积来控制峰值压力。

激波管能产生非常接近的瞬态"标准"压力,用激波管标定压力(或力)传感器是目前最常用的方法。它是一根两端封闭的长管,用膜片分成两个独立空腔。它具有以下特点:压力幅度范围宽,便于改变压力值;频率范围广(2 kHz~2.5 MHz);便于分析研究和数据处理。

(1) 激波管

激波管标定装置系统如图 12-34 所示,它由激波管、入射激波测速系统、标定测量系统及气源等四部分组成。

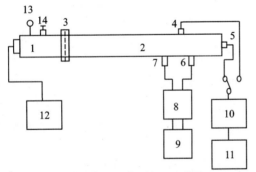

1—高压室；2—低压室；3—膜片；
4—侧面被标定的传感器；5—端面被标定的传感器；
6、7—测速压力传感器；8—测速前置放大器；
9—数字式频率计；10—电荷放大器；
11—数据采集系统；12—气源；13—气压表；14—泄气门

图 12-34　激波管标定装置系统原理框图

激波管是产生激波的核心部分,由高压室 1 和低压室 2 组成。高、低压室之间由铝或塑料膜片 3 隔开,激波压力的大小由膜片的厚度来决定。标定时根据要求对高、低压室充以压力不同的压缩气体(通常采用压缩空气),低压室一般为一个大气压,仅给高压室充以高压气体。当高、低压室的压力差达到一定程度时膜片破裂,高压气体迅速膨胀进入低压室,形成激波。该激波的波阵面压力保持恒定,接近理想的阶跃波,并以超声速施加于被标定的传感器上。传感器在激波的激励下按固有频率产生一个衰减振荡,如图 12-35 所示。其波形由显示系统记录下来,以供确定传感器的动态特性之用。

激波管中压力波动情况如图 12-36 所示。图 12-36(a)为膜片爆破前的情况,p_4 为高压室的压力,p_1 为低压室的压力。图 12-36(b)为膜片爆破后稀疏波反射前的情况,稀疏波是在高压室内膜片破碎时形成的波。p_2 为膜片爆破后产生的激波压力,p_3 为高压室爆破后形成的压力,p_2 与 p_3 的接触面称为温度分界面。虽然 p_3 与 p_2 所在区域的温度不同,但其压力值相等,即 $p_3 = p_2$。图 12-36(c)为稀疏波反射后的情况,当稀疏波波头达到高压室端面时便产生稀疏波的反射,叫做反射稀疏波,其压力减小如 p_6 所示。图 12-36(d)为反射激波的波动情况,当 p_2 达到低压室端面时也产生反射,压力增大如 p_5 所示,称为反射激波。

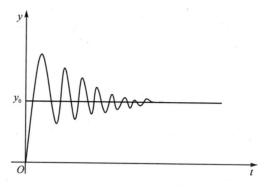

图 12-35 被标定传感器输出波形

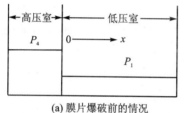

(a) 膜片爆破前的情况　　(b) 膜片爆破后稀疏波反射前的情况

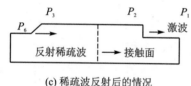 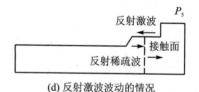

(c) 稀疏波反射后的情况　　(d) 反射激波波动的情况

图 12-36 激波管中压力与波动的情况

p_2 和 p_5 都是在标定传感器时要用到的激波,视传感器安装的位置而定,当被标定的传感器安装在侧面时要用 p_2,当装在端面时要用 p_5,二者不同之处在于 $p_5 > p_2$,但维持恒压时间 τ_5 略小于 τ_2。

压力基本关系为

$$p_{41} = \frac{p_4}{p_1} = \frac{1}{6}(7Ma_s - 1)\left[1 - \frac{1}{6}\left(Ma_s - \frac{1}{Ma_s}\right)\right]^{-7} \tag{12-34}$$

$$p_{21} = \frac{p_2}{p_1} = \frac{1}{6}(7Ma_s^2 - 1) \tag{12-35}$$

$$p_{51} = \frac{p_5}{P_1} = \frac{1}{3}(7Ma_s^2 - 1)\frac{4Ma_s^2 - 1}{Ma_s^2 + 5} \tag{12-36}$$

$$p_{52} = \frac{p_5}{p_2} = 2\frac{4Ma_s^2 - 1}{Ma_s^2 + 5} \tag{12-37}$$

入射激波的阶跃压力为

$$\Delta p_2 = p_2 - p_1 = \frac{7}{6}(Ma_s^2 - 1)p_1 \tag{12-38}$$

反射激波的阶跃压力为

$$\Delta p_5 = p_5 - p_1 = \frac{7}{3}p_1(Ma_s^2 - 1)\frac{2 + 4Ma_s^2}{5 + Ma_s^2} \tag{12-39}$$

式中,Ma_s 为激波的马赫数,由测速系统决定。

p_1 可事先给定,一般采用当地的大气压。上列各式只要 p_1 及 Ma_S 给定,各压力值就易于计算出来。

入射激波的测速系统由压电式压力传感器 6 和 7,前置放大器 8 以及频率计 9 组成。对测速用的压电式压力传感器 6 和 7 的要求是它们的一致性要好,尽量小型化,传感器的受压面应与管的内壁面一致,以免影响激波管内表面的形状。测速前置放大器 8 通常采用电荷放大器及限幅器以给出幅值基本恒定的脉冲信号,数字式频率计给出时标信号。由两个脉冲信号去控制频率计 9 的开、关门时间。入射激波的速度为

$$v = \frac{l}{t} \tag{12-40}$$

式中,l 为两个测速传感器之间的距离,m;t 为激波通过两个传感器间距所需的时间($t = \Delta t \cdot n$,Δt 为计数器的时标,n 为频率计显示的脉冲数),s。

激波通常以马赫数表示,其定义为

$$Ma_s^2 = \frac{v}{\alpha_T} \tag{12-41}$$

式中,v 为激波速度;α_T 为低压室的声速,可表示为

$$\alpha_T = \alpha_0 \sqrt{1 + \beta T} \tag{12-42}$$

式中,α_T 为 T ℃时的声速;α_0 为 0 ℃的声速(331.36 m/s);β 为常量($\beta = 0.00366$ 或 $1/273$);T 为试验时低压室的温度(室温一般为 25 ℃)。

标定测量系统由被标定传感器 4、5,电荷放大器 10 及数据采集系统 11 等组成。被标定传感器既可安装在侧面位置上,也可安装在底端面位置上。

气源系统由气源(包括控制台)12、气压表 13 及泄气门 14 等组成,是高压气体的产生源,通常采用压缩空气(也可用氮气)。压力大小通过控制台控制,由气压表 13 监视。完成测量后开启泄气门 14,以便管内气体泄掉,然后对管内进行清理,更换膜片,以备下次再用。

(2) 激波管阶跃压力波的性质

理想的阶跃波如图 12-37(a)所示,阶跃压力波的数学表达式为

$$\begin{cases} p(t) = \Delta p & 0 \leqslant t \leqslant T_n \\ p(t) = 0 & T_n < t < 0 \end{cases} \tag{12-43}$$

通过傅里叶变换可得到它的频谱,如图 12-37(b)所示。其数学表达式为

$$|p(f)| = pT_n \left| \frac{\sin \pi f T_n}{\pi f T_n} \right| \tag{12-44}$$

式中,$p(f)$ 为压力频谱分量;p 为阶跃压力;T_n 为阶跃压力的持续时间;f 为频率。

由式(12-44)可知,阶跃波的频谱是极其丰富的,频率可从 $0 \sim \infty$。

激波管是不可能得到如图 12-37 所示的理想阶跃压力波,通常它的典型波形如图 12-38 所示。可用四个参量来描述,即初始压力 p_1、阶跃压力 Δp、上升时间 t_R 及持续时间 τ,从图可

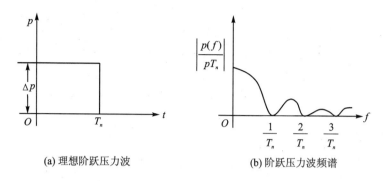

(a) 理想阶跃压力波 (b) 阶跃压力波频谱

图 12-37 理想的阶跃压力波

知,当时间 $t>t_R+\tau$ 以后,因为在实际标定中用不着,故不去研究它。下面讨论 t_R、τ、Δp 及 p_1 的作用及影响。

① 上升时间 t_R 将决定能标定的传感器上限频率。若 t_R 大,阶跃波中所含高频分量必然相应减少。为扩大标定频率范围,应尽量减小 t_R,使之接近于理想方波。通常用下式来估算阶跃波形的上限频率(见图 12-39):

$$t_R \leqslant \frac{T_{\min}}{4} = \frac{1}{4f_{\max}} \quad (12-45)$$

式中,$f_{\max}$ 和 $T_{\min}$ 为阶跃波频谱中的上限频率及其周期。

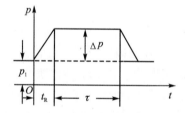

图 12-38 激波管实际阶跃压力波

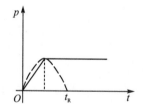

图 12-39 估算 t_R 的方法

从图 12-35 中可看出式(12-45)的物理意义,t_R 可近似理解为正弦波四分之一周期的时间。这样可用 t_R 来决定上限频率,当 $t_R>T_{\min}/4$ 时,已跟不上反应了。实验证明,激波管产生的阶跃波 t_R 约为 10^{-9} s,但实际上因各种因素影响,要大 1～2 个数量级,通常取 $t_{R\min}\leqslant 10^{-7}$ s,上限频率可达 2.5 MHz。目前动压传感器的固有频率 f_0 都低于 1 MHz,所以可完全满足要求。

② 持续时间 τ 将决定可能标定的最低频率,标定时在阶跃波激励下传感器将产生过渡过程。为了得到传感器的频率特性至少要观察到 10 个完整周期,若要求数据准确可靠,甚至需要观察到 40 个周期左右。根据要求,τ 可用下式表示

$$\tau \geqslant 10T_{\max} = \frac{10}{f_{\min}} \quad (12-46)$$

或

$$f_{\min} \geqslant \frac{10}{\tau} \quad (12-47)$$

从精度和可靠性出发,τ 尽可能地大些为好。一般激波管 $\tau=5\sim 10$ ms,因此可标定的下限

频率 $f_{min} > 2$ kHz。

(3) 误差分析

在前面的分析中做了一定的假设,一旦这些假设不成立时就会产生误差。如测速系统的误差,破膜及激波在端部的反射引起的振动产生的影响等。这些原因都会给标定造成误差,下面就这几方面因素作简单的分析讨论。

① 测速系统的误差

根据动压传感器校准的要求,除了要保证系统工作稳定、可靠外,还得尽可能的准确。实际上影响测速精度的因素很多,由式(12-40)可知,测速误差为

$$\varepsilon_v = \varepsilon_l + \varepsilon_t \tag{12-48}$$

式中,ε_l、ε_τ 分别为 l、t 的相对误差。

从式(12-48)可知,影响测速精度的因素有测速传感器的安装孔距加工误差,有测速系统各组成部分引起的测时误差,它包括:各测速传感器的上升时间、灵敏度和触发位置的不一致性;各电荷放大器输出信号的上升时间、灵敏度的不一致性;频率计的测量误差(包括时标误差和触发误差)。

② 激波速度在传播过程中的衰减误差

根据实验测定,激波实际传播速度与理论值有出入,前者小于后者,显然这是由激波衰减造成的。非理想的阶跃压力引起的误差通常小于 $\pm 0.5\%$,这两项误差只要选取 $p_{21} < 3$,可忽略不计。

③ 破膜和激波在端部的反射引起振动造成的误差

各种压力传感器对冲击振动都有不同程度的敏感,所以传感器的使用和标定都要考虑到振动的影响。激波管在标定中主要有两种振动:一是膜片在破膜瞬间产生的强烈振动,实验表明这种振动影响不大。因为这种振动在钢中的传播速度约 5 000 m/s,比激波速度大得多,所以当激波到达端部传感器时这种振动的影响几乎衰减为零,可不予考虑。二是激波在端部的反射引起的振动。由于激波压力作用于压力传感器上的同时必然冲击安装法兰盘使之产生振动,并直接影响安装在其上的传感器。由于它的振动与传感器感受的激波压力几乎是同时产生的,未经很大的衰减,而其振动频率较高,恰在所欲标定的频段内,所以影响很大,产生的误差约 $\pm 0.5\%$。

习题与思考题

12-1 分别举例说明应变式压力和力传感器的基本工作原理。

12-2 简述在应变式测量系统中,被测量(如压力)是如何转换成电压信号输出的。

12-3 简述应变筒式压力传感器是如何进行温度补偿的。应变筒式测压传感器与应变管式测压传感器的主要区别是什么?

12-4 简述膜片式压电测压传感器是如何实现加速度补偿的。

12-5 简述膜片式压电测压传感器是如何实现温度补偿的。

12-6 用框图说明常用应变式及压电式压力测量系统的组成,并说明各功能单元的作用。

12-7 简述采用"静重比较法"对压力测量系统进行静态标定的工作原理。

12-8 在压力测量中,为何要考虑管道效应的影响?工程上常用减少管道效应影响的技术措施有哪些?

12-9 简述用于测压系统动态标定的激波管的工作原理。

12-10　简要说明绝对压力、表压力、真空度、大气压力、压力差的定义及其相互之间的关系。

12-11　简述采用静标铜柱进行动态压力测量产生静动差的原因。

12-12　现用一单管水银压力计测某空气罐内的压力。若当地的重力加速度为标准重力加速度($g=980.665$ cm/s^2),当地环境温度为 30 ℃时,从压力计上读得的表压值为 420 mmHg,试求罐内的绝对压力是多少 mmHg,折合多少 Pa?(标准重力加速度下的大气压为 760 mmHg,0 ℃与 30 ℃时汞的密度分别为 13.595 1 g/cm^3 和 13.52 g/cm^3)。

第 13 章 流量测量技术

13.1 流量测量基础

流量是工业生产过程检测控制中一个很重要的参数。在石油、化工、水电等部门,流体流量的检测,能源、物料的管理,流体介质的输送与控制等工作环节都需要进行流量的测量。

13.1.1 流量及定义

流量是指流体(气体、液体、粉末或固体颗粒等)在单位时间内通过管道某一截面的体积或质量数,称为流体的体积流量 Q_V、质量流量 Q_m。

体积流量定义为

$$Q_V = A \cdot v \qquad (13-1)$$

质量流量定义为

$$Q_m = \rho \cdot A \cdot v \qquad (13-2)$$

两者之间的关系为

$$Q_m = \rho \cdot Q_V \qquad (13-3)$$

式中,ρ 为流体的密度,kg/m^3;A 为管道截面积,m^2;v 为流体流过某有效截面的平均流速,m/s。

单位时间内流体通过管道某截面的流量为瞬时流量;在某一段时间内流体流量的总和,称为总流量。用来测量瞬时流量的仪表称为流量计,用来计量总流量的仪表称为总量计。

13.1.2 流体的主要特征

1. 黏 性

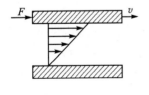

图 13-1 平面间流体速度变化

流体流动时,由于流体与固体壁面的附着力和流体本身之间的分子运动,使流体各处的速度产生差异。如图 13-1 所示,两平面间充满流体,设下平面固定不动,而上平面以速度 v 运动,贴近两平面的流体必黏附于平面上,紧贴于运动面上的流体质点与运动平面以相同的速度 v 运动,而紧贴于下平面的流体质点速度为零,平面间流体层的速度各不相同。运动快的流层可以带动较慢的流层,运动较慢的流层则又阻滞运动较快的流层,流层之间的相互制约力,称为内摩擦力。流体流动时产生内摩擦力的这种性质叫流体的黏性。

2. 雷诺系数

实验表明,同一流体在同一管道内流动时,由于流速的不同,可形成两种性质不同的流动形态:层流和紊流。层流是指液体各质点平行于管路内壁有规则地流动,而且层次分明,各流层的液体质量互不掺杂;紊流是指流体无规则,紊乱交错地流动,并有漩涡掺杂于各流层之间。

流体在一定的条件下是层流,当条件改变后,可变为紊流。根据雷诺实验得到一个判断流体形态的准则数,叫雷诺准则数,简称雷诺数。流动时的惯性力和黏性力(内摩擦力)之比称为雷诺数,它是表征黏性流体流动特性的一个重要参数。其定义为

$$Re = \frac{D\rho\bar{v}}{\mu} \quad (13-4)$$

式中,D 为圆管直径(流经通道为圆管时);ρ 为流体密度;$\bar{v}$ 为流体平均流速;μ 为流体动力黏度。

依据雷诺数的大小可以判别黏性流体的流动特性。雷诺数小,意味着流体流动时各质点间的黏性力占主要地位;雷诺数大,意味着惯性力占主要地位。在工程上,对于圆管,一般管道雷诺数 $Re < 2\,100$ 时,流体为层流状态;$Re > 4\,000$ 时,流体为紊流状态;Re 值在 $2\,100 \sim 4\,000$ 之间时,为过渡状态。在不同的流动状态下,流体的运动规律、流速的分布等都是不同的,因而管道内流体的平均流速 $\bar{v}$ 与最大流速 $v_{\max}$ 的比值也是不同的。因此,雷诺数的大小决定了黏性流体的流动特性。

3. 流体流动的连续性方程

根据质量守恒定律,流体在管道内恒定流动,单位时间流过任一截面的流体质量必定相等,即

$$\rho_1 v_1 A_1 = \rho_2 v_2 A_2 = 常数 \quad (13-5)$$

式中,v_1、v_2 为1、2截面流体平均流速;A_1、A_2 为1、2截面的截面积;ρ_1、ρ_2 为流体在流经1、2截面时流体的密度。

对于不可压缩流体则有

$$v_1 A_1 = v_2 A_2 = 常数 \quad (13-6)$$

由式(13-6)可知,如果管道各截面积为常量,可以方便地求出流体流经各截面的流速。

4. 伯努利方程

不可压缩流体在恒定流动时,其能量主要为机械能和内能。流体的内能与温度有关,但由于不可压缩的流体受热不膨胀,故其内能不能转换为机械能,所以不可压缩的流体流动时,只需考虑机械能。图13-2所示为一段流体管道,其机械能有以下几种。

① 管内质量为 m 的流体在高度为 Z_1 处时,所具有的位能为

$$E_p = mgZ_1 \quad (13-7)$$

② 质量为 m 的流体以速度为 v_1 流动时,所具有的动能为

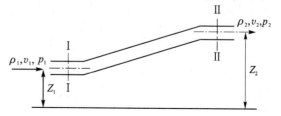

图 13-2 某一段流体管道

$$E_k = \frac{1}{2}mv^2 \tag{13-8}$$

③ 压力能为

$$E_f = F_1 L_1 = p_1 S_1 \frac{V_1}{S_1} = p_1 V_1 \tag{13-9}$$

式中,p_1 为流体内部的静压力;L_1 为流体通过 I-I 截面所走过的距离;V_1 为体积;S_1 为管道截面面积。

因此,流体在管道 I-I 截面的能量为

$$E_{\text{I-I}} = E_p + E_k + E_f = m\left(gZ_1 + \frac{v_1^2}{2} + \frac{p_1}{\rho_1}\right) \tag{13-10}$$

同理,流体在管道 II-II 截面的能量为

$$E_{\text{II-II}} = m\left(gZ_2 + \frac{v_2^2}{2} + \frac{p_2}{\rho_2}\right) \tag{13-11}$$

由能量守恒定律,可知

$$gZ_1 + \frac{v_1^2}{2} + \frac{p_1}{\rho_1} = gZ_2 + \frac{v_2^2}{2} + \frac{p_2}{\rho_2} \tag{13-12}$$

由于流体不可压缩,$\rho_1 = \rho_2 = \rho$,则

$$gZ_1 + \frac{v_1^2}{2} + \frac{p_1}{\rho} = gZ_2 + \frac{v_2^2}{2} + \frac{p_2}{\rho} \tag{13-13}$$

式中,p_1/ρ_1,p_2/ρ_2 为单位质量压强势能;$v_1^2/2$,$v_2^2/2$ 为单位质量的动能;gZ_1,gZ_2 为单位质量的位置势能。

式(13-13)为不考虑压缩性的伯努利方程,说明了流体流动时,不同性质的流体能量可以相互转换,但总的机械能守恒。

当考虑流体压缩时,要考虑内能的变化,且绝热压缩,其伯努得方程为

$$gZ_1 + \frac{v_1^2}{2} + \frac{k}{k-1}\frac{p_1}{\rho} = gZ_2 + \frac{v_2^2}{2} + \frac{k}{k-1}\frac{p_2}{\rho} \tag{13-14}$$

式中,k 为绝热指数。

13.1.3 流量计分类

工程上测量流量的方法一般是通过某种中间元件,将管道中流动的液体流量转换成流体参量,如压差、位移、力和转速等,然后再将参量转换成电量输出。电量与流量之间存在一定的函数关系。

用于流量测量的仪器仪表称为流量计。按照测量原理分类,流量计主要可分为容积式流量计、差压式流量计、流体阻力式流量计、速度式流量计等几种。

① 容积式流量计。利用固定的体积对流体流量进行累加计量的测量原理。如椭圆齿轮式流量计、腰轮式流量计、活塞式流量计、刮板式流量计等。

② 差压式流量计。基于流体静压差与流过流体的流量有一定函数关系,通过测量静压差求得流量的测量原理。如节流式流量计、均速管流量计等。

③ 流体阻力式流量计。利用流体流动时给导管中的阻力体以作用力,而作用力的大小和流量大小有关的测量原理。如转子流量计、浮子流量计、靶式流量计等。

④ 速度式流量计。利用流体速度与流量成正比的函数关系,通过测量速度而求得流量的测量原理。例如,涡轮流量计、涡街流量计、电磁流量计、超声波流量计、激光流量计等。

13.2 常用流量计

13.2.1 椭圆齿轮流量计

1. 结构和工作原理

椭圆齿轮流量计属于容积式流量计,在流量测量仪表中是精度较高的一类。其主要结构如图 13-3 所示。A、B 是装在壳体内的一对相互啮合的椭圆齿轮,它们与壳体构成了一个封闭的流体计量空间。

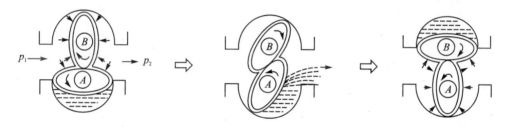

图 13-3 椭圆齿轮流量计

当被测介质从左侧进入流量计时,由于进出口压力差 $\Delta p = p_1 - p_2$ 的存在,使得椭圆齿轮受到力矩的作用而转动。在图 13-3(a)所示位置时,由于 $p_1 > p_2$,在 p_1 和 p_2 所产生合力作用下,把 A 轮与壳间月牙形容积内的流体排至出口,并带动齿轮 B 顺时针方向转动;在图 13-3(b)所示位置上,A 与 B 两轮都产生转矩,两轮继续转动,并逐渐将流体封入轮 B 和壳体所形成的月牙形容积内;当继续转到图 13-3(c)所示位置时,p_1 和 p_2 作用轮 A 上的转矩为 0,而轮 B 入口压力大于出口压力,产生转矩,使轮 B 成为主动轮并继续作顺时针转动,同时把轮 B 与壳体间月牙形容积内的流体排至出口。如此往复,A、B 两轮交替带动,椭圆齿轮每转一周,向出口排除 4 个月牙形容积的流体。若每个月牙形容积为 V_0,椭圆齿轮的转数为 n,则通过椭圆齿轮流量计的体积流量为

$$Q = 4V_0 n \tag{13-15}$$

由式(13-15)可知,只要测量出齿轮的转数 n,便可确定通过流量计的流量大小。

2. 工作特性

这种流量计特别适合累积流量的测量。测量流量时,椭圆齿轮在一周的转速是变化的。由于角速度的脉动,所以不能通过测量瞬时转速来表示瞬时流量,而只能根据整数圈的平均转速来确定平均流量。

椭圆齿轮流量计是借助于固定的容积来计量流量的,测量误差主要来源于椭圆齿轮与壳体之间存在间隙而造成的泄漏,它与流体的流动状态及黏度有关。黏度大的泄漏较少;流量增

大时,流量计两边的压差增大,泄漏减小。另外,要获得高的测量精度,须要保证加工精确,各运动部件间的配合紧密,使用中应减少腐蚀和磨损。

13.2.2 差压式流量计

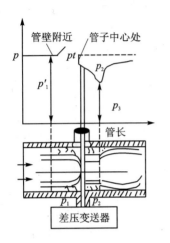

图 13-4 差压流量计原理图

差压式流量计是在流通管道上设置流动阻力件,如图 13-4 所示。当液体流过阻力件时,在它前后形成与流量成一定函数关系的压力差,通过测量压力差,即可确定通过的流量。因此,这种流量计主要由产生差压的装置和差压计两部分组成。产生差压的装置有多种形式,包括节流装置(孔板、喷嘴、文杜里管等)、动压管、均速管和弯管等。其他形式的差压式流量计还有转子式流量计和靶式流量计等。

1. 节流式流量计

图 13-4 所示的差压流量计是使用孔板作为节流元件的。在管道中插入一片中心开有锐角孔的圆板(俗称孔板),当液体流过孔板时,流动截面缩小,流动速度加快,根据伯努利方程,压力必定下降。分析表明,若在节流装置前后端面处取静压力 p_1 和 p_2,则流体体积流量为

$$Q_V = \alpha A_0 \sqrt{\frac{2}{\rho}(p_1 - p_2)} \quad (13-16)$$

式中,Q_V 为体积流量,m^3/s;A_0 为孔板的开口面积,m^2;ρ 为液体的密度,kg/m^3;α 为流量系数,是一个与流道尺寸、取压方式和流速分布状态有关的系数。

上面的分析表明,在管道中设置节流元件就是要造成局部的流速差异,得到与流速成函数关系的压差。在一定条件下,流体的流量与节流元件前后压差的平方根成正比,采用压力变送器测出此压差,经开方运算后便得到流量信号。在组合仪表中有各种专门的职能单元。若将节流装置、差压变送器和开方器组合起来,便成为测量流量的差压流量变送器。

上述流量-压差关系虽然比较简单,但流量系数 α 的确定却十分麻烦。大量的试验表明,只有在流体接近充分紊流时,即雷诺数 Re 大于某一界限值(约为 10^5 数量级)时,α 才是与流动状态无关的常数。

流量系数除了和孔口与管道的面积比及取压方式有关外,还与所采用的节流装置的形式密切相关。目前,常用的节流元件还有压力损失较小的文杜里管和喷嘴等,如图 13-5 所示。取压方式除上述在孔板前后端面处取压的"角接取压法"外,还有在离孔板前后端面各 2.54 cm(1 英寸)处的管壁上取压等。方式不同的取压方式流量系数也不同。此外,管壁的粗糙程度、孔口边缘的尖锐度、流体的黏度、温度以及可压缩性都对此系数值有影响。由于工业上应用差压流量计已有很长的历史,对一些标准的节流装置做过大量的试验研究,积累了一套十分完整的数据资料;因此使用这种流量计时,只要根据所采用的标准节流元件、安装方式和使用条件,查阅有关手册,便可计算出流量系数,无须重新标定。

差压流量计是工业部门应用最广泛的一类流量仪表,约占整个流量仪表的 70%,在较好

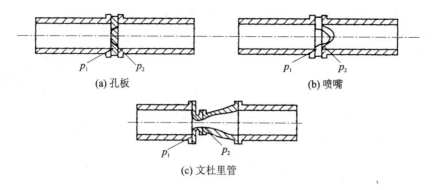

图 13-5 节流装置

的情况下测量精度为±(1~2)%。但实际使用时,由于雷诺数及流体温度、黏度、密度等的变化及孔板孔口边缘的腐蚀磨损程度不同,精确度常远低于±2%。

2. 弯管流量计

当流体通过管道弯头时,受到角加速度的作用而产生的离心力会在弯头的外半径侧与内半径侧之间形成差压,此差压的平方根与流体流量成正比,只要测出差压就可得到流量值。弯管流量计如图 13-6 所示。取压口开在 45°角处,两个取压口要对准。弯头的内壁应保证基本光滑,在弯头入口和出口平面各测两次直径,取其平均值作为弯头内径 D。弯头曲率 R 取其外半径与内半径的平均值。弯管流量计的流量方程式为

$$Q_V = \frac{\pi}{4}D^2 k \sqrt{\frac{2}{\rho}\Delta p} \tag{13-17}$$

式中,D 为弯头内径;ρ 为流体密度;Δp 为差压值;k 为弯管流量系数,流量系数 k 与弯管的结构参数有关,也与流体流速有关,需由试验确定。

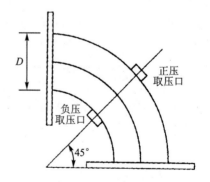

图 13-6 弯管流量计示意图

弯管流量计的特点是结构简单、安装维修方便;在弯管内流动无障碍,没有附加压力损失;对介质条件要求低。其主要缺点是产生的差压非常小。它是一种尚未标准化的仪表。许多装置上都有不少弯头,由于可用现有的弯头为测量弯管,所以成本低廉,尤其在管道工艺条件限制情况下,可用弯管流量计测量流量,但是其前直管段至少要长 10D。弯头之间的差异限制了测量精度的提高,其精度约在±(5~±10)%,但其重复性可达±1%。有些厂家提供专门加工的弯管流量计,经单独标定,能使精确度提高到±0.5%。

13.2.3 转子流量计

转子流量计又称浮子流量计,是压差式流量计的一种,适用于小流量测量。转子流量计由锥形管和沿锥形管的中心线上下自由浮动的转子组成,如图 13-7 所示,转子的位置对应于流经锥形管的流量。

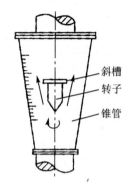

图 13-7 转子流量计原理图

转子流量计测量流量时,流体从锥形管下端向上端流动,经过转子与锥形管壁间的环形缝隙,由于缝隙的节流作用,在转子的上、下端产生一个压力差,此压差对转子施加一个向上的推力,转子向上移动。由于锥形管上截面积增大,转子向上移动,环形缝隙流通面积增大,压力差减小,直到压差产生的向上推力与转子的质量平衡为止。转子在锥形管内的平衡位置的高度反映了被测体流量的大小,读出转子平衡位置高度,即是相应的流量值。

流量 Q 的大小表示为

$$Q = \alpha A_0 \cdot \sqrt{\frac{2g}{\rho} \cdot \Delta p} \qquad (13-18)$$

式中,α 为流量系数;A_0 为平衡位置处转子与锥形管壁间的节流面积,m^2;g 为重力加速度,m/s^2;Δp 为平衡位置处节流口前后压差,Pa;ρ 为被测流体的密度,kg/m^3。

为了使转子在锥形管的中心线上下移动时不碰到管壁,通常采用两种方法:一是在转子中心装有一根导向芯棒,以保持转子在锥形管的中心线作上下运动,如图 13-8(a)、(b)所示;另一种是在转子圆盘边缘开若干道斜槽,如图 13-8(c)所示。当流体自下而上流过转子,同时又穿过斜槽产生反推力,使转子绕中心线旋转,就可保持转子在工作时不致碰到管壁。转子材料可用不锈钢、铝、青铜等制成。

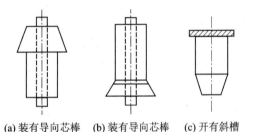

(a) 装有导向芯棒　(b) 装有导向芯棒　(c) 开有斜槽

图 13-8　各种形状的转子

转子流量计结构简单,刻度线直观,量程范围较宽;反应快,使用、维护方便;适合小管径、低流速、低雷诺数的流体测量。

13.2.4　涡轮流量计

涡轮流量计是一种速度式流量计,具有测量精度高、动态特性较好、寿命长、操作简单等特点,可用于测量瞬变或脉动流量,适合于洁净流体的流量测量,广泛应用于石油、化工、冶金和造纸等行业。

1. 结构与工作原理

涡轮流量计由导流器、涡轮、磁电转速传感器组成,其结构如图 13-9 所示。涡轮用导磁不锈钢材料制成,安装在流体流动的管道内,涡轮转轴的轴承由支架支撑。测量时,流体从流量计入口流经导流器后,沿平行于轴线方向,以一定的速度推动涡轮旋转,涡轮的转速与流量成正比,磁电转速传感器把涡转速转换为电脉冲信号,测定电脉冲数,就可确定流体的流量。

涡轮前、后都装有导流器,其作用是把进出流量计的流体流动方向导直,减小流体由于自旋而改变流体的流向及它与叶片的冲角影响,以保证测量精度。

涡轮的转速不仅与流体的流速有关,而且还与流体的性质、转速传感器的转换性质有关。如果忽略轴承的摩擦及涡轮的功率损耗,通过流量计的体积流量 Q_V 与传感器输出的脉冲信号

频率的关系为

$$Q_V = f/\xi \qquad (13-19)$$

式中，f 为传感器输出脉冲信号的频率，Hz；ξ 为仪表常数。

仪表常数 ξ 是涡轮流量计的重要特性参数，表征了流体的流量与频率间的关系。测量时，只有当 ξ 为常数时，流量与涡轮的转速才能呈线性关系。研究表明，仪表常数 ξ 与流量计本身的结构尺寸、流体的黏度和密度、流体的温度及流体在涡轮周围的流动状态等因素有关。以流量 Q_V 为横坐标、仪表常数 ξ 为纵坐标，画出特性曲线如图 13-10 所示。

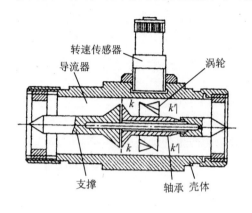

图 13-9　涡轮流量计

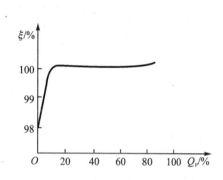

图 13-10　涡轮流量计特性曲线

实验结果表明，在流量较大时，特性曲线近似线性；流量较小时，流量计特性较差，非线性程度大。因此，为了便于使用，涡轮流量计出厂时，以水作为工作介质，对每种规格的流量计提供了线性使用范围，在使用范围内给出仪表常数 ξ，使用时不必另行定度。在被测流体的温度、黏度与厂家提供的范围不同或变化较大的情况下，流量计的特性曲线要重新定度。

2. 使用注意事项

(1) 量程选择

根据被测流体的性质（液体、气体、颗粒状）、流量计的技术数据、被测流体在工作条件下的体积流量范围（对流体介质必须折算成水的体积流量）及流量计的安装口径选择适宜规格的流量计。

(2) 安装与使用

① 涡轮流量计应水平安装，流体流动的方向与流量计壳体所标箭头一致，其轴线与管道的轴线相重合。

② 流量计的入口、出口应保持一定的直管段长度，一般入口直管段长度应大于管径的 15 倍，出口直管段长度应大于管径的 5 倍。

③ 涡轮流量计不宜测量蒸汽等高温流体的流量。

④ 流体的密度和黏度的变化对测量值有影响。对液体而言，密度受温度、压力的影响不大，可以忽略不计；而气体的流量受温度、压力的影响较大，要考虑补偿。

13.2.5　靶式流量计

靶式流量计主要应用于高黏度（重油、沥青、焦油等）、悬浮介质、带有沉淀物和易结晶介质的流量测量。它能反映流量的瞬时变化,具有结构简单、安装维修方便、成本低、能实现远距离测量等特点。

1. 工作原理

靶式流量计结构如图 13-11 所示,管道中放置一个圆靶,流体通过圆靶时,冲击圆靶使其受推力 F 作用,流量与作用力成一定的函数关系,测量推力 F,经过换算,就可确定流量的大小。

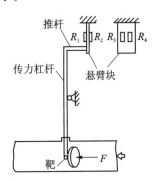

图 13-11 靶式流量计

推力 F 主要由静压差 Δp 和动压力两部分组成。设靶前的压力为 p_1,靶后的压力为 p_2,则作用在靶上的推力包括以下两部分。

(1) 静压差力为

$$F_1 = A(p_1 - p_2) \qquad (13-20)$$

式中,A 为靶板的受力面积,m^2。

(2) 流体流动对靶的产生的动压力为

$$F_2 = A\frac{\rho v^2}{2} \qquad (13-21)$$

式中,v 为流体的流速。

所以,靶上推力 F 为

$$F = F_1 + F_2 = A\left(\Delta p + \frac{\rho v^2}{2}\right) = KA\frac{\rho v^2}{2} \qquad (13-22)$$

式中,K 为靶上推力系数。

由此得流速 v 为

$$v = \sqrt{\frac{2F}{KA\rho}} \qquad (13-23)$$

则通过管道流体的流量为

$$Q_V = vA_1 = A_1\sqrt{\frac{2F}{KA\rho}} = K_a K_c \sqrt{\frac{F}{\rho}} \qquad (13-24)$$

式中,A_1 为环形间隙的过流面积,$A_1 = \frac{\pi}{4}(D^2 - d^2)$;D 为管道内径,m;d 为圆靶外径,m;$K_a$ 为流量系数;K_c 为与管道几何形状有关的常数。

由式(13-24)可见,若已知 ρ、D、d、K_a,通过测量靶推力 F 的大小,便可确定被测流体的体积流量 Q_V。

流量系数 K_a 的数值由实验确定。它与管道直径 D、被测流体的雷诺数 Re、靶的形式、结构尺寸有关。图 13-12 给出了 D=40 mm、$\beta=0.7$ 和 $\beta=0.8$($\beta=d/D$)、K_a 与 Re 实验曲线图。由曲线可知:当 Re 值较大且超过一定值时,K_a 与 Re 无关,趋于某一常数;当 Re 较小时,K_a 随 Re 的变化而变化。在测量范围内,一般希望 K_a 值能基本上保持

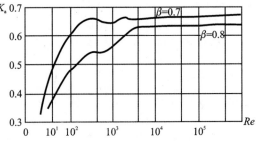

图 13-12 流量系数实验曲线

常数。流量计出厂时,已给出 K_a 值。

2. 使用注意事项

(1) 力和测水流量范围

① 作用于靶上的力必须在规定的范围内,才能保证靶式流量计测量精度。不同厂家设计的产品,这个范围不一定相同,按产品说明书给出范围进行口径选择。

② 不同规格的靶式流量计都有测水流量范围,并且给出了介质流量 Q 折算为相当的水流量 Q_s 的算式,即

$$Q_S = \frac{1}{31.59}\sqrt{\rho} \cdot Q \qquad (13-25)$$

(2) 特　点

靶式流量计适宜于测量液体、气体、蒸汽的流量,适宜于测量黏稠的介质,如重油、焦油的流量,也能测量含有结晶颗粒的介质流量。

(3) 安装要求

靶式流量计应水平安装,直接装在管道上,要保证靶与管道同心,要求流体流向与壳体箭头方向一致。安装后,要进行调零。

13.2.6　电磁流量计

1. 电磁流量计工作原理

电磁流量计是根据电磁感应原理制成的一种流量计,用来测量导电液体的流量。测量原理如图 13-13 所示,它是由产生均匀磁场的磁路系统、用不导磁材料制成的管道及在管道横截面上的导电电极组成,磁场方向、电极连线及管道轴线三者在空间互相垂直。

当被测导电液体流过管道时,切割磁力线,便在和磁场及流动方向垂直的方向上产生感应电动势,其值与被测流体的流速成正比,即

$$E = BDv \qquad (13-26)$$

式中,B 为磁感应强度,T;D 为管道内径,m;v 为液体平均流速,m/s。

由式(13-26)可得被测液体的流量为

$$Q_V = \frac{\pi D^2}{4}v = \frac{\pi D E}{4B} = \frac{E}{K} \qquad (13-27)$$

式中,K 为仪表常数,对于固定的电磁流量计,K 为定值。

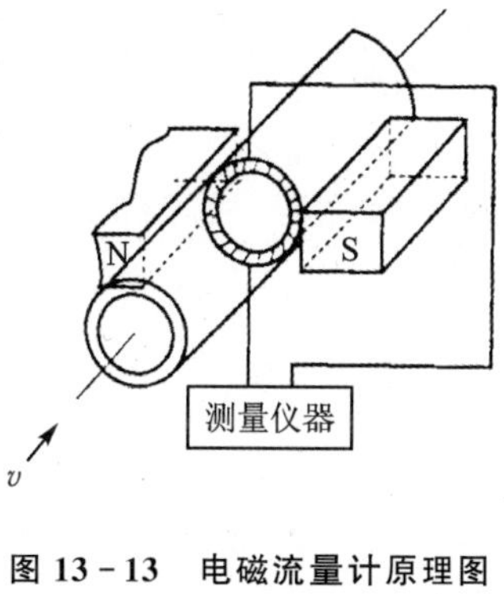

图 13-13　电磁流量计原理图

电磁流量计的测量管道内没有任何阻力件,适用于悬浮颗粒的浆流等的流量测量,而且压力损失极小;测量范围宽,可达 100∶1;因感应电动势与被测液体温度、压力、黏度等无关,故其使用范围广;可以测量各种腐蚀性液体的流量;电磁流量计惯性小,可用来测脉动流量;要求测量介质的电导率为 $0.002\sim0.005$ Ω/m,因此不能测量气体及石油制品。

2. 主要特点

① 电磁流量计的变送器结构简单,无阻碍流体流动的节流部件,所以当流体通过时无任何附加的压力损失,也不会引起诸如磨损、堵塞等问题,特别适用于测量带有固体颗粒的矿浆、污水等液固两相流体,以及各种黏性较大的浆液等。

② 传感器输出信号是一个与平均流速成线性关系的电信号,便于智能化。

③ 测量结果与液体的压力、温度、密度、黏度等物理参数无关,所以测量精度高、工作可靠。

④ 电磁流量计无机械惯性,反应灵敏,可以测量瞬时脉动流量,而且线性好。

⑤ 电磁流量计不能用来测量电导率很低的液体介质,如石油制品和有机溶剂等,不能用于测量气体、蒸汽以及含有较多气泡的液体。

⑥ 电磁流量计易受外界电磁干扰的影响。

13.2.7 超声波流量计

超声波流量计是利用超声波的特性来进行流量测量的。这可以实现非接触测量,没有能量损失,它的测量范围广,不受介质的导电性、腐蚀性、黏度等影响,无磨损,使用寿命长。其缺点是超声波探测器有盲区,小距离测量精度差。适用于各种流体和中、低、压气体流量的测量。

1. 测量原理

超声波在流体介质中传播时,若其方向与流体运动方向相同,超声波的传播速度为在静止流体中的传播速度 c 加上流体的速度 v,即传播速度为 $c+v\cos\theta$;若其方向与流体运动方向相反,它的传播速度为 $c-v\cdot\cos\theta$。顺流与逆流传播产生的传播速度差与流体流速有关,测量流体流速,就可求得管道内相应的流量。

测量流体的流速采用时差法、相差法、频差法。

(1) 时差法

如图 13-14 所示,在管外安装一对超声波发射与接收器 T_1/R_1、T_2/R_2,设两收发器之间的距离为 L,先测得顺流时由收发器 T_1/R_1 发射的超声波脉冲到达收发器 T_2/R_2 的时间为

$$t_1 = \frac{L}{c+v\cos\theta} \quad (13-28)$$

再测得由收发器 T_2/R_2 逆流发射的超声波脉冲到达收发器 T_1/R_1 的时间为

$$t_2 = \frac{L}{c-v\cos\theta} \quad (13-29)$$

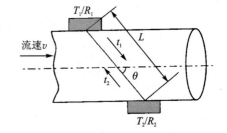

图 13-14 时差法测流量示意图

两束波传播的时间差为

$$\Delta t = t_2 - t_1 = \frac{2Lv\cos\theta}{c^2-v^2\cos^2\theta} \quad (13-30)$$

当 $c \gg v\cos\theta$ 时,有

$$v \approx \frac{c^2 \Delta t}{2L\cos\theta} \quad (13-31)$$

可见,当声速一定时,只要测量出超声波传播的时间差,就可以求得流体的流速,进而求得流体流量。

由于流量方程中包括声速 c,时差法受温度影响较大,并且声速的温度系数并不是常数。此外,流体的组成或者密度的变化也将引起声速的变化,从而引起流量的变化,所以声速变化的影响是时差法的主要误差来源。

(2) 频差法

频差法测量流量的原理是利用顺流和逆流两个方向构成的声循环回路进行测量。由于流速的影响,顺流声回路和逆流声回路的循环频率是不同的。超声波发射器 T_1 向接收器 R_2 发送一脉冲,接收器 R_2 接收到脉冲后,发出一电信号反馈至发射器 T_1,并在发射器 T_1 中触发一个新的脉冲信号,测量发射器 T_1 的脉冲信号频率 f_1。接着,由发射器 T_2 发出脉冲并测量相应的频率 f_2。频率计算分式为

$$f_1 = \frac{1}{t_1} = \frac{c + v\cos\theta}{L}, f_2 = \frac{1}{t_2} = \frac{c - v\cos\theta}{L}$$

两回路之间的频差为

$$\Delta f = f_1 - f_2 = \frac{2v\cos\theta}{L} \tag{13-32}$$

可见,频率差与流体流速成正比,与超声波传播速度 c 无关,因此可以利用频差法来测量流量。

图 13-15 所示为超声波流量计的原理方框图,该流量计主要由超声波收发器(T_1/R_1、T_2/R_2)、测量电路、控制电路、流量显示组成。两个收发器完全相同,具有相同的特性,它们既起超声波发射作用,又起超声波接收作用。收发器安装在管道的两侧。由一侧的 T_1/R_1 发射器超声波脉冲,穿过管壁→流体→管壁,被另一侧的 T_2/R_2 所接收,并转换为电脉冲,经放大、整形、倍频后进行加法计数,测得单循环频率 f_1;同时,再用此电脉冲经控制电路控制,一定时间间隔以后,由切换电路切换,T_2/R_2 收发器由接收超声波改为发射超声波,发射波被另一侧的 T_1/R_1 接收,并转换为电脉冲,经放大、整形、倍频后进行减法计数,测得单循环频率 f_2。若管径方向流体平均流速为 $\bar{v}$,超声波束与管轴的夹角为 θ,管径为 D,则体积流量为

$$Q_V = \frac{\pi D^2}{4}\bar{v} = \frac{\pi D^2}{4} \cdot \frac{L\Delta f}{2\cos\theta} = \frac{\pi D^3}{4\sin 2\theta} \cdot \Delta f \tag{13-33}$$

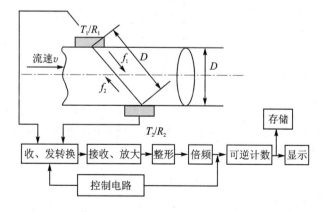

图 13-15 频差法测流量示意图

由于频率是通过一系列的超声波信号来测量的,因此测量时间较长,这是该法的缺点。另

外,较之时差法更容易受流体中杂质反射的超声波回波(气泡、刚体微粒)干扰的影响。

(3) 相差法

相位差法本质上和时差法是相同的,两者的关系为

$$\Delta\phi = \omega\Delta t = \frac{2\omega L v \cos\theta}{c^2} \qquad (13-34)$$

式中,ω 为超声波脉冲的角频率。

由此可以看出,相位差与频率成正比,频率越高,则测量灵敏度也越高。通过相位差 $\Delta\phi$,就能算出流速 v,进而求得流量。

2. 超声波流量计的应用

由于超声波流量计具有许多优点,目前,已广泛应用大口径管路的液体流量的测量以及蒸汽、空气、煤气等无液体介质的计量。

(1) 超声波流量计的特点

① 安装维修方便。安装在管道的外壁,不用在管道上打孔或切断流量。

② 测量可靠性高。没有可动部件,无压力损失。

③ 可以方便地构成计算机测量系统,提高测量精度。

(2) 超声波流量计的安装

发射器、接收器的安装方式主要有对贴安装方式、V方式、Z方式3种,如图13-16所示。多普勒式超声波流量计采用对贴安装方式,时差式超声波流量计采用V方式和Z方式。对于既可以用V方式安装,又可以用Z方式安装的发射器/接收器,尽量选用Z方式。实践表明,Z方式能够接收较强超声波折射信号,测量的稳定性好。

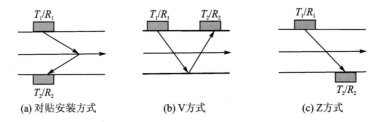

图 13-16 发射器、接收器的安装方式

要做到精确的测量,选择发射器、接收器安装位置非常重要。安装时,一般要求装在管侧面,至少有15D(管径)直线段;测量点附近应该有稳定的流场,不能有扰动流体流动因素,如泵、阀、节流器等。

根据安装距离先画一条轴线,与轴线方向的直线垂直相交点为发射器、接收器的安装位置。确定好安装位置后,局部打磨、平整测量点,涂上耦合剂(如凡士林、防水胶等),用卡具固定发射、接收装置。

13.2.8 相关流量计

相关流量测量技术是运用相关函数理论,通过检测流体流动过程中随机产生的浓度、速度或两相流动的密度不规则分布而产生的信号,测得流体的速度,从而计算流量。

相关流量计实际上是一个流速测量系统,其工作原理如图13-17所示。

两个相同特性的传感器（光学、电学或声学传感器）安装在被测流体的管道上，二者的中心间距为 L。当被测流体在管道内流动时，流体内部会产生随机扰动，例如，单相流体中的湍流涡漩的不断产生和衰减，两相流体中离散相的颗粒尺寸和空间分布的随机变化等，将会对传感器所发出的能量束（如光束）或它们所形成的能量场（如电场）产生随机的幅值调制或相位调制，或两者的混合调制作用，并产生相应的物理量（如电压、电流、频率等）的随机变化。通过解调、放大和滤波电路，可以分别取出被测流体在通过上、下游传感器之间的敏感区域时所发出的随机信号 $x(t)$ 和 $y(t)$。如果上、下游传感器之间的距离 L 足够大，则随机信号 $x(t)$ 和 $y(t)$ 彼此是基本相似的，仅下游信号 $y(t)$ 相对于上游信号 $x(t)$ 有一个时间上的滞后。将二者作相关运算

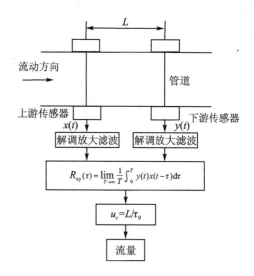

图 13-17　相关流量计测量原理图

$$R_{xy}(\tau) = \lim_{T\to\infty} \frac{1}{T}\int_0^T y(t)x(t-\tau)\mathrm{d}t \tag{13-35}$$

互相关函数 $R_{xy}(\tau)$ 的峰值位置 τ_0 就是该时间滞后值的度量。

在理想的流动情况下，被测流体在上、下游传感器所在的管道截面之间的流动满足 G. I. Taylor 提出的"凝固"流动图型假设时，相关速度可按下式计算：

$$u_c = L/\tau_0 \tag{13-36}$$

相关速度和被测流体的截面平均速度相等，即

$$u_{cp} = Q_V/A = u_c = L/\tau_0 \tag{13-37}$$

则被测流体的流量为

$$Q_V = AL/\tau_0 \tag{13-38}$$

相关流量计既可测洁净的液体和气体的流量，又能测污水及多种气-固和气-液两相流体的流量；管道内无测量元件，没有任何压力损失；随着微电子技术和微处理器的发展，在线流量测量专用的相关器件价格更便宜、功能更齐全而且体积更小，相关流量测量技术将会得到更快的发展。

13.3　流量计的标定

仪表制造厂在流量计出厂前必须逐个标定，用户也须对流量计定期标定校准标尺上的示值和实际值之间的偏差，以判定其测量误差是否仍在允许范围内。

液体流量标定是基于容积和时间基准或质量和时间基准之上的。前者用于体积流量标定，后者用于质量流量标定。显然，二者之间可通过液体密度的测量值进行换算。流量计标定时，首先要有一个稳定的流量源，然后测量在某个精确的时间间隔内通过流量计的液体体积或质量的实际值，并读出被标定流量计的示值。由此确定流量计示值与实际值之间的关系。任

何精密流量计经这样的一次标定之后，它本身就成为一个二次流量标准，其他精度较低的流量计就可用它来进行对比标定。与其他测量装置的标定一样，如果使用条件与标定条件相差很大，将使标定结果失去意义。使用条件一般包括所使用的流体的性质（密度、黏度和温度）、工作压力、流量计的安装方向以及流体的流动干扰等。在使用已有的标定数据时，必须注意这些问题。

流量计出厂时常常用水来标定。图13-18为以水为介质的流量计标定装置。一个恒压水箱使得被标定的流量计保持恒定的进口压力。用流量控制阀将通过流量计的流量调整到所要求的数值。每调定一个流量值，待其稳定之后，切换器突然将液流引入基准容器，同时开始用电子计时器计时；液体充满一定的容积之后，切换器迅速地将液流切换到回储水池的通道，同时停止计时；由基准容器得液体体积，并测得充满此体积所需的时间，即可算出实际的流量值，然后再将它与流量计上的读数进行比较。这种标定装置的总流量误差一般在千分之几的数量级。

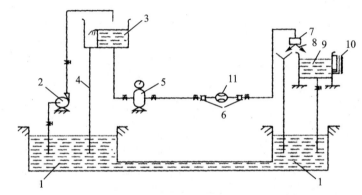

1—储水池；2—水泵；3—高位水槽；4—溢流管；5—稳压容器；6—接头；
7—与计时器同步的切换器；8—切换挡板；9—标准容器计量槽；10—液位标尺；11—流量计

图13-18 以水为工作介质的流量标定装置

以高黏度液体为工作介质的较大规格的流量计，可采用图13-19所示的基准体积管进行流量标定。整个装置由精密的基准管、可在基准管内移动的弹性球、球的发送装置、脉冲计数

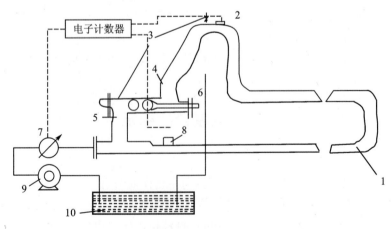

1—基准管；2、8—检测器；3—放气阀；4—上插销；5—下插销；
6—推球器；7—被标定的流量计；9—油泵；10—油槽

图13-19 以高黏度液体为工作介质的流量标定装置

器和其他辅助装置所组成。三个球中有两个轮流起基准管压力油路与回油路间封闭阀的作用,另一个在基准管内被泵输出的液体推着移动。靠近基准管的两端装有检测器 8 和 2,两者之间的管道容积是已知的。球通过检测器 8 时开始计时,经过检测器 2 时计时停止。由于球与基准管内壁之间配合紧密,泄漏极小,故可精准地确定通过流量计的流量值。这种流量标定装置的特点是测量时间短,具有较高的精确度以及容易实现标定工作自动化。

习题与思考题

13-1 椭圆齿轮流量计的排量 $Q_V = 8 \times 10^5$ m^3/r,若齿轮转速 $n = 50$ r/s,求每小时流体的排量。

13-2 以椭圆齿轮流量计为例,说明容积式流量计的工作原理。

13-3 一只用水标定的转子流量计,其满刻度值为 1 000 dm^3/h,不锈钢浮子密度为 7.92 g/cm^3,现用来测量密度为 0.79 g/cm^3 的乙醇流量,问浮子流量计的测量上限是多少?

13-4 某一涡轮流量计的仪表常数为 $\xi = 150.4$ Hz/L,当它在测量流量时的输出频率为 $f = 400$ Hz 时,其相应的瞬时流量是多少?

13-5 电磁流量计的工作原理是什么?它对被测介质有什么要求?

第 14 章 运动参量测试技术

14.1 位移测量

位移是指物体或其某一部分的位置对参照点产生的偏移量,是常见的机械测量参数。位移测量在机械工程尤为重要,不仅因为在机械工程中经常要求精确地测量零部件的位移或位置,而且在力、压力、扭矩、速度、加速度、温度、流量、物位等参数的许多测量中,也是以位移测量为基础的。

根据测量对象,位移测量可分为线位移测量和角位移测量。线位移测量是指测量对象在直线方向上的位移量;角位移测量指测量对象转动的角度。根据传感器的输出方式,可将位移传感器分为模拟式和数字式。

模拟式测量方法中,能将位移量转换为电量的传感器主要有电阻式传感器(电位器式和应变式)、电感式传感器(差动电感式和差动变压器式)、电容式传感器(变极距式、变面积式和变介质式)、电涡流式传感器、光电式传感器等。将上述传感器与相应的测量电路结合在一起,即组成工程中常用的测量仪表,如电阻式位移计、电感测微仪、电容测微仪、电涡流测微仪、光电角度检测器等。各种位移测量仪表的测量范围和测量精度是不相同的,使用时应根据测量任务选择合适的测量方法和测量仪表。

数字式测量主要是指在数控机床和其他精密数控装置中,将直线位移或角位移转换为脉冲量输出的测量方法。常用的转换装置有感应同步器(直线形、圆形)、旋转变压器、磁栅(带状、线状、圆形)、光栅(直线形、圆形)和脉冲编码器等。上述转换装置的原理与应用将在其他相关课程中介绍。

根据传感器原理和使用方法的不同,位移测量还可分为接触和非接触测量两种方式。常用电测位移传感器的类型、性能指标和工作特点如表 14-1 所列。

表 14-1 常用电测位移传感器及其主要参数

类 型		测量范围	精 度	工作特点
滑线电阻式	线位移	±(1～300)mm	±0.1%	结构简单、使用方便、输出大、性能稳定,但分辨率较低,输出信号的噪声大,不宜用于频率较高时的动态测量
	角位移	0°～360°		
电阻应变片	直线式	±250 μm	±2%	结构牢固、性能稳定、动态特性好
	摆角式	±12°		
电感式	变气隙式	±0.2 mm	±1%	结构简单、可靠,仅用于小位移测量的场合
	差动变压器型	0.08～300 mm	±3%	分辨率较好,输出大,但动态特性不是很好
	电涡流型	0～5 000 μm	±3%	非接触式,使用简便、灵敏度高、动态特性好

续表 14-1

类型		测量范围	精度	工作特点
电容式	变面积型	$10^{-3} \sim 100$ mm	$\pm 0.05\%$	结构非常简单、动态特性好,但易受温度、湿度等因素的影响
	变间隙型	$0.01 \sim 200$ μm	$\pm 0.1\%$	分辨率很好,但线性范围小,其他特点同变面积型
霍尔元件式		± 1.5 mm	$\pm 0.5\%$	结构简单,动态特性好、温度稳定性较差
感应同步器型		$10^{-3} \sim$ 几米	2.5 μm/250 mm	数字式,结构简单、接长方便,适合大位移静动态测量,用于自动检测和数控机床
计量光栅	长光栅	$10^{-3} \sim$ 几米	3 μm/1 m	数字式,测量精度高,适合于大位移静动态测量,用于自动检测和数控机床
	圆光栅	$0° \sim 360°$	$\pm 0.5''$	
角度编码器	接触式	$0° \sim 360°$	10^{-6} rad	分辨力好,可靠性高
	光电式	$0° \sim 360°$	10^{-8} rad	

14.1.1 滑线电阻式及电阻应变式位移传感器

1. 滑线电阻式位移传感器

滑线电阻式位移传感器的工作原理是将线位移变换成电阻值的变化,其结构基本上是一个触头可移动的变阻器,如图 14-1 所示。滑线电阻和精密无感电阻作为测量电桥的两个桥臂。测量前,利用电阻电容平衡器平衡电桥。测量时,被测物体与测量轴接触,当被测物体有位移时,测量轴就会随之移动,带动触头在滑线电阻上移动,从而使电桥失去平衡,输出一个相应的电压增量。测出此电压值,根据标度曲线就可换算出位移量。

2. 电阻应变式位移传感器

粘贴有电阻应变片的弹性元件,可以构成位移传感器。弹性元件把接收的位移量转换为一定的应变值,而应变片则将应变值变换成电阻变化率,连接

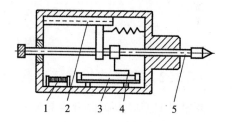

1—无感电阻;2—导轨;3—滑线电阻;
4—电刷;5—测杆

图 14-1 滑线电阻式位移传感器

在应变仪的电桥中,就可实现位移测量。位移传感器所用弹性元件的刚度应当小,否则会因弹性恢复力过大而影响被测物体的运动。位移传感器的弹性元件可采用不同的形式,最常用的是梁式元件。

图 14-2 是一种悬臂梁—弹簧组合式位移传感器。当测点位移传递给测杆后,测杆带动位移弹簧,使弹簧伸长,并使悬臂梁产生变形。因此,测点的位移 x 为弹簧伸长量 x_1 和悬梁自由端位移量之和,即 $x = x_1 + x_2$。设悬臂梁刚度为 k_1,弹簧刚度为 k_2,考虑到悬臂梁上的作用力和弹簧力上的作用力相等,即

$$x_1 k_1 = x_2 k_2 \tag{14-1}$$

应有

$$x = (k_1 + k_2)x_1/k_2 \tag{14-2}$$

即在悬臂梁自由端变形相同的情况下,可测位移量的范围扩大了$(k_1+k_2)/k_2$倍。在测量较大位移时,弹簧刚度k_2应选得很小,一般取$k_1/k_2 > 10$。

电阻应变式位移传感器的动态特性除与应变片有关外,主要决定于弹性元件刚度和运动部件的重量。

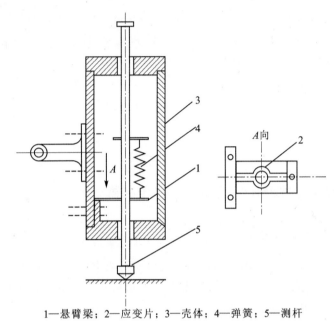

1—悬臂梁;2—应变片;3—壳体;4—弹簧;5—测杆

图 14-2 组合式位移传感器

14.1.2 电感式位移传感器

电感式位移测量系统是变磁阻类测量装置。电感线圈中输入的是交流电流,当被测位移量引起铁芯与衔铁之间的磁阻变化时,线圈中的自感系数L或互感系数M产生变化,引起后续电桥桥臂中阻抗Z变化,当电桥失去平衡时,输出电压与被测的机械位移量成比例。电感式传感器常分成自感式(有单磁路和差动式两种)与互感式(常用的是差动变压器型)两类。

1. 电感式传感器工作原理

(1) 单磁路电感式传感器

单磁路电感式传感器由铁芯、线圈和衔铁组成,如图 14-3 所示。当被测位移量带动衔铁上下移动时,空气隙长度x的变化,引起磁路中气隙磁阻变化,从而引起线圈电感的变化。根据电感的定义,线圈中的电感量为

$$L = \frac{\Psi}{I} = \frac{W\Phi}{I} = \frac{W}{I} \times \frac{IW}{R_m} = \frac{W^2}{R_{m0} + R_{m1} + R_{m2}}$$

$$= \frac{W^2}{\dfrac{2x}{\mu_0 A_1} + \dfrac{l_1}{\mu_1 A_1} + \dfrac{l_2}{\mu_2 A_2}} \approx \frac{W^2 \mu_0 A_1}{2x} \tag{14-3}$$

式中,Ψ 为穿过线圈的总磁链;Φ 为通过线圈的磁通量;W 为线圈匝数;IW 为磁路中的磁动势;R_m 为磁路中的磁阻;R_{m0} 为空气隙的磁阻;R_{m1} 为铁芯的磁阻;R_{m2} 为衔铁的磁阻;l_1、l_2、x 分别为铁芯、衔铁、空气隙的磁路长度;A_1、A_2 为铁芯、衔铁的导磁截面积;μ_0、μ_1、μ_2 为空气、铁芯、衔铁的磁导率,$\mu_0 = 4\pi \times 10^{-7}(\mathrm{H/m})$。

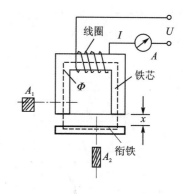

图 14-3　单磁路电感传感器

由于铁芯和衔铁的磁导率 μ_1、μ_2 远大于空气隙的导磁系数 μ_0,所以铁芯和衔铁的磁阻 R_{m1}、R_{m2} 可略去不计,所以磁路中的总磁阻只考虑空气隙的磁阻这一项。当传感器设计制造完成后,W、μ_0、A_1 都是常数。则式(14-3)可改写为

$$L = K \cdot \frac{1}{x} \qquad (14-4)$$

式中,$K = W^2 \mu_0 A_0 / 2$。可见,当衔铁感受被测位移量产生位移时,则传感器必有 $\Delta L = L - L_0$ 的电感量输出,从而达到位移量到电感变化量的转换。式(14-3)表明,电感量与线圈匝数平方 W^2 成正比;与空气隙有效截面积 A_0 成正比;与空气隙磁路长度 x 成反比。因此,改变气隙长度或改变气隙截面积都能使电感量变化。对于变气隙型电感传感器,其电感量与气隙长度之间的关系如图 14-4 所示,可见 $L = f(x)$ 不呈线性关系。当气隙从初始 x_0 增加 Δx 或减少 Δx 时,电感量变化是不等的。因此,为了使电感传感器有较好的线性,必须使衔铁的位移量限制在较小范围内,一般取 $\Delta x = (0.1 \sim 0.2)x_0$,常适用于测量 $0.001 \sim 1$ mm 的位移值。

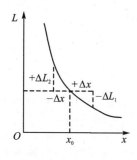

图 14-4　特征曲线

当衔铁向上移动使气隙减小 Δx 时,电感量增加了

$$\Delta L = L - L_0 = \frac{W^2 \mu_0 A_1}{2(x - \Delta x)} - \frac{W^2 \mu_0 A_1}{2x} = \frac{W^2 \mu_0 A_1 \Delta x}{2x(x - \Delta x)}$$

$$= L \frac{\Delta x}{x} \left(1 - \frac{\Delta x}{x}\right)^{-1} \approx L \frac{\Delta x}{x} \qquad (14-5)$$

式中,当 $\Delta x \ll x$ 时,可略去 $\Delta x / x$ 高阶项。

单磁路电感传感器的灵敏度可从式(14-4)得到

$$S = \frac{\mathrm{d}L}{\mathrm{d}x} = -K \frac{1}{x^2} \qquad (14-6)$$

由式(14-6)可见,灵敏度 S 是与气隙平方 x^2 成反比,当 x 越小时,灵敏度 S 越高。

(2) 差动式电感传感器

在实际应用中,常把两个完全对称的单磁路自感传感器组合在一起,用一个衔铁构成差动式电感传感器。图 14-5 是其工作原理和输出特性。当忽略铁磁材料的磁滞和涡流损耗,工作开始时,衔铁处于中间位置,气隙长度 $x_1 = x_2 = x_0$,两个线圈的电感 $L_1 = L_2 = L_0$,流经两线圈中的电流 $I_1 = I_2 = I_0$,因此,$\Delta I = 0$,则负载 Z_L 上没有电流流过,输出电压 $\dot{U}_{sc} = 0$。当衔铁由被测位移量带动作上下移动时,铁芯与衔铁之间的气隙长度一个增大,另一个减小,则 $L_1 \neq L_2$;$I_1 \neq I_2$。负载 Z_L 上有电流 ΔI 流过,所以电桥失去平衡,有电压 $\dot{U}_{sc}$ 输出。电流 ΔI 和输出电压 $\dot{U}_{sc}$ 的值代表衔铁的位移量大小,如将 $\dot{U}_{sc}$ 经过相敏整流电路转换为直流电压,根据输出

直流电压的极性,还可判断衔铁移动的方向。

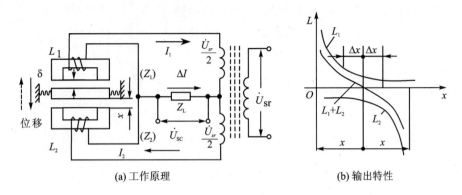

图 14-5 差动电感传感器

根据图 14-5,设衔铁向上移动 Δx,上下电感线圈的电感量由原始的 L 值分别变为 $L+\Delta L_1$ 和 $L-\Delta L_2$(设 $\Delta L_1 = \Delta L_2$),此时上下线圈总电感量为

$$\Delta L = (L+\Delta L_1)-(L-\Delta L_2) = \frac{W^2\mu_0 A_1}{2(x-\Delta x)} - \frac{W^2\mu_0 A_1}{2(x+\Delta x)}$$

$$= \frac{W^2\mu_0 A_1 \Delta x}{x^2-\Delta x^2} = 2L\frac{\Delta x}{x}\left[1-\left(\frac{\Delta x}{x}\right)^2\right]^{-1} \tag{14-7}$$

当 $\Delta x \ll x$ 时,可略 $\Delta x/x$ 的高阶项,则

$$\Delta L = 2L\frac{\Delta x}{x} = \frac{W^2\mu_0 A_1 \Delta x}{x^2} \tag{14-8}$$

灵敏度可表示为

$$S = \frac{\Delta L}{\Delta x} = 2\frac{L}{x} = \frac{W^2\mu_0 A_1}{x^2} = 2K\frac{1}{x^2} \tag{14-9}$$

可见差动式电感传感器比单磁路电感传感器的总电感量和灵敏度都提高了一倍。

图 14-6 所示为差动电感传感器的两种电桥电路。两个线圈的阻抗 Z_1 和 Z_2 分别为对称电桥的两个相邻桥臂,电桥的另两个平衡臂一般用阻值相同的直流电阻 R 组成,如图 14-6(a)所示。但由于供桥交流电压 $\dot{U}_{sr}$ 流经电阻桥臂时,会消耗较多功率,为降低功耗,常采用图 14-6(b)所示的变压器电桥供电,其特点是将变压器的两个次级线圈作电桥的平衡臂。

(3) 差动变压器式传感器

差动变压器式传感器是互感式电感传感器中常见的一种。它由衔铁 1、初级线圈 L_1、次级线圈 L_{21} 与 L_{22} 和线圈架 2 所组成。如图 14-7 所示,初级线圈作为差动变压器激励电源之用,相当于变压器的原边,而次级线圈是由两个结构、尺寸和参数等都相同的线圈反相串接而成,形成变压器的副边。其工作原理与变压器相似不同之处是,变压器是闭合磁路,而差动变压器是开磁路;前者原、副边间的互感系数是常数,而后者的互感系数随衔铁移动有相应变化,在忽略线圈寄生电容、衔铁损耗和漏磁的理想情况下,差动变压器式电感传感器的等效电路如图 14-8(a)、(b)所示。图中 e_1 为初级线圈的激励电压;R、L_1 分别为初级线圈的电阻和电感;L_{21}、L_{22} 分别为两个次级线圈的电感;M_1、M_2 分别为初级线圈与次级线圈 1 和 2 间的互感系数;R_{21}、R_{22} 分别为两个次级线圈的电阻。

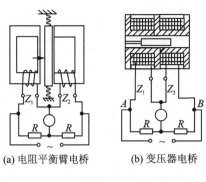
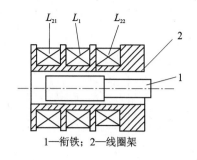

(a) 电阻平衡臂电桥 (b) 变压器电桥

图 14-6 差动电感传感器的两种电桥

1—衔铁；2—线圈架

图 14-7 差动变压器式位移传感器

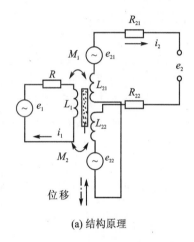
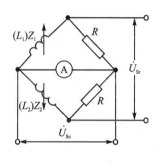

(a) 结构原理 (b) 等效电路

图 14-8 差动变压式电感传感器的等效电路

根据变压器原理及基尔霍夫第二定律，初级线圈回路方程为

$$\dot{I}_1 R_1 + \dot{I}_1 j\omega L_1 - \dot{E}_1 = 0 \quad \text{或} \quad \dot{I}_1 = \frac{\dot{E}_1}{R_1 + j\omega L_1} \tag{14-10}$$

次级线圈中的感应电势分别为

$$\dot{E}_{21} = -j\omega M_1 \dot{I}_1 \qquad \dot{E}_{22} = -j\omega M_2 \dot{I}_1 \tag{14-11}$$

当负载开路时，输出电势为

$$\dot{E}_2 = \dot{E}_{21} - \dot{E}_{22} = -j\omega(M_1 - M_2)\dot{I}_1 \tag{14-12}$$

将式(14-10)代入式(14-12)中，得到

$$\dot{E}_2 = -j\omega(M_1 - M_2)\frac{\dot{E}_1}{R_1 + j\omega L_1} \tag{14-13}$$

输出电势有效值为

$$E_2 = \frac{\omega(M_1 - M_2)}{\sqrt{R_1^2 + (\omega L_1)^2}} E_1 \tag{14-14}$$

当衔铁在两线圈中间位置时，由于 $M_1 = M_2 = M$，所以 $E_2 = 0$。若衔铁偏离中间位置时，$M_1 \neq M_2$，如衔铁向上移动，则有 $M_1 = M + \Delta M, M_2 = M - \Delta M$。此时，式(14-14)变为

$$E_2 = \frac{\omega \cdot E_1}{\sqrt{R_1^2 + (\omega L_1)^2}} 2\Delta M = 2KE_1 \qquad (14-15)$$

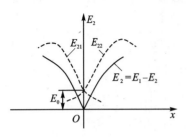

图 14-9 差动变压器的输出特性

式中，ω 为初级线圈激励电压的角频率。由式(14-15)可见，输出电势 E_2 的大小与互感系数差值 ΔM 成正比。由于设计时次级线圈各参数做成对称，则衔铁向上与向下移动量相等，线圈 L_{21} 与 L_{22} 的输出电势 $|\dot{E}_{21}|=|\dot{E}_{22}|$，但极性相反，故差动变压器式传感器的总输出电势 E_2 是激励电势 E_1 的两倍。E_2 与衔铁输入位移 x 之间的关系如图 14-9 所示，由于交流电压输出存在一定的零点残余电压 e_0（这是由于两个次级线圈不对称、初级线圈铜耗电阻的存在、铁磁材质不均匀、线圈间分布电容存在等原因所形成），因此，即使衔铁处于中间位置时，输出电压也不等于零。

由于差动变压器的输出电压是交流量，其幅值大小与衔铁位移成正比，其输出电压如用交流电压表来指示，只能反映衔铁位移的大小，但不能显示移动的方向。为此，其后接电路应既能反映衔铁位移的方向，又能显示位移的大小。其次，在电路上还应设有调零电阻 R_0。在工作之前，使零点残余电压 e_0 调至最小。这样，当有输入信号时，传感器输出的交流电压经交流放大、相敏检波、滤波后得到直流电压输出，由直流电压表指示出与输入位移量相应的大小和方向。

差动变压器式电感传感器具有线性范围大、测量精度高、稳定性好和使用方便等优点，广泛应用于直线位移测量中。

2. 电感式位移传感器应用

常用的电感式位移传感器有螺管差动型（自感式）、差动变压器型（互感式）。测量方式有轴向测量和旁向测量两种。

图 14-10 为轴向测量式螺管差动型位移传感器的结构。测端接触被测物体，被测位移通过在测杆上端固定的柱形铁芯，改变差动线圈的自感。将两个差动线圈分别接入交流电桥中两个相邻桥臂，则电桥输出的电压幅值就反映了被测物体的位移量。测量电路采用带相敏整流的交流电桥，以便能正确判断位移的方向。与传感器配套的电感测微记录仪原理框图如图 14-11 所示。

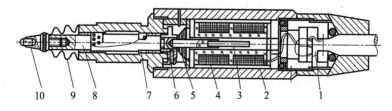

1—引线；2—固定磁筒；3—铁心；4—差动线圈；5—弹簧；6—放转销；
7—滚动导轨；8—测杆；9—密封套；10—测端

图 14-10 螺管差动型位移传感器的结构图

图 14-12 为旁向测量式差动变压器型位移传感器的结构，旁向测量时通过杠杆改变位移

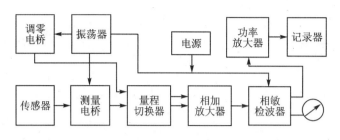

图 14-11 电感测微记录仪原理框图

传递方向,测杆的工作角度可以通过调节螺钉进行调整。杠杆右端连着能在差动螺管变压器内移动的铁芯。变压器骨架上绕有三组线圈,中间是初级线圈,两边是反相接法的次级线圈,线圈都通过导线与测量电路相连。被测物体的位移改变铁芯在螺管中的位置,从而使线圈的互感量发生变化。为了反映位移方向,差动变压器测微仪常用的测量电路是差动整流电路和相敏检波电路。差动整流电路是先把两个次级线圈极性相反的感应电动势分别整流,然后将整流后的电流或电压信号叠加输出。根据输出信号的幅值和极性即可判断位移的大小和方向。图 14-13 是采用相敏检波方案的差动变压器测微仪原理框图。

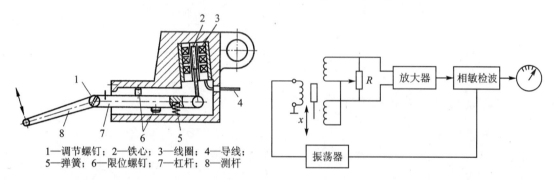

1—调节螺钉;2—铁心;3—线圈;4—导线;
5—弹簧;6—限位螺钉;7—杠杆;8—测杆

图 14-12 杠杆式差动变压器位移传感器的结构　　图 14-13 差动变压器测微仪原理框图

图 14-14 为将差动变压器式电感传感器应用于锅炉自动连续给水控制装置的实例示意图。该装置由浮球-电感式传感器、控制器、调节阀与积分式电动执行器组成,如图 14-14(a)所示。浮球-电感式传感器是由浮球、浮球室和变压器式传感器所组成,如图 14-14(b)所示。

锅炉水位的变化被浮球所感受,推动传感器的衔铁随着水位的波动而上下移动,使传感器的电感量发生变化,经控制器将电感量放大后反馈给调节阀。调节阀感受线圈电感量的变化,发生相应的开或关的电信号,调节阀通过执行器开大或关小阀门,实现连续调节给水的目的。当锅炉水位上升时,调节阀逐步关小,使锅炉的给水量逐步减少;反之,调节阀逐步开大,则锅炉的给水量逐步增加。由于在执行器的阀杆上设置一个与传感器线圈特性相同的阀位反馈线圈,当传感器线圈与反馈线圈经放大后的电感电压信号相等时,执行器就稳定在某一高度上,锅炉内水位也保持在某一高度,从而使锅炉的给水量与蒸发量不断地自动趋于相对平衡位置。

14.1.3　电涡流式传感器

电涡流式传感器属电感式传感器系列,是基于电涡流效应工作的。当金属板置于变化着

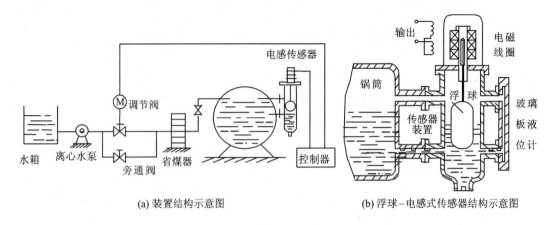

(a) 装置结构示意图　　　　　　(b) 浮球-电感式传感器结构示意图

图 14-14　锅炉自动连续给水控制装置

的磁场中或者在固定磁场中运动时,金属体内就要产生感应电流,这种电流的流线在金属体内是自身闭合的,所以叫做涡流。

电涡流式传感器的最大特点是能对位移、厚度、表面温度、速度、压力、材料损伤等进行非接触式连续测量,另外还具有体积小、灵敏度高、测量线性范围大、频率响应宽等特点。

涡流式传感器在金属体内产生的涡流存在趋肤效应,即涡流渗透的深度与传感器线圈激磁电流的频率有关。涡流式传感器可分为高频反射式涡流传感器和低频透射式涡流传感器两类。其中高频反射式涡流传感器的应用较为广泛。

1. 高频反射式涡流传感器

(1) 基本原理

如图 14-15 所示,一电感线圈靠近一块金属板,两者相距 δ,当线圈中通以一高频激磁电流 i 时,会引起一交变磁通 Φ。该交变磁通作用于靠近线圈一侧的金属板表面,由于趋肤效应,Φ 不能透过具有一定厚度的金属板,而仅作用于表面的薄层内,在金属表面薄层内产生一感应电流 i_1,该电流即为涡流,在金属板内部是闭合的。根据楞次定律,由该涡流产生的交变磁通 Φ_1 将与线圈产生的磁场方向相反,即 Φ_1 将抵抗 Φ 的变化。由于该涡流磁场的作用,线圈的电感量、阻抗和品质因数等都将发生改变,其变化程度取决于线圈的外形尺寸、线圈至金属板之间的距离 δ、金属板材料的电阻率 ρ 和磁导率 μ(ρ 及 μ 均与材质及温度有关)以及激磁电流 i 的幅值与角频率 ω 等。因此传感器线圈受电涡流影响时的等效阻抗 Z 的函数关系式为

$$Z = f(\mu, \rho, r, \omega, \delta) \tag{14-16}$$

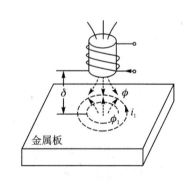

图 14-15　高频反射式涡流传感器

式中,r 为线圈与被测体的尺寸因子。

如果保持式(14-16)中其他参数不变,只改变其中一个参数,传感器线圈阻抗 Z 就仅仅是这个参数的单值函数。例如改变 δ 来测量位移和振动,改变 ρ 或 μ 可用来测量材质或用于无损探伤。

(2) 等效电路

将涡流式传感器与被测金属导体用图 14-16 所示的等效电路表示，图中金属导体被抽象为一个短路线圈，它与传感器线圈磁性耦合，两者之间定义互感系数 M，表示耦合程度，它随间距 δ 的增大而减小。R_1、L_1 分别为传感器线圈的电阻和电感，R_2、L_2 分别为金属导体的电阻和电感，$\dot{E}$ 为激磁电压，根据基尔霍夫定律，可列出方程

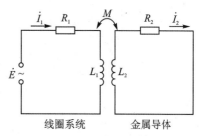

图 14-16 涡流式传感器等效电路

$$\left.\begin{array}{l} R_1\dot{I}_1 + j\omega L_1 \dot{I}_1 - j\omega M \dot{I}_2 = \dot{E} \\ -j\omega M \dot{I}_1 + R_2 \dot{I}_2 + j\omega L_2 \dot{I}_2 = 0 \end{array}\right\} \quad (14-17)$$

解此方程组，得线圈的等效阻抗为

$$Z = \frac{\dot{E}}{\dot{I}} = R_1 + \frac{\omega^2 M^2}{R_2^2 + (\omega L_2)^2}R_2 + j\left[\omega L_1 - \frac{\omega^2 M^2}{R_2^2 + (\omega L_2)^2}\omega L_2\right] \quad (14-18)$$

等效电阻为

$$R_e = R_1 + \frac{\omega^2 M^2}{R_2^2 + (\omega L_2)^2}R_2 \quad (14-19)$$

等效电感为

$$L_e = L_1 - \frac{\omega^2 M^2}{R_2^2 + (\omega L_2)^2}L_2 \quad (14-20)$$

线圈的品质因素为

$$Q = \frac{\omega L_1}{R_1} \cdot \frac{1 - \dfrac{L_2}{L_1}\dfrac{\omega^2 M^2}{R_2^2 + (\omega L_2)^2}}{1 + \dfrac{R_2}{R_1}\dfrac{\omega^2 M^2}{R_2^2 + (\omega L_2)^2}} \quad (14-21)$$

从式(14-18)～式(14-21)可知，线圈金属导体系统的阻抗、电感和品质因数都是此系统互感系数平方的函数，从麦克斯韦互感系数的基本公式出发，可以求得互感系数是两个磁性相连线圈距离的非线性函数。

由此可以看出，由于涡流效应的作用，线圈的阻抗由 $Z_0 = R_1 + j\omega L_1$ 变成了 Z。比较 Z_0 与 Z 可知：电涡流影响的结果使等效阻抗 Z 的实部增大，虚部减小，即等效的品质因数 Q 值减小了。

(3) 传感器的结构

涡流式传感器的结构如图 14-17 所示。电感线圈绕一个扁平圆线圈，粘贴于框架上，如图 14-17(a)；也可以在框架上开一道槽，导线绕制在槽内而形成一个线圈，如图 14-17(b)。

(4) 测量电路

利用电涡流式变换元件进行测量，为了得到较强的电涡流效应，通常激励线圈工作在较高的频率下，所以信号转换电路主要有定频调幅电路和调频电路两种。

① 定频调幅电路。定频调幅电路原理如图 14-18 所示。用一只电容与传感器的线圈并联，组成一个并联振荡回路，并由一频率稳定的振动器提供一高频激励信号，激励这个由传感器的线圈 L 和并联电容 C 组成的并联谐振回路。

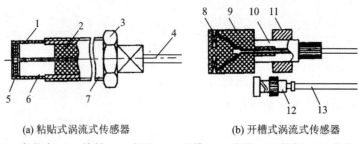

(a) 粘贴式涡流式传感器　　(b) 开槽式涡流式传感器

1—保护套；2—填料；3—螺母；4—电缆；5—线圈；6—框架；7—壳体；
8—线圈；9—框架；10—框架衬套；11—支架；12—插头；13—电缆

图 14-17　涡流式传感器的结构

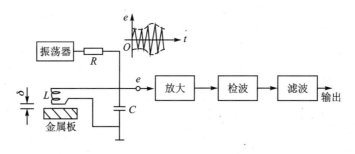

图 14-18　定频调幅电路原理图

图 14-19 是其谐振曲线和输出特性曲线，图(a)中，R'、L'、C 构成一谐振回路，其谐振频率为

$$f = \frac{1}{2\pi\sqrt{L'C}} \tag{14-22}$$

当回路的谐振频率 f 等于振荡器供给的高频信号频率时，回路的阻抗最大，因而输出高频幅值电压 e 也为最大。测量位移时，线圈阻抗随被测体与传感器线圈端面的距离 δ 发生变化，此时 LC 回路失谐，输出信号 $e(t)$ 虽仍然为振荡器工作频率的信号，但其幅值发生了变化，它相当于一个调幅波。

图 14-19(b) 示出不同的距离 δ 或谐振频率 f 与输出电压 e 之间的关系。图 14-19(c) 表示距离 δ 与输出电压之间的关系，由图可见，该曲线是非线性的，图中直线段是有用的工作区段。图 14-19(a) 中的可调电容 C' 用来调节谐振回路的参数，以取得更好的线性工作范围。

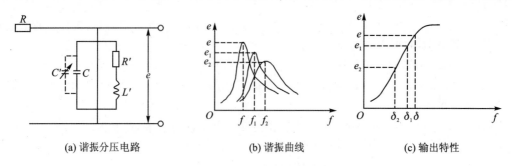

(a) 谐振分压电路　　(b) 谐振曲线　　(c) 输出特性

图 14-19　定频调幅电路的谐振曲线及输出特性

② 调频电路。调频电路是把传感器接在一个 LC 振荡器中，如图 14-20 所示为调频电路

原理图,与调幅电路不同的是将回路的谐振频率作为输出量。当传感器线圈与被测物体间的距离 δ 变化时,引起传感器线圈的电感量 L 发生变化,从而使振荡器的频率改变,然后通过鉴频器将频率的变化变换成电压输出。

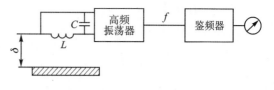

图 14-20 调频电路原理图

(5) 影响电涡流传感器性能的因素

① 电涡强度与距离关系。实验证明,当传感器线圈与被测导体的距离 δ 发生变化时,电涡流分布特性并不改变,但电涡流密度将发生相应的变化,即电涡流强度将随距离 δ 的变化而变化,呈非线性关系,且随距离 δ 的增加而迅速减小,如图 14-21 所示。

② 被测导体对传感器灵敏度的影响。被测导体的电阻率 ρ 和相对磁导率 μ 越小,传感器的灵敏度越高。另外,被测导体的形状和尺寸大小对传感器的灵敏度也有影响。电涡流式位移传感器是高频反射式涡流传感器,因此被测导体必须达到一定的厚度,才不会产生电涡流的透射损耗,使传感器具有较高的灵敏度。一般要求被测导体的厚度大于两倍的涡流穿透深度。

图 14-22 为被测导体为圆柱形时,被测导体直径与传感器灵敏度的关系曲线,从曲线可知,只有在 D/d 大于 3.5 时,传感器灵敏度才有稳态值。

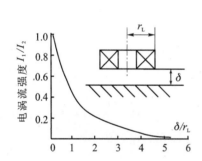

图 14-21 电涡流强度与距离的关系

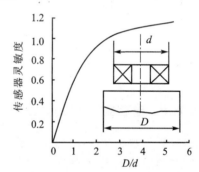

图 14-22 被测导体直径与传感器灵敏度的关系曲线

2. 低频透射式涡流传感器

高频反射式涡流传感器,其激磁电流为高频(兆赫以上)电流,这种传感器通常用来测量位移、振动等物理量。

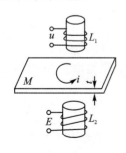

图 14-23 低频透射式涡流传感器原理图

如图 14-23 所示为低频透射式涡流传感器工作原理。发射线圈 L_1 和接收线圈 L_2,分别位于被测材料 M 的上、下方。由振荡器产生的低频(一般为声频范围)激磁电压 u 加到 L_1 的两端后,线圈中即流过一个同频的交流电流,并在其周围产生一交变磁场。如果两线圈间不存在被测材料 M,L_1 的磁场就能直接贯穿 L_2,于是 L_2 的两端会感生出一交变电动势 E。

在 L_1 和 L_2 之间放置一金属板 M 之后,L_1 产生的磁力线必然切割 M(M 可以看做是一匝短路线圈),并在 M 中产生涡流 i,这个涡流损耗部分磁场能量,达到使 L_2 的磁力线减少,从而引起

E 的下降,M 的厚度 t 越大,涡流损耗越大,E 就越小,由此可知,E 的大小间接反映了 M 的厚度 t,这就是测厚的依据。

3. 涡流式传感器的应用

电涡流传感器主要用于位移、振动、转速、距离、厚度等到参数的测量,可以实现非接触测量。图 14 - 24 所示为几种涡流式传感器的应用实例。

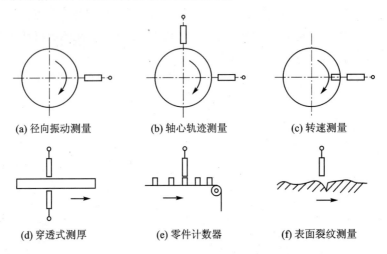

图 14 - 24 涡流式传感器的应用实例

14.1.4 电容式位移测量系统

以电容器为敏感元件,将机械位移量转换为电容量变化的传感器称为电容式位移传感器,电容传感器的形式很多,常使用变极距式电容传感器和变面积式电容传感器。

1. 变极距式电容传感器

图 14 - 25 所示为空气介质变极距式电容传感器的工作原理示意图。图中一个电极板固定不动,称为固定极板,另一极板可左右移动,引起极板间距离 x 相应变化,从而引起电容量的变化。因此,只要测出电容变化量 ΔC,便可测得极板间距的变化量,即动极板的位移量 Δx。

变极距电容传感器的初始电容 C_0 可由下式表达:

$$C_0 = \frac{\varepsilon_0 A}{x_0} \qquad (14-23)$$

式中,ε_0 为真空介电常数 8.85×10^{-12} F/m;A 为极板面积,m²;x_0 为极板间初始距离,m。

传感器的这种变化关系呈非线性,如图 14 - 26 所示。当极板初始距离由 x_0 减少 Δx 时,电容量相应增加 ΔC,即

$$C_0 + \Delta C = \frac{\varepsilon_0 A}{(x_0 - \Delta x)} = \frac{C_0}{1 - \frac{\Delta x}{x_0}} \qquad (14-24)$$

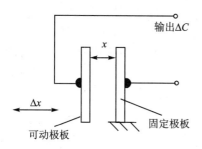
图 14-25 变极距式电容传感器工作原理

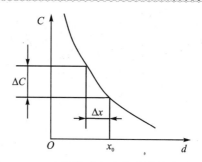
图 14-26 变极距式电容传感器的特性曲线

电容相对变化量 $\Delta C/C_0$ 为

$$\frac{\Delta C}{C_0} = \frac{\Delta x}{x_0}\left(1 - \frac{\Delta x}{x_0}\right)^{-1} \tag{14-25}$$

由于 $\frac{\Delta x}{x_0} \ll 1$，在实际应用时常采用近似线性处理，即

$$\frac{\Delta C}{C_0} = \frac{\Delta x}{x_0} \tag{14-26}$$

此时产生的相对非线性误差 e_L 为

$$e_L = \pm \left|\frac{\Delta x}{x_0}\right| \times 100\% \tag{14-27}$$

这种类型的传感器一般 Δx 只能在极小的范围内变化。若 Δx 增加，传感器的相对非线性误差增大，如图 14-27 所示。为改善这种状况，采用差动变极距式电容传感器，其结构如图 14-28 所示。它有三个极板，其中两个极板固定不动，只有中间极板可产生移动。当中间活动极板处在平衡位置时，即 $x_1 = x_2 = x_0$ 有 $C_1 = C_2 = C_0$，如活动极板向右移动 Δx，则 $x_1 = x_0 - \Delta x$，采用上述近似线性处理方法，可得传感器电容总的相对变化为

$$\frac{\Delta C}{C_0} = \frac{C_1 - C_2}{C_0} = 2\frac{\Delta x}{x_0} \tag{14-28}$$

传感器相对非线性误差为

$$e_L = \pm \left|\frac{\Delta x}{x_0}\right|^2 \times 100\% \tag{14-29}$$

可见变极距式电容传感器改成差动式之后，不仅非线性误差大大减少，而且灵敏度也提高了一倍。

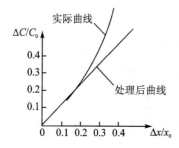
图 14-27 变极距式电容传感器的 $\Delta C - \Delta x$ 特性曲线

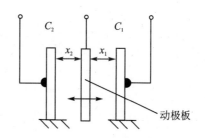
图 14-28 差动变极距式电容传感器结构图

2. 变面积式电容传感器

图 14-29 是变面积式电容传感器的结构示意图,由两个电极板构成,一个为固定极板,一个为可动极板,两极板均呈半圆形。假定极板间的电介质不变,当两极板完全正对时,其电容量为

$$C_0 = \varepsilon A/x \tag{14-30}$$

当可动极板绕轴转动 α 角时,两极板的对应面积要减少 ΔA,则传感器的电容量就要减少 ΔC。将电容量的变化检测出来,即可实现角位移的测量。

电容式位移传感器的位移测量范围为 $1\ \mu m \sim 10\ mm$,变极距式电容传感器的测量精度约为 2%,变面积式电容传感器的测量精度较高,其分辨率可达 $0.3\ \mu m$。

3. 电容式传感器的测量电路

电容式传感器把被测位移量转换成电容量,还需由后续测量电路将电容量转换成电压、电流或频率信号。常用的测量电路有以下几种。

(1) 桥式电路

图 14-30 所示为桥式测量电路。图 14-30(a)所示为单臂接法的桥式测量电路,高频电源经变压器接到电容桥的一条对角线上,电容 C_1、C_2、C_3、C_x 构成电容桥的四臂,C_x 电容传感器。交流电桥平衡时

$$\frac{C_1}{C_2} = \frac{C_x}{C_3} \qquad U_{sc} = 0$$

当 C_x 改变时,$U_{sc} \neq 0$ 有输出电压。

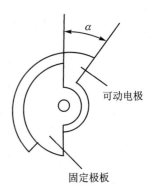

图 14-29 变面积式电容传感器结构示意图

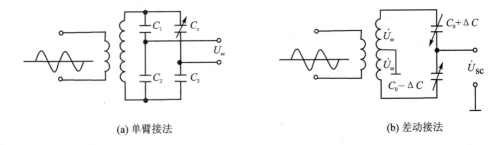

(a) 单臂接法   (b) 差动接法

图 14-30 电容式传感器桥式电路

在图 14-30(b)的电路中,接有差动电容传感器,其空载输出电压可用下式表示:

$$\dot{U}_{sc} = \frac{(C_0 - \Delta C) - (C_0 + \Delta C)}{(C_0 + \Delta C) + (C_0 - \Delta C)} \dot{U}_{sr} = \frac{\Delta C}{C_0} \dot{U}_{sr} \tag{14-31}$$

式中,$\dot{U}_{sr}$ 为工作电压;C_0 为电容传感器平衡状态的电容值;ΔC 为电容传感器的电容变化值。

(2) 运算放大器电路

由前述已知,变极距型电容传感器的极距变化与电容量成非线性关系,这一缺点使电传感器的应用受到一定限制,而采用运算放大器电路可得到输出电压与输入位移的线性关系。如图 14 - 31 所示,C_0 为固定电容,C_x 为反馈电容且为电容式传感器。根据运算放大器的运算关系,有

$$\dot{U}_{sc} = \frac{Z_x}{Z_0}\dot{U}_{sr} = -\frac{C_0}{C_x}\dot{U}_{sr} \qquad (14-32)$$

以 $C_x = \varepsilon A/x$ 代入上式,得输出特性为

$$\dot{U}_{sc} = -\frac{C_0 x}{\varepsilon A}\dot{U}_{sr} \qquad (14-33)$$

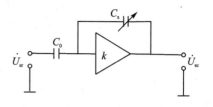

图 14 - 31　运算放大器电路

14.2　运动速度测量

物体的运动速度测量包括线速度测量和角速度测量。角速度或称转速,是工程中常用的参量,转速以旋转体每分钟内的转数来表示,单位为 r/min。线速度测量可分两种情形:一是飞行体的运动速度,如弹丸的飞行速度;一是机构运动或振动的速度,如自动武器中自动机运动的速度等。飞行体的运动速度目前国内外常用定距测时法进行。

14.2.1　定距测时法

定距测时法适于测量运动较平稳的物体的速度。该方法是通过已知的位移 Δx 和相应的时间间隔 Δt 来测量平均速度 $\bar{v}$,即

$$\bar{v} = \frac{\Delta x}{\Delta t} \qquad (14-34)$$

当 Δt 尽量减小而趋近于零时,平均速度所趋向的极限值可描述该点的瞬时速度,通常用来测量运动物体的初速度或末速度,如果被测对象做匀速运动,取较大的位移 Δx 和时间间隔 Δt 可获得较高的测量精度。如果被测对象做变速运动,则间距 Δx 应当足够小,使物体在该段距离上的速度没有明显的变化。这样,所测得的平均速度才能反映这段距离(时间)内的运动状态。

为在已知位移 Δx 上得到比较精确的时间间隔 Δt,可采用适当的区截装置,在位移始末两端产生可控制测时过程的电信号;将此电信号放大整形后获得两个脉冲信号;利用该脉冲控制计数器对已知的时钟冲进行计数,则可得

$$\Delta t = \frac{N}{f} \qquad (14-35)$$

式中,f 为时钟信号频率;N 为两脉冲之间时钟的计数值。

产生控制测时过程电信号的装置称为区截装置,简称为靶。放置在测时间起点者称为 I 靶,放置在测时间终点者称为 II 靶。区截装置的结构常因具体测量对象不同而异。常用的区截装置有线圈靶、天幕靶、光电靶、声靶等。下面介绍几种适于测量高速运动体(如弹丸)平均速度的区截装置。

(1) 线圈靶

线圈靶是利用电磁感应原理制作的区截装置,要求待测运动体必须是导磁体。线圈靶分感应式线圈靶和励磁式线圈靶两种。前者需将待测运动体事先磁化,当运动体穿过线圈靶时,造成穿过线圈的磁通量变化,在线圈内产生感应电势,形成区截信号;后者有两组线圈,内层为励磁线圈,工作时通入直流激磁电流,产生一个恒定磁场。外层为感应线圈,被测运动体(磁导体)不需事先磁化,当运动体穿过线圈时,将使穿过感应线圈的磁通量发生变化,产生感应电动势,即区截信号。

假设被测运动体为高速运动的弹丸,以感应线圈靶为例来说明产生感应电动势的规律。将磁化了的弹丸简化为一个磁矩为 p 的点磁偶极子,并设弹丸沿线圈靶轴线穿过。这样,问题便归结为求磁矩 p 的磁偶极子沿中心轴穿过半径 a、匝数为 n 的线圈时所产生的感应电动势。建立坐标系,令 x 轴和线圈靶中心轴重合,由图 14-32 证明,穿过 n 匝线圈的总磁通量为

$$\Phi = \frac{\mu_0 p n a^2}{2(x^2+a^2)^{3/2}}$$

根据电磁感应定律,有

$$e = -\frac{d\Phi}{dt}$$

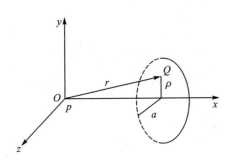

图 14-32 坐标系

磁通量发生变化的原因是磁偶极子对线圈的接近和离开,故有

$$e = -\frac{d\Phi}{dx} \cdot \frac{dx}{dt} = \frac{d\Phi}{dx} \cdot v \quad (14-36)$$

式中,v 为弹丸速度,弹丸向线圈靶飞去时(相当于线圈靶逼近弹丸),坐标 x 减小,$\frac{dx}{dt}<0$,因而有 $\frac{dx}{dt}=-v$,而 v 取正值,有

$$e = -\frac{3\mu_0 p n a^2 v}{2} \cdot \frac{x}{(x^2+a^2)^{5/2}} \quad (14-37)$$

若引入无量纲变量 $\Lambda = \frac{x}{a}$,考虑到测时仪常采用"南极启动"工作方式,即要求磁偶极子以 S 极向前飞向线圈靶,则有

$$e = -\frac{3\mu_0 p n v}{2a^2} \frac{\Lambda}{(1+\Lambda^2)^{5/2}} \quad (14-38)$$

为求出 $e(x)$ 的最大值,可令 $\frac{de}{dx}=0$,得

$$\begin{cases} x_m = \pm \dfrac{a}{2} \\ e_m = \pm \dfrac{3}{7} \dfrac{\mu_0 p n v}{a^2} \end{cases} \quad (14-39)$$

在配用线圈靶的测时仪中,使电子门动作的触发电压的大小和极性是一定的(不同型号的测时仪这种规定不一定相同)。由图 14-33 可看出,从长度测量定出的靶距是 Δx,而实际的触发靶距是 $\Delta x'$。实际使用的 I 靶和 II 靶的灵敏度及测时仪的两通道的触发灵敏度可能有所

差异,因此 Δx 和 $\Delta x'$ 不一定相等。为使二者尽可能接近,一般都选择区截信号后半周的极性来设定测时仪的触发极性,因为曲线的这一段最陡,斜率大。如果将线圈靶的励磁线圈或感应线圈接反,则感应电动势将反向,因此,线圈靶是有极性(即方向性)的。使用时,应当使线圈靶的极性和测时仪的触发极性相适应。为此,各测时仪都规定有一套线圈靶极性检查规则。采用南极启

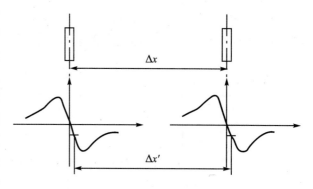

图 14-33 线圈靶所产生的区截信号

动工作方式,即按规定方向分别向感应线圈及励磁线圈通入直流电时,线圈产生的磁场应使检查磁针的 S 极指向射击方向。如线圈靶的极性安排得不对,将使测量结果异常。安装线圈靶时,还应注意使弹道轴线和两靶连心线一致,否则,也将引入系统误差。

(2) 天幕靶

天幕靶是一种光电靶,它以太阳光在大气中散射而形成的自然光为光源。天幕靶对弹丸材料没有特殊要求,对弹丸飞行没有干扰,具有其他区截装置所没有的特殊优点。

如图 14-34 所示,根据透镜成像原理,发光体 ab 所成的像为 $a'b'$。如在像前装一个光阑,则只有光阑狭缝所允许通过的光才能成像于 $c'd'$。如对准 $c'd'$ 安装一个光敏元件,它所接收的只是垂直于纸面方向(与光阑狭缝平行),宽度为 cd 的一条光幕的光。当弹丸飞过该光幕

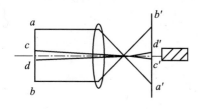

图 14-34 天幕靶的工作原理

时,弹丸的影像将使照射到光敏元件上的光通量发生变化,使光敏元件产生的电信号发生变化,发出区截信号。天幕靶是以自然光形成的光幕为区截面的,故而有此名称。光敏元件产生的区截信号仅几十微伏,需放大几万倍才能使后续电路工作,因此,天幕靶需复杂的电学系统及光学系统,造价较高。使用天幕靶时,应注意自然光明暗变化对仪器灵敏度的影响以及周围影物进

入光幕可能造成的误动作。天幕靶也可用人工光源在室内使用,但这时光源必须用直流供电。

(3) 相关测速法

相关测速法是利用随机过程互相关函数的方法测速。相关法能够连续、准确地测出车辆在不平坦路面的行驶速度。

用相关法测量车速时,可在车辆前、后桥的一侧,各安装一个检测垂直振动的加速度传感器 1 和 2,如图 14-35 所示。因前后轮距不变,后轮会重复前轮路径。故前后轮传感器的加速度信号 $x(t)$ 和 $y(t)$ 必然存在一定的相关性,只是 $y(t)$ 比 $x(t)$ 滞后 t_0,即

$$y(t) = x(t - t_0) \tag{14-40}$$

因此,利用互相关函数测得滞后时间 t_0,已知前后轴距 L,就可以精确计算车速,即

$$v = \frac{L}{t_0} \tag{14-41}$$

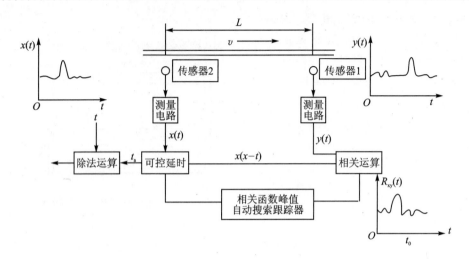

图 14-35　相关法测试原理结构图

14.2.2　瞬时速度法

工程中许多机械运动部件的速度变化是瞬息万变的,例如,自动武器的自动机运动的变化是十分剧烈的,在自由行程阶段,在短短的 1～2 ms 内,枪机框的速度就由静止急剧地上升到 10 m/s 左右,在开锁、带动枪机、后座到位、闭锁、复进到位的机构动作过程中,都有撞击存在而引起速度的突变,而枪机框的复进段,运动曲线的变化则比较平缓。这里仅介绍永磁感应测速法及多普勒测速法。

1. 永磁感应测速法

(1) 永磁感应测速传感器的工作原理和结构

永磁型感应测速传感器的结构如图 14-36 所示。在两根互相平行的铁芯 2 和 4 上分别均匀地密绕一层漆包线 3 和 5,称为速度线圈。在铁芯 4 上开有等间距的窄凹槽,相邻两槽的间距,称为节距,在凹槽内嵌绕着位移线圈 6,它的绕法是相邻两个位移槽内绕组的绕向相反。两根平行的铁芯线圈之间是一块永久磁铁 1,使用时和被测件固接,永久磁铁在铁芯中形成的磁路如图 14-36 中的虚线所示。在永久磁铁 1 和铁芯 2、4 之间的间隙内,将形成一个磁场,其方向垂直向上(下),并设磁感应强度为 B。

当运动机构运动时,带动永久磁铁沿铁芯线圈轴线方向运动。这时,速度线圈将切割磁力线,因此线圈内将产生感应电动势 e。若 n 为单位长度内速度线圈的匝数,v 为永久磁铁的速度,根据电磁感应定律,有 $e \propto nBv$。对于一定的均匀密绕的速度线圈来讲,n 是一个常数。在永久磁铁和铁芯线圈之间的间隙中的磁感应强度 B 也近似恒定,因此,速度线圈中的感应电动势 e 和被测运动体的速度 v 成正比。

传感器的两个速度线圈采用串联连接,使它们的感应电动势相加。该连接方法一方面可提高传感器的灵敏度;另一方面,也是更重要的,是被测运动部件除水平运动之外,在垂直方向也有微小跳动,这会改变磁铁和铁芯间的距离,从而使间隙中的磁感应强度 B 发生变化。如只有一个速度线圈，B 的变化将使感应电动势和速度之间的比例系数发生变化，从而破坏了感应电动势和速度之间的正比关系，引入测量误差。将两个速度线圈串联，当永久磁铁和上铁芯线圈之间的间隙减小时，永久磁铁和下铁芯线圈之间的间隙就将增大，上、下间隙之和保持不变，两个速度线圈的电动势是串联相加的，则上下跳动对感应电动势的影响就能相互补偿，使总的输出电动势不受上下跳动的影响，而和运动体速度成正比。

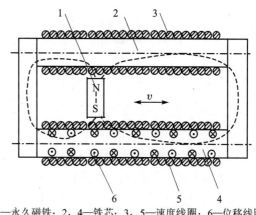

1—永久磁铁；2，4—铁芯；3，5—速度线圈；6—位移线圈

图 14-36 永磁感应测速传感器结构示意图

当永久磁铁运动时，在位移线圈中也要产生感应电动势。由于位移线圈中两个相邻绕组的绕向相反，两相邻绕组间的距离恒定，对外电路来说，相邻绕组中产生的感应电动势的方向是相反的，所以，位移线圈输出的电动势波形是锯齿形。产生锯齿波的峰尖（谷）的时刻，正是永久磁铁经过某个位移绕组的时刻；而相邻的峰尖和峰谷对应的时间间隔相当于永久磁铁通过一个节距所用的时间。

永磁型感应测速传感器的铁芯应采用软磁材料，即它们的剩磁强度和矫顽力应尽可能的小。如剩磁强度较大，铁芯上的剩磁沿铁芯长度的分布必然是不均匀的，将破坏永久磁铁运动时磁感应强度 B 随位置不变的条件，而使传感器的感应电动势不仅和磁铁的速度有关，还和磁铁的位置有关，这就破坏了感应电动势和磁铁速度之间的线性关系。此外，当磁铁运动时，除了速度线圈和位移线圈中产生感应电动势之外，如果铁芯是用良导体制成，并具备形成回路的条件，那么，铁芯的表面也将产生感应电动势，并形成感应电流，这就是涡电流，涡电流也要在传感器线圈中产生感应电动势。由于涡流的磁场总是力图阻止外磁场的变化，所以，涡流引起的感应电动势将阻止速度线圈中的总感应电动势追随磁铁速度的变化。当涡流严重时，传感器的灵敏度和动态特性将严重下降，甚至由于涡流热会烧坏线圈。因此，选择铁芯材料和结构形式时应尽可能地防止铁芯中产生涡流，铁芯材料应当是高磁导率的，以提高传感器的灵敏度。根据以上考虑，一种经特殊热处理后的铁镍合金——坡莫合金是较好的铁芯材料。

传感器的永久磁铁应选用剩磁强度和矫顽力尽可能大的硬磁材料，以提高传感器的灵敏度，并使磁铁具有抗工作过程中的振动和撞击而保持磁性不变的能力。如铝镍钴粉末永磁合金就是一种较理想的材料。永久磁铁的宽度应小于位移线圈的节距。

(2) 速度测量应用实例

下面以自动机运动速度的测量为例，说明测量系统的组成及其要求。

① 测量系统的组成。图 14-37 所示为采用永磁感应测速传感器测量自动机运动速度的测量系统组成框图，图中测量放大器用来对速度信号或位移标志信号进行放大，有时还可起到阻抗变换的作用。

② 传感器和自动机的连接。对于永磁型感应测速传感器，通常是把永久磁铁镶嵌在一根由非铁磁材料做成的连接杆的端部，再把连接杆紧固到待测的运动部件上（自动机），连接杆的

图 14-37 测量系统组成框图

要求是：重量轻、刚度大、连接紧。连接杆的重量要轻，因为把连接杆固接到自动机上，将使自动机增加了一个附加质量，从而改变了自动机的运动规律，引入测量误差。因此，制作连接杆的材料的比重应小些，尺寸应尽可能的紧凑。连接杆的刚度要大，因为把连接杆固接在自动机上，相当于从自动机上伸出一根悬臂梁，在自动机运动的激励下，悬臂梁的运动状态可用二阶线性系统的模型来描述。这就要求自动机——连接杆的固有频率尽可能高。设连接杆是均质等截面的，则其固有频率 f_n 可用下式计算：

$$f_n \approx \frac{1}{2\pi}\sqrt{\frac{k}{0.24m}} \tag{14-42}$$

式中，m 为连接杆的质量；k 为悬臂梁的刚度。且有

$$k = \frac{3EJ}{l^3} \tag{14-43}$$

式中，E 为连接杆材料的杨氏弹性模量；J 为连接杆的截面惯性矩；l 为连接杆的长度。

由此可见，为使 f_n 尽可能的大，须使 m 和 l 尽可能地小，而 E 和 J 尽可能地大些。此外，连接杆和自动机的连接要牢固，否则将使连接杆-自动机组件的固有频率降低，使连接杆不能很好地跟随自动机的运动。

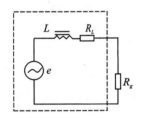

图 14-38 感应测速传感器的等效电路

③ 传感器对测量电路的要求。感应测速传感器的基本结构是由导磁材料制成的铁芯上用漆包线绕制的线圈，因此，传感器具有一定的电感 L 和电阻 R_L。假设把传感器连接到适当的测量仪器上构成闭合回路，并设测量仪器的输入电阻为 R_g。当永久磁铁随待测部件运动时，速度线圈中产生感应电动势 e，并在回路中产生电流 i，可用图 14-38 所示的等效电路来表示感应测速传感器的测量电路。

记 $R=R_L+R_g$，根据基尔霍夫定律，有

$$L\frac{di}{dt} + Ri = e \tag{14-44}$$

该模型是典型的一阶线性系统的数学模型，由此可见，测量电路的动态特性取决于时间常数 τ，且有

$$\tau = \frac{L}{R} \tag{14-45}$$

τ 越小，则测量电路的动态特性越好；反之，则测量电路的动态特性越差。为改善测量电路的动态特性，要求电路中的 L 应当小些，R 应当大些。对于特定的传感器，L 和 R_L 是一定的，要改善测量电路的动态特性，就需要测量仪器的输入电阻 R_g 大一些。

④ 运动速度求取（积分标定法）。分析研究自动机的运动时，往往需要从波形图上判读自

动机在某些特征点的速度,如自由行程末的速度、开锁结束时的速度、抛壳时的速度等等。根据传感器结构可知,位移曲线上相邻的两个峰谷相当于自动机通过了位移线圈的一个节距,而节距 ΔB 是一个恒定的长度,所以,可把位移曲线的峰谷看作位移坐标的分度点,分度值就是位移线圈的节距。

由于速度是导出量,没有相应的基准,因此,如何判读速度曲线一直是人们关注的问题。速度曲线的标定常采用积分标定法,积分标定通常有图解积分法和数值积分法。图解积分法适用于系统输出为模拟信号的系统,如光线示波器;数值积分法适用于输出为数字信号的测量系统。

图解积分法的基本思想是:从速度曲线上找一段认为是匀(变)速运动的曲线段,在对应的位移曲线上找到相应的起始位置,按峰谷、谷峰计算节距数 m,由此可计算出该段运动的时间 Δt 及其实际运动位移 $\Delta S = m \cdot \Delta B$。基于计算平均速度的思路可算出在该区间段中点运动速度,可近似看成该段中点的瞬时速度,量取该中点速度曲线的高 $h_{\bar{v}}$,则速度曲线中点的灵敏度系数 S_v 为

$$S_v = \frac{\Delta S}{\Delta t \cdot h_{\bar{v}}} \tag{14-46}$$

数值积分标定的基本思想是物体在运动全程 S 或已知局部运动段内位移 $S_{t_1-t_2}$ 应等于物体该段内运动速度对时间的积分。设各时间采样点上对应的数字量为 $D_{v(t)}$,由此可求出速度曲线的灵敏度系数 S_v

$$S_v = \frac{S_{t_1-t_2}}{\int_{t_1}^{t_2} D_{v(t)} \, \mathrm{d}t} \tag{14-47}$$

2. 多普勒测速法

(1) 多普勒效应测速原理

当波源相对于介质运动时,波源的频率和介质中的波动频率不相同。同样,介质中的频率和一个相对介质运动的接收器所记录的频率也不相同。这两种情况都称为多普勒效应,所产生的频率差称为多普勒频率(或频移)。多普勒效应可通过在同一直线上分别以速度 u_s 和 u_0 相对于介质运动的波源和接收器来证明,并计算出所引起的频率改变量,如图 14-39 所示,设波源频率为 f,波在介质中传播的频率为 f',接收器记录的波动频率为 f''。若介质中的波速为 u,则波源发出的波在单位时间内传播的距离为 $u - u_s$。因为单位时间内波源发出 f 个波,故介质中波动的波长

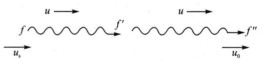

图 14-39 多普勒效应

$$\lambda' = \frac{u - u_s}{f} \tag{14-48}$$

介质中的波动频率 f' 应为 u/λ' 或

$$f' = \frac{fu}{u - u_s} \tag{14-49}$$

这些波相对于接收器的速度为 $u - u_0$,故介质中单位时间内到达接收器的波列的长度为 $u - u_0$。这一波列包括 $(u - u_0)/\lambda'$ 个整波,因此接收器接收到的频率为

将式(14-48)代入上式得

$$f'' = \frac{f(u-u_0)}{u-u_s} \tag{14-50}$$

若速度 u_0 或 u_s 与波动传播方向相反，则式(14-50)中的 u_0、u_s 应相应改变符号。如果 $u_0 = 0$，则 $f'' = fu/(u-u_s)$；如果 $u_s = 0$，则 $f'' = f(u-u_0)/u, f' = f$。

如果接收器和波源不是沿波动传播方向运动，则式(14-50)u_s 和 u_0 是波源和接收器沿传播方向的速度分量。

如果一列波从一个运动物体的表面反射回来，则反射波的频率相对于入射波的频率产生一个多普勒频移。如图14-40所示，若一个频率为 f 的波垂直入射到一个以速度 v 沿波的入射方向运动的物体表面，则物体表面接收的波动频率为 f'，反射波动频率为 f''。如果物体表面为观察点，令 $u_0 = v, u_s = 0$，则由式(14-50)得

$$f' = \frac{f(u-v)}{u} \tag{14-51}$$

如果将物体表面视为速度 $u_s = -v$，频率为 f' 的波源，则由式(14-49)可知，介质中的反射频率

$$f'' = \frac{f(u-v)}{u+v}$$

(2) 多普勒雷达测量速度

用多普勒雷达可检测线速度，其工作原理如图14-41所示。由式(14-52)可知，若 $u \gg v$，则多普勒频率(或频移)为

$$\Delta f = \frac{2v\cos\theta}{\lambda} \tag{14-53}$$

式中，$\cos\theta$ 是在电磁方向反射体的速度分量，m/s；λ 是电磁的波长，m。由式(14-53)可确定反射物的运动速度，这种方法已广泛用于检测车辆的行驶速度。

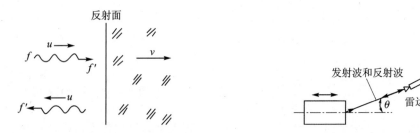

图14-40　运动物体表面反射的波　　　图14-41　多普勒测速工作原理

14.2.3　转速测量

常用转速测量方法如表14-2所列。转速测量系统一般由频率式转速传感器、数字转换电路和数字显示器等部分组成。首先由传感器把转速转变成频率信号，再通过测量信号的频率或周期来测量转速。这里仅介绍常用的频率式转速测量方法。

表 14-2　常用的转速测量方法

类型		测试方法	适用范围	特点	测速仪
测速发电机	直流	励磁一定,发电机输出电压与转速成正比	中、高速,最高达 10 000 r/min	可远距离指示	交、直流测速发电机
	交流				
磁电式		转轴带动磁性体旋转产生计数脉冲,其脉冲数与转速成正比例	中、高速,最高达 48 000 r/min	机构较复杂,精度高	数字式磁电转速计
光电式		利用转动圆盘的光线使光电元件产生电脉冲	中、高速,最高达 48 000 r/min	没有扭矩损失,机构简单	光电脉冲转速计
同步闪光式		用已知频率的闪光来测出同步的频率(即旋转体转速)	中、高速	没有扭矩损失	闪光测速仪
旋转编码盘		把码盘中反映转轴位置的码值转换成电脉冲输出	低、中、高速	数字输出,精度高	光电式码盘

1. 频率式转速传感器

把转速转换成脉冲系列的传感器常有磁感应式、电涡流式、霍尔式、磁敏二极管或三极管式和光电式传感器。

(1) 磁电感应式转速传感器

磁电感应式转速传感器的结构如图 14-42 所示。当安装在被测转轴上的齿轮(导磁体)旋转时,其齿依次通过永久磁铁两磁极间的间隙,使磁路的磁阻和磁通发生周期性变化,从而在线圈上感应出频率和幅值均与轴转速成比例的交流电压信号 u_0。由于感应电压与磁通 ϕ 的变化率成比例,即 $u_0 = W\dfrac{d\phi}{dt}$(W 是线圈匝数),随着转速下降输出电压幅值减小,当转速低到一定程度时,电压幅值会减小到无法检测出来的程度,故这种传感器不适合于低速测量。为提高低转速的测量效果,可采用电涡流式、霍尔式、磁敏二极管(或三极管)式转速传感器,它们的共同特点是输出电压幅值受转速影响很小。

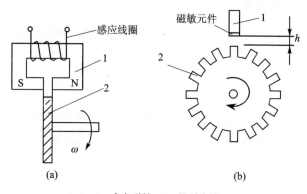

1—永久磁铁；2—导磁齿轮

图 14-42　磁电式转速度传感器

(2) 光电频率转速传感器

光电式转速传感器分为反射式和透射式两大类,它们都由光源、光路系统、调制器和光敏元件组成,如图 14-43 所示。调制器的作用是把连续光调制成光脉冲信号,可在其上开有均匀分布的多个缝隙(或小孔),或是直接在被测转轴的某一部位上涂以黑白相间的条纹。当安装在被测轴上的调制器随被测轴一起旋转时,利用圆盘缝隙(或小孔)的透光性,或黑白条纹对光的吸收或反射性把被测转速调制成相应的光脉冲。光脉冲照射到光敏元件上时,即产生相应的电脉冲信号,从而把转速转换成了电脉冲信号。

图 14-43(a)所示为透射式光电转速传感器的原理图。当被测轴旋转时,安装在其上的圆盘调制器使光路周期性地交替断和通,因而使光敏元件产生周期性变化的电信号。

图 14-43(b)所示为反射光电转速传感器原理示意图。光源发出的光经过透镜 1 投射到半透膜 4 上。半透膜具有对光半反射的特性,透射的部分光被损失掉,反射的部分光经透镜 3 投射到转轴上涂有黑白条纹的部位。黑条纹吸收光,白条纹反射光。在转轴旋转过程中,光照处的条纹黑白每换一次,光线就被反射一次。被反射回的光经过透镜 3 又投射到半透膜 4 上,一部分被半透膜反射损失掉,一部分透过半透膜并经透镜 2 聚集到光敏元件上,光敏元件就由不导通状态变为导通,从而产生一个电脉冲信号。因此,转轴每旋转一圈,光敏元件就输出与白条纹数目相同的电脉冲信号。

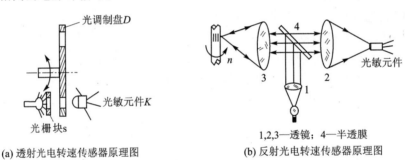

(a) 透射光电转速传感器原理图　　(b) 反射光电转速传感器原理图

图 14-43　光电式转速传感器原理

2. 转速数字化测量电路

为了读出被测转速值,还需要进一步把传感器输出信号的频率或周期转换成数字量,以便于数字显示。如果在一确定的时间 t 内,被测信号产生的脉冲个数为 N_P,则按定义其频率为

$$f = \frac{N_P}{t} \tag{14-54}$$

因此,如果能够测出已知的时间间隔内的脉冲数,就可按式(14-54)计算出信号的频率。根据这一原理,频率/数字转换电路至少应该包括时基电路、计数控制门和计数器三个基本环节,如图 14-44 所示。

时基电路的功能是提供时间基准(又称为时标),它由晶体振荡器和分频器电路组成。振荡器输出的标准频率信号经放大整形和分频后,产生出以脉冲宽度形式表示的时间基准来控制计数门,在 t 时间内,分频器输出为高电平,计数控制门打开,被测信号脉冲通过,进入计数器计数。在 t 时间之外,分频器输出为低电平,计数控制门被阻塞,不许被测信号脉冲通过。

数字式转速测量系统除应包括转速传感器、数字化转换电路和显示器外,由于实际测量总

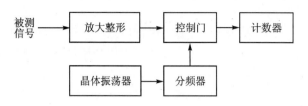

图 14 - 44 频率/数字转换电路

是在一段时间内连续进行的,因此在每个测量循环开始之前,必须首先对时基电路、计数器和显示器进行清零。另外,也需要使显示延长一定的时间,以便观察测量结果。故系统中还应设有完成这些功能的控制逻辑电路,常用的系统原理结构如图 14 - 45 所示。

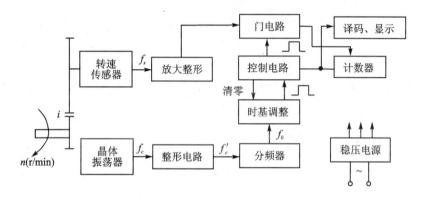

图 14 - 45 数字式转速测量系统原理结构

14.3 加速度测量

线加速度是指物体质心沿其运动轨迹方向的加速度,是描述物体在空间运动本质的一个基本量。因此,可通过测量加速度来测量物体的运动状态。通过测量加速度可判断机械系统所承受的加速度负荷的大小,以便正确设计其机械强度和按照设计指标正确控制其运动加速度,以免机件损坏。线加速度的单位是 m/s^2,而习惯上常以重力加速度 g 作为计量单位。对于加速度,常用惯性测量法,即把惯性式加速度传感器安装在运动体上进行测量。

14.3.1 惯性式加速度传感器的工作模型

目前测量加速度的传感器基本上都是基于图 14 - 46 所示的由质量块 m、弹簧 k 和阻尼器 c 组成的典型二阶惯性测量系统。传感器的壳体固接在待测物体上,随物体一起运动,壳体内有一质量块 m,通过一根刚度 k 的弹簧连接到壳体上,当质量块相对壳体运动时,受到黏滞阻力的作用,阻尼力的大小与壳体间的相对速度成正比,比例系统 c 称为阻尼系数,用一个阻尼器表示。质量块不与传感器基座相固连,因而在惯性作用下将与基座之间产生相对位移 y。质量块感受加速度并产生与加速度成正比的惯性力,从而使弹簧产生与质量块相对位移相等的伸缩变形,弹簧变形又产生与变形量成比例的反作用力。当惯性力与弹簧反作用力相平衡时,质量块相对于基座的位移与加速度成正比,故可通过该位移或惯性力来测量加速度。

建立如图 14 - 46 所示的两个坐标系,以坐标 x 表示传感器基座的位置,以坐标 y 表示质

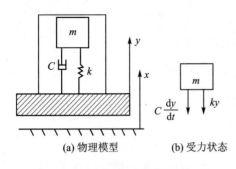

(a) 物理模型　　(b) 受力状态

图 14-46　二阶惯性系统的物理模型

量块相对于传感器基座的位置，以静止状态下的位置为坐标原点。

假设壳体和质量块都沿坐标轴正方向运动。对质量 m 取隔离体，受力状态如图 14-46(b)所示。质量体的绝对运动应当等于其牵连运动（伴随被测体的运动）和相对运动（质量体 m 相对于被测体的运动）之和。由牛顿运动定律，有

$$m\left(\frac{d^2x}{dt^2}+\frac{d^2y}{dt^2}\right)=-c\frac{dy}{dt}-ky$$

经整理后得

$$m\frac{d^2y}{dt^2}+c\frac{dy}{dt}+ky=-m\frac{d^2x}{dt^2} \quad (14-55)$$

式(14-55)是描述质量块对壳体的相对运动的微分方程。显然，它是二阶线性测量系统，如果引入系统的运动特性参数，则式(14-55)可写成

$$\frac{d^2y}{dt^2}+2\xi\omega_n\frac{dy}{dt}+\omega_n^2 y=-\frac{d^2x}{dt^2} \quad (14-56)$$

式中，ω_n 为二阶系统的固有角频率（$\omega_n=\sqrt{\frac{k}{m}}$）；$\xi$ 为系统的阻尼比（$\xi=\frac{c}{2\sqrt{mk}}$）；m 为质量块的质量；k 为弹簧刚度系数；c 为阻尼系数。

以待测物体的加速度 $\frac{d^2x}{dt^2}$ 为激励，并记 $a=\frac{d^2x}{dt^2}$。以质量块的相对位移 y 为响应，对式(14-56)取拉氏变换，则有

$$s^2 Y(s)+2\xi\omega_n s Y(s)+\omega_n^2 Y(s)=-A(s) \quad (14-57)$$

传递函数为

$$H_a(s)=\frac{Y(s)}{A(s)}=-\frac{1}{s^2+2\xi\omega_n s+\omega_n^2} \quad (14-58)$$

频率响应函数为

$$H_a(j\omega)=-\frac{1}{(j\omega)^2+2\xi\omega_n j\omega+\omega_n^2}$$

$$=-\frac{1}{\omega_n^2}\frac{1}{[1-(\omega/\omega_n)^2]+2\xi j\omega/\omega_n} \quad (14-59)$$

幅频特性为

$$A_a(\omega)=\frac{1}{\omega_n^2}\frac{1}{\sqrt{[1-(\omega/\omega_n)^2]^2+(2\xi\omega/\omega_n)^2}} \quad (14-60)$$

相频特性为

$$\phi_a(\omega)=-\arctan\frac{2\xi\omega/\omega_n}{1-(\omega/\omega_n)^2} \quad (14-61)$$

由式(14-60)可知，只有当 $\frac{\omega}{\omega_n}\ll 1$ 时，$A_a(\omega)\approx\frac{1}{\omega_n^2}$。这是用惯性式传感器测量加速度的理论基础，即惯性式加速度传感器必须工作在低于其固有频率的频域内。因此，为使惯性式加速度传感器有尽可能宽的工作频域，它的固有频率应尽可能高一些，也就是弹簧的刚度 k 应尽可

能大一些，质量 m 应尽可能小些。

14.3.2 常用惯性式加速传感器

常用惯性式加速度传感器有：应变式、压电式、压阻式、电容式、电感式和光纤式等，其中压电式加速度传感器参见本书 8.5.2 节，压阻式加速度传感器参见本书 7.4.3 节。

1. 应变式加速传感器

应变式加速度传感器是以应变片为机-电转换元件的测振传感器，工作原理如图 14-47(a) 所示。等强度悬臂梁安装固定在传感器的基座上，梁的自由端固定一质量块 m，在梁的根部附近两面上各贴一个（或两个）性能相同的应变片 R_1 和 R_2，应变片接成对称差动电桥。

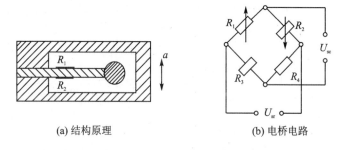

(a) 结构原理　　　　　　　(b) 电桥电路

图 14-47　应变式加速度传感器原理

当质量块感受加速度 a 而产生惯性力 F_a 时，在力 $F_a = ma$ 的作用下，悬臂梁发生弯曲变形，其应变为

$$\varepsilon = \frac{6l}{Ebh^2}F_a = \frac{6l}{Ebh^2}ma \tag{14-62}$$

式中，l、b、h 分别为梁的长度、根部宽度和厚度；E 为材料的弹性模量；m 为质量块的质量；a 为被测加速度。

粘贴在梁两面上的应变片分别感受正（拉）应变和负（压）应变，使电阻增加和减少，电桥输出与加速度成正比的电压 U_{sc}，即

$$U_{sc} = \frac{1}{2}U_{sr}\frac{\Delta R}{R} = \frac{1}{2}U_{sr}K\varepsilon = \frac{3lU_{sr}K}{Ebh^2}ma \tag{14-63}$$

式中，U_{sr} 为供桥电压；K 为应变片的灵敏度；传感器的灵敏度 S_a 为

$$S_a = \frac{3l}{Ebh^2}KU_{sr}m \tag{14-64}$$

由以上分析可见，为了提高传感器的灵敏度，需增大惯性块的质量或减小梁的刚度。所有这些措施，都将使弹簧——质量系统的固有频率降低，因此，悬臂梁式应变加速度计的固有频率不高。为尽量扩大工作频率范围，常采取调节阻尼的办法，使系统处于 $\zeta = 0.6 \sim 0.8$ 的最佳阻尼状态中。为此，将惯性系统放在充满阻尼油的壳体内，通过调整油的黏度达到阻尼要求。

应变式加速度传感器的突出特点是低频响应好，能在静态下工作，可测频率下限可延展到零赫，传感器输出阻抗不高，对测量电路没有特殊要求，可直接利用各种动态应变仪，但是，它的固有频率不高，不适宜于测量高频振动、冲击及宽带随机振动。

2. 电容式加速度传感器

图 14-48 所示为零位平衡式(伺服式)硅电容式加速度传感器原理图。传感器由玻璃-Si-玻璃结构构成。硅悬壁梁的自由端设置有对加速度敏感的质量块,并在其上、下两面淀积有金属电极,形成电容的活动极板,把它安装在固定电极之间,组成一个差动式平板电容器,如图 14-48 所示。当有加速度(惯性力)施加在加速度传感器上时,活动极板(质量块)将产生微小的位移,引起电容变化,电容变化量 ΔC 由开关电容电路检测并放大。两路脉宽调制信号 U_E 和 $\bar{U}_E$ 由脉宽调制器产生,并分别加在两对电极上,如图 14-48 所示。通过这两路脉宽调制信号产生的静电力去控制活动极板的位置。对任何加速度值,只要检测出合成电容 ΔC 并用之控制脉冲宽度,便能够实现将活动板准确地保持在两固定电极之间位置处(即保持在非常接近零位移的位置上)。因为这种脉宽调制产生的静电力总是阻止活动电极偏离零位,且与加速度 a 成正比,所以通过低通滤波器的脉宽信号,即为该加速度传感器输出的电压信号。

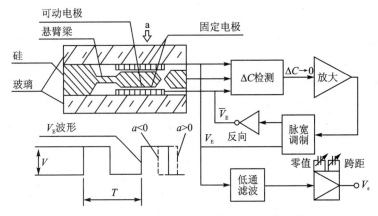

图 14-48 零位平衡式硅电容式加速度传感器

3. 电感式加速度传感器

图 14-49(a)所示电感式加速度传感器是基于差动变压器式电感传感器原理工作的。传感器与被测物体连后,当被测物体以某个加速度运动时,由于惯性力的作用,弹性支撑将带动传感器的铁芯运动,传感器的输出电压与被测加速度成比例。图 14-49(b)为该传感器测量加速度的测量电路方框图。

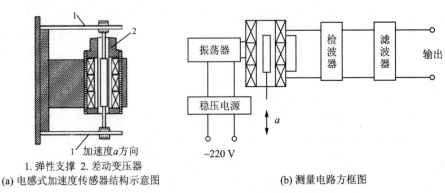

图 14-49 加速度传感器及测量电路的方框图

14.3.3 使用加速度传感器的几点说明

1. 关于加速度传感器的结构说明

综合分析本书已介绍的数种原理的惯性式加速度传感器,可总结得到以下几点常识:

① 惯性式加速度传感器一般包括一个质量块、一个弹性环节及一个位移传感器。

② 加速度传感器的总体性能一般会受到两方面的限制。一是弹性环节的机械性能,如线性、动态范围、对其他轴向加速度的敏感特性等;二是位移传感器的灵敏度。

③ 加速度传感器的带宽越高,所需要的位移检测分辨率越高。

图 14-50 为微型电容式加速度传感器原理图。位于中心的质量块将垂直方向的加速度转换为质量块的位移,进而转换为敏感电极间距的变化,从而可通过测量电极间的电容值得到加速度。

由图 14-50 可见,质量块与基座之间的连接即弹性环节,该弹性环节的性能直接影响到传感器的动态特性,而电容测量的分辨

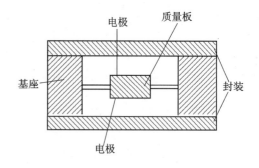

图 14-50 微型电容式加速度传感器

率及稳定性则决定了传感器的分辨率及稳定性。为提高电容测量精度,一般都将检测电路与敏感元件集成在一起,并且芯片中同时设计制作补偿电容,以实现温度特性的补偿及传感器状态的自诊断。

2. 传感器的特性及使用说明

这里以压电式加速度传感器为例,阐述正确使用加速度传感器应当了解的几个方面的问题。

(1) 灵敏度

压电式加速度传感器的灵敏度可以用电压灵敏度和电荷灵敏度表示。前者是加速度传感器输出电压与承受加速度之比即 mV/a;后者是输出电荷与承受加速度之比即 pC/a。一般以 g 作为加速度单位($1\ g = 9.807\ m/s^2$),这是在振动测量中大家所接受的习惯表示。压电式加速度传感器的电压灵敏度在 $2 \sim 10^4$ mV/g,电荷灵敏度是 $1 \sim 10^4$ pC/g 之间。

对给定的压电材料而言,灵敏度随质量块的增加而增加,但质量块的增加会造成加速度传感器的尺寸加大,也使固有频率降低。

(2) 安装方法与上限频率

加速度传感器使用上限频率受其第一阶共振频率的限制。对于小阻尼($\xi=0.1$)的加速度传感器,上限频率取第一阶共振频率的 1/3 便可保证幅值误差低于 1 dB(12%),若取第一阶共振频率的 ξ 倍则可保证幅值误差小于 0.5 dB(6%)。但在实际使用中,上限频率还与加速度传感器固定在试件上的刚度有关。常用的固定加速度传感器的方法及各种固定方法对加速度传感器的频特性的影响,如图 14-51 所示。

综合考虑两者对上限频率的影响,当无法确认加速度传感器完全刚性固定于被测件的情

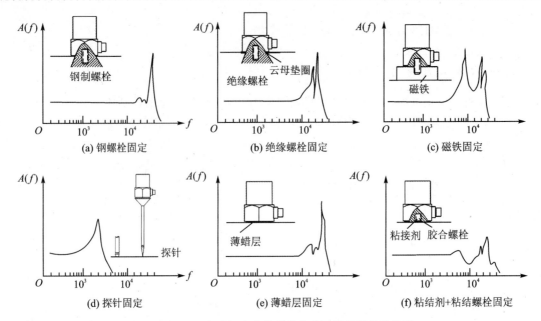

图 14-51 压电式加速度的安装方法及其幅频特性曲线

况时,第一阶共振频率应取决于加速度传感器固定在被测件上的方法。

(3) 前置放大与下限频率。压电式加速度传感器作为一种压电式传感器,其前置放大器可以分成两类:电压放大器和电荷放大器。电压放大器是一种等输入阻抗的比例放大器。其电路比较简单,但输出受连接电缆对地电容的影响。适用于一般振动测量。电荷放大器,以电容作负反馈,使用中基本上不受电缆电容的影响。精度较高,但价格比较贵。

从压电式加速度传感器的力学模型看,它具有"低通"特性。应可测量频率极低的振动。但实际上,由于低频大振幅时,加速度非常小。传感器灵敏度有限,因而输出信号将很微弱,信噪比很差。另外由于电荷的泄漏、积分电路的漂移(在测量速度与位移时),器件的噪声漂移不可避免。所以实际低频段的截止频率不小于 0.1~1 Hz 左右。

14.3.4 加速度测量系统的校准

为保证加速度测试与试验结果的可靠性与精度,在加速度测试中对加速度传感器和测试系统的校准很重要。这是因为加速度传感器使用一段时间后灵敏度会有所改变,像压电材料的老化会使灵敏度每年降低 2%~5%。测试仪器修理后必须按它的技术指标进行全面严格的标定和校准;进行重大测试工作之前常需要做现场校准或某些特性校准,以保证获得满意的结果。

加速度传感器与系统要校准的项目很多,但绝大多数使用者最关心的是加速度传感器的灵敏度和频率响应特性的校准。

标定装置式样繁多,根据输入的激励不同,可分为正弦运动法和瞬态运动法两种。正弦运动法标定加速度可在振动台上进行。振动台是一种专用的振动试验设备,可产生不同频率和振幅稳定的正弦机械运动。它不仅可标定加速度的灵敏度,也可确定加速度的频率特性。用正弦运动法标定加速度传感器又可分为绝对标定法和相对标定法。

1. 绝对法

将被校准加速度传感器固定在校准振动台上,用激光干涉测振仪直接测量振动台的振幅,再和被校准加速度传感器的输出比较,以确定被校准传感器的灵敏度,这便是用激光干涉仪的绝对校准法,其校准精度约为 0.5%～1%。此法同时也可测量传感器的频率响应,其原理图如图 14-52 所示。

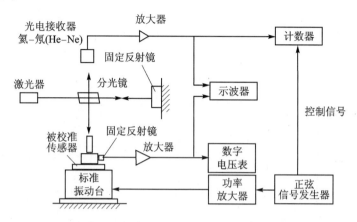

图 14-52 激光干涉绝对校准法原理图

在进行频率响应测试时,使信号发生器做慢速的频率扫描,同时用反馈电路使振动台的振动速度或加速度幅值保持不变,并测量传感器的输出,便可给出被校准加速度传感器的频响曲线。在振动台功率受限制时,高频段台面的振幅相应较小,振幅测量的相对误差就会有所增加。

为了降低成本、便于操作,常采用经过校准的已知精度等级和频率范围的小型激振器对加速度传感系统进行校准。这种激振器可以在现场方便地核查传感器在该给定频率点的灵敏度。但这样校准的精度不是很高。

2. 相对法

相对校准法又叫做比较校准法,一般是利用被校准的传感器与一个经过国家计量部门严格校准过的、具有更高精度的传感器做比较来确定被校准传感器的性能参数。其中用做参考基准的传感器称为参考传感器或标准传感器。

相对校准法校准加速度的原理如图 14-53 所示,可以将标准传感器与被校准传感器背靠背地安装在振动台上,如图 14-53(a)所示。这种安装方式的好处在于能较好地保证两个传感器感受相同的振动激励。同样也可将两传感器并排安装在振动台上,如图 14-53(b)所示,但此时必须注意振动台振动的单向性和台面各点振动的均匀性。安装中要确保两传感器感受

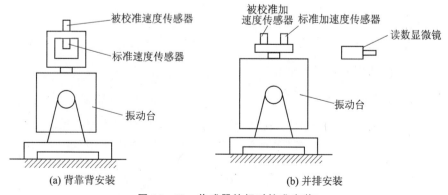

图 14-53 传感器的相对校准安装

相同的振动激励,为此可采用两传感器位置互换的方法来加以检验,若经交换位置之后,两传感器的输出电压比不变,则表示它们感受到的振动相同。

相对校准法的校准精度一般不如绝对校准法,其适用的振幅和频率范围也受到参考传感器的技术指标的限制。但相对校准法的最大优点是方法简单、操作方便。

瞬态运动法是利用输入一个瞬态量来标定加速度传感器的。瞬态加速度由两个质量间的撞击产生,它可在弹道摆上或落锤装置上实现,如图 14-54 所示。

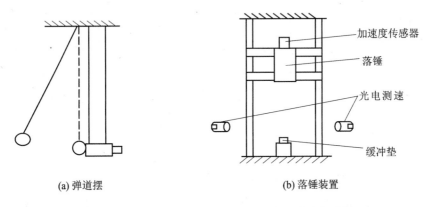

图 14-54 用瞬态运动法标定压电加速度传感器

瞬态运动法标定压电加速度传感器的另一方法是用一只标准测力传感器同时记录下撞击时质量块之间的相互作用力 F 和加速度传感器的输出的变化曲线,若 m 为被校准加速度传感器的质量,由牛顿运动定律 $F=ma$,对两条曲线进行比较,可计算出被校准加速度传感器的灵敏度:

$$S_a = m \frac{h_u \cdot k_u}{h_f \cdot k_f} \quad (14-65)$$

式中,h_u 为加速度传感器输出示波曲线的高度;h_f 为相应的标准测力传感器输出的示波曲线的高度;k_u、k_f 分别为这两条曲线的比例尺。

用该方法标定加速度传感器时,无须假设加速度传感器是线性的,标定的不准确度可达 5%。

习题与思考题

14-1 在题 14-1 图中的电容位移传感器由 $C=\dfrac{0.5A}{\delta}$ 描述,式中,$A=300$ 为传感器探头的横截面积,mm^2;δ 为空气气隙距离,mm。求空气气隙从 0.2 mm 变到 0.3 mm 时电容值的变化。空气介质的相对介电常量 $\varepsilon_r=1$ F/m,真空介电常量 $\varepsilon_0=8.85\times10^{-12}$ F/m。

14-2 为什么电感式传感器一般采用差动形式?

14-3 电涡流的形成范围与渗透深度与哪些因素有关?被测体对涡流传感器的灵敏度有何影响?

14-4 为什么变极距式电容传感器的灵敏度和非线性是矛盾的?实际应用中应该怎样解决这一问题?

14-5 为何采用电容负反馈放大器可以改善变极距式电容位移传感器的非线性?画出其电路图并推导其输出公式。

14-6 某电容测微仪,其传感器的圆形极板半径 $r=4$ mm,工作初始间隙 $\delta=0.3$ mm,问:

① 工作时,如果传感器与工件的间隙变化量 $\Delta\delta=\pm 1$ μm,电容变化量多少?

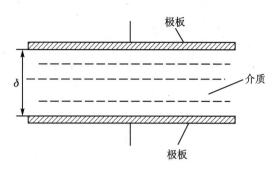

题 14-1 图

② 如果测量电路的灵敏度 $k_1=100$ mV/pF，读仪表的灵敏度 $k_2=5$ 格/mV，在 $\Delta\delta=\pm 1$ μm 时，读数仪表的指示值变化是多少格？

14-7 简述电涡流式传感器的工作原理，电涡流传感器除了能测量位移外，还能测量哪些非电量，并举例说明。

14-8 用定距测时法测量运动物体速度的基本思想是什么？

14-9 永磁感应测速传感器的速度线圈绕组、位移线圈绕组在结构上各有何特点？并说明其有哪些优越性。

14-10 为改善永磁感应测速传感器的动态特性，试讨论与其相连的放大器具备哪些要求。

14-11 用运动体运动的速度对时间的积分等于运动体运动的位移对速度信号标定的基本思想是什么？

14-12 根据磁电式传感器的工作原理，设计一传感器测量转轴的转速，要求画出结构简图并说明工作原理。

14-13 用压电式加速度传感器及电荷放大器测量某机器的振动，已知：加速度传感器灵敏度为 5 pC/g，电荷放大器的灵敏度为 50 mV/pC，当机器达到最大加速度时相应的输出电压幅值为 2 V，试求该机器的振动加速度。

14-14 有一压电加速度测量系统，如果用其测量信号的最高频率 $f=30$ kHz，欲使幅值测量误差小于 5%，假定系统的无尼阻尼比 $\xi=0.1$，传感器的有频率为何值？用 50 kHz 的传感器能否测量？为什么？

14-15 用简图说明压电式加速度传感器的工作原理，并说明用压电式加速度传感器构成的加速度测量系统的工作频率上、下限由哪些因素决定。

14-16 画出惯性式加速度传感器的物理模型，建立相应的坐标系，并说明牵连运动和惯性运动的物理意义；导出惯性式加速度传感器的数学模型，并推导其幅频函数及相频函数。

14-17 简要说明常用加速度传感器的标定方法有几种，并说明其标定过程。

14-18 用你所学的知识，设计三种工作原理不同的某转轴转速测量的传感器，并用框图说明相应测量系统的组建方案。

14-19 用你所学的知识，设计三种工作原理不同的加速度传感器，并用框图说明相应测量系统的组建方案。

14-20 用你所学的知识，设计三种工作原理不同的某运动体位移测量的传感器，并用框图说明相应测量系统的组建方案。

14-21 简要说明压电式加速度传感器横向灵敏度的定义及产生原因。

14-22 简述相关测速的基本原理。

第15章 机械振动测试

15.1 概 述

机械振动是工程技术中和日常生活中常见的物理现象,几乎每种机器都会产生振动问题。除了少数机器振动可被利用来为人类服务之外,绝大多数振动现象不受人们欢迎。在工程技术史上曾发生过多次由于振动而导致的严重事故。机械振动是影响机器的性能、寿命的主要因素,也是产生噪声的因素之一。到目前为止,振动问题在生产实践中仍然占着相当突出的位置。随着机器的日益高速化、大功率化、结构轻型化及其精密程度的不断提高,对控制振动的要求也就更加迫切。

多年来,在长期生产实践和科学实验中已形成了一整套关于机械振动的基本理论,并指导和解决了许多实际问题。但是,在实践中所遇到的振动问题却远比理论上所设想的和阐述的要复杂得多,尤其是对于复杂结构或者牵涉到复杂的非线性机理时,单靠现有的振动理论和数学方法来作分析判断,往往难于应付。所以在观察、分析、研究机械动力系统产生振动的原因及其规律时,除了理论分析之外,直接进行测试始终是一个重要的必不可少的手段。目前,解决复杂结构振动问题,常采用测试与理论计算相结合的办法,以了解机械结构的动力特性或抗振能力。因此,振动测试在机械工程试验中占有相当重要的地位。

一个振动系统,其输出(响应)特性取决于激励形式和系统的特征。研究振动问题就是在振动、激励响应和系统传递特性三者中已知其两个特性时求另一个的问题。已知激励条件与系统振动特性,求系统的响应是振动分析问题;已知系统的激励与响应,确定系统的特性,这是振动特性测试或系统识别的问题;已知系统的振动特性和系统的响应,确定系统的激励状态,这是振源预测问题。

振动测量内容一般可分为两类:一类是振动基本参数的测量,即测量振动物体上某点的位移、速度、加速度、频率和相位;另一类是结构或部件的动态特性测量,以某种激振力作用在被测件上,使它产生受迫振动,测量输入(激振力)和输出(被测件的振动响应),从而确定被测件的固有频率、阻尼、刚度和振型等动态参数。这一类试验又可称之为"频率响应试验"或"机械阻抗试验。"

15.2 常用振动传感器

15.2.1 振动测量方法

振动测量的方法较多,按测量过程的物理性质可分为:机械式测量方法、电测方法和光测方法三类。其中机械式测量方法由于响应慢、测量范围有限而很少使用。由于激光具有波长稳定、能量集中、准直性好的独特优点,因此光测方法中激光测振技术已得到开发和应用,目前主要用于某些特定情况下的测振。现代振动测量中,电测方法使用最普遍,技术最成熟。振动量电测方法通常是先用测振传感器检测振动的位移或速度、加速度信号并转换为电量,然后利用分析电路或专用仪器来提取振动信号中的强度和频谱信息。采用电测法进行诊断测试时,测振传感器是测试系统的核心组成部分,因此合理选择测振传感器是十分重要的。测振传感器的种类很多。

① 按测振参数分为位移传感器、速度传感器、加速度传感器。

② 按传感器与被测物位置关系分为接触式传感器和非接触式传感器。接触式传感器有电阻应变式、电感式、压电式、磁电式等种类;非接触式传感器有电容式、电涡流式和光学式等种类。

③ 按测试参考坐标可分为相对式测振传感器和绝对式(惯性式)测振传感器。相对式测振传感器测振时,传感器设置在被测物体外的静止基准上,测量振动物体相对于基准点的相对振动。绝对式测振是指把振动传感器固定在被测物体上,以大地为参考基准,测量物体相对于大地的绝对振动,因此又称为惯性式测振传感器,如惯性式位移传感器、压电式加速传感器等。绝对式测振传感器在振动测量中普遍使用。

15.2.2 绝对式测振传感器原理

传感器绝对式测振传感器的结构可简化为如图 15-1 所示的力学模型。它是由质量块 m、弹簧 k、阻尼器 c 组成的二阶惯性系统。传感器壳体固定在被测物体上,当被测物体振动时,引起传感器惯性系统产生受迫振动。通过测量惯性质量块的运动参数,便可求出被测振动量的大小。

测振原理可由惯性系统产生的受迫振动与被测振动之间的关系导出。图 15-1 中,$x(t)$ 为被测物体振动位移;$y(t)$ 为惯性质量块的振动位移;$z = y(t) - x(t)$ 为壳体相对惯性质量块的振动位移;m 为质量块质量;k 为支承质量块的弹簧刚度;c 为阻尼系数。则惯性质量块的动力方程式可写成

$$m\frac{d^2 z}{dt^2} + c\frac{dz}{dt} + kz = 0 \quad (15-1)$$

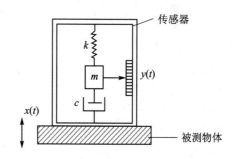

图 15-1 绝对式测振传感器的力学模型

将 z 代入方程式(15-1)得

$$m\frac{d^2 z}{dt^2} + c\frac{dz}{dt} + kz = -m\frac{d^2 x}{dt^2} \tag{15-2}$$

令

$$\omega_n = \sqrt{\frac{k}{m}}, \qquad \frac{c}{m} = 2\zeta\omega_n$$

可将式(15-2)化简为

$$\frac{d^2 z}{dt^2} + 2\zeta\omega_n \frac{dz}{dt} + \omega_n^2 z = -\frac{d^2 x}{dt^2} \tag{15-3}$$

设被测物体的振动为简谐振动,即

$$x(t) = x_m \sin(\omega t)$$

则
$$\frac{dx}{dt} = \omega x_m \cos(\omega t)$$

$$\frac{d^2 x}{dt^2} = -\omega^2 x_m \sin(\omega t)$$

所以式(15-3)化简为

$$\frac{d^2 z}{dt^2} + 2\zeta\omega_n \frac{dz}{dt} + \omega^2 z = x_m \omega^2 \sin(\omega t) \tag{15-4}$$

求解以上方程,得质量块 m 的相对运动规律为

$$z = z(t) = \frac{(\omega/\omega_n)^2 x_m}{\sqrt{[1-(\omega/\omega_n)^2]^2 + (2\zeta\omega/\omega_n)^2}} \sin(\omega t - \phi) \tag{15-5}$$

其中,振幅为

$$z_m = \frac{(\omega/\omega_n)^2 x_m}{\sqrt{[1-(\omega/\omega_n)^2]^2 + (2\zeta\omega/\omega_n)^2}} \tag{15-6}$$

相位差为

$$\phi = \arctan \frac{2\zeta(\omega/\omega_n)}{1-(\omega/\omega_n)^2} \tag{15-7}$$

式中,x_m 为被测物体的最大振幅或位移;ω 为被测振动的角频率;ζ 为惯性系统阻尼比;ω_n 为惯性系统的固有角频率。

由传感器检测质量块 m 相对于传感器壳体做相对运动的 $z(t)$ 来反映振动体的振动情况,如振幅、速度、加速度等。由式(15-6)、式(15-7)可知,传感器输出的幅值和相位角均与 ω/ω_n 和 ζ 有关,当测振传感器的结构参数 ω_n 和 ζ 不同时,对于同一个被测振动量,测振传感器测量的参数可能是振幅、速度和加速度三者之一,这取决于 ω/ω_n 和 ζ 值的大小。

1. 测振幅

当测振传感器的输出量 z 正确感受和反应的是被测体振动的振幅量 x_m 时,即用惯性式位移传感器测量振动体的振幅时,由式(15-6)、式(15-7)可知,此时传感器的幅频特性 $A_x(\omega)$ 和相频特性 $\phi_x(\omega)$ 为

$$A_x(\omega) = \frac{z_m}{x_m} = \frac{(\omega/\omega_n)^2}{\sqrt{[1-(\omega/\omega_n)^2]^2 + (2\zeta\omega/\omega_n)^2}} \tag{15-8}$$

$$\phi_x(\omega) = \arctan \frac{2\zeta\left(\dfrac{\omega}{\omega_n}\right)}{1-\left(\dfrac{\omega}{\omega_n}\right)^2} \tag{15-9}$$

以角频率比 ω/ω_n 为横坐标,以振幅比 z_m/x_m 为纵坐标,画出不同阻尼比的幅频特性曲线和相频特性曲线分别如图 15-2 和图 15-3 所示。

由图 15-2 可知,当 $\omega \gg \omega_n$,$\zeta < 1$ 时,在测量范围内的幅频特性曲线近似为常数,即 $A_x(\omega)$ 接近于 1,此时 $z_m \approx x_m$,表明传感器的输出正比于被测物体振动的位移,一般 ω/ω_n 取 3~5;由图(15-3)可知,当 $\omega \gg \omega_n$,$\zeta < 1$ 时,相位差接近 180°,相频特性也接近直线。所以,惯性式位移传感器的工作范围是 $\omega \gg \omega_n$,ζ 取 0.6~0.7。

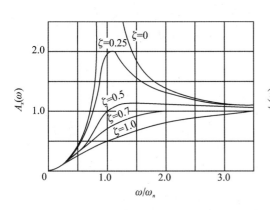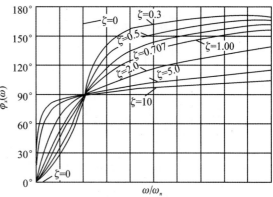

图 15-2　惯性式位移传感器的幅频特性曲线　　图 15-3　惯性式位移传感器的相频特性曲线

2. 测振动速度

当传感器的输出量 z 正确感受和反映的是被测振动速度时,即用惯性式速度传感器测量振动体的速度时,由式(15-6)可知,此时传感器的幅频特性 $A_v(\omega)$ 应为

$$A_v(\omega) = \frac{1}{\omega} \frac{(\omega/\omega_n)^2}{\sqrt{[1-(\omega/\omega_n)^2]^2 + (2\zeta\omega/\omega_n)^2}}$$

$$= \frac{\omega}{\omega_n^2} \frac{1}{\sqrt{\left(\frac{\omega_n^2 - \omega^2}{\omega_n^2}\right)^2 + 4\zeta^2 \frac{\omega^2}{\omega_n^2}}} = \frac{1}{\omega_n \sqrt{\left(\frac{\omega_n^2}{\omega} - \frac{\omega}{\omega_n}\right)^2 + 4\zeta^2}} \quad (15-10)$$

画出幅频特性曲线如图 15-4 所示。

从图中曲线看出:

① 当 $\omega/\omega_n \to 0$ 和 $\omega/\omega_n \to \infty$ 时, $A_v(\omega) \to 0$;

② 当 $\omega = \omega_n$ 时, $A_v(\omega)$ 具有最大值。

所以速度传感器的工作区域是在 $\omega/\omega_n = 1$ 附近,在此区域其幅频特性没有 $A_v(\omega) = 1$ 的平坦段。相频特性曲线也不接近直线,当被测频率有微小变化时,将造成较大的幅值误差,所以很少用这种方法来测量振动速度。

3. 测振动加速度

当测振传感器输出量 z 能正确感受和反映被测振动加速度时,即用惯性加速度传感器测量振动体的加速度时,由式(15-6)可得出此时传感器的幅频特性 $A_a(\omega)$ 为

$$A_a(\omega) = \frac{1}{\omega^2} \frac{(\omega/\omega_n)^2}{\sqrt{[1-(\omega/\omega_n)^2]^2 + (2\zeta\omega/\omega_n)^2}} = \frac{1}{\omega_n^2} \frac{1}{\sqrt{[1-(\omega/\omega_n)^2]^2 + (2\zeta\omega/\omega_n)^2}}$$

$$(15-11)$$

幅频特性曲线,如图 15-5 所示。

从幅频特性曲线上看出,要使传感器输出量 z 能正确反映被测振动的加速度,必须满足以下条件:

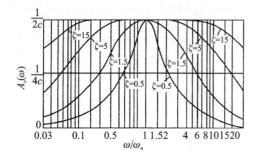 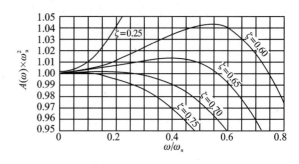

图 15-4 惯性式速度传感器的幅频特性曲线　　图 15-5 惯性式加速度传感器幅频特性曲线

(1) $\omega/\omega_n \ll 1$ 时,一般 ω/ω_n 取 $(1/3 \sim 1/5)$,即传感器的固有频率应高于被测频率的 $3 \sim 5$ 倍,各幅频特性曲线趋于平坦,此时 $A_a(\omega) \approx 1/\omega_n^2 =$ 常数,随着 ω_n 的增大,测量上限频率得到提高,但灵敏度会降低,因此 ω_n 不宜选的太高。

(2) 在 $\omega = \omega_n$ 时,出现共振峰值,选择恰当的阻尼比可抑制它。一般取 $\zeta = 0.6 \sim 0.7$,则保证值误差不超过 5%,此时相频特性曲线接近直线。

通过以上推导、分析可以看出,随着被测频率的变化和阻尼比的改变,测振传感器可以成为位移传感器、速度传感器和加速度传感器。位移传感器的工作区域为 $\omega/\omega_n \gg 1$,一般 ω/ω_n 取 $3 \sim 5$;速度传感器工作区域是 $\omega/\omega_n = 1$ 附近;加速度传感器工作区域为 $\omega/\omega_n \ll 1$。

应当指出,由于绝对式测振传感器工作时,固定在被测体上,因而它的质量将影响被测体振动的大小和固有频率。只有当测振传感器的质量 $m_1 \ll m$(被测体质量)时,其影响才可以忽略。

15.2.3　相对式测振传感器原理

相对式测振传感器分接触式和非接触式两种。常用接触式测振传感器有电感式位移传感器和磁电式速度传感器等;非接触式有电涡流式、电容式等。这里仅介绍磁电式速度传感器。

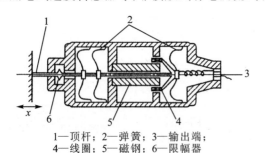

1—顶杆；2—弹簧；3—输出端；
4—线圈；5—磁钢；6—限幅器

图 15-6　磁电式速度传感器

图 15-6 所示为磁电式速度传感器,它可以直接检测振动速度。测量时,传感器安装在静止基座上,活动顶杆压在被测物体上,使弹簧产生一定的变形 ΔL 和压力 F,在被测振动力和弹簧力的作用下,顶杆与被测物体接触,跟随被测物体一起运动。固定在顶杆上的线圈在磁场里运动,产生感应电势,其感应电势正比于物体振动速度。

由磁电式速度传感器测振原理可知,正确反映被测物体振动的关键是活动顶杆要能正确传递及跟随被测体的振动。下面讨论该传感器测量中振动传递跟随的条件。

设传感器活动部分的质量为 m,弹簧刚度为 k,弹簧变形后的恢复力为 F,根据牛顿定律,恢复力能产生的最大加速度为

$$a_{\max} = \frac{F}{m} \qquad (15-12)$$

为保证被测振动被良好传递且顶杆与被测物体始终接触,恢复力产生的最大加速度必须大于被测振动的最大加速度,即

$$a_{\max} > a \tag{15-13}$$

若被测振动是简谐振动,有

$$x = x_m \sin(\omega t)$$

式中,ω 为简谐振动角频率;x_m 为简谐振动的振幅。

则运动物体的加速度为

$$a = \frac{\mathrm{d}^2 x}{\mathrm{d}t^2} = -\omega^2 x_m \sin(\omega t) = a_m \sin(\omega t) \tag{15-14}$$

其中

$$a_m = -\omega^2 x_m$$

因此有

$$\frac{F}{m} = \frac{k \cdot \Delta L}{m} > \omega^2 x_m$$

即

$$\Delta L > \frac{m}{k} \omega^2 x_m \tag{15-15}$$

式中,ΔL 可理解为弹簧的预压量,只有满足式(15-15)的条件,顶杆才能正确地传递振动。若把活动部分的质量和弹簧看成一个振动系统,其固有角频率 $\omega_n^2 = k/m$,则式(15-15)可写为

$$\Delta L > \frac{\omega^2}{\omega_n^2} x_m \tag{15-16}$$

从式(15-16)可以看出,传递和跟随条件与被测振动频率、振幅和传感器活动部分的固有频率有关。如果弹簧的预压 ΔL 不够,或被测振动的频率较高时,则顶杆不能满足跟随条件。因此,传感器的使用范围与被测最大位移和频率有关。

15.3 测振系统的组成及合理选择

工程中的振动问题非常复杂,这是因为测试对象繁多,被测结构形式多样,尺寸大小不一,振动幅值变化范围很大,振动信号频带很宽,振动时间有长有短,振动信号的类别也很多,加上工程中要解决的问题不同,要求从测试信号中获取的信息也不同。从振动测试系统来讲,测试系统一般都由传感器、放大器、记录仪器三部分组成,这三部分要求有合理的配合才能正确地进行测试工作。但由于各部分仪器种类繁多,性能不一。因此使工程中的振动测试问题变得复杂化。为了根据测试对象、测试目的和要求,能测出如实反映结构振动规律的信号,对测试系统的合理选择,以及正确地配套使用是非常重要的。

15.3.1 测振系统的组成

常用的工程振动测试系统可分为压电式振动测试系统、应变及压阻式振动测试系统,伺服式振动测试系统,光电式振动测试系统,电涡流式振动测试系统。下面介绍最常用的几种振动测试系统。

1. 压电式振动测试系统

大多数压电式振动测试系统是用来测试振动冲击加速度或激励力的,在特定条件下,有时也可以通过积分网络在一定的范围内获得振动速度和位移。压电式振动测试系统的组成如图15-7所示。

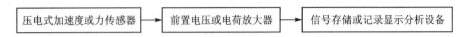

图 15-7 压电式测振系统组成框图

压电型传感器的输出阻抗很高,因此要求电压和电荷放大器的输入阻抗很高。连接导线或者接插件对阻抗的影响较大,因此要求其绝缘电阻很高。压电式测振系统使用频带宽、输出灵敏度高,传感器的无阻尼性能指标可作得很高,可作成标准型加速度传感器,传感器可微型化或集成化。但是压电测试系统的低频响应不好,系统的抗干扰能力较差,易受电磁场的干扰。压电测试系统常配备有滤波网络,可以根据测振信号的频带特性以及测试要求进行选择。

2. 应变及压阻式振动测试系统

应变式振动测试系统的传感器有应变式加速度传感器、位移传感器和力传感器。与其配套使用的放大器一般为电阻应变仪。记录仪器可用各类记录设备,如数字式瞬态波形存储器等,应变式振动测试系统如图15-8所示。

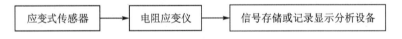

图 15-8 应变式振动测试系统组成框图

应变式测振系统具有良好的低频特性,测试频率可从零赫兹开始。传感器的输出阻抗较低,整套测试系统使用较为方便。加速度传感器一般配有合适的阻尼,可有效地抑制高频和共振频率的干扰。但该测试系统的频率上限受到限制,因此也容易受到外界的干扰。

对于压阻式测振系统,工程使用中有两种情况。一种是压阻传感器配接信号调理器即应变放大器,对信号进行放大后再进行记录。另一种是压阻传感器自成电桥,加上直流桥压电源就可输出具有足够灵敏度的加速度信号供记录用。这种测试系统,一般要求传感器桥臂阻值大,输出灵敏度高,测量的机械系统具有高加速度响应。

压阻式测振系统兼有应变和压电测振系统的优点,即低频响应好,测量信号可从零频率开始,而高频振动信号也可以用适当结构形式的传感器进行测量。压阻传感器亦可做成有阻尼的或者无阻尼的,可小型化、集成化,可制作成高性能指标的标准传感器。

工程振动测量中经常还使用滑线电阻位移传感器,这种传感器有桥式和分压式两种:一种是传感器配接电阻应变仪,将信号放大后传给记录仪;另一种是直接加直流桥压电源,传感器输出信号不需放大直接进行记录。这种测振系统一般用于大位移信号的测量。分压式滑线电阻位移传感器一般直接加上电源,对传感器输出信号直接进行记录。

3. 伺服式振动测试系统

伺服式振动测试系统具有测量精度高、稳定性好、分辨率高、传感器滞后小、重复性能好、漂移小及热稳定性高等优点。伺服式加速度传感器是测量超低频、微加速度的良好装置。它广泛用于石油开发、地质钻探、地震预报、大地测量、深井测量、高层建筑晃动和微小位移测量，其测量系统组成如图15-9所示。伺服放大器有时也内装在传感器中，称为内装式伺服加速度传感器。

图 15-9　伺服式测振系统组成框图

根据传感器的不同制作原理，可配套组成不同的测振系统。电感式、电容式、电涡流式传感器一般配用调频式放大器，再输出给记录仪器。光电式位移传感器经光电转换和电压放大器后再输给记录仪器。在有些振动现场，需要对振幅和频率进行实时监测，常配用数显振动测试系统。

15.3.2　测振系统的合理选用

对于振动信号的准确测量，需要合理地选用测试系统，正确地操作和使用系统是非常重要的，它直接影响到测试结果的正确性以及测试的成败。选择传感器及配套仪器不能片面地追求高、精、尖、洋，不能片面地追求宽频带、高灵敏度、多功能等项指标，而应根据测试对象的振动幅值、振动信号的频率范围、安装条件、振动环境、设备情况及解决问题所需要的信号频带和幅值来选择合适的仪器及配套设备。否则，就会导致次要的频率成分淹没了最需要的、最关键的频率成分，从而得出错误的结果。实际上，在同一测点，因为使用了不同的测量仪器，或者用同一种测试系统而选择了不同的旋钮位置，测得的振动曲线就会极不相同，幅值和频率成分就会有很大的差别。其原因就在于测振系统没有如实反映被测信号规律的能力。

选择测振系统的基本依据是待测振动信号的特征。信号特性最重要的有三条：一是振动幅值及其分布；二是频率范围；三是振动信号的分布规律。从理论上讲，振动测试系统要能覆盖整个待测信号的幅值范围和频率范围。但实际上，工程中的振动信号幅值范围是非常大的，频带范围是非常宽的。如火炮的弹丸过载加速度，着靶时的撞击加速度高达 10^6 g，而一般高层建筑的晃动加速度、环境振动加速度则在 10^{-2} g 以下。即使是同一结构的不同部位，其振动幅值相差也是非常大的。如火炮炮口振动加速度高达 400～500 g，而架体部位则只有 2～4 g。即使对同一部件，由于构件运动及功能的特殊性，振动幅值也相差很大。如火炮自动机在工作过程中，其碰撞加速度可达 300～400 g，而其运动加速度则很小，只有 1～2 g。为了研究自动机的运动规律，要求对整个运动过程进行准确地测量，这就要求整个测试系统在高幅值时不过载，而在低幅值时又有足够的灵敏度，使这种低幅信号不被淹没，能够进行处理分析。从频率范围来讲，机械振动的频率范围也是非常宽的。如火炮炮管的振动，前冲后坐的运动频率只有 1～2 Hz，而炮管管壁的弹性振动，尤其是炮管应力波的频率可达 40 kHz。这么大的变化幅值和这么宽的频率范围，要求测试系统的动态范围很大。当幅值相差 600～700 倍时，要求测试系统的动态范围高达 55dB，这对一般测试系统就比较困难了。在测试系统中，不管是传感器、放大器还是记录仪器，动态范围和频响范围都是有限的。因此选择测振范围首先要满足所测信号特性的要求，即整套测试系统的动态范围、频率响应和测试灵敏度要满足要求。对复杂冲击的准确测试，还要求传感器有比较好的相频特性。

在宽频带中，振动幅值因测试参数不同会有很大差异。如，当位移量同为 1 mm 时，频率

1 Hz 的加速度值为 0.004 g,频率为 1 000 Hz 的加速度值为 4 000 g。可见在位移相同,振动频率为 1 000 Hz 的加速度值,是振动频率为 1 Hz 时加速度值的 1×10^6 倍。当加速度值为 4 g 时,1 Hz 频率的位移峰值为 1 000 mm,1 000 Hz 频率的位移峰值为 0.001 mm,前者是后者的 1×10^6 倍。可见低频振动的位移值比高频时大得多,但它的加速度比高频时要小得多。振动参数间的这一特性对宽频带振动信号是非常重要的。实际上,任一信号波形都可看做是许多频率正弦波形合成的结果,测试中因采用的仪器和选择测试的振动参数不同,有时会得到不相同的幅值分布规律和结果。

一般地,选择测试系统时,要注意测试系统动态范围的上限应高于被测信号幅值上限的 20%,下限应低于被测信号幅值下限的 20%。这样测得的信号,其上限就不会出现过载、削波、平台等情况。其下限就不会出现被噪声和干扰淹没的情况。这种测试系统具有良好的信噪比。

在复合振动信号和冲击信号的测量中,要求加速度传感器的自振频率至少是被测信号频率上限的 2.5~3 倍;而对惯性式位移传感器,测量位移参数时,或者对惯性式速度传感器测量速度参数时,要求传感器的自振频率至多为被测信号最低频率的 1/2.5~1/3。二次仪表及记录仪器的平直频率响应段要覆盖被测信号的整个频带,这样才能保证整个测试系统有足够的频率响应。

测试系统的相频特性也很重要,相频特性主要取决于传感器。要使测得的信号波形不发生畸变,惯性式测振传感器最好接近于零阻尼,这样测得的信号对任何频率无相位滞后。或者传感器的阻尼配置在 0.707 附近,这样的传感器具有线性相频特性。对整个测试系统,零相位区的频率、范围的宽度,要比幅值响应平坦部分对应的宽度窄得多。一般说来,工程振动测试中,作为一个经验法则,测试系统平直频率响应的频带应为待测信号所需带宽的 10 倍。这样选择测试系统,即使对复合振动信号,复杂冲击信号的测量和时域分析及多通道比较测量,都有良好的相位响应。

15.3.3 传感器的安装

传感器固定在结构或部件上面,会使振动情况发生小的变化,与没有安装传感器的实际振动相比,要产生一些误差。一般情况下,误差不会太大。只有在对轻型柔性结构或部件进行测量时才需要考虑。在这些场合进行测量,应选择质量轻的传感器。要求选择的加速度传感器的动态质量,必须大大小于固定点结构的动态质量。一个物体的动态质量定义为作用力和所产生的加速度之比。和机械阻抗相同,加速度传感器的动态质量的大小就等于传感器的总质量,因为在传感器正常的工作频率范围内,加速度传感器可视为刚体。若加速度传感器固定在结构截面尺寸比传感器尺寸大的测点上,则结构的动态质量就很大,测量产生的误差就很小。在结构动态质量较小的场合,如薄板、梁、仪器仪表的面板和印刷电路板等,特别是存在有共振的那些频率处,要选择很轻的传感器作精细的测量,以便尽量减少测试误差。

当加速度传感器的安装表面或结构存在很大的应变时,加速度传感器的外壳可能会有很大的变形,从而产生测量误差。在这种场合,应选择剪切型加速度传感器。这种结构的传感器其应变灵敏度很低。

结构测点的具体布置和传感器的安装位置都应该合理选择。测点的布置和传感器的安装位置决定了测到的是什么样的信号。因为实际结构有主体和部件、部件与部件之分,不合理的安装布点,会产生所测非所需的信号,如火车车厢、车体、车轮、车轴和轴、箱、盖等几个地方的振动信号,其频率、幅值、振动波形相差很大。因此,必须找出能代表被测物体所需要研究的振动位置,合理布点,进行测量才能测到有用的信号。

安装在构件上的传感器应该与被测物体有良好的接触,必要时,传感器与被测物体之间应有牢固的或者刚性的连接。如在水平方向产生滑动,或在垂直方向产生滑动,或在垂直方向上脱离接触,都会使测试结果严重畸变,造成测试结果无法使用。限于结构的具体情况,有些传感器不能和被测结构直接连接,需要在传感器和被测结构之间加一个转接件。这种固定传感器的转接件会产生寄生振动,这种寄生振动会使测试结果产生畸变和误差。良好的固接,要求固定件的自振频率为被测振动频率的5~10倍。这样可使寄生振动大大减少。

振动测试系统中的导线连接和接地回路往往被人们所忽视,其实,它们会严重地影响测试结果。传感器的输出与连接导线之间,导线与放大器之间的插头连接,要保证处于良好的工作状态。测试系统的每一个接插件和开关的连接状态和状况,也要保证完善和良好。有时会因为接触不良,产生寄生的振动波形,有时使得测试数据忽大忽小,在一次性测试中,这些误差很难被发现。不良的接地或不合适的接地点,会给测试系统带来极大的电气干扰,同样会使测试数据受到严重的影响。对于大型设备或结构的多点测量,尤其是野外振动测试,更应引起足够的重视。整个测试系统要保证有一个良好的接地点,接地点最好设置在放大器或记录仪器上。

对于压电型测振系统,还存在一个特殊问题,即连接电缆的噪声问题。这些噪声既可能由电缆的机械运动引起,也可能由接地回路效应的电感应和噪声引起。机械上引起的噪声是由于摩擦生电效应或称为"颤动噪声"的原因。它是由于连接电缆的拉伸、压缩和动态弯曲所引起的电缆电容变化和摩擦引起的电荷变化产生的,这种情况容易发生低频干扰。因此,传感器的输出电缆应尽可能牢固地夹紧,不要使其摆动。

另外,在测量极低频率和极低振级的振动时,经常会产生温度的干扰效应。还有防潮问题,传感器本体到接头的绝缘电阻,会受潮气的作用进水而大大降低绝缘性能,从而会严重地影响测试。

在对各种火炮、火箭炮炮管,尤其是炮口的振动测试中,特别要注意对传感器的保护措施,保护措施包括冲击波的作用,防高温以及燃气流的直接作用,以确保传感器不受破坏。

15.4 机械系统振动特性测试及结构参数估计

测量机械系统结构动态参数,如测量结构的固有频率、阻尼、动刚度和振型等,首先应激励被测对象,使它按测试的要求作受迫振动或自由振动,即对系统输入一个激励信号,测定输入(激励)、系统的传输特性(频率响应函数)、输出(响应)三者的关系,为此必须有一激振系统。通常,机械系统结构参数测量系统如图15-10所示。

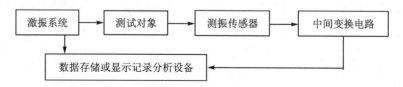

图 15-10 机械结构动态参数测量系统

常用的激励方式有稳态正弦激振、瞬态激振及随机激振三类。

15.4.1 激振方式及激振器

1. 稳态正弦激振和激振器

稳态正弦激振法是扫频信号发生器发出正弦信号通过功率放大器和激振器对被测对象施加稳定的单一频率的正弦激振力的方法。其激振力幅值是可控制的。由于对被测对象施加了激振力,使它产生了振动,故可精确地测出激振力的大小、相位,获得各点的频率响应函数。图15-11所示为正弦激振的机械结构动态参数测试系统。由信号发生器发出正弦信号经过功率放大器推动激振器工作,使试件产生强迫振动。振动信号由加速度传感器拾取后,经电荷放大器放大,变成电压信号输出并送入记录分析设备。同时力信号亦经电荷放大器后输入记录分析设备。记录分析设备将接收到的两路信号进行快速傅氏变换,并进行运算。最后输出传递函数的幅值、相位、实部、虚部。

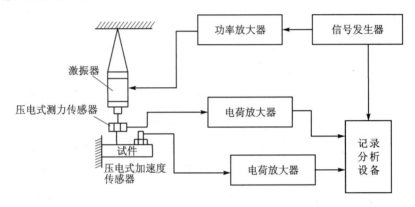

图 15-11 正弦激振的机械结构动态参数测试系统框图

应该注意,为测得整个频率范围内的频率响应,必须无级或有级地改变正弦激振力的频率,这一过程称为频率扫描或扫描过程。在扫描过程中,须采用足够缓慢的扫描速度,以保证分析仪器有足够的响应时间和使被测对象处于稳定振动状态,对于小阻尼的系统尤为重要。

在稳态正弦激振方法中,常用的激振器有电动式、电磁式和电液式三种。

(1) 电动式激振器

电动式激振器分为永磁式和励磁式两种,前者用于小型激振器;后者用于较大型的激振器,即激振台。图15-12是电动式激振器结构图,它由磁钢3、铁芯6、磁极5、壳体2、驱动线圈7、顶杆4和支撑弹簧1等元件组成。驱动线圈和顶杆固接并由弹簧支承在壳体上,使线圈正好处于磁极形成的高磁通密度的气隙中。根据通电导体在磁场中受力的原理,将电信号转变成激振力。

应该注意,由顶杆施加到试件上的激振力一般不等于线圈受到的电动力。传力比(电动力与激振力之比)与激振器运动部分和试件本身的重量、刚度、阻尼等有关,是频率的函数。只有在激振器可动部分质量与被测试件相比

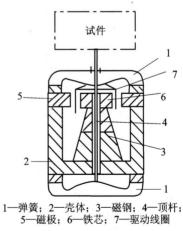

1—弹簧;2—壳体;3—磁钢;4—顶杆;
5—磁极;6—铁芯;7—驱动线圈

图 15-12 电动式激励

可略去不计,且激振器与被测试件连接刚度好,顶杆系统刚性也很好的情况下,才可以认为电动力等于激振力。一般最好使顶杆通过一只力传感器去激振被测试件,由它检测激振力的大小和相位。

电动激振器主要用来对被测试件作绝对激振,通常采用如图 15-13 所示安装方法。在进行较高频率的垂直激振时,可用刚度小的弹簧(如橡皮绳)将激振器悬挂起来,见图 15-13(a),并在激振器上加上配重块,以便尽量降低悬挂系统的固有频率,其频率低于激振频率的 1/3 时,可认为激振运动部件的支承刚度和质量对被测试件的振动没有影响。在进行较低频率的垂直激振时,使悬挂系统的固有频率低于激振频率的 1/3 是有困难的,此时可以把激振器

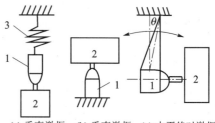

(a) 垂直激振　(b) 垂直激振　(c) 水平绝对激振

1—激振器；2—试件；3—弹簧

图 15-13　绝对激振时激振器的安装

固定在刚性的基础上,如图 15-3(b)所示,使安装的固有频率高于激振频率的 3 倍。这样也可以忽略激振器运动部件的特性对被测试件振动的影响。作水平绝对激振时,为了产生一定的预加载荷,需将其斜挂呈 θ 角,如图 15-13(c)所示。

(2) 电磁式激振器

电磁式激振器直接利用电磁力作为激振力,常用作非接触式激振器,其结构如图 15-14 所示。励磁线圈 3 包括一组直流线圈和一组交流线圈,检测线圈 4 用于检测激振力,位移传感器 6 用于测量激振器与衔铁之间的相对位移。当电流通过励磁线圈时,便产生相应的磁通,从而在铁芯和衔铁之间产生电磁力,若铁芯和衔铁分别固定在被测对象的两个部位上,便可实现两者之间无接触的相对激振。

电磁激振器的特点是与试件不接触,因此可对旋转着的对象进行激振。它不会受附加质量和刚度的影响,其频率上限为 500~800 Hz。

(3) 电液式激振器

电液式激振器的结构原理如图 15-15 所示。信号发生器的信号经放大后,由电液伺服阀(包括电动激振器、操纵阀和功率阀)控制油路活塞使之往复运动,并以顶杆去激振被测对象。

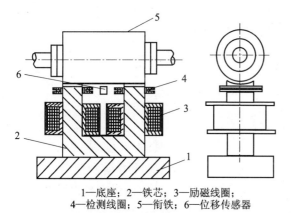

1—底座；2—铁芯；3—励磁线圈；
4—检测线圈；5—衔铁；6—位移传感器

图 15-14　电磁式激励器

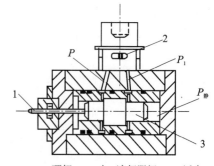

1—顶杆；2—电-液伺服阀；3—活塞

图 15-15　电-液式激振器原理

电液式激振器的特点是激振力大、行程大而结构紧凑。但由于油液的可压缩性和高速流动产生的摩擦,激振器的高频特性较差,只适用于较低频率范围。另外它结构复杂,制造精度要求高,需要一套液压系统,成本较高。

以上三种激振器常用于正弦激振试验。稳态正弦激振法的优点是激振功率大,信噪比高,频率分辨力高,测量精度好,不足之处是测试所花费的时间较长。

2. 瞬态激振和激振器

瞬态激振属于宽带激振法,可由激振力和响应的自谱密度函数和互谱密度函数求得系统的频率响应函数。目前常用的瞬态激振方法有快速正弦扫描、脉冲激振和阶跃松弛。

(1) 快速正弦扫描

快速正弦扫描所用激振器及测试仪器与正弦激振基本相同,但它要求信号发生器能在整个测试频段内作快速扫描,扫描时间为数秒至十几秒。目的是能得到一个"平谱",平谱的激振力保持为常数,见图 15 - 16 所示,激振信号函数式为:

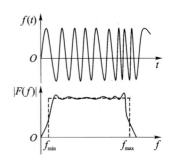

$$f(t) = F\sin 2\pi(at^2 + bt) \qquad 0 < t < T \tag{15-17}$$

式中,$a = (f_{max} - f_{min})T$,T 为扫描周期;f_{max} 为上限频率;f_{min} 为下限频率;$b = f_{min}$。

图 15 - 16 快速正弦扫描信号及其频谱

(2) 脉冲激振

脉冲激振是以一个力脉冲作用在被测试对象上,同时测量激振力和响应。由于脉冲激振具有宽带频谱(见图 15 - 17),故是一种宽带激振。采用的激振器是脉冲锤,其结构见图 15 - 18 所示。它的内部装有一个力传感器,用它敲击被测对象以后,就输出一个力信号。其信号脉冲宽度与锤头所用材料有关。图 15 - 19 可见,不同锤头材料得到力信号的频谱曲线范围也不相同。

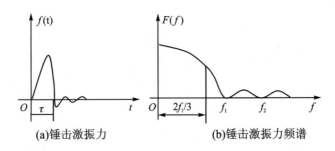

图 15 - 17 锤击激振力及其频谱

脉冲激励方法如图 15 - 20 所示。用脉冲锤对被测对象进行敲击,脉冲力信号及各点响应信号经过电荷放大,输入传递函数分析仪。从而得到传递函数的幅值和相位等特性图。

脉冲激振方法具有激振频带宽,测试方便、迅速,所用设备少,成本低,激振器对被测对象附加的约束小等优点,因此适用于轻小构件。但由于激振能量分散在很宽的频带内,故能量小,信噪比低,测试精度差,对大型结构的应用受到限制。

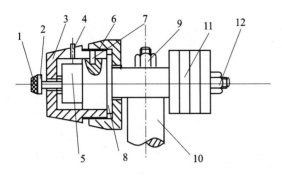
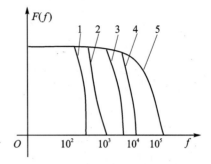

1—锤头垫；2—锤头；3—压紧套；4—力信号引出线；
5—力传感器；6—预紧螺母；7—销；8—锤体；
9—螺母；10—锤柄；11—配重块；12—螺母

图 15-18 脉冲锤的结构

1—橡胶；2—尼龙；3—有机玻璃；4—铜；5—钢

图 15-19 不同锤头材料的冲击力的频谱

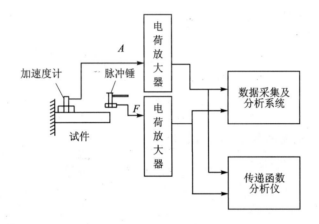

图 15-20 脉冲激励法测振系统

（3）阶跃松弛

阶跃松弛是在被测试件上突加或突卸一个常力以达到瞬态激振的目的。该常力可用激波管，火药筒来突加，也可用绳索先对试件加一常力，然后突然将绳索砍断，以达到突然卸载给试件以瞬态激励的目的。阶跃激振属于宽带激振，在建筑结构的振动测试中被普遍应。

3. 随机激振

随机激振方法有纯随机、伪随机和周期随机三种。通常纯随机信号由外部的模拟发生器产生，或将随机信号记录在磁带上，然后重放，并通过功率放大器输给电磁激振器或电液激振器。伪随机及周期随机信号常用数字信号处理机产生。

① 纯随机信号的功率谱是平直的，样本函数总体平均后趋于零。由于其非周期性，在截断信号后将产生能量泄漏，这虽可通过加窗解决，但又会导致频率分辨率降低。

② 伪随机信号具有一定的周期性，在一个周期内的信号是随机的，但各个周期内的信号完全相同。如该周期长度与分析仪的采样周期长度相同，则在时间窗内激振信号与响应信号呈周期性，从而消除泄漏问题。由于每次测量采用同一信号，不能通过总体平均的方法消除噪

声影响。

③ 周期随机信号是变化的伪随机信号,在某几个周期后出现另一个新的伪随机信号。因此它既具有纯随机和伪随机的优点,又避免了它们的缺点,即不仅消除泄漏,而且能用总体平均来消除噪声干扰和非线性畸变。应用较为广泛。

随机激振测试系统如 15-21 所示,它分别由激振、测振和信号处理三部分组成。其测振部分与正弦激振测试相同,激振部分仅是信号发生器不同,信号分析部分主要是由数字信号分析仪或通用计算机组成。

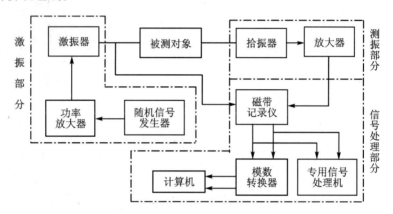

图 15-21 随机激振测试系统框图

15.4.2 机械系统结构参数的估计

机械系统振动测量的目的是为了确定机械结构的动态参数,如固有频率、阻尼比、动刚度和振型。根据线性振动理论,对于 N 个自由度的机械系统可分解成 N 个互相独立的单自由度系统来处理,把其中每一个单自由度系统的振动形态称为模态。因此,机械结构的动力响应由各阶模态的响应叠加得出。若对系统进行激振,当激振频率等于系统的某一固有频率时,可获得某一阶模态,而每一阶模态都有自己的特性参数。对 $M-K-C$ 单自由系统,实际上它的特性参数只有两个——固有频率 ω_n 及阻尼比 ξ。在多数情况下,机械系统的结构阻尼系数是比较小的,系统在某一个固有频率附近与其相应的该阶振动响应就非常突出。为此,下面着重讨论在小阻尼情况下,单自由度的特性——固有频率和阻尼比的估计。它不仅适用于单自由度,也同样适用多自由度的参数估计。

对单自由度系统,固有频率和阻尼比的测定通常用瞬态激振(自由振动法)或在某固有频率附近的稳态正弦激振(共振法)。

1. 自由振动法

根据被测对象的大小和刚度,选用适当冲击锤敲击被测对象,使之产生自由振动,并由传感器拾取振动信号,记录仪把这种自由振动信号记录下来,并与时标进行比较,就可以计算出阻尼比和固有频率。

如图 15-22(a)所示的单自由振动系统,若给系统以初始冲击(其初速度为 $\dfrac{\mathrm{d}y(0)}{\mathrm{d}t}$,若初始位移 y_0),则系统将在阻尼作用下做衰减自由振动,衰减振动曲线如图 15-22(b)所示,其表达

式为

$$\frac{d^2y(t)}{dt^2} + 2\xi\omega_n \frac{dy(t)}{dt} + \omega_n^2 y(t) = 0$$

$$y(t) = y(0)e^{-\omega_n t}\cos\omega_d t + \frac{dy(0)}{dt} \cdot \frac{e^{-\xi\omega_n t}}{\omega_d}\sin\omega_d t \quad (15-18)$$

式中，ω_d 为衰减振荡的圆频率，$\omega_d = \omega_n\sqrt{1-\xi^2}$。

根据衰减振动的曲线，周期 T_d 可通过曲线确定，$\omega_d = \frac{2\pi}{T_d}$，在系统阻尼比较小时，可以认为 ω_d 和 ω_n 近似相等。采用下述方法确定阻尼比 ξ。

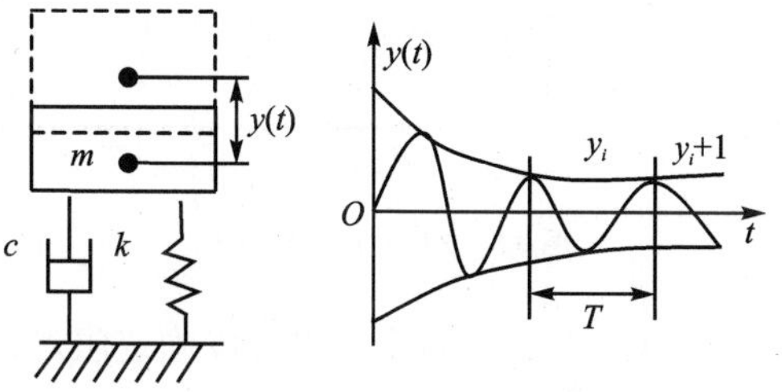

由图 15-22 可量出 y_i 以后的第 n 个波的振幅 y_{n+i}，于是得到两个振幅的对数衰减率：$\delta_n = \ln\frac{y_i}{y_{i+n}}$，并且用下式计算阻尼比

$$\xi = \frac{\delta_n}{\sqrt{\delta_n^2 + 4\pi^2 n^2}} \quad (15-19)$$

(a) 单自由振动系统物理模型　　(b) 衰减振动曲线

图 15-22　阻尼自由振动曲线

当 $\xi < 0.3$ 时，可以认为

$$\xi = \frac{\delta_n}{2\pi n} \quad (15-20)$$

2. 共振法

用稳态正弦激振方法，可得到被测试件的频率响应曲线，然后采用下述方法对单自由度系统的动态参数进行估计。

(1) 利用幅频曲线进行估计

在幅频曲线中，幅值最大处的频率称共振频率 ω_r，它一般不等于系统的固有频率，其值 $\omega_r = \omega_n\sqrt{1-2\xi^2}$，在小阻尼情况下，可认为 ω_r 近似等于 ω_n。

当系统阻尼很小时，可利用位移幅频曲线估计阻尼比，由于 $\omega = \omega_n$，$A(\omega_n) = \frac{1}{2\xi K}$，它非常接近共振峰值。如果以 $\omega_1 = (1-\xi)\omega_n$ 和 $\omega_2 = (1+\xi)\omega_n$ 代入单自由系统的幅频特性公式，则可得 $A(\omega_1) = \frac{1}{2\sqrt{2}\xi K} \approx A(\omega_2)$。在其共振幅的 $\frac{1}{\sqrt{2}}$ 处作一条水平线，与图 15-23 的幅频曲线交于 a, b 两点，所对应频率为 ω_1、ω_2 的阻尼比估计值为

$$\xi = \frac{\omega_2 - \omega_1}{2\omega_n} = \frac{\Delta\omega}{2\omega_n} \quad (15-21)$$

(2) 利用相频曲线进行估计

根据单自由度系统的相频特性表达式和相频曲线，如图 15-24 所示。并利用相位共振条件确定其固有频率，当 $\omega = \omega_n$ 时，位移信号滞后于激振力信号 $90°$。即激振频率等于固有频率时，$\phi(\omega_n) = -\frac{\pi}{2}$。

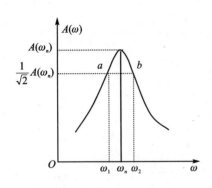
图 15-23 半功率点法

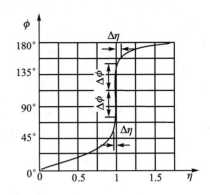
图 15-24 相频曲线

从所测得的相频曲线也可以确定阻尼比,因为

$$\phi = -\arctan\frac{2\xi\left(\dfrac{\omega}{\omega_n}\right)}{1-\left(\dfrac{\omega}{\omega_n}\right)^2} \tag{15-22}$$

若令 $\eta=\dfrac{\omega}{\omega_n}$,则

$$\frac{d\phi}{d\eta}=-\frac{2\xi(1-\eta^2)+4\xi\eta^2}{(1-\xi^2)+4\xi\eta^2} \tag{15-23}$$

当 $\omega=\omega_n$,$\eta=1$ 时

$$\left.\frac{d\phi}{d\eta}\right|_{\eta=1}=-\frac{1}{\xi} \tag{15-24}$$

则

$$\xi=-\left.\frac{\Delta\eta}{\Delta\phi}\right|_{\eta=1} \tag{15-25}$$

因此可从所测的相频曲线,求得 $\omega=\omega_n$ 处的斜率,从而直接估计阻尼比。

(3) 利用分量法进行估计

由单自由度系统的频率响应函数可得到其实部与虚部分量,它的表达式为

$$\mathrm{Re}[H(j\omega)]=\frac{1}{K}\cdot\frac{\left[1-\left(\dfrac{\omega}{\omega_n}\right)^2\right]}{\left[1-\left(\dfrac{\omega}{\omega_n}\right)^2\right]^2+\left(2\xi\dfrac{\omega}{\omega_n}\right)^2} \tag{15-26}$$

$$\mathrm{Im}[H(j\omega)]=-\frac{1}{K}\cdot\frac{2\xi\left(\dfrac{\omega}{\omega_n}\right)}{\left[1-\left(\dfrac{\omega}{\omega_n}\right)^2\right]^2+\left(2\xi\dfrac{\omega}{\omega_n}\right)^2} \tag{15-27}$$

其波形如图 15-25,根据图 15-25 和式(15-27)、式(15-28)可得出:

① 在 $\omega=\omega_n$ 处,实部为零,虚部为 $-\dfrac{1}{2\xi K}$,接近极小值。由它们可以确定系统的固有频率。

② 当 $\omega=\omega_1=\omega_2=\omega_n\sqrt{1\pm 2\xi}$ 时,$\mathrm{Re}[H(j\omega)]$ 获得极大值和极小值为

$$\mathrm{Re}[H(j\omega)]_{\max}=\frac{1}{4\xi(1-\xi)K} \tag{15-28}$$

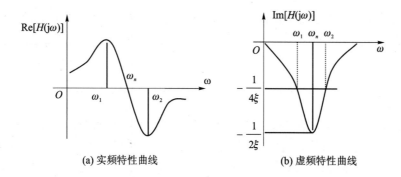

(a) 实频特性曲线　　　　(b) 虚频特性曲线

图 15 – 25　虚、实频特性曲线

$$\text{Re}\left[H(j\omega)\right]_{\min} = -\frac{1}{4\xi(1+\xi)K} \tag{15-29}$$

于是由测得实频曲线的极大值和极小值,确定 ω_1、ω_2 的数值,再由它们对系统的阻尼比进行估计,其估计值为

$$\xi = \frac{\omega_2 - \omega_1}{2\omega_n} \tag{15-30}$$

③ 同样在虚部曲线的 $\frac{1}{2}\text{Im}[H(j\omega_n)]$ 处,确定 ω_1、ω_2 的值,然后根据式(15 – 30)计算阻尼比。

以上分析结果说明,实、虚频曲线中的任何一条都包含着幅频、相频信息。同时,虚频曲线具有陡峭的特点。在分析多自由系统时,虚频曲线可提供较精确的结果。

15.5　机械阻抗测试

15.5.1　机械阻抗的概念及测试方法

1. 机械阻抗的定义

机械阻抗(Mechanical Impedance)的概念来自于机械系统的电模拟,比较机械系统与电气系统的微分方程。

机械系统:

$$m\frac{d^2 x}{dt^2} + c\frac{dx}{dt} + kx = F\sin\omega t \tag{15-31}$$

电气系统:

$$L\frac{d^2 q}{dt^2} + R\frac{dq}{dt} + \frac{1}{c}q = E\sin\omega t \tag{15-32}$$

两个方程具有相同的结构形式,两者之间的参数有下列对应关系:

质量 $m \Leftrightarrow$ 电感 L;刚度 $k \Leftrightarrow$ 电容的倒数 $1/c$;

速度 $v = \dfrac{dx}{dt} \Leftrightarrow$ 电流 $i = \dfrac{dq}{dt}$;阻尼系数 $c \Leftrightarrow$ 电阻 R

激励力 $F \Leftrightarrow$ 电压 E

因此机械系统可以用电路来模拟,电路中存在电路阻抗:$Z=\dfrac{E}{i}$,相应地,在机械振动系统中引入机械阻抗的概念,定义为简谐振动系统某一点的激励力与同一点或不同点的响应的速度输出量的复数之比,即

机械阻抗:
$$E_v = \dfrac{激励力}{响应速度} = \dfrac{Fe^{j\omega t}}{Ve^{j\omega t}} = \dfrac{F}{V} \tag{15-33}$$

机械阻抗反映了系统振动的难易程度,振动系统的响应可用位移、速度和加速度来表示,故机械阻抗可分为位移阻抗、速度阻抗和加速度阻抗。式(15-33)为速度阻抗的定义,记作 E_v 或者 $E_v(\omega)$。位移阻抗 E_x 或 $E_x(\omega)$ 和加速度阻抗 E_a 或 $E_a(\omega)$ 的定义分别为

位移阻抗
$$E_x = \dfrac{f(t)}{x(t)} = \dfrac{fe^{j\omega t}}{Xe^{j\omega t}} = \dfrac{F}{X} \tag{15-34}$$

加速度阻抗
$$E_a = \dfrac{f(t)}{a(t)} = \dfrac{fe^{j\omega t}}{Ae^{j\omega t}} = \dfrac{F}{A} \tag{15-35}$$

式中,F 为激振力的复振幅;X、V、A 分别为响应的位移、速度和加速度的复振幅。

机械阻抗的倒数称为机械导纳(mechanical mobility),定义为简谐振动系统某点的响应与同一点或不同点的激励力之比,即

位移导纳
$$Y_x = \dfrac{x(t)}{f(t)} = \dfrac{X}{F} \tag{15-36}$$

速度导纳
$$Y_v = \dfrac{v(t)}{f(t)} = \dfrac{V}{F} \tag{15-37}$$

加速度导纳
$$Y_a = \dfrac{a(t)}{f(t)} = \dfrac{A}{F} \tag{15-38}$$

如果响应点和激振点为同一点,则所得的阻抗或导纳称为原点阻抗或原点导纳(或驱动点阻抗、驱动点导纳),不同点的比值称为跨点阻抗或跨点导纳。

位移阻抗又称为动刚度,位移导纳又称为动柔度;速度阻抗又称为机械阻抗,速度导纳又称为导纳;加速度阻抗又称视在质量,加速度导纳又称机械惯性。机械阻抗是复量,可写成幅角、相角,或实部、虚部的形式,也可用幅-相特性,奈奎斯特图表示。在评价结构抗振能力时,常用动刚度,在共振区动刚度仅为静刚度的几分之一到十几分之一;在分析振动对人体感受的影响时,常用速度阻抗;在分析振动引起的结构疲劳损伤时,常用机械惯性指标;在分析车厢振动、噪声时常用速度导纳。

2. 机械阻抗的测试方法

从机械导纳的定义可以看出,对于简谐振动系统,因其输入和输出均为频率的谐和函数,此时机械系统的导纳与传递函数 $H(\omega)$ 是等同的。但传递函数强调的是系统输出与输入之间的数学关系,反映系统的动态特性,意义更为广泛。

结构系统的机械阻抗或导纳可以用理论计算,也可以实验测量。由于实际系统的复杂性,给理论计算带来了很多困难。所以近年来,机械阻抗多用实验方法获得。由于线性谐和系统的机械阻抗与传递函数是等同的,反映了振动系统的固有动态特性,与激振和响应的大小无关,无论激振力和响应是简谐的、复杂周期的、瞬态的还是随机的,所求得的机械阻抗都应该是一样的。因此,机械阻抗的测量方法很多,按照不同的激振方法有稳态正弦测试法、瞬态测试法和随机测试法等。

(1) 稳态正弦激振的机械导纳

采用稳态正弦激振时,机械导纳可定义为

$$机械导纳 = \frac{响应量的复幅值}{激励力的复幅值}$$

若输入激励力为

$$F = F_0 \cos(\omega t + \alpha) \tag{15-39}$$

输出位移为

$$X = X_0 \cos(\omega t + \beta) \tag{15-40}$$

位移导纳为

$$Y_d = \frac{X_0}{F_0} e^{j(\beta - \alpha)} = \frac{\tilde{X}}{\tilde{F}} \tag{15-41}$$

式中,$\tilde{X} = X_0 e^{j\beta}$ 为复振幅;$\tilde{F} = F_0 e^{j\alpha}$ 为激振力的复幅值。

由此可见,位移导纳反映系统的柔度特性,故称为动柔度,位移阻抗则称为动刚度。

(2) 瞬态激励的机械导纳

采用瞬态激励时,机械导纳可定义为

$$机械导纳 = \frac{响应拉氏变换}{激励力的拉氏变换}$$

此时,机械导纳又称为传递函数,用 $H(s)$ 表示

$$H(s) = \frac{X(s)}{F(s)} \tag{15-42}$$

对于起始条件为零的稳定线性系统,上式可写成

$$H(j\omega) = \frac{X(j\omega)}{F(j\omega)} \tag{15-43}$$

此时机械导纳又称为频率响应函数。通常对稳定的线性系统,机械导纳、传递函数及频率响应函数三者的名称可相互替用,可不加严格区分。

(3) 随机激励的机械导纳

随机激振时,激励力和响应的时间历程无法用一确定的函数来描述,只能用统计方法来处理。同时为减少随机噪声和其他干扰的影响,提高分析精度,其机械导纳可定义为

$$H(\omega) = \frac{S_{xf}(\omega)}{S_{ff}(\omega)} \tag{15-44}$$

式中,$S_{xf}(\omega)$ 为响应与激励力的互功率谱;$S_{ff}(\omega)$ 为激励力的自功率谱。

15.5.2 单自由度系统的机械导纳

对于单自由度质量、弹簧、阻尼系统,如前所述,其强迫振动方程为

$$m\ddot{x} + c\dot{x} + kx = f(t) \tag{15-45}$$

式中,m 为质量,kg;k 为弹簧刚度,N/m;c 为阻尼系数,N·s/m;$f(t)$ 为激振力,N。

对式(15-45)两边进行傅里叶变换,得

$$(k - \omega^2 m + j\omega c)X(\omega) = F(\omega) \tag{15-46}$$

根据机械导纳的定义,可得位移导纳为

$$Y_x = H(\omega) = \frac{X(\omega)}{F(\omega)} = \frac{1}{k - \omega^2 m + j\omega c} \tag{15-47}$$

位移阻抗为
$$Z_x = k - \omega^2 m + j\omega c \tag{15-48}$$

简谐系统的位移导纳也就是它的传递函数。其中，k 称为弹簧的位移阻抗；$\omega^2 m$ 称为质量的位移阻抗；$j\omega c$ 称为阻尼的位移阻抗。式(15-47)常写成

$$H_x(\omega) = \frac{1}{k} \cdot \frac{1}{1 - \left(\dfrac{\omega}{\omega_n}\right)^2 + jg}$$

这是一个复数，可写为
$$H_x(\omega) = |H_x(\omega)| e^{j\phi(\omega)} \tag{15-49}$$

其实部和虚部分别为

$$H^R(\omega) = \frac{1}{k} \frac{1 - \left(\dfrac{\omega}{\omega_n}\right)^2}{\left[1 - \left(\dfrac{\omega}{\omega_n}\right)^2\right]^2 + g^2} \tag{15-50}$$

$$H^I(\omega) = -\frac{1}{k} \cdot \frac{g}{\left[1 - \left(\dfrac{\omega}{\omega_n}\right)^2\right]^2 + g^2} \tag{15-51}$$

相频特性为

$$\phi(\omega) = \frac{H^I(\omega)}{H^R(\omega)} = \arctan\left[\frac{-g}{1 - \left(\dfrac{\omega}{\omega_n}\right)^2}\right] \tag{15-52}$$

式中，ω_n 为系统的固有频率；g 为结构阻尼系数；c 为阻尼比；ω 为谐波激发力的频率。

其幅频特性曲线和相频特性曲线如图(15-26)(a,b)所示。幅频曲线和相频曲线一般绘制在对数坐标上，称为伯德(Bode)图。采用对数坐标可以提高幅值分辨率，另一方面纯质量或纯弹簧元件在对数坐标上为一斜线，给图形分析带来了许多方便。除幅频曲线外，

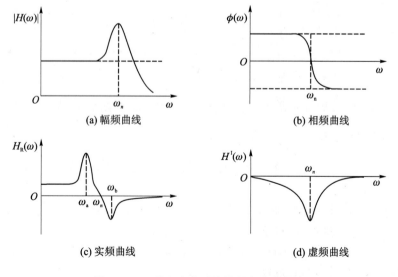

图 15-26 单自由度系统的频率响应曲线

还常分别绘制幅频实部和虚部的曲线。由幅频实部绘制的特性曲线称为实频图,虚部绘制的特性曲线称为虚频图,分别如图(15-26)(c,d)所示。这些特性曲线在参数的图形识别中是很有用的。

15.5.3 多自由度系统的机械导纳

多自由度系统的机械导纳由两部分组成,即原点导纳和跨点导纳。对于 N 个自由度的线性振动系统,若在 p 点进行单点激振,在 i 点检测响应位移时,其位移导纳为

$$Y_{xpi} = H_{pi}(\omega) = \sum_{i=1}^{n} \frac{\phi_{li}\phi_{pi}}{k_i - \left(\frac{\omega}{\omega_i}\right)^2 + j\omega C_i} \tag{15-54}$$

式(15-54)的实部和虚部分别为

$$H_{pi}^{R}(\omega) = \sum_{i=1}^{n} \frac{\phi_{li}\phi_{pi}\left(1-\frac{\omega^2}{\omega_i^2}\right)}{k_i\left[\left(1-\frac{\omega^2}{\omega_i^2}\right)^2 + g_i^2\right]} \tag{15-55}$$

$$H_{pi}^{I}(\omega) = \sum_{i=1}^{n} \frac{-\phi_{li}\phi_{pi}g_i}{k_i\left[\left(1-\frac{\omega^2}{\omega_i^2}\right)^2 + g_i^2\right]} \tag{15-56}$$

式中,p 为激振点;l 为测试点;ϕ_{li} 为第 i 阶振动(模态)l 点的振幅;ϕ_{pi} 为第 i 阶振动(模态)p 点的振幅;ω_i 为第 i 阶振动的固有频率;ω 为激振力频率;k_i 为第 i 阶振动的刚度;c_i 为第 i 阶振动的阻尼系数;g_i 为第 i 阶结构的阻尼系数。

多自由度系统的频响函数曲线比较复杂。当阻尼较小($g \ll 1$)、各阶振动固有频率 ω_i 相隔较远时,各阶振动相互影响较小,则系统各阶频响函数 $H_i(\omega)$ 可以分别当作具有不同振动固有频率的单自由度系统来处理。如图 15-27 所示为一个多自由度系统的实频和虚频图。当各阶

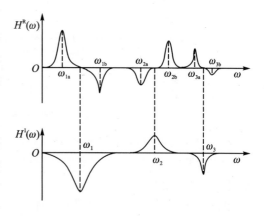

图 15-27 多自由度系统的实频、虚频曲线

固有频率相距较近时,各阶振动相互耦合,情况复杂得多,不能当做单自由度系统来分别处理,而需要进行更为复杂的计算。

15.6 振动分析仪器

从传感器检测到的振动信号和激振点检测到的力信号需经过适当的处理,才能提取各种有用的信息。最简单的指示振动量的测振仪把传感器测得的振动信号以位移、速度或加速度的单位指示出它们的峰值、峰-峰值、平均值或有效值。这类仪器一般包括微积分电路、放大器、电压检波和表头。它只能获得振动强度(振级)的信息,而不能获得振动其他方面的信息。

为获得更多的信息,常对振动信号进行频谱分析。图 15-28(a)是某外圆磨床在空运转

时用磁电式速度传感器测得工作台的横向振动的记录曲线,时域记录表明振动信号中含有复杂的频率成分,但很难对其频率和振源作出判断。图 15-28(b)则是该信号的频谱,它清楚地表明了信号中的主要频率成分并可借以分析其振源。27.5 Hz 是砂轮不平均所引起的振动;329 Hz 则是由于油泵脉动所引起的。50 Hz、100 Hz 和 150 Hz 的振动都和工频干扰及电机振动有关。500 Hz 以上的高频振动原因比较复杂,有轴承噪声也有其他振源,有待进一步试验和分析。

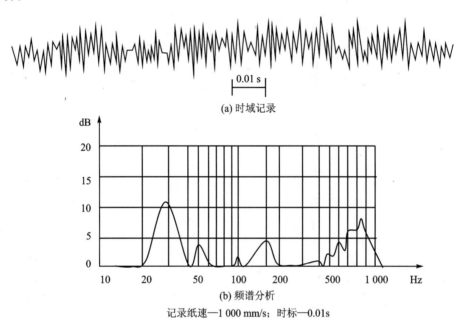

图 15-28 外圆磨床工作台的横向振动

时域记录只能给出振动强度的概念,经过频谱分析则可估计其振动的根源,因此可用于故障分析和诊断。在用激振方法研究机械的动态特性时需要将所测振动和振动源联系起来,以求出系统的幅、相频率特性。

下面介绍几种振动分析仪器的原理。

1. 基于带通滤波的频谱分析仪

将信号通过带通滤波器就可以滤出滤波器通带范围内的成分。所用带通滤波器一般是恒带宽比的,即中心频率和 -3 dB 带宽的比值是一个常数,亦即各段滤波器的 Q 值是一定的。可用一组中心频率不同而增益相同的固定带通滤波器并联起来组成一个覆盖所要分析的频率范围的频谱分析仪,并如图 15-29 那样,依次显示各滤波器的输出就可得出信号的频谱图。这种多通道固定带通的仪器分析效率高,但仪器结构复杂,而且如欲提高频率分辨率就要提高各带通滤波器的 Q 值,在同样的覆盖频率范围内就要增加滤波器的通道数。

如果信号通过一个中心频率可调但增益恒定的带通滤波器,顺序改变中心频率,同样可得信号的频谱,如图 15-30 所示。但是要较高 Q 值的恒增益滤波器在宽广范围内连续可调是不容易的,所以通常分挡改变滤波器的参数,再进行连续微调。

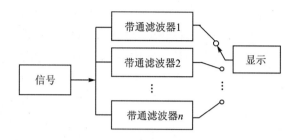

图 15-29　由多通道固定带通滤波器组成的频谱分析仪

图 15-30　中心频率可调的频谱分析仪

2. 利用相关滤波的振动分析仪

利用相关技术可有效地在噪声背景下提取有用的信息。对于稳态正弦激振试验或动平衡这类工作，感兴趣的是与激振频率（或转速）相一致的正弦成分的幅值和相角（相对激振源或动平衡中的参考信号）。图 15-31 是稳态正弦激振试验的测试系统框图，而利用相关滤波的振动分析仪器工作原理如图 15-32 所示。

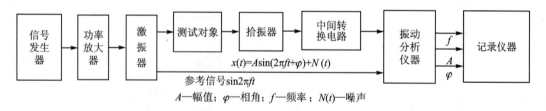

图 15-31　稳态正弦激振测试系统框图

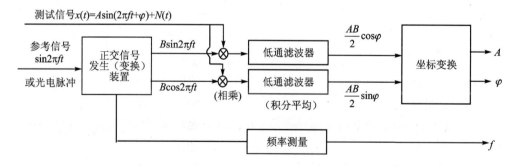

图 15-32　利用相关滤波的振动分析仪工作原理图

图 15-31 中的相乘、积分和平均环节可用模拟电路实现，也可用瓦特计一类的机电装置实现，也可以用数字技术实现。

3. 数字信号处理方法

随着数字计算机的发展，已广泛采用数字方法处理振动测量信号。数字信号处理可利用 A/D 接口和软件在通用计算机上实现。现在已有许多专用的数字信号处理机利用硬件实现 FFT 运算，它可数十毫秒内完成 2048 个点的 FFT，因而几乎可以"实时"地显示振动（包括语言声音）的频谱。有的数字信号处理机已做成便携式以便现场测试用。但一般仍然用磁带记录仪在现场记录振动信号，而后到实验室进行重放并做数字信号处理。

直接将测量信号采样后做 FFT 运算就可获得其频谱。如对系统进行冲击激振或随机激振，把激振信号和测量信号（系统输出信号）进行功率谱（自谱、互谱）分析，就可以估计系统的频率响应函数。如果对系统进行稳态正弦激振，则可将采样的激振信号和测量信号进行相关处理，可获得相当准确的幅、相传递特性。

为防止混叠，在 A/D 转换前信号应经低通滤波。除防止高频噪声的干扰外，数字处理总是要截取信号有限长度并人为地把信号周期化，因此对可能引起的畸变要有足够的认识。

习题与考题

15-1 某车床加工外圆表面时，表面振纹主要由转动轴上齿轮的不平衡惯性力而使主轴箱振动所引起。振纹的幅值谱如题 15-1 图(a)所示，主轴箱传动示意图如是题 15-1(b)所示。传动轴Ⅰ、传动轴Ⅱ和主轴Ⅲ上的齿轮为 $z_1=30, z_2=40, z_3=20, z_4=50$。传动轴转速 $n_1=200$ rad/min。试分析哪一根轴上的齿轮不平衡量对加工表面的振纹影响最大？为什么？

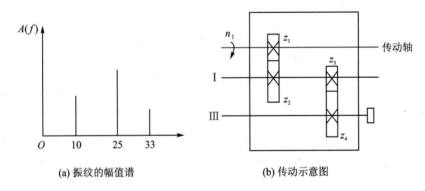

(a) 振纹的幅值谱　　　　　(b) 传动示意图

题 15-1 图　主轴箱示意图及其频谱

15-2 用压电式加速度传感器及电荷放大器测量振动，若传感器灵敏度为 7 pC/g，电荷放大器灵敏度为 100 mV/pC，试确定输入 $a=3$ g 时，系统的输出电压。

15-3 若某旋转机械的工作转速为 300 rad/min，为了分析机组的动态特性，需要考虑的最高频率为工作频率的 10 倍，问：

① 应选择何种类型的振动传感器？并说明原因。

② 在进行 A/D 转换时，选用的采样频率至少为多少？

15-4 机械振动测量的典型方法有哪些？电测法振动测量系统一般包括哪些部分？

15-5 振动的常见激励方式有哪几种？各有何特点？

15-6 如何根据实际测试任务选择力锤的锤头盖？

15-7 常用测振传感器有哪些？其各自的特点是什么？

15-8　压电式加速度传感器在安装方面应该注意哪些事项？

15-9　用一个速度传感器来检测某机械振动的波形，示波器轨迹指示出该运动基本上是简谐的。用一个 1 kHz 的振荡器做时间标定，发现该振动的 4 个周期对应该振荡器的 24 个周期。校准过的速度传感器输出指示的速度幅值（$\frac{1}{2}$峰-峰值）为 3.8 mm/s。试求：

① 位移幅值；

② 加速度幅值等于多少个标准重力加速度 g？

15-10　用一个振动传感器测量某机器振动随时间变化的位移，该振动为 $y = 0.5\sin(3\pi t) + 0.8\sin(10\pi t)$，$y$ 的单位为 cm，t 的单位为 s。若该振动传感器的无阻尼固有频率为 1 Hz，临界阻尼比为 0.65，求该振动传感器随时间变化的输出，并解释机器振动和振动传感器读数间的可能的偏差。

15-11　用磁电式速度传感器测频率为 30 Hz 的振动，传感器阻尼比 $\xi = 0.7$，固有频率 $f_n = 15$ Hz，求振幅的测量误差。

15-12　题 15-12 图为一测振传感器输出的稳态电压（e）和被测振动的位移（z）、速度（$\dot{z}$）、加速度（$\ddot{z}$）的幅值比与频率的函数关系曲线。试问：该传感器可能作为何种传感器使用？并在图上标出可测量信号的频率范围。

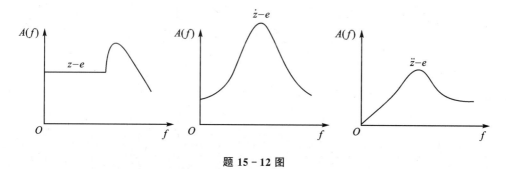

题 15-12 图

15-13　加速度传感器的固有频率为 2.2 kHz，阻尼为临界值的 55%，当输入 1.3 kHz 的正弦信号时，输出的振幅误差和相位差各是多少？

15-14　在稳态正弦振动中，是否可以只测位移，然后用对位移进行微分的方法，求速度和加速度？或者只测量加速度，然后用对其进行积分的方法求得速度和位移？为什么？

15-15　用压电加速度传感器和电荷放大器测量振动加速度，如果加速度计的灵敏度为 80 pC/g，电荷放大器的放大倍数为 20 mV/pC，当振动加速度为 5 g 时，电荷放大器的输出电压为多少？此电荷放大器的反馈电容为多少？

附录 A 常用热电偶分度表

(摘自《1990 国际温标 通用热电偶分度手册》)

表 A-1 铂铑 10-铂热电偶分度表

分度号:S   参考温度:0 ℃

$t/℃$	热电动势/mV									
	0	−1	−2	−3	−4	−5	−6	−7	−8	−9
−50	−0.236									
−40	−0.194	−0.199	−0.203	−0.207	−0.211	−0.215	−0.219	−0.224	−0.228	−0.232
−30	−0.150	−0.155	−0.159	−0.164	−0.168	−0.173	−0.177	−0.181	−0.186	−0.190
−20	−0.103	−0.108	−0.113	−0.117	−0.122	−0.127	−0.132	−0.136	−0.141	−0.146
−10	−0.053	−0.058	−0.063	−0.068	−0.073	−0.078	−0.083	−0.088	−0.093	−0.098
0	−0.000	−0.005	−0.011	−0.016	−0.021	−0.027	−0.032	−0.037	−0.046	−0.048

$t/℃$	热电动势/mV									
	0	1	2	3	4	5	6	7	8	9
0	0.000	0.005	0.011	0.016	0.022	0.027	0.033	0.038	0.044	0.050
10	0.055	0.061	0.067	0.072	0.078	0.084	0.090	0.095	0.101	0.107
20	0.113	0.119	0.125	0.131	0.137	0.143	0.149	0.155	0.161	0.167
30	0.173	0.179	0.185	0.191	0.197	0.204	0.210	0.216	0.222	0.229
40	0.235	0.241	0.248	0.254	0.260	0.267	0.273	0.280	0.286	0.292
50	0.299	0.305	0.312	0.319	0.325	0.332	0.338	0.345	0.352	0.358
60	0.365	0.372	0.378	0.385	0.392	0.399	0.405	0.412	0.419	0.426
70	0.433	0.440	0.446	0.453	0.460	0.467	0.474	0.481	0.488	0.495
80	0.502	0.509	0.516	0.523	0.530	0.538	0.545	0.552	0.559	0.566
90	0.573	0.580	0.588	0.595	0.602	0.609	0.617	0.624	0.631	0.639
100	0.646	0.653	0.661	0.668	0.675	0.683	0.690	0.698	0.705	0.713
110	0.720	0.727	0.735	0.743	0.750	0.758	0.765	0.773	0.780	0.788
120	0.795	0.803	0.811	0.818	0.826	0.834	0.841	0.849	0.857	0.865
130	0.872	0.880	0.888	0.896	0.903	0.911	0.919	0.927	0.935	0.942
140	0.950	0.958	0.966	0.974	0.982	0.990	0.998	1.006	1.013	1.021
150	1.029	1.037	1.045	1.053	1.061	1.069	1.077	1.085	1.094	1.102
160	1.110	1.118	1.126	1.134	1.142	1.150	1.158	1.167	1.175	1.183
170	1.191	1.199	1.207	1.216	1.224	1.232	1.240	1.249	1.257	1.265

续表 A-1

$t/℃$	热电动势/mV									
	0	1	2	3	4	5	6	7	8	9
180	1.273	1.282	1.290	1.298	1.307	1.315	1.323	1.332	1.340	1.348
190	1.357	1.365	1.373	1.382	1.390	1.399	1.407	1.415	1.424	1.432
200	1.441	1.449	1.458	1.466	1.475	1.483	1.492	1.500	1.509	1.517
210	1.526	1.534	1.543	1.551	1.560	1.569	1.577	1.586	1.594	1.603
220	1.612	1.620	1.629	1.638	1.646	1.655	1.663	1.672	1.681	1.690
230	1.698	1.707	1.716	1.724	1.733	1.742	1.751	1.759	1.768	1.777
240	1.786	1.794	1.803	1.812	1.821	1.829	1.838	1.847	1.856	1.865
250	1.874	1.882	1.891	1.900	1.909	1.918	1.927	1.936	1.944	1.953
260	1.962	1.971	1.980	1.989	1.998	2.007	2.016	2.025	2.034	2.043
270	2.052	2.061	2.070	2.078	2.087	2.096	2.105	2.114	2.123	2.132
280	2.141	2.151	2.160	2.169	2.178	2.187	2.196	2.205	2.214	2.223
290	2.232	2.241	2.250	2.259	2.268	2.277	2.287	2.296	2.305	2.314
300	2.323	2.332	2.341	2.350	2.360	2.369	2.378	2.387	2.396	2.405
310	2.415	2.424	2.433	2.442	2.451	2.461	2.470	2.479	2.488	2.497
320	2.507	2.516	2.525	2.534	2.544	2.553	2.562	2.571	2.581	2.590
330	2.599	2.609	2.618	2.627	2.636	2.646	2.655	2.664	2.674	2.683
340	2.692	2.702	2.711	2.720	2.730	2.739	2.748	2.758	2.767	2.776
350	2.786	2.795	2.805	2.814	2.823	2.833	2.842	2.851	2.861	2.87
360	2.880	2.889	2.899	2.908	2.917	2.927	2.936	2.946	2.955	2.965
370	2.974	2.983	2.993	3.002	3.012	3.021	3.031	3.040	3.050	3.059
380	3.069	3.078	3.088	3.097	3.107	3.116	3.126	3.135	3.145	3.154
390	3.164	3.173	3.183	3.192	3.202	3.212	3.221	3.231	3.240	3.250
400	3.259	3.269	3.279	3.288	3.298	3.307	3.317	3.328	3.336	3.346
410	3.355	3.365	3.374	3.384	3.394	3.403	3.413	3.423	3.432	3.442
420	3.451	3.461	3.471	3.480	3.490	3.500	3.509	3.519	3.529	3.538
430	3.548	3.558	3.567	3.577	3.587	3.596	3.606	3.616	3.626	3.635
440	3.645	3.655	3.664	3.674	3.684	3.694	3.703	3.713	3.723	3.732
450	3.743	3.752	3.762	3.771	3.781	3.791	3.801	3.810	3.820	3.830
460	3.840	3.850	3.859	3.869	3.879	3.889	3.898	3.908	3.918	3.928
470	3.938	3.947	3.957	3.967	3.977	3.987	3.997	4.006	4.016	4.026
480	4.036	4.046	4.056	4.065	4.075	4.085	4.095	4.105	4.115	4.125
490	4.134	4.144	4.154	4.164	4.174	4.184	4.194	4.204	4.213	4.223
500	4.233	4.243	4.253	4.263	4.273	4.283	4.293	4.303	4.313	4.323
510	4.332	4.342	4.352	4.362	4.720	4.382	4.392	4.402	4.412	4.422
520	4.432	4.442	4.452	4.462	4.472	4.482	4.492	4.502	4.512	4.522

续表 A-1

$t/℃$	热电动势/mV									
	0	1	2	3	4	5	6	7	8	9
530	4.532	4.542	4.552	4.562	4.572	4.582	4.592	4.602	4.612	4.622
540	4.632	4.642	4.652	4.662	4.672	4.682	4.692	4.702	4.712	4.722
550	4.732	4.742	4.752	4.762	4.772	4.782	4.793	4.803	4.813	4.823
560	4.833	4.843	4.853	4.863	4.873	4.883	4.893	4.904	4.914	4.924
570	4.934	4.944	4.954	4.964	4.974	4.984	4.995	5.005	5.015	5.025
580	5.035	5.045	5.055	5.066	5.076	5.086	5.096	5.106	5.116	5.127
590	5.137	5.147	5.157	5.167	5.178	5.188	5.198	5.208	5.218	5.228
600	5.239	5.249	5.259	5.269	5.280	5.290	5.300	5.310	5.32	5.331
610	5.341	5.351	5.361	5.372	5.382	5.392	5.402	5.413	5.423	5.433
620	5.443	5.454	5.464	5.474	5.485	5.495	5.505	5.515	5.526	5.536
630	5.546	5.557	5.567	5.577	5.588	5.598	5.608	5.618	5.629	5.639
640	5.649	5.660	5.670	5.680	5.691	5.701	5.712	5.722	5.732	5.743
650	5.753	5.763	5.774	5.784	5.794	5.805	5.815	5.826	5.836	5.846
660	5.857	5.867	5.878	5.888	5.898	5.909	5.919	5.930	5.940	5.950
670	5.961	5.971	5.982	5.992	6.003	6.013	6.024	6.034	6.044	6.055
680	6.065	6.076	6.086	6.097	6.107	6.118	6.128	6.139	6.149	6.160
690	6.170	6.181	6.191	6.202	6.212	6.223	6.233	6.244	6.254	6.265
700	6.275	6.286	6.296	6.307	6.317	6.328	6.338	6.349	6.360	6.370
710	6.381	6.391	6.402	6.412	6.423	6.434	6.444	6.455	6.465	6.476
720	6.486	6.497	6.508	6.518	6.529	6.539	6.550	6.561	6.571	6.582
730	6.593	6.603	6.614	6.624	6.635	6.646	6.656	6.667	6.678	6.688
740	6.699	6.710	6.720	6.731	6.742	6.752	6.763	6.774	6.784	6.795
750	6.806	6.817	6.827	6.838	6.849	6.859	6.870	6.881	6.892	6.902
760	6.913	6.924	6.934	6.945	6.956	6.967	6.977	6.988	6.999	7.010
770	7.020	7.031	7.042	7.053	7.064	7.074	7.085	7.096	7.107	7.117
780	7.128	7.139	7.150	7.161	7.172	7.182	7.193	7.204	7.215	7.226
790	7.236	7.247	7.258	7.269	7.280	7.291	7.302	7.312	7.323	7.334
800	7.345	7.356	7.367	7.378	7.388	7.399	7.410	7.421	7.432	7.443
810	7.454	7.465	7.476	7.487	7.497	7.508	7.519	7.530	7.541	7.552
820	7.563	7.574	7.585	7.596	7.607	7.618	7.629	7.640	7.651	7.662
830	7.673	7.684	7.695	7.706	7.717	7.728	7.739	7.750	7.761	7.772
840	7.783	7.794	7.805	7.816	7.827	7.838	7.849	7.860	7.871	7.882
850	7.893	7.904	7.915	7.926	7.937	7.948	7.959	7.970	7.981	7.992
860	8.003	8.014	8.026	8.037	8.048	8.059	8.070	8.081	8.092	8.103
870	8.114	8.125	8.137	8.148	8.159	8.170	8.181	8.192	8.203	8.214

续表 A-1

$t/℃$	热电动势/mV									
	0	1	2	3	4	5	6	7	8	9
880	8.226	8.237	8.248	8.259	8.270	8.281	8.293	8.304	8.315	8.326
890	8.337	8.348	8.360	8.371	8.382	8.393	8.404	8.416	8.427	8.438
900	8.449	8.460	8.472	8.483	8.494	8.505	8.517	8.528	8.539	8.550
910	8.562	8.573	8.584	8.595	8.607	8.618	8.629	8.640	8.652	8.663
920	8.674	8.685	8.697	8.708	8.719	8.731	8.742	8.753	8.765	8.776
930	8.787	8.798	8.810	8.821	8.832	8.844	8.855	8.866	8.878	8.889
940	8.900	8.912	8.923	8.935	8.946	8.957	8.969	8.980	8.991	9.003
950	9.014	9.025	9.037	9.048	9.060	9.071	9.082	9.094	9.015	9.117
960	9.128	9.139	9.151	9.162	9.174	9.185	9.197	9.208	9.219	9.231
970	9.242	9.254	9.265	9.277	9.288	9.300	9.311	9.323	9.334	9.345
980	9.357	9.368	9.380	9.391	9.403	9.414	9.426	9.437	9.449	9.460
990	9.472	9.483	9.495	9.506	9.518	9.529	9.541	9.552	9.564	9.576
1000	9.587	9.599	9.610	9.622	9.633	9.645	9.656	9.668	9.680	9.691
1010	9.703	9.714	9.726	9.737	9.749	9.761	9.772	9.784	9.795	9.807
1020	9.819	9.830	9.842	9.853	9.865	9.877	9.888	9.900	9.911	9.923
1030	9.935	9.946	9.958	9.970	9.981	9.993	10.005	10.016	10.028	10.040
1040	10.051	10.063	10.075	10.086	10.098	10.110	10.121	10.133	10.145	10.156
1050	10.168	10.180	10.191	10.203	10.215	10.227	10.238	10.250	10.262	10.273
1060	10.285	10.297	10.309	10.320	10.332	10.344	10.356	10.367	10.379	10.391
1070	10.403	10.414	10.426	10.438	10.450	10.461	10.473	10.485	10.497	10.509
1080	10.520	10.532	10.544	10.556	10.567	10.579	10.591	10.603	10.615	10.626
1090	10.638	10.650	10.662	10.674	10.686	10.697	10.709	10.721	10.733	10.745
1100	10.757	10.768	10.780	10.792	10.804	10.816	10.828	10.839	10.851	10.863
1110	10.875	10.887	10.899	10.911	10.922	10.934	10.946	10.958	10.970	10.982
1120	10.994	11.006	11.017	11.029	11.041	11.053	11.065	11.077	11.089	11.101
1130	11.113	11.125	11.136	11.148	11.160	11.172	11.184	11.196	11.208	11.220
1140	11.232	11.244	11.256	11.268	11.280	11.291	11.303	11.315	11.327	11.339
1150	11.351	11.363	11.375	11.387	11.399	11.411	11.423	11.435	11.447	11.459
1160	11.471	11.483	11.495	11.507	11.519	11.531	11.542	11.554	11.566	11.578
1170	11.590	11.602	11.614	11.626	11.638	11.650	11.662	11.674	11.686	11.698
1180	11.710	11.722	11.734	11.746	11.758	11.770	11.782	11.794	11.806	11.818
1190	11.830	11.842	11.854	11.868	11.878	11.890	11.902	11.914	11.926	11.939
1200	11.951	11.963	11.975	11.987	11.999	12.011	12.023	12.035	12.047	12.059
1210	12.071	12.083	12.095	12.107	12.119	12.131	12.143	12.155	12.167	12.179
1220	12.191	12.203	12.216	12.228	12.240	12.252	12.264	12.276	12.288	12.300

续表 A-1

$t/℃$	热电动势/mV									
	0	1	2	3	4	5	6	7	8	9
1230	12.312	12.324	12.336	12.348	12.360	12.372	12.384	12.397	12.409	12.421
1240	12.433	12.445	12.457	12.469	12.481	12.493	12.505	12.517	12.529	12.542
1250	12.554	12.566	12.578	12.590	12.602	12.614	12.626	12.638	12.650	12.662
1260	12.675	12.687	12.699	12.711	12.723	12.735	12.747	12.759	12.771	12.783
1270	12.796	12.808	12.820	12.832	12.844	12.856	12.868	12.880	12.892	12.905
1280	12.917	12.929	12.941	12.953	12.965	12.977	12.989	13.001	13.014	13.026
1290	13.038	13.050	13.062	13.074	13.086	13.098	13.111	13.123	13.135	13.147
1300	13.159	13.171	13.183	13.195	13.208	13.220	13.232	13.244	13.256	13.268
1310	13.280	13.292	13.305	13.317	13.329	13.341	13.353	13.365	13.377	13.390
1320	13.402	13.414	13.420	13.438	13.450	13.462	13.474	13.487	13.499	13.511
1330	13.523	13.535	13.547	13.559	13.572	13.584	13.596	13.608	13.620	13.632
1340	13.640	13.657	13.669	13.681	13.693	13.705	13.717	13.729	13.742	13.754
1350	13.766	13.778	13.790	13.802	13.814	13.826	13.839	13.851	13.863	13.875
1360	13.887	13.899	13.911	13.924	13.936	13.948	13.960	13.972	13.984	13.996
1370	14.009	14.021	14.033	14.045	14.057	14.069	14.081	14.094	14.106	14.118
1380	14.130	14.142	14.154	14.166	14.178	14.191	14.203	14.215	14.227	14.239
1390	14.251	14.263	14.276	14.288	14.300	14.312	14.324	14.336	14.348	14.360
1400	14.373	14.385	14.397	14.409	14.421	14.433	14.445	14.457	14.470	14.482
1410	14.494	14.506	14.518	14.530	14.542	14.554	14.567	14.579	14.591	14.603
1420	14.615	14.627	14.639	14.651	14.664	14.676	14.688	14.700	14.712	14.724
1430	14.736	14.748	14.760	14.773	14.785	14.797	14.809	14.821	14.833	14.845
1440	14.857	14.869	14.881	14.894	14.906	14.918	14.930	14.942	14.954	14.966
1450	14.978	14.990	15.002	15.015	15.027	15.039	15.051	15.063	15.075	15.087
1460	15.099	15.111	15.123	15.135	15.148	15.160	15.172	15.184	15.196	15.208
1470	15.220	15.232	15.244	15.256	15.268	15.280	15.292	15.304	15.317	15.329
1480	15.341	15.353	15.365	15.377	15.389	15.401	15.413	15.425	15.437	15.449
1490	15.461	15.473	15.485	15.497	15.509	15.521	15.534	15.546	15.558	15.570
1500	15.582	15.594	15.606	15.618	15.630	15.642	15.654	15.666	15.678	15.690
1510	15.702	15.714	15.726	15.738	15.750	15.762	15.774	15.786	15.798	15.810
1520	15.822	15.834	15.846	15.858	15.870	15.882	15.894	15.906	15.918	15.930
1530	15.942	15.954	15.966	15.978	15.990	16.002	16.014	16.026	16.038	16.050
1540	16.062	16.074	16.086	16.098	16.110	16.122	16.134	16.146	16.158	16.170
1550	16.182	16.194	16.205	16.217	16.229	16.241	16.253	16.265	16.277	16.289
1560	16.301	16.313	16.325	16.337	16.349	16.361	16.373	16.385	16.396	16.408
1570	16.420	16.432	16.444	16.456	16.468	16.480	16.492	16.504	16.516	16.527

续表 A-1

t/℃	热电动势/mV									
	0	1	2	3	4	5	6	7	8	9
1580	16.539	16.551	16.563	16.575	16.587	16.599	16.611	16.623	16.634	16.646
1590	16.658	16.670	16.682	16.694	16.706	16.718	16.729	16.741	16.753	16.765
1600	16.777	16.789	16.801	16.812	16.824	16.836	16.848	16.860	16.872	16.883
1610	16.895	16.907	16.919	16.931	16.943	16.954	16.966	16.978	16.990	17.002
1620	17.013	17.025	17.037	17.049	17.061	17.072	17.084	17.096	17.108	17.120
1630	17.131	17.143	17.155	17.167	17.178	17.190	17.202	17.214	17.225	17.237
1640	17.249	17.261	17.272	17.284	17.296	17.308	17.319	17.331	17.343	17.355
1650	17.366	17.378	17.390	17.401	17.413	17.425	17.437	17.448	17.460	17.472
1660	17.483	17.495	17.507	17.518	17.530	17.542	17.553	17.565	17.577	17.588
1670	17.600	17.612	17.623	17.635	17.647	17.658	17.670	17.682	17.693	17.705
1680	17.717	17.728	17.740	17.751	17.763	17.775	17.786	17.798	17.809	17.821
1690	17.832	17.844	17.855	17.867	17.878	17.890	17.901	17.913	17.924	17.936
1700	17.947	17.959	17.970	17.982	17.993	18.004	18.016	18.027	18.039	18.050
1710	18.061	18.073	18.084	18.095	18.107	18.118	18.129	18.140	18.152	18.163
1720	18.174	18.185	18.196	18.208	18.219	18.230	18.241	18.252	18.263	18.274
1730	18.285	18.297	18.308	18.319	18.330	18.341	18.352	18.362	18.373	18.384
1740	18.395	18.406	18.417	18.428	18.439	18.449	18.460	18.471	18.482	18.493
1750	18.503	18.514	18.525	18.535	18.546	18.557	18.567	18.578	18.588	18.599
1760	18.609	18.620	18.630	18.641	18.651	18.661	18.672	18.682	18.693	

分度号:k　　　　表 A-2　镍铬-镍硅热电偶分度表　　　　参考温度:0℃

t/℃	热电动势/mV									
	0	−1	−2	−3	−4	−5	−6	−7	−8	−9
−270	−6.458									
−260	−6.441	−6.444	−6.446	−6.448	−6.450	−6.452	−6.453	−6.455	−6.456	−6.457
−250	−6.404	−6.408	−6.413	−6.417	−6.421	−6.425	−6.429	−6.432	−6.435	−6.438
−240	−6.344	−6.351	−6.358	−6.364	−6.370	−6.377	−6.382	−6.388	−6.393	−6.399
−230	−6.262	−6.271	−6.280	−6.289	−6.297	−6.306	−6.314	−6.322	−6.329	−6.337
−220	−6.158	−6.170	−6.181	−6.192	−6.202	−3.213	−6.223	−6.233	−6.243	−6.252
−210	−6.035	−6.048	−6.061	−6.074	−6.087	−6.099	−6.111	−6.123	−6.135	−6.147
−200	−5.891	−5.907	−5.922	−5.936	−5.951	−5.965	−5.980	−5.994	−6.007	−6.021
−190	−5.730	−5.747	−5.763	−5.780	−5.797	−5.813	−5.829	−5.845	−5.861	−5.876
−180	−5.550	−5.569	−5.588	−5.606	−5.624	−5.642	−5.660	−5.678	−5.695	−5.713
−170	−5.354	−5.374	−5.395	−5.415	−5.435	−5.454	−5.474	−5.493	−5.512	−5.531
−160	−5.141	−5.163	−5.185	−5.207	−5.228	−5.250	−5.271	−5.292	−5.313	−5.333

续表 A-2

$t/℃$	热电动势/mV									
	0	−1	−2	−3	−4	−5	−6	−7	−8	−9
−150	−4.913	−4.936	−4.96	−4.983	−5.006	−5.029	−5.052	−5.074	−5.097	−5.119
−140	−4.669	−4.694	−4.719	−4.744	−4.768	−4.793	−4.817	−4.841	−4.865	−4.889
−130	−4.411	−4.437	−4.463	−4.490	−4.516	−4.542	−4.567	−4.593	−4.618	−4.644
−120	−4.138	−4.166	−4.194	−4.221	−4.249	−4.276	−4.303	−4.330	−4.357	−4.384
−110	−3.852	−3.882	−3.911	−3.939	−3.968	−3.997	−4.025	−4.054	−4.082	−4.110
−100	−3.554	−3.584	−3.614	−3.645	−3.675	−3.705	−3.734	−3.764	−3.794	−3.823
−90	−3.243	−3.274	−3.306	−3.337	−3.368	−3.400	−3.431	−3.462	−3.492	−3.523
−80	−2.920	−2.953	−2.986	−3.018	−3.050	−3.083	−3.115	−3.147	−3.179	−3.211
−70	−2.587	−2.620	−2.654	−2.688	−2.721	−2.755	−2.788	−2.821	−2.854	−2.887
−60	−2.243	−2.270	−2.312	−2.347	−2.382	−2.416	−2.450	−2.485	−2.519	−2.553
−50	−1.889	−1.925	−1.961	−1.996	−2.032	−2.067	−2.103	−2.138	−2.173	−2.208
−40	−1.527	−1.564	−1.600	−1.637	−1.673	−1.709	−1.745	−1.782	−1.818	−1.854
−30	−1.156	−1.194	−1.231	−1.268	−1.305	−1.343	−1.380	−1.417	−1.453	−1.490
−20	−0.778	−0.816	−0.854	−0.892	−0.930	−0.968	−1.006	−1.043	−1.081	−1.119
−10	−0.392	−0.431	−0.470	−0.508	−0.547	−0.586	−0.624	−0.663	−0.701	−0.739
−0	−0.000	−0.039	−0.079	−0.118	−0.157	−0.197	−0.236	−0.275	−0.314	−0.353
$t/℃$	热电动势/mV									
	0	1	2	3	4	5	6	7	8	9
0	0	0.039	0.079	0.119	0.158	0.198	0.238	0.277	0.317	0.357
10	0.397	0.437	0.477	0.517	0.557	0.597	0.637	0.677	0.718	0.758
20	0.798	0.838	0.879	0.919	0.960	1.000	1.041	1.081	1.122	1.163
30	1.203	1.244	1.285	1.326	1.366	1.407	1.448	1.489	1.530	1.571
40	1.612	1.653	1.694	1.735	1.776	1.817	1.858	1.899	1.941	1.982
50	2.023	2.064	2.106	2.147	2.188	2.230	2.271	2.312	2.354	2.395
60	2.436	2.478	2.519	2.561	2.602	2.644	2.685	2.727	2.768	2.810
70	2.851	2.893	2.934	2.976	3.017	3.059	3.100	3.142	3.184	3.225
80	3.267	3.308	3.350	3.391	3.433	3.474	3.516	3.557	3.599	3.640
90	3.682	3.723	3.765	3.806	3.848	3.889	3.931	3.972	4.013	4.055
100	4.096	4.138	4.179	4.220	4.262	4.303	4.344	4.385	4.427	4.468
110	4.509	4.550	4.591	4.633	4.674	4.715	4.756	4.797	4.838	4.879
120	4.920	4.961	5.002	5.043	5.084	5.124	5.165	5.206	5.247	5.288
130	5.328	5.369	5.410	5.450	5.491	5.532	5.572	5.613	5.653	5.694
140	5.735	5.775	5.815	5.856	5.896	5.937	5.977	6.017	6.058	6.098
150	6.138	6.179	6.219	6.259	6.299	6.339	6.380	6.420	6.460	6.500
160	6.540	6.580	6.620	6.660	6.701	6.741	6.781	6.821	6.861	6.901

续表 A-2

t/℃	热电动势/mV									
	0	1	2	3	4	5	6	7	8	9
170	6.941	6.981	7.021	7.060	7.100	7.140	7.180	7.220	7.260	7.300
180	7.340	7.380	7.420	7.460	7.500	7.540	7.579	7.619	7.659	7.699
190	7.739	7.779	7.819	7.859	7.899	7.939	7.979	8.019	8.059	8.099
200	8.138	8.178	8.218	8.258	8.298	8.338	8.378	8.418	8.458	8.499
210	8.539	8.579	8.619	8.659	8.699	8.739	8.779	8.819	8.860	8.900
220	8.940	8.980	9.020	9.061	9.101	9.141	9.181	9.222	9.262	9.302
230	9.343	9.383	9.423	9.464	9.504	9.545	9.585	9.626	9.666	9.707
240	9.747	9.788	9.828	9.869	9.909	9.950	9.991	10.031	10.072	10.113
250	10.153	10.194	10.235	10.276	10.316	10.357	10.398	10.439	10.480	10.520
260	10.561	10.602	10.643	10.684	10.725	10.766	10.807	10.848	10.889	10.930
270	10.971	11.012	11.053	11.094	11.135	11.176	11.217	11.259	11.300	11.341
280	11.382	11.423	11.465	11.506	11.547	11.588	11.630	11.671	11.712	11.753
290	11.795	11.836	11.877	11.919	11.960	12.001	12.043	12.084	12.126	12.167
300	12.209	12.250	12.291	12.333	12.374	12.416	12.457	12.499	12.540	12.582
310	12.624	12.665	12.707	12.748	12.790	12.831	12.873	12.915	12.956	12.998
320	13.040	13.081	13.123	13.165	13.206	13.248	13.290	13.331	13.373	13.415
330	13.457	13.498	13.540	13.582	13.624	13.665	13.707	13.749	13.791	13.833
340	13.874	13.916	13.958	14.000	14.042	14.084	14.126	14.167	14.209	14.251
350	14.293	14.335	14.377	14.419	14.461	14.503	14.545	14.587	14.629	14.671
360	14.713	14.755	14.797	14.839	14.881	14.923	14.965	15.007	15.049	15.091
370	15.133	15.175	15.217	15.259	15.301	15.343	15.385	15.427	15.469	15.511
380	15.554	15.596	15.638	15.680	15.722	15.764	15.806	15.849	15.891	15.933
390	15.975	16.017	16.059	16.102	16.144	16.186	16.228	16.270	16.313	16.355
400	16.397	16.439	16.482	16.524	16.566	16.608	16.651	16.693	16.735	16.778
410	16.820	16.862	16.904	16.947	16.989	17.031	17.074	17.116	17.158	17.201
420	17.243	17.285	17.328	17.370	17.413	17.455	17.497	17.540	17.582	17.624
430	17.667	17.709	17.752	17.794	17.837	17.879	17.921	17.964	18.006	18.049
440	18.091	18.134	18.176	18.218	18.261	18.303	18.346	18.388	18.431	18.473
450	18.516	18.558	18.601	18.643	18.686	18.728	18.771	18.813	18.856	18.898
460	18.941	18.983	19.026	19.068	19.111	19.154	19.196	19.239	19.281	19.324
470	19.366	19.409	19.451	19.494	19.537	19.579	19.622	19.664	19.707	19.750
480	19.792	19.835	19.877	19.920	19.962	20.005	20.048	20.090	20.133	20.175
490	20.218	20.261	20.303	20.346	20.389	20.431	20.474	20.516	20.559	20.602
500	20.644	20.687	20.730	20.772	20.815	20.857	20.900	20.943	20.985	21.028
510	21.071	21.113	21.156	21.199	21.241	21.284	21.326	21.369	21.412	21.454

续表 A-2

$t/℃$	热电动势/mV									
	0	1	2	3	4	5	6	7	8	9
520	21.497	21.540	21.582	21.625	21.668	21.710	21.753	21.796	21.838	21.881
530	21.924	21.966	22.009	22.052	22.094	22.137	22.179	22.222	22.265	22.307
540	22.350	22.393	22.435	22.478	22.521	22.563	22.606	22.649	22.691	22.734
550	22.776	22.819	22.862	22.904	22.947	22.990	23.032	23.075	23.117	23.160
560	23.203	23.245	23.288	23.331	23.373	23.416	23.458	23.501	23.544	23.586
570	23.629	23.671	23.714	23.757	23.799	23.842	23.884	23.927	23.970	24.012
580	24.055	24.097	24.140	24.182	24.225	24.267	24.310	24.353	24.395	24.438
590	24.480	24.523	24.565	24.608	24.650	24.693	24.735	24.778	24.820	24.863
600	24.905	24.948	24.990	25.033	25.075	25.118	25.160	25.203	25.245	25.288
610	25.330	25.373	25.415	25.458	25.500	25.543	25.585	25.627	25.670	25.712
620	25.755	25.797	25.840	25.882	25.924	25.967	26.009	26.052	26.094	26.136
630	26.179	26.221	26.263	26.306	26.348	26.390	26.433	26.475	26.517	26.560
640	26.602	26.644	26.687	26.729	26.771	26.814	26.856	26.898	26.940	26.983
650	27.025	27.067	27.109	27.152	27.194	27.236	27.278	27.320	27.363	27.405
660	27.447	27.489	27.531	27.574	27.616	27.658	27.700	27.742	27.784	27.826
670	27.869	27.911	27.953	27.995	28.037	28.079	28.121	28.163	28.205	25.247
680	28.289	28.332	28.374	28.416	28.458	28.500	28.542	25.584	28.626	28.668
690	28.710	28.752	28.794	28.835	28.877	28.919	28.961	29.003	29.045	29.087
700	29.129	29.171	29.213	29.255	29.297	29.338	29.380	29.422	29.464	29.506
710	29.548	29.589	29.631	29.673	29.715	29.757	29.798	29.840	29.882	29.924
720	29.965	30.007	30.049	30.090	30.132	30.174	30.216	30.257	30.299	30.341
730	30.382	30.424	30.466	30.507	30.549	30.590	30.632	30.674	30.715	30.757
740	30.798	30.840	30.881	30.923	30.964	31.006	31.047	31.089	31.130	31.172
750	31.213	31.255	31.296	31.338	31.379	31.421	31.462	31.504	31.545	31.586
760	31.628	31.669	31.710	31.752	31.793	31.834	31.876	31.917	31.958	32.000
770	32.041	32.082	32.124	32.165	32.206	32.247	32.289	32.330	32.371	32.412
780	32.453	32.495	32.536	32.577	32.618	32.659	32.700	32.742	32.783	32.824
790	32.865	32.906	32.947	32.988	33.029	33.070	33.111	33.152	33.193	33.234
800	33.275	33.316	33.357	33.398	33.439	33.480	33.521	33.562	33.603	33.644
810	33.685	33.726	33.767	33.808	33.848	33.889	33.930	33.971	34.012	34.053
820	34.093	34.134	34.175	34.216	34.257	34.297	34.338	34.379	34.420	34.460
830	34.501	34.542	34.582	34.623	34.664	34.704	34.745	34.786	34.826	34.867
840	34.908	34.948	34.989	35.029	35.070	35.110	35.151	35.192	35.232	35.272
850	35.313	35.354	35.394	35.435	35.475	35.516	35.556	35.596	35.637	35.677
860	35.718	35.758	35.798	35.839	35.879	35.920	35.960	36.000	36.041	36.081

续表 A - 2

t/℃	热电动势/mV									
	0	1	2	3	4	5	6	7	8	9
870	36.121	36.162	36.202	36.242	36.282	36.323	36.363	36.403	36.443	36.484
880	36.524	36.564	36.604	36.644	36.665	36.725	36.765	36.805	36.845	36.885
890	36.925	36.965	37.006	37.046	37.086	37.126	37.166	37.206	37.246	37.286
900	37.326	37.366	37.406	37.446	37.486	37.526	37.566	37.606	37.646	37.686
910	37.725	37.765	37.805	37.845	37.885	37.925	37.965	38.005	38.044	38.084
920	38.124	38.164	38.204	38.243	38.283	38.323	38.363	38.402	38.442	38.482
930	38.522	38.561	38.601	38.641	38.680	38.720	38.760	38.799	38.839	38.878
940	38.918	38.958	38.997	39.037	39.076	39.116	39.155	39.195	39.235	39.274
950	39.314	39.353	39.393	39.432	39.471	39.511	39.550	39.590	39.629	39.669
960	39.708	39.747	39.787	39.826	39.866	39.905	39.944	39.984	40.023	40.062
970	40.101	40.141	40.180	40.219	40.259	40.298	40.337	40.376	40.415	40.455
980	40.494	40.533	40.572	40.611	40.651	40.690	40.729	40.768	40.807	40.846
990	40.885	40.924	40.963	41.002	41.042	41.081	41.120	41.159	41.198	41.237
1000	41.276	41.315	41.354	41.393	41.431	41.470	41.509	41.548	41.587	41.626
1010	41.665	41.704	41.743	41.781	41.820	41.859	41.898	41.937	41.976	42.014
1020	42.053	42.092	42.131	42.169	42.208	42.247	42.286	42.324	42.363	42.402
1030	42.440	42.479	42.518	42.556	42.595	42.633	42.672	42.711	42.749	42.788
1040	42.826	42.865	42.903	42.942	42.980	43.019	43.057	43.096	43.134	43.173
1050	43.211	43.250	43.288	43.327	43.365	43.403	43.442	43.480	43.518	43.557
1060	43.595	43.633	43.672	43.710	43.738	43.787	43.825	43.863	43.901	43.940
1070	43.978	44.016	44.054	44.092	44.130	44.169	44.207	44.245	44.283	44.321
1080	44.359	44.397	44.435	44.473	44.512	44.550	44.588	44.626	44.664	44.702
1090	44.740	44.778	44.816	44.853	44.891	44.929	44.967	45.005	45.043	45.081
1100	45.119	45.157	45.194	45.232	45.270	45.308	45.346	45.383	45.421	45.459
1110	45.497	45.534	45.572	45.610	45.647	45.685	45.723	45.760	45.794	45.836
1120	45.873	45.911	45.948	45.986	46.024	46.061	46.099	46.136	46.174	46.211
1130	46.249	46.286	46.324	46.361	46.398	46.436	46.473	46.511	46.548	46.585
1140	46.621	46.660	46.697	46.735	46.772	46.809	46.847	46.884	46.921	46.958
1150	46.995	47.033	47.070	47.107	47.144	47.181	47.218	47.256	47.293	47.330
1160	47.367	47.404	47.411	47.478	47.515	47.552	47.589	47.626	47.663	47.700
1170	47.737	47.774	47.811	47.848	47.884	47.921	47.958	47.995	48.032	48.069
1180	48.105	48.142	48.179	48.216	48.252	48.289	48.326	48.363	48.399	48.436
1190	48.473	48.509	48.546	48.582	48.619	48.656	48.692	48.729	48.765	48.802
1200	48.838	48.875	48.911	48.948	48.984	49.021	49.057	49.093	49.130	49.166
1210	49.202	49.239	49.275	49.311	49.348	49.384	49.420	49.456	49.493	49.529

续表 A-2

$t/℃$	热电动势/mV									
	0	1	2	3	4	5	6	7	8	9
1220	49.565	49.601	49.637	49.674	49.710	49.746	49.782	49.818	49.854	49.890
1230	49.926	49.962	49.998	50.034	50.070	50.106	50.142	50.178	50.214	50.250
1240	50.286	50.322	50.358	50.393	50.429	50.465	50.501	50.537	50.572	50.618
1250	50.644	50.680	50.715	50.751	50.787	50.822	50.858	50.894	50.929	50.965
1260	51.000	51.036	51.071	51.107	51.142	51.178	51.213	51.249	51.284	51.320
1270	51.355	51.391	51.426	51.461	51.497	51.532	51.567	51.603	51.638	51.673
1280	51.708	51.744	51.779	51.814	51.849	51.885	51.920	51.955	51.990	52.025
1290	52.060	52.095	52.130	52.165	52.200	52.235	52.270	52.305	52.340	52.375
1300	52.410	52.445	52.480	52.515	52.550	52.585	52.620	52.654	52.689	52.724
1310	52.759	52.794	52.828	52.863	52.898	52.932	52.967	53.002	53.037	53.071
1320	53.106	53.140	53.175	53.210	53.244	53.279	53.313	53.348	53.382	53.417
1330	53.451	53.486	53.520	53.555	53.589	53.623	53.658	53.692	53.727	53.761
1340	53.765	53.830	53.864	53.898	53.932	53.967	54.001	54.035	54.069	54.104
1350	54.138	54.172	54.206	54.240	54.274	54.308	54.343	54.377	54.411	54.445
1360	54.479	54.513	54.547	54.581	54.615	54.649	54.683	54.717	54.751	54.785
1370	54.819	54.852	54.886							

附录 B 热电阻分度表

表 B-1 铜热电阻 Cu100 分度表(ITS-90)

分度号:Cu100 $R(0\ ℃)=100.00\ Ω$

$t/℃$	−50	−40	−30	−20	−10	0		
$R/Ω$	78.48	82.80	87.11	91.41	95.71	100.00		
$t/℃$	0	10	20	30	40	50	60	70
$R/Ω$	100.00	104.29	108.57	112.85	117.13	121.41	125.68	129.96
$t/℃$	80	90	100	110	120	130	140	150
$R/Ω$	134.24	138.52	142.80	147.08	151.37	155.67	159.96	164.27

表 B-2 铜热电阻 Cu50 分度表(ITS-90)

分度号:Cu50 $R(0\ ℃)=50.00\ Ω$

$t/℃$	−50	−40	−30	−20	−10	0		
$R/Ω$	39.242	41.400	43.555	45.706	47.854	50.000		
$t/℃$	0	10	20	30	40	50	60	70
$R/Ω$	50.000	52.144	54.285	56.426	58.565	60.704	62.842	64.981
$t/℃$	80	90	100	110	120	130	140	150
$R/Ω$	67.120	69.259	71.400	73.542	75.686	77.833	79.982	82.134

表 B-3 铂热电阻 Pt10 分度表(ITS-90)

分度号:Pt10 $R(0\ ℃)=10.00\ Ω$

$t/℃$	−200	−190	−180	−170	−160	−150	−140	−130	−120	−110	−100
$R/Ω$	1.852	2.283	2.710	3.134	3.554	3.972	4.388	4.800	5.211	5.619	6.026
$t/℃$	−90	−80	−70	−60	−50	−40	−30	−20	−10	0	
$R/Ω$	6.430	6.833	7.233	7.633	8.031	8.427	8.822	9.216	9.609	10.000	
$t/℃$	0	10	20	30	40	50	60	70	80	90	100
$R/Ω$	10.000	10.390	10.779	11.167	11.554	11.940	12.324	12.708	13.090	13.471	13.851
$t/℃$	110	120	130	140	150	160	170	180	190	200	210
$R/Ω$	14.229	14.607	14.983	15.358	15.733	16.105	16.477	16.848	17.217	17.586	17.953
$t/℃$	220	230	240	250	260	270	280	290	300	310	320
$R/Ω$	18.319	18.684	19.047	19.410	19.771	20.131	20.490	20.848	21.205	21.561	21.915
$t/℃$	330	340	350	360	370	380	390	400	410	420	430
$R/Ω$	22.268	22.621	22.972	23.321	23.670	24.018	24.364	24.709	25.053	25.396	25.738

续表 B-3

$t/℃$	440	450	460	470	480	490	500	510	520	530	540
R/Ω	26.078	26.418	26.756	27.093	27.429	27.764	28.098	28.430	28.762	29.092	29.421
$t/℃$	550	560	570	580	590	600	610	620	630	640	650
R/Ω	29.749	30.075	30.401	30.725	31.049	31.371	31.692	32.012	32.330	32.648	32.964
$t/℃$	660	670	680	690	700	710	720	730	740	750	760
R/Ω	33.279	33.593	33.906	34.218	34.528	34.838	35.146	35.453	35.759	36.064	36.367
$t/℃$	770	780	790	800	810	820	830	840	850		
R/Ω	36.670	36.971	37.271	37.570	37.868	38.165	38.460	38.755	39.048		

表 B-4 铂热电阻 Pt100 分度表 (ITS-90)

分度号：Pt100　　　　　　　　　　　　　　　　　　　　　$R(0\ ℃)=100.00\ \Omega$

$t/℃$	-200	-190	-180	-170	-160	-150	-140	-130	-120	-110	-100
R/Ω	18.52	22.83	27.10	31.34	35.54	39.72	43.88	48.00	52.11	56.19	60.26
$t/℃$	-90	-80	-70	-60	-50	-40	-30	-20	-10	0	
R/Ω	64.30	68.33	72.33	76.33	80.31	84.27	88.22	92.16	96.09	100.00	
$t/℃$	0	10	20	30	40	50	60	70	80	90	100
R/Ω	100.00	103.90	107.79	111.67	115.54	119.40	123.24	127.08	130.90	134.71	138.51
$t/℃$	110	120	130	140	150	160	170	180	190	200	210
R/Ω	142.29	146.07	149.83	153.58	157.33	161.05	164.77	168.48	172.17	175.86	179.53
$t/℃$	220	230	240	250	260	270	280	290	300	310	320
R/Ω	183.19	186.84	190.47	194.10	197.71	201.31	204.90	208.48	212.05	215.61	219.15
$t/℃$	330	340	350	360	370	380	390	400	410	420	430
R/Ω	222.68	226.21	229.72	233.21	236.70	240.18	243.64	247.09	250.53	253.96	257.38
$t/℃$	440	450	460	470	480	490	500	510	520	530	540
R/Ω	260.78	264.18	267.56	270.93	274.29	277.64	280.98	284.30	287.62	290.92	294.21
$t/℃$	550	560	570	580	590	600	610	620	630	640	650
R/Ω	297.49	300.75	304.01	307.25	310.49	313.71	316.92	320.12	323.30	326.48	329.64
$t/℃$	660	670	680	690	700	710	720	730	740	750	760
R/Ω	332.79	335.93	339.06	342.18	345.28	348.38	351.46	354.53	357.59	360.64	363.67
$t/℃$	770	780	790	800	810	820	830	840	850		
R/Ω	366.70	369.71	372.71	375.70	378.68	381.65	384.60	387.55	390.48		

参考文献

[1] 董德元,杨节.实验研究的数理统计方法.北京:中国计量出版社,1987.
[2] 董永贵.传感器技术与系统.北京:清华大学出版社,2006.
[3] 樊尚春,周浩敏.信号与测试技术.北京:北京航空航天大学出版社 2002.
[4] 范云霄,刘桦.测试技术与信号处理.北京:中国计量出版社,2002.
[5] 国家质量技术监督局计量司.测量不确定度评定与表示指南.北京:中国计量出版社,2002.
[6] 黄长艺,卢文祥.机械工程测量与实验技术.北京:机械工业出版社,2001.
[7] 蒋洪明,张庆.动态测试理论与应用.南京:东南大学出版社,1992.
[8] 孔德仁,狄长安,贾云飞,等.工程测试与信息处理.北京:国防工业出版社,2003.
[9] 孔德仁,王芳,狄长安,等.仪表总线技术与应用2版.北京:国防工业出版社,2010.
[10] 孔德仁,狄长安,范启胜,等.塑性测压技术.北京:兵器工业出版社,2006.
[11] 李海青,黄志尧.软件测量技术原理及应用.北京:化学工业出版社,2000.
[12] 李科杰.新编传感器技术手册.北京:国防工业出版社,2002.
[13] 李慎安.测量不确定度表达10讲.北京:中国计量出版社,1999.
[14] 梁德沛,李宝丽.机械工程参量的动态测试技术.北京:机械工业出版社,1998.
[15] 林德杰,林均淳.电气测试技术.北京:机械工业出版社,2000.
[16] 刘惠彬,刘玉刚.测试技术.北京:北京航空航天大学出版社,1989.
[17] 刘金环,任玉田.机械工程测试技术.北京:北京理工大学出版社,1992.
[18] 刘君华.智能传感器系统.西安:西安电子科技大学出版社,1999.
[19] 卢文祥,杜润生.机械工程测试与数据处理技术.武汉:华中理工大学出版社,1990.
[20] 路宏年,郑兆瑞.信号与测试系统.北京:国防工业出版社,1988.
[21] 平鹏.机械工程测试与数据处理技术.北京:冶金工业出版社,2001.
[22] 钱难能.当代测试技术.上海:华东化工学院出版社,1992.
[23] 强锡富.传感器.北京:机械工业出版社,2001.
[24] 阮地生.自动测试技术与计算机仪器系统设计.西安:西安电子科技大学出版社,1997.
[25] 单成祥.传感器的理论与设计基础及其应用.北京:国防工业出版社,2001.
[26] 盛骤,谢式千.概率论与数理统计.北京:高等教育出版社,1989.
[27] 宋明顺.测量不确定度评定与数据处理.北京:中国计量出版社,2000.
[28] 王昌明,孔德仁.传感器与工程测试.北京:北京航空航天大学出版社,2005.
[29] 王立吉.计量学基础.北京:中国计量出版社,1997.
[30] 王世一.数字信号处理.北京:北京理工大学出版社,1991.
[31] 王幸子,王雷.单片机应用系统抗干扰技术.北京:北京航空航天大学出版社,2000.
[32] 王子延.热能与动力工程测试技术.西安:西安交通大学出版社,1998.
[33] 吴道悌.非电量电测技术.西安:西安交通大学出版社,2001.
[34] 吴兴惠,王彩君.传感器与信号处理.北京:电子工业出版社,1998.
[35] 吴正毅.测试技术与测试信号处理.北京:清华大学出版社,1995.
[36] 徐爱钧.智能化测量控制仪表原理与设计.北京:北京航空航天大学出版社,1995.
[37] 徐科军,陈荣保.自动检测和仪表中的共性技术.北京:清华大学出版社,2000.
[38] 严普强,黄长艺.机械工程测试技术基础.北京:机械工业出版社,1985.
[39] 杨振江,孙占彪.智能仪器与数据采集系统中的新器件及应用.西安:西安电子科技大学出版社,2001.

[40] 余瑞芬.传感器原理.北京:航空工业出版社,1995.
[41] 郁有文,常健.传感器原理及工程应用.西安:西安电子科技大学出版社,2001.
[42] 曾光奇,胡均安.工程测试技术基础.武汉:华中科技大学出版社,2006.
[43] 张宝芬,张毅.自动检测技术及仪表控制系统.北京:化学工业出版社,2000.
[44] 张发启.现代测试技术与应用.西安:西安电子科技大学出版社,2005.
[45] 张靖,刘少强.检测技术与系统设计.北京:中国电力出版社,2002.
[46] 张迎新,雷道振.非电量测量技术基础.北京:北京航空航天大学出版社,2002.
[47] 赵光宙,舒勤.信号分析与处理.北京:机械工业出版社,2001.
[48] 赵继文,何玉彬.传感器与应用电路设计.北京:科学出版社,2002.
[49] 郑君里,杨为理.信号与系统.北京:高等教育出版社,1986.
[50] 中国计量科学研究院.测量不确定度评定与表示.北京:国家质量技术监督局发布,1999.
[51] 周浩敏.信号处理技术基础.北京:北京航空航天大学出版社,2001.
[52] 周生国.机械工程测试技术.北京:北京理工大学出版社,1998.
[53] 朱明武,李永新.动态测量原理.北京:北京理工大学出版社,1993.
[54] 童淑敏,韩峰.工程测试技术.北京:中国水利水电出版社,2010.
[55] 潘宏侠.机械工程测试技术.北京:国防工业出版社,2009.
[56] 钱苏翔.测试技术及其工程应用.北京:清华大学出版社,2010.
[57] 赵庆海.测试技术与工程应用.北京:化学工业出版社,2005.
[58] 叶湘滨,等.传感器与测试技术.北京:国防工业出版社,2007.
[59] 杨学山.工程振动测量仪器和测试技术.北京:中国计量出版社,2001.
[60] 刘习军.工程振动与测试技术.天津:天津大学出版社,2005.
[61] 孔德仁.兵器动态参量测试技术.北京:北京理工大学出版社,2013.
[62] 卢文祥,杜润生.机械工程测试.信息.信号分析.武汉:华中科技大学出版社,1999.
[63] 高品贤.振动.冲击及噪声测试技术.成都:西南交通大学出版社,2009.
[64] 郑淑芳.机械工程测量学.北京:科学出版社,1989.